Introduction to Geographic Information Systems

地理信息系统导论

(原著第九版)

〔美〕Kang-tsung Chang　著

陈健飞　胡嘉骢　陈颖彪　译

科学出版社

北京

图字：01-2018-6580 号

内 容 简 介

本书共 18 章，涵盖地理信息系统的概念、操作和分析。第 1 章~第 4 章解释 GIS 概念、矢量数据模型和栅格数据模型；第 5 章~第 8 章涵盖数据获取、编辑和管理；第 9 章和第 10 章包括数据显示和探查；第 11 章和第 12 章关于核心数据分析的概览；第 13 章~第 15 章重点阐述曲面制图和分析；第 16 章和第 17 章关于线状要素和移动；第 18 章介绍 GIS 模型和建模。本书内容设计旨在满足地理信息系统入门的教学需求，可作为高等学校地理信息系统课程教材，也可供地理信息系统应用领域的专业人员参考。

Kang-tsung Chang
Introduction to Geographic Information Systems，Nine Edition
ISBN 978-1-259-92964-9
Copyright © 2016 by McGraw-Hill Education.

图书在版编目（CIP）数据

地理信息系统导论：原著第九版/（美）张康聪著；陈健飞，胡嘉骢，陈颖彪译.—北京：科学出版社，2019.3
书名原文：Introduction to Geographic Information Systems
ISBN 978-7-03-060445-3

Ⅰ.①地… Ⅱ.①张…②陈…③胡…④陈… Ⅲ.①地理信息系统
Ⅳ.①P208.2

中国版本图书馆 CIP 数据核字(2019)第 014048 号

责任编辑：万　峰　董　墨 / 责任校对：何艳萍
责任印制：霍　兵 / 封面设计：北京图阅盛世文化传媒有限公司

斜 学 出 版 社 出版
北京东黄城根北街 16 号
邮政编码：100717
http://www.sciencep.com
天津市新科印刷有限公司 印刷
科学出版社发行　各地新华书店经销
*
2019 年 3 月第 一 版　　开本：787×1092 1/16
2023 年 10 月第七次印刷　　印张：30
字数：710 000
定价：98.00 元
（如有印装质量问题，我社负责调换）

第九版译者序

本书据美国爱达荷大学张康聪（Kang-tsung Chang）教授编著的"Introduction to Geographic Information Systems"（McGraw-Hill Higher Education，2018）（第 9 版）译出。本书第 1 版于 2002 年问世，先后经过 8 次修订，可谓 16 年"磨一剑"。本书发行总量居同名书籍之首，赢得广大读者的很好口碑，成为一部经典的地理信息系统入门教材。本书中译本先后有过第 1 版（科学出版社，2003 年 10 月）、第 3 版中文导读版（科学出版社，2006 年 10 月）、第 3 版（清华大学出版社，2009 年 4 月）、第 5 版（科学出版社，2010 年 7 月）、第 7 版（电子工业出版社，2014 年 8 月）、第 8 版（科学出版社，2016 年 1 月）。众多高等学校与地理空间技术相关的专业都将其作为"地理信息系统导论""地理信息系统原理"、"地理信息系统软件应用"或"地理信息系统实验"等课程的首选教材，并被中国科学院研究生院和许多高校指定为研究生入学考试科目《地理信息系统》的主要参考书。本书中译本在"当当"、"淘宝"和"亚马逊"等网上书店中居同类图书销售榜首，读者在网上纷纷留言："学了四年 GIS，对这本书有相见恨晚的感觉！这本书由浅至深，使我想到了 ESRI 的口号'GIS for everyone'，以前很多模糊的概念弄清楚了，还有很多概念贯穿起来了"；不少读者认为"这本书最适合用来在课堂上讲授，当然也适合自学"，"绝对是最好的 GIS 入门书"，……

本书的特色主要体现在：①编写理念"强调 GIS 的实践"，内容设计体现"概念与实践并重"，符合对地理信息技术"学以致用"的需求；②理论教学与动手实验融为一体，方法原理与软件应用紧密结合，每章都包含面向解决问题的应用任务及其操作步骤详解，在线提供配套完备的实验数据（请扫描封底二维码）。第 9 版共有 87 个习作，译者已在教学实践中全部顺畅验证，有需要的读者可通过 E-mail 来函索取含有屏幕截图的操作详解，以使学习过程立竿见影；③教材内容涵盖了从入门到进阶的层次，概念术语表述简明，复习提问紧扣要领，章末还附有挑战性任务，可启迪读者举一反三；④分别提供全套中英文 PPT，授课教师可来函获取各章复习题、习作过程提问、习作结果、测试题库及其参考答案，适用于教学过程各个环节；⑤体现地理信息系统技术、地理空间数据及其应用的前沿动态，注意吸收教材使用过程的反馈意见，不断加以修改和补充（第 9 版的修订介绍详见原著前言）。此外，为了便于中国读者联系中国实际，第 9 版中文版增加了数则"译者注"，内容涉及中国的大地坐标系、中国常用的地图投影、中国的北斗导航系统（BDS）、国内外 GIS 相关数据下载网站及服务于智能汽车的高精地图信息等。

第 9 版翻译的分工如下：北京师大珠海分校胡嘉骢副教授翻译第 4~6 章，广州大学陈颖彪教授翻译各章应用部分，陈健飞教授翻译其余各章和统校全书，并提供译者注。译者感谢曾经分别参与本书第 7 版和第 5 版翻译工作的连连硕士和张筱林硕士，还有更

早版本的参与翻译者。囿于译者专业水平和投入时间，译文差错之处仍在所难免，诚挚
欢迎本书读者不吝指正，以便重印时加以订正。

陈健飞

（E-mail：cjf@gzhu.edu.cn）

2018 年 8 月 31 日识于圣迭戈

前　言

关于地理信息系统（GIS）

　　地理信息系统（GIS）是用于存储、管理、分析和显示地理空间数据的计算机系统。自 20 世纪 70 年代以来，对于从事自然资源管理、土地利用规划、自然灾害、交通、卫生保健、公共服务、市场分析和城市规划等领域的专业人员，GIS 已显示其重要性。对于各级政府的常规运作而言，GIS 也已成为必不可少的工具。近年来，GIS 与互联网、全球定位系统、无线技术和网络服务相结合，已在定位服务、网络地图编制、车内导航系统、协作网络地图编制和志愿地理信息等方面拓展了应用。因此，美国劳工部把地理空间技术列为高速增长的行业，毫不奇怪。基于 GIS 的地理空间技术以 GIS 为中心，用 GIS 来综合源自遥感、全球定位系统、制图和调查的数据，产生有用的地理信息。

　　实际上，我们在日常生活中多已使用了 GIS 技术。比如为了确定饭店的位置，我们可上网输入饭店名，便在地图中找到其位置。为了制作项目地图，我们访问 Google Maps 网站，找到参考底图，然后把我们自己的项目内容和符号叠加上去，便完成了项目地图的制作。为了寻找最短行驶路线，我们用车内导航系统来确定行车路径。此外，为了记录我们访问过的地方，我们使用添加了地理标签的照片。所有这些活动都用到了地理空间技术，尽管我们可能并未意识到。

　　作为 GIS 用户显然比 GIS 专业人员要容易些，而要成为 GIS 专业人员，则必须熟悉这项技术及驱动该技术的基本概念，否则很可能导致滥用或误解地理空间信息。本书旨在给大学生提供 GIS 概念和实践的坚实基础。

第 9 版修订内容

　　第 9 版共 18 章，涵盖概念、操作和分析。第 1 章～第 4 章解释 GIS 概念、矢量数据模型和栅格数据模型；第 5 章～第 8 章涵盖数据获取、编辑和管理；第 9 章、第 10 章包括数据显示和探查；第 11 章、第 12 章关于核心数据分析的概览；第 13 章～第 15 章重点阐述曲面制图和分析；第 16 章、第 17 章关于线状要素和移动；第 18 章介绍 GIS 模型和建模。本书内容设计旨在满足不同领域学生的需求，适用于第一门或第二门 GIS 课程的教学。

　　教师可按照本书的章节顺序，也可重新组织章节以满足各自课程的需要。例如，第 6 章的几何变换和第 7 章的拓扑编辑，需要 ArcGIS 软件的标准许可或高级许可，可能在第二门 GIS 课程才会涉及。此外，第 16 章的地理编码对于许多学生可能是已熟悉的主题，则可作为 GIS 的一种应用而提前进行介绍。

第 9 版主要在以下三个方面进行了修订：GIS 的新发展，地理空间数据获取方面的变化，GIS 重要概念的精准解释。GIS 的新发展包括开源和免费的 GIS，GIS 与 Web2.0 和移动技术的结合，新的水平基准，动画地图，地理编码质量，用空间数据作回归分析；免费地理空间数据获取，诸如高分辨率卫星图像、激光雷达数据、基于激光雷达的数字高程模型和全球尺度的数据，现在可由美国地质调查局、国家航空航天管理局以及其他组织所维护的网站提供；至于基本概念，诸如大地基准面的转换、拓扑、空间数据库、空间合并和地图代数等与 GIS 操作和分析密切关联的概念，GIS 初学者必须牢固掌握。第 9 版修订内容涉及全书各章。

第 9 版继续强调 GIS 学习过程的实践环节。每章应用部分含有面向解决问题的习作，利用随书提供的数据集和操作指南来完成。第 2 章、第 11 章、第 12 章和第 13 章共新增了 4 个习作任务，使得全书习作任务达到 87 个，每章分别有 2～7 个习作任务。完成这些习作的指南对应于 ArcGIS10.5 软件。本版的所有习作都使用 ArcGIS 及其扩展模块 Spatial Analyst、3D Analyst、Geostatistical Analyst、Network Analyst 和 ArcScan。此外，每章应用部分的末尾分别有一项挑战性任务。

第 9 版保留了与习作任务相关的提问和复习题，这些已被此前版本的读者证明是很有用的。最后，本版更新了参考文献和网址。

第 9 版的网址为：www.mhhe.com/changgis9e，含有以口令保护的教师手册。请联系 McGrawHill 销售代表以获取用户名和口令。

数据来源说明：

本书的一些习作任务使用由下列网址下载的数据集：
Montana GIS data clearinghouse
　　http://nris.mt.gov/gis/
Northern California Earthquake Data
　　http://quake.geo.berkeley.edu/
University of Idaho Library
　　http://inside.uidaho.edu
Washington State Department of Transportation GIS Data
　　http://www.wsdot.wa.gov/mapsdata/geodatacatalog/default.htm
Wyoming Geospatial Hub
　　http://geospatialhub.org/

致谢

（略）

Kang-tsung Chang

目　　录

第1章 绪 论

地理信息系统（GIS）是一种用于获取、存储、查询、分析和显示地理空间数据的计算机系统。GIS 的众多应用之一是灾害管理。

2011 年 3 月 11 日，9.0 级大地震袭击了日本东海岸，为有记录以来袭击日本的最强烈地震。据报道，地震引发强大的海啸波高达 40m，并向内陆蔓延至 10km。地震和海啸之后，地理信息系统在协助响应者和应急管理人员进行救援行动，定位严重受损区域和基础设施，确定医疗救助优先级，以及设置临时避难所等方面发挥了重要作用。GIS 还与社交媒体如 Twitter、YouTube 和 Flickr 等关联，使人们能够近乎实时地跟踪事件，同时可以看到街景、卫星图像及地形。2011 年 9 月，日本东京大学在空间思维与 GIS 国际会议上组织了一场关于 GIS 与日本东部大地震和海啸的专题讨论会，分享 GIS 在此类灾难管理中所起作用的信息。

2011 年 8 月 21 日，"艾琳"飓风在加勒比海的温暖水域上方形成；在随后一周时间里，它沿着一条穿越美国东海岸向北至加拿大大西洋的路径移动。与发生迅速的日本东部大地震不同，政府机构和组织有时间在飓风"艾琳"抵达之前开发 GIS 数据集，并进行应用和分析。在线的飓风跟踪器被微软全国广播公司（MSNBC）和美国有线电视新闻网（CNN）等新闻媒体，以及 Esri 和雅虎等公司建立起来。预测轨迹、风场、风速和风暴潮等 GIS 数据资源由美国国家海洋和大气管理局（NOAA）提供，灾害响应和恢复工作等 GIS 数据资源由联邦紧急事务管理署（FEMA）提供。尽管在纽约州北部和佛蒙特州有严重的洪涝灾害报道，但由于有了这些准备工作有效减少了"艾琳"飓风的破坏程度。

在日本东部大地震和"艾琳"飓风中，GIS 在整合不同来源的数据以提供地理信息方面发挥了至关重要的作用，这些信息被证明是救灾行动的关键。GIS 是地理信息技术的核心，它与遥感、全球定位系统、制图、测绘、地统计学、网络制图、编程、数据库管理和图形设计等众多领域有关。多年来，地理空间信息技术在美国被认为是高速增长的职业部门，GIS 及其相关领域提供了相当数量的新职位。

1.1 地理信息系统（GIS）

地理空间数据是用于描述位置和空间要素属性的数据。例如，为描述一条道路，我们会提及它的位置（如在哪里）和它的特征（如长度、名称、限速和方向），如图 1.1 所示。GIS 这种处理和分析地理空间数据的能力使其有别于其他信息系统。

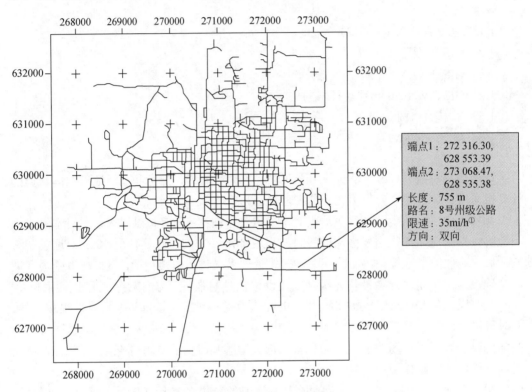

图 1.1　地理空间数据实例。该街道网络基于平面坐标系统。
图中右侧的方框中列出道路端点的 x、y 坐标值和路段的其他属性

1.1.1　GIS 的组成

GIS 的操作与其他信息技术相类似，除了地理空间数据之外，还需要以下组成部分。

（1）硬件。GIS 的硬件包括用于数据处理、数据存储、输入/输出的计算机；用于报告和地图打印的打印机和绘图仪；用于空间数据数字化的扫描仪和数字化仪；用于野外工作的 GPS 和移动设备。

（2）软件。GIS 软件，不管是商业的或开放资源的，都包括程序和由计算机执行的应用软件，进行数据管理、数据分析、数据显示和其他任务。用 Python、JavaScript、VB.NET 或 C++ 等语言编写的应用程序，用于 GIS 中的特定数据分析。这些程序和应用软件的常见用户界面包括菜单、图标和命令行。

（3）专业人员。GIS 专业人员确定使用 GIS 的目的和目标，解释和展示结果。

（4）组织。GIS 在一个组织环境中运作；因此，GIS 的运作必须融入组织的文化和决策过程，事关 GIS 的作用和价值、GIS 培训、数据采集和数据标准。

1.1.2　GIS 的简史

从 GIS 目前的形式看，其起源在于快速发展的计算机工具，尤其是 20 世纪 60 年代和 70 年代的城市规划、土地管理和地理编码等各种领域的计算机制图学。第一个可操作的 GIS 是在 20 世纪 60 年代初期由 Tomlinson 开发，用来为加拿大土地勘查局存储、操作和分析数据（Tomlinson，1984）。1964 年，Fisher 创立了哈佛计算机图形实验室，70 年代，许多享有盛名的计算机程序像 SYMAP、SYMVU、GRID 和 ODESSEY 都在此开发和传播（Chrisman，1988）。早期的程序是在中央服务器或微型计算机上运行，地图是通过行式打印机和笔式绘图仪绘制。计算机制图和空间分析也被引入到英国爱丁堡大学和实验制图单元（Coppock，1988；Rhind，1988）。另外两件大事是关于 GIS 的早期开发：Ian McHarg 的《自然设计》（*Design with Nature*）的出版及其所包含的用于适宜性分析的地图叠置方法（McHarg 1969）；美国人口普查局的 DIME（二值独立地图编码）系统中引入带有拓扑关系的城市街道网络（Broome and Meixler，1990）。

GIS 在 20 世纪 80 年代的繁荣，很大程度是由于引入个人计算机所促进的，比如 IBM PC 机和微软视窗的图形用户界面。不像主机和微型计算机，PC 机的用户界面更加友好，因而开阔了 GIS 的应用范围，在 90 年代进入主流应用。同样在 80 年代，市场出现了商业和免费 GIS 软件包。环境系统研究所（Esri）发布了 ARC/INFO，将点、线和多边形空间要素结合到一个数据库管理系统，使要素的属性关联起来。Intergraph 与 Bentley 系统合伙开发了微型工作站（Microstation，CAD 软件产品）。80 年代开发的 GIS 软件包还有 GRASS、MaoInfo、TransCAD 和 Smallword 等。

尽管多年来 GIS 被看作是难学、昂贵和只有少数人拥有的软件，然而在 20 世纪 90 年代，图形用户界面（GUI）、功能强大和价格适宜的软硬件及公共数字化数据的出现，已经拓宽了 GIS 应用的范围，并使 GIS 进入主流应用。

随着 GIS 研究的继续深入，近些年呈现出两个发展趋势：一是作为空间技术的核心，GIS 逐渐同其他空间数据融合（如卫星图像和 GPS 数据）；二是 GIS 已同网络服务、移动技术、社会媒体和云计算连接。

图 1.2 是 Google Books Ngram Viewer 制作的 Ngram，以图示形式显示 1970～2008 年英文电子版 Google 图书中"地理信息系统"、"地理空间数据"和"地理空间技术"的词频。"地理信息系统"短语在 20 世纪 80 年代至 90 年代早期迅速兴起，90 年代稳定发展，2000 年后开始下滑。相反，其他两个名词，特别是"地理空间数据"则是从 90 年代兴起。图 1.2 有力地证实 GIS 与其他地理空间数据，以及 GIS 与其他地理空间技术之间的整合。

随着 GIS 活动的日益繁荣，新问世的不少期刊（诸如 *International Journal of Geographical Information Science*，*Transactions in GIS* 和 *Cartography and Geographic Information Science*）和一些杂志（如 *Directions Magazine*，*GIS Geography*，*GISuser*，*GIS Lounge*，*Mondo Geospatial*，*Geospatial World* 和 *GeoConnexion*）都专注于 GIS 及

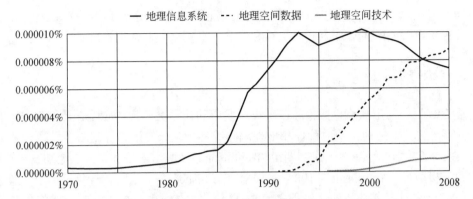

— 地理信息系统　　··· 地理空间数据　　— 地理空间技术

图 1.2 "地理信息系统"、"地理空间数据"和"地理空间技术"在 1970~2008 年英文电子版 Google 图书中出现的词频。

由 Google Books Ngram 2012 年 4 月输入的图修订而得

其应用。此外，公共健康等领域已经"发现了"空间数据的重要性，也出版了 *Journals of Geospatial Health*、*Spatial and Spatio-temporal Epidemiology* 和 *International Journal of Health Geographics* 等杂志。一些非营利组织主持的认证计划给那些想通过专业认证的人员提供了便利（http://www.gisci.org/）。该认证采用以教育成就、专业经历和对专业的贡献为基础的积分系统。据 2016 年的新闻发布，已有 6000 多人通过 GIS 专业人员认证。

注释栏 1.1	商业化和免费开源 GIS 软件清单
商业化软件	免费开源软件
• Environmental Systems Research Institute（Esri）（**http://www.esri.com/**）：**ArcGIS** • Autodesk Inc.（**http://www.autodesk.com/**）：**AutoCAD Map3D and Autodesk Geospatial** • Bentley Systems，Inc.（**http://www.bentley.com/**）：**Bentley Map** • Intergraph/Hexagon Geospatial（**http://www.intergraph.com/**）：**GeoMedia** • Blue Marble（**http://www.bluemarblegeo.com/**）：**Global Mapper** • Manifold（**http://www.manifold.net/**）：**Manifold System** • Pitney Bowes（**http://www.mapinfo.com/**）：**MapInfo** • Caliper Corporation（**http://www.caliper.com/**）：**Maptitude** • General Electric（**https://www.gegridsolutions.com/GIS.htm**）：**Smallworld** • Clark Labs（**http://www.clarklabs.org/**）：**TerrSet/IDRISI**	• Center for Spatial Data Science，University of Chicago（**http://spatial.uchicago.edu/**）：**GeoDa** • Open Source Geospatial Foundation（**http://grass.osgeo.org/**）：**GRASS** • gvSIG Community（**http://www.gvsig.com/en**）：**gvSIG** • International Institute for Aerospace Survey and Earth Sciences，the Netherlands（**http://www.itc.nl/ilwis/**）：**ILWIS** • MapWindow GIS Project（**http://mapwindow.org/**）：**MapWindow** • Open Jump（**http://www.openjump.org/**）：**OpenJump** • Quantum GIS Project（**http://www.qgis.org/**）：**QGIS** • SAGA User Group（**http://www.saga-gis.org**）：**SAGA GIS** • Refractions Research（**http://udig.refractions.net/**）：**uDig**

1.1.3 GIS 软件产品

注释栏 1.1 的左栏选列了商业化的 GIS 软件，右栏列出免费开源的 GIS 软件（FOSS）。20 世纪 80 年代以来活跃在市场的 GIS 软件公司有：ArcGIS 的 Esri 公司、Geomedia 的 Intergraph 公司、MapInfo 的 MapInfo（现为 Pitney Bowes）公司、Bentley Map 的 Bentley Systems 公司、SmallWorld 的 SmallWorld 公司（现为 General Electric）、Maptitude（随后的 Trans CAD）的 Caliper 公司。根据各种贸易报告，Esri 公司引领了 GIS 软件产业。Esri 的主要软件产品是 ArcGIS，由应用软件和扩展模块组成，分为三个许可等级，其软件功能和工具数量随着等级提高而递增（注释栏 1.2）。

注释栏 1.2	ArcGIS

ArcGIS 由三个许可等级的应用程序和扩展模块组成。应用程序包括 ArcMap、ArcGIS Pro、ArcCatalog、ArcScene 和 ArcGlobe，扩展模块包括 3D 分析师、网络分析师、空间分析师、地统计分析师等。用户可使用的数据分析、数据编辑和数据管理的工具数量取决于基本、标准和高级许可等级。ArcGIS 的核心应用程序是 ArcMap 和 ArcGIS Pro。

ArcMap 是 2000 年在 ArcGIS 8 中引入的。多年来，大量的工具和功能已经被整合到 ArcMap 中。由于它的广泛应用，本书使用 ArcMap 作为各章练习的主要应用软件。ArcGIS Pro 于 2015 年推出，是 ArcGIS 应用套件的新产品。ArcGIS Pro 是一个本机 64 位的应用程序，它只运行在 64 位操作系统上。与可运行在 32 位或 64 位操作系统上的 32 位 ArcMap 相比，ArcGIS Pro 可以同时处理更多的数据，从而运行得更快。Esri 开发人员已经在 ArcGIS Pro 的软件设计中充分利用了 64 位系统。ArcGIS Pro 的特殊功能包括同时在 2D 和 3D 中查看数据，使用多个地图和布局，使用基于项目的工作流，并直接在线共享完成的地图。这些特性对于经常与同一组织内的其他用户共同使用大量数据的 GIS 专业人员来说是非常理想的。然而，2017 年年初的 ArcGIS Pro 还不具备 ArcMap 的所有功能，这或许是 ArcGIS Pro 与 ArcMap 仍在平行运行的原因。

地理资源分析支持系统（GRASS）是第一个免费开放资源的 GIS 软件包，最初是由美国工程兵建筑工程研究室（U.S. Army Construction Engineering Research Laboratories）于 20 世纪 80 年代开发的，因其分析工具而著名。GRASS GIS 目前由遍布全球的用户网络进行维护和开发。贸易报告指出，QGIS（正式名为 Quantum GIS）是最为常见的免费开源 GIS，含有 400 个插件，且以 GRASS GIS 作为其基本分析工具集。近年来，免费开源的 GIS 产品在 GIS 用户中已很常见，尤其是在欧洲。Steiniger 和 Hunter（2012）评述了用于建立空间数据基础结构的免费开源 GIS。

1.2 GIS 的要素

从教学角度看，GIS 由以下要素组成：地理空间数据、数据获取、数据管理、数据显示、数据探查和数据分析。以上各要素与本书各章的对应见表 1.1。

表 1.1 GIS 要素及其与本书各章的对应

要素	本书中的章
地理空间数据	第 2 章：坐标系统 第 3 章：矢量数据模型 第 4 章：栅格数据模型
数据获取	第 5 章：GIS 数据获取 第 6 章：几何变换 第 7 章：空间数据准确度和质量
属性数据管理	第 8 章：属性数据管理
数据显示	第 9 章：数据显示与地图编制
数据探查	第 10 章：数据探查
数据分析	第 11 章：矢量数据分析 第 12 章：栅格数据分析 第 13 章：地形制图与分析 第 14 章：视域和流域 第 15 章：空间插值 第 16 章：地理编码和动态分段 第 17 章：最小耗费路径分析和网络分析 第 18 章：GIS 模型与建模

1.2.1 地理空间数据

根据定义，地理空间数据涉及空间要素的位置。我们可以使用地理坐标或投影坐标系统来确定地球表面空间要素的位置。地理坐标系统以经度和纬度表示，而投影坐标系以 x、y 坐标表示。许多投影坐标系统可在 GIS 中使用。例如，统一横轴墨卡托（UTM）格网系统，将 84°N 与 80°S 之间的地球表面划分为 60 个地带。GIS 的基本原则是，表示不同地理空间数据的图层必须在空间上相互匹配，换言之，它们必须基于相同的坐标系统。

GIS 将地理空间数据表示为矢量数据和栅格数据（图 1.3）。矢量数据模型用点、线和多边形来表示具有清晰空间位置和边界的空间要素，如河流、宗地和植被立地（图 1.4）。每个要素被赋予一个 ID（标识码），以便与其属性相关联。栅格数据模型使用格网和格网元胞代表空间要素：点要素由单个元胞表示，线要素由一序列相邻元胞表示，多边形要素由连续元胞的集合表示。元胞的值表示该元胞位置的空间要素属性。栅格数据模型适用于表示连续的要素，如海拔和降水（图 1.5）。

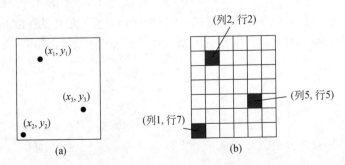

图 1.3 矢量数据模型用 x、y 坐标表示点要素（a）；栅格数据模型用格网中的像元来表示点要素（b）

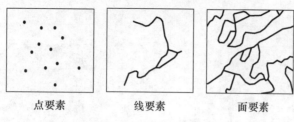

点要素　　　　线要素　　　　面要素

图 1.4　点、线和面要素

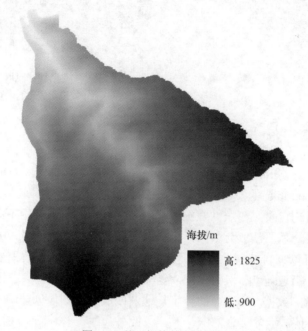

海拔/m

高: 1825

低: 900

图 1.5　基于栅格的高度图层

　　矢量数据模型可以是**地理关系模型**（georelational）或**基于对象模型**，可以是有拓扑结构或无拓扑结构，可以是简单要素或复合要素。地理关系模型把几何图形和属性特征分别存储在各自的系统中，而基于对象模型将它们存储在同一个系统中。**拓扑**结构清晰表达空间要素之间的关系，比如两条线完全交会于一点。具有拓扑结构的矢量数据对于某些分析是必要的，比如在一个路网中寻找最短路径，而没有拓扑数据的显示更快。复合要素是建立在点、线和多边形等简单要素上的，包括：**不规则三角网**（TIN）（图 1.6），它是用一组互不重叠的三角形近似表示地形；**动态分段**（图 1.7）则是将一维线性量测（比如里程）与二维投影坐标结合起来。

　　GIS 所用的数据很多是以栅格格式编码的，如数字高程模型和卫星图像。虽然栅格表示的空间要素不精确，但它具有固定元胞位置是其独特的优势，从而在计算算法上实现有效的操作和分析。栅格数据，尤其是那些具有高空间分辨率的，要求大量的计算机内存。因此，数据存储和检索的问题对 GIS 用户很重要。

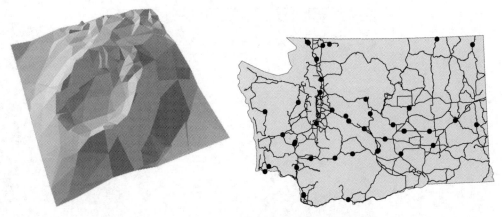

图 1.6　TIN 模型的举例　　　　　　图 1.7　动态分段允许休息区以点要素标绘在
　　　　　　　　　　　　　　　　　　　　　　华盛顿州的公路线路上，这是线性参照

1.2.2　数据采集

　　数据采集通常是 GIS 项目进行的第一步。GIS 用户对地理空间数据的需求已经与数据交换中心和 geoportals 的发展相关联。自 20 世纪 90 年代初以来，在美国及其他许多国家的各级政府机构已设立了公共数据共享网站，并指导用户使用不同的数据源。要使用公共数据，重要的是要获取元数据，元数据提供关于数据的信息。如果无法获得公共数据，新的数据可以来自纸质地图或正色摄影的数字化，由卫星图像创建，或由 GPS 数据、调查数据、街道地址、具有 x 和 y 坐标的文本文件转换而来。因此，数据采集包括编译现有的和新的数据。一个新的数字化地图或从卫星图像创建的地图，需要经过几何变换（如地理参照）后才能在 GIS 中使用。此外，现有的和新的空间数据如果含有数字化错误和/或拓扑错误，也必须经过编辑。

1.2.3　属性数据管理

　　GIS 通常采用数据库管理系统（DBMS）处理属性数据。如果是矢量数据，数据量可能很大。例如，土壤图中的每个多边形可能与许多土壤理化性质和土壤属性解释相关联。属性数据在关系数据库中存为表格的集合。这些表格可以分别准备、维护和编辑，但它们也可以被链接用于数据搜索和检索。DBMS 提供"合并"（join）和"关联"（relate）操作。"合并"操作通过使用共同的属性字段（如要素 ID）把两个表格汇集在一起，而"关联"操作连接的两个表格在物理上是独立的。GIS 中的空间合并是很独特的，它利用空间关系把两个空间要素及其属性数据合并起来，如将一个学校与其所在县的数据合并在一起。DBMS 还提供了用来添加、删除和操作属性的一些工具。

1.2.4　数据显示

　　绘制地图是一种常规的 GIS 操作，这是因为地图是 GIS 的界面（接口）。在 GIS 中，绘制地图有"非正式的"或"正式的"。"非正式的"是指查看地图上的地理空间数据，"正式的"是指为专业展示和报告而产出地图。专业地图将标题、地图主体、图例、比例尺条和其他元素组合在一起，向读者传达地理信息。要制成一幅"好"的地图，必须对地图符号、颜色、印刷学及它们与地图数据的关系有一个基本的了解。此外，我们必须熟悉布局和视觉层级等地图设计原则。在 GIS 中，地图编成后可以打印出来或保存为用于展示的图形文件。它也可以转换成 KML 文件，导入到"谷歌地球（Google Earth）"，在网络服务器上公开和共享。随时间变化的数据，如几十年来的人口变化，可制备成系列图谱并可进行时序动画显示。

1.2.5 数据探查

数据探查是指用地图、表格和图形进行可视化、操作和查询数据的活动。这些活动提供了对数据的近距离观察，并提供了正式数据分析的前导功能。GIS 中的数据探查可以基于地图，也可以基于要素。基于地图的探查包括数据分类、数据聚合和地图比较。基于要素的探查可以包含属性或空间数据。属性数据查询与使用 DBMS 的数据库查询基本上是一样的。相比之下，在 GIS 中的空间数据查询允许 GIS 用户选择基于空间关系（如包含、相交和邻近）的要素。属性与空间数据的组合查询为数据探查提供了强有力的工具。

1.2.6 数据分析

GIS 有大量工具用作数据分析。一些是 GIS 用户常规使用的基础工具，另一些是特定范畴特殊应用的。矢量数据的两个基本工具是：缓冲和叠置。缓冲可对选中的要素创建缓冲带；叠置是对输入图层的几何数据和属性数据进行结合（图 1.8）。栅格数据的 4 个基本工具是：local（图 1.9）、neighborhood、zonal 和 global operations，取决于对独立像元、像元组或整个栅格像元等的不同操作水平。

地形对于木材管理、土壤侵蚀、水文模型和野生动物栖息地适宜性的研究很重要。GIS 有等高线制图、剖面图、晕渲法和三维透视等工具，用来分析地表坡度、坡向和地表曲率。表面分析还包括视域和流域：视域分析取决于从一个或多个观察点可通视的区域，流域分析则追踪水流来勾绘水系和流域。

空间插值是用有已知值的点去估算其他点的值。在 GIS 应用中，空间插值是由点数据创建面数据的方法。空间插值有多种方法：整体或局部，确定性或随机性。在这些插值方法中，克里金插值不仅能预测未知值，还可以估算预测误差。

地理编码将地址转换为在 x、y 坐标系统上的点要素和动态分段线段。地理编码可看作通过线要素（如街道、高速公路）作为参照来创建新的 GIS 数据的工具。因此，对于一些 GIS 用户，地理编码可视为一种数据获取。地理编码对基于位置的服务、犯罪分析和其他应用非常重要，动态分段主要用来显示、查询和分析与运输相关的数据。

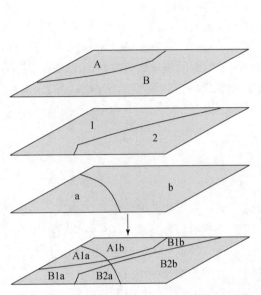 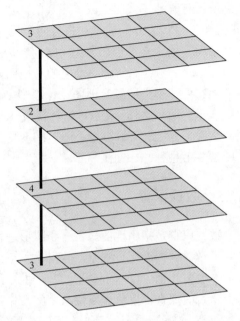

图1.8　基于矢量的叠置操作，将不同图层的几何
数据和属性数据相结合创建输出图层

图1.9　多个栅格的栅格数据操作具有固定像
元位置的优点。例如，求图中栅格局域平均值
可以通过3、2、4相加（其和为9），然后再除
以3得到

最小成本路径分析能够发现在栅格上的最小成本路径，而网络分析则能求出一个拓扑路网上两站点之间的最短路径。两种分析在 GIS 概念上相同，但应用不同。最小成本路径分析是基于栅格数据，用"虚拟"路径完成，而网络分析是基于矢量数据，用现有路网来完成。

GIS 及其工具可用来建立空间模型，将满足一定选择标准的区域与未被选择的区域分开，或基于多个数值将区域分类。GIS 还可以帮助建立回归模型和过程模型，并为数据可视化、数据库管理和数据探查的建模者提供辅助。

1.3　GIS 的 应 用

GIS 是一种有用的工具，因为我们通常遇到的信息中有很高的比例具有空间组分。GIS 用户经常引用的一个数字：80%的数据是地理数据。为了验证80%的断言，Hahmann 和 Burghardt（2013）使用德国维基百科作为数据源，报告显示57%的信息是具有地理空间参照的。虽然他们发现的比例低于80%，但仍然强有力地证明了地理空间信息乃至 GIS 和 GIS 应用的重要性。

自初始以来，GIS 对于以下领域就显示出其重要性：土地利用规划、自然灾害评估、野生动物栖息地的分析、河岸带监测、木材管理和城市规划。在过去的20年里，上述领域使用 GIS 的获益已显著扩大。注释栏1.3 列出了 GIS 应用相关领域的关键词搜索结果。

注释栏 1.3	GIS 应用的清单

在谷歌学术（Google Scholar）以"GIS 应用"为关键字快速搜索结果得到以下领域：自然资源、自然灾害、地表和地下水水文、气象、环境分析和监控、洪水风险、土壤、生态系统管理、野生动物栖息地、农业、林业、景观分析和管理、土地利用管理、入侵物种、河口管理、考古学、城市规划、交通、医疗、商业和服务规划、房地产、旅游、社区规划、应急计划、污染评估、公共服务和军事行动。自然资源、农业和林业等是整个学科领域，还可以有许多分支学科。因此，GIS 应用的这个清单并不完整，将来会继续扩大。

美国地质调查局（USGS）是美国 GIS 开发和推广的一个主要机构。美国地质调查局网站提供案例研究及地理空间数据，应用于气候和土地利用变化、生态系统分析、地质测绘、石油资源评估、流域管理、海岸带管理、自然灾害（火山爆发、洪水和滑坡）、蓄水层枯竭和地下水管理（http://www.usgs.gov/）。关注人口普查数据和 GIS 应用，美国人口普查局提供 GIS 兼容的 TIGER（拓扑集成地理编码和参照）产品，包括法定和统计地理区域、公路、铁路和河流，可与人口和经济数据相结合用于广泛的分析（http://www.census.gov/）。

美国许多其他联邦机构也在他们的网站提供 GIS 数据和应用程序：

（1）美国住房和城市发展部的 GIS 门户网站提供的工具用于查找授权（开发）区、更新社区、企业社区、住房和城市发展部的待售房屋。也有用于准备和测绘社区和小区的工具，用于申请住房和城市发展部的赠款项目（http://egis.hud.gov/）。

（2）美国卫生和人类服务部的数据仓库提供了关于卫生资源的信息获取，包括社区卫生中心等（http://www.huduser.gov/portal/egis/index.html）。

（3）美国国家气象局的 GIS 门户网站发布 GIS 兼容的天气数据（如降水的估计、水文气象数据和雷达图像）（http://www.weather.gov/gis/）。通过其飓风中心可获取当前和历史上热带气旋的风速和轨迹（http://www.nhc.noaa.gov/）。

（4）美国联邦高速公路管理局的交通 GIS 网站可链接 GIS 应用，包括州和地方 GIS 实务、联邦高速公路管理局的 GIS 成就和国家应用（http://www.gis.fhwa.dot.gov/apps.asp）。

（5）美国国家林业局地理空间服务和技术中心提供一系列地理信息产品和相关技术培训服务（http://www.fs.fed.us/gstc）。

（6）美国农业部关于精准度、地理空间和传感器技术的计划主要关注特定场地作物管理和其他主题（https://nifa.usda.gov/program/precision-geospatial-sensor-technologies-programs）（注释栏 1.4）。

注释栏 1.4	精准农业

特定点位作物管理是精准农业的同义词，它是一个早期的 GIS 应用。20 世纪 80 年代后期，农民开始使用精准农业，根据土壤条件的差异性施肥。Gebbers 和 Adamchuk（2010）提出现代精准农业可以实现以下三个目标：①优化利用现有资源，以提高收益性和可持续发展的农业经营；②减

少对环境的负面影响；③改善工作环境质量和改善种植业、畜牧业及相关专业的社会影响。因此，精准农业对于未来食品安全至关重要。

在私营部门，大多数 GIS 应用与互联网、GPS、无线技术和网络服务相结合。以下是这方面的一些应用：

（1）在线地图网站提供定位器寻找不动产、度假租赁、银行、餐馆、咖啡店和酒店。

（2）基于位置的服务允许手机用户搜索附近的银行、餐馆和出租车，追踪朋友、聚会、儿童和老人（注释栏 1.5）。

注释栏 1.5　　　　　　　基于位置的服务和社交网络

本书第三版（2005 年）就介绍了 Dodgeball 的基于位置的服务，即"沟通（bridging）GIS"和社交网络的例子。Dodgeball 的口号是"在 10 个街区范围内找到朋友和朋友的朋友的位置"，如此大获成功，导致谷歌在 2005 年买进 Dodgeball，但后续合作并不成功。2009 年 Dodgeball 的创始人之一建立了 Foursquare，这是一个用于移动设备的基于位置的社交网站。Foursquare 的用户可以在 Twitter 或 Facebook 上发布自己的位置并联系到他们的朋友。当然，Foursquare 不是唯一的基于位置的社交网站，Latitude 和 Facebook Places、Glympse、Google Now 和 Waze 也提供类似的服务。

（3）移动 GIS 允许野外工作人员在野外收集和访问地理空间数据。

（4）移动资源管理工具实时跟踪和管理现场人员位置和资产移动。

（5）汽车导航系统基于利用 GPS 和照相机的精准道路制图，为驾驶员提供转弯指导和最佳路线。

（6）市场区域分析通过检查分支机构、竞争对手的地点和人口特征来确定值得扩张的区域。

（7）增强现实技术可以让智能手机用户通过手机照相机与叠加的数据或图像（如从 GIS 中获得的 3D 地形、Pokemon Go 的小怪物）来查看当前的位置。

1.4　GIS、Web2.0 和移动技术的集成

本节探讨将 GIS、Web2.0 和移动技术集成的新的重要发展，就如何使用桌面 GIS 在投影、数据管理、数据探索和数据分析中执行常规任务来看，它们并不是"传统的" GIS 应用程序，而是遵循 Web2.0 的理念，专注于促进以用户为中心的设计和协作的应用程序。这些受欢迎的应用程序实际上已经将 GIS 引入普通大众中并拓展了 GIS 在日常生活中的应用。

1.4.1　网络制图

对于网络制图，服务器通过浏览器提供地图和图像（如基于地图的浏览器），它是由客户端访问，来作数据显示、数据查询和制图。1996 年，MapQuest 提供了第一个在

线地图服务，包括地址匹配和旅行计划的地图输出。美国地质调查局和美国人口普查局分别于 1997 年和 2001 年迅速建立了其他地图服务。然后在 2004 年，美国国家海洋和大气管理局（NOAA）推出了"World Wind"，是一个免费开源项目，允许用户将卫星图像、航空照片、地形图和 GIS 数据叠置在 3D 地球模型上。

尽管网络制图在 21 世纪初已很普遍，但直到 2005 年，谷歌才推出了"谷歌地图"和"谷歌地球"，使得网络地图在普通大众中流行起来。谷歌地图允许用户搜索一个地址或一个业务，并获得去往该位置的旅行提示。当用户将空间放大到街道尺度时，谷歌地球显示地球表面的 3 D 地图（Butler，2006）。2005 年以来，谷歌继续增加新功能到谷歌地图和谷歌地球中，如街景、3D 建筑和谷歌之旅。谷歌还购买了 Skybox 成像（2016 年更名为 Terra Bella）使其有了自己的最新图像。谷歌地图的成功导致其他公司也提供类似的服务，这些公司包括 Bing Map（以前的微软虚拟地球）、Yahoo！Map、苹果地图和 HERE（由奥迪、宝马和戴姆勒共同拥有）。

网络制图的流行已经打破了公共使用地理空间数据和技术的障碍，这又导致了其他方面的发展，如混搭制图、协同网络制图、志愿者地理信息和地理社会数据探查。以下作简要介绍。

1.4.2　混搭绘制地图

混搭绘制地图允许用户将他们自己的内容（如文字、照片和视频）与基于网络的地图组合，成为"即时新制图员"（Liu and Palen，2010）。2006 年谷歌地图推出一个免费的 API（应用程序编程界面）来制作"谷歌地图混搭"。谷歌地图混搭的例子可以在 Google Map Mania（http://www.googlemapsmania.blogspot.com/）和 Wikimapia（http://wikimapia.org）中看到。谷歌地图混搭的想法很快就获得了在房地产、度假租赁、准出租车服务等其他商业应用。2007 年推出的 My Map 加在谷歌地图上，它允许用户在个性化地图上标记位置、路径和感兴趣的区域，并可嵌入到网站或博客的地图中。

混搭制图也可以在由政府机构维护的网站上找到。例如，由美国联邦地理数据委员会于 2011 年推出的地理空间平台（http://www.geoplatform.gov/），可让用户将他们自己的数据与现有的公共域数据相结合来创建地图。这些在地理空间平台上创建的地图可以与他人共享浏览器和移动技术。

对于 GIS 用户来说，混搭制图可以通过 GIS 软件包生成的图层和地图与谷歌地球上的图层和地图的集成来获得不同的形式。这是通过将图层和地图转换为 KML（锁孔标记语言）格式即谷歌地球用来显示地理数据的文件格式。KML 文件也可从一些政府机构下载：来自美国人口普查局的国界和州界；来自美国地质调查局水系、河流流量和盆地边界；以及来自美国国家气象局的水文气象数据。

1.4.3　协作网络制图

随着混搭绘制地图被公众方便使用，用户在项目上进行协作就很自然了。最常用和引用的项目之一是 2004 年推出的 OpenStreetMap（OSM）（Neis and Zielstra，2014）。常被提到的免费的维基世界地图提供免费的地理数据。OSM 是一个合作项目，注册用户使用 GPS、航空相片和其他免费资源来自愿收集数据，这些数据包括道路网络、建筑、土地利用、公共交通（https://www.openstreetmap.org/）。OSM 社区在救灾项目中一直很活跃，包括海地地震后测绘工作（Meier，2012）。2016 年，OSM 声称在全球范围内拥有 300 万用户。

协作网络制图的另外一个例子是 Flighttradar24,它在地图上显示实时的飞机飞行信息（https://www.flight tradar24.com/）。Flighttradar24 于 2006 年推出，它收集了多源数据，包括由志愿者用 ADS-B（自动依赖监控广播）接收器收集的信息。还有许多其他的由社区和组织发起的协作网络制图项目。有些人实际上在他们的工作中使用了 OSM 技术，如费城的社区附近食物资源的地图绘制（Quinn and Yapa，2016）。

1.4.4　志愿者地理信息（VGI）

志愿者地理信息（VGI）是由 Goodchild（2007）创造的术语以描述公众使用网络应用程序和服务而生成的地理信息。VGI 是公共生成或众包地理信息的一个例子。在许多情况下，VGI 不能与协作网络制图。例如，OSM 依靠 VGI 来组合道路或自行车路线地图。然而，由于它可以提供近乎实时的数据，VGI 对灾难管理非常有用（Haworth and Bruce，2015）。实时数据与地理标签图像和社会媒体内容相结合，可以快速共享重要信息用于灾害管理。据报道，VGI 在管理南加州森林火灾（Goodchild and Glennon，2010）及海地地震方面很有用（Zook et al.，2010）。VGI 也被用于私营部门，如 Map Creator（https://mapcreator.here.com）可让 HERE 用户报告地址、商店、道路、桥梁和其他 HERE 地图中常见要素的变化。

VGI 的一个主要问题是它涉及地理位置及叙事时的准确性和可靠性（如 Haklay 等 2010）。另一个问题是其伦理使用，在灾难事件中共享个人信息可能存在被许多人访问的潜在风险，包括那些不道德的意图（Crawford and Finn，2015）。

1.4.5　地理社交数据探索

地理社交数据指的是在 Facebook、Twitter、Instagram、Flickr 和 YouTube 等社交网络贴上地理标签。通过使用智能手机或其他类型的支持 GPS 的设备，人们可以很容易收集和分享他们的位置数据及与实时地点相关的最新信息。地理社交数据可以用于灾难管理，如 1.4.4 节所述的，但是它们还可以有更广阔的应用范围，包括推荐系统、监测交通、城市规划、公共卫生和跟踪名人（Kanza and Samet，2015）。

对每个用户的位置和时间进行编码，地理社交数据通常是巨大的并对 GIS 提出了巨大的挑战（Sui and Goodchild，2011）。Crampton 等（2013）和 Shelton 等（2014）的研究主张在使用"大数据"时应该超越地理标签数据的静态可视化，关注数据背后的社会和空间过程。

1.5 本书的结构

基于 1.2 节的主题概要，本书结构由 6 部分组成：地理空间数据（第 2～第 4 章），数据获取（第 5～第 7 章），属性数据管理（第 8 章），数据显示（第 9 章），数据探查（第 10 章），数据分析（第 11～第 18 章）（见表 1.1）。关于数据分析的 8 个章节如下：核心数据分析（第 11、第 12 章）；表面分析（第 13、第 14 章）；空间插值（第 15 章）；地理编码和动态分段（第 16 章）；路径和网络分析（第 17 章）；GIS 模型与建模（第 18 章）。本书无单设章节来介绍遥感或网络应用，而是融入多个章节和章末习作中。

1.6 概念与实践

本书每一章均包括两个主要部分。第一部分涉及该章的主题和概念，第二部分涉及应用，通常有 2～7 个面向解决问题的习作任务。第一部分还附有注释栏、网址、重要概念与术语解释，以及复习题。应用部分提供了分步骤的问题和指南，以强化学习进程。如果仅一味埋头按照指南完成任务，对过程也不加思考，学习效果显然不会好。每个应用部分的最后还包括一个挑战性问题，旨在进一步培养解决实际问题所需的技巧。各章末附有扩展的更新过的参考文献。

本书强调概念与实践并重。GIS 概念解释了 GIS 操作的目的和目标，以及 GIS 操作之间的相互关系。例如，对地图投影概念有了基本理解后，我们才会明白为什么必须把要用在一起的地图图层都投影到同一个坐标系进行空间校准，以及为什么必须输入许多投影参数。关于地图投影的知识是始终需要的，它不会因为技术的改变而改变，也不会因为 GIS 软件包的更新而过时。

GIS 是一门科学，同时也是解决问题的工具（Wright, Goodchild and Proctor, 1997；Goodchild, 2003）。为了正确、有效地应用这个工具，我们必须成为使用该工具的能手。实践始终是数学和统计学教材的特点，同样是使我们成为使用 GIS 能手的唯一途径，同时通过实践也能帮我们更好地理解 GIS 概念。例如，均方根（RMS）误差作为几何变换的误差量测，从数学角度颇为费解，但在一系列几何变换之后，均方根误差则开始变得更可感知，因为我们可看到每次采用一套不同的控制点所产生的误差量测变化。

GIS 教材的实践部分需要数据集和 GIS 软件。本书所用的许多数据集取自编著者 20 年来在爱达荷大学和台湾大学 GIS 班的教学内容，部分数据是通过网络下载的。练习指南与 ArcGIS 10.5 相配套。绝大部分习作都使用 ArcGIS（基本许可等级）和以下扩展模块：Spatial Analyst、3D Analyst、Geostatistical Analyst、Network Analyst 和 ArcScan。

本书尽可能为读者提供用于获取更多信息和数据的网址。然而，本书出版之后其中一些网址则有可能失效了，但往往可以通过关键字检索来找到新的网址。

重要概念和术语

　　数据探查（**Data exploration**）：以数据为中心的查询和分析。

　　动态分段（**Dynamic segmentation**）：一种数据模型，可在坐标系统上使用线段量测的数据。

　　地理信息系统（**GIS**）：用于采集、存储、查询、分析和显示地理空间数据的计算机系统。

　　地理关系数据模型（**Georelational data model**）：一种矢量数据模型，用分离的系统分别存储空间数据和属性数据。

　　地理社交数据（**Geosocial data**）：在社交网络（诸如 Twitter 和 Instagram）上贴上地理标签。

　　地理空间数据（**Geospatial data**）：描述地球表面空间要素的位置和特征的数据。

　　混搭绘制地图（**Mashup Mapping**）：将用户的内容（如文字、照片和视频）与基于网络的地图相结合绘制地图。

　　基于对象的数据模型（**Object-based data model**）：一种用对象来组织空间数据的数据模型，它把空间数据和属性数据储存在同一个系统内。

　　栅格数据模型（**Raster data model**）：一种用格网和像元来表示要素空间变化的空间数据模型。

　　关系数据库（**Relational database**）：一系列表格的集合，可通过关键字段与其他表格连接。

　　拓扑（**Topology**）：数学的一个分支，应用在 GIS 中，能确保要素之间的空间关系明晰表达。

　　不规则三角网（**TIN**）：一种复合矢量数据模型，它采用一系列互不重叠的三角形来近似表示地形。

　　矢量数据模型（**Vector data model**）：一种空间数据模型，采用点及其 x、y 坐标来构建点、线和面空间要素。

　　志愿者地理信息（**Volunteered geographic information**）：由公众利用网络应用软件和服务而生成的地理信息。

复习题

　　1. 定义地理空间数据。

　　2. 阐述 GIS 在您所从事领域的一个应用实例。

　　3. 访问美国地质调查局国家地图网站（http://nationalmap.gov/viewer.html），看看有哪些地理空间数据可供下载。

　　4. 访问美国国家司法研究所的网站（http://www.ojp.usdoj.gov/nij/maps/），阅读 GIS 如何用于犯罪分析。

5. 基于位置的服务行业大概是最商业化的 GIS 相关领域。在 Wikipedia（http://www. wikipedia.org/）中查找基于位置的服务并阅读该主题下公布的内容。

6. 在您的 GIS 班上和项目中目前使用哪种软件和硬件？

7. 分别尝试由地图定位商 Microsoft Virtual Earth，Yahoo! Maps 和 Google Maps 提供的定位服务，指出这三个系统之间的主要差异。

8. 阐释空间数据和属性数据是 GIS 数据的重要组成部分。

9. 解释矢量数据和栅格数据之差异。

10. 解释地理关系数据模型和基于对象数据模型之差异。

11. 提供一个混搭（mashup）绘制地图的示例。

12. 为什么"志愿者地理信息"对灾难管理有用？

13. 这个链接（http://www.openstreetmap.org/map=12/52.1977/0.1507）显示一幅基于 OpenStreetMap 数据的英国剑桥地图。用该地图将 OpenStreetMap 数据的质量与谷歌地图进行比较。

14. 假如要求您为班级做一个 GIS 项目，完成该项目需要进行哪些活动和运作？

15. 说出矢量数据分析的两个例子。

16. 说出栅格数据分析的两种操作。

17. 以您所从事的领域，描述 GIS 可为建模提供有用工具的一个例子。

应用：绪论

ArcGIS 使用一个可扩展的体系结构和用户界面。它有 3 个许可等级：基本的（Basic）、标准的（Standard）和高级的（Advanced）。3 个等级均采用相同的 ArcCatalog 和 ArcMap 应用界面，并共用相同的扩展模块如 Spatial Analyst、3D Analyst、Network Analyst 和 Geostatistical Analyst。然而，它们可以执行不同的操作。本书使用 ArcGIS 10.5 版。

ArcCatalog 和 ArcMap 都有 Customize 菜单。当点击 Customize 菜单的 Extensions 按钮时，会显示一个列表，供用户选择扩展模块。如果扩展模块（如 Geostatistical Analyst）由工具条控制，则必须从 Customize 菜单的右拉式工具条中勾选该扩展模块（Geostatistical Analyst）。

本章应用部分包括两个习作，习作 1 介绍 ArcCatalog 和 ArcToolbox；习作 2 介绍 ArcMap 和 Spatial Analyst 扩展模块。这两个习作中的矢量数据格式和栅格数据格式将分别在第 3 章和第 4 章作介绍。应用指南中的数据集名称用斜体字表示（如 *emidalat*），提问采用黑体字表示（如**问题 1**）。

习作 1　ArcCatalog 入门

所需数据：高程的栅格文件—*emidalat* 和河流的 shapefile 文件—*emidastrm.shp*。
习作 1 介绍 ArcCatalog，这是一个管理数据集的应用程序。

1. 在程序菜单中启动 ArcCatalog。ArcCatalog 让您建立与数据源的联系，数据源可以存储在本机的文件夹或网络的数据库中。在习作 1 中，将建立与包含第 1 章数据库文件夹（如 chap1）的联系。点击 Connect To Folder 按钮。浏览到 "chap1" 文件夹并点击 OK。Catalog 目录树中出现 chap1 文件夹。打开该文件夹查看其数据集。

2. 点击 Catalog 目录树中的 *emidalat*。点击 Preview 栏标，浏览该栅格数据的地理数据和表格（在左下角的 Preview 中选择 Geography 和 Table）。

3. ArcCatalog 有用于各种数据管理任务的工具。可用右键点击一个数据集打开其快捷菜单来使用这些工具。右键点击 *emidastrm.shp*，出现快捷菜单，包括 Copy、Delete、Rename、Create Layer、Export 和 Properties。使用快捷菜单，可复制 *emidastrm.shp* 并粘贴到不同的文件夹或者将其删除。图层或图层文件是数据集的可视化显示。导出（Export）工具可把 shapefile 导成 geodatabase。属性（Properties）对话框显示数据集信息。右击 *emidalat* 并选择属性。此栅格数据集的属性对话框显示 *emidalat* 的投影坐标是 Universal Transverse Mercator（UTM）坐标系统。

4. 下一步要您来创建一个个人的 geodatabase 并将 *emidalat* 和 *emidastrm.shp* 导入到该 geodatabase。右键点击 ArcCatalog 目录树中 Chap 1 数据库，指针指向 New，选择 Personal Geodatabase。用 File 菜单可同样作。点击这个新的 Geodatabase 并将其重新命名为 *Task1.mdb*。若未出现扩展名，从 Customize 菜单选择 ArcCatalog Options，并在 General 栏不勾选 "隐藏文件扩展名"。

5. 有两种方法可把 *emidalat* 和 *emidastrm.shp* 导入 *Task1.mdb*。以下把两种方法都试用一下。先用第一种方法导入 *emidalat*，右键点击 *Task1.mdb*，指向 Import，并选择 Raster Datasets。在下一对话框中，浏览至 *emidalat*，把它加为输入栅格，点击 OK 将其导入。当导入操作完成时，屏幕右下角将出现一条信息（如果失败，将看见带有红色 x 号的信息）。

6. 第二种方法，用 ArcToolbox 将 *emidastrm.shp* 导入 *Task1.mdb*。ArcCatalog 的标准工具条有个 "ArcToolbox" 按钮。双击打开 ArcToolbox 窗口，右键点击 ArcToolbox 并选择 Environments。Environment Settings 可设定工作空间，这对于大多数操作很重要。点击 Workspace 的下拉箭头，浏览至 Chap1 数据库并将其设为当前工作空间和暂存工作空间，关闭环境设置窗口。ArcToolbox 的工具被组织成层级结构。需要用的导入 *emidastrm.shp* 的工具在 Conversion Tools/To Geodatabase 工具集中。双击 Feature Class to Feature Class 来打开该工具。选 *emidastrm.shp* 作为输入要素，选 *Task1.mdb* 作为输出位置，指定 *emidastrm* 作为输出要素类名称，然后点击 OK。展开 *Task1.mdb* 确认这个导出操作已经完成。

问题 1　ArcToolbox 中可用工具的数量取决于您的 ArcGIS 的许可等级。程序菜单中的 ArcGIS 10.5 Desktop Help 中有关于许可的信息。例如，要得到 "Feature Class to Feature Class" 工具的许可信息，您可进到 Tool reference/Conversion toolbox/Conversion toolbox licensing 查看。ArcGIS 的 3 种许可等级是否都有用于习作 1 的 Feature Class to Feature Class 工具？

习作 2　ArcMap 入门

所需数据：与习作 1 相同的 *emidalat* 和 *emidastrm.shp*。

在习作 2 您将掌握 ArcMap 的基本用法。启动 ArcGIS10.5，在 ArcMap 中可直接点击 Catalog 按钮并将其打开。Catalog 里可以完成与 ArcCatalog 里相同的功能和任务，如 Copy、Delete。

1. ArcMap 主要用于数据显示、数据查询、数据分析和数据输出。可在 ArcCatalog 中点击 ArcMap 按钮来启动 ArcMap，也可由程序菜单启动 ArcMap。开启一个新的空白地图文档。ArcMap 将数据集组织成数据帧（又称为地图）。当您启用 ArcMap 时就打开一个被称为 Layers 的新的数据帧。右键点击 Layers 并选择 Properties。在 General 栏，将 Layers 改名为 Task2 并点击 OK。

2. 下一步将 *emidalat* 和 *emidastrm.shp* 添加到 Task2。在 ArcMap 中点击 Add Data 按钮，浏览至 Chap1 数据库，并选中 *emidalat* 和 *emidastrm.shp*。如果要添加多个数据集，可按住 Ctrl 键，点击第一个数据集，然后再点击其他数据集。也可用拖拽法代替 Add Data 按钮，从 Catalog 目录树拖动一个数据集放到 ArcMap 视窗里。

3. 警示信息指出一个或多个图层缺失空间参照信息。点击 OK 退出该对话框。*emidastrm.shp* 没有投影信息，尽管它是基于 UTM 坐标系统，*emidalat* 也同样没有。我们将在第 2 章学习如何定义坐标系统。

4. *emidalat* 和 *emidastrm.shp* 被高亮显示在目录表中，说明都处于激活状态。可点击空白处使其不被激活。目录表下方有 5 个栏标：List by Drawing Order、List by Source、List by Visibility、List by Selection 和 Options。在 List by Drawing Order 栏上，您可用将图层拖上拖下的方法改变其绘图顺序。List by Source 栏显示每个图层的数据源。List by Visibility 栏可打开或关闭激活数据帧中的图层。List by Selection 栏列出可选的图层。Options 按钮可让您改变目录的行为和外观。返回 List by Drawing Order。

问题 2　ArcMap 是先绘出位于目录表最上方的图层吗？

5. ArcMap 的标准工具条有以下工具：放大、缩小、漫游、全屏、选择要素和识别。当光标指到一个工具图标，出现一个信息框，含有该工具及其快捷方法的说明。

6. ArcMap 有两个视窗：Data View 和 Layout View（这两个视窗的按钮位于窗口左下角）。Data View 用于查看数据，Layout View 用于查看地图打印输出效果。本习作使用 Data View。

7. 这一步要改变 *emidastrm* 的符号。点击目录表中 *emidastrm* 符号来打开 Symbol Selector 对话框。您可选择预设符号（如 river），也可通过指定颜色、宽度或编辑该符号来为 *emidastrm* 制作想要的符号。这里选择河流的预设符号。

8. 下一步要将 *emidalat* 按<900、900～1000、1000～1100、1100～1200、1200～1300 和>1300m 来分出高度带。右键点击 *emidalat* 并选中 Properties。点击 Symbology 栏标，在 Show 栏中点击 Classified，然后单击 yes 以构建直方图。类型数改为 6，

点击 Classify 按钮。Method 下拉菜单提供有 7 种方法，选择 Manual。有两种方法用于手动设定高度带的分割值。先用第一种方法，点击第一条分割线并将其拖拽至想要的数值 900。以同样方法设定 1000、1100、1200、1300 和 1337。再用第二种方法，这是通常选择的方法，点击 Break Values 栏中的第一单元并输入 900，点击其后 4 个单元并相应输入 1000、1100、1200 和 1300。(如果您输入的分割值变为不同的值，则需重新输入)。运用第二种方法设立分割值，点击 OK 退出 Classification 对话框。在 Layer Properties 对话框中，改变 Lable 下的值域为 855～900、900～1000、1000～1100、1100～1200、1200～1300 和 1300～1337。

问题 3 列出 ArcMap 中 Manual 以外的其他分类方法。

9. 您可通过 Color Ramp 下拉菜单改变 *emidalat* 的配色方案。有时用文字比用图示更容易，在 Color Ramp 方框内点击右键并将 Graphic View 的打勾去除。Color Ramp 的下拉菜单显示 White to Black、Yellow to Red 等。选中 Elevation #1。点击 OK 退出 Layer Properties 对话框。

10. 下一步是从 *emidalat* 中获得 slope 图层。从 Customize 菜单选择 Extensions 并勾选 Spatial Analyst。然后点击 ArcToolbox 按钮打开 ArcToolbox。右击 ArcToolbox 选择 Environments。在 ArcToolbox 环境下设置第 1 章数据库为当前和暂存工作区。Slope 工具在 Spatial Analyst Tools/Surface 工具集下。双击 Slope 工具，在 Slope 对话框中，选择 *emidalat* 为输入栅格数据，保存文件名为 *slope*，点击 OK。*Slope* 被加载至 Task2。

11. 在退出 ArcMap 前，可把习作 2 存为地图文档。在 ArcMap 中的 File 菜单中选择 Save，浏览至 Chap1 数据库，输入 *chap1* 为文件名，点击 Save。习作 2 显示的数据集现已用文件名 *chap1.mxd* 保存。*chap1.mxd* 应储存在与其所参照数据集同一文件夹中，方可重新打开。操作过程中可随时存储地图文档以免出现意外而丢失已做的工作。也可用相对路径名方法 (如不带驱动器名) 存储地图文档。从 ArcMap 的 File 菜单选择 Map Document Properties。在随后对话框里，选中 "store relative path names to data sources"。

12. 要确认 *chap1.mxd* 是否正确保存，首先从 ArcMap 的 File 菜单选中 Exit。然后再启动 ArcMap，在 File 菜单下点击 chap1 或选择 *chap1.mxd*。

挑战性任务

所需数据: 高程栅格 *menan-buttes*。

这个挑战性任务要求以 10 个高度带显示 *menan-buttes*，并将地图以 *chap1.mxd* 与习作 2 存储在一起。

1. 打开 *chap1.mxd*。从 ArcMap 的 Insert 菜单中选择 Data Frame。将新的数据帧重命名为 Challenge，将 *menan-buttes* 加到 Challenge。Challenge 是加粗黑体字体，意味着其是激活状态。(如果是非激活状态，可通过右击 Challenge 选择 Activate)。

2. 以 10 个高程分带显示 menan-buttes，使用 elevation#2 色阶并以 4800、4900、5000、

5100、5200、5300、5400、5500、5600 和 5619（ft）为高度带的分割点。

　　3. 将 Challenge 以 *chap1.mxd* 与 Task2 存储在一起。

参考文献

Broome, F. R., and D. B. Meixler. 1990. The TIGER Data Base Structure. *Cartography and Geographic Information Systems* 17: 39-47.

Butler, D.2006. Virtual Globes: The Web-Wide World. *Nature* 439: 776-778.

Chrisman, N. 1988. The Risks of Software Innovation: A Case Study of the Harvard Lab. *The American Cartographer* 15: 291-300.

Coppock, J. T. 1988. The Analogue to Digital Revolution: A View from an Unreconstructed Geographer. *The American Cartographer* 15: 263-75.

Crampton, J. W., M. Graham, A. Poorthuis, T. Shelton, M. Stephens, M. W. Wilson, and M. Zook. 2013. Beyond the Geotag: Situating 'Big Data' and Leveraging the Potential of the Geoweb. *Cartography and Geographic Information Science* 40: 130-39.

Crawford, K., and M. Finn. 2015. The Limits of Crisis Data: Analytical and Ethical Challenges of Using Social and Mobile Data to Understand Disasters. *GeoJournal* 80: 491-502.

Goodchild, M. F. 2003. Geographic information Science and Systems for Environmental Management. *Annual Reviews of Environment ＆ Resources* 28: 493-519.

Goodchild, M.F. 2007. Citizens as Sensors: The World of Volunteered Geography. *GeoJournal* 69: 211-21.

Goodchild, M. F., and J. A. Glennon. 2010. Crowdsourcing Geographic Information for Disaster Response: A Research Frontier. *International Journal of Digital Earth* 3: 231-241.

Hahmann, S., and D. Burghardt. 2013. How Much Information is Geospatially Referenced? Networks and Cognition. *International Journal of Geographical Information Science* 27: 1171-1189.

Haklay, M. 2010. How Good is Volunteered Geographical Information? A Comparative Study of OpenStreetMap and Ordnance Survey Datasets. *Environment and Planning B: Planning and Design* 37: 682-703.

Haworth, B., and E. Bruce. 2015. A Review of Volunteered Geographic Information for Disaster Management. *Geography Compass* 9/5: 237-250.

Kanza, Y., and H. Samet. 2015. An Online Marketplace for Geosocial Data. *Proceedings of the 23rd ACM SIGSPATIAL International Conference on Advances in Geographic Information Systems*, Seattle, WA, November 2015.

Liu, S.B, and L.Palen.2010. The new cartographers: Crisis map mashups and the emergence of neogeographic practice. *Cartography and Geographic Information Scicence* 37: 69-90.

McDougall, K., and P. Temple-Watts. 2012. The Use of Lidar and Volunteered Geographic Information to Map Flood Extents and Inundation. *ISPRS Annals of the Photogrammetry, Remote Sensing and Spatial Information Science*, I-4: 251-56.

McHarg, I. L., 1969. *Design with Nature*. New Your: Natural History Press.

Meier, P. 2012. Crisis Mapping in Action: How Open Source Software and Global Volunteer Networks Are Changing the World, One Map at a Time. Journal of Map and Geography Libraries 8: 89-100.

Neis, P., and D. Zielstra. 2014. Recent Developments and Future Trends in Volunteered Geographic Information Research: The Case of OpenStreetMap. *Future Internet* 6: 76-106; doi: 10.3390/fi6010076.

Quinn, S., and L. Yapa. 2015. OpenStreetMap and Food Security: A Case Study in the City of Philadelphia. *The Professional Geographer* 68: 271-280.

Rhind, D. 1988. Personality as a Factor in the Development of a Discipline: The Example of Computer-Assisted Cartography. *The American Cartographer* 15: 277-89.

Shelton, T., A. Poorthuis, M. Graham, and M. Zook. 2014. Mapping the Data Shadows of Hurricane Sandy: Uncovering the Sociospatial Dimensions of 'Big Data.' *Geoforum* 52: 167-179.

Steiger, S., and A. J. S. Hunter. 2012. Free and Open Source GIS Software for Building a Spatial Data Infrastructure. In E. Bocher and M. Neteler, eds., *Geospatial Free and Open Source Software in the 21th Century*, pp. 247-61. Berlin: Springer.

Sui, D., and M. Goodchild. 2011. The convergence of GIS and Social Media: Challenges for GIScience. *International Journal of Geographical Information Science* 25: 1737-1738.

Tomlinson, R. F. 1984. Geographic Information Systems: The New Frontier. *The Operational Geographer* 5: 31-35.

Wright, D. J., M. F. Goodchild, and J. D. Proctor. 1997. Demystifying the Persistent Ambiguity of GIS as "Tool" versus "Science." *Annals of the Association of American Geographers* 87: 346-62.

Zook, M., M. Graham, T. Shelton, and S. Gorman. 2010. Volunteered Geographic Information and Crowdsourcing Disaster Relief: A Case Study of the Haitian Earthquake. *World Medical & Health Policy* 2: 7-33.

第2章 坐标系统

本章概览

GIS 的一个基本原则是：要在一起使用的图层必须在空间上相互匹配，否则就会发生明显错误。例如，图 2.1 显示分别从互联网下载的爱达荷州和蒙大拿州的州际公路图。显然这两张道路图在空间上无法配准在一起。要使跨越州界的道路网互相连接起来，就必须把它们转换成相同的空间参照系统。第 2 章的内容主要涉及作为空间参照基础的坐标系统。

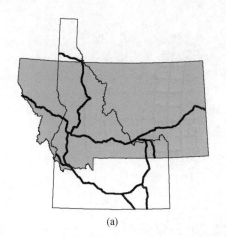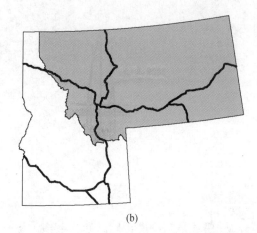

(a)   (b)

图 2.1 （a）图显示基于不同坐标系统的爱达荷州与蒙大拿州的州际公路；（b）图显示基于相同坐标系统的连接好的州际公路网

GIS 用户通常在平面上对地图要素进行处理。这些地图要素代表地球表面的空间要素。地图要素的位置是基于用 x 轴和 y 轴表示的坐标系统平面，而地球表面空间要素的位置是基于用经纬度值表示的地理坐标系统。项目一开始就对这些数据集进行处理使其基于共同的坐标系统，实为必要。地图投影就是从一种坐标系统过渡到另一种坐标系统。投影的过程就是从地球表面转换到平面，输出结果为一个地图投影，即可用于投影坐标系统。

我们通常从互联网下载 GIS 项目所需的数据集，包括矢量数据和栅格数据。一些数字化数据集用经纬度值度量，另一些用不同的投影坐标。如果这些数据集要放在一起使用，那么使用前必须先经过处理。这里所说的处理指的是投影和重新投影。**投影**是将数据集从地理坐标转成投影坐标，**重新投影**是从一种投影坐标转成另一种投影坐标。通常投影和重新投影是 GIS 项目的初始任务。

　　本章共分 5 节。2.1 节讲述地理坐标系统，2.2 节讨论投影、地图投影种类和地图投影参数，2.3 节和 2.4 节分别介绍常用地图投影和坐标系统，2.5 节讨论在 GIS 软件包中如何运用坐标系统。

2.1　地理坐标系统

　　地理坐标系统是地球表面空间要素的定位参照系统（图 2.2）。地理坐标系统是由**经度和纬度**定义的。经度和纬度都是用角度度量的：经度是从本初子午线开始向东或向西量度角度，而纬度是从赤道平面向北或向南量度角度的（图 2.3）。

图 2.2　地理坐标系统

　　子午线是指经度相同的线。本初子午线经过英格兰的格林尼治，经度为 0°。以本初子午线为参照，我们可以从本初子午线开始向东或向西在 0°～180°测量地球表面某个地点的经度值。因此，子午线用于东-西位置的度量。**纬线**是指纬度相同的线。以赤道为 0°纬度，我们可以从赤道向南或向北在 0°～90°测量纬度值。显然纬线用于测量南北方向的位置。地球表面某点位置为 120°W60°N，表示其位于本初子午线以西 120°，赤道以北 60°。

　　本初子午线和赤道被看作是地理坐标系统的基线。地理坐标的符号就像一个平面坐标：经度值相当于坐标系统的 x 值，纬度值相当于 y 值。GIS 中通常输入带正号或负号的经度和纬度值。经度值以东半球为正，西半球为负。纬度值以赤道以北为正，赤道以南为负。

经线和纬线的角度可以用**度-分-秒（DMS）、十进制表示的度数（DD）**，或者是**弧度（rad）**的形式表示。1 度等于 60 分，1 分等于 60 秒，我们可以在 DMS 和 DD 之间进行转换。例如，纬度值 45°52′30″等于 45.875°（45 + 52/60 + 30/3600）。弧度一般在计算机编程中应用。1 弧度等于 57.2958°，1 度等于 0.01745 弧度。

2.1.1 地球的近似表示

绘制地球表面空间要素的第一步是选择一个与地球形状、大小接近的模型。最简单的模型就是球体，它通常在讨论地图投影时都会用到（图 2.3）。但是地球并不是一个纯粹的球体：地球的赤道比两极之间宽一些。因此，与地球形状比较接近的是一个以椭圆短轴旋转而成的扁球，也称为**椭球体**（Kjenstad，2011）。

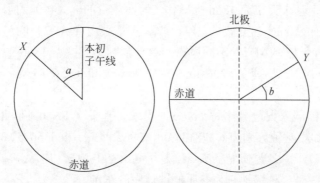

图 2.3　左图上的 *a* 代表经度读数，右图上的 *b* 代表纬度读数。经、纬度均用角度度量

椭球体有与赤道相连的长轴（a）和与极点相接的短轴（b）（图 2.4）。参数扁率（f）用于测量椭球体两轴的差异，公式为$(a-b)/a$。基于椭球体的地理坐标被称为**大地坐标**，它是所有地图制图系统的基础（Iliffe，2000）。在本书中我们使用一般术语——地理坐标。

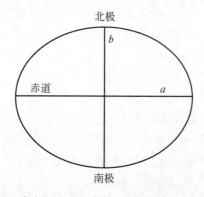

图 2.4　扁率取决于长半轴 *a* 与短半轴 *b* 之差异

2.1.2 大地基准

大地基准是地球的数学模型，它是计算水平基准时的地理坐标的参照或基础，

并用于计算垂直数据的海拔（Burkard，1984；Moffitt and Bossler，1998）。水平基准和垂直基准分别在第 2 章和第 5 章中讨论。水平基准的定义包括起始点（原点）的经度和纬度、椭球体及椭球体与地球在原点的分离。因此，基准面和椭球面是密切相关的。

为了在当地更好地拟合地球，许多国家在过去已经开发了自己的大地基准。这些大地基准包括欧洲基准、澳大利亚大地基准、东京基准和印度基准（用于印度和几个邻近国家）。美国的 GIS 用户一直使用 **NAD27**（1927 年北美基准）和 **NAD83**（1983 年北美基准）。

2.1.3 NAD27 和 NAD83

NAD27 是一个基于**克拉克 1866** 椭球体（地面测量的椭球体）的当地基准，它源于堪萨斯州的 Meades Ranch。夏威夷是唯一没有真正采用 NAD27 的州，它使用古老的夏威夷基准，是一个与 NAD27 不同原点的独立基准。克拉克 1866 的半长轴（赤道半径）和半短轴（极半径）为 6378206.4m（3962.96mi）和 6356583.8m（3949.21mi），扁平率为 1/294.979。

1986 年，美国国家大地测量局（NGS）引入了基于 **GRS80** 椭球面 的 NAD83。GRS80 的半长轴和半短轴分别为 6 378137.0m（3962.94mi）和 6356752.3m（3949.65mi），扁平率为 1/298.257，由多普勒卫星测量确定了 GRS80 地球的形状和大小。与 NAD27 不同的是，NAD83 是一种以地心为参照的地球中心基准。

从 NAD27 到 NAD83 的基准转换会导致点位置的显著偏移。如图 2.5 所示，在美国大陆的水平偏移在 10～100m（这些偏移在阿拉斯加超过 200m，在夏威夷超过 400m）。例如，在华盛顿奥林匹克半岛的 Ozette 标准地形图上，向东偏移 98m，向北偏移 26m，因此，水平偏移是 101.4m（$\sqrt{98^2 + 26^2}$）。显然，因为这种基准偏移，基于不同基准的数字化图层将无法正确注册。将一个基准转换到另一个基准，通常称为基准转换或地理转换，需要使用软件包重新计算经度值和纬度值。例如，NADCON 是一个可于对 NAD27 和 NAD83 之间进行转换的软件包，它可以在 NGS 网站下载获取。

最初的 NAD83 使用多普勒卫星观测来估计地球的形状和大小。此后对 NAD83 的几次调整（更新），提高了准确性。20 世纪 80 年代后期，NGS 开始使用 GPS 技术在美国各州的基础上建立高精度参照网络（HARN）。1994 年，NGS 启动了连续运行的参照站（CORS）网络，这是一个由 200 多个站点组成的网络，为 GPS 数据的后处理提供测量数据。控制点的定位误差在原来的 NAD83 和 HARN 之间可高达 1m，而在 HARN 和 CORS 之间则小于 10cm（Snay and Soler 2000）。2007 年，NGS 完成了国家空间参照系统（NSRS），旨在解决 HARN 和 CORS 之间及州之间的不一致。当前和第四次 NAD83 调整是完成于 2012 年的 2011 年全国调整项目。美国更新和改进官方水平基准的过程未来还将继续（注释栏 2.1）。根据 NGS 的十年计划（2013～2023 年），NAD83 将在 2022 年被取代（http://www.ngs.noaa.gov/web/news/tenyearplan2013-2023.pdf）。

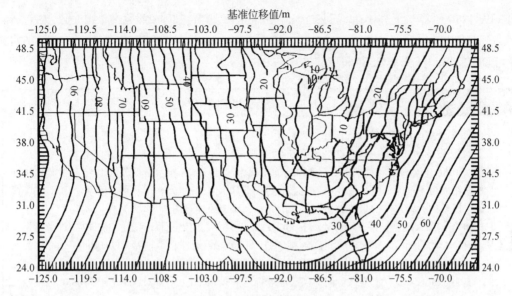

图 2.5 等值线表示从 NAD27 到 NAD83 的水平偏移量（m）。水平偏移的定义参见 2.1.2 节（经美国国家大地测量局许可）

注释栏 2.1	大地基准的准确性

　　空间参照系统需要一个大地基准，因此，大地基准的准确性是地图制图的重要课题之一。NAD27 是基于大约 26000 个站点的测量，在每个站点采集了纬度和经度坐标。为了提高 NAD27 的准确性，NAD83 将 NAD27 这些站点与从多普勒卫星数据中测量的外加点位结合起来，共使用了 25 万个站点。NAD83 随后的更新依赖于 GPS 技术来确定地球表面的位置，并将它们纳入 NAD83。每一次新的大地基准都意味着地理坐标系统定位点准确性的提高。定位准确性的改进对于标记地块边界、修建道路和管线及许多其他任务是很重要的。然而，对于许多 GIS 用户来说，数据偏移可能比大地基准准确性更重要，这是因为 GIS 项目常常涉及不同来源的图层，这些图层可能基于不同的大地基准。除非进行了基准或地理转换，否则这些图层将不会被正确地注册。

　　为了区分最初的 NAD83 和随后的 4 次调整，GIS 软件包使用 NAD83、NAD83（HARN）、NAD83（CORS96）、NAD83（NSRS2007）和 NAD83（2011）的符号。此外，NAD83（CSRS）是用于加拿大的 NAD83，CSRS 代表加拿大空间参照系统。

2.1.4　WGS84

　　WGS84（世界大地测量系统，1984）被美国国防部用作支持定位和导航的全球参照系统（True, 2004），它是 GPS 读数的基准。全球定位系统使用的卫星以在 WGS84 坐标发送它们的位置，GPS 接收机内部的所有计算也都是基于 WGS84。

　　最初的 WGS84 是在 1987 年使用多普勒卫星观测建立的。因此，最初的 WGS84 与北美的 NAD83 完全相同。自 1987 年以来，WGS84 已经使用 GPS 数据重新调整。在 1994～2013 年，借助新数据和新方法提高其准确性，共实现了 5 次调整 。此外，通过这些调整，WGS84 已经与下列国际地面参照框架（ITRF，世界空间参照系统）相一致：WGS84（G730）和 ITRF91，WGS84（G873），WGS84（G1150）和 ITRF2000，WGS84（G1674）和 ITRF2008，以及 WGS84（1762）和 ITRF2008。

译者注 2.1	中国的大地坐标系

　　1954 年北京坐标系（简称"北京 54"）：属于参心大地坐标系；采用克拉索夫斯基椭球参数（地球长半轴 a=6878245m，扁率 f=1/298.3）；多点定位；$\varepsilon_x=\varepsilon_y=\varepsilon_z$；大地原点是苏联的普尔科沃；大地点高程是以 1956 年青岛验潮站求出的黄海平均海水面为基准；高程异常是以苏联 1955 年大地水准面重新平差结果为水准起算值，按我国天文水准路线推算出来的；1954 年北京坐标系建立后，30 多年来用它提供的大地点局部平差结果制作了国家系列比例尺地形图。

　　1980 年国家大地坐标系（简称"西安 80"）：属于参心大地坐标系；采用 GRS1975 新参考椭球体系（国际大地测量与地球物理学联合会 IUGG1975 推荐）；地球长半轴 a=6378140m；地心引力常数×质量 GM=3.986005×10^{14}m³/s²；地球重力场二阶带谐系 J_2=1.08263×10^{-3}；地球自转角速度 ω=7.292115×10^{-5}rad/s。多点定位；定向明确；地球椭球的短轴平行于地球质心指向 1968.0 地极原点（JYD1968.0）的方向，起始大地子午面平行于我国起始天文子午面，$\omega_x=\omega_y=\omega_z=0$；大地原点定在我国中部地区的陕西省泾阳县永乐镇，简称西安原点；大地高程以《1985 国家高程基准》即青岛验潮站求出的 1952～1979 年黄海平均海水面为基准。

　　2000 国家大地坐标系（英文缩写为 **CGCS2000**）：属于地心坐标系，原点位于整个地球质量的中心；地球长半轴 a=6378137m；扁率 f=1/298.257222101；地心引力常数 GM=3.986004418×10^{14}m³/s²。2000 国家大地坐标系是我国自主建立、适应现代空间技术发展趋势的国家大地坐标系，2008 年 7 月 1 日启用，2018 年 6 月底前完成各类国土资源空间数据向 2000 国家大地坐标系转换，2018 年 7 月 1 日起全面使用 2000 国家大地坐标系，西安 80 和北京 54 坐标系正式退出历史舞台。2018 年 12 月 14 日，中国国家自然资源部发布公告："按照全面推行使用 2000 国家大地坐标系的要求，现决定自 2019 年 1 月 1 日起，全面停止向社会提供 1954 年北京坐标系和 1980 西安坐标系基础测绘成果。"

2.2　地　图　投　影

　　地图投影将从球形球体的地理坐标转换到平面位置的地球表面到平面的转换。这个转换过程的结果是以经纬线在平面上系统排列来代表地理坐标系统。

　　地图投影有两个突出的优点：第一，地图投影使用二维的纸质或数字地图；第二，地图投影可用平面坐标或投影坐标，而不是经纬度值。用地理坐标计算会更加复杂（注释栏 2.2）。

注释栏 2.2	如何在地球表面测量距离

　　在平面上测量距离的公式如下：

$$D = \sqrt{(x_1 - x_2)^2 + (y_1 - y_2)^2}$$

　　这里的 x_i 和 y_i 是点 i 的坐标。

　　然而该公式不能用于在地球表面上测量距离。因为经线在两极汇聚，1 经度的长度不是常数而是由赤道到极地逐渐减小为 0。在地球表面计算两点间最短距离的标准和最简单的方法是采用以下公式：

$$\cos(d) = \sin(a)\sin(b) + \cos(a)\cos(b)\cos(c)$$

这里 d 是以度表示的 A 和 B 点之间的角距离，a 是 A 点的纬度，b 是 B 点的纬度，c 是 A 点和 B 点之间的经度之差。把 d 乘以赤道上一度的长度（111.32 km 或 69.17 mi）即可将其转换成线距离。上述方法很准确，除非 d 很接近 0（Snyder，1987）。

大多数数据生产者以地理坐标传递空间数据，使得数据的终端用户可用任何投影坐标系统使用这些数据。但是更多 GIS 用户是直接以地理坐标将空间数据进行数据显示，甚至做简单分析。由这些空间数据做距离量测通常源自点之间的最短球面距离。

但是从椭球体到平面的转换总是带有变形，没有一种地图投影是完美的。这就是为什么发展了数百种地图投影用于地图制图（Maling，1992；Snyder，1993）。每种地图投影都保留了某些空间性质，而牺牲了另一些性质。

2.2.1　地图投影类型

地图投影可以根据所保留的性质或投影面进行分组。制图者通常根据地图投影所保留的性质将其分成 4 类：正形、等面积或等积、等距和等方向或真方位。**正形投影**保留了局部角度及其形状，**等积投影**以正确的相对大小显示面积，**等距投影**保持沿确定路线的比例尺不变，**等方位投影**保持确定的准确方向。地图投影的名称通常包含它所能保留的性质，如兰勃特正形圆锥投影或阿伯斯等积圆锥投影。

正形和等积两种性质是相互排斥的，否则一个地图投影所能保留的性质就不只一种，如会同时保留正形和等方向。正形和等积的性质是全局性质，即可应用于整幅地图投影。等距和等方位性质是局部性质，只能在距地图投影中心较近的地方实现。

要选择一种适当的地图投影制作专题地图时，其所保留的性质就显得十分重要（Battersby，2009）。例如，一幅世界人口地图应该基于等积投影，若按照正确大小来显示地区，这张人口地图可产生人口密度的正确印象。相反，等距投影用于制作表示离发射塔距离的地图则较好。

制图者通常用几何体和球体来说明地图投影的原理。例如，将一圆柱体与一发光球体相切，球体上的经线和纬线映射到圆柱体上就构成了投影。本例中圆柱体是投影面，也称为展开平面，球体称为**参照球体**。其他常见的投影面包括圆锥和平面。因此，地图投影可根据投影面划分为圆柱投影、圆锥投影和方位投影。以圆柱面为投影面的投影为**圆柱投影**，以圆锥面为投影面的投影为**圆锥投影**，以平面为投影面的投影则为**方位投影**。

用几何体还有助于解释地图投影中的另外两个概念：切割情况和投影方位。以圆锥投影为例，我们可以使圆锥与椭球相切，也可以使圆锥与椭球相割（图 2.6）。

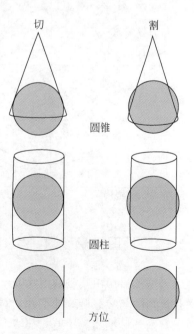

图 2.6　切割情况与地图投影

相切情况下产生了一条相切的线，相割情况下产生了两条相切的线。圆柱投影的相切、相割情况与圆锥投影相似。与前两者相反，方位投影在相切情况下有一个切点，在相割情况下有一条切线。投影方位则描述了几何实体与椭球的位置关系。例如，方位投影中作为投影面的平面可与椭球上的任何点相切。正方位指的是投影面与椭球在极点相切，横方位指的是在赤道相切，斜方位指的是在除赤道和极地外的任何一点相切（图 2.7）。

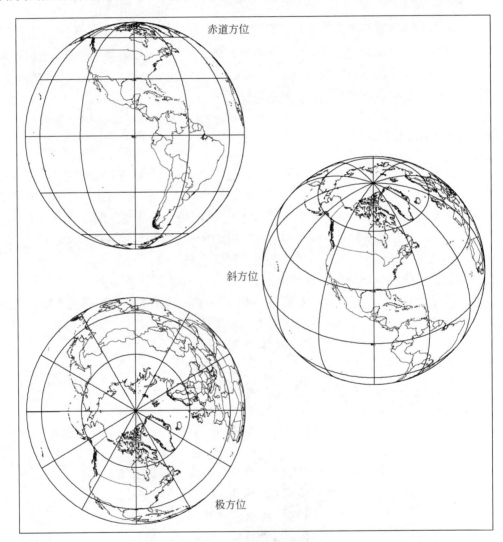

图 2.7　方位与地图投影

2.2.2　地图投影参数

　　地图投影由其参数定义，一般而言，一种地图投影有 5 个或更多参数。**标准线**指的是投影面与参照椭球的切线。对于圆柱和圆锥投影，相切时只有一条标准线，而相割时则有两条标准线。如果标准线沿纬线方向则称为**标准纬线**，如果沿经线方向则称为**标准经线**。

　　因为标准线与参照椭球相同，在投影过程中没有投影变形。远离标准线，会由于撕裂、剪切或球面压缩以接合投影面等情况导致投影变形。比例尺是一种普通的测量投影变形方法，它是指图上（或球体）距离与相应的实地距离之间的比值。**主比例尺**或参照球体比例尺是指球体半径和地球半径（3963mi 或 6378km）的比值。例如，如果球体半径是 12in[①]，那么主比例尺为 1：20924640［1∶（3963×5280）］。

　　主比例尺仅适用于地图投影的标准线，这就是为什么标准纬线有时也被称为真比例尺纬线。局部比例尺适用于地图投影的其他部分。局部比例尺会依投影变形的程度而发生变化（Bosowski and Feeman，1997）。**比例系数**是标准局部比例尺，即局部比例尺与主比例尺的比值。标准线的比例系数为 1，如果偏离标准线，则比例系数就会变为小于 1 或大于 1 。

　　不要将标准线与**中心线**混淆起来。标准线是指明投影变形分布的模式，而中心线（中央纬线和中央经线）定义了地图投影的中心或原点。中央纬线——有时称为原点纬线，也不同于标准纬线。同样，中央经线不同于标准经线。一个说明中央经线和标准线之间差异的极好例子是横轴墨卡托投影。横轴墨卡托投影通常是割投影，它由中央经线和位于其两侧的两条标准线限定，标准线的比例系数为 1，而中央经线的比例系数小于 1（图 2.8）。

　　用作坐标系统基础的地图投影，中央纬线和中央经线确定的地图投影中心成为坐标系的原点，并将坐标系分成 4 个象限。一个点的 x、y 坐标要么是正的，要么是负的，这取决于该点落于何处（图 2.9）。为了避免出现负的坐标值，我们可以对坐标原点赋予 x、y 坐标值。**横坐标东移**是赋予 x 坐标值，**纵坐标北移**是赋予 y 坐标值。也就是说，横坐标东移和纵坐标北移形成了一个伪原点，这样使得所有的点都落在东北象限，坐标值为正（图 2.9）。

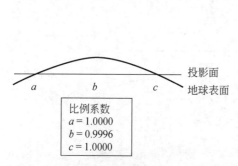

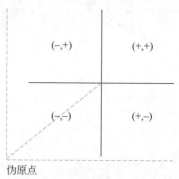

图 2.8　在这个正割横轴墨卡托投影中的中央经线的比例系数是 0.9996，距投影面有偏离，意味着投影失真。中央经线两侧的两条标准线 a 和 c 的比例系数是 1。2.4.1 节涵盖了正割横轴墨卡托投影的应用

图 2.9　中央纬线和中央经线将地图投影分为 4 个象限。北东象限各点的 x 和 y 坐标值均为正值，北西象限各点的 x 坐标值为负值，y 坐标值为正值，南东象限各点的 x 坐标值为正值，y 坐标值为负值，南西象限各点的 x 和 y 坐标值均为负值。建立伪原点的目的是把所有点都置于北东象限内，因此所有点的 x 和 y 坐标值均为正

---

① 1in=2.54cm。

2.3　常用地图投影

现在，数百种地图投影正在使用中。GIS 常用的地图投影与我们平时在教室或杂志所见投影未必相同。例如，罗宾逊投影在全球尺度的一般制图当中应用广泛，因其有美观效果（Jenny，Patterson and Hurni，2010）。但是罗宾逊投影在 GIS 中或许不适用。GIS 中使用的地图投影通常都有前述提及的一种保留性质，特别是正形性质。因为它保留了局部形状和角度，正形投影可以使相邻地图在角落处正确连接。这对于开发系列地图十分重要，如美国地质调查局（USGS）的标准地形图图幅地图。

2.3.1　横轴墨卡托投影

横轴墨卡托投影，切圆柱投影，又名高斯-克里格投影，是世界上最著名的投影，是墨卡托投影的变种，但这两种投影看起来又有不同（图 2.10）。墨卡托投影用的是标准纬线，而横轴墨卡托投影用的是标准经线。两种投影都是正形投影。

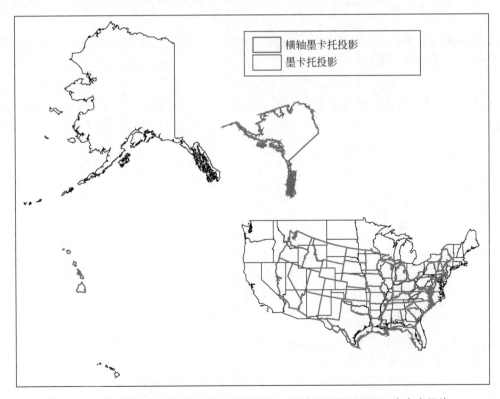

图 2.10　美国的墨卡托投影和横轴墨卡托投影。两种投影都以 90°W 为中央经线，
真比例尺纬线是赤道

在随后的 2.4 节里将会讨论到横轴墨卡托是两种常用坐标系统的基础。该投影要求有下列参数：中央经线的比例系数、中央经线的经度、原点（或中央纬线）的纬度、横

坐标东移假定值和纵坐标北移假定值。

2.3.2 兰勃特正形圆锥投影

对于东西伸展大于南北伸展的中纬度地区，用**兰勃特正形圆锥投影**是一个很好的选择，如美国大陆或蒙大拿州（图 2.11）。美国地质调查局自 1957 年以来用兰勃特正形圆锥投影制作了大量地形图。

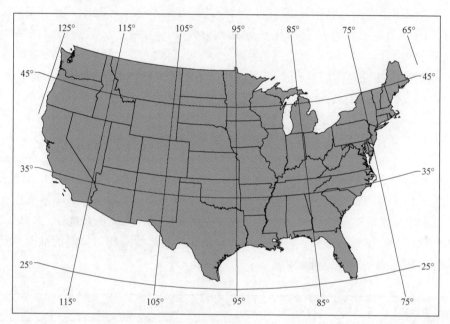

图 2.11 美国大陆的兰勃特正形圆锥投影。中央经线为 96°W，两条标准纬线分别为 33°N 和 45°N，投影原点纬度为 39°N

作为割圆锥投影，投影参数通常包括第一和第二标准纬线、中央经线、投影原点的纬度、横坐标东移假定值和纵坐标北移假定值。

2.3.3 阿伯斯等积圆锥投影

阿伯斯等积圆锥投影要求的参数与兰勃特正形圆锥投影相同。实际上这两个投影看起来很相似，不同之处在于一个是等积而另一个是正形。美国大陆国家土地覆盖数据就是采用阿伯斯等积圆锥投影（参见第 4 章）。

2.3.4 等距圆锥投影

等距圆锥投影也称为简单圆锥投影。该投影保持了所有经线和一条或两条标准线上的距离性质。它所用的参数与阿伯斯等积圆锥投影相同。

2.3.5 网络墨卡托（Web Mercator）

不像横轴墨卡托投影和前述的其他投影是在 18 世纪末之前发明的（Snyder，1993），网络墨卡托是一项新发明，或是因谷歌地图使其流行（Battersby et al.，2014）。网络墨卡托已经成为在线地图的标准投影，谷歌地图、Bing Maps、MapQuest 和 ArcGIS Online 都在其地图系统上使用网络墨卡托。什么是网络墨卡托？这是球面墨卡托的一个特例，并由 WGS84 椭球面的经、纬度坐标作投影（Battersby et al.，2014）。采用球面的一个主要优点是它简化了计算。另外，因为它是正形投影，网络墨卡托保留局部角度和形状，且地图顶部为正北。然而，如同墨卡托投影，网络墨卡托存在面积和距离的扭曲，特别是在高纬度地区。GIS 软件包有用于将网络墨卡托投影与其他投影相互转换的工具。

2.4 投影坐标系统

投影坐标系统是基于地图投影而建立的。投影坐标系统和地图投影可以交替使用。例如，兰勃特正形圆锥投影是一个地图投影，但同时也是一个坐标系统。然而在实际工作中，投影坐标系统被用于详细计算和定位，特别是被用作大比例尺制图，如 1∶24000 或更大的比例尺（注释栏 2.3）。某种要素位置及其与其他要素相对位置的准确性是设计投影坐标系统所要考虑的重要因素。

注释栏 2.3	地图比例尺

地图比例尺是指图上距离与相应的实地距离的比值。这个定义适用于各种量度单位。地图比例尺为 1∶24000 表示图上距离 1cm 代表实地距离是 24000cm（240m）。地图比例尺为 1∶24000 也可表示图上距离 1in 代表实地距离是 24000in（2000ft）。不用关注量度单位，1∶24000 比例尺大于 1∶100000 比例尺。而且，与 1∶100000 比例尺相比，1∶24000 比例尺能显示小区域更多的详细资料。一些制图者在制作大比例尺地图时会考虑用 1∶24000 比例尺或者更大的比例尺。

空间尺度是自然资源管理领域的常用术语，它与地图比例尺不应混淆。空间尺度涉及区域的大小或范围。不同于地图比例尺，空间尺度没有严格的定义。大空间尺度仅表示所覆盖区域比小空间尺度大。所以，生态学家所说的大空间尺度，对于制图者来说只是小比例尺地图。

为了达到所需的测量精度，一个投影坐标系统通常都划分成不同的带，每个带都有不同的投影中心。此外，定义投影坐标系统不仅受到它所基于的地图投影参数所限，也要受到地图投影所源自的地理坐标系的参数所限制（如大地基准）。

美国常用以下 3 种坐标系统：通用横轴墨卡托格网系统（UTM）、通用极射格网系统（UPS）和国家平面坐标系统（SPC）。本节还包括公用土地调查系统（PLSS）。虽然 PLSS 只是一个土地划分系统而不是一个坐标系统，但它是宗地制图的基础。想进一步了解这些坐标系统的相关内容可阅读 Robinson 等（1995）和 Kimerling 等（2011）的论著。

2.4.1 通用横轴墨卡托格网系统

UTM 格网系统适用于全世界范围，将 84°N 到 80°S 的地球表面分成 60 个带，每个带覆盖 6 个经度，并从 180°W 开始编为第一带，依序编号。每个带又分成南北两个半球。每个 UTM 分带名称都带有一个号码和一个字母。例如，UTM 10N 分带表示这个分带是北半球 126°W 和 120°W 之间的区域。本书附录有一个 UTM 分带号及其代表的经度范围的表格。图 2.12 显示美国大陆的 UTM 分带。

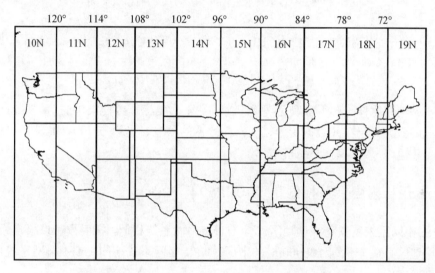

图 2.12 美国的 UTM 分带，从 10N 分带到 19N 分带

由于大地基准是投影坐标系定义的一部分，横轴墨卡托格网系统可以基于 NAD27、NAD83 或者 WGS84。以上例子的完整表述是：若 UTM 10N 分带是基于 NAD83 的，则其全称为 NAD 1983 UTM 10N 分带。

每个 UTM 分带都用通用正割横轴墨卡托投影制图，中央经线的比例系数为 0.9996，原点纬线是赤道。两条标准经线分别位于中央子午线以西和以东 180 km 处（图 2.13）。每个 UTM 带的作用就是保持精度至少为 1：2500（UTM 格网系统上 2500m 路程的距离量测与真实距离的误差在 1m 以内）（Kimerling et al.，2001）。

在北半球，UTM 坐标是从位于赤道和中央经线以西 500000m 的伪原点开始计算；在南半球，UTM 坐标是从位于赤道以南 10000000m、中央经线以西 500000m 的伪原点开始计算。

使用伪原点意味着 UTM 坐标值均为正值且值很大。例如，爱达荷州东莫斯科的地形图幅西北角的 UTM 坐标为 500000m 和 5177164m。为了保持用坐标计算的数据精度，在阅读坐标时我们可以用 x–平移值和 y–平移值来代替，以减小数字。例如，对上述地形图，假如所设 x–平移值为–500000m、y–平移值为–5170000m，则东北角的坐标就变为 0m 和 7164m。0 和 7164 这样的小数字可降低产生截尾计算结果的机会。如同横坐

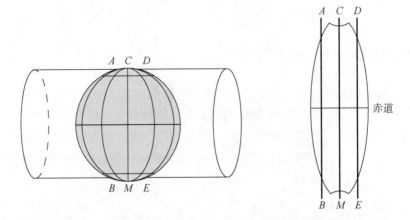

图 2.13　一个表示正割横轴墨卡托投影的 UTM 分带。*CM* 为中央经线，*AB* 和 *DE* 是标准经线。标准经线位于中央纬线以西和以东 180km 处。每个 UTM 带覆盖 6 个经度，纬度范围由 84°N 到 80°S。为了便于显示，本图 UTM 分带的形状和大小有夸大

标东移和纵坐标北移，x–平移和 y–平移改变了 x、y 坐标在数据集中的值。这些坐标值必须与投影参数一起在元数据中存档（有关数据的信息参见第 5 章），尤其是将这些地图提供给其他用户共享时要更加注意。

2.4.2　通用极射坐标系格网系统（UPS）

UPS 格网系统覆盖了极地地区。与 UTM 格网系统相似，极射投影以极点为中心，并将极地地区分成一系列 $100000m^2$ 的地区。UPS 格网系统连同 UTM 格网系统可在整个地球表面定位。

2.4.3　美国国家平面坐标系统（SPC）

SPC 系统是在 20 世纪 30 年代发展起来，用于永久记录美国最初土地调查界碑位置（original land survey monument locations）。为了保持 1∶10000 或更大比例尺的精度，一个州可能有两个或多个 SPC 分带。例如，俄勒冈州有南、北两个 SPC 带，爱达荷州有西、中和东 SPC 带（图 2.14）。每个 SPC 带都有一个地图投影。南北方向延伸的带（如爱达荷州的 SPC 带）适用横轴墨卡托投影，东西方向延伸的带（如俄勒冈州的 SPC 带）适用兰勃特正形圆锥投影。一些州（如佛罗里达和纽约）使用的是横轴墨卡托和兰勃特正形圆锥投影，而阿拉斯加使用斜切墨卡托来覆盖一个狭长区域。每个 SPC 带中点的位置都以该带西南端的伪原点来度量。

因为从 NAD27 转成 NAD83，相应就有 SPC27 和 SPC83，除了基准面改变外，SPC83 还有其他的一些改变。SPC83 坐标用 m 而不用 ft 表示。蒙大拿、内布拉斯加和南卡罗来纳等州都已用单个 SPC 带来代替多个带。加利福尼亚州的 SPC 带已从 7 个减到 6 个，密歇根州的投影已从横轴墨卡托转为兰勃特正形圆锥投影。

美国一些州已开发了自己的适用于本州范围的坐标系统。蒙大拿、内布拉斯加和南

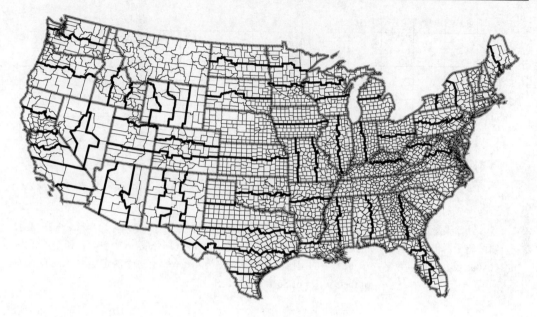

图 2.14 美国大陆的 SPC83 分带
细线是县界，粗线是州界

卡罗来纳州都有适用于本州范围坐标系统的单一 SPC 带。爱达荷州却不一样，该州被分成两个 UTM 带（第 11 带和第 12 带）和 3 个 SPC 带（西带、中带和东带）。只要研究区域在单一分带之内，这些分带就会运作得很好。当研究区域覆盖两个或更多的带时，就必须将数据集转成同一个带以便进行空间配准。转换成一个带也意味着不再保持 UTM 或 SPC 坐标系统的精度水平。爱达荷全州坐标系统于 1994 年、2003 年修订。该系统乃基于通用横轴墨卡托投影但其中央经线通过该州的中心（114°W）（本章应用部分的习作 1 列出了完整的爱达荷全州坐标系统参数）。改变中央经线的位置使得爱达荷坐标系统能用一个带来显示整个州。

2.4.4 美国公用土地调查系统（PLSS）

PLSS 是一个土地分区系统（图 2.15）。采用镇区和山脉相交线，该系统将主要位于中、西部各州的土地分成（6×6）mi²[①]的方格或镇区。每个镇区进一步被分成 36 个 1mi²（640acre[②]）的单元，称为地块（实际上，很多地块的大小都不是精确的 1mi×1mi）。

地块图层是基于 PLSS 而创建的。美国内政部土地管理局（BLM）已为美国西部开发了 PLSS 的地理坐标数据库（http://www.blm.gov/wo/st/en/prog/more/gcdb.html/）。从 BLM 的调查记录得知，GCDB 包括了地块四至和 PLSS 中记录的土地界碑的坐标及其他描述性信息。地块图层的法定描述就可以在实际工作中使用，如来自地块四至的方位和距离读数。

[①] 1mi²=2.589988km²。
[②] 1acre=0.404856hm²。

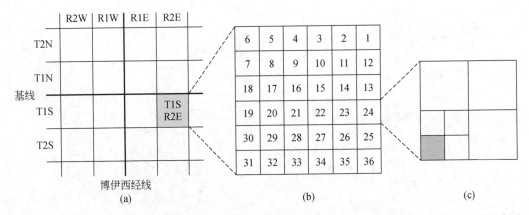

图 2.15　阴影部分的调查镇区赋名 T1S、R2E。T1S 表示调查镇区位于基线以南一个单元，R2E 表示调查镇区位于博伊西（首府）经线以东 2 个单元。每个调查镇区都被划分成 36 个单元，每个单元为 1mi² （640acre），并标以数字。在（c）中的阴影广场实际量测为 40acre，有一个法定描述 "the SW 1/4 of the SW 1/4 of Section 5，T1S，R2E"

译者注 2.2	中国常用的投影坐标系统

　　高斯-克吕格投影（横轴墨卡托）：是一种横切椭圆柱投影，自 1952 年起，我国将其作为国家大地测量和地形图（比例尺为 1：50 万、1：25 万、1：10 万、1：5 万、1：2.5 万、1：1 万、1：5000）的基本投影，亦称为主投影。其特点是：中央经线和地球赤道投影成直线且为投影的对称轴；等角投影；其投影变形具有以下特点：中央经线上没有变形；同一条纬线上，离中央经线越远，变形越大；同一条经线上，纬度越低，变形越大；等变形线为平行于中央经线的直线；最大变形处为各投影带在赤道边缘处。

等角横切椭圆柱投影示意图

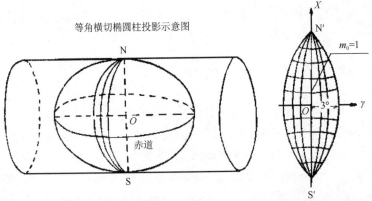

　　为了控制变形，我国地形图采用分带的方法，每隔 3°或 6°的经差划分为互不重叠的投影带。1：2.5 万至 1：50 万的地形图采用 6°分带方案。从格林尼治 0°经线开始，全球共分为 60 个投影带。我国位于东经 72°～136°，共 11 个投影带（13～23 带）。1：1 万及更大比例尺地图采用 3°分带方案。

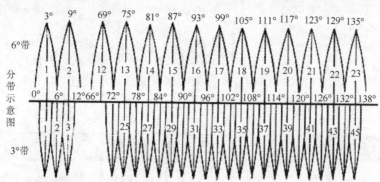

1∶100 万地形图采用**兰勃特（Lambert）投影**，其分幅原则与国际地理学会规定的全球统一使用的国际百万分之一地图投影保持一致。中国《1∶100 万地形图编绘规范》规定采用边纬线与中纬线长度变形绝对值相等的双标准纬线等角割圆锥投影，按纬差 4°分带。长度变形最大值为±0.03%；面积变形最大值为±0.06%。我国大部分省份地图及大多数这一比例尺的地图也多采用兰勃特投影和属于同一投影系统的**阿伯斯（Albers）投影**（正轴等积割圆锥投影）。中国地图的中央经线常位于东经 105°，两条标准纬线分别为北纬 27°和北纬 45°，而各省的参数可根据地理位置和轮廓形状初步加以判定。

我国的卫星图像资料常采用 GRS84 坐标系下的**通用横轴墨卡托投影（UTM）投影**。此投影无角度变形，中央经线长度比为 0.9996，距中央经线约±180km 处的两条割线上无变形。亦采用分带投影方法，分带方法与高斯-克吕格投影相似，但是是由西经 180°起每隔经差 6°自西向东分带，将地球划分为 60 个投影带。长度变形 <0.04%。

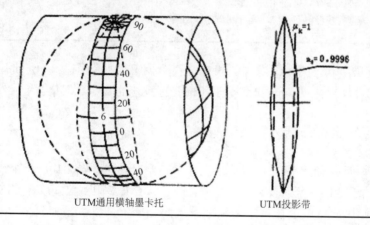

UTM通用横轴墨卡托　　　　　　　UTM投影带

2.5 在 GIS 中运用坐标系统

在 GIS 中使用坐标系统的基本任务包括定义坐标系统、把地理坐标投影到投影坐标，以及把投影坐标从一个坐标系统重新投影到另一个坐标系统。

GIS 软件包一般会有很多关于大地基准、椭球体和坐标系统的选项。例如，如何运用这些数目庞大的坐标系统一直是一个挑战。GIS 软件包可在以下 3 个方面提供协助：投影文件、预定义坐标系统和即时（on-the-fly）投影。

2.5.1　投影文件

投影文件是一个文本文件，它存储了数据集所基于的坐标系统的信息。例如，注释栏 2.4 显示了一个 NAD 1983 UTM 11N 分带的坐标系统投影文件。投影文件包括有关地理坐标系统、投影参数和线单位等信息。

注释栏 2.4	投影文件举例

下面的投影文件例子是用 ArcGIS 保存的 NAD 1983 UTM 11N 分带坐标系上的信息：
PROJCS ["NAD_1983_UTM_Zone_11N"，GEOGCS["GCS_North_American_1983"，
DATUM["D_North_American_1983"，SPHEROID["GRS_1980"，6378137.0，298.257222101]，
PRIMEM["Greenwich"，0.0]，UNIT["Degree"，0.0174532925199433]]，
PROJECTION ["Transverse_Mercator"]，PARAMETER["False_Easting"，500000.0]，
PARAMETER["False_Northing"，0.0]，PARAMETER["Central_Meridian"，−117.0]，
PARAMETER["Scale_Factor"，0.9996]，PARAMETER["Latitude_Of_Origin"，0.0]，
UNIT["Meter"，1.0]]

这些信息包括 3 个部分：第一部分定义地理坐标系统：大地基准面定义为 NAD83，椭球体定义为 GRS80，本初子午线为格林尼治 0°经线，单位为度。文件也列出了椭球体长半轴（6378137.0）和扁率分母（298.257222101）。数值 0.0174532925199433 是从度到弧度（计算机编程常用的角度单位）的转换系数。第二部分列明了各投影参数：名称、横坐标东移假定值、纵坐标北移假定值、中央经线、比例系数和纬度原点。第三部分定义线单位为 m。

除了识别数据集的坐标系之外，投影文件至少还有两个用途：一是可用于该数据集的投影或重新投影；二是可输出到基于相同坐标系统的其他数据集。

2.5.2　预定义坐标系统

GIS 软件包通常把坐标系统分成预定义和自定义两组（表 2.1）。一个预定义坐标系统，无论是地理坐标系统或投影坐标系统，都意味着其参数值已知或在 GIS 软件包中已被编码。因此用户可以选择预定义坐标系统而无须定义参数，如包括 NAD27（基于 Clarke 1866）和明尼苏达州 SPC83 北部（基于兰勃特正形圆锥投影和 NAD83）的预定义坐标系统。反之，自定义坐标系要求用户指定参数值，爱达荷全州坐标系统（IDTM）就是自定义坐标系统的一例。

表 2.1　GIS 软件包中的坐标系统分类

	预定义	自定义
地理坐标系统	NAD27，NAD83	Undefined local datum
投影坐标系统	UTM，State Plane	IDTM

2.5.3　即时（on-the-fly）投影

即时投影可根据不同坐标系统显示其数据集。软件包使用现有投影文件并自动将数据集转换成临时的通用坐标系统，这个通用坐标系统是所显示的第一个图层的默认坐标系统，也可以由用户定义用于一组图层。

即时投影不是真的改变数据集的坐标系统。因此，在 GIS 项目中它不能代替数据集的投影和重新投影任务。如果某个数据集在不同坐标系统中被频繁使用，我们就要对其进行重新投影。而如果用于空间分析的数据集有不同的坐标系统，我们就要把它们转换成同一坐标系统才能获得最大精度。

也许是因为许多 GIS 用户认为坐标系统较难搞，GIS 软件包通常会提供专门的坐标系统运作工具（注释栏 2.5）。

注释栏 2.5　　　　　　　　　　ArcGIS 里的坐标系统运作工具

除了即时投影，GIS 软件包中提供的其他工具是用于运作坐标系统的。这里以 ArcGIS 为例，ArcGIS 用户可以下列方式定义坐标系统：选择一个预定义坐标系统；从现有数据集中选择一个坐标系统导入为预定义坐标系；或者创建一个新的（自定义）坐标系统。用于定义坐标系统的所有参数都保存在一个投影文件里。该投影文件提供给预定义坐标系统使用。对于新的坐标系统，可以命名和保存为一个投影文件，方便日后使用或用于投影其他数据集。

ArcGIS 的预定义地理坐标系统主要有 world、continent 和 spheroid-based 等选项。WGS84 是其中一个世界坐标系。当地基准是用于大陆坐标系。例如，印度基准面和东京基准面使用于亚洲大陆。spheroid-based 选项包括 Clarke1866 和 GRS80。预定义投影坐标系统的选项主要有 world、continent、polar、national grids、UTM、State Plane 和 Gauss Kruger（主要应用于俄罗斯和中国的一种横轴墨卡托投影）。例如，墨卡托投影是一种世界性投影，兰勃特正形圆锥投影和阿伯斯等积投影都属于大陆投影，而 UPS 是一种极地投影。

一个新的坐标系统，无论是地理坐标系统或投影坐标系统，都是用户自定义的。新的地理坐标系统的定义必须有一个包括椭球体及其长半轴、短半轴的大地基准。新的投影坐标系统的定义必须包括大地基准和投影参数，如标准纬线和中央经线。

重要概念和术语

方位投影（Azimuthal projection）：保持特定方向上投影精度的一种地图投影。它也是指用平面作为投影面的地图投影。

中央线（Central lines）：包括中央经线和中央纬线，它们共同确定了地图投影的中心或原点。

Clarke 1866 椭球体：一种大地测量椭球体，是 1927 年北美测量基准面（NAD27）的基础。

正形投影（Conformal projection）：保持局部形状的一种地图投影。

圆锥投影（**Conic projection**）：用圆锥作为投影面的一种地图投影。

圆柱投影（**Cylindrical projection**）：用圆柱作为投影面的一种地图投影。

大地基准（**Datum**）：用于计算一个地点的地理坐标的基础。基准面由椭球体派生而来。

基准面转换（**Datum shift**）：从一个基准面到另一个基准面的变化。例如，从 NAD27 到 NAD83，可以导致点位置的固定水平位移。

十进制度数系统（**DD system**）：经、纬度值的度量系统，如 42.5°。

度-分-秒系统（**DMS system**）：用经度和纬度值如 42°30'00'表示的度量系统。一度等于 60 分，一分等于 60 秒。

椭球（**Ellipsoid**）：近似表示地球的模型，也称为椭球体。

等距投影（**Equidistant projection**）：保持某些距离的比例尺一致的一种地图投影。

等积投影（**Equivalent projection**）：以正确的相对大小来表示面积的一种地图投影。

横坐标东移假定值（**False easting**）：用于改变地图投影原点 x 坐标读数的数值。

纵坐标北移假定值（**False northing**）：用于改变地图投影原点 y 坐标读数的数值。

地理坐标数据库（**GCDB**）：美国内政部土地管理局（BLM）开发的数据库，包括 PLSS 中地块四至和界碑的经、纬度值及其他描述信息。

地理坐标系（**Geographic coordinates**）：一种地球表面空间要素的位置参照系统。

GRS80：用于 1980 年大地测量参照系统的卫星测定的椭球体。

兰勃特正形圆锥投影（**Lambert conformal conic projection**）：一种常用的地图投影，是国家平面坐标（SPC）系统的基础，为美国许多州所使用。

纬度（**Latitude**）：自赤道平面以北或以南的角度。

经度（**Longitude**）：自本初子午线以东或以西的角度。

地图投影（**Map projection**）：经纬线在平面上的系统安排。

子午线（**Meridians**）：地理坐标系中表示经度值沿测量位置的东西方向变化的线。

NAD27：1927 年北美大地基准，它是基于 Clarke 1866 椭球体，且中心位于堪萨斯州的 Meades Ranch。

NAD83：1983 年北美大地基准，它是基于 WGS84 或 GRS80 椭球体，并从椭球体中心进行量算。

纬线（**Parallels**）：纬度线，量测地理坐标系统中南北方向的位置。

主比例尺（**Principal scale**）：与参照椭球的比例尺相同的比例尺。

投影坐标系统（**Projected coordinate system**）：基于地图投影的平面坐标系统。

投影（**Projection**）：要素的空间关系从地球表面转换到平面地图的过程。

公用土地调查系统（**PLSS**）：美国的一种土地分区系统。

参照球体（**Reference globe**）：地球的简化模型，在其基础上构建地图投影，又称名义球体或生成球体。

重新投影（**Reprojection**）：将空间数据从一种坐标系统投影到另一种坐标系统。

比例系数（**Scale factor**）：局部比例尺与参照椭球比例尺的比率，沿标准线的比例系数为 1。

标准线（Standard line）：投影面与参照椭球相切的线，标准线没有投影变形，其上的比例尺与参照椭球比例尺一致。

标准经线（Standard meridian）：沿经线方向的标准线。

标准纬线（Standard parallel）：沿纬线方向的标准线。

国家平面坐标系统（SPC system）：20 世纪 30 年代发展起来的一种坐标系统，用于永久记录美国最初土地调查的界碑位置。基于 SPC27 或 SPC83 系统，美国多数州都超过一个分带。

横轴墨卡托投影（Transverse Mercator projection）：一种常用地图投影，是通用横轴墨卡托坐标系统（UTM）和国家平面坐标（SPC）系统的基础。

通用极射格网系统（UPS grid system）：一个将极地地区分成一系列 100000m² 方形的格网系统，与 UTM 格网系统类似。

UTM 格网系统（UTM grid system）：一个将 84°N 到 80°S 之间的地球表面分成 60 个分带的坐标系统，每个分带又续分为南北两半球。

WGS84 椭球体：1984 年全球大地测量系统所用的卫星测定的椭球体。

***x* 平移（*x*-shift）**：*x* 坐标的平移值，以减少 *x* 坐标读数位数。

***y* 平移（*y*-shift）**：*y* 坐标的平移值，以减少 *y* 坐标读数位数。

复习题

1. 什么是大地基准？

2. NAD27 与 NAD83 有什么不同？

3. 什么是 WGS84？

4. 找出您所在区域的 USGS 标准地形图，查看地图边缘的信息。如果大地基准从 NAD27 变成 NAD83，预期水平偏移如何？

5. 登录 NGS-CORS 网站（http://www.ngs.noaa.gov/CORS/）。您所在的州有多少个持续运行的参照站？通过该网站的链接获取更多有关持续运行参照站点网络（CORS）的知识。

6. 解释地图投影的重要性。

7. 根据所保留的性质描述地图投影的 4 种类型。

8. 通过投影或可展曲面描述地图投影的 3 种类型。

9. 解释标准线和中央线的差异。

10. 比例系数如何与主比例尺建立联系？

11. 说出两种基于横轴墨卡托投影的常用投影坐标系统。

12. 找出您所在州的 GIS 数据交换中心。进入交换中心网站，该网站对全州数据集是否使用共同坐标系统？如果是，是什么坐标系统？该坐标系统的参数值如何？

13. 什么是网络墨卡托投影（Web Mercator）？

14. 解释一个 UTM 分带如何以其中央经线、标准经线和比例系数来定义。

15. 您所在区域位于第几个 UTM 分带？UTM 分带的中央经线在哪里？

16. 您所在的州有多少个 SPC 带？这些 SPC 带基于什么地图投影？

17. 描述即时（on-the-fly）投影如何运作。

应用：坐标系统

本章应用部分包括 5 个习作，涉及投影和再投影的不同情景：习作 1 展示如何把一个 shapefile 从地理坐标系统投影到自定义坐标系统。习作 2 同样要把一个 shapefile 从地理坐标系统投影到投影坐标系统，但所使用的坐标系统是习作 1 中定义好的坐标系统。在习作 3 里，您将由一个包含点在地理坐标上的位置的文本文件创建一个 shapefile，并把该 shapefile 投影到预定义投影坐标系统。习作 4 会让您看到即时投影是如何运作的，然后把 shapefile 从一个投影坐标重新投影到另一个投影坐标。即时投影不能改变数据集的空间参照，必须重新投影才可改变数据集的空间参照。习作 5 即是对一个栅格数据做重新投影。

前 4 个习作任务都是矢量数据，用 ArcToolbox 里的 Define Projection 和 Project 工具。Define Projection 工具用来定义坐标系统，而 Project 工具则用来投影地理坐标系统或投影坐标系统。ArcToolbox 有 3 个定义坐标系统的选项：选择预定义坐标系、从数据集列表中输入坐标系统或创造一个新的（自定义）坐标系统。预定义坐标系统已经有一个投影文件。自定义坐标系统可以保存在一个投影文件里，这个投影文件可用于定义或投影其他数据集。

ArcToolbox 有单独的工具对栅格进行投影，这些工具可在 Data Management Tools/Projections and Transformations / Raster toolset 中找到。

习作 1 把地理坐标系统投影到投影坐标系统

所需数据：*idll.shp*，以地理坐标和十进制表示经纬度数值的 shapefile 文件。*idll.shp* 是爱达荷州轮廓图。

在本习作中，您先选择一个预定义坐标系统来定义 *idll.shp*，然后把 *idll.shp* 投影成爱达荷通用横轴墨卡托投影（IDTM）。IDTM 是一个自定义坐标系统。IDTM 参数值如下：

投影　横轴墨卡托

大地基准　NAD83

　单位　m

　参数

　　比例系数：0.9996

　　中央经线：–114.0

　　参照纬度：42.0

　　横坐标东移假定值：2500000

　　纵坐标北移假定值：1200000

1. 启动 ArcCatalog，链接到第 2 章数据库。启动 ArcMap，重新命名 Layers 为 Task 1,

将 *idll.shp* 加到 Task 1。在 Unknown Spatial Reference 对话框点击 OK。

2. 首先定义 *idll.shp* 的坐标系统。在 ArcMap 里打开 ArcToolbox。右击 ArcToolbox，选中 Environments。在 Environment Settings 对话框中，在 the current workspace 中选择第二章数据库为当前和暂存工作区。双击 Data Management Tools / Projections and Transformations 工具集里的 Define Projection 工具。选择 *idll.shp* 为 Input feature class，对话框会显示 *idll.shp* 有一个未知的坐标系统。点击 coordinate system 按钮，打开 Spatial Reference Properties 对话框，选择 Geographic Coordinate Systems、North America，选中 NAD 1927，点击 OK，关闭对话框。查看 *idll.shp* 的属性，Source 栏应显示为 GCS_North_American_1927。

3. 接下来把 *idll.shp* 投影到 IDTM 坐标系。双击 Data Management Tools/ Projections and Transformations 工具集的 Project。Project 对话框中，选 *idll.shp* 为 input feature class，键入 *idtm.shp* 为 output feature class，点击 output coordinate system 按钮打开 Spatial Reference Properties 对话框。对话框上方的添加坐标系统按钮可以添加或导入一个坐标系统。选择 New，再选择投影坐标系统。在新的投影坐标系统对话框，首先输入 idtm83.prj 作为名称，然后在投影窗口中，从名称菜单中选择 Transverse_Mercator 并输入下列参数值：False_Easting 为 2500000、False_Northing 为 1200000，Central_Meridian 为-114，Scale_Factor 为 0.9996，和 Latitude_Of_Origin 为 42。确认 Linear Unit 是 Meter。点击 Geographic Coordinate System 中的 Change 按钮，双击 North America，选择 NAD 1983.prj，点击 OK。在 Spatial Reference Properties 对话框的默认坐标系统里出现了 *idtm83.prj*。关闭对话框。

4. Project 对话框的 Geographic Transformation 旁边有一个绿点，这是因为 *idll.shp* 是基于 NAD27 的，而 IDTM 是基于 NAD83。选中 Geographic Transformation 窗口里所列的 NAD_1927_To_NAD_1983_NADCON。点击 OK 以运行该命令。

5. 通过查看 *idtm.shp* 的属性，可以证实 *idll.shp* 是否已经成功投影到 *idtm.shp*。

问题 1 用自己的语言总结习作 1 的所有步骤。

习作 2 导入一个坐标系统

所需数据：*stationsll.shp*，一个以十进制表示经纬度值的 shapefile。*stationsll.shp* 含有爱达荷州的滑雪道。

在习作 2 中，您将会通过导入习作 1 里的 *idll.shp* 和 *idtm.shp* 的投影信息完成本次地图投影。

1. 插入新的数据帧并重命名为 Task 2。添加 *stationsll.shp* 到 Task 2。这时会出现一个警告消息，提示 *stationsll.shp* 含有未知坐标系统。忽略该消息。双击 Define Projection 工具。选 *stationsll.shp* 为 input feature class。单击坐标系统（Coordinate System）按钮。从 Add Coordinate System 下拉菜单中选择 Import。然后在 Browse for Datasets or Coordinate Systems 对话框选择 idll.shp。点击 OK 运行该命令。

问题 2　用自己的语言描述步骤 1 中所做的操作。

2. 双击 Project 工具,选 *stationsll.shp* 为 input feature class,指定 *stationstm.shp* 作为 output feature class,并点击 output coordinate system 按钮。从 Add Coordinate System 下拉菜单中选择 Import,然后在 Browse for Datasets or Coordinate Systems 对话框中选择 *idtm.shp*。在 Spatial Reference Properties 中点击 Import,双击 *idtm.shp* 把它加进来。关闭 Spatial Reference Properties 对话框。注意 Geographic Transformation 窗口里已经列有 NAD_1927_To_NAD_1983_NADCON。点击 OK 完成操作。现在 *stationstm.shp* 已经被投影到与 *idtm.shp* 相同的坐系(IDTM)中。

习作 3　用预定义坐标系统做投影

所需数据:*snow.txt*,一个包含爱达荷州 40 个滑雪场地理坐标的文本文件。

习作 3 中,您先要从 *snow.txt* 创建一个事件图层。然后用预定义坐标系统(UTM)对该事件图层进行投影,投影后的图层仍然用经纬度值来度量。再把该图层存为 shapefile。

1. 在 ArcMap 中插入一个新的数据帧,重命名为 Tasks3&4,并添加 *snow.txt* 到 Tasks3&4(注意 Source 栏上的目录表)。右击 *snow.txt*,选择 Display XY Data。在弹出的对话框里,确认输入表格为 *snow.txt*,经度为 X 字段,纬度为 Y 字段。对话框显示输入的坐标系统是未知坐标系统。点击 Edit 按钮,打开 Spatial Reference Properties 对话框。选择 Geographic Coordinate Systems、North America 和 NAD 1983。退出对话框,当警告信息提示表中没有 Object-ID 字段时,点击 OK。

2. *snow.txt Events* 被加到 ArcMap。现在可以投影 *snow.txt Events*,并把输出结果存为 shapefile 。在 Data Management Tools/Projections and Transformations/Feature 工具集中双击 Project 工具。选择 *snow.txt Events* 为 input dataset,并输入 *snowutm83.shp* 为 output feature class。点击 output coordinate system 按钮 。在空间参照性质(Spatial Reference Properties)对话框中,选择投影坐标系 UTM NAD 1983 和 NAD 1983 UTM Zone 11N。点击 OK 对数据集进行投影。

3. 要检查 *stationstm* 是否已注册 *idtm*,您可把 *idtm* 由 Task1 复制并粘贴到 Task2。右击 *stationstm*,放大图层。两图层应已空间注册。

问题 3　步骤 2 未要求做地理坐标转换,为什么?

习作 4　坐标系统的重新投影

所需数据:习作 1 的 *idtm.shp* 和 习作 3 的 *snowutm83.shp*。

习作 4 首先显示 ArcMap 中如何进行即时投影,然后要求您把 *idtm.shp* 从 IDTM 坐标系统转换到 UTM 坐标系统。

1. 右击 Tasks3&4,选择 Properties。Coordinate System 栏显示当前坐标系统为 GCS_North_American_1983。ArcMap 指定第一个图层(如 *snow.txt Events*)的坐标系统为该数据结构的坐标系统。您也可以通过 Add Coordinate System 菜单选择 Import 输入一个新的坐标系统。在下一个对话框,选择 *snowutm83.shp*。

关闭对话框。现在 Tasks3&4 就是基于 NAD 1983 UTM Zone 11N 坐标系统。

2. 添加 *idtm.shp* 到 Tasks3&4。尽管 *idtm* 基于 IDTM 坐标系统,但它在 ArcMap 中用 *snowutm83* 进行空间配准。ArcGIS 可以对数据集进行快捷重新投影(参见 2.5.3 节)。ArcGIS 利用现有的空间参照信息把 *idtm* 投影到该数据结构的坐标系统。

3. 下一步就是要把 *idtm.shp* 投影到 UTM 坐标系,还要创建一个新的 shapefile。 双击 Project 工具。选择 *idtm* 为 input feature class,指定 *idutm83.shp* 为 output feature class,点击 output coordinate system 按钮。在 Spatial Reference Properties 对话框里选择 Projected Coordinate Systems、UTM、NAD,1983 和 NAD 1983 UTM Zone 11N。点击 OK 以关闭对话框。

问题 4 步骤 3 中能否用 Import 代替 Select? 如果可以,如何操作?

4. 尽管在 ArcMap 中 *idutm83* 看起来和 *idtm* 完全一样,但其实它已经被投影到 UTM 格网系统。

习作 5 栅格的重新投影

所需数据:来自习作 1 的 *idtm.shp* 和栅格数据 *emidalat*,从地理上看,*emidalat* 在爱达荷州北部只占了非常小的一块矩形区域。

习作 5 要您将 *emidalat* 从 UTM 坐标系统投影到爱达荷州的横轴 Mercator 坐标系统。

1. 在 ArcMap 中插入一个新的数据帧,并将其重新命名为 Task 5。添加 *emidalat* 到 Task 5。右击 *emidalat* 并选择 Properties。图层性质对话框的 "Source"(源) 选项卡显示 *emidalat* 具有 NAD_1927_UTM_ZONE_11N 空间参照。若右键单击 Task 5 并选择 Properties,其 "Coordinate System"(坐标系)选项卡显示 *emidalat* 同样的空间参照。

2. 添加 *idtm.shp* 到 Task5。*Idtm* 是基于 NAD83 的。

3. 双击 Data Management Tools/Projections and Transformations/Raster 工具集中的 Project Raster 工具。

4. 在弹出的对话框中,输入 *emidalat* 为输入栅格,*emidatm* 为输出栅格数据集,并单击 "输出坐标系统" 按钮。在 "空间参照性质" 对话框中,从 "添加坐标系统" 下拉菜单中选择导入,在 "浏览数据集或坐标系统" 对话框中导入 *idtm.shp*,关闭对话框。注意 nad_1927_to_to__nad_1983_nadcon 被预选为地理转换。单击 OK 运行投影栅格的命令。

5. 添加 *emidatm* 到 Task5 中。为了验证 *emidatm* 已被重新投影,右键单击 *emidatm* 并选择 Properties。Source 选项卡显示其空间参照是 NAD_1983_Transverse_Mercator。

6. 在目录表中选择按绘制顺序列表。把 *emidatm* 置于 *idtm* 上方。右键单击 *idtm* 并选择 Zoom to Layer,会看到 *emidatm* 是爱达荷州北部的一小块方形区域。

挑战性任务

所需数据: *idroads.shp* 和 *mtroads.shp*。

第 2 章数据库里有 *idroads.shp* 和 *mtroads.shp*，分别是爱达荷州和蒙大拿州的道路 shapefiles。*idroads.shp* 投影在 IDTM，但它的横坐标左移假定值（500000）和纵坐标北移假定值（100000）有错。*mtroads.shp* 投影在 NAD 1983（2011）State Plane Montana FIPS 2500 坐标系统，线单位为 m，但它没有投影文件。

1. 利用习作 1 中的 IDTM 信息和 Project 工具，用正确的横坐标左移假定值（2500000）和纵坐标北移假定值（1200000）对 *idroads.shp* 做重新投影，其他参数保持一致。输出结果命名为 *idroads2.shp*。

2. 先用 Define Projection 工具定义 *mtroads.shp* 的坐标系统。然后用 Project 工具重新投影 *mtroads.shp* 到 IDTM，输出结果命名为 *mtroads_idtm.shp*。

3. 验证 *idroads2.shp* 和 *mtroads_idtm.shp* 具有相同的空间参照信息。

参考文献

Battersby, S. E. 2009. The Effect of Global-Scale Map Projection Knowledge on Perceived Land Area. *Cartographica* 44: 33-44.

Battersby, S. E., M. P. Finn, E. L. Usery, and K. H. Yamamoto. 2014. Implications of Web Mercator and Its Use in Online Mapping. *Cartographica* 49: 85-101.

Bosowski, E. F., and T. G. Feeman. 1997. The User of Scale Factors in Map Analysis: An Elementary Approach. *Cartographica* 34: 35-44.

Burkard, R. K. 1984. *Geodesy for the Layman*. Washington, DC: Defense Mapping Agency. Available at http://www.ngs.noaa.gov/PUBS_LIB/Geodesy4Layman/TR80003A.HTM#ZZ0/.

Iliffe, J. 2000. *Datums and Map Projections for Remote Sensing, GIS, and Surveying*. Boca Raton, FL: CRC Press.

Jenny, B., T. Patterson, and L. Hurni. 2010. Graphical Design of World Map Projections. *International Journal of Geographical Information Science* 24: 1687-1702.

Kjenstad, K. 2011. Construction and Computation of Geometries on the Ellipsoid. *International Journal of Geographical Information Science* 25: 1413-1437.

Kimerling, A.J., A.R. Buckley, P.C. Muehrcke, and J.O. Muehrcke. 2011. *Map Use: Reading and Analysis*, 7th ed., Redlands, CA: Esri Press

Maling, D. H. 1992. *Coordinate Systems and Map Projections,* 2d ed. Oxford, England: Pergamon Press.

Moffitt, F. H., and J.D. Bossler. 1998. *Surveying,* 10th ed. Menlo Park, CA: Addison-Wesley.

Robinson, A. H., J. L. Morrison, P. C. Muehrcke, A. J. Kimerling, and S. C. Guptill. 1995. *Elements of Cartography*, 6th ed. New York: Wiley.

Snay, R. A., and T. Soler. 2000. Modern Terrestrial Reference Systems. Part 2: The Evolution of NAD 83. *Professional Surveyor*, February 2000.

Snyder, J. P. 1987. *Map Projections—a Working Manual*. Washington, DC: U.S. Geological Survey Professional Paper 1395.

Snyder, J. P. 1993. *Flattening the Earth: Two Thousand Years of Map Projections*. Chicago: University of Chicago Press.

True, S. A. 2004. Planning the Future of the World Geodetic System 1984. Position Location and Navigation Symposium, 2004. PLANS 2004: 639-648.

第3章 矢量数据模型

本章概览

查看一幅纸质地图,我们可以得知地图要素及其空间相互关系。例如,从图 3.1 可看到爱达荷州与蒙大拿州、怀俄明州、犹他州、内华达州、俄勒冈州、华盛顿州和加拿大交界,且包括一些土著美洲人保留地。如何才能使计算机辨别相同的要素及它们的空间关系? 第 3 章试图从矢量数据模型方面来回答这一问题。

图 3.1 显示爱达荷州和该州由美国为土著美洲人代管土地的周边州县的参考地图

矢量数据模型,也称为离散对象模型,是采用离散对象来表示地球表面的空间要素的。基于这一概念,矢量数据可以用 3 个基本步骤制备。第一步在一个空的空间将空间要素分为点、线和多边形,并用点及其 x、y 坐标表示这些要素的位置和形状。第二步以一个逻辑框架构建这些几何对象的属性和空间关系。在过去的 30 年的大多数变化与第二步有关,反映先进的计算机技术和 GIS 市场的竞争本质。第三步编码并将矢量数据以数字数据文件存储,这样它们可以被访问、解释,并由计算机进行处理。计算机通过扩展名识别数据文件的格式（数据结构怎样和如何存储）。

　　本章以 Esri 公司软件的矢量数据为例。Esri 公司的每个新软件包都引入一个新的矢量数据模型：Arc/Info 与 coverage，ArcView 与 shapefile，ArcGIS 与 geodatabase。因此，通过检查 Esri 公司软件的矢量数据，我们可以追寻 GIS 使用的矢量数据的演进。另外一个原因是，美国的许多政府机构采用 shapefile 和 geodatabase（参见第 5 章）来递送他们的地理空间数据。Coverage 和 shapefile 是地理关系数据模型的例子，它使用分离系统存储地理空间数据的两个主要组分——几何图形和属性。Coverage 是有拓扑关系的（空间要素之间有明确的空间关系），而 shapefile 是非拓扑的。Geodatabase 是基于对象数据模型的例子，它将矢量数据的几何图形和属性数据存储在单一系统，并可以根据需要建立拓扑关系。

　　本章共分成 5 节。3.1 节阐述简单要素如点、线和面的表示；3.2 节解释利用拓扑在矢量数据中表达空间关系及拓扑在 GIS 中的重要性；3.3 节介绍地理关系数据模型——coverage 和 shapefile；3.4 节介绍基于对象数据模型 geodatabase、拓扑规则及 geodatabase 的优势；3.5 节阐述适合用点、线、面复合表示的空间要素。

3.1　简单要素的表示

　　矢量数据模型使用点、线和多边形的几何对象表示空间要素。**点**是零维的，只有位置的性质。点要素由一个点或一组点组成。地形图上的井、基准点和砾石坑就是点要素的例子。

　　线是一维的，除了位置之外，还有长度的性质。一条线有两个端点，可以在中间有额外的点来标记线的形状。线的形状可以是直线线段的连接，也可以是用数学函数产生的平滑曲线。线要素是由一条线或一组线构成的。道路、边界和小溪流就是线要素的例子。

　　多边形是二维的，除了位置之外，还有面积（大小）和周长的性质。多边形由连接的、闭合的、互不相交的线组成，周长或边界定义了多边形的面积。多边形可以单独存在，也可以是共享边界。多边形在它的范围内也可以有一个洞，导致一个外部和一个内部边界。多边形要素由一个多边形或一组多边形组成。多边形要素的例子包括植被区域、城市区域和水体。

　　一个点由一对 x 和 y 坐标（地理坐标或投影坐标，参见第 2 章）来表示它的位置。同理，一条线或一个多边形是由一系列 x 和 y 坐标表示的。对于一些空间要素，可能会包括额外的表示方法。例如，显示地理社交数据的点可能有时间和用户的度量，显示地铁线路的线可能有深度的度量，而显示建筑物的多边形可能有高度的度量。例如，在图 3.2 中，每个建筑物都被提高到与其高度相对应的水平。

　　虽然点、线、多边形和表面物体的分类在 GIS 中已被广为接受，但文献中也可能出现其他术语。例如，多点指的是一组点，多线指的是一组线，以及多多边形指的是一组多边形。几何集合是指包括不同几何类型元素（如点和多边形）的一个对象。注释栏 3.1 显示谷歌、OpenStreet Map 和 GeoJSON 所使用的几何对象的额外示例。

图 3.2　三维地图的每座建筑物都被提升至与其 x、y 坐标一起存储的高度测值水平

注释栏 3.1	谷歌、OpenStree Map 和 GeoJSON 的空间要素规格

在谷歌地球、谷歌地图、移动用的谷歌地图里，谷歌对离散空间对象采用下列术语：

点——由经度和纬度定义的地理位置

线串（Linestring）—— 一组连接的线段

环线（Linering）—— 一个闭合的线串，通常是一个多边形的边界

多边形——由一个外部边界和 0 个或多个内部边界所定义

OpenStreetMap 是一个协作绘图项目（重点是公路网），指定了用于地理数据的下列术语：

节点—— 由经度、纬度和标识码（ID）所定义的空间的点

道路——由一系列节点所定义的线状要素或区域边界

GeoJSON 是一个用于特定简单地理要素的开放标准格式，区别于下列空间对象类型：

单一几何对象—— 点、线串和多边形

复合几何对象—— 复合点、复合线串和复合多边形

几何集合——较小几何对象（诸如一个点和一个线串的组合）的异构集合

值得注意的是，GIS 数据的主要来源于纸质地图的简单要素的表示并不都是明确的，因为它还取决于地图比例尺，如在 1∶1000000 比例尺的地图上，一座城市可能表示为一个点，而同一城市在 1∶24000 比例尺地图上却表示为一个面。有时候，还取决于由政府地图出版机构建立的指标。例如，美国地质调查局（USGS）在比例尺为 1∶24000 的地形图上，用单线表示宽度小于 40ft[①]的河流，而用双线表示宽度大于 40ft 的河流。

3.2　拓　　扑

拓扑是研究几何对象在弯曲或拉伸等变换下仍保持不变的性质（Massey，1967）。

---

① 1ft=3.048×10^{-1}m。

例如，一个橡皮圈只要在其弹性限度内拉伸弯曲都不失去其仍是一个闭合圈的固有性质。地铁线路图是拓扑地图的例子（图 3.3）。地铁线路图恰当地描述了各线路和每条线上站点之间的连接性，却使得距离和方向失真。在 GIS 中，矢量数据可以是拓扑的或非拓扑的，取决于对数据是否建立了拓扑（定义对象之间的空间关系）。

图 3.3　台北市的地铁线路图

　　拓扑可通过有向图（图形）来解释，它显示几何对象的排列及其相互关系（Wilson and Watkins，1990）。对矢量数据模型重要的是有向图（directed graph），包括点和有向线（directed lines）。有向线又称为弧段，弧段会聚或相交处的点称为节点。如果一条弧段连接两个节点，则称这两个节点与弧段呈邻接和关联。在有向图中可以建立节点和弧段之间的邻接和关联两个基本关系（注释栏 3.2）。

注释栏 3.2	邻接和关联
如果一个弧段连接两个节点，称这两个节点与该弧段邻接和关联。邻接和关联关系可用矩阵明	

确地表达。图 3.4 显示的是一个有向图的邻接矩阵和关联矩阵。邻接矩阵的行和列对应于节点号，矩阵内的弧段号是指与有向图对应节点连接的弧段号。例如，（11，12）中的 1 是指连接节点 11 到节点 12 的弧段，（12，11）中的 0 是指连接节点 12 到节点 11 的弧段。弧段的方向决定了应赋予 1 或 0。

　　关联矩阵的行号对应于图 3.4 中的节点号，列号对应于弧段号。矩阵中的 1 是指弧段关联自一个节点，-1 意为弧段关联至一个节点，0 意为弧段与节点均不关联。以弧段 1 为例，它从节点 13 出射（关联自），入射到（关联至）节点 11，与其他节点不关联。矩阵对邻接和关联做了数学表达。

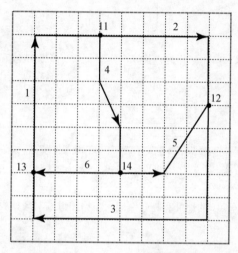

邻接矩阵

	11	12	13	14
11	0	1	0	1
12	0	0	1	0
13	1	0	0	0
14	0	1	1	0

关联矩阵

	1	2	3	4	5	6
11	−1	1	0	1	0	0
12	0	−1	1	0	−1	0
13	1	0	−1	0	0	−1
14	0	0	0	−1	1	1

图 3.4　有向图的邻接矩阵和关联矩阵

3.2.1　拓扑统一地理编码格式（TIGER）

　　拓扑的早期应用例子为美国人口普查局的拓扑统一地理编码格式（TIGER）数据库（Broome and Meixler，1990）。TIGER 数据库通过拓扑将统计区边界（诸如县、人口普查片和街区群）与道路、铁路、河流和其他要素联系在一起。例如，在图 3.5 中，弧段 be 有起始节点 b 和末端节点 e，其右边为 10 号面，左边为 11 号面。假设这些面代表街区群，弧段代表街道，因此每个街区都与构成其边界的街道联系在一起。当与主地址文件（MAF）连接时，TIGER 数据库也可以识别地址是在街道的右侧或左侧（图 3.6）。

　　除了 TIGER 数据库，另外一个较早的内置拓扑矢量数据的例子是美国地质调查局的数字化线状图形（DLGs）。DLGs 是根据 USGS 标准地形图图幅的点、线和面要素的数字化表示，包含等高线、水文、边界、交通和美国公用土地调查系统等数据类别。

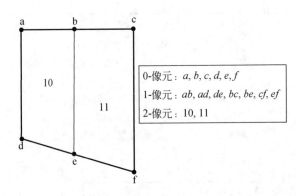

图 3.5　TIGER 数据库中的拓扑，包括 0 像元或点、1 像元或线和 2 像元或面

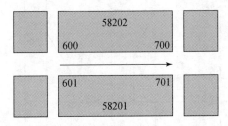

图 3.6　TIGER 数据库中的地址和邮政编码，根据街道方向区分成右侧或左侧

3.2.2　拓扑的重要性

拓扑需要增加数据文件来存储空间关系。人们自然会问，数据集中构建拓扑有什么好处？

拓扑至少有 3 个主要优点：首先是能确保数据质量和完整性。这实际上是美国人口普查局最初使用拓扑的原因。拓扑关系可用于发觉未正确接合的线和未恰当闭合的多边形。同样，拓扑可以保证有共同边界的县域和人口普查区没有缝隙和重叠。

其次，拓扑可强化 GIS 分析。较早的地址编码（在地图上标注街道地址）通常用 TIGER 数据库作为参照，因为该数据库不仅包含地址而且将地址按街道左右两侧进行分类。TIGER 数据库中内置的拓扑关系使街道地址得以表示。交通流和溪流就是类似地址地理编码的例子，因为它们也是有方向性的（Regnauld and Mackaness，2006）。这就是为什么从美国地质调查局网址下载流线数据时要包括流向（图 3.7）。另外一个例子是野生动物的栖息地分析，通常涉及栖息地类型之间的边缘。因为在拓扑结构数据模型中，边界是以左多边形和右多边形编码的（如长成区和皆伐区），沿着边缘分布的特定栖息地类型就易于表解和分析（Chang，Verbyla and Yeo，1995）。

最后，空间要素之间的拓扑关系使得 GIS 用户可执行空间数据查询。例如，我们可以问一个县内有多少所学校，断层线横穿哪块土地。包含和相交这两个拓扑关系对于空间数据查询很重要（第 10 章）。

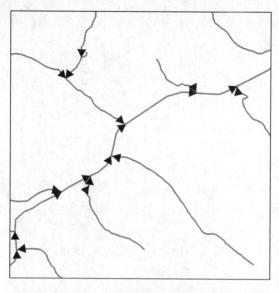

图 3.7　图中灰线表示河流，箭头表示该河段的流向

注释栏 3.3	拓扑或非拓扑

　　英国陆军测量局（OS）可能是第一个主要的提供拓扑和非拓扑数据给最终用户的 GIS 数据生产者（Regnauld and Mackaness，2006）。英国陆军测量局的 MasterMap 是一种用于英国地理信息参照的新的数据帧（http://www.ordnancesurvey.co.uk/oswebsite/）。MasterMap 有两种多边形数据：独立和拓扑多边形数据。独立多边形数据中，相邻多边形的公共边存储两次，与之相反，拓扑多边形数据中，相邻多边形的公共边只存储一次，并且每个多边形只由一条线要素组成。每个多边形只由一条线要素组成这一点与 3.3.2 节中讨论的多边形/弧列表很相似。

3.3　地理关系数据模型

　　地理关系数据模型用两个独立的系统分别存储空间和属性数据：用空间子系统中的图形文件存储空间数据（"地理"），用关系数据库存储属性数据（"关系"）（图 3.8）。地理关系数据模型一般用要素标识码（ID）对两者进行链接。空间和属性两部分必须同步才能进行查询、分析和数据显示。Coverage 和 shapefile 都是地理关系数据模型的例子；然而，coverage 是拓扑的，shapefile 是非拓扑的。

3.3.1　Coverage

　　在 20 世纪 80 年代，Esri 公司为了把 GIS 从当时的 CAD（机助设计）中分离出来而引入内置拓扑的 coverage 模型。Autodesk 公司的 AutoCAD 过去是、现在仍然是主导的 CAD 软件包。AutoCAD 用来转换数据文件的一种数据格式叫做 DXF（绘图交换格式）。DXF 以分开的图层来保存数据，并允许用户使用不同的线符号、颜色和文字来绘制每个图层。但是 DXF 不支持拓扑关系。

图 3.8　地理关系数据模型的例子，ArcInfo coverage 由两部分组成：图形文件存储空间数据，INFO 文件存储属性数据，两者间以标识码相连接

Coverage 支持以下 3 种基本拓扑关系（ESRI，1998）：

（1）**连接性**：弧段间通过节点彼此连接；

（2）**面定义**：由一系列相连的弧段定义面；

（3）**邻接性**：弧段有方向性，且有左多边形和右多边形。

除了术语的使用之外，这 3 种拓扑关系与在 TIGER 数据库中的拓扑关系相类似。

3.3.2　Coverage 数据结构

目前较少用户使用 coverage 数据；然而，对于理解简单的拓扑关系，coverage 数据结构依然重要，它已被纳入新的数据模型如 geodatabase（3.4.3 节）。

点的 coverage 很简单，包含要素标识码（IDs）及成对的 x 和 y 坐标（图 3.9）。

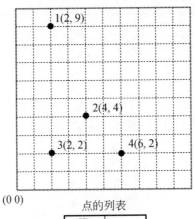

图 3.9　点的 coverage 数据结构

图 3.10 显示线的 coverage 数据结构。开始点叫作"始节点"（from-node），结束点叫作"到节点"（to-node）。弧段-节点表列出了弧段-节点的关系。例如，弧段 2 是以节点 12 为"始节点"，以节点 13 为"到节点"。弧段-坐标表显示组成每条弧段的"始节点"、"到节点"和其他点（端点）的 x、y 坐标。例如，弧段 3 是由"始节点"（2，9），"到节点"（4，2），经过点（2，6）和点（4，4）连接的三条线段组成。

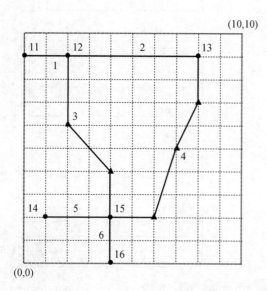

弧段-节点表

弧段号	始节点	到节点
1	11	12
2	12	13
3	12	15
4	13	15
5	15	14
6	15	16

弧段-坐标表

弧段号	x，y坐标
1	(0,9) (2,9)
2	(2,9) (8,9)
3	(2,9) (2,6) (4,4) (4,2)
4	(8,9) (8,7) (7,5) (6,2) (4,2)
5	(4,2) (1,2)
6	(4,2) (4,0)

图 3.10　线的 coverage 数据结构

图 3.11 显示面的 coverage 数据结构。多边形/弧段表显示多边形和弧段之间的关系。例如，弧段 1、4 和 6 连接构成了多边形 101。多边形 104 与其他多边形不同之处在于其被多边形 102 所环绕。弧段表中多边形 102 含有一个 0 以区分其外边界和内边界，以显示多边形 104 是多边形 102 内的一个岛。多边形 104 是一个独立的多边形，由唯一的弧段（7）和一个既表示"始节点"又表示"到节点"的节点（15）构成。在地图区域外面的多边形 100，通常称为外多边形或全域多边形。在图 3.11 中左/右多边形表显示弧段和其左右多边形之间的关系。例如，弧段 1 是一条从节点 13 到节点 11 的有向线，多边形 100 是其左多边形，多边形 101 是其右多边形。在图 3.11 中的弧段坐标表显示了组成弧段的节点和端点。

多边形/弧段表作为图形文件存储在 coverage 文件夹中。另外一个文件夹叫作 INFO，与全部的 coverage 在相同工作空间共享，用于存储属性数据文件。基于拓扑关系的数据结构有利于数据文件的组织，并减少数据冗余。两个多边形之间的共享边界在弧段坐标表中只列一次，而不是两次。而且，共享边界定义两个多边形，所以更新多边形就变得相对容易。例如，若图 3.11 中的弧段 4 在两个节点之间变成直线，只需改变弧段 4 的坐标表即可。

左/右多边形表

弧段号	左多边形	右多边形
1	100	101
2	100	102
3	100	103
4	102	101
5	103	102
6	103	101
7	102	104

多边形/弧段表

多边形号	弧段号
101	1,4,6
102	4,2,5,0,7
103	6,5,3
104	7

弧段坐标表

弧段号	x, y坐标
1	(1,3) (1,9) (4,9)
2	(4,9) (9,9) (9,6)
3	(9,6) (9,1) (1,1) (1,3)
4	(4,9) (4,7) (5,5) (5,3)
5	(9,6) (7,3) (5,3)
6	(5,3) (1,3)
7	(5,7) (6,8) (7,7) (7,6) (5,6) (5,7)

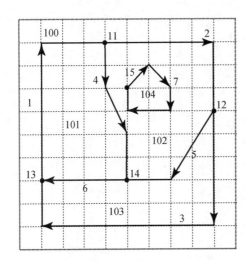

图 3.11　多边形的 coverage 的数据结构

3.3.3　Shapefile

在 GIS 公司把 GIS 从 CAD（机助设计）中分离出来引进了拓扑关系之后不到 10 年的时间里，同样是这些公司，又采用了非拓扑数据格式作为非专有数据格式。

在 Esri 产品中采用的标准非拓扑数据格式叫作 shapefile。尽管在 shapefile 中，点是用一对 x、y 坐标、线是用一系列的点、多边形用一系列的线来存储，但是没有描述几何对象空间关系的文件。Shapefile 多边形对于共享边界实际上有重复弧段且可彼此重叠。Shapefile 的几何学性质存储于两个基本文件：以.shp 为扩展名的文件存储要素几何学特征，而以.shx 为扩展名的文件保留要素几何学特征的空间索引。

非拓扑数据如 shapefiles 有两个主要优点。首先非拓扑矢量数据能比拓扑数据更快速地在计算机屏幕上显示出来（Theobald，2001）。对于仅仅是使用而不是生产 GIS 数据的用户而言，该优点特别重要。其次，非拓扑数据具有非专有性和互操作性，这意味着非拓扑数据可以在不同软件包之间通用（如 MapInfo 可以使用 shapefiles，ArcGIS 可以使用 MapInfo 的交换格式文件）。20 世纪 90 年代，GIS 用户强烈要求不同数据格式间的互操作性，导致 1994 年开放 GIS 联盟（现在是开放的地理空间联盟 Open Geospatial Consortium）的建立——一个非营利的、国际性的、自愿性的标准组织（http://www.opengeospatial.org/）。该组织从开始已把互操作性作为首要任务。20 世纪 90 年代早期非拓扑数据的导入，或许可以说是对互操作性需求的一种响应。

3.4　基于对象数据模型

矢量数据模型的最新成员——基于对象数据模型将地理空间数据作为对象。一个对象可以表示空间要素，如公路、林区或水文单位。一个对象也可以表示一个公路图层或基于公路图层的坐标系统。实际上，几乎所有的 GIS 都可以作为对象表示。

对于 GIS 用户来讲，基于对象的数据模型在两个重要方面不同于地理关系数据模型。首先，基于对象的数据模型把空间数据和属性数据存储在单一系统中。具有数据类型 BLOB（binary large object）的空间数据以特定字段存储为一个二进制数据的集合。例如，图 3.12 所示的土地利用图层，它在字段 *shape* 存储每一个土地利用多边形图斑的空间属性。其次，基于对象的数据模型允许一个空间要素（对象）与一系列属性和方法相联系。属性描述对象的性质或特征。方法执行特定的操作。因此，作为一个要素层对象，一个公路图层可以具有形状和范围的属性，也可以有复制和删除的方法。属性和方法直接影响 GIS 操作如何执行。在一个基于对象的 GIS 中，我们的工作实际上取决于该 GIS 为对象定义的属性和方法。

Object id	Shape	Landuse_ID	Category	Shape_Length	Shape_Area
1	Polygon	1	5	14607.7	5959800
2	Polygon	2	8	16979.3	5421216
3	Polygon	3	5	42654.2	21021728

图 3.12　基于对象数据模型中，每条记录存储一个土地利用多边形，Shape 字段存储土地利用多边形的空间数据，其他字段存储属性数据，如土地利用_ID 和类型

3.4.1　类和类之间的关系

类是一系列具有相似属性的对象。一个 GIS 软件包如 ArcGIS 要使用数以千计的类。为了使软件开发商能够系统地组织类和它们的属性及方法，面向对象技术允许建立类之间的关系，如联合（Association）、聚合（aggregation）、合成（composition）、类继承（Type inheritance）和实例化（Instantiation）（Zeiler，2001；Larman，2001）。

联合是指两个类之间有多少种对应关系。形成对应关系的两个类可构成一个对应关系表达式。通常对应关系表达式的一端是 1（默认），另一端是 1 或更多（1..*）。例如，一个地址对应一个邮政编码，但相同的地址可以对应一个或多个公寓。

聚合定义了类之间的一种整体与部分的关系。聚合也是联合概念的一种情况，只是在对应关系表达式的一端（"整体"）数目为 1，而另一端（"部分"）是 0 或任意一个正整数。例如，人口普查区是许多人口普查街区的聚合体。

合成描述部分不能独立于整体存在的一种联合。例如，高速公路两旁的路旁休息区没有高速公路就不能存在。

类继承指的是父类和子类间的关系。子类是父类的一员，并继承父类的属性和方法，

但是子类可以拥有区别于父类中其他子类的属于自己的属性和方法。例如，住宅区是城市的一个子类，但它可以拥有地块大小等属性，以及与商业区、工业区区分开来。

实例化是指一个类的对象可以由另一个类中的对象创建。例如，高密度住宅区对象可以由住宅区对象创建。

3.4.2 接口

接口代表类或者对象的一系列外部可视化操作。基于对象技术是使用所谓的**封装性**将对象的属性和方法隐藏起来，使得只能通过预定义接口访问对象的技术（图 3.13）。

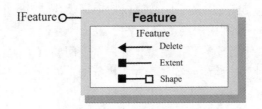

图 3.13 一个 *Feature* 对象可以执行 *IFeature* 接口。*IFeature* 可调用属性 *Extent* 和 *Shape* 及方法 *Delete*。面向对象技术用不同符号来表示接口、属性和方法。该例子中两种属性的符号不同，因为 *Extent* 是只读属性而 *Shape* 为可读写属性

图 3.14 显示了如何用两个接口来获得一个要素图层的区域范围，它是一种 *Geodataset* 类型。首先通过 *IGeodataset* 这一 *Geodataset* 对象所支持的接口来访问 *Extent* 属性。属性 *Extent* 返回对象 *Envelope*，用于执行 *IEnvelope* 接口。那么，该区域范围可以通过访问接口属性 *XMin*、*XMax*、*YMin* 和 *YMax* 获得。

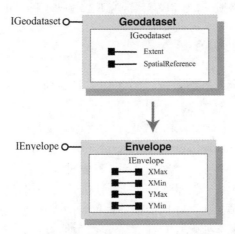

图 3.14 *Geodataset* 对象支持 *IGeodataset*，*Envelope* 对象支持 *IEnvelope*。参见注释栏解释如何用接口获得要素图层的区域范围

3.4.3 Geodatabase

Geodatabase 是基于对象矢量数据模型的一个例子，它是由 Esri 公司开发的作为

ArcGIS 基础的 ArcObjects 的一部分（Zeiler，2001；Ungerer and Goodchild，2002）。ArcObjects 包含数千的对象和类。许多 ArcGIS 用户不需要直接处理 ArcObjects，因为菜单、图标和对话框已经由 Esri 公司制定，以访问 ArcObjects 中的对象及它们的属性和方法。注释栏 3.4 描述了日常操作 ArcGIS 时 ArcObjects 可能遇到的情况。

注释栏 3.4	**ArcObjects 和 ArcGIS**

　　ArcGIS 是建立在 ArcObjects 基础上的，ArcObjects 是对象的集合。在 ArcGIS 中，一般通过图形用户界面进入 ArcObjects，但这些对象也可以通过编程应用。应用.NET、Visual Basic 或 C# 可以创建所需的命令、菜单和工具。启动 ArcGIS10.0，ArcCatalog 和 ArcMap 都有 Python 窗口来运行 Python 代码。Python 是通用的高级编程语言，对于 ArcGIS，Python 作为扩充语言，为加载列表或代码块提供编程平台，使用 ArcObjects 编写。ArcMap 中的一些对话框有高级选项，用户可由此进入 Python 代码。例如，可以使用计算器对话框字段的高级选项来更改计算表达式（第 8 章的应用部分习作 5 将用到该选项）。

　　如同 shapefile，geodatabase 用点、聚合线和多边形来表示基于矢量的空间要素（Zeiler，1999）。点要素可以是单一的一个点，也可以由多个点组成。聚合线要素由一系列线段组成，线段间可以相互连接或不连接。多边形要素是由一个或多个环组成。一个环是一系列相互连接的、闭合的、无交叉的线段。在简单要素方面 geodatabase 与 coverage 相似，两者不同主要在于复合要素如分区和路径（3.5 节）。

　　Geodatabase 将矢量数据集组织成要素类和要素数据集（图 3.15）。**要素类**存储具有相同几何类型的空间要素；要素数据集则存储具有相同坐标系和区域范围的要素类。例如，要素类可能代表一个街区，而要素集在同一个研究区域内可能包括街区、人口普查区和县。要素数据集中包含的要素类通常与其他要素类有拓扑关联，如不同水平的人口普查单元共用边界。如果一个要素类属于 geodatabase，但又不是要素集的一部分，被称为独立要素类。除了要素类，geodatabase 也能存储栅格数据、不规则三角网（TIN，参见 3.5.1 节）、位置数据和属性表。

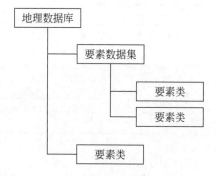

图 3.15　在 geodatabase 中，要素类可以独立存在，也可以是一个要素数据集的组成部分

　　Geodatabase 可用于单个用户，也可用于多个用户。单用户数据库可以是个人 geodatabase 或者文件 geodatabase。个人 geodatabase 将数据存储在 Microsoft Access 数

据库的表格中。而文件 geodatabase 是把数据以许多小文件的形式存储在二进制文件夹中。文件 geodatabase 不像个人 geodatabase，它没有整个数据库的大小限制（假定个人 geodatabase 有 2GB 的限制），并且可以跨平台作业（如 Windows 和 Linux）。Esri 公司认为，由于具有许多小规模的文件，在数据访问时文件 geodatabase 比个人 geodatabase 可以提供更好的性能。多用户或者 ArcSDE geodatabase 在数据库管理系统如 Oracle、Microsoft SQL Server、IBM DB2 和 Informix 中存储数据。

3.4.4　拓扑规则

基于对象数据模型的变化不仅在于矢量数据如何概念化和结构化，还在于如何组织和存储要素之间的拓扑关系。Geodatabase 将拓扑定义为关系规则，让用户选择规则，并在要素数据集中执行。换言之，geodatabase 提供了即时拓扑，在概念上有别于 Coverage 或 TIGER 数据库内置的拓扑关系（注释栏 3.5）。要素之间拓扑关系的数量也从 3 个增加到 geodatabase 的 30 个以上。表 3.1 显示 ArcGIS10.5 中按要素类归纳的拓扑规则。一些规则用于一个要素类里的要素，而另一些用于两个或多个要素类。用于一个几何要素类中要素的规则，在功能上与 coverage 模型所带的拓扑很相似，而用于两个或多个要素类的规则只出现在 geodatabase 中。

注释栏 3.5	拓扑结构或非拓扑结构

在过去，GIS 数据生产商必须决定是否将拓扑结构引入他们的数据。已有的选择是既有拓扑又有非拓扑的地图产品。例如，英国的地形调查局（Ordnance Survey）曾经提供过具有独立（非拓扑）或拓扑多边形数据的 MasterMap（Regnauld and Mackaness，2006）。现在，GIS 的数据生产商关于拓扑有了另外一个抉择。他们可以采取永久的或即时的拓扑（Galdi，2005）。永久拓扑适用于根据拓扑原理结构化的数据。例如，TIGER 之类的数据，它将拓扑关系存储起来并在数据库中永续使用。而即时拓扑适用于在需要的时候实现拓扑关系的数据，如地理数据库（geodatabase）。

表 3.1　Geodatabase 中的拓扑规则

要素类	规则
多边形	不重叠，没有间隙，不与其他图层重叠，必须被另一要素类覆盖，必须相互覆盖，必须被覆盖，边界必须被覆盖，区域边界必须被另一边界覆盖，包含点，且包含一个点
线	不重叠，不相交，不交叉，没有悬挂弧段，没有伪结点，不相交或内部接触，不与其他图层相交或内部接触，不与其他图层重叠，必须被另一要素类覆盖，必须被另一图层的边界覆盖，必须在内部，终节点必须被覆盖，不能自重叠，不能自相交，必须是单一部分
点	必须与其他图层一致，不分离，必须被另一图层的边界覆盖，必须位于多边形内部，必须被另一图层的终节点覆盖，必须被线覆盖

下列是拓扑规则的一些实际应用：

（1）国家间不能重叠；

（2）国家间不能存在间隙；

（3）国界不能有悬挂点（国界必须封闭）；

（4）人口普查区和县必须彼此覆盖；

（5）投票区必须被县覆盖；

（6）等高线不能相交；

（7）州际道路必须被参照线的要素类覆盖（如道路要素类）；

（8）里程标志必须被参照线覆盖；

（9）标识点必须落在多边形内。

以上所列的一些规则如无间隙、不重叠、没有悬挂点等，是普遍存在并且可以用在许多多边形要素类中。而另一些规则如里程标志和参照线之间的关系，仅适用在交通上。Esri 网站提供了各行业所提出的拓扑规则的例子（http://support.esri.com/datamodels）。本节讨论的一些拓扑规则在第 7 章中可用于空间数据的纠错。

3.4.5　Geodatabases 数据模型的优点

在 ArcGIS 中，可以使用 coverage、shapefile 和 geodatabases 等格式，也可以从一种数据格式转换成另一种。最近的研究表明在单用户环境中，coverage 比 shapefile 和 geodatabases 在一些空间数据处理上性能更好（Batcheller，Gittings and Dowers，2007）。而 geodatabase 具备的许多优点如下。

第一，geodatabase 的等级结构对于数据组织和管理十分有利（Gustavsson，Seijmonsbergen and Klostrup，2007）。例如，如果一个项目包括两个研究区，就可以用两个数据集分别存储对应的研究区，这就简化了数据管理的操作如复制和删除（如复制包含要素类的要素数据集而不是复制单个的要素类）。而且，项目中任何数据查询和分析得到的中间数据将自动赋予要素数据集相同的坐标系统，这样，就节省了对每个新要素类定义坐标系统的时间。近来一些趋势表明，政府机构也在利用 geodatabase 的等级结构进行数据传输。例如，美国国家水文地理数据集（NHD）计划，将数据分成两个数据集，一个数据集用于水文地理，而另一个用于水文单元（注释栏 3.6）（http://nhd.usgs.gov/data.html）。该计划认为在基于网页的数据访问、查询和下载中，geodatabase 优于 coverage。美国地质调查局与其他联邦、州和地方机构的一个合作计划"全国地图"（*National Map*）的大多数矢量数据是以 geodatabase 和 shapefile 两种格式发布的（http://www.nationalmap.gov/）。

注释栏 3.6	NHDinGEO

　　美国国家水文地理数据集（NHD）项目以往提供 coverage 数据，称为 NHDinARC，它以区域子类组织多边形数据（如淹没区域和湖泊），以路由子类组织线数据（如河流和小溪）（参见 3.5.3 节）。NHD 项目已经用 NHDinGEO 取代了 NHDinARC。基于 geodatabase，NHDinGEO 以要素数据集、要素类、表格和关系来组织数据。包括要素的点（如测水站）、线（如河流）和多边形（如湖泊）的类，适合于河段的应用。由盆地、区域、子盆地、子区域、子流域和流域的层次要素类组成的水文要素数据集，适用于领域分析。因此，geodatabase 使得 NHDinGEO 能提供比 NHDinARC 更多更为系统的数据。

第二，geodatabase 是 ArcObjects 的一部分，它具有面向对象技术的优势。例如，ArcGIS 提供了 4 种常用的规则：属性域、关系规则、连接规则和自定义规则（Zeiler，1999）。属性域通过设定属性取值的一个有效范围或一套有效范围将对象分组为子类。关系规则例如拓扑规则将相关的对象联系起来。连接规则可使用户建立几何网络如河流、道路、水电设施。自定义规则允许用户为了进一步应用而创建所需的要素。这些确定的规则在具体的应用中十分有用，而 shapefiles 和 coverage 无法做到这一点。

第三，geodatabase 提供即时拓扑，适用于要素类内的要素或者两个或更多地参与要素类。正如第 3.2.2 节所述，拓扑可以确保数据的完整性并能增强某些类型的数据分析（例如，第 7 章阐述怎样使用拓扑规则纠正数字化的错误）。即时拓扑给用户提供了多种选择，并让他们决定哪些拓扑规则是项目所需要的。

第四，在 ArcObjects 中有许多的对象、属性和方法可供 GIS 用户定制应用。定制应用（如通过 Python 脚本）可以减少大量的重复性工作（如在一个项目中定义和投影每个数据集的坐标系统），加速工作流程（如将定义和投影坐标系统结合成一个步骤），甚至可以创建 ArcGIS 不易实现的功能。ArcObjects 提供了一个可以按照各行各业的需求定制对象的模型。现实世界的对象都有各自不同的属性和行为，因此，与交通有关对象的属性和方法不可能应用到与森林有关的对象。2016 年 Esri 网站已经公布了 35 种具体行业数据模型（http://support.esri.com/datamodels）。

第五，地理数据库中的空间和属性数据的集成促进了空间查询任务，如要查找与密西西比河交叉且有 50 万以上人口的城市。查询不需要分解为空间部分和非空间部分（如同 georelational 数据模型所要求的）。

3.5 复合要素的表示

一些空间要素表示为点、线和面的复合更利于其应用。本节阐述三角网（TIN）、分区和路径。这些复合要素的数据结构随 coverage、shapefile 和 geodatabase 不同而异。

3.5.1 不规则三角网（TIN）

不规则三角网（TIN）把地表近似描绘成一组互不重叠的三角面（图 3.16）。每个三角面在 TIN 中都有一个恒定的倾斜度。平坦地区可用少量样点和大三角形来描绘，而高度变化大的地区则需要更密而较小的三角面来描绘。TIN 通常用于地形制图和分析，特别是三维展示（参见第 13 章）。

TIN 的基本组成要素包括点、线和面。初始的 TIN 可以由高程点和等高线来构造。可以与线要素如河流、山脊线、道路，面要素如湖泊和水库相结合，以提高地表拟合精度。一个完成的 TIN 由 3 种几何对象组成：多边形（三角形或区域）、点（节点）和线（边界）。TIN 数据结构包括三角形编号、每个毗连三角形的编号和数据文件，数据文件列表显示点、边界及每个高程点的 x、y 和 z 值（图 3.17）。

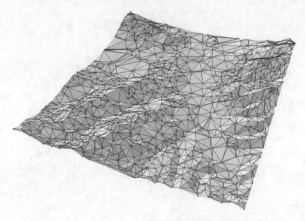

图 3.16　TIN 模型把地表近似描绘成一组互不重叠的三角面，每个三角面是一个多边形，三角面的每个结点是一个点，三角面的边是一条线

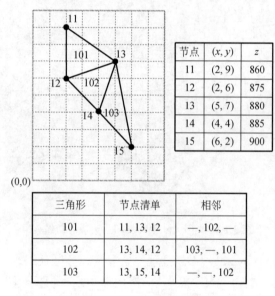

节点	(x, y)	z
11	(2, 9)	860
12	(2, 6)	875
13	(5, 7)	880
14	(4, 4)	885
15	(6, 2)	900

三角形	节点清单	相邻
101	11, 13, 12	—, 102, —
102	13, 14, 12	103, —, 101
103	13, 15, 14	—, —, 102

图 3.17　TIN 的数据结构

　　Esri 介绍了 geodatabase 地形数据格式，它可以将高程点和线、面要素类一起存储于要素数据集。使用要素数据集和它的内容用户可以即时构建一个 TIN。地形数据格式化，简化了 TIN 的整合，但并不改变 TIN 的基本数据结构。

3.5.2　分区

　　分区是指具有类似特征的地理区域（Cleland et al., 1997）。从空间视角，分区有两个特征：分区可以是空间关联或不关联区域，分区可能重叠或覆盖同一区域（图 3.18）。说明第一个特征的例子可以是森林火灾地图，其中燃烧区域可能是相邻的或分开的。有很多例子可说明第二个特征，如等级普查单元（图 3.19）、水文单元，以及生态单元。

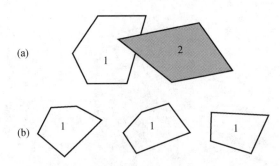

图 3.18　分区数据模型允许分区相互重叠（a），且可有空间上分离的多边形（b）

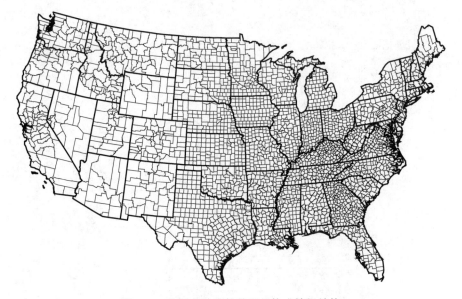

图 3.19　美国大陆上的县和州构成等级结构

　　因为简单的多边形 coverage 不能处理要素分区，分区被组织成多边形 coverage 的子类，通过附加的数据文件，分区与下伏的多边形和弧段相关。图 3.20 显示分区子类的文件结构，分区子类具有 2 个分区、4 个多边形和 5 个弧段。分区-多边形列表将分区与多边形联系起来。101 分区由多边形 11 和多边形 12 组成。102 分区有两个组成部分：一个包括空间相连接的多边形 12 和多边形 13，另一个为空间上分离的多边形 14。101 分区在多边形 12 中与 102 分区叠置。分域 - 弧段列表将分区连接到弧段。101 分区只有一个环线连接弧段 1 和弧段 2。102 分区有两个环线，一个连接弧段 3 和弧段 4，另一个由弧段 5 组成。

　　在 geodatabase 被应用之前，许多政府机构用区域子类创建并存储额外的数据层用于分发。Geodatabase 不支持其数据结构中的分区子类，但它允许多部分多边形，可以有空间连接或不连接部分，可以彼此叠置。因此，多部分多边形可以表示类似分区的空间要素。注释栏 3.5 比较了美国国家水文数据集中 geodatabase 格式的 NHDinGEO 与 coverage 格式的 NHDinARC。

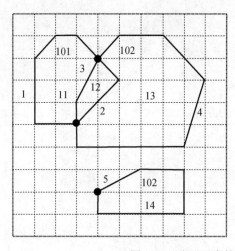

分区–多边形表

区域号	多边形号
101	11
101	12
102	12
102	13
102	14

分区–弧段表

区域号	圈号	弧段号
101	1	1
101	1	2
102	1	3
102	1	4
102	2	5

图 3.20 分区子类的数据结构

3.5.3 路径

路径是诸如高速公路、自行车道或河流等线要素，但它与其他线要素不同在于它有度量系统，可使线性测量用于投影坐标系统中。交通运输部门常用线性测量来定位事故、桥梁和沿路的路况，线性测量从已知点起算，如公路起点、里程碑或道路交叉点。自然资源部门也用线性测量来记录沿河的水质数据、渔业情况。这些线性属性，称为**事件**。事件必须与路径相联系，使得它们可以与其他空间要素一起被显示和分析。

类似于多边形 coverage 中将多边形存储为子区，线性 coverage 将路径存储为亚类。路径亚类是区段（section）的集合。**区段**直接指线 coverage 的线（或弧段）和沿线的位置。因为线 coverage 的弧段是基于坐标系统的一系列 x、y 坐标构成的，这意味着区段也可用坐标来测量，并且它的长度可以从它的参照线获得。图 3.21 用粗阴影线显示了一个路径（Route-ID = 1），该路径由线 coverage 建立。该路径有 3 个区段，区段表联系线 coverage 中的区段和弧段。区段 1（Section-ID = 1）涉及弧段 7 的全长；因此，from-position（F-POS）（始位置）为 0%，to-position（T-POS）（到位置）为 100%。区段 1 也有一个 from-measure（F-MEAS）（始测度）为 0（路线的起点），由线 coverage 上测得区段 1 的 to-measure（T-MEAS）（到测度）为 40 个测量单位。区段 2 也包括弧段 8 的全长，约 130 个距离单位，其始测值和到测值由区段 1 延续。区段 3 覆盖了弧段 9 全长的 80%，因而其到位置的编码为 80。区段 3 的到测值由其始测值加上弧段 9 全长的 80%（50 的 80%，即 40 个单位）计算而得。将这 3 个区段相加，则路径总长为 210 单位（40 + 130 + 40）。

在 GIS 的应用中，shapefile 和 geodatabase 都使用具有 m 值（测量值）的聚合线来取代路径亚类。它们不是通过区段和弧段工作，而是使用 m 值对路径沿线进行线性测量，并且将具有 x 和 y 坐标的 m 值直接存储到几何字段（图 3.22）。这种路径对象被称为路径动态位置对象（Sutton and Wyman，2000）。图 3.23 显示了在 geodatabase 中路径的例子。测量字段直接沿路径记录 0、40、170 和 210。这些测量是基于预定的起点，即本例中的左端点。

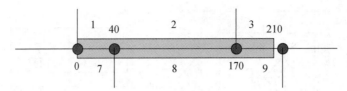

路径ID	路段ID	弧段ID	始测值	到测值	始位置	到位置
1	1	7	0	40	0	100
1	2	8	40	170	0	100
1	3	9	170	210	0	80

图 3.21　路径亚类的数据结构

	x	y	m
0	1135149	1148350	47.840
1	1135304	1148310	47.870
2	1135522	1148218	47.915

图 3.22　在 geodatabase 中，路径的线性测度（m）以 x、y 坐标存储。本例中，m 的单位是英里，而 x、y 坐标单位是英尺

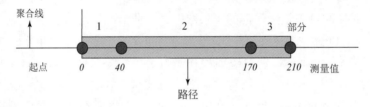

图 3.23　Geodatabase 中的一条路径（粗的灰线），由带有线性测度的聚合线构成

重要概念和术语

弧段（**Arc**）：有两个端点的有向线，也称为边（edge）。

ArcObjects：ArcGIS Desktop 中采用的对象的集合。

面定义（**Area definition**）：用于 Esri 的 coverage 数据格式中的拓扑关系，保证一个面由一系列连接弧段所定义。

类（**Class**）：具有相似属性的对象的集合。

连接性（**Connectivity**）：在 Esri 的 coverage 数据格式中，保证弧段通过节点相互连接的拓扑关系。

邻接性（**Contiguity**）：在 Esri 的 coverage 数据格式中，保证弧段有方向且有左多边形和右多边形的拓扑关系。

Coverage：Esri 产品中采用的拓扑矢量数据格式。

封装性（**Encapsulation**）：在面向对象技术中所用的规则，它隐藏了对象的属性和方法，使对象只能通过预定义界面进行访问。

事件（**Event**）：与路径关联并可用路径显示的属性。

面（**Face**）：以弧段为边界围成的多边形。

要素类（**Feature class**）：在 geodatabase 中，存储具有相同几何类型的要素的数据集。

要素数据集（**Feature dataset**）：在 geodatabase 中，具有相同坐标系和区域范围的要素类的集合。

Geodatabase：Esri 公司开发的基于对象的矢量数据模型。

地理关系数据模型（**Georelational data model**）：一种 GIS 数据模型，将空间数据和属性数据存储在两个分离而又相互联系的文件系统中。

图论（**Graph theory**）：用统计图或曲线图研究对象排列和对象之间关系的一个数学分支。

接口（**Interface**）：对象的一系列外部可视化操作。

线（**Line**）：由一系列的点来表示且具有位置和长度等几何特性的空间要素。

方法（**Method**）：对象可执行的特定操作。

节点（**Node**）：线的起始点或终止点。

对象（**Object**）：具有一系列属性和方法的实体，如要素层等。

基于对象的数据模型（**Object-based data model**）：一种以对象来组织空间数据的矢量数据模型。

点（**Point**）：由一对坐标表示的，且仅有位置几何性质的空间要素。

多边形（**Polygon**）：由一系列线段构成的且具有位置、大小和周长等几何特性的空间要素。

属性（**Property**）：对象的性质或特征。

分区（**Regions**）：可有空间不连接组分且可互相重叠的复合要素。

路径（**Route**）：在投影坐标系统上可进行线性测量的线状要素。

区段（**Section**）：路径的一部分，是指 coverage 中直属的弧段和沿弧段的位置。

Shapefile：Esri 产品中采用的非拓扑矢量数据格式。

拓扑（**Topology**）：一个数学分支，研究在弯曲或拉伸等特定变换下仍维持几何对象性质不变。

不规则三角网（**TIN**）：用一组互不叠置的三角形来近似表示地形的矢量数据格式。

矢量数据模型（**Vector data model**）：用点及其 x、y 坐标构造空间要素的数据模型。

复习题

1. 搜索您所在州的 GIS 数据交换中心，登录该网站，该网站是用何种数据格式传输矢量数据的？

2. 说出 GIS 中的 3 种简单要素及其几何属性。

3. 画图表示拓扑关系中的连接性和邻接性如何运用到一个水系 coverage 中。

4. 在图 3.10 中，有多少条弧段与节点 12 相连？

5. 假设一条弧段（弧段 8）添加到图 3.11 中，由节点 13 到节点 11。为这个新多边形写出多边形/弧段列表及弧段 8 的左/右多边形列表。

6. 阐述拓扑在 GIS 中的重要性。

7. 使用 shapefile 有哪些主要优点？

8. 说明地理关系数据模型和基于对象数据模型的区别。

9. 就空间要素的几何显示而言，阐述 geodatabase 和 coverage 有何区别。

10. 说明 geodatabase、要素数据集和要素类之间的关系。

11. 要素数据集在数据管理上优势明显。您能举出一个可使用要素数据集组织数据的例子吗？

12. 指出个人 geodatabase 和文件 geodatabase 的不同。

13. 什么是 ArcObjects？

14. 以您的学科领域举例说明一个对象及其可有的属性和方法。

15. 什么是接口？

16. 表 3.1 显示 "不重叠" 为多边形要素的拓扑规则之一。以您的学科领域举例说明该拓扑规则的好处。

17. "不相交" 是线要素的拓扑规则，以您的学科领域举例说明该拓扑规则的好处。

18. 本章介绍了采用 geodatabase 数据模型的若干优点，举例说明在 GIS 项目中，您为何愿意采用 geodatabase 而不是 coverage。

19. 比较图 3.21 和图 3.23，说明在处理路径数据结构上，geodatabase 和 coverage 的不同。

20. 画一个小的 TIN，说明它是如何由简单要素复合而成的。

应用：矢量数据模型

为了提供一个不同类型矢量数据的概览，本章应用部分设计了 6 个习作。习作 1 将练习如何将 coverage 转换成 shapefile，并可以查看 coverage 及 shapefile 的数据结构。习作 2 中将会使用文件 geodatabase 的基本要素。习作 3 教您如何通过将一个多边形 shapefile 图层转成个人 geodatabase 要素类，来更新面积和周长。在习作 4 中，您将看到带 *m* 值的聚合线构成的路径。习作 5 将查看属于水文地理 coverage 的分区和路径亚类。习作 6 将练习如何在 ArcCatalog 和 ArcMap 中查看 TIN。

习作 1　查看 coverages 和 shapefile 的数据文件结构

所需数据：*land*，一个 coverage。

习作 1 中，您可以先在 ArcCatalog 中查看与 coverage 有关的数据层（要素类），并使用 Windows 浏览器查看它们的数据结构。然后将 coverage 转换成 shapefile，并查看 shapefile 的数据结构。

1. 启动 ArcCatalog，连接到第 3 章数据库。点击加号，在目录树中展开 *land* coverage。该 coverage 包括 4 个要素类：*arc*，*label*，*polygon* 和 *tic*。高亮选中一

要素类，从而对其进行预览。在 Preview 栏中，可预览要素类的 Geography 和 Table；*Arc* 显示线（弧段）；*label* 显示每个多边形的标识点；*polygon* 显示多边形；*tic* 显示 *land* 的控制点。注意这 4 种类别符号与要素类型相对应。

2. 右击目录树中的 *land*，选择 Properties，出现 coverage 要素类属性对话框。该对话框包括 2 个栏标：General 和 Projection and Extent。General 栏显示多边形要素类中的拓扑关系，Projection and Extent 栏显示坐标系统未知及该 coverage 的区域范围。

3. 右击 *land* 下的 *polygon*，选择 Properties，出现 Coverage Feature Class Properties 对话框。该对话框包括 General 和 Items 栏标。General 栏显示 76 个多边形。Items 栏描述属性表的项目和属性。

4. 与 *land* 有关的数据文件存储于第 3 章数据库的两个文件夹中：land 和 info。Land 文件夹包含弧段数据文件（.adf）。其中一些图形文件可由名称来识别，如 arc.adf 表示弧的清单，pal.adf 表示多边形/弧清单。同一数据库中的其他 coverage 共享一个 INFO 文件夹，info 文件夹包含了 arcxxxx.dat、arcxxxx.nit 的属性数据文件。这两个文件夹中的所有文件都是二进制文件，无法读取。

5. 这一步是将 *land* 转换成多边形 shapefile。点击 ArcToolbox 打开 ArcToolbox 窗口。在 Conversion Tools /To Shapefile 工具集双击 Feature Class to Shapefile(multiple) 工具，在对话框中，选入 Land 的 polygon 要素类作为输入要素，并选择第 3 章数据库为输出文件夹。点击 OK。*land_polygon.shp* 创建成功并添加到数据库中。右击数据库，选择刷新可看到这个 shapefile。

6. 右击目录树中的 *land_polygon.shp* 选择 Properties，出现 Shapefile Properties 对话框，该对话框包含 General、XY 坐标系、Fields 和 Indexes 等栏标，Fields 栏显示 shapefile 中的字段和属性，Indexes 栏显示 shapefile 的空间索引，空间索引可提高数据显示和查询的速度。

7. 第 3 章数据库中，shapefile 文件 *land_polygon* 带有多个数据文件。这些文件中，*land_polygon.shp* 是形态（几何）文件，*land_polygon.dbf* 是 dBASE 格式的属性数据文件，*land_polygon.shx* 是空间索引文件。Shapefile 是地理关系数据模型的一个例子，它用独立文件分别存储几何结构和属性。

问题 1 用自己的话描述 coverage 和 shapefile 在数据结构上有何不同。

问题 2 coverage 数据模型用独立的系统存储空间和属性数据，以 *land* 为例说出它的两个系统。

习作 2 创建文件 geodatabase、要素数据集和要素类

所需数据：*elevzone.shp* 和 *stream.shp*，两个具有相同坐标系和范围的 shapefiles 文件。

习作 2 中，首先要创建一个文件 geodatabase 和一个要素数据集，再将两个 shapefile 导入要素数据集中，成为两个要素类，并检查它们的数据文件结构。Geodatabase 中的要素类的名称不可重复，换言之，一个独立的要素类和一个要素数据集中的要素类，它

们的名称不能相同。

1. 本步骤要创建文件 geodatabase。在目录树中右击第 3 章数据库，点击 New，选择 File Geodatabase。将新的 File geodatabase 命名为 *Task2.gdb*。

2. 下一步是创建一个新的要素数据集。右击 *Task2.gdb*，指向 New，选择 Feature Dataset，在随后的对话框中，输入 *Area_1* 作为名称（用下划线连接 Area 和 1，不能留空格）。点击 Next，在下面的对话框中，按顺序选择 Projected Coordinate Systems，UTM，NAD 1927，和 NAD 1927 UTM Zone 11N 并点击 Next（该坐标系由 *Area_1* 里的所有要素类共享）。再次点击 Next，在随后的对话框中选择 None 并点击 Next。接受容差默认值最后点击 Finish。

3. 现在 *Area 1* 应该出现在 *Task2.gdb* 中。右击 *Area_1*，点击 Import，选择 Feature Class（multiple）。用浏览按钮或拖放的方法选择 *elevzone.shp* 和 *stream.shp* 作为输入要素。注意输出 geodatabase 的路径为 *Area 1*。点击 OK，执行导入命令。

4. 在目录树中右击 *Task2.gdb*，选择 Properties。Database Properties 对话框中有 General 和 Domains 栏标。Domain 用于建立属性的有效值或值的有效范围，以最大限度减少数据输入错误。

5. 右击 *Area_1* 里的 *elevzone*，选择 Properties。Feature Class Properties 对话框中有 10 个栏标。尽管一些栏标如 Fields、Indexes 和 XY Coordinate System 等与 Shapefile 相似，但其他的如 Subtypes、Domain、Resolution 和 Tolerance、Representations，Relationships 是 geodatabase 要素类所特有的。这些特有的属性扩展了 geodatabase 要素类的功能。

6. 找到第 3 章数据库中的 *Task2.gdb*，作为一个 geodatabase 文件，*Task2.gdb* 有很多小（small-size）文件。

习作 3　将 shapefile 转成个人 geodatabase 要素类

所需数据：*landsoil.shp*，一个多边形 shapefiles，其面积和周长不正确。

在对 shapefiles 进行叠置操作时（第 11 章），ArcGIS Desktop 不能自动更新输出 shapefile 的面积和周长。*landsoil.shp* 就是这种 shapefiles。在本习作里，您将通过把 *landsoil.shp* 从 shapefile 转成个人 geodatabase 下的要素类，从而更新其面积和周长。

1. 在目录树中点击 *landsoil.shp*。在 Preview 栏中，将预览类型改成 Table。预览表显示了两套面积和周长的值。而且，每个字段包含了重复的值。显然 *landsoil.shp* 的面积和周长值尚未更新。

2. 在目录树中右键点击第 3 章数据库，点击 New，选择 Personal geodatabase。将 Personal geodatabase 重命名为 *Task3.mdb*。右击 *Task2.mdb*，点击 Import，选择 Feature Class（single）。在随后的对话框中，选择 *landsoil.shp* 作为输入要素。确认 *Task3.mdb* 为输出位置。输入 *landsoil* 作为输出要素的名称。点击 OK，*landsoil* 作为 *Task2.mdb* 中一个独立要素类被创建。

问题3　除了 shapefiles(要素类)，还有其他类型的数据可以导入 geodatabase 中吗？

3. 在 *Task3.mdb* 中预览 *landsoil* 表格。在表的最右边，字段 Shape_Length 和

Shape_Area 分别显示了正确的周长和面积值。

习作 4 查看带测度的聚合线

所需数据：*decrease24k.shp*，显示华盛顿州公路的 shapefile 文件。

decrease24k.shp 文件包含带测度值（*m*）的聚合线。换言之，该 shapefile 文件表示公路路径。

1. 启动 ArcMap。将数据帧重新命名为 Task 3，将 *decrease24k.shp* 加到 Task 3 中。打开 *decrease24k* 的属性表。表中，Shape 字段表明 *decrease24k* 为带测度（Polyline M）的聚合线组成的 shapefile，SR 字段存储州路径的代码。关闭属性表。右击 *decrease24k* 并选择属性，在该数据层属性对话框的路径表中，选择 SR 作为路径代码。点击 OK，关闭对话框。

2. 下一步要加入 Identify Route Locations 工具。如果没有设置，系统默认该工具不会出现在任何工具条中，如果需要使用该工具，需要将其加到工具条中。从 Customize 菜单中选择 Customize mode，在 Commands 栏中，选择 Linear Referencing。这一命令框显示了 5 个命令。将 Identify Route Locations 命令拖放到工具条中。关闭 Customize 对话框。

3. 用 Select Features 工具从 *decrease24k.shp* 中选择一条公路，点击 Identify Route Locations 工具，用它再沿选中的公路点击某个点。该操作打开了 Identify Route Location Results 对话框，并显示刚才所点击的那个点的测度值及最小测度、最大测度和其他信息。

问题 4　请说出路径长度被累计的方向。

习作 5 查看分区和路径

所需数据：*nhd*，加利福尼亚州洛杉矶的水文地理数据集，流域用 8 位编码表示（18070105）。

nhd 是一个包含分区和路径的 coverage。习作 5 要您查看这些在 coverage 中的复合要素及弧或多边形等简单要素。

1. 在 ArcMap 中点击 Catalog 把它打开，展开目录树中的 *nhd*。*nhd* 包含 11 个图层：*arc*、*label*、*node*、*polygon*、*region.lm*、*region.rch*、*region.wb*、*route.drain*、*route.lm*、*route.rch* 和 *tic*。一个分区图层代表一个分区亚类，一个路径图层代表一个路径亚类。

2. 在 ArcMap 中插入一个新的数据帧，命名为 nhd1，将 *polygon*、*region.lm*、*region.rch* 和 *region.wb* 加到 nhd1 中。*polygon* 图层由全部的多边形组成，并在此基础上创建了 3 个亚区，右击 *nhd region.lm*，选择 Open Attribute Table。FTYPE 字段显示了 *nhd region.lm* 由洪水区组成。

问题 5　由不同的亚区组成的分区可以互相重叠。*nhd* 中 3 个亚区之间是否存在重叠？

3. 插入一个新的数据帧，将其重命名为 nhd2。将 *arc*、*route.drain*、*route.lm* 和

route.rch 加到 nhd2 中。*Arc* 图层由全部的弧段组成，并在此基础上创建 3 个路径亚类，右击 *nhd route.rch* 选择 Open Attribute Table。表中的每个记录代表一个河段，地表水的每个河段都有一个唯一的标识码。

　　问题 6　不同的路径亚类可以在弧段基础上建立，在 *nhd* coverage 的不同路径亚类中，您看到所用的弧段了吗？

4. 在 *nhd* 中的每个图层都可以导出成 shapefile 格式或是 geodatabase 中的要素类。例如，您可以右击 *nhd route.rch*，指向 Data，选择 Export Data 对话框，把数据集存储为 shapefile 或 geodatabase 要素类。

习作 6　查看 TIN

所需数据：*emidatin*，一个由数字高程模型制备的 TIN。

1. 在 ArcMap 中插入一个新的数据帧，将其重命名为 Task 6，将 *emidatin* 加到 Task 6。右击 *emidatin*，选择 Properties。在 Source 栏中，Data Source 框中显示了 TIN 的节点和三角形的数目，以及 Z（高程）的值域。

　　问题 7　*emidatin* 中有多少个三角形？

2. 在 Symbology 栏中，在 Show 框中取消 Elevation 复选框，点击 Add 按钮。在随后的对话框中，选中 Edges with the same symbol 使其高亮显示，点击 Add，然后点击 Dismiss。点击 OK，关闭 Layer Properties 对话框。现在 ArcMap 窗口显示了组成 *emidatin* 的三角形。用上述相同的步骤，可以查看组成 *emidatin* 的节点。

挑战性任务

　　NHD_Geo_July3 是从美国国家水文地理数据集计划（http://nhd.usgs.gov/data.html）网站下载的 geodatabase 数据。

　　问题 1　说出该 geodatabase 中所包含的要素数据集名称。

　　问题 2　说出每个要素数据集中所包含的要素类名称。

　　问题 3　*NHD_Geo_July3* 包含了与习作 5 的 *nhd* 相同类型的水文数据。*NHD_Geo_July3* 为 geodatabase 数据模型，但 *nhd* 为 coverage 模型，比较这两个数据集，用自己的话说出两者的差异。

参考文献

Bailey, R. G. 1983. Delineation of Ecosystem Regions. *Environmental Management* 7: 365-73.

Batcheller, J.K., B.M.Gittings, and S.Dowers.2007.The Performance of Vector Oriented Data Storage Strategies in ESRI's ArcGIS. *Transactions in GIS* 11: 47-65.

Broome, F. R., and D. B. Meixler. 1990. The TIGER Data Base Structure. *Cartography and Geographic Information Systems* 17: 39-47.

Burke, R. 2003. *Getting to Know ArcObjects: Programming ArcGIS with VBA*. Redlands, CA: ESRI Press.

Chang, K. 2007. *Programming ArcObjects with VBA: A Task-Oriented Approach*, 2d ed.Boca Raton, FL:

CRC Press.

Chang, K., D. L. Verbyla, and J. J. Yeo. 1995. Spatial Analysis of Habitat Selection by Sitka Black-Tailed Deer in Southeast Alaska. *Environmental Management* 19: 579-89.

Cleland, D. T., R. E. Avers, W. H. McNab, M. E. Jensen, R. G. Bailey, T. King, and W. E.

Environmental Systems Research Institute, Inc. 1998. *Understanding GIS: The ARC/INFO Method*. Redlands, CA: ESRI Press.

Galdi, D. 2005. Spatial Data Storage and Topology in the Redesigned MAF/TIGER System. U.S. Census Bureau, Geography Division.

Gustavsson, M., A.C.Seijmonsbergen, and E. Kolstrup.2007.Structure and Contents of a New Geomorphological GIS Database Linked to a Geomorphological Map-with an Example from Liden, central Sweden. *Geomorphology*, 95: 335-49.

Larman, C. 2001. *Applying UML and Patterns: An Introduction to Object-Oriented Analysis and Design*. Upper Process, 2d ed.Upper Saddle River, NJ: Prentice Hall PTR.

Massey, W. S. 1967. *Algebraic Topology: An Introduction*. New York: Harcourt, Brace & World.

Regnauld, N., and W.A.Mackaness.2006.Creating a Hydrographic Network from Its Cartographic Representation: A Case Study using Ordnance Survey MasterMap Data. International Journal of Geographical Information Science 20: 611-731.

Russell. 1997. National Hierarchical Framework of Ecological Units. In M. S. Boyce and A. Haney, eds., *Ecosystem Management Applications for Sustainable Forest and Wildlife Resources*, pp. 181–200. New Haven, CT: Yale University Press.

Sutton, J.C., and M.M Wyman.2000.Dynamic Location: An Iconic Model to Synchronize Temporal and Spatial Transportation Data. *Transportation Research Part C* 8: 37-52.

Theobald, D. M. 2001. Topology Revisited: Representing Spatial Relations. *International Journal of Geographical Information Science* 15: 689-705.

Ungerer, M. J., and M. F. Goodchild. 2002. Integrating Spatial Data Analysis and GIS: A New Implementation Using the Component Object Model(COM). *International Journal of Geographical Information Science* 16: 41-53.

Wilson, R. J., and J. J. Watkins. 1990. *Graphs: An Introductory Approach*. New York: Wiley.

Zeiler, M. 1999. *Modeling Our World: The ESRI Guide to Geodatabase Design*. Redlands, CA: ESRI Press.

Zeiler, M., ed. 2001. *Exploring ArcObjects*. Redlands, CA: ESRI Press.

第4章　栅格数据模型

本章概览

　　矢量数据模型用几何对象的点、线、面来表示空间要素。尽管矢量数据模型对于有确定位置与形状的离散要素较为理想，但对于连续变化的空间现象（如降水量、海拔、土壤侵蚀等）的表示不很理想（图 4.1）。表示连续的现象最好是选择栅格数据模型，又称为基于字段的模型。**栅格数据模型**用规则格网来覆盖整个空间。格网中的各个像元值与其位置上的空间现象特征相对应，而且像元值的变化反映了现象的空间变异。

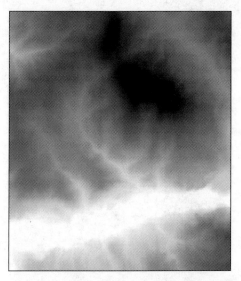

图 4.1　连续的高程栅格数据，图中较暗的表示较高海拔

　　与矢量数据模型不同的是，栅格数据模型在过去的 40 年中并未改变与其相关的概念。有关栅格数据模型的研究集中在新的栅格数据、数据结构、数据压缩及栅格与矢量数据的综合方面。在 GIS 中采用的数据多以栅格格式编码。这些数据包括数字高程数据、

卫星图像、数字正射图像、扫描地图和图形文件。这就是为什么 GIS 软件包的帮助文档通常有它所支持的一长串栅格数据类型清单。栅格数据一般需要更大的计算机存储空间，因此，数据存储和调用对于 GIS 用户十分重要。

　　GIS 软件包能同时显示栅格数据与矢量数据，也容易实现矢量与栅格数据之间的相互转换。在 GIS 应用的许多方面，栅格数据和矢量数据相互补充。因而将两种数据相结合是 GIS 项目中的一个普遍和必要的特征。

　　本章分成以下 7 节：4.1 节讨论栅格数据的基本要素，包括栅格数值、像元大小、像元深度、波段和空间参照系统；4.2 节、4.3 节和 4.4 节分别介绍卫星图像、数字高程模型和其他类型栅格数据；4.5 节概述 3 种不同的栅格数据结构；4.6 节重点解释数据压缩方法；4.7 节讨论矢量数据与栅格数据之间的数据转换与综合。

4.1　栅格数据模型要素

　　栅格在 GIS 中也被称为格网或图像，在本章采用栅格的称法。栅格表示连续的表面，但当进行数据存储和分析时，栅格由行、列、像元组成。像元又称为图像的像素。行、列由格网左上角起始。在二维坐标系统中，行作为 y 坐标，列作为 x 坐标。栅格中的每个像元由其所在行、列的位置严格定义。

　　栅格数据用单个像元代表点，用一系列相邻像元代表线，用连续像元的集合代表面（图 4.2）。虽然，栅格数据模型在表示空间要素的精确位置边界时有缺点，但它在有固定格网位置这点上有明显优点（Tomlin，1990）。在算法上，栅格可视为具有行与列的矩阵，其像元值可以储存为二维数组，并处理以代码表示的排列变量。因此，栅格数据比矢量数据更容易进行数据的操作、集合和分析。

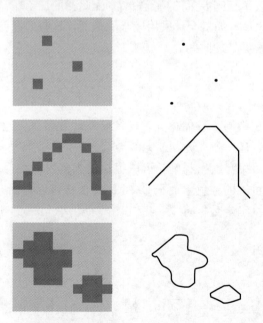

图 4.2　　点、线和面要素的表示：左边为栅格数据；右边为矢量数据

4.1.1　像元值

栅格的单元值可以是**类别**或**数字**。例如，土地覆盖栅格包含的类别有：1 城市用地，2 林地，3 水体，等等。土地覆盖栅格也是**整型栅格**的一个例子，因为其单元值没有小数位数。另外，降水栅格则包含数值型数据，如 20.15、12.23，等等。降水栅格也是一个**浮点型栅格**，因为其单元值包括小数位数。

浮点型栅格比整型栅格需要更大的计算机内存，这是涉及大范围的 GIS 项目必须考虑的一个重要因素。二者还有一些其他方面的不同。首先，整型栅格通过数值属性表来读取它的像元值，但浮点型栅格数据由于其潜在的大量的像元值，通常没有数值属性表。其次，我们可以使用独立的像元值来查询和显示整型栅格数据，但是像 12.0～19.9 这样的值域，必须使用浮点型栅格数据。在浮点型栅格数据中找到指定值的概率很小。

像元值应赋在像元的哪个部分？答案取决于栅格数据运算方法。一般说来，涉及距离量测的运算中，像元值应赋在该像元的中心。例子包括重采样像元值（参见第 6 章）和计算自然距离（参见第 12 章）。许多其他的栅格数据运算是基于像元而不是基于点，并采取将像元值赋予整个像元。

4.1.2　像元大小

栅格的单元大小是指单个元胞所代表的面积大小。如果一个栅格单元大小为 $100m^2$，这意味着每单元的每一边长是 10m。该栅格通常称为 10m 栅格。像元大小决定了栅格数据的空间分辨率 10m 栅格的空间分辨率细于（高于）30m 栅格。

像元很大则无法表示空间要素的精确位置，因此就增加了在一个像元中存在混合要素（如森林、牧场与水域）的机会。采用较小的像元，这些问题就会得到缓解，但小像元又增加了数据量和数据处理时间。

4.1.3　单元深度

栅格的单元深度是指用于存储单元值的比特数。比特（二进制数字的简称）是计算机的最小数据单元，有一个二进制值为 0 或为 1。一个字节是一系列比特，8 比特为 1 个字节。较高的单元深度意味着单元可以存储更大范围的数值。例如，一个 8 比特栅格可以存储 256 个可能的数值，而一个 16 比特栅格可以存储 65536 个可能的数值。单元值存储的方式可以确定数据容量；4.2.1 节将提供单元深度与数据容量关系的一个具体例子。

4.1.4　栅格波段

栅格数据可能具有单波段或多波段。单一波段栅格数据中每个像元只有一个像元值。高程栅格就是单一波段栅格数据的例子，它在每个像元的位置只有一个高程值。多波段栅格数据中的每个像元与一个以上像元值关联。卫星影像是多波段栅格数据的一个实例，它在每个像元位置可有 5 个、7 个或更多波段。

4.1.5　空间参照

栅格数据必须具有空间参照信息，这样在 GIS 中它们才可以与其他数据集进行空间配准。例如，若要将一个高程栅格叠加到基于矢量的土壤图层，我们必须先确保这两个数据集都基于相同的坐标系统。经过与投影坐标系统（参见第 2 章）匹配处理的栅格数据通常称为**地理参照栅格数据**。

怎样将栅格数据和投影坐标系统相匹配呢？首先，栅格数据的列对应 x 轴坐标，行对应 y 轴坐标。然而，因为栅格数据的起始位置一般位于左上角，而投影坐标系统的起始位置位于左下角，行数沿 y 坐标逆向增加。其次，每一个栅格像元的投影坐标可以使用栅格区域范围内的 x、y 坐标进行计算，以下举例说明。

假设一个高程栅格具有如下关于行数、列数、像元大小和用 UTM 坐标表达的区域范围的信息：

行：463，列：318，像元大小：30m

左下角 x、y 坐标：499995，5177175

右上角 x、y 坐标：509535，5191065

我们可以通过使用 UTM 坐标范围和像元大小来检查行列数是否正确：

行数 ＝（5191065–5177175）/ 30 = 463

列数 ＝（509535–499995）/ 30 = 318

我们也可以导出用于定义每个像元的 UTM 坐标。例如，第一行第一列（行 1，列 1）像元的 UTM 坐标是（图 4.3）：

- 左下角：499995，5191035 或（5191065–30）
- 右上角：500025 或（499995+30），5191065
- 像元中心：500010 或（499995+15），5190050 或（5191065–15）

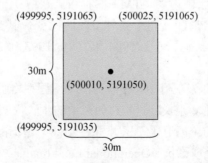

图 4.3　表示一个 30m 像元的范围和中心点的 UTM 坐标

4.2　卫　星　图　像

GIS 用户都熟悉遥感卫星数据。卫星系统可以分为被动的和主动的（表 4.1）。被动系统通常称为光学系统，它是从地球表面反射或发射电磁频谱获得的光谱波段。通过测量波长（微米或 μm），这些光谱波段以可见光（0.4~0.7μm）、近红外（0.75~1.4μm）和短波红外（1.4~3.0μm）的范围记录。光学卫星图像可以全色或多光谱。全色图像有单一波段，以灰阶显示，而多光谱图像有多个波段，可以显示色彩合成。

表 4.1　被动与主动卫星系统

	被动	主动
特征	采集数据来自反射光能量；在云层覆盖下和夜间无数据采集；亚米级空间分辨率	采集数据来自雷达脉冲波；可用在各种天气条件下；空间分辨率提高
举例	Landsat；SPOT；GeoEye；Digital Globe；Terra	TerraSAR-X；RADARSAT-2；COSMO-SkyMed

主动系统通常被称为合成孔径雷达（SAR），它可提供其能量照亮感兴趣的区域，并测量从地球表面反射或散射的雷达电波。SAR 数据可以按波长分类，L 波段最长，X 波段最短，C 波段介于两者之间。SAR 的主要优势是它可以在云、雨天气下或黑暗下工作。不管是被动系统或主动系统，卫星图像的空间分辨率都是指像素大小。例如，30m 空间分辨率意味着每个像素对应于地面面积900m^2。光学卫星图像空间分辨率是固定的，但 SAR 图像的空间分辨率会根据诸如获取模式、波长、带宽和入射角等多个参数而改变。Campbell 和 Wynne（2011），Lillesand、Kiefer 和 Chipman（2015）文献中有更多关于卫星图像基础知识的信息。

自 20 世纪 80 年代末以来，许多国家已经发展了卫星计划，在此难以一一列举。下节将选取部分卫星图像作为例子。

4.2.1　陆地卫星（Landsat）

由美国国家航空航天局（NASA）和地质调查局（USGS）始于 1972 年的美国陆地卫星计划，已产生了世界范围内使用最广泛的图像（http://landsat.usgs.gov/）。1、2 和 3 号陆地卫星由多光谱扫描仪（MSS）获取图像，其空间分辨率约79m。1982 年搭载于 4 号陆地卫星的主题映射器（TM）扫描仪，获取 7 个光谱波段（蓝色、绿色、红色、近红外、中红外 I、热红外和中红外 II）的图像，其空间分辨率为 30m。第二个 TM 扫描仪搭载于 5 号陆地卫星于 1984 年发射。1993 年 6 号陆地卫星发射后未能进入其轨道。

7 号陆地卫星于 1999 年发射升空，搭载另一个增强型专题成像仪（ETM＋）传感器用于在全球范围内季节性监测小尺度进程，如植被的生长周期、森林砍伐、农业土地利用、水土流失和其他形式的土地退化、积雪与融化，以及城市化。8 号陆地卫星于 2013 年发射，所搭载的运行陆地成像仪（Operational Land Imager）提供了类似 7 号陆地卫星的光谱波段，加上一个新的深蓝波段（波段 1）和一个新的短波红外波段（波段 9）。此外，陆地卫星 8 携带的热红外传感器提供了两个热波段。表 4.2 显示 7 号陆地卫星和 8 号陆地卫星的光谱波段、波长和空间分辨率。

表 4.2　7 号陆地卫星（ETM+）和 8 号陆地卫星的光谱波段、波长和空间分辨率

7 号陆地卫星（ETM+）			8 号陆地卫星		
波段	波长/μm	分辨率/m	波段	波长/μm	分辨率/m
1	0.45~0.52	30	1	0.43~0.45	30
2	0.52~0.60	30	2	0.45~0.51	30
3	0.63~0.69	30	3	0.53~0.59	30
4	0.77~0.90	30	4	0.64~0.67	30
5	1.55~1.75	30	5	0.85~0.88	30
6	2.09~2.35	30	6	1.57~1.65	30
7（全色）	0.52~0.90	15	7	2.11~2.29	30
			8（全色）	0.50~0.68	15
			9	1.36~1.38	30

4.2.2　对地观测卫星（SPOT）

　　法国的 SPOT 卫星系列始于 1986 年。每个 SPOT 卫星携带两种类型的传感器。SPOT1~4 获得 10m 空间分辨率的单波段图像和 20m 空间分辨率的多波段图像。SPOT5 于 2002 年发射，发回 5m 和 2.5m 空间分辨率的单波段图像及 10m 空间分辨率的多波段图像。SPOT 6 和 SPOT 7 分别于 2012 年和 2014 年发射，提供分辨率为 1.5m 的全色图像和分辨率为 6m 的多波段图像（蓝色、绿色、红色和近红外）。现在，SPOT 图像是"空客国防和空间"（Airbus Defence and Space，http://www.intelligence-airbusds.com/）所分发产品的一部分。"空客国防和空间"也销售极高分辨率的 Pléiades 卫星图像（表 4.3）。

注释栏4.1	中国高分辨率对地观测系统

　　中国高分辨率对地观测系统（2006~2020 年）统筹建设基于卫星、平流层飞艇和飞机的高分辨率对地观测系统，与其他观测手段结合，形成全天候、全天时、全球覆盖的对地观测能力，由天基观测系统、临近空间观测系统、航空观测系统、地面系统、应用系统等组成，于 2010 年经国务院批准启动实施。2015 年 6 月中国成功发射高分八号卫星，高分八号卫星是高分辨率对地观测系统的光学遥感卫星，主要应用于国土普查、城市规划、土地确权、路网设计、农作物估产和防灾减灾等领域。

表 4.3　极高空间分辨率卫星图像示例

Digital Globe			
IKONOS*		GeoEye-1	
全色 82 cm	多光谱 4 m	全色 41 cm	多光谱 1.65 m
QuickBird*		WorldView-4	
全色 61 cm	多光谱 2.4 m	全色 31 cm	多光谱 1.24 m
Pléiades			
全色 50 cm		多光谱 2 m	

*Ikonos 和 QuickBird 都在 2015 年被停用

4.2.3 "数字地球"

Digital Globe 是一家专注于高分辨率卫星图像的美国公司（http://www.satima-gingcorp. com/）。随着 2013 年收购 GeoEye，Digital Globe 扩展了其所拥有的产品，包括 Ikonos、QuickBird、GeoEye-1 和 WorldView（1~4）。最新的 WorldView-4 的全色空间分辨率为 31cm，多光谱（红色、绿色、蓝色和红外）的空间分辨率为 1.24m。表 4.3 显示了这些产品在全色和多光谱波段的空间分辨率。值得注意的是，尽管 Ikonos 和 QuickBird 的存档图像仍然可用，但它们都已在 2015 年退役。

注释栏 4.2	高分辨率（SPOT5）和极高分辨率（IKONOS）卫星图像的数据量

为了说明高分辨率和极高分辨率卫星图像的数据量要求，这里以使用 5 和 IKONOS 图像为例。空间分辨率 10m 的 3 波段 SPOT 图像覆盖（60×60）km^2 面积，因此，该图像有 6000×6000 像素。每个波段每个像素的色彩亮度都有一个 8 比特或 1 字节的单元深度（参见 4.1.3 节）。这幅图像的数据量共有 3×36000000×1 字节即 1.08 亿字节。空间分辨率 4m 的 4 波段 IKONOS 图像覆盖（10×10）km^2 的面积，图像有 2500×2500 像素。每个波段每个像素的色彩亮度以 11 比特数字化，并以 16 比特（2 字节）存储。这幅图像的数据量已达 4×6250000×2 字节即 5000 万字节。

4.2.4 哨兵（Sentinel）卫星

欧洲航天局通过哨兵（Sentinel）计划提供有源和无源卫星数据（https://sentinel.esa.int/web/ sentinel/home）。Sentinel-1 于 2014 年发射，能够获得全球空间分辨率近似 20m 的 C 波段 SAR 图像。2015 年发射的 Sentinel-2 能够采集从可见光、近红外到短波红外范围的 13 个波段数据：4 个波段空间分辨率为 10m，6 个波段空间分辨率为 20m，3 个波段空间分辨率为 60m。2016 年发射的 Sentinel-3 主要是执行海洋任务，如采集全球海平面的变化数据。

4.2.5 Terra 卫星

1999 年，美国国家航空航天局地球观测系统启动了 Terra 飞船来研究地球大气、土地、海洋、生命和辐射能（光和热）之间的相互作用（http://terra.nasa.gov/About/）。Terra 携带大量的仪器，其中 ASTER（先进星载热发射和反射辐射仪）是唯一的高空间分辨率仪器，其设计应用于土地覆盖分类和变化检测。ASTER 的空间分辨率为，可见光和近红外波段 15m，短波红外波段 30m，热红外波段 90m。MODIS（中分辨率成像光谱仪）提供每一到两天连续覆盖全球、从 36 个光谱波段收集的数据，空间分辨率为 250~1000m。

4.3　数字高程模型

数字高程模型（DEM）由一组均匀间隔的高程数据组成（注释栏 4.3）。DEM 是地形制图和分析的主要数据源（第 13 章）。生产ＤＥＭ的传统方法是使用一个立体测图仪和航片立体像对（航片像对是从略有不同的位置拍摄同一地区以产生三维效果）。立体测图仪创建一个三维模型，使操作员编制高程数据。虽然这种方法可以产生高精度 DEM 数据，但它需要经验丰富的操作员且很耗时。另外一个传统方法是由等高线地形图插值成 DEM（参见第 13 章）。

注释栏 4.3	数字高程模型的一个例子

下面为 DEM 文本（ASCII）格式的一行。这个 DEM 是一个以米为测度的浮点型栅格。单元值之间用一个空格作分隔。因此，第一个值是 1013.236m，随后是 1009.8m，等等。美国地质调查局早期的 DEM 使用 ASCII 格式。

1013.236 1009.8 1005.785 1001.19 997.0314 993.4455 989.2678 986.1353 983.8953 982.1207 980.7638 979.2675 977.3576 975.3024 973.2333 970.6653 967.4141 963.6718 959.7509 956.2668 953.4758 951.0106 948.1921 945.443 943.2946 941.1065 939.2331 937.3663 934.7165 932.1559 928.7913 926.7457 925.4155

近年来已经开发出几个制作 DEM 的新技术。以下将涉及 3 个技术：使用光学传感器、干涉合成孔径雷达（InSAR）和激光雷达（LiDAR）。其他技术还有基于无人机系统的摄影测量和地面激光扫描（Ouédraogo et al.，2014）。

4.3.1　光学传感器

制作 DEM，需要来自不同方向的两个或两个以上同一地区的光学卫星图像。这些立体图像应在短时间间隔内获取，这样它们的光谱特征没有显著差异。满足要求的两个光学传感器是 Terra ASTER 和 SPOT 5。ASTER 在 1min 内提供了一个最低点视图和一个后视图，SPOT 5 搭载的 HRS（高分辨率传感器）提供了沿其轨道的一个前视图和一个后视图。ASTER DEM 的空间分辨率为 30m。"空客国防和空间"发布的 SPOT 5 DEM 的空间分辨率为 20m。只要有立体像对，DEM 也可以由诸如 WorldView 图像这样的极高分辨率卫星图像来生成（如 Capaldo et al.，2012）。

4.3.2　干涉合成孔径雷达（InSAR）

InSAR 使用两个或两个以上的 SAR 图像来生成反射表面的高度，反射表面可能是植物、人造要素或裸露的地面。例如，SRTM（航天飞机雷达地形测绘任务）DEM 是源自 2000 年搭载在航天飞机上的两个雷达天线所收集的 SAR 数据。SRTMＤＥＭ覆盖了地球 60°N 和 56°S 之间的超过 80%的大陆（Farr et al.，2007）。对于美国和所辖岛屿，已有 0°～50°纬度之间的 1 弧-秒（中纬度地区约为 30m）高程数据和 50°～60°纬度之间的 2 弧-秒的高程数据。对于其他国家来说，可用到 90m 分辨率的 SRTM DEM。比 SRTM 更高分辨率的 DEM 现在可由 Sentinel-1、TerraSAR-X 和 RADARSAT-2 收集的 SAR 图像制得。例如，"空客国防和空间"发布的 DEM，系由 TerraSAR-X 立体影像制得，其空间分辨率为 10m、4m 和 1m。

4.3.3 激光雷达（LiDAR）

自 20 世纪 90 年代中期以来，使用激光雷达数据生成 DEM 已经显著增加（Liu，2008）。激光雷达系统的基本组件包括安装在飞机上的激光扫描仪、GPS 和惯性测量装置（IMU）。激光扫描仪有一个脉冲发生器对感兴趣的地区发出快速激光脉冲（0.8～1.6μm 波长），还有一个接收机获得来到目标的散射和反射脉冲。利用脉冲的时间推移，可计算扫描仪与目标之间的距离。同时，飞机的位置和方向是由 GPS 和惯性传感器分别测量的。因此，目标在三维空间的位置可由用激光雷达系统获得的信息决定（Liu et al.，2007）。

激光雷达技术的一个主要应用就是创造了高分辨率的 DEM，空间分辨率为 0.5～2m（Flood，2001）（图 4.4）。这些 DEM 已经基于 WGS84 椭球体做了地理参照（参见第 2 章）。因为激光雷达可以检测一个发射脉冲的多个返回信号，它能产生不同高度水平 DEM，如地面高程（来自最后返回的激光雷达）和树冠高度（来自第一次返回的激光雷达）（Suarez et al.，2005）。因此，激光雷达可用于估计森林高度（Lefsky，2010）。第 13 章包括了一个将 LiDAR 数据转换为 DEM 的练习。

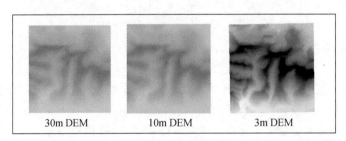

| 30m DEM | 10m DEM | 3m DEM |

图 4.4　3 种分辨率的 DEMs：30m、10m 和 3m。30m 和 10m 的 DEM 数据为 USGS DEMs 数据，而 3m DEM 是源于 LiDAR（机载激光雷达）数据的产品，比其他两种包含更多的地形细节

4.4　其他类型栅格数据

4.4.1　数字正射图像

数字正射图像（DOQ）是一种由航片或其他遥感数据制备而得的数字化影像，其中由于照相机镜头倾斜和地形起伏引起的位移已被消除（图 4.5）。USGS 自 1991 年起，从美国国家航空摄影计划的 1∶40000 比例尺航空像片生成数字正射图像（DOQ）。这些数字正射图像的地理坐标参照为 NAD83 UTM 坐标，并可与地形图和其他地图配准。

图 4.5　USGS 的 1m 黑白数字正射图像（爱达荷州太阳谷）

　　标准的 USGS 数字正射图像的格式是 3.75 分的 1/4 标准图幅或 7.5 分标准图幅的黑白、彩红外或自然彩色图像，地面分辨率为 1m。黑白数字正射图像有 256 个灰度水平，类似于单波段卫星图像。彩色正射图像是多波段图像，各个波段分别代表红、绿和蓝光。DOQ 可以很容易地显示在 GIS 上，并用于检查道路和地块边界等图层的准确性。

4.4.2　土地覆被数据

　　从遥感图像上获取的土地覆被数据，通常被用来分类和编译，因此常用作栅格数据。例如，美国地质调查局提供了一个系列（三期）的土地覆盖数据库：NLCD 2001、NLCD2006 和 NLCD2011（译者注：现有 1992、2001、2006、2011 共 4 期土地覆被数据）。这三期数据库都采用 16 类的分类方案，空间分辨率为 30m（http://www.mrlc. gov/index.php）。

4.4.3　二值扫描文件

　　二值扫描文件是含数值 1 或数值 0 的扫描图像（图 4.6）。在 GIS 中，二值扫描文件通常用于进行数字化。它们通常来自纸质或聚酯薄膜地图的扫描图，这些地图包含土壤、宗地和其他要素的边界。GIS 软件包的工具能将二值扫描文件转换为基于矢量的要素（参见第 5 章）。用来数字化的地图通常以 300dpi 或 400dpi（每英寸的点数）进行扫描。

4.4.4　数字栅格图（DRG）

　　数字栅格图是美国地质调查局（USGS）地形图的扫描图像（图 4.7）。USGS 以

250～500dpi 扫描 7.5 分地形图，制作地面分辨率为 2.4m 的数字栅格图。USGS 在每个 7.5 分数字栅格图上用了多达 13 种颜色。因为这 13 种颜色是基于 8 比特（256）颜色板，所以它们可能看起来与纸质地图不尽相同。数字栅格图以 UTM 坐标系统为地理坐标参照，它基于 NAD27 或者 NAD83。

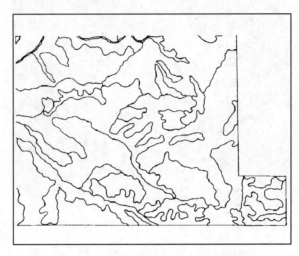

图 4.6　显示土壤界线的二值扫描文件

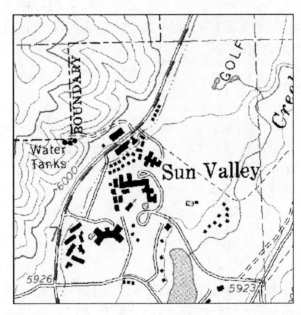

图 4.7　爱达荷州太阳谷的数字栅格图（DRG），与图 4.5 中的数字正射图像图（DOQ）相比，该数字栅格图已经过期

4.4.5　图形文件

地图、照片和影像可存储为数字图形文件。许多流行的图形文件为栅格格式，如 TIFF（标记图像文件格式）、GIF（图形交换格式）和 JPEG（联合图像专家组）。

4.4.6　特定 GIS 软件的栅格数据

GIS 软件包使用从 DEM、卫星图像、扫描图像、图形文件和文本文件导入的栅格数据，或从矢量数据转换而来的数据。这些栅格数据使用不同的格式，如 ArcGIS 把栅格数据存储为 ESRI 格网格式（grid），但是从 ArcGIS 10.5 开始，TIFF 成为默认的栅格输出格式。

4.5　栅格数据结构

栅格数据结构是指对栅格数据编码和存储在计算机中的方法。本节介绍 3 种常用的结构：逐个像元编码（cell-by-cell encoding）、游程编码（run-length encoding）和四叉树（quadtree）。

4.5.1　逐个像元编码

逐个像元编码法提供了最简单的数据结构。栅格模型被存为矩阵，其像元值写成一个行列式文件（图 4.8）。本方法在像元水平起作用，若栅格的像元值连续变化的话，用本方法是理想选择。

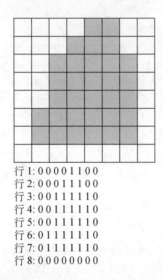

行 1: 0 0 0 0 1 1 0 0
行 2: 0 0 0 1 1 1 0 0
行 3: 0 0 1 1 1 1 1 0
行 4: 0 0 1 1 1 1 1 0
行 5: 0 0 1 1 1 1 1 0
行 6: 0 1 1 1 1 1 1 0
行 7: 0 1 1 1 1 1 1 0
行 8: 0 0 0 0 0 0 0 0

图 4.8　逐个像元编码的数据结构通过行和列来记录每个像元值。灰色像元值为 1

数字高程模型采用逐个像元数据结构，因为很少有相邻海拔值是相同的。卫星图像也用这种方法来存储数据。然而，多光谱波段的卫星图像的每一个像元有一个以上的值，因此需要特殊处理。多波段图像通常用以下 3 种格式存储(Jensen, 2004)：波段序列(.bsq)法将每一波段的卫星数据存储为一个图像文件。因此，如果一幅图像具有 7 个波段，那么该数据集则具有 7 个连贯的文件，每个波段对应一个文件。波段依行交替（.bil）法将所有波段的值按行存储在一个文件中。因此，该文件组成方式如下：行 1，波段 1；行 1，波段 2…行 2，波段 1；行 2，波段 2…依此类推，用波段依像元交替（.bip）法将所有波段的值按像元存入一个文件中。因此，文件由如下方式构成：像元（1，1），波段 1；像元（1，1），波段 2…像元（2，1），波段 1；像元（2，1），波段 2…依次类推。

4.5.2　游程编码（RLE）

当栅格数据含有许多重复格网值时，像元依序编码方法就变得效率不高了。例如，一幅土壤图的二值扫描文件有许多表示空白区的 0，仅有少量 1 表示土壤界限的墨线。像二值扫描文件这样的栅格数据模型具有许多重复的像元值，可用**游程编码（RLE）**更有效地存储，它是以行和组来记录像元值的。每一个组代表拥有相同像元值的相邻像元。图 4.9 显示灰色多边形的游程编码。就各行而言，起始像元和终止像元表明落在此多边形内的该组的长度。

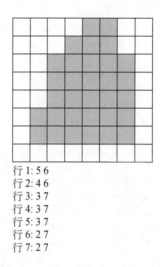

行 1：5 6
行 2：4 6
行 3：3 7
行 4：3 7
行 5：3 7
行 6：2 7
行 7：2 7

图 4.9　游程编码法用行来记录灰色像元。第一行中有相邻的灰色像元位于第 5 和第 6 列。因此，第一编码为始于第 5 列止于第 6 列的游程。其他行的记录方法相同

一幅 7.5 分标准图幅土壤图的二值扫描文件，以 300dpi 扫描，按逐个像元进行存储，则其数据量可达 8MB 以上。但是，若使用游程编码法，同一文件以 10∶1 压缩比率可减小为 0.8MB 字节。因此，游程编码不仅是一种编码方法，而且可用于压缩栅格数据。许多 GIS 软件包除了逐个像元编码法外，还用游程编码法存储栅格数据。这些软件包包括 GRASS、IDRISI 和 ArcGIS。

4.5.3　四叉树

四叉树不再每次按行进行处理，而是用递归分解法将栅格分成具有层次的象限（Samet，1990）。递归分解指的是续分过程，直到四叉树的每个象限中仅有一个像元值。

　　图 4.10 显示灰色多边形栅格数据和存储此要素的四叉树。四叉树包含了节点和分支（续分）。一个节点代表一个象限。节点依赖于象限中的像元值，它可以是非叶节点或叶结点。非叶节点表示该象限具有不同的像元值，因此，非叶节点是一个分支点，意味着该象限还要被续分。而另外一方面，叶节点代表具有相同像元值的象限，因此，叶节点是个末梢结点，它可以用同一像元值进行编码（灰色或白色）。四叉树的深度，或者称为层次结构中的级别数，主要取决于二维要素的复杂性。

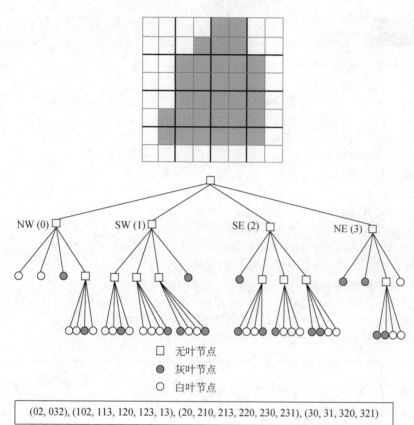

图 4.10　分区四叉树法将栅格分成具有层次的象限。当象限内的像元值都相同（灰色或者白色）时，停止续分。无法再被续分的象限称为叶结点。在示意图中，象限空间方位以指数表示：0 — NW，1 — SW，2 — SE 和 3 — NE。使用空间索引法和分层四叉树结构，灰色像元可编码为 02，032，等等。
更多解释参见 4.5.3 节

　　在续分结束之后，下一步就是使用四叉树和空间索引法对二维要素进行编码。例如，图 4.10 中的一级 NW 子树（空间索引为 0）具有两个灰色叶节点。第一个为 02，涉及其二级 SE 子树，而 032 则涉及二级 NE 子树中的三级 SE 子树。（02，032）和其他对应于另外 3 个一级子树的字符串完成了对该二维要素的编码。

　　分区四叉树方法可以有效地存储面状数据和有效地用于数据处理（Samet，1990）。在 GIS 中，四叉树还有其他一些用法。研究者们已经提出使用分层四叉树结构来存储和检索全球数据（Tobler and Chen，1986）。

4.5.4 头文件

为导入栅格数据（如 DEM 或卫星图像），GIS 软件包必须具有此栅格数据的相关信息，如数据结构、区域范围、像元大小、波段数和用于表示无数据的值。此类信息通常包含在头文件中（注释栏 4.4）。

注释栏 4.4	头文件示例

以下为 GTOPO30 DEM（美国地质调查局的全球 DEM）的头文件示例。符号"/*"之后为文件中各输入条目的注释。

BYTEORDER M /*图像像素值存储的字节顺序。M = Motorola 字节顺序。

LAYOUT BIL /*文件中波段的组织形式。BIL = 波段间扫描线逐行交替记录。

NROWS 6000 /*图像行数。

NCOLS 4800 /*图像列数。

NBANDS 1 /* 图像波段数。1 = 单波段。

NBITS 16 /*每个像素的比特数。

BANDROWBYTES 9600 /*每个波段中每行所占字节数。

TOTALROWBYTES 9600 /*数据中每行所占字节总数。

BANDGAPBYTES 0 /*在按波段顺序（ BSQ）格式图像中，波段间的字节数。

NODATA -9999 /*用作掩膜的值。

ULXMAP -99.9958333333334 /*左上角像素中心的经度（十进制度数）。

ULYMAP 39.99583333333333 /* 左上角像素中心的纬度（十进制度数）。

XDIM 0.00833333333333 /*像素 x 方向的地理单位（十进制度数）。

YDIM 0.00833333333333 /*像素 y 方向的地理单位（十进制度数）。

除了头文件外，栅格数据集还可伴有其他文件。例如，卫星图像可能有两个可选文件。统计文件描述图像中各个波段的统计信息，如最小值、最大值、平均值和标准差；而颜色文件则将各种颜色与图像中的不同像元值联系起来。

4.6 栅格数据压缩

数据压缩是指减少数据量，对于数据传递和网络制图特别重要。数据压缩与栅格数据如何编码有关。由于四叉树和 RLE 的数据编码效率，也可以视为数据压缩方法。

目前有多种技术可以用于图像压缩。压缩技术又可以分为无损压缩和有损压缩。**无损压缩（lossless compression）**方法保留像元或者像素值，允许原始栅格或者图像被精确重构。因此，无损压缩是可取的栅格数据，它用来分析或产生新的数据。游程编码方法（RLE）就是无损压缩的一个实例。其他方法包括 LZW（Lempel-Ziv-Welch）和它的变体（如 LZ77，LZMA）。美国地质调查局（USGS）使用 TIFF 格式来发布数字栅格图（DRG）和数字正射图像（DOQ）数据。

有损压缩（**lossy compression**）方法虽然不能完全重构原始图像，但是可以达到很高的压缩率。因此，有损压缩在栅格数据中非常有用，它用于背景图像而不是分析。常用的 JPEG 格式使用的就是有损压缩方法。通过有损压缩的图像退化可能影响 GIS 相关的任务，如从航空相片或卫星图像中提取用作地理坐标参照的地面控制点（参见第 6 章）。

新的图像压缩技术结合了有损压缩和无损压缩。例如，由 LizardTech 公司授予的 MrSID（多分辨率无缝图像数据库）技术。多分辨率意味着 MrSID 有以不同分辨率或比例尺恢复图像数据的能力。无缝意味着 MrSID 可压缩大图像（如含亚块的数字正射图像和卫星图像），并可在压缩过程中消除人为的块边界。

MrSID 使用小波变换进行数据压缩。JPEG 2000 和 ECW（enhanced compressed wavele，增强小波压缩）也使用基于小波的压缩。**小波变换（wavelet transform）**将一幅图像看作是一个波，并且逐渐将该波分解为更简单的小波（Addison，2002）。该变换使用小波（数学的）函数不断重复地求取临近像元组（如 2，4，6，8，或者更多）的平均值，同时记录原始像元值与平均值之间的差异。这里所指的差异也称为小波系数，可以等于 0、大于 0 或者小于 0。在一幅图像中仅有少数变异的部分，其大多数像元的系数为 0，或者非常接近 0。为了节省存储空间，图像中的这些部分通过把较低系数四舍五入为 0，从而以较低分辨率将其进行存储。但是，同一幅图像中具有明显变化（如更详细）的部分则需要高分辨率的存储空间。注释栏 4.5 显示了使用 Haar 函数进行小波变换的一个简单实例。

注释栏 4.5	一个简单的小波示例：Haar 小波

　　Haar 小波由弱正向脉冲伴随着弱负向脉冲组成（图 4.11a）。尽管弱脉冲导致出现锯齿状线条而不是平滑曲线，但由于它的简便性，Haar 函数在阐明小波变换方面还是相当出色的。图 4.11b 显示一幅图像中心附近有块暗色的图斑。该图像被编码为一系列数字。使用 Haar 函数，我们可以取邻近像元对的平均值。求取平均值的结果出现字符串（2，8，8，4），且在较低分辨率上保持原始图像的质量。但是如果该进程继续，平均值的结果将出现字符串（5，6），并且原始图像的暗色中心消失。

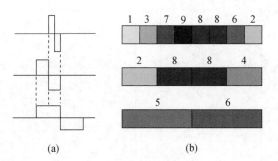

(a)　　　　　　　　　(b)

图 4.11　Haar 小波和小波变换。（a）在 3 种尺度（分辨率）上的 3 种 Haar 小波。（b）小波变换的一个简单实例

　　假设处理过程停止在字符串（2，8，8，4）。小波系数将是 –1（1–2），–1（7–8），0（8–8）和

2（6–4）。通过四舍五入，将这些系数归 0，这样可以节省存储空间并仍保留原始图像的质量。然而，如果需要无损压缩方式，我们可以利用这些系数来重建原始图像。例如，2–1=1（第一个像素），2–（–1）=3（第二个像素），等等。

MrSID 和 JPEG 2000 都可以执行无损或者有损压缩。无损压缩方式保存小波系数并使用它们对原始图像进行重构。另外，有损压缩方式仅仅存储平均值和那些未四舍五入为 0 的系数。有报道表明，JPEG 2000 压缩率达到 20∶1 时，没有图像质量上的可察觉差异（视觉无损）。如果 JPEG 2000 压缩率为 10∶1 或低于 10∶1，那么它将有可能从航空相片或卫星图像中提取地面控制点用于地理坐标参照（Li、Yuan and Lam，2002）。

4.7 数据转换与综合

尽管在文献中（Kjenstad，2006；Goodchild、Yuan and Cova，2007）已经提出了栅格和矢量数据的综合模型，但在实践中栅格和矢量数据仍然是分开的。因此，如何将这两种类型的数据一起用于项目是 GIS 用户感兴趣的。本节讨论栅格和矢量数据的转换和综合。

4.7.1 栅格化

矢量数据转换为栅格数据称为**栅格化（rasterization）**（图 4.12）。栅格化包括 3 个基本步骤（Clark，1995）。第一步是建立一个指定像元大小的栅格，该栅格能覆盖整个矢量数据的面积范围，并将所有像元的初始值赋予 0。第二步是改变那些对应于点、线或多边形界线的像元值。对于点的像元赋值 1，对于线的像元赋予线值，对于多边形界线的像元设为多边形值。第三步是用多边形值来填充多边形轮廓线内部。来自栅格化的误差通常取决于计算机算法和栅格像元的尺寸和边界的复杂性（Bregtet et al.，1991）。

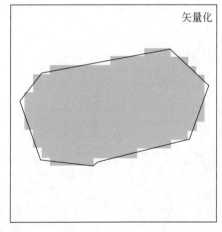

图 4.12　位于左侧的是从矢量数据转化为栅格数据的例子，即栅格化。而位于右侧的是从栅格数据转化为矢量数据的例子，即矢量化

4.7.2　矢量化

栅格数据转换成矢量数据称为**矢量化（vectorization）**（图 4.12）。矢量化包括 3 个基本要素：线的细化、线的提取和拓扑关系的重建（Clarke，1995）。矢量数据模型中的线只有长度而没有宽度。而扫描文件中的栅格线总是占几个像元的宽度。为了矢量化，栅格线最好细化到只占据一个像元宽度。线的提取是决定独立线段的起、止点的过程。拓扑关系的重构就是将栅格图像中提取出来的线条连接，以及显示数字化错误所在。由栅格到矢量的转化结果常表现为沿着对角线的阶梯状（steplike）特点。随后的线平滑操作可消除来自栅格数据的那些人工痕迹。

4.7.3　栅格数据与矢量数据的综合

栅格数据和矢量数据的综合可以在不同的层次上进行（Hinton，1996）。美国地质调查局的数字正射图像（DOQ）和数字栅格图（DRG）以 GeoTIFF 文件分发，它是 TIFF 文件但已嵌入地理参照数据标记。因此，这些图像可以被正确定位并作为数据显示的背景使用，或者作为空间数据数字化或编辑修改矢量数据的数据源。二值扫描文件可以输入用于线状或面状要素的屏幕数字化（参见第 5 章）。数字高程模型（DEM）是用于提取地形特征（如等高线、坡度、坡向、河网、路网、流域）的最重要数据源（参见第 13 章和第 14 章）。这些地形要素可被存储为栅格或矢量格式。

有地理坐标参照的卫星图像如数字正射图像（DOQ），与其他空间要素（如商店位置、道路、站点和宗地）（注释栏 4.6）一起显示是很有用的。而卫星图像还包括定量光谱数据，这些数据经过处理可生成诸如土地覆被、植被、城市化、积雪和环境退化等图层。例如，美国大陆的 USGS 土地覆被数据集全部是基于 Landsat 的 TM 图像（VogJin et al.，2013）。

注释栏 4.6	数字地球

卫星图像（专家早期使用的数据）现在可以经常在互联网和公共媒体上看到。该趋势始于数字地球，在国际范围内广泛且便于使用的信息系统是由 Al Gore 在 1998 年提出的，它允许用户查看地球的综合图像和矢量数据。许多国家机构从那时开始实施在线数字地球（如中国的 http://www.digitalearth.net.cn）。

数字地球的概念被 Google Maps，Yahoo! Maps 和 Microsoft Virtual Earth（参见第 1 章）所采用。在这 3 个系统中，地理参照卫星图像都能够显示边界、道路、购物中心、学校、三维建筑物和其他类型的矢量数据图层。它还提供如"前往"（fly to）、"本地搜索"（local search）和"方向"（direction）等功能来操纵显示。

值得一提的是，国际数字地球学会 2006 年在中国北京成立，自 2006 年以来每年举行研讨会。

矢量数据通常作为处理卫星影像的辅助信息而使用（Rogan et al.，2003）。图像分层是一个很好的例子。该方法使用矢量数据将景观分成不同特征的主要区域，然后分别对这些区域或地带进行图像处理和分类。另一个例子是将矢量数据用于为遥感数据的地理坐标参照选择控制点（Couloigner et al.，2002）。

最近的发展表明，GIS 与遥感数据的结合更加紧密。GIS 软件包可以读取由图像处理软件包创建的文件，反之亦然。例如，ArcGIS 可以支持由 ERDAS（IMAGINE，GIS 和 LAN 文件）和 ER Mapper 创建的文件。ArcGIS 10 引入了图像分析窗口，此窗口提供了访问常规图像处理技术的接口，如裁剪、掩膜、正射校正、卷积滤波和镶嵌。也有 GIS 软件包的扩展模块可以处理卫星图像。例如，ArcGIS 的要素分析（feature analyst）插件可以直接从卫星图像，尤其是那些高分辨率图像上提取建筑物、道路、和水域等要素（http://www.vls-inc.com/）。由于高分辨率卫星图像在 GIS 用户中获得越来越多的认可，可以预计 GIS 和遥感之间的联系将愈加紧密。

重要概念和术语

二值扫描文件（Bi-level scanned file）：含 1 或 0 值的扫描文件。

逐个像元编码（cell-by-cell encoding）：一种栅格数据结构，按行、列矩阵存储像元值。

数据压缩（Data compression）：数据量的减少，尤其用于栅格数据。

数字高程模型（DEM）：一种数字模型，等间距高程数据以栅格格式排列。

数字正射图像（DOQ）：数字化图像，其中航片上由照相机镜头倾斜和地形起伏引起的位移已被消除。

数字栅格图（DRG）：美国地质调查局的地形图的扫描图像。

Esri grid：Esri 独有的一种栅格数据格式。

浮点型栅格数据（Floating-point raster）：包含连续值像元的栅格数据。

有地理坐标参照的栅格数据（Georeferenced raster）：经过与投影坐标系统配准处理的栅格数据。

整型栅格数据（Integer raster）：像元值为整数的栅格数据。

陆地卫星（Landsat）：提供地球表面重复图像的有轨卫星。8 号陆地卫星于 2013 年 2 月发射。

无损压缩（Lossless compression）：可以使原图像精确重构的一种数据压缩类型。

有损压缩（Lossy compression）：可达到高压缩比但不能完全重构原图像的一种数据压缩类型。

国家高程数据集（NED）：用无缝系统传递 DEM 数据的美国地质调查局（USGS）的项目。

四叉树（Quad tree）：一种栅格数据结构，它将栅格数据分解为象限层次。

栅格数据模型（Raster data model）：一种数据模型，使用行、列和像元来构建空间要素。

栅格化（Rasterization）：将矢量数据转换成栅格数据。

游程编码（**RLE**）：一种栅格数据结构，它用行和组来记录像元值。游程编码文件也称为游程压缩（RLC）文件。

SPOT：提供地球表面重复图像的一种法国卫星。SPOT 5 发射于 2002 年 5 月。

矢量化（Vectorization）：将栅格数据转化成矢量数据。

小波变换（Wavelet transform）：一种新的图像压缩技术，它将一幅图像看作是一个波，并且逐渐将该波分解为更简单的小波。

复习题

1. 栅格数据模型的基本要素是什么？

2. 栅格数据模型与矢量数据模型相比有哪些优缺点？

3. 请分别举出整型栅格数据和浮点型栅格数据的例子。

4. 请解释像元大小、栅格数据分辨率和空间要素的栅格表示这三者之间的关系。

5. 已知以下关于 30m DEM 的信息：

（1）UTM coordinates in meters at the lower-left corner：560635，4816399

（2）UTM coordinates in meters at the upper-right corner：570595，4830380

该 DEM 有多少行？多少列？以及位于（ 1 行，1 列 ）像元中心的 UTM 坐标是多少？

6. 解释被动和主动卫星系统之间的区别。

7. 进入 DigitalGlobe 网站（http://www.satimagingcorp.com/），看一看极高分辨率示例图像。

8. 什么是数字高程模型？

9. 介绍生成 DEM 的 3 种常用方法。

10. 进入美国地质调查局（USGS）国家地图网站（http://nationalmap.gov/3dep_prodserv.html#），查看美国地质调查局提供的 DEM 数据的类型。

11. 搜索您所在州的 GIS 数据交换中心，进入数据交换中心网站。该网站是否提供在线 USGS DEM、DRG 和 DOQ 数据？该网站是否对 30m 和 10m 的 USGS DEM 都提供？

12. 用图表解释游程编码（RLE）方法是如何运作的。

13. 参照下图，画出四叉树并为阴影（空间）要素编上空间索引码。

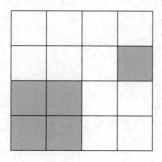

14. 请解释无损压缩和有损压缩方法有何不同。

15. 什么是矢量化？

16. 用您所在学科领域的例子解释矢量数据和栅格数据相结合的好处。

应用：栅格数据模型

本章应用部分包括栅格数据模型的 4 个习作。前 3 个习作让您查看 2 种栅格数据：数字高程模型（DEM）和陆地卫星专题制图仪（LandSat TM）图像和土地覆盖图像。习作 4 涉及将两个 shapefile（一个为线要素，另一个为多边形要素）转化为栅格数据。

习作 1 查看 并导入 DEM 数据

所需数据：*menanbuttes.txt*，包含高程数据的文本文件，这是美国地质调查局 ASCIIi 编码的一个 DEM 文件。

1. 启动 ArcMap，打开 ArcMap 中的 Catalog，连接第 4 章数据库。双击打开 *menanbuttes.txt*。文本中的前 6 项包含头文件信息。显示 DEM 是 341 列和 466 行，DEM 的左下角的 x，y 坐标是（419475，4844265），像元大小是 30m，无数据像元编码为-9999。高程值排列在头文件信息下面。关闭该文件。

2. 重命名 Task1 数据帧。首先您要将 *menanbuttes.txt* 转成栅格。单击打开 ArcToolbox。再右键单击 ArcToolbox，选择环境，设置当前和暂存工作区为第 4 章数据库。在 Conversion Tools/To Raster 工具集下双击 ASCII to Raster 工具，input ASCII raster file 的下拉箭头选择 *menanbuttes.txt*，保存栅格文件名为 *menanbuttes*，并存储在第 4 章数据库中，点击 OK，运行 conversion。

3. 本步骤用于检查 *menanbuttes* 的属性。在目录表中右击 *menanbuttes* 并选择属性。Source 栏中显示与 *Menanbuttes* 相关的 4 种信息类别：栅格数据信息、范围、空间参照及统计值。*Menanbuttes* 是像元大小为 30m 的整型格网，*Menanbuttes* 的最低高程值为 4771（ft），最高高程值为 5619（ft），空间参照显示为未定义。

问题 1 *Menanbuttes* 左上角的 x，y 坐标值是多少？

问题 2 您能通过头文件信息里的左下角的 x，y 坐标值验证问题 1 的答案是否正确吗？

4. 这一步是要把 *menanbuttes* 的符号体系改变为传统的配色方案。在 Properties 对话框的 Symbology 栏中，右击 Color Ramp 选框并取消选择 Graphic View 。然后，从 Color Ramp 下拉菜单中选择 Elevation #1。关闭 Properties 对话框。ArcMap 现在显示这个双孤峰的鲜明景观。

习作 2 查看卫星图像

所需数据：*tmrect.bil*，由前 5 个波段组成的陆地卫星 TM 图像。

习作 2 要您查看具有 5 个波段的陆地卫星 TM 图像。通过改变各波段所赋颜色，可以改变图像的视觉效果。

1. 在目录树中右击 *tmrect.bil* 并选择 Properties。General 栏显示 *tmrect.bil* 具有

366 行、651 列、5 个波段和 8 比特的像素（元胞）深度。

问题 3　您能否确认 *tmrect.bil* 是以线格式对波段分离存储的？

问题 4　*tmrect.bil* 中像元的大小是多少（以米为单位）？

2. 插入一个新的数据帧并将其改名为 Task2。将 *tmrect.bil* 添加到 Task2 中。目录表中显示 *tmrect.bil* 为 RGB 合成：红、绿、蓝分别赋予波段 1、波段 2 和波段 3。

3. 从 *tmrect.bil* 的目录菜单中选择 Properties。在 Symbology 栏中，使用下拉菜单来改变 RGB 合成：红、绿、蓝分别赋予波段 3、波段 2 和波段 1。点击 OK。您应该可看到一幅类似彩色照片的图像。

4. 接着，使用以下 RGB 组合：红、绿、蓝分别赋予波段 4、波段 3 和波段 2。您应可看到图像变为彩红外照片。

习作3　查看土地覆盖图像

所需数据：*Hawaii_LandCover_2005.img* 是 IMAGINE image 格式的土地覆盖栅格数据。

Hawaii_LandCover_2005.img 是 MODIS（4.2.5 节）成像的土地覆盖栅格，从美国地质调查局网站在北美土地变化监测系统（http://landcover.usgs.gov/nalcms.php）下载的。ArcGIS 可直接阅读 IMAGINE 图像格式。

1. 插入新的数据帧并重命名为 Task 3。添加 *Hawaii_LandCover_2005.img* 到 Task 3。图例显示夏威夷的 8 个土地覆盖类型。您可以放大仔细查看土地覆盖分布。

2. 从 *Hawaii_LandCover_2005.img* 的快捷菜单中选择 Properties。Source 表有关于该栅格的 IMAGINE 图像格式信息。

问题 5　*Hawaii_LandCover_2005.img* 的空间分辨率是多少？

问题 6　用于 *Hawaii_LandCover_2005.img* 的压缩方法是什么？

习作4　将矢量数据转化为栅格数据

所需数据：*nwroads.shp* 和 *nwcounties.shp*，这两个 shapefile 分别表示美国西北太平洋地区的主要公路和县域。

在习作 4 中，您将要把线型 shapefile（*nwroads.shp*）和多边形 shapefile（*nwcounties.shp*）转化为栅格数据。其区域涵盖了爱达荷州、华盛顿州和俄勒冈州，均为兰勃特正形圆锥投影，其单位为 m。

1. 在 ArcMap 中，插入新的数据帧并重命名为 Task 4。将 *nwroads.shp* 和 *nwcounties.shp* 添加到 Task 4。打开 ArcToolbox。

2. 打开 ArcToolbox。在 Conversion Tools / To Raster 工具集中双击 Feature to Raster 工具。选择 *nwroads* 作为输入要素，选择 RTE_NUM1（高速公路编号）作为字段，将输出栅格数据保存为 *nwroads_gd*，输入 5000 作为输出像元大小，然后点击 OK 运行该转化程序。*nwroads_gd* 以不同颜色在地图中显示。每种颜色对应一条编号公路。由于采用的像元很大（5000m），公路看起来像块状排列。

3. 再双击 Feature to Raster 工具。选择 *nwcounties* 作为输入要素，选择 FIPS 作

为字段，将输出栅格数据保存为 *nwcounties_gd*，输入 5000 作为输出像元大小，然后点击 OK 运行。在地图中显示的 *nwcounties_gd* 带有不同图符，表示从 1～119 的分类值（119 是县的数目）。在目录表中双击 *nwcounties_gd*。在 Symbology 栏下，于 Show 框中选择 Unique Values 并点击 OK。这样，该地图就用唯一图符表示各个县域来显示 *nwcounties_gd*。

　　问题 7　*nwcounties_gd* 具有 157 行和 223 列。如果您使用 2500 作为输出像元大小，那么输出格网将有多少行？

挑战性任务

　　所需数据：*cwater.img*，一个 IMAGINE 格式的浮点型栅格。

　　浮点型栅格相较于整型栅格需要更多的计算机内存和数据处理时间（参见 4.1.1 节）。这个挑战性任务要求将 *cwater.img* 转换为整型栅格。

1. 启动 ArcMap，将新数据帧重命名为 Challenge，并将 *cwater.img* 添加到 Challenge 中。右键单击 *cwater.img*，在 Source 栏下找到以下问题的答案。

问题 1　*cwater.img* 的像元大小是多少？

问题 2　*cwater.img* 未压缩的大小是多少？

问题 3　*cwater.img* 的金字塔层级有多少？

2. 使用 Spatial Analyst Tools / Math / Trigonometric 工具集中的 Int 工具将 *cwater.img* 转换为整型栅格并将其命名为 *int_cwater.img*。

问题 4　*int_cwater.img* 压缩后的大小是多少？

参考文献

Acharya, T., and P.Tsai.2005. *JPEG2000 Standard for Image Compression: Concepts, Algorithms and VLSI Architectures*. Hoboken, NJ: Wiley-Interscience.

Addison, P.S. 2002. *The Illustrated Wavelet Transform Handbook*. Bristol, UK: Institute of Physics Publishing.

Bourgine, B., and N.Baghdadi.2005.Assessment of C-Band SPTM DEM in a Dense Equatorial Forest Zone. *Comptes Rendus Geoscience* 337: 1225-34.

Bregt, A. K., J. Denneboom, H. J. Gesink, and Y. Van Randen. 1991. Determination of Rasterizing Error: A Case Study with the Soil Map of the Netherlands. *International Journal of Geographical Information Systems* 5: 361-67.

Campbell, J. B., and R. H. Wynne. 2011. *Introduction to Remote Sensing*, 5th ed. New York: The Guilford Press.

Capaldo, P., M. Crespi, F. Frantarcangeli, A. Nascetti, and F. Pieralice. 2012. DSM Generation from High Resolution Imagery: Applications with WorldView-1 and GeoEye-1. *European Journal of Remote Sensing* 44: 41-53.

Coppin, P., I. Jonckheere, K. Nackaerts, B. Muys, and E. Lambin. 2004. Digital Change Detection Methods in Ecosystem Monitoring: A Review. *International Journal of Remote Sensing* 25: 1565-96.

Couloigner, I., K. P. B. Thomson, Y. Bedard, B. Moulin, E. LeBlanc, C. Djima, C. Latouche, and N. Spicher. 2002. Towards Automating the Selection of Ground Control Points in Radarsat Images Using a Topographic Database and Vector-Based Data Matching. *Photogrammetric Engineering and Remote*

Sensing 68: 433-40.

Ebdon, D. 1992. SPANS--A　Quadtree-Based GIS. *Computers & Geosciences* 18: 471-475.

Farr, T. G., et al. 2007. The Shuttle Radar Topography Mission. *Reviews of Geophysics* 45, RG2004, doi: 1029/2005RG000183.

Flood, M. 2001. Laser Altimetry: From Science to Commercial LIDAR Mapping. *Photogrammetric Engineering and Remote Sensing* 67: 1209-17.

Gesch, D.B. 2009. Analysis of Lidar Elevation Data for Improved Identification and Delineation of Lands Vulnerable to Sea-Level Rise. *Journal of Coastal Research*, Nov2009 Supplement, Issue S6, 49-58.

Goodchild, M.F., M. Yuan, and T. Cova.2007.Towards a General Theory of Geographic Representation in GIS. *International Journal of Geographical Information Science* 21: 239-60.

Hinton, J. E. 1996. GIS and Remote Sensing Integration for Environmental Applications. *International Journal of Geographical Information Systems* 10: 877-90.

Jensen, J. R. 2004. *Introductory Digital Image Processing: A Remote Sensing Perspective,* 3rd ed. Upper Saddle River, NJ: Prentice Hall.

Jin, S., L. Yang, P. Danielson, C. Homer, J. Fry, and G. Xian. 2013. A Comprehensive Change Detection Method for Updating the National Land Cover Database to circa 2011. *Remote Sensing of Environment* 132: 159-75.

Kjenstad, K.2006.On the Integration of Object-Based Models and Field-Based Models in GIS. *International Journal of Geographical Information Science* 20: 491-509.

Lefsky, M. A. 2010. A Global Forest Canopy Height Map from the Moderate Resolution Imaging Spectroradiometer and the Geoscience Laser Altimeter System. *Geophysical Research Letters* 37: L15401.

Li, Z., X. Yuan, and K. W. K. Lam. 2002. Effects of JPEG Compression on the Accuracy of Photogrammetric Point Determination. *Photogrammetric Engineering and Remote Sensing* 68: 847-53.

Lillesand, T. M., and R. W. Kiefer.and J.W.Chipman.2015. *Remote Sensing and Image Interpretation,* 7th ed. New York: Wiley.

Liu, X. 2008. Airborne LiDAR for DEM Generation: Some Critical Issues. *Progress in Physical Geography* 32: 31-49.

Liu, X., Z. Zhang, J. Peterson, and S. Chandra. 2007. LiDAR-Derived High Quality Ground Control Information and DEM for Image Orthorectification. *Geoinformatica* 11: 37-53.

Ouédraogo, M. M., A. Degré, C. Debouche, and J. Lisein. 2014. The Evaluation of Unmanned Aerial System-Based Photogrammetry and Terrestrial Laser Scanning to Generate DEMs of Agricultural Watersheds. *Geomorphology* 214: 339-55.

Rabus, B., M. Eineder, A.Roth, and R.Bamler. 2003. The Shuttle Radar Topography Mission-A New Class of Digital Elevation Models Acquired by Spaceborne Radar. *ISPRS Journal of Photogrammetry &Remote Sensing* 57: 241-62.

Rogan, J., J. Miller, D. Stow, J. Franklin, L. Levien, and C. Fischer. 2003. Land Cover Change Mapping in California using Classification Trees with Landsat TM and Ancillary Data. *Photogrammetric Engineering and Remote Sensing* 69: 793-804.

Samet, H. 1990. *The Design and Analysis of Spatial Data Structures*. Reading, MA: Addison-Wesley.

Sanchez, J., and M.P. Canton. 1999. *Space Image Processing*. Boca Raton, FL: CRC Press.

Suárez, J.C., C.Ontiveros, S. Smith, and S.Snape.2005.Use of Airborne LiDAR and Aerial Photography in the Estimation of Individual Tree Heights in Forestry. *Computers　&Geosciences* 31: 253-62.

Tobler, W., and Z. Chen. 1986. A Quadtree for Global Information Storage. *Geographical Analysis* 18: 360-71.

Tomlin, C. D. 1990. *Geographic Information Systems and Cartographic Modeling*. Englewood Cliffs, NJ: Prentice Hall.

第 5 章　GIS 数据获取

GIS 需要数据用于制图、分析和建模。从哪里能得到我们所需的数据呢？一个解决方案是按照混搭的思路，获取不同来源的数据。首先考虑从现有数据源获取，如果所需数据不存在，可考虑创建新的数据。在美国，各级政府（包括联邦、州、地区和基层）已经为发布 GIS 数据建立网站。但是当使用这些针对所有 GIS 用户而不是某个特定软件包的公共数据时，我们必须关注元数据和数据转换方法，从而得到合适的数据。元数据提供了诸如数据的基准和坐标系统之类的信息，数据转换方法允许数据从一种数据格式转为另一种数据格式。

过去，创建新的 GIS 数据意味着对纸质地图数字化，这是一项既耗时又乏味的过程。现在新的 GIS 数据可以用不同的方法通过多种数据源（包括卫星影像、野外数据、街道地址和 x、y 坐标的文本文件）创建，而不是依赖纸质地图。可用扫描、屏幕数字化或仅仅通过 GIS 中的数字转换来代替手扶跟踪数字化。

本章共分 4 节。5.1 节讨论互联网上现有的 GIS 数据，包括来自各级政府的例子；5.2 节和 5.3 节分别涉及元数据和数据转化方法。5.4 节概述由不同数据源和采用不同数据产生方法来创建新的 GIS 数据。

5.1　现有的 GIS 数据

自 20 世纪 90 年代初以来，美国及其他国家的各级政府机构已经建立了用于共享公共数据并为用户指向所需信息来源的网站（Masser，Rajabifard and Williamson，2008）。互联网也是一个从非营利组织和私营企业寻找现有的数据的媒介。本节先介绍空间数据基础设施、数据交换中心和地理门户网站（geoportal）。然后再介绍在美国可用的地理空间数据和其他来源的 GIS 数据。

5.1.1　空间数据基础设施（SDI）、数据交换中心（Clearinghouse）和地理门户网站（Geoportal）

美国的**联邦地理数据委员会（FGDC）**是一个跨部门委员会，1990 年以来，它致力于国家空间数据基础设施和协调，引领政策的发展、元数据标准和培训（http://www.fgdc.gov/）。据 Maguire 和 Longley（2005），空间数据基础设施（SDI）是一个分布式系统，它允许获取、处理、分发、使用、维护和保存空间数据。数据交换中心（Clearinghouse）和地理门户网站（Geoportal）是支持空间数据基础设施（SDI）的两个机制。数据交换中心提供地理空间数据的存取，并为数据存取、可视化和预订提供相关的在线服务。地理门户网站是比数据交换中心更新的概念，它提供多种服务，包括数据服务、新闻、参考文献、社区论坛的链接，还常有交互式数据查看器（Goodchild，Fu，and Rich，2007）。换句话说，数据交换中心是以数据为中心，而地理门户网站是以服务为中心。

Data.gov 建于 2009 年，是美国政府的地理门户网站，该网站允许访问美国联邦地图数据和服务（http://www.data.gov/）。截至 2017 年年初，该网站列出了 194000 个地理空间和非地理空间数据集。数据集按主题、标记、格式和组织排序。查寻地理空间数据时，用户可以使用位置地图，选择一个组织，或者在搜索框输入数据集的名称。

2011 年，美国联邦地理数据委员会协调开发了"地理空间平台"（Geospatial Platform，http://www.geoplatform.gov/），该地理门户网站允许用户用自己的数据和公共数据（如通过 Data.gov 获取的数据）创建地图。地图创建之后，他们可通过浏览器和移动技术与他人共享，类似于"Google My Maps"。

在欧洲，一个主要地理门户网站是 INSPIRE（欧洲共同体空间信息基础设施），它提供了搜索空间数据集和服务的方式，并可查看欧盟成员国的 34 个空间数据专题，包括公路、居住区、土地覆被/利用、行政边界、高程数据和海底（http://inspire.ec.europa.eu/）。INSPIRE 还要求各成员国在元数据、数据规范、网络服务、数据和服务共享、监测和报告等领域遵守实施规则。

由地球观测组织（GEO）维护的"全球对地观测系统"（GEOSS）门户网站提供地球观测数据（http://www.geoportal.org/）。该门户网站涵盖以下主题：灾害、卫生、能源、气候、水、天气、生态系统、农业和生物多样性。用户可通过国家或地理位置获取数据。

5.1.2 美国地质调查局

美国地质调查局（USGS）是美国地理空间数据的主要提供者。USGS 有两个地理门户网站：针对全球数据的 USGS 地球资源管理器（http://earthexplorer.usgs.gov/）和针对美国数据的国家地图（http://nationalmap.gov/）。注释栏 5.1 总结了 USGS 主要产品的数据格式。

注释栏 5.1	USGS 产品的数据格式

多年来，USGS 根据用户的需求改变 GIS 数据分发的格式。以下列出了 2017 年年初 USGS 主要产品的数据格式。在美国，DEM 以 Arc GRID、Grid Float 和 IMG 格式及 LAS 格式的高程源数据提供。全球 DEM（如 ASTER、SRTM 和 GMTED2010）以 GeoTIFF 文件分发。GeoTIFF 也是土地覆被数据库和数字正射图像（DOQ）的格式。边界、水文、构造物和交通运输等矢量数据以 shapefile 或地理数据库（geodatabase）格式提供。最后，地理名称可以文本格式下载。

1. The USGS Earth Explorer

使用 USGS Earth Explorer 工具，用户可以查询、搜索和访问卫星图像（如 Landsat、商业卫星、雷达、Sentinel-2），航空照片（如 DOQ、高分辨率正射图像），图像衍生产品（如数字高程、土地覆被、植被监测）和全球范围内的 NASA LPDAAC（Land Processes Distributed Active Archive Center）存档数据。由美国地质调查局（USGS）的地球资源观测和科学中心（Earth Resources Observation and Science，EROS）通过与美国国家航空航天局（National Aeronautics and Space Administration，NASA）合作维护，LPDAAC 收集了包括 MODIS 图像和 SRTM 及 ASTER 数字高程模型（DEM）（https://lpdaac.usgs.gov/）等数据。第 4 章介绍了 USGS Earth Explorer 可提供的卫星图像。

许多 GIS 用户会发现 USGS Earth Explorer 提供的全球 DEM 特别有用。除了 SRTM 和 ASTER DEM（参见第 4 章），USGS Earth Explorer 还提供全球多分辨率地形高程数据 2010（GMTED2010），这是一套含有 3 种分辨率大致为 1000m、500m 和 250m 的高程产品（Danielson and Gesch，2011）。GMTED2010 提供大多数产品覆盖全球 84°N 至 56°S 的全部陆地范围，有几个产品覆盖 84°N 至 90°S。GMTED2010 的主要数据源是 SRTM；其他数据来源包括 SPOT5 DEM（参见第 4 章）和国家地图（National Map）的 DEM。GMTED2010 取代了 USGS Earth Explorer 提供的另外一种全球 DEM 数据 GTOPO30，成为全球尺度应用的首选高程数据集。GTOPO30 DEM 由从卫星图像和矢量数据源编译而来，其水平格网间距为 30 弧-秒亦即大约 1km。

ASTER 和 SRTM DEM 以地理坐标测量，水平基准面参照 WGS84（World Geodetic System 1984，参见第 2 章），大地水准面是由国家图像和测绘局（National Imagery and Mapping Agency，NIMA）、NASA 和俄亥俄州立大学开发的 EGM96（Earth Gravitational Model 1996）大地水准面。大地水准面是全球平均海平面模型，其使用陆地上的重力读数计算并用于测量地表高程。GMTED2010 参照 WGS84 基准面，并依据输入源参照不同的大地水准面。

2. The National Map

国家地图（The National Map）是一个地理门户网站，旨在帮助用户访问美国的基础数据，地图产品和地理空间网络服务。国家地图提供的基础数据包括高程、水文、边界、交通运输、建造物、地理名称、正射图像和土地覆被。

（1）高程产品（DEM）和高程源数据由 3D 高程计划（3D Elevation Program，3DEP）提供。该计划的目标是收集美国大陆、夏威夷和所辖领土的 LiDAR（light detection and ranging）数据格式的高程数据，以及阿拉斯加的 IfSAR（interferometric synthetic aperture radar，干涉合成孔径雷达，也缩写为 InSAR）数据。表 5.1 显示 USGS 高程产品的 DEM 类型、空间分辨率、垂直准确度和覆盖范围。DEM 的垂直准确度是基于 DEM 与美国大陆内高精度测量点之间差异的统计测量所得（均方根误差，参见第 6 章）（Gesch，2007）。3DEP DEM 地理坐标系的水平基准是 NAD83（North American Datum of 1983，参见第 2 章），垂直基准是 NAVD88（North American Vertical Datum of 1988）。NAVD88 是高程的参考表面，用于测量北美平均海平面以上和以下的高度和深度。

（2）水文数据包括国家水文数据集（National Hydrography Dataset，NHD），涵盖所有湖泊和溪流的地表水数据集，以及流域边界数据集（Watershed Boundary Dataset，WBD），该数据集将地表水排水的面积范围定义为所有陆地和地面的排水点。

（3）边界数据涵盖主要民用区域，包括州、县、联邦和美洲原住民土地，以及所包含的地方，如城市和镇等。

（4）交通运输数据包括道路、机场、铁路和步道。

（5）建造物数据涵盖了学校、露营地、医院和邮局等人造设施的位置和特征。

（6）地理名称包括选定的自然和人文要素名称，如山脉、谷地、聚居地、学校和教堂。

（7）正射图像数据是指数字正射图像（参见第 4 章）。国家地图为美国大陆提供 1m 分辨率的数字正射图像，许多城市区域的分辨率为 2 英尺或更高分辨率。

（8）土地覆被数据包括从 Landsat 图像分类的全国 30m 分辨率数据库（参见第 4 章）。

表 5.1　USGS 的地理空间数据*

DEM	分辨率	垂直准确度	覆盖范围
1 弧秒	30m	2.44m	美国大陆、夏威夷、波多黎各、领辖岛屿
1/3 弧秒	10m	2.44m	美国大陆、夏威夷、波多黎各、阿拉斯加的一部分
1/9 弧秒	3m	15cm	美国大陆的有限区域
1m	1m	10cm	美国大陆的有限区域

*阿拉斯加的 DEM 数据包括 2 弧-秒（60m 空间分辨率）和 5m 的 DEM。

译者注 5.1	中国国家地形要素数据（DLG）			
2018 版中国地形要素数据（DLG）已由自然资源部于 2018 年 7 月起向社会提供，包括：				
比例尺	采用基准	覆盖范围	图幅数	现势性
1：5 万	2000 国家大地坐标系、1985 国家高程基准	全国陆地和部分岛屿	24185 幅	2017 年
1：25 万	2000 国家大地坐标系、1985 国家高程基准	全国陆地和部分岛屿	816 幅	2016 年
1：100 万	2000 国家大地坐标系、1985 国家高程基准	全国陆地	77 幅	2016 年
2018 版地形要素数据（DLG）的提供和使用按照中国基础测绘成果管理有关规定办理，用于政府决策、国防建设和公共服务的，无偿提供。				

5.1.3　美国国家航空航天局（NASA）

美国国家航空航天局（NASA）是美国卫星图像及其衍生产品的主要提供商。5.1.2 节已经讨论了 LP DAAC，这是 NASA 和 USGS 之间的一个联合项目，它通过 USGS Earth Explorer 提供地理空间数据。NASA 拥有自己的地理门户网站：NASA Earth Observations（NEO）和 NASA's Socioeconomic Data and Applications Center（SEDAC）。

NEO（http://neo.sci.gsfc.nasa.gov/）提供了 50 多种关于大气、能源、土地、生命和海洋主题的不同全球数据集。例如，土地主题有 25 个数据集，包括地表温度、活动火灾、积雪覆盖和植被指数。这些数据集以每日、每周和每月快照表示，图像以各种格式提供，包括 GeoTIFF、Google Earth、JPEG 和 PNG。

SEDAC（http://sedac.ciesin.columbia.edu/）将其全球、国家级和区域数据集组织成 15 个主题，包括可持续性、人口、保护区、气候、灾害、土地利用、农业和城市。例如，人口主题有关于人口密度、人口数量、城市和农村人口和土地面积，以及靠近核电厂的人口暴露估计等数据集。数据集以各种格式提供，包括 GeoTIFF 和 shapefile。

5.1.4 美国人口普查局

美国人口普查局提供拓扑统一地理编码格式（TIGER）数据库/线划文件，它们提取自该局的主地址文件（MAF）/TIGER（Master Address File/Topologically Integrated Geographic Encoding and Referencing）数据库的地理/制图信息。可从美国人口普查局网站下载 shapefile 和 geodatabase 格式的多年数据（https://www.census.gov/geo/maps-data/data/tiger.html），TIGER /线划文件包含了行政和统计区域界限，如国家、人口普查区、街区组，它可链接到人口普查数据，以及道路、铁路、河流、水体、电网和管线资料。据最近报道，TIGER/线划文件在位置精度上有很大的提高（Zandbergen、Ignizio and Lenzer，2011）。TIGER 数据库/线划的属性包含每段街区两侧的地址号码范围，可用于地址匹配（参见第 16 章）。

美国人口普查局还提供制图边界文件，这些边界文件均是从 MAF / TIGER 专题制图应用数据库中所选地理区域简化得来。这些文件是基于国家和州进行组织。2010 年人口普查、2000 年人口普查和非十年分期的数据是以 shapefile 格式提供，2013～2015 年的数据是以 KML 格式提供。应用章节部分中的习作 4 在 Google Earth 中使用的就是人口普查局的 KML 文件。

5.1.5 美国自然资源保持局

美国农业部自然资源保持局（NRCS）通过其网站发布全国土壤数据（http://websoilsurvey. sc.egov.usda.gov/App/HomePage.htm）。有两大土壤数据库：STATSGO 和 SSURGO。州级土壤地理数据库（STATSGO），在美国大陆、夏威夷、波多黎各和维尔京群岛的比例尺为 1：250000，在阿拉斯加的比例尺为 1：1000000，适用于各种规划和管理。由野外制图编制而成的比例尺为（1：12000）～（1：63360）的土壤地理调查数据库（SSURGO）是为农场、镇区和县级水平应用而设计的。

gSSURGO 是 SSURGO 的栅格版本。gSSURGO 的空间分辨率为 10m，旨在与其他栅格数据（如土地利用和土地覆被美国地质调查局的高程数据）一起使用。

5.1.6 全州、大都市和县级数据举例

美国每个州都有一个数据交换中心或地理门户网站用以获取全州的 GIS 数据。例如，蒙大拿州，由蒙大拿州立图书馆负责维护一个 GIS 数据交换中心（http://geoinfo.msl.

mt.gov/），该数据交换中心提供全州数据和区域数据。数据种类包括行政区界、气候学/气象/大气、经济、海拔、环境、农业、健康、内陆水资源、交通、公用事业/通信和其他数据。

圣地亚哥政府协会（SANDAG）（http://www.sandag.org/）是由圣地亚哥 18 个当地政府主办的大都市数据交换中心。可从 SANDAG 网站下载的数据包括道路、不动产、公园、地貌、人口等 270 多个图层。

美国的许多县可有偿提供 GIS 数据。例如，俄勒冈州的克拉克默斯县就通过 GIS 部门以 shapefiles 发布数据（http://www.clackamas.us/gis）。数据集包括行政区边界、生命科学、高程、地学、水文学、土地利用、税号和交通等。

5.1.7　其他来源的 GIS 数据

近年来出现了更多全球范围的 GIS 数据。表 5.2 列出了联合国组织和非政府组织在全球范围内的一些可下载数据。LiDAR 数据已成为高分辨率 DEM 的主要数据源。除 USGS 的地理门户网站外，注释栏 5.2 还列出了其他提供免费激光雷达数据的网站。欧洲航天局提供免费的 Sentinel 卫星图像，包括主动和被动卫星图像供下载（参见第 4 章）。

表 5.2　全球范围可下载的 GIS 数据

产品	说明	网址
Natural Earth	1：10m、1：50m 和 1：110m 比例尺的人文、自然和栅格数据	http://www.naturalearthdata.com/
OpenStreetMap	建筑物、道路、铁路、水路和土地利用数据	http://www.openstreetmap.org
DIVA-GIS	边界、道路、铁路、海拔、土地覆被、人口密度、气候、物种发生和作物采集数据	http://www.diva-gis.org
UNEP Data Explorer	温度、颗粒物排放量、净产量、核电反应堆、保护区及许多其他主题数据	http://geodata.grid.unep.ch/#
FAO GeoNetwork	边界、农业、渔业、林业、水文、土地覆被和土地利用、土壤和地形数据	http://www.fao.org/geonetwork/srv/en/main.home#
ISCGM Global Map	边界、交通运输、排水、人口中心、高程、植被、土地覆被和土地利用数据	http://www.iscgm.org/gm/
SoilGrids	土壤数据	http://www.isric.org/content/soilgrids

注释栏 5.2	LiDAR 数据来源

由于 LiDAR 数据已成为高分辨率 DEM 的主要数据源，因此了解如何获取免费的 LiDAR 数据非常重要。本注释栏列出了几个这样的网站：

由美国国家科学基金会资助的 OpenTopography（http://www.opentopography.org/）提供 LiDAR 点云数据分发和处理；来自 LiDAR 和 SRTM 的预计算栅格数据；以谷歌地球文件（KMZ）格式导出的 LiDAR 图像。

The United States Interagency Elevation Inventory（https://coast.noaa.gov/inventory/）包括地形 LiDAR、地高水深（topobathy）岸线 LiDAR 和 ifSAR 数据。

NOAA Digital Coast（https://coast.noaa.gov/digitalcoast/）为沿海管理提供 LiDAR 数据。

由美国国家科学基金会资助，美国国家生态观测网络（National Ecological Observatory Network，NEON）（http://www.neonscience.org/data-resources/get-data/airborne-data）以 DEM 和点云的形式提供 LiDAR 数据。

在线 GIS 数据仓库，如 webGIS（http://www.webgis.com/）、GIS Data Depot（http://data.geocomm.com/）、Map-Mart（http://www.mapmart.com/）和 LAND INFO International（http://www.landinfo.com/）载有各种数字地图数据、DEM 和图像来源。一些商业公司为其客户提供专门的 GIS 数据。数字地球（Digital Globe，http://www.digitalglobe.com/）和"空客国防和空间"（Airbus Defense and Space，http://www.astrium-geo.com/）有极高分辨率卫星图像。TomTom（http://www.tomtom.com/）和 HERE（以前的 NAVTEQ）（https://company.here.com/here/）有与车辆导航系统相关的街道地图和数据。

译者注 5.2	中国的北斗卫星导航系统（BDS）

　　北斗卫星导航系统是中国自主研制的全球卫星导航系统，由空间段、地面段和用户段三部分组成，可在全球范围内全天候、全天时为各类用户提供高精度、高可靠定位、导航、授时服务，并且具备短报文通信能力。2020 年 6 月 23 日，北斗系统第 55 颗导航卫星成功发射，标志着北斗三号全球卫星导航系统星座部署圆满完成。同年 7 月 31 日，中国向世界郑重宣布——北斗三号全球卫星导航系统建成并开通，中国成为世界第三个独立拥有全球卫星导航系统的国家。北斗系统提供服务以来，已在交通运输、农林渔业、水文监测、气象测报、通信授时、电力调度、救灾减灾、公共安全等领域得到广泛应用。

译者注 5.3	国内的 GIS 相关数据下载网站

　　（1）对地观测数据共享计划（http://ids.ceode.ac.cn/）：提供 Landsat-5、Landsat-7、Landsat-8、IRS-P6、EnviSat-1、ERS-2 免费数据。

　　（2）中国科学院地理空间数据云（http://www.gscloud.cn/）：提供 Landsat、MODIS、DEM、EO-1 免费数据。

　　（3）环境保护卫星环境应用中心（http://www.secmep.cn/）：提供环境星 HJ-1A/B 数据。

　　（4）中国资源卫星应用中心（http://www.cresda.com/CN/）：提供环境星 HJ-1A/B、中巴资源数据、清华大学地学中心土地利用数据。

　　（5）国家卫星气象中心（http://www.nsmc.org.cn/NSMC/Home/Index.html）：提供风云系列卫星数据。

　　（6）国家基础地理信息数据库（http://ngcc.cn/article/sjcg/clkzd/）：提供中国国界、省界、地市级以上居民地、三级以上河流、主要公路和主要铁路等数据，包含 24000 多幅图，具有九大类地理要素、34 个数据层、1.8 亿个要素对象。

译者注 5.4	国外的免费 GIS 相关数据下载网站

　　（1）Natural Earth Data（http://www.naturalearthdata.com/）：提供全球范围内的矢量和图像数据。Natural Earth Data 的最大优势是数据开放性，用户有传播和修改数据的权限。

（2）USGS Earth Explorer（http://earthexplorer.usgs.gov）：提供最新、最全面的全球卫星图像，包括 Landsat、Modis 等。

（3）OpenStreetMap（http://wiki.openstreetmap.org/wiki/Downloading_data）：是一个网上地图协作计划，目标是创造一个内容自由且能让所有人编辑的世界地图。用户在 OSM 上可以免费获取不同级别和精度的 GIS 数据。

（4）NASA's Socioeconomic Data and Applications Center（SEDAC）（http://sedac.ciesin.columbia.edu）：提供 全球范围内的 GIS 数据以帮助人们了解人与环境间的相互影响。数据涉及农业、气候、健康、基础设施、土地利用、海洋和沿海、人口、贫困、可持续性、城市和水等 15 种类型。

（5）Open Topography（http://www.opentopography.org）：提供高空间分辨率的地形数据和操作工具。用户可以下载 LiDAR 数据（主要包括：美国、加拿大、澳大利亚、巴西、海地、墨西哥和波多黎各）。

（6）Diva GIS（http://www.diva-gis.org/Data）：包含全球各个国家的基础地理数据——边界、铁路、道路、气候、生物多样性及农作物等。

（7）UNEP Environmental Data Explorer（http://geodata.grid.unep.ch）：包含全球范围内 500 多种不同类型 的空间和非空间数据，如淡水、人口、森林、污染排放、气候、灾害、卫生和国内生产总值等。

（8）FAO GeoNetwork（http://www.fao.org/geonetwork/srv/en/main.home）：可下载农业、渔业、土地资源相关的 GIS 数据，同时提供相关卫星图像数据。

（9）NASA Earth Observations（NEO）（http://neo.sci.gsfc.nasa.gov）：提供全球范围内的卫星图像（大气、能源、土地、生活、海洋等 50 多种不同数据专题），还可以查看地球气候和环境状况的每日快照。

（10）ISCGM Global Map（http://www.iscgm.org）：提供全球土地和森林覆盖数据集。一些文化和自然矢量数据（边界、排水、交通、人口中心、海拔、土地覆盖、土地利用和植被）也能在这里获取。

（11）马里兰大学（http://www.glcf.umd.edu/data/）：提供 Aster、Ikonos、Quickbird、Orbview、Landsat、Modis、STRM 等数据的下载。

5.2　元　数　据

元数据提供关于空间数据的信息。因此它们是 GIS 数据不可或缺的一部分，它们通常是在数据生产过程中制备和输入的。元数据对于任何需要把公共数据用于自己项目的 GIS 用户都很重要。首先，它让 GIS 用户了解公共数据在覆盖范围、数据性质和数据时效方面是否满足用户的特殊要求；其次，它向 GIS 用户说明了如何传递、处理和解释空间数据；最后，它还包括了获取更多信息的联络方式。

1998 年，FGDC 在其网站（http://www.fgdc.gov/metadata/geospatial-metadata-standards/）上发布了数字化地理空间元数据的内容标准。这些标准包括以下信息：标识信息、数据质量、空间数据组织、空间参照、实体和属性、出版信息、元数据参考、引文、时段和联系方式。2003 年国际标准化组织（ISO）制定和批准了 ISO19115，《地理信息　元数据》。FGDC 因此鼓励联邦机构过渡到 ISO 的元数据。例如，19115—1（2014）的当前版本规定了：19115—1 用于记录矢量和点数据及地理空间服务，19115—2

用于描述图像和格网数据及使用仪器收集的数据（如监测站）。根据这个标准，元数据应提供关于识别、范围、质量、空间和时间方面的、内容、空间参考、描绘、分布和其他数字地理数据和服务的属性等信息。

为协助输入元数据，针对不同的操作系统开发了很多元数据工具。有些工具是免费的，有些则是为特定 GIS 软件包而设计。例如，ArcGIS 中提供了一个元数据创建和更新工具，包括 CSDGM 和 ISO 元数据。

5.3　现有数据的转换

公共数据的传递格式多种多样。除非数据格式与可使用 GIS 软件包兼容，否则我们首先必须进行数据转换。**数据转换**在这里定义为把 GIS 数据从一种格式转换为另一种格式的一种机制。数据转换的难易取决于数据格式的特征。对于专有的数据格式，需要用专门的数据译码软件进行数据转换；而对于中性的或公共的数据格式，只需 GIS 软件包中具有转换相应格式数据的译码软件。

5.3.1　直接转换

直接转换是指在 GIS 软件包中，用译码器将空间数据的一种格式直接转换成另一种格式（图 5.1）。在数据标准和开放式 GIS 发展以前，直接转换常常是数据转换的唯一方法。相对其他方法来说，直接转换应用简单，因此仍然是很多用户首选的转换方法。例如，ArcGIS 的 ArcToolbox 能够转换 Microstation 的 DGN 文件、AutoCAD 的 DXF 和 DWG 文件，以及将 MapInfo 文件转换成 shapefiles 或 geodatabases。同样，QGIS 是一种开源 GIS，可以处理 shapefile、geodatabase 和其他文件格式。

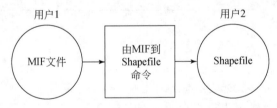

图 5.1　用 ArcGIS 中的 MIF to Shapefile 工具把 MapInfo 文件转换成 shapefile

5.3.2　中性格式

中性格式是进行数据交换的公共的或实际的格式。例如，空间数据传输标准（SDTS）就是一个中性的格式，旨在支持所有类型的空间数据，于 1992 年由美国联邦信息处理标准计划（Federal Information Processing Standards Program）批准。实际上，SDTS 使用"配置文件"（profiles）传输空间数据。第一个配置文件是拓扑矢量配置文件，用于处理诸如 DLG 和 TIGER 这样的拓扑矢量数据。第二个配置文件是栅格配置文件和扩展（Raster Profile and Extension），以适应 DEM、DOQ 和其他栅格数据。其他 3 个配置文件分别是：用于网络拓扑矢量数据的运输网络配置文件（Transportation Network Profile）；
支持大地控制点数据的点配置文件（Point Profile）；用于基于矢量的 CADD 数据（有或
没有拓扑）的计算机辅助设计和绘图配置文件。针对所有类型空间数据的标准格式的想
法都是受欢迎的，然而，GIS 用户发现 SDTS 太难使用。例如，拓扑矢量配置文件可能
包含除拓扑之外的路径和分区（第 3 章）等复合要素，因此转换过程复杂。这也许是为
什么美国地质调查局已经停止使用 SDTS 并为其产品转换不同的数据格式。

对于大型地理数据库，美国国防部所使用的**矢量数据产品格式（VPF）**是一种标准
的格式、结构和组织。国家地理空间情报局（NGA）把 VPF 用于不同比例开发的数字
矢量产品（http://www.nga.mil/）。例如，VPF 是 NGA 未分类的数字海图数据库格式，
包含了位于 84°N 和 81°S 之间不同尺度的 5000 多个图表。与 SDTS 拓扑矢量标准相
似，一个 VPF 文件也可能包含复杂的地区与路线特征。

尽管中性格式一般为政府机构的公共数据所使用，但是，在私营机构的"行业标准"
里也可见中性数据格式。最好的例子就是 AutoCAD 的 DXF 格式。另一个例子是 ASCⅡ
格式，许多 GIS 软件包都可以导入含有 x、y 坐标的点数据 ASCII 文件，生成数字化
数据集。根据美国人口普查局提供的 KML 文件判断，Google 的 KML 也可能成为一
个行业标准。KML 已被用作开放地理空间联盟的标准，并在许多政府机构发布数据时
使用。

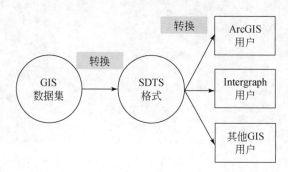

图 5.2　为适应不同 GIS 软件包的用户，政府机构可把公共数据转换成中性格式（如 SDTS 格式），用
　　　　GIS 软件包中的译码器，用户可把公共数据转换成所用 GIS 软件要求的格式

5.4　创建新数据

不同的数据源可以创建新的地理空间数据。在这些数据源中街道地址的点要素可以
用来创建地址的地理编码，这个方法将在第 16 章讲述。

5.4.1　遥感数据

通过数字化卫星图像，可以生成 GIS 项目的一系列专题数据。土地利用/土地覆被
数据通常就是来源于卫星图像。卫星图像还能生成大量其他类型的数据，如植被类型、
作物健康、土壤侵蚀、地质要素、水体的成分和深度，乃至积雪。卫星图像提供实时数
据，而且若能进行有规律的间隔采集，卫星图像还能够提供动态数据，用于记录和监测

陆地和水环境的变化。

过去，一些 GIS 用户认为卫星图像对于他们的项目来说，没有足够高的分辨率，或者不够精确。随着极高分辨率遥感卫星图像的出现，情况就不再是那样了（参见第 4 章）。现在，这些图像已经被用于提取详细的要素，如道路、小路、建筑物、林木、河滨带及不透水地面。

数字正射图像（DOQs）是已经过部分纠正或校正的数字航空照片，去除了照相机倾斜和地形起伏而造成的图像位移。因此，DOQs 结合了照片的图像特征与地图的几何性质。黑白 DOQs 有 1m 的地面分别率（图上每个像元对应地面 1m×1m），并且像元值代表 256 个灰度级（图 5.3）。DOQs 可以有效地用作数字化或对新道、新小区和林木采伐区作更新。

图 5.3　数字正射图像（DOQ）用作数字化的背景或更新现有图层

5.4.2　测量数据

测量数据主要由距离、方向及高度组成。距离单位是英尺或者米，用卷尺或电子测距仪来测量。线的方向用方位角或者方向角表示，其测量工具是中星仪、经纬仪或者全站仪。方位角是从子午线北端顺时针到某线的夹角。角数值变化的范围是 0°～360°。方向角是某线与子午线所夹的锐角。一个方向角通常会带有一个显示该线所在象限的字母（如 NE、SE、SW 或者 NW）。在美国，官方大部分都使用方向角。两点间的高度差用水准仪或水准尺测量，单位为 m 或 ft。

在野外测量数据用到 GIS 时，目的是确定地块边界。一个角度和一个距离可以定义出两个站点（点）之间的地块边界。例如，"N45°30′W 500ft"，表示连接两个位置的路线（线路）在 NW 象限、方向角 45°30′、距离为 500ft（图 5.4）。一个地块代表一条闭合的导线，即一系列确定的测点通过角度和距离连在一起（Kavanagh，2003），闭合导线起止于同一个点。研究代数和几何的解析几何（COGO）为由点、线和多边形的测量数据创建数字化空间数据提供了方法。

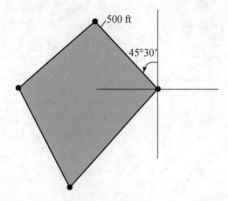

图 5.4 方向角和距离决定两个测点之间的线路

5.4.3 GPS 数据

利用太空卫星作为参照点，GPS（全球定位系统）接收机可以在地球表面精确定位（Moffitt and Bossler，1998）。GPS 数据包括基于地理格网或投影坐标系统的水平位置；另外，还可以选择点位的海拔（注释栏 5.2）。GPS 沿着一条路线采集点的位置数据，据此可以确定线要素（图 5.5）。由 GPS 测定的一系列线要素可确定面要素。正是如此，GPS 用于收集地理空间数据（Kennedy，1996）、地理空间数据的验证（如公路网）（Wu et al.，2005）、跟踪点对象（如车辆和人员）（注释栏 5.3）。GPS 设备对于 OpenStreetMap 的贡献者也很重要（注释栏 5.4）。

注释栏 5.3	一个 GPS 数据的实例

下列打印输出的是一个 GPS 数据的例子。原始数据基于 WGS84 地理坐标基准。使用 GPS 软件，可以将数据转换为投影坐标，如以下实例。标题信息显示所用的基准面为 NAD27（北美大地基准1927），坐标系为 UTM（通用横轴墨卡托）。这组 GPS 数据包括 7 个定位点，每个定位点的记录包括 UTM 分带编号（如 11）、东向（x 坐标）、北向（y 坐标）。这组数据中不包括海拔或高程（Alt）数值。

```
H R DATUM
M G NAD27 CONUS
H Coordinate System
U UTM UPS
H IDNT Zone Easting Northing Alt Description
W 001 11T 0498884 5174889 -9999 09-SEP-98
W 002 11T 0498093 5187334 -9999 09-SEP-98
W 003 11T 0509786 5209401 -9999 09-SEP-98
W 004 11T 0505955 5222740 -9999 09-SEP-98
W 005 11T 0504529 5228746 -9999 09-SEP-98
W 006 11T 0505287 5230364 -9999 09-SEP-98
W 007 11T 0501167 5252492 -9999 09-SEP-98
```

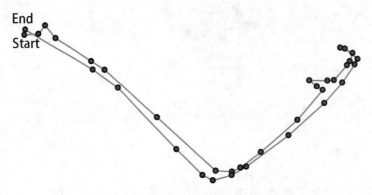

图 5.5　线要素可由 GPS 的一系列定位连接而成

　　GPS 接收机用其从卫星接收到信号的传播时间和速度测量定位点到卫星的距离（射程），当有 3 颗卫星同时可用时，接收机就能确定其相对于地球质量中心的空间位置（x、y、z）。但为了校正时间误差，要求有第 4 颗卫星参与以准确定位（图 5.6）。然后，基于 WGS84 基准，可以将接收机的空间位置转换成用纬度、经度和高度表示的位置。

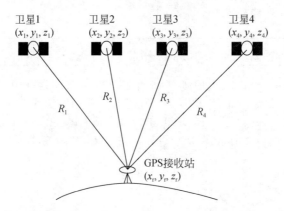

图 5.6　用 4 颗 GPS 卫星来确定接收站的坐标。x_i，y_i 和 z_i 是相对于地球质量中心的坐标，R_i 表示从卫星到接收站的距离（射程）

　　美国军方维护了一个由 24 颗 NAVSTAR（导航卫星定时与测距）卫星组成的卫星群，其中的每颗卫星都有精确的轨道。这使得 GPS 用户在地球上任意一点可同时接收至少 4 颗卫星。有 4 种 GPS 信号可供民用：L1C/A、L2C、L5 和 L1C。L1C/A 是传统信号，由所有卫星广播，而其他 3 种是调整后的信号，不是所有卫星都广播。双频 GPS 接收器可将 L1C/A 与经过调整后的信号相结合，以提高精度、信号强度和质量。P（Y）码和 M 码这两种 GPS 信号用于军事用途。

　　GPS 数据用作空间数据输入时，一个重要方面是需要对 GPS 数据进行误差纠正。第 1 类误差是故意误差。例如，为了不让敌对方获得精确的 GPS 读数，通过所谓的"选择可用性"，即"SA"政策，美国军方故意向卫星时钟和轨道数据中输入噪声，人为降低准确度。2000 年 SA 被关闭并不再使用（http://www.gps.gov/）。第 2 类误差类型可被形容为"噪声"误差，包括位置误差、时钟误差（两次监测时间之间的轨道误差）、大气延迟误差及多路径误差（信号在到达接收器前遇到障碍物的反弹）。

　　差分校正是一种增强技术，可以借助参考站或基站有效地降低噪声误差。参考站位于准确测量的地点，由私人公司或公共机构运作。例如，有多家单位参与的国家地理测量（NGS）不间断运行参考系统（CORS）。利用这已知位置，参考站点的接收机可以计算出 GPS 信号确切的传播时间，然后比较预测时间与实际传播时间的差异，即作为误差校正系数。参考站点接收机计算出了全部可见卫星的误差校正系数。这些误差校正系数对参考站范围内的 GPS 接收机均有效。GIS 的应用通常并不需要实时传送误差校正系数，只要保留测量位置和每一位置测定时间的记录，以后还可做差分校正。

　　与 GPS 数据的误差校正同样重要的是 GPS 接收机的类型。大多数 GIS 用户使用基于码相位的接收机（图 5.7）。使用差分校正，基于码相位的 GPS 读数很容易达到 3～5m 的准确度，一些新型接收机甚至可达到米以内的准确度。载波相位接收机和双频接收机主要用于测量和大地测量控制，其准确度可达到厘米以内（Lange and Gilbert，1999）。

注释栏 5.5	GPS 装置和带 GPS 功能的手机的定位准确度

　　一般的 GPS 装置（如 Garmin GPSMAP 76）的定位准确度在 10m 以内。运用差分校正方法（参见第 5 章），准确度可提高至 5m 以内。具有 GPS 功能手机的定位准确度又如何呢？手机（比如 iPhone）采用辅助全球定位系统（A-GPS），通过无线网络接收信息，协助 GPS 接收器更快地计算准确位置。在一个最新研究中，Zandbergen 和 Barbeau（2011）声称，在室外静态测试中，高灵敏度 GPS 的手机具备 5.0～8.5m 的平均水平误差，而无差分校正的 GPS 单机装置的误差则在 1.4～4.7m。

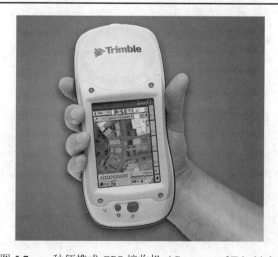

图 5.7　一种便携式 GPS 接收机（Courtesy of Trimble）

GPS 数据可以包括定点位置的高度。如同从 GPS 获得的 x、y 坐标，高度（z）也是参照 WGS84 椭球体。椭球体的高度可以借助大地水准面转化成高程或正高全球平均海平面，大地水准面被看作平均的海面高度。如图 5.8 所示，高程（h_1）可以通过从点位置的椭球高度（h_1+h_2）减去大地水准面波动（h_2）或大地水准面与椭球面之差获得。因此，需要参考大地水准面来估计来自 GPS 数据的高程，如 EGM96 大地水准面（5.1.2节）和由通过美国国家地理测量（NGS）开发的 Geoid99 大地水准面。与水平基准面类似，新的参考大地水准面会不断被引入；因此，记下 GPS 数据的高程所用参考大地水准面是非常重要的。

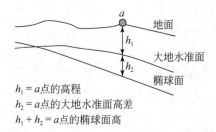

$h_1 = a$点的高程
$h_2 = a$点的大地水准面高差
$h_1 + h_2 = a$点的椭球面高

图 5.8　GPS 接收机的海拔读数是基于大地水准面而非地球椭球体。在重力异常为正（重力高于平均水平）的地方，大地水准面高于椭球体的表面，重力异常为负的地方则反之

与 GIS 和遥感一样，GPS 技术也在不断发展以改进其技术准确性和质量。本节介绍美国军方开发的 GPS。值得一提的是世界上还有类似的系统，如俄罗斯 GLONASS、欧洲伽利略和中国北斗。

5.4.4　有 x、y 坐标的文本文件

地理空间数据可以从带有 x、y 的地理坐标（十进制）或投影坐标的文本文件中产生。每对坐标生成一个点。因此，可以从一个记录气象站、震中或者飓风轨迹位置的文件来创建空间数据。

x、y 地理坐标数据的新数据源为地理标注的图片或有地理参照的图片。由开启 GPS 功能的数码相机或集成 GPS 的手机获取的图片是有地理参照的。Flickr 是一个图片共享和社交网站，提供了地理标注工具。地理标注的图片可结合 GIS 进行分析，如游客的地标喜好和运动模式（Jankowski et al.，2010）。

5.4.5　用数字化仪数字化

数字化是将数据由模拟格式转换成数字格式的过程。数字化仪数字化是指使用数字化仪（图 5.9）。**数字化仪**有一个内置的电子网，用来感知游标的位置。当游标的十字对准测量点后，操作者只要点击游标的按钮，就可将点的 x、y 坐标传送到与之相连的计算机。大幅面的数字化仪通常绝对精度达 0.001in（0.003cm）。

很多 GIS 软件包都包括内置的用于手扶跟踪数字化的数字化模块。该模块通常带有一些工具，可帮助移动或接合要素（如点或线）到一个准确位置。以捕捉容差为例，它

(a)　　　　　　　　　　　　(b)

图 5.9　大幅面数字化仪（a）和键区有 16 个按钮的游标（b）（Courtesy of GTCO Calcomp，Inc.）

可以把在指定容差范围内的顶点与结束点捕捉到一起。图 5.10 显示了在用户指定的容差内，一条线被接合到另一条已存在的线上。同样地，图 5.11 显示，在指定的距离内，一个点（节点或顶点）被接合到另一个点上的情况。

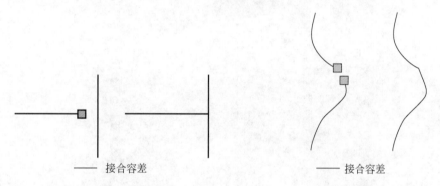

接合容差　　　　　　　　　　　　接合容差

图 5.10　当距离小于指定的接合容差时，新线段　　图 5.11　距离小于指定的接合容差时，节点被自
　　的端点被自动接合到一条已存在的弧线　　　　　　动接合到另一个节点上

　　数字化开始时通常需要确定一系列控制点（也称为 tics），这些点用来将数字化的地图转为现实世界坐标（第 6 章）。点要素的数字化很简单，只需点击一下点，便可记录该点的位置。线的数字化可以按点模式或流模式。在点模式中，操作者选点（节点或顶点）进行数字化；在流模式中，按预设的时间或距离间隔进行线的数字化。例如，线可以以每隔 0.01in 的间隔自动数字化。如果被数字化的要素有很多直线线段，点模式是首选。多边形要素数字化与线要素数字化是一样的，因为矢量数据模型把多边形当作一系列线的组合。矢量模型要求每个多边形有一个标识（标识可以看作多边形内部的点）。

　　虽然大多数数字化本身是手工的，但是可以通过计划编制和检查的方式，提高数字化的质量。在数字化有公共边界的 GIS 数据库的不同图层时，综合处理的方法是十分有效的。例如，土壤、植被类型和土地利用类型在同一个研究区内可能享有公共的边界，对这些边界只需在一个图层中数字化一次，并将之用于其他各图层，不仅可以节省数字化的时间，而且可以保证图层边界的匹配。

　　对线或多边形要素数字化的窍门则是仅对公共要素数字化一次，这样可以避免出现双线。因为数字化仪的高精度，双线很少会出现。减少双线数量的一个方法是：在源地

·116· 地理信息系统导论

图上蒙上一张透明纸，当一条线被数字化之后，在透明纸上作标记。同时，这种方法还可以减少丢失线条的数量。

5.4.6　扫描数字化

扫描是利用扫描仪（图 5.12）将模拟地图转化为栅格格式扫描文件的数字化方法，而后再对扫描文件跟踪描绘把它转回到矢量格式（Verbyla and Chang，1997）。最简单的扫描地图类型是黑白地图：黑线代表地图要素，白色区域表示背景。源地图可以是墨绘的或铅笔绘的纸质地图或聚酯薄膜地图。扫描将地图转换成栅格格式的二值扫描文件，每个像元值为 1（地图要素）或为 0（背景）。地图要素在扫描文件上表现为一系列像元相连成的栅格线（图 5.13）。像元的大小取决于扫描的分辨率，一般设为每英寸 300 或 400 个点（dpi）。代表源地图上一条细墨线的栅格线可能有 5～7 个像元宽（图 5.14）。

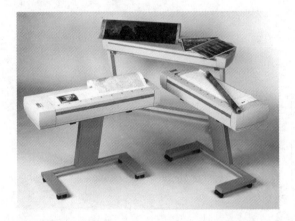

图 5.12　大幅面滚筒式扫描机（Courtesy of GTCO Calcomp，Inc.）

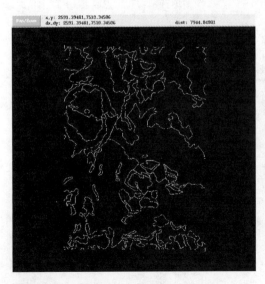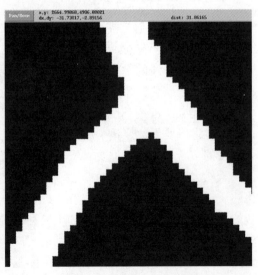

图 5.13　二值扫描文件：线条为土壤界线，黑色区域是背景　　图 5.14　扫描图上的一条栅格线的宽度为几个像元宽

彩色地图，包括历史地图，也可以用能够辨识彩色的扫描仪进行扫描。例如，数字栅格图（DRG）包含 13 种颜色，每种颜色代表扫描 USGS 标准图幅后的一种地图要素。

扫描文件必须矢量化，才算完成数字化过程。**矢量化**是将栅格线转化为矢量线的过程，这个过程称为跟踪描绘。跟踪描绘包括 3 个基本要素：线的细化、线的提取和拓扑重建。跟踪描绘可以是半自动或者手工的。半自动模式中，用户在图像地图中选择起始点，让计算机自动跟踪所有相连的栅格线（图 5.15）。手工模式中，需要用户定义跟踪描绘的栅格线和跟踪的方向。第 6 章的习作 2 是半自动跟踪的例子。

跟踪的结果取决于 GIS 软件包内置的跟踪算法。虽然没有一种跟踪算法可能满足不同条件下的不同类型地图，但是总有某些算法相对较好。跟踪算法必须解决的问题的例子包括：当栅格线为栅格的 2 倍或 3 倍宽时，如何跟踪栅格线的交叉点（图 5.16）；当一条栅格线断开或两条栅格线很近时，如何继续跟踪；以及如何分开线和多边形。在解决这些问题时，跟踪算法通常使用用户自定义的参数值。

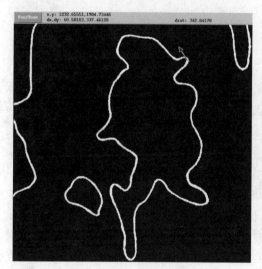 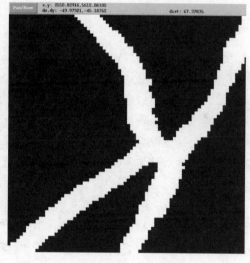

图 5.15　半自动化跟踪始于一个点（箭头处），　　图 5.16　当栅格线条会合或交叉时，线宽为原来
　　　　　跟踪与该点相连的所有线条　　　　　　　　　　　　的两三倍

在数字化的数据输入中，扫描是否比手扶跟踪更好？大多数数据生产者明显地这样认为。原因如下：第一，扫描是利用机器和计算机算法完成大部分工作，这样就可以避免由于疲劳或不小心带来的人为错误。第二，扫描跟踪时，屏幕上同时有扫描图像和矢量线条，比手扶跟踪数字化更加灵活。在跟踪描绘过程中，操作者可以缩放并方便地移动图像地图，而手扶跟踪数字化要求操作者同时注视数字化仪和计算机屏幕，操作者容易疲劳。第三，据报道，扫描比手扶跟踪数字化更具有成本效益。在美国，近年来，服务公司的扫描费用已明显下降。

5.4.7　屏幕数字化

屏幕数字化也称为平视（head-up）数字化，是利用诸如 Google Maps 或 DOQ（数字正射图像）数据源作为背景，在计算机屏幕进行的手扶跟踪数字化。本方法对于编辑或更新现有地图很有用，如添加地图上没有的小路或公路。同理，可以用这个方法更新砍伐区或焚烧过的植被图层信息。

与数字化仪数字化相比，屏幕数字化使用更方便。与数字化仪数字化要求用户不断地在数字化仪和屏幕间切换不同，屏幕数字化允许用户只关注屏幕。假设背景图像分辨率高，屏幕数字化通过缩放功能也可以达到高精确度。屏幕数字化的另外一个优势是，在编辑过程中，用户可以查阅屏幕上显示的不同数据源。例如，在更新木材皆伐地图时，可以通过叠加卫星图像、现有的皆伐地图和显示砍伐木材拖运线路的线路地图来进行。

屏幕数字化在第 5 章习作 2 中用于从现有数字化地图上数字化多个多边形。在第 6 章习作 1 和习作 3 中，为有地理参照的扫描图片和卫星图像分别数字化控制点。由于 Google Maps 和 Google Earth 已经成为 GIS 用户的重要数据源，屏幕数字化以后将会是一个普通的任务。

5.4.8　源地图的重要性

尽管已经很容易获得高分辨率的遥感数据和 GPS 数据，地图仍然是创建新 GIS 数据的重要来源。无论是手扶跟踪数字化还是扫描数字化，都是把一张模拟地图转换为数字格式。数字地图最多只能与源地图的准确度相当。

影响源地图准确度的因素很多，如 USGS 标准图幅的源地图是二手数据源，原因是这些地图已经过综合、概括、符号化等一系列制图处理过程，每一种过程都会影响绘图数据的准确性。又如，如果源地图的编辑过程有错误，则这些错误就会传递到数字化后的地图。

对于数字化，纸质地图通常不是好的源地图，因为它们往往会随温度和湿度的变化而发生胀缩。更糟糕的情况是，GIS 用户可能用复印或拼接的纸质地图做数字化，这样的源地图更不会产生好的数字化地图。而聚酯薄膜地图采用塑料衬背，用于数字化时比较稳定。

源地图上线条的质量不仅决定数字地图的精度，而且也影响 GIS 用户数字化和编辑的时间和工作量。线条应该是细的、连续的和均匀的，希望如同墨绘或刻图——绝不能用毛尖标记来划线。铅笔源地图可能适用于手扶跟踪数字化，但不宜用于扫描。扫描文件是二值数据文件，并把地图要素与背景区分开。由于铅笔线与背景（如纸张或聚酯薄膜表面）的对比度不如墨线明显，我们也许必须调整扫描参数才能增加对比度。但是，调整经常会导致已擦除的线条和污迹均能被扫描，而这些本不应该出现在扫描文件上。

重要概念和术语

坐标几何（COGO）：几何学的一个分支，它提供基于测量数据创建点、线、多边形数字化空间数据方法。

数据转换（Data conversion）：将地理空间数据从一种格式转换为另一种格式。

Data.gov：美国政府的一个地理门户网站，允许访问美国联邦行政部门的数据集。

差分校正（Differential correction）：用基站数据校正 GPS 数据噪声误差的方法。

数字化线划图（DLGs）：USGS 标准图幅的点、线和面要素的数字化表示，包括等高线、点高程、水系、边界、交通和美国公有土地调查系统。

数字化（Digitizing）：将模拟数据转成数字格式的过程。

数字化仪（Digitizing table）：一个内置有电子网、能感知游标的工作台，能将点的 x、y 坐标传送到与之相连的计算机。

直接转换（Direct translation）：用 GIS 软件包中的译码器或算法，直接将空间数据从一种格式转换为另一种格式。

联邦地理数据委员会（FGDC）：是美国协调地理空间数据标准开发的多部门委员会。

框架数据（Framework data）：许多组织都规范使用的、用于 GIS 业务的数据。

地理空间信息平台（Geospatial Platform）：一个地理门户网站，允许用户通过结合自己的和公共域数据创建地图。

全球对地观测系统（GEOSS）：一个提供访问地球观测数据的地理门户网站。

全球定位系统数据（GPS data）：通过导航卫星系统和接收机获得的、用于地点定位的经度、纬度和高程数据。

INSPIRE：一个地理门户网站，提供搜索空间数据集的手段和服务，并查看来自欧盟成员国的空间数据集。

元数据（Metadata）：提供空间数据信息的数据。

国家高程数据集（NED）：美国地质调查局的主要高程数据产品，包括 1/9、1/3 和 1 弧-秒的数据。

国家航空摄影（NAPP）：一个 USGS 项目，提供 1987~2004 年拍摄的覆盖全美国的航空相片。

国家水文数据（NHD）：一个 USGS 项目，提供地表水的地理空间数据。

中性格式（Neutral format）：可用于数据交换的公共格式，如空间数据传输标准（SDTS）。

屏幕数字化（On-screen digitizing）：利用诸如 DOQ（数字正射影像）等源数据作为背景，在计算机屏幕上进行的手扶跟踪数字化。

扫描（Scanning）：将模拟地图转换成栅格格式扫描文件的数字化方法，通过跟踪描绘可将扫描文件转换成矢量格式。

捕捉（接合）容差（Snapping tolerance）：用于数字化的容差，在其范围内可以把顶点和结束点接合。

土壤调查地理数据库（SSURGO）：美国农业部自然资源保持局（NRCS）在基于（1∶12000）~（1∶63360）比例尺的野外制图编制而成的土壤数据库。

州级土壤地理数据库（STATSGO）：美国农业部自然资源保持局（NRCS）基于 1∶250000 比例尺编制而成的土壤数据库。

主地址文件（MAF）/拓扑统一地理编码格式（TIGER）：美国人口普查局建立的数

据库，包括法定统计区域边界，可与人口普查数据相链接。

矢量化（Vectorization）：通过跟踪方法，将栅格线转换成矢量线的过程。

矢量数据产品格式（VPF）：由美国军方使用的庞大的地理数据库的标准格式、结构和组织。

复习题

1. 什么是地理门户网站？
2. 说出 USGS 维护的两个地理门户网站名称。
3. 从 USGS Earth Explorer 上能够下载哪些种类数据？
4. 列出美国国家地图数据集中数字高程模型（DEM）的空间分辨率。
5. USGS DLG 文件包含了哪些类型的数据？
6. 说出 NASA 的两个地理门户网站的名称。
7. 从美国国家科学基金会资助的 OpenTopography 上能够获得哪些种类的数据和服务？
8. SSURGO 表示什么？
9. 假设您需要制作一幅所在州的地图，显示 1990～2000 年的县人口变化。试说明：①这个制图项目中您所需的数据种类，②将用来下载数据的网站。
10. 搜索您所在州的数据交换中心，登录该数据交换中心的网站，选择一个数据集的元数据，浏览每个类别的信息。
11. 定义数据交换的"中性格式"。
12. TIGER/线划文件中包含哪些类型数据？
13. 解释 GPS 数据如何转成 GIS 图层。
14. 解释差分校正的工作原理。
15. 差分校正能够改正哪些类型的 GPS 数据错误？
16. 获得 GPS 数据的高程需要一个参考大地水准面。什么是参考大地水准面？
17. 文本文件必须包括哪些数据，才能够转换成为 shapefile？
18. COGO 代表什么？
19. 假设您被要求把一张纸质地图转化为数字化数据集，您将用哪些方法来完成？每种方法的优缺点是什么？
20. 数字化的扫描方法同时包括栅格化和矢量化方法，为什么？
21. 描述屏幕数字化和数字化仪数字化的不同之处。

应用：GIS 数据获取

本章应用部分 4 个习作涉及 GIS 数据获取。习作 1 将从美国国家地图网站下载 SDTS 格式的美国地质调查局的数字高程模型（DEM）；习作 2 是关于屏幕数字化；习作 3 使用一个带有 x、y 坐标值的表格；习作 4 先从美国人口普查局网站下载州边界的 KML

文件，然后在谷歌地球上显示 KML 文件。

习作 1　下载美国地质调查局的数字高程模型

所需数据：使用互联网和 unzip tool；*emidastrm.shp*，河流 shapefile 文件。

1. 截至 2017 年 1 月，可以从 National Map 上下载 DEM。进到美国国家地图查看器网站，http://viewer.nationalmap.gov/viewer/。在查看器的顶部，单击链接到数据下载站点（Data Download Site）的下拉箭头，然后单击 TNW 下载客户端。关闭 How to Find and Download Products 对话框。TNW 下载窗口左侧是产品类别，右侧是搜索方法。在习作 1 里将使用感兴趣区域（AOI）的边界坐标下载 DEM。在左侧面板中，选择 Elevation Products（3DEP），选择 1 arc-second DEM，取消选择默认的 1/3 arc-second DEM，并选择 Arc Grid 文件格式。在右侧面板中，选中 Use Map and Coordinates。从 Coordinates 对话框会出现一个 Create Box。Max Lat 输入 47.125，Min Lat 输入 47.067，Min Lon 输入-116.625，Max Lon 输入 -116.552。输入边界坐标后，单击 Draw AOI。右侧面板上绘制出 AOI。现在单击左侧面板上的 Find Products，会显示 "USGS NED 1 arc-second n48w117 1 x 1 degree ArcGrid 2015" 可供选择。单击下载。进度条开始在下载窗口的左下角运行。完成后，单击 zip 文件并将其保存到第 5 章数据库。解压缩该下载包。

2. 所下载的高程格网 *grdn48w117_1* 基于 NAD 1983 量测经纬度值，覆盖范围 $1° \times 1°$（大约 $8544 km^2$）。

3. 启动 ArcMap，打开 ArcMap 中的 Catalog 并连至第 5 章数据库，将数据帧重命名为 Task1。添加 *emidastrm.shp* 至 Task1，然后再添加 *grdn48w117_1* 至 Task1，选择创建金字塔。在 Add Coordinate System 的下拉菜单中选择 Import 导入。

问题 1　*grdn48w117_1* 的高程范围（单位为米）是多少？

问题 2　*grdn48w117_1* 的像元大小（十进制的度）是多少？

习作 2　屏幕数字化

所需数据：*land_dig.shp*，数字化底图；*land_dig.shp*，基于 UTM 坐标系统，以米为单位。

屏幕数字化在技术上与手扶跟踪数字化相似，不同的是：用鼠标指针替代数字化仪的游标；使用要素或图像图层为数字化的底图；以及在数字化过程中，重复地缩放。本习作将从 *land_dig.shp* 文件中数字化几个多边形，生成一个新的 shapefile。

1. 在 ArcMap 中插入一个数据帧并命名为 Task 2。在 Catalog 中右键点击第 5 章数据库，指向 New，再选择 Shapefile。在出现的对话框里，输入 *trial1* 作为名称，要素类型选择 Polygon，点击 Edit 按钮作空间参照。在 Add Coordinate System 的下拉菜单中选择 Import 为 *trial1* 导入 *land_dig.shp* 坐标系统。单击 OK 离开该对话框。

2. *trial1* 被加到 Task 2。添加 *land_dig.shp* 到 Task 2。点击 "按绘图顺序罗列" 按钮并确认目录表中 *trial1* 处在 *land_dig* 的上面。在数字化以前，首先改变两个

shapefile 文件的符号。从 *land_dig* 的快捷菜单上选择 Properties，在 Symbology
栏中，点击 Symbol，把符号改变为红色外框的空心符号。在 Labels 栏中，对
"Label features in this layer" 打勾，并从下拉菜单中选择 LAND_DIG_I 作为标
识字段名。点击 OK，关闭 Layer Properties 对话框（可能需要右击 *land_dig* 并
选择 Zoom to Layer 查看图层）。在目录表上点击 *trial1* 的符号，选择用黑色外
框的空心符号。

3. 在目录表中右击 *trial1*，随 Selection 之后，单击 "Make This The Only Selectable
   Layer"（使之成为唯一可选图层）。

4. 设定编辑环境。在 ArcMap 工具栏上点击 Editor 按钮。从 Editor 下拉列表中选
   择 Start Editing。点击 Editor 下拉菜单，选择 Snapping，勾选 Snapping Toolbar。
   在 Snapping Toolbar，点击 Snapping 下拉菜单，并选择 Options。设置容差为 10
   个像元，点击 OK，关闭对话框。再次点击 Snapping 菜单下拉，确认 Use Snapping
   已打勾。关闭 Snapping Toolbar。

5. 至此可开始数字化。放大 72 号多边形周边区域。注意：*land_dig* 里的 72 号多
   边形是由一组线（边缘）组成的，这些线是由点（节点）连接的。在 Editor 工具
   栏最右端单击 Create Features 按钮来打开它。在 Create Features（创建要素）窗
   口单击 Trial1，在 Construction Tools（构造工具）窗口中 Polygon 被突出显示。
   构造工具窗口提供了数字化的工具，在此情况下为数字化多边形的工具。除了多
   边形，其他的构造工具包括 Auto Complete Polygon（自动完成多边形）。关闭
   Create Features 窗口。在 Editor 工具栏上点击 Straight Segment Tool（如果该工
   具为非活动的，打开 Create Features 窗口并在 Construction Tools 窗口确认
   Polygon 被突出显示）。左键点击鼠标，数字化 72 号多边形的一个始点。以
   land_dig 为向导数字化其他节点；当又回到始点的时候，右键点击鼠标并选择
   Finish Sketch。完成数字化的 72 号多边形呈现青色并且多边形里有一个字符 *x*。
   呈青色的要素是处于活动状态的要素，取消选中该多边形的方法是：点击 Edit
   工具，再在多边形外任何位置点击。如果在数字化中出错需要删除 *trial1* 的一
   个多边形，方法是：先用 Edit Tool 选中并激活该多边形，然后按 Delete 即可。

6. 数字化 73 号多边形。在数字化的过程中，可以随时放大缩小或使用其他工具。
   您可能必须重新打开 Create Features 窗口并单击 trial1，使数字化建设工具可用。
   任何时候当希望继续数字化时，点击 Straight Segment Tool 即可。

7. 数字化 74、75 号两个多边形。这两个多边形共用一条公共边。你将先数字化其
   中一个多边形，然后用 Auto Complete Polygon 选项数字化另一个。首先数字化
   75 号多边形，完毕后，切换到 Auto Complete Polygon。数字化 74 号多边形，左
   击与 75 号多边形的公共边的一个始点开始数字化，然后数字化非公共边，双击
   公共边的另一个结束点完成数字化。

8. 至此，已经完成数字化。右键点击目录表的 *trial1*，选择 Open Attribute Table，
   点击 ID 下面第一个空格，输入 72；在接下来的 3 个空格内分别输入 73、75 和
   74（可以点击记录左边的方框，查看与该记录相对应的多边形）。关闭表格。

9. 在 Editor 下拉列表，选择 Stop Editing，保存编辑。

问题 3　定义接合容差（小窍门：使用 ArcGIS Desktop Help 的 Index 表）。

问题 4　越小的接合容差值是否能够生成一个精确度更高的数字化地图？为什么？

问题 5　除了 Polygon 和 Auto Complete Polygon，还有哪些 Construction 工具可用？

习作 3　加入 X Y 数据

所需数据：*events.txt*，一个包含 GPS 读数的文本文件。

在习作 3，要使用 ArcMap 由 *events.txt* 创建新的 shapefile 文件，*events.txt* 是包含由 GPS 采集的一系列点的 *x*、*y* 坐标的文本文件。

1. 在 ArcMap 中插入一个数据帧，命名为 Task 3。添加 *events.txt*。右击 *events.txt*，选择 Display XY Data。确定 *events.txt* 是将被添加为图层的表。使用下拉菜单，将 EASTING 选择为 X 字段，NORTHING 为 Y 字段。点击 Edit 按钮，输入坐标的空间参数和选择投影坐标系统：UTM、NAD1927 和 NAD 1927 UTM Zone 11N.prj。点击 OK 关闭对话框。*events.txt Events* 就被添加到目录表中。

2. *events.txt Events* 可以被保存为 shapefile。右键点击 *events.txt Events*，指向 Data，选择 Export Data。选择导出全部要素并保存为第 5 章数据库里的 *events.shp*。

习作 4　下载 KML 文件并在谷歌地球上显示

所需数据：进入 Internet 和 Google Earth。

1. 进到美国人口普查局网站的 TIGER Products: https://www.census.gov/geo/maps-data/data/tiger.html。点击 KML 的 TIGER 产品——Cartographic Boundary Shapefiles。在下一个页面上，选择下载 State of Nation-based Files。截至 2017 年 1 月，有国家边界文件的 3 种选择。选择下载 *cb_2015_us_state_5m.zip*。把 zip 文件存储在第 5 章数据库中。解压缩该下载包。

2. 启动 Google Earth，从 File 菜单下选择 Open，打开 *cb_2015_us_state_5m*。*cb_2015_us_state_5m* 是在 Google Earth 的 Places frame/Temporary Places 列表下。右击 *cb_2015_us_state_5m*，选择属性。在 Style、Color 栏，选择 Share Style。在出现的对话框中，可以选择线和面的符号。对于线，选择红色，线宽设为 3.0，不透明度设为 100%。对于多边形，不透明度设为 0%。点击 OK。现在可以看到 Google Earth 和州的边界叠合。

挑战性任务

所需数据：*quake.txt*。

第 5 章数据库里的 *quake.txt* 包含了加利福尼亚州北部从 2002 年 1 月到 2003 年 8 月的地震数据。文件记录下来的地震都具有震级 4.0 或更高的级别。由北加利福尼亚州地震数据中心对地震数据进行管理和编目（http://quake.geo.berkeley.edu/）。

这一挑战任务要求您执行两个相关任务。首先，访问 http://portal.gis.ca.gov/geoportal/catalog/main/homewy 网页，下载 State_With_County_Boundaries of California。在 ArcMap

中添加县边界的 shapefile 到数据帧并命名为 Challenge，读取其坐标系统信息。其次，通过使用 Lon(经度)x 和 Lat(纬度)y 并定义其地理坐标系为 NAD 1983，显示 Challenge 中的 *quake.txt*。

　　问题 1　*quake* 里面有多少条地震记录？

　　问题 2　*quake* 里面最高震级的地震记录是什么？

　　问题 3　*cnty24k09 1* 基于何种坐标系统？

　　问题 4　*quake* 里面记录的地震都发生在陆地上吗？

参考文献

Comber, A., P. Fisher, and R. Wadsworth. 2005.Comparing Statistical and Semantic Approaches for Identifying Change from Land Cover Datasets. *Journal of Environmental Management* 77: 47-55.

Danielson, J.J., and Gesch, D.B., 2011, Global multi-resolution terrain elevation data 2010(GMTED2010): U.S. Geological Survey Open-File Report 2011-1073, 26 p.

Gesch , D. B. 2007. The National Elevation Dataset. In D. Maune, ed., Digital Elevation Model Technologies and Applications: The DEM Users Manual, 2nd ed., pp. 99 -118. Bethesda, MD: American Society for Photogrammetry and Remote Sensing.

Goodchild, M. F., P. Fu, and P. Rich. 2007.Sharing Geographic Information: An Assessment of the Geospatial One-Stop. *Annals of the Association of American Geographers* 97: 250-66.

Jankowski, P., N. Andrienko, G. Andrienko, and S. Kisilevich. 2010. Discovering Landmark Preferences and Movement Patterns from Photo Postings. *Transactions in GIS* 14: 833-52.

Kavanagh, B. F. 2003. *Geomatics*. Upper Saddle River, NJ: Prentice Hall.

Kennedy, M. 1996. *The Global Positioning System and GIS*. Ann Arbor, MI: Ann Arbor Press.

Lange, A. F., and C. Gilbert. 1999. Using GPS for GIS Data Capture. In P. A. Longley, M. F. Goodchild, D. J. Maguire, and D. W. Rhind, eds., *Geographical Information Systems*, 2d ed., pp.467-79.New York: Wiley.

Leyk, S.R. Boesch, and R. Weibel. 2005.A Conceptual Framework for Uncertainty Investigation in Map-Based Land Cover Change Modeling. *Transaction in GIS* 9: 291-322.

Maguire, D.J., and P. A. Longley. 2005. The Emergence of Geoportals and Their Role in Spatial Data Infrastructures. *Computers, Environment and Urban Systems* 29: 3-14.

Masser, I., A. Rajabifard, and I. Williamson. 2008. Spatially Enabling Governments Through SDI Implementation. *International Journal of Geographical Information Science* 22: 5-20.

McCullough, A., P. James, and S. Barr. 2011. A Service Oriented Geoprocessing System for Real-Time Road Traffic Monitoring. *Transactions in GIS* 15: 651-65.

Moffitt, F. H., and J. D. Bossler. 1998. *Surveying,* 10th ed. Menlo Park, CA: Addison-Wesley.

Verbyla, D. L., and K. Chang. 1997. *Processing Digital Images in GIS*. Santa Fe, NM: OnWord Press.

Wu, J., T. H. Funk, F. W. Lurmann, and A.M. Winer. 2005. Improving Spatial Accuracy of Roadway Networks and Geocoded Addresses. *Transactions in GIS* 9: 585-601.

Zandbergen, P. A., and S.J. Barbeau. 2011. Positional Accuracy of Assisted GPS Data from High-Sensitivity GPS-Enabled Mobile Phones. *The Journal of Navigation* 64: 381-99.

Zandbergen, P. A., D. A. Ignizio, and K. E. Lenzer. 2011. Positional Accuracy of TIGER 2000 and 2009 Road Networks. *Transactions in GIS* 15: 495-519.

第6章 几 何 变 换

本章概览

用数字化或扫描方式得到的数字化地图与原图的度量单位相同。如果是手工数字化，地图度量单位与数字化仪一样，是英寸。如果由扫描图像转换而来，度量单位是点/英寸（dpi）。显然，在 GIS 项目中，一幅刚数字化完毕的地图不可能与基于投影坐标系统的 GIS 图层相匹配（参见第 2 章）。为使数字化地图可用，必须将其转换成投影坐标系统，这种转换称为几何变换。在此情况下，就是把地图要素坐标系统从数字化仪单位或点/英寸转换成投影坐标系统。新的数字化地图只有经过几何变换，才能与其他图层相匹配用于数据输出和分析。

几何变换也应用于卫星图像。遥感数据是以行和列来记录的，几何变换可以将行和列转换到投影坐标系统，而且还可以纠正遥感数据的几何误差，几何误差主要是由于卫星的相对运动（如传感器和地球间的相对运动）及卫星遥感平台上人为无法控制的高度和角度变动引起的。虽然有些误差（如地面的旋转）可整体消除，但通常要通过几何变换来消除。

第 6 章与第 2 章都涉及关于投影坐标系统的主题，但是二者在概念和处理过程上有所不同。投影即是将数据集从 3 维地理坐标转换为二维投影坐标，而几何转换是将数据集从 2 维数字单元或行列转换为二维投影坐标。重新投影是从一种投影坐标系统转换为另一种，这两种投影坐标系统都有地理参照。而第 6 章的几何转换，涉及需要有地理参照的新数字化地图或卫星图像。

本章共有 4 节：6.1 节介绍几何变换的几种方法，特别是仿射变换，这是 GIS 和遥感常用的方法；6.2 节分析均方根（RMS）误差，可用于度量变换质量及误差成因；6.3 节述及数字化地图上均方根误差的解析；6.4 节阐述遥感数据变换后如何进行像元重新采样。

6.1 几 何 变 换

几何变换就是利用一系列控制点和转换方程式在投影坐标上配准数字化地图、卫星图像或航空照片的过程。如同此定义所述，几何变换是 GIS、遥感和摄影测量学中共同的一种操作。但几何变换的数学公式源自坐标几何学（Moffitt and Mikhail，1980）。

6.1.1 地图到地图和图像到地图的变换

刚数字化完毕的地图，无论是经手工数字化还是扫描文件跟踪，其单元都是基于数字化仪单位。而数字化仪的单位可能是英寸或点/英寸。这种刚数字化完毕的地图转换到投影坐标的几何变换过程，通常被称为**地图到地图的变换**。

图像到地图的变换适用于遥感数据（Jensen，1996；Richards and Jia，1999）。这个术语表明这种变换把卫星图像的行和列（如图像坐标）转变为投影坐标。描述这种变换的另一个术语是地理坐标参照（Verbyla and Chang，1997；Lillesand，Kiefer and Chipman，2007）。只要图像都有相同的坐标系统，就可以使用地理坐标参照图像，纠正 GIS 数据库里其他要素或栅格图层，使图像之间的投影坐标相互匹配。

无论是地图到地图还是图像到地图，几何变换是指利用一系列控制点来建立数学模型，使一个地图坐标系统与另一个地图坐标系建立联系，或者使图像坐标与地图坐标建立联系。控制点的使用使这种过程在某种程度上具有不稳定性。而在图像到地图的变换中，因为控制点是直接从原始图像中挑选的，这种不稳定性凸显。控制点的位移会使变换结果不可接受。

均方根误差（RMS）是度量几何变换质量的一种定量方法。它度量控制点从真实位置到估算位置之间的位移。如果其均方根误差在可接受范围内，则基于控制点的数学模型可用于对整幅地图或图像进行变换。

地图到地图的变换会自动产生一张新的可直接使用的地图。另外，图像到地图的变换需要增加重新采样步骤来完成变换。重新采样是以源自原图像的值填充到变换图像相应像元内。

6.1.2 变换方法

坐标系统之间进行几何变换有不同的方法（Taylor，1977；Moffitt and Mikhail，1980）。各种方法的区别在于它所能保留的几何特征，以及允许的变化。从改变位置和方向、统一改变比例尺、到改变形状与大小等会产生不同的变换结果（图 6.1）。下面总结了基于矩形对象（矩形地图）的各种变换方法及其效果。

（1）等积变换：允许旋转矩形，保持形状与大小不变。

（2）相似变换：允许旋转矩形，保持形状不变，但是大小改变。

（3）**仿射变换**：允许矩形角度改变，但保留线的平行（如平行线仍是平行线）。

（4）投影变换：允许角度和长度皆变形，以致于使长方形变换成不规则四边形。

仿射变换是假设输入（地图或图像）是均匀失真的，通常被建议用于地图到地图或图像到地图的变换。然而，如果输入的是已知的具有不均匀分布的失真，如地形位移的航空照片（由于局部地形造成的对象移位），建议使用投影变换。GIS 软件包中也可以用综合多项式变换，即用二阶或更高阶多项式方程产生的面，对高度变形和地形位移的

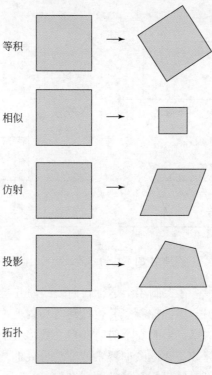

图 6.1 几何变换的各种类型

卫星图像进行变换。这种综合多项式变换过程通常被称为"橡皮拉伸"（Rubber-sheeting）。"橡皮拉伸"也是一种将不同应用程序的不同来源的数字地图合并的方法（Saalfeld，1988）。

6.1.3 仿射变换

在保留线条平行条件下，仿射变换允许对矩形目标做旋转、平移、倾斜和不均匀缩放（Pettofrezzo，1978；Loudon et al.，1980；Chen et al.，2003）等操作。旋转是指在原点旋转对象的 x、y 轴；平移是指把原点移到新的位置；倾斜是指允许轴与轴之间存在一个不垂直角度（或仿射度），从而在一个倾斜方向上，使其形状变为平行四边形；不均匀缩放是指在 x 方向或者 y 方向，增大或者缩小比例尺。4 种变换的过程见图 6.2。

仿射变换的数学表达式为一次线性方程：

$$X = Ax + By + C \tag{6.1}$$

$$Y = Dx + Ey + F \tag{6.2}$$

式中，x 和 y 是已知输入坐标；X 和 Y 是输出坐标；A、B、C、D、E 和 F 是变换系数。

数字化地图和卫星图像都用相同的变换方程式，但是仍然有两点区别。第一，数字化地图用 x 和 y 表示点坐标，而卫星图像是用行和列表示坐标；第二，卫星图像的系数 E 是负数。原因是卫星图像的原点在左上角，而投影坐标系的原点在左下角。

数字化地图或卫星图像的仿射变换都包括 3 个步骤（图 6.3）。第一步，将所选控制点的 x、y 坐标更新为真实世界坐标。如果不能更新为真实世界坐标，可通过投影控制

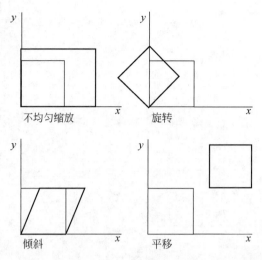

图 6.2 仿射变换中的不均匀缩放、旋转、倾斜和平移

点的经纬度值获得。第二步，在控制点上运行仿射变换，并检验 RMS 误差。如果 RMS 误差高于期望值，则选择另一组的控制点并再次运行仿射变换。如果 RMS 误差在可接受范围内，那么从控制点估算得出的 6 个仿射变换系数将会应用于下一步。第三步，用估算系数和变换方程，计算数字化地图的要素或影像像元的 x、y 坐标。这一步输出结果是一幅全新的基于自定义投影坐标系的地图或图像。

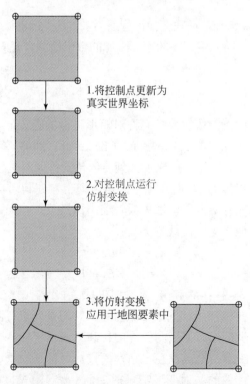

图 6.3 几何变换通常包括 3 步：第一步，把控制点更新到真实世界坐标；第二步，利用控制点进行仿射变换；第三步，将变换方程应用于输入要素，生成输出图层

6.1.4　控制点

控制点在确定仿射变换精度中起关键作用（Bolstad et al.，1990）。控制点的选择因地图到地图的变换和图像到图像的变换而异。

地图到地图变换的控制点选择相对比较直接，我们只需要有已知真实世界坐标的点。如果没有这些点，我们可以将已知经纬度值的点投影到真实世界坐标中。例如，一幅比例尺为 1∶24000 的 USGS 标准图幅有 16 个已知经纬度值的点：其中 12 个点在边界上，4 个点在标准图幅内（这 16 个点把标准图幅以 2.5 分经纬度值加以划分），这 16 个点也被称为地理控制点（tics）。

仿射变换至少需要 3 个控制点，才能估算 6 个变换系数。通常是运用 4 个以上的控制点，目的是减少测量误差的错误，同时也使得可以运用最小二乘法。控制点选择以后，将它们与地图要素一起进行数字化，生成数字化地图。图上这些控制点的坐标为方程（6.1）和方程（6.2）计算出的 x、y 值，其对应的真实世界坐标为 X、Y。注释栏 6.1 显示由 4 个控制点推导出 6 个系数的例子。注释栏 6.2 显示仿射变换的结果并对其进行解释。

注释栏 6.1	变换参数的估算

本例及本章后续的例子，都是 1/3 标准图幅的土壤图（美国地质调查局 1∶24000 比例尺标准图幅的 1/3），扫描分辨率为 300 dpi。在图的角落有 4 个控制点：Tic1 在西北角、Tic2 在东北角、Tic3 在东南角、Tic4 在西南角。X、Y 表示控制点的真实世界（输出）坐标，以 m 为单位，基于 UTM 坐标系；x、y 则表示控制点的数字化（输入）位置。数字化位置的度量单位为 1/300 英寸，与扫描分辨率相对应。

下表列出控制点的输入与输出坐标：

Tic-id	x	y	X	Y
1	465.403	2733.558	518843.844	5255910.5
2	5102.342	2744.195	528265.50	5255948.5
3	5108.498	465.302	528288.063	5251318.0
4	468.303	455.048	518858.719	5251280.0

我们可以用以下矩阵方程，估算变换系数：

$$\begin{bmatrix} C & F \\ A & D \\ B & E \end{bmatrix} = \begin{bmatrix} n & \sum x & \sum y \\ \sum x & \sum x^2 & \sum xy \\ \sum y & \sum xy & \sum y^2 \end{bmatrix}^{-1} \times \begin{bmatrix} \sum X & \sum Y \\ \sum xX & \sum xY \\ \sum yX & \sum yY \end{bmatrix}$$

式中，n 为控制点数目，所有其他符号的含义与前面定义的相同。由上述方程推导变换系数，得出：

$$A = 2.032,\ B = -0.004,\ C = 517909.198,$$
$$D = 0.004,\ E = 2.032,\ F = 5250353.802.$$

利用注释栏 6.1 的数据，我们可用于解释仿射变换的几何特征。系数 C 代表 x 方向的平移，F 代表 y 方向的平移。系数 A、B、D 和 E 与旋转、倾斜和缩放有关，可以通过下列方程推导出来：

$$A = Sx \cos(t)$$
$$B = Sy\,[k\cos(t) - \sin(t)]$$
$$D = Sx \sin(t)$$
$$E = Sy\,[k\sin(t) + \cos(t)]$$

式中，Sx 是 x 轴的比例尺变化；Sy 是 y 轴的比例尺变化；t 是旋转角度；k 是剪切因子。例如，我们首先使用 A 和 D 方程推导出 t 值，再使用 t 值在任一方程中推导出 Sx。以下为由注释 6.1 推导出的仿射变换的几何性质。

比例尺 $(X, Y) = (2.032, 2.032)$
倾斜（度）$= (-0.014)$
旋转（度）$= (0.102)$
平移 $= (517909.198, 5250353.802)$

旋转角为正，表示从 x 轴始，反时针旋转；倾斜角为负，表示从 y 轴始，顺时针位移。两个角度均很小，意味着经过仿射变换，由原始矩形到平行四边形的变化甚微。使用这 6 个转换系数和方程式（6.1）扫描的土壤地图可以转换成地理坐标（纠正的）图像。第 6 章习作 1 展示如何在 ArcGIS 中做到这一点。GIS 使用的一些图像数据包括一个单独的世界文件（a separate world file），它列出了 6 个用于由图像到现实世界转换的转换系数。

图像到地图变换时的控制点通常也称为地面控制点。**地面控制点（GCPs）**是图像坐标（用行和列显示）和真实世界坐标都能识别的点。图像坐标为 x、y 值，相对应的真实世界坐标 X、Y 值，由方程（6.1）和方程（6.2）分别计算而得。

地面控制点直接从卫星图像选取，不像在数字化地图上选取 4 个地理控制点那么直接。从理论上来说，地面控制点就是那些以单一的、明显的像元形式显示出来的要素，如十字路口、岩石露头、小池塘或河岸的特别要素。对一景 TM（专题制图仪）图像进行地理坐标匹配需要 20 个以上的控制点。因为对均方根误差影响较大，有些控制点最终会在转换过程中被删除。在卫星图像上识别地面控制点之后，地面控制点的真实世界坐标就可以通过数字化地图或 GPS 读数获取。

6.2　均方根（RMS）误差

仿射变换使用的系数是由转换数字化地图或卫星图像的一系列控制点推导出。数字化地图或卫星图像上控制点的位置是一个估算位置，而且这个位置会偏离它的实际位置。控制点的好坏通常用**均方根（RMS）**误差来衡量，即对控制点实际位置（真实的）与估算位置（数字化的）之间偏差的估量。

如何从数字地图推导出均方根误差呢？估算完 6 个系数之后，我们可以用第一个控制点的数字化坐标作为输入数据（如 x、y 值），输入到方程（6.1）和方程（6.2）中，分别计算 X 值和 Y 值。如果数字化控制点的定位准确，计算出的 X 值和 Y 值应该与控制点的真实世界坐标一致。但是这种情况很少出现。计算得出（估算）的 X、Y 值与实际坐标之间的偏差，在输出时就变成与第一个控制点坐标之间的误差。同理，要推导出与输入的控制点之间的误差，我们可以用控制点的真实世界坐标作为输入数据，计算 x、y 值，再估算它与数字化坐标之间的偏差。

推导 RMS 误差的过程，也适用于估算从图像到地图变换的地面控制点的 RMS 误差。同样，区别是卫星图像上的行和列代替了数字化地图坐标。

在数学上，控制点的输入或输出误差计算式为

$$\sqrt{(x_{act} - x_{est})^2 + (y_{act} - y_{est})^2} \tag{6.3}$$

式中，x_{act}、y_{act} 是实际位置的 x、y 值；x_{est}、y_{est} 是估算位置的 x、y 值。

平均均方根误差为所有控制点误差的平均，计算式为

$$\sqrt{\left(\sum_{i=1}^{n}(x_{act,i} - x_{est,i})^2 + \sum_{i=1}^{n}(y_{act,i} - y_{est,i})^2\right)\Big/n} \tag{6.4}$$

式中，n 是控制点的数量；$x_{act,i}$、$y_{act,i}$ 是 i 点实际位置的 x、y 值；$x_{est,i}$、$y_{est,i}$ 是 i 点估算位置的 x、y 值。注释栏 6.3 的例子显示了仿射变换时，各个控制点的平均均方根误差、x 误差和 y 误差的数值。

注释栏 6.3		仿射变换均方根误差		

以下所示为利用注释栏 6.1 得出的均方根报告。

均方根误差（输入，输出）=（0.138，0.281）

Tic-id	输入 x 输出 X	输入 y 输出 Y	X 误差	Y 误差
1	465.403 518843.844	2733.558 5255910.5	−0.205	−0.192
2	5102.342 528265.750	2744.195 5255948.5	0.205	0.192
3	5108.498 528288.063	465.302 5251318.0	−0.205	−0.192
4	468.303 518858.719	455.048 5251280.0	0.205	0.192

这份输出结果显示，控制点输入与输出位置的平均偏差 0.280m（基于 UTM 坐标系统），或者基于数字化仪单位的 0.00046in（0.138 除以 300）。均方根误差正好在可接受范围。单个 x 和 y 误差显示，在 y 方向的误差略小于 x 方向的误差；平均均方根在 4 个控制点之间呈均等分布。

为了保证几何变换的精度，控制点的均方根误差必须控制在一定的容差值。根据需要，生成数据者规定所能够接受的容差值，而这个值可以随输入数据的精度、比例尺或地面分辨率不同而不同。如果输入数据是比例尺为 1∶24000 USGS 标准图幅的图，小于 6m 的均方根误差（输出）大概是可接受的。而一景地面分辨率是 30m 的 TM 图像，

均方根误差（输入）小于 1 个像元是可接受的。

如果均方根误差在可接受的范围内，就可以假设这个基于控制点的精度水平也适用于整幅地图或图像。但是正如后面 6.3 节将要述及的，该假设在某些情况下是错的。

如果 RMS 误差超过了设定的容差值，那么就需要调整控制点。对于数字化地图来说，意味着需要重新数字化控制点；而对于卫星图像来说，调整就是要删除对均方根误差影响最大的控制点，取而代之的是选择新的地面控制点。因而，几何变换是选取控制点、估算变换系数和计算均方根误差的迭代过程。该过程持续到获得满意的变换结果。

6.3　数字化地图上的均方根误差

如果 RMS 误差在可接受的范围之内，通常我们会假设整幅地图的变换也是可以接受的。尽管如此，如果在数字化控制点或输入控制点的经纬度值时，出现大的差错，该假设就是错误的。

例如，我们将先前第三图幅（类似于注释栏 6.1）上的控制点 2 和 3（右侧的两个控制点）的位置做平移，对其 x 值增加一个常数，均方根误差将保持相同的值，原因是这 4 个控制点形成的对象仍然保持平行四边形的形状。然而，土壤界线却偏离了其在源地图上的位置。如果我们将控制点 1 和 2（上方的两个控制点）的 x 值增加一个常数，并将控制点 3 和 4（靠近底部的两个控制点）的 x 值减少一个常数（图 6.4），也会出现同样结果。实际上，只要控制点的平移保持了平行四边形的形状，均方根误差都会正好在容差值之内。

图 6.4　由于输入或估算的 tic 点位置错误导致土壤界线位置的不准确。图中细线代表正确的土壤界线，粗线代表错误的土壤界线。本例中，在 1/3 标准图幅（15.4″×7.6″）上，上部两个控制点的 x 值增加了 0.2″，而下部两个控制点的 x 值减少了 0.2″

印在纸质地图上的经纬度数值有时是错误的，这将导致均方根误差值可接受，而数字化地图要素却出现明显的错位。设想控制点 1 和 2（上方的两控制点）的纬度数值偏离 10″（如 47°27′20″ 取代了 47°27′30″），则土壤界线将偏离其源地图的位置，但是变换后的均方根误差仍然在可接受的范围（图 6.5）。同样地，如果控制点 2 和 3（右侧的两个控制点）的经度值偏离了 30″（如–116º37′00″ 取代了–116º37′30″），由于仿射变换是按平行四边形进行变换，同样的问题也会发生。虽然我们倾向于认可出版地图的精确性，但地图上经纬度数值的错误也是常见的，对于小于常规尺寸的插图和大于常规尺寸的超大地图，这种错误就更为常见。

图 6.5　输出控制点的位置错误导致土壤界线的位置不对。图中细线代表正确土壤界线，而粗线代表错误的土壤界线。在本例 1/3 标准图幅上，上部两个控制点的纬度读数偏离了 10″（如 47º27′20″ 替代了 47º27′30″）

　　我们通常以源地图的 4 个角点为控制点，这是合理的。因为这些点上通常标有精确的经纬度数值；此外，用 4 个角点作为控制点有助于与周边地图的接边。但是，如果有已知位置的更多的额外可用的点，仍然可以将其作为控制点。如前所述，当选用的控制点多于 3 个时，利用最小二乘法进行仿射变换。因此，使用较多数目的控制点，意味着在变换中整幅地图能生成更好的变换结果图层。另外，如果控制点靠近感兴趣的地图要素，而非位于地图的 4 个角落，则可以使这些感兴趣地图要素的定位更加准确。

6.4　像元值重新采样

　　卫星图像几何变换的结果是一幅基于投影坐标系的新图像。但是这幅新图像没有像元值，必须通过重新采样填充像元值。**重新采样**是指以原始图像的像元值或导出值填充新图像的每个像元。

6.4.1　重新采样方法

　　为增加复杂性和精确度，列举 3 种常用的重新采样方法如下：邻近点插值法、双线性插值法和三次卷积插值法。**邻近点插值**法是将原始图像的最邻近像元值填充新图像的每个像元。例如，图 6.6 显示了新图像像元 A 将会以原始图像像元 a 的值填充，因为 a 是离 A 最近的像元。邻近点插值法不需要进行太多数据计算；同时，还具有保留原像元值的特征，这对于类别数据（如土地覆被类型）非常重要，也是进行诸如边缘检测（检测图像亮度急剧变化）等图像处理的理想方法。

图 6.6 原始图像的像元 a 最靠近新图像的像元 A，因此用邻近点插值法直接把像元 a 的值赋予 A

双线性插值法和三次卷积插值法都是把原始图像像元值的距离加权平均值填充到新图像。**双线性插值法**把基于 3 次线性插值得到的 4 个最邻近像元值的平均值赋予新图像的相应像元；而**三次卷积插值法**则用 5 次多项式插值法求出 16 个相邻像元值的平均值（Richards and Jia，1999）。后一种插值法得出的图像比前一种插值法得出的图像普遍要平滑，但是需要较长的处理时间（比一些估算要长 7 倍）。注释栏 6.4 和图 6.7 显示了一个双线性插值法例子。

注释栏 6.4	双线性插值的计算

双线性插值法使用原始图像 4 个邻近像元值计算出新图像的像元值。图 6.7 中的像元 x 代表新图像上的像元，其像元值需要由原始图像推导得出。像元 x 在原始图像的相应位置是（2.6，2.5），其 4 个邻近像元的图像坐标为（2，2）、（3，2）、（2，3）和（3，3），对应的像元值分别是 10、5、15 和 10。

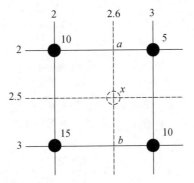

图 6.7 双线形插值法用原始图像的 4 个最邻近像元值（黑圈）估算新图像中的 x 像元值

进行双线性插值，首先，沿着扫描线 2 和 3，进行二次插值，从而推导出 a 和 b 插值：
$$a = 0.6（5）+ 0.4（10）= 7$$
$$b = 0.6（10）+ 0.4（15）= 12$$
接下来，进行 a 和 b 的第三次插值，推导出 x 的插值：
$$x = 0.5（7）+ 0.5（12）= 9.5$$

6.4.2 重新采样的其他用途

并非只有卫星影像的几何变换才应重新采样。实际上,无论什么时候,只要发生输入图像和输出图像的位置或像元大小的改变,都需要进行重新采样。例如,将栅格图像从一个坐标系投影到另一个坐标系,就需要重新采样赋予输出栅格像元值。当栅格的像元大小发生改变时也需要重新采样(如 10m 变成 15m)。金字塔法(Pyramiding)是显示大型栅格数据集的常用方法(注释栏 6.5)。金字塔法是一种建立不同金字塔等级的技术方法。不管它的适用范围如何,该方法通常用 6.4.1 节列出的 3 种重新采样方法之一,生产出一个或者多个栅格图像。

注释栏 6.5	图像处理中的金字塔法

近年的 GIS 软件包,包括 ArcGIS,已经采用金字塔法来显示大栅格数据集。金字塔法通过建立不同的金字塔等级来表示减少或降低分辨率的大栅格。因为低分辨率栅格(如大于 0 的金字塔等级)占用较小的内存空间,显示就会更快。因此,如果要查看整幅栅格,可以设置最高的金字塔等级。另外,如果分辨率高,放大的时候可以看到更多的详细数据(如接近 0 的金字塔等级)。因此,可以看出,金字塔法的重新采样涉及建立不同金字塔等级。

重要概念和术语

仿射变换(Affine transformation):对矩形对象做旋转、平移、倾斜和不均匀缩放,但保持线的平行性的一种常用几何变换方法。

双线性插值法(Bilinear interpolation):通过 4 个相邻像元的距离加权平均值估算新像元值的重新采样方法。

三次卷积插值法(Cubic convolution):通过 16 个相邻像元的距离加权平均值估算新像元值的重新采样方法。

几何变换(Geometric transformation):用一系列控制点和变换方程式,将地图或图像从一种坐标系统变换成另一种坐标系统的过程。

地面控制点(GCPs):从图像到地图变换时使用的控制点。

图像到地图变换(Image-to-map transformation):把卫星影像的行与列坐标转换成真实世界坐标的几何变换类型。

地图到地图变换(Map-to-map transformation):把数字地图转换成真实世界坐标的几何变换类型。

邻近点插值法(Nearest neighbor):采用邻近点像元值估算新像元值的重新采样方法。

金字塔法(Pyramiding):建立不同的金字塔等级,以显示不同分辨率的大型栅格数据的重新采样方法。

重新采样(Resampling):将原始影像的值或推导值赋予新转换图像每个像元的

过程。

　　均方根误差（RMS error）：在几何变换中，用均方根估算控制点（tics）实际位置和估算位置的偏差的统计方法。

复习题

　　1. 解释什么是地图到地图的变换。

　　2. 解释什么是图像到地图的变换。

　　3. 图像到地图变换有时也称为图像到世界变换。为什么？

　　4. 仿射变换可以旋转、平移、倾斜和不均匀缩放。请描述各种变换。

　　5. 从操作上讲，仿射变换有 3 个步骤，哪 3 个？

　　6. 解释控制点在仿射变换中的作用。

　　7. 如何选择地图到地图变换的地面控制点？

　　8. 如何选择图像到地图变换的地面控制点？

　　9. 定义几何变换中的均方根（RMS）误差。

　　10. 阐述均方根（RMS）误差在仿射变换中的作用。

　　11. 描述均方根（RMS）误差不能作为地图到地图变换的可靠度指标的情况。

　　12. 在图像到地图的变换过程中，为什么必须进行像元值的重新采样？

　　13. 试述栅格数据重新采样的 3 种常用方法。

　　14. 对于类型数据，建议用邻近点插值法进行重新采样。为什么？

　　15. 什么是金字塔法？

应用：几何变换

　　应用部分包括几何变换或地理参照的 3 个习作。习作 1 是扫描文件的仿射变换。习作 2 是几何变换后的扫描文件的矢量化过程。习作 3 是卫星图像的仿射变换。

习作 1　对扫描地图做地理参照和矫正

　　所需数据：*hoytmtn.tif*，一个包含扫描的土壤界线的 TIFF 文件。

　　二值扫描文件 *hoytmtn.tif* 的地图单位为英寸。本习作要把扫描图像变换到 UTM 坐标系。变换过程包括两个基本步骤：首先，用 4 个地面控制点对图像进行坐标匹配，这 4 个控制点与原始土壤图的 4 个角相对应。其次，用地理坐标匹配的结果，校正或变换图像。4 个控制点的经纬度值以度-分-秒（DMS）表示如下：

Tic-id	经度	纬度
1	–116 00 00	47 15 00
2	–115 52 30	47 15 00
3	–115 52 30	47 07 30
4	–116 00 00	47 07 30

投影到 NAD 1927 UTM Zone 11N 坐标系之后，这4个控制点的 *x* 坐标和 *y* 坐标
如下：

Tic-id	x	y
1	575672.2771	5233212.6163
2	585131.2232	5233341.4371
3	585331.3327	5219450.4360
4	575850.1480	5219321.5730

现在，准备对 *hoytmtn.tif* 进行地理坐标匹配。

1. 启动 ArcMap，打开 ArcMap 中的 Catalog，连接至第 6 章数据库。重命名数据
帧为 Task 1。将 *hoytmtn.tif* 添加到 Task 1。忽略"缺失空间参照信息"的警告
信息。点击 Customize 菜单，指向 Toolbars，选中 Georeferencing。Georeferencing
工具条出现在 ArcMap 窗口，Layer 下拉列表显示出 *hoytmtn.tif*。

2. 放大 *hoytmtn.tif*，定位 4 个控制点。用括号圈起控制点：两个在图像的顶部，
两个在图像的底部。按顺时针方向从1～4编号，其中，左上角的点为1。

3. 在第一个控制点周围放大视窗。激活 Georeferencing 工具条里的 Add Control
Points 工具。点击与括号中心线相交的交叉点，再点击一次。在控制点上有一个
由绿变红色的"+"出现。用同样的方法添加其他 3 个控制点。

4. 本步骤要更新 4 个控制点的坐标值。点击 Georeferencing 工具条里的 View Link
Table。链接表格的顶部列出了 4 个控制点的 X Source、Y Source、X Map、Y Map
和 Residual(残差值)。其中，X Source、Y Source 是扫描图像上的坐标值。X Map、
Y Map 是输入的 UTM 坐标值。链接表格还有 Auto Adjust、Transformation method
和 Total RMS Error 三项。注意转换方法是 1st Order Polynomial（如仿射变换）。
点击第一个记录，分别输入 X Map、Y Map 值为 575672.2771、5233212.6163。
再输入其他 3 个记录的 X Map、Y Map 值。

问题 1　您第一次试验的总的均方根误差是多少？

问题 2　第一项记录的残差是多少？

5. 如果控制点被正确地添加到图像，总的均方根误差应该小于 4.0（m）。如果均方
根误差很大，选中残差值大的记录并删除；返回到图像上，重新输入控制点，直
至总的均方根误差在可接受范围内。点击保存按钮，将链接表保存为 Task 1。关
闭该表。必要时，链接表 Task 1 可重新加载。

6. 本步骤要纠正（变换）*hoytmtn.tif*。选择 Georeferencing 下拉菜单的 Rectify。在
出现的对话框中，选择所有参数为默认值，并将纠正后的图像保存在第 6 章数据
库里，命名为 *rect_hoytmtn.tif*。

习作 2　栅格线条矢量化

所需数据：*rect_hoytmtn.tif*，习作 1 校正后的 TIFF 文件。

ArcScan 是 ArcGIS 的一个扩展模块。首先，从自定义（Customize）菜单中选择

扩展（Extensions），并勾选 ArcScan 复选框。然后，按照自定义菜单的工具栏，勾选 ArcScan。ArcScan 可以将二值的线栅格（如 *rect_hoytmtn.tif*）转换为线要素或者多边形要素。变换后的矢量化输出结果可以保存到一个 shapefile 或 geodatabase 要素类中。本习作是从扫描文件创建新空间数据的练习。扫描、矢量化和矢量化参数在第 5 章已有详述。

如果扫描图像包含不规则栅格线、有缝隙的栅格线和污点，线栅格的矢量化就存在问题。一幅质量差的扫描图像意味着原始图像的质量差，或是在扫描时用错了参数。本习作使用的扫描图像的质量很好，因此，批量矢量化的结果也是令人满意的。

1. 在 ArcMap 中插入一个新的数据帧并重命名为 Task2。这一步创建一个新的 shapefile，用于储存 *rect_hoytmtn.tif* 的矢量化要素。点击目录 ArcMap 工具栏的目录 Catalog，打开它。在 Catalog 目录树里右击第 6 章文件夹，鼠标指向 New，选择 Shapefile。在 Create New Shapefile 对话框里，文件名输入 *hoytmtn_trace.shp*，要素类型输入 polyline。点击 Spatial Reference 框内的 Edit 按钮，新 shapefile 的坐标系选为 Projected Coordinate Systems / UTM / NAD 1927 / NAD 1927 UTM Zone 11N。点击 OK 退出对话框。*hoytmtn_trace* 被加到 Task 2。

2. 将 *rect_hoytmtn.tif* 添加到 Task 2。忽略警示信息。改变 *hoytmtn_trace* 的线符号颜色为黑色。从 *rect_hoytmtn.tif* 的快捷菜单中，选择 Properties；并在 Symbology 表里，选择 Unique Values，选择 build the attribute table。把符号值由 0 改为红色，并把符号值由 1 改为无色。关闭 Layer Property 对话框。右击 *rect_hoytmtn.tif* 选择 Zoom to Layer。因为 *rect_hoytmtn.tif* 里的栅格线颜色很浅，开始时不可能从屏幕中看到这些线，要通过放大操作才能看到这些红线。

3. 在 ArcMap 中点击 Editor Toolbar，从 Editor 下拉菜单中选择 Start Editing。编辑模式激活了 ArcScan 工具栏。Raster 下拉列表显示为 *rect_hoytmtn.tif*。

4. 本步骤要设置矢量化参数，而这些参数的设置对于进行批量矢量化十分重要。从 Vectorization 下拉菜单选择 Vectorization Settings。两个选项定义参数：一种方法是在设置对话框中，输入参数值，包括 intersection solution，maximum line width，compression tolerance，smoothing weight，gap closure tolerance，fan angle 和 holes；另一种方法即是此习作所用到的，选择一种预先设定参数值的参数类型。点击 Styles，选中 Polygons，并在下一个对话框中点击 OK。点击 Apply，再点击 Apply，关闭 Vectorization Settings 对话框。

5. 从 Vectorization 菜单选中 Generate Features。使添加中心线的图层是 *hoytmtn_trace*。注意对话框的提示为 the command will generate feature from the full extent of the raster，点击 OK。批量矢量化的结果储存在 *hoytmtn_trace* 图层。可以在目录表中关闭 *rect_hoytmtn.tif*，这样您就可以看到 *hoytmtn_trace* 的线。

问题 3　运用 Generate Features 命令给 *hoytmtn_trace* 添加中心线。为什么称为中心线？

问题 4　除 batch vectorization 以外，还有哪些矢量化选项？

6. *rect_hoytmtn.tif* 的左下角有关于土壤调查的注释，那些注释应予删除。在 ArcMap

中，点击 Select Features 工具，选择 notes，删除这些注释。

7. 从 Editor 菜单选择 Stop Editing，保存已完成的编辑。在 *hoytmtn_trace* 的 quality of the traced soil lines 旁边选项打勾。因为扫描图像的质量很好，所以土壤界线的质量也应该很好。

习作 3 完成影像到地图的变换

所需数据：*spot-pan.bil*，一景分辨率为 10m 的 SPOT 全色卫星影像；*road.shp*，一个由 GPS 接收机测得的并被投影到 UTM 坐标系的道路 shapefile 文件。

习作 3 中将要进行图像到地图的变换。ArcMap 提供 Georeferencing 工具条，该工具条有地理坐标匹配和卫星图像校正的基本工具。

1. 在 ArcMap 中插入一个新数据帧，重命名为 Task 3。将 *spot-pan.bil* 和 *road.shp* 添加到 Task 3。点击 *road* 的符号，颜色改成橙色。确认 Georeferencing 工具条已被激活，并且工具条上对应的图层为 *spot-pan.bil*。在 Georeferencing 工具条里，点击 View Link Table，删除表中任何链接。

2. 使用快捷菜单的 Zoom 观察 *road* 或 *spot-pan.bil*，但是不能同时观察两个图层。原因是它们的坐标系不一样。如果要同时观看它们，首先必须用一个或更多的链接来与 *spot-pan.bil* 进行地理坐标匹配。图 6.8 标出了前 4 个推荐的链接，这些链接全部在道路交叉点上。为了知道这些链接的位置所在，检查一下 *spot-pan.bil* 和 *road* 的道路交叉点。

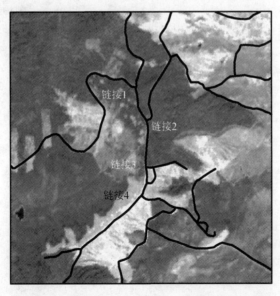

图 6.8 首先产生这 4 个链接

3. 确认 Georeferencing 下拉菜单中的 Auto Adjust 已勾选。准备添加链接。如果 Task 3 显示的是 *road*，右击 *spot-pan.bil*，并选择 Zoom to Layer。在图像中，放大第一个道路交叉点，在 Georeferencing 工具条，选中 Add Control Points，再点击交

叉点。右击 *road*，选择 Zoom to Layer。放大图层中对应的第一个道路交叉点，点击 Add Control Points，再点击交叉点。第一个链接使卫星图像和道路图像都可视，但仍然彼此相隔甚远。重复以上步骤，添加其他 3 个链接。每添加一个链接，Auto Adjust 命令都使用已有的链接来进行变换。忽略关于添加链接时共线控制点的警告。

4. 在 Georeferencing 中点击 View Link Table。Link Table 显示 4 条记录，每条记录对应您在步骤 3 中添加的每个链接。X Source 和 Y Source 值都基于 *spot-pan.bil* 影像坐标。该影像有 1087 列和 1760 行。X Source 值对应于列，Y Source 对应于行。因为影像的坐标原点在影像的左上角，Y Source 值为负值。X Map 和 Y Map 值是 *road* 的 UTM 坐标值。Residual 值显示了控制点的均方根误差。Link Table 对话框还显示有变换方法（如仿射变换）和总的均方根误差。您可以随时保存链接报表为一个文本文件；也可以下次再加载文件，继续进行地理坐标匹配。

问题 5 前 4 个链接产生的总的均方根误差是多少？

5. 一个影像到地图变换的控制点数通常多于 4 个。同时，控制点应该覆盖研究区的所有范围，而不仅仅是很小的一部分。本习作尝试进行 10 个链接，并使总的均方根误差少于 1 个像元或 10m。如果某个链接的残差值很大，则删除该链接，并添加一个新的链接。每添加或删除一个链接，都将看到总的均方根误差的变化。将链接报表保存为 Task3。

6. 本步骤要通过已经建立的 Task3 链接报表纠正 *spot-pan.bil*。在 Georeferencing 菜单中选择 Rectify。在出现的下一个对话框，进行像元大小的设置和重新采样方法（邻近点插值法、双线形插值法或三次卷积插值法）的选择，同时还要定义输出文件名称。此处，设像元大小为 10（m）、邻近点插值重新采样方法、输出文件名为 *rect_spot*。点击 Save，关闭对话框。

7. 添加并查看 *rect_spot*，经过地理坐标匹配和纠正过的 *rect_spot* 是一个栅格数据，它还带有研究区的其他地理坐标数据。要从 *rect_spot* 删除控制点，只需从 Georeferencing 菜单选择 Delete Links 即可。

8. 如果觉得获取足够的链接和可接受的均方根误差比较困难，在 Georeferencing 菜单选择 Delete Control Points，点击 View Link Table，从第 6 章数据库中加载 *georef.txt*。*georef.txt* 有 10 个链接，总的均方根误差为 9.2 m。这样就可以利用链接表数据纠正 *spot-pan.bil*。

9. *rect_spot* 的值域应是 16～100。如果得到的是不同的值域（如 0～255），请重新运行步骤 6 中的 Rectify。

挑战性任务

所需数据：*cedarbt.tif*

第 6 章数据库中包含了 *cedarbt.tif*，是一幅土壤图的二值扫描文件。这里要求您完成两项操作。第一，把扫描文件转换为 UTM 坐标系（NAD 1927 UTM Zone 12N），保

存结果为 *rec_cedarbt.tif*。第二，矢量化 *rec_cedarbt.tif* 中的线栅格，保存输出结果为 *cedarbt_trace.shp*。*cedarbt.tif* 有 4 个控制点。从左上角开始按顺时针方向，4 个控制点的 UTM 坐标值如下：

Tic-id	x	y
1	389988.78125	4886459.5
2	399989.875	4886299.5
3	399779.1875	4872416.0
4	389757.03125	4872575.5

问题 1 这个仿射变换总的均方根误差是多少？

问题 2 在矢量化 *rec_cedarbt.tif* 的过程中，是否遇到了什么困难？

参考文献

Bolstad, P. V., P. Gessler, and T. M. Lillesand. 1990. Positional Uncertainty in Manually Digitized Map Data. *International Journal of Geographical Information Systems* 4: 399-412.

Chen, L., C.Lo, and J. Rau.2003.Generation of Digital Orthophotos from Ikonos Satellite Images. *Journal of Surveying Engineering* 129: 73-78.

Jensen, J. R. 1996. *Introductory Digital Image Processing: A Remote Sensing Perspective,* 2d ed. Upper Saddle River, NJ: Prentice Hall.

Lillesand, T. M., and R. W. Kiefer. and J. W. Chipman. 2007. *Remote Sensing and Image Interpretation,* 6th ed. New York: Wiley.

Loudon, T. V., J. F. Wheeler, and K. P. Andrew. 1980. Affine Transformations for Digitized Spatial Data in Geology. *Computers &Geosciences* 6: 397-412.

Moffitt, F. H., and E. M. Mikhail. 1980. *Photogrammetry,* 3d ed. New York: Harper & Row.

Ouédraogo, M. M., A. Degré, C. Debouche, and J. Lisein. 2014. The Evaluation of Unmanned Aerial System-Based Photogrammetry and Terrestrial Laser Scanning to Generate DEMs of Agricultural Watersheds. *Geomorphology* 214: 339-55.

Pettofrezzo, A. J. 1978. *Matrices and Transformations.* New York: Dover Publications.

Richards, J. A, and X. Jia. 1999. *Remote Sensing Digital Image Analysis: An Introduction*, 3d ed. Berlin: Springer-Verlag.

Saalfeld, A. 1988. Conflation Automated Map Compilation. *International Journal of Geographical Information Systems* 2: 217-28.

Taylor, P. J. 1977. *Quantitative Methods in Geography: An Introduction to Spatial Analysis.* Boston: Houghton Mifflin.

Verbyla, D. L., and Chang, K. 1997. *Processing Digital Images in GIS.* Santa Fe, NM: OnWord Press.

第7章　空间数据准确度和质量

空间数据的准确度和高质量是 GIS 应用的最基本要求。达此要求依赖于对空间数据的编辑。新数字化图层，无论用什么方法和多么细心制备，都会有些错误。现有的地图可能过时，可参考航空相片或卫星图像做修正。随着移动 GIS（参见第 1 章）的普及，野外数据的采集可以通过下载来更新现有数据库。移动 GIS 的 Web 编辑，允许用户完成简单编辑任务，如在线添加、删除和修改要素。无论在线或离线，编辑操作基本上是相同的。

由于栅格数据模型是规则的格网和像元，故无法进行空间数据编辑。矢量数据则有两种类型的数字化错误：定位错误和拓扑错误。定位错误诸如多边形缺失或与空间要素几何错误有关的线条扭曲，而拓扑错误是与空间要素之间的逻辑不一致有关，诸如悬挂弧段和未闭合多边形等。要修正定位错误，必须改变单个弧段或数字化新的弧段。修正拓扑错误，必须清楚空间数据所需的拓扑关系（参见第 3 章），利用 GIS 软件来帮助完成修正。Shapefiles 和 CAD 文件（参见第 3 章）是非拓扑的，通常情况下，拓扑错误会出现在 Shapefile、CAD 文件及其衍生产品中。

修正数字化错误可能超出单独的图层。当研究区范围覆盖两个或更多源图层，我们必须在图层间进行要素匹配。当两个图层共享部分边界时，必须确定边界线是一致的；否则，将导致两图层叠置做数据分析时出现问题。空间数据编辑不仅仅是消除数字化的错误，地图要素的修正也可能表现为泛化和平滑。

基于对象的数据模型如 geodatabase 已增加了拓扑关系类型，可用于建立空间要素之间的拓扑（参见第 3 章）。因此，空间数据编辑的范围也扩大了。空间数据编辑可能是一个乏味的过程，需要用户的耐心。

本章共有 6 节：7.1 节描述定位错误与起因；7.2 节讨论与定位错误相关的美国空间数据准确度标准；7.3 节检测单一要素和图层之间的拓扑错误；7.4 节介绍了拓扑编辑；7.5 节包括非拓扑编辑或基本编辑；7.6 节包括图幅拼接、线的泛化和线的平滑。

7.1 定 位 错 误

定位错误是指数字化要素的几何错误。我们可以通过用于数字化的数据源来检查定位错误。

7.1.1 使用二手数据源的定位错误

如果数字化时使用的数据是二手数据源（如纸质地图），定位错误的估计始于数字化地图与纸质源地图的比较。数字化地图的目标就是将源地图以数字格式复制。为了确定目标是否达到，我们可以按与源地图相同比例尺的透明纸上绘出数字化地图的**校核图**，将其与源地图叠置，观察两者的匹配程度，以及是否有线条缺失。

数字化地图如何才算是与源地图匹配好呢？没有统一的阈值标准。通常定位错误的容差由数字地图制作者决定。比如，如果某机构规定：每一条数字化界线必须落在源地图的 0.01in（0.254mm）线宽之内。对于 1：24000 的地图，这一容差值代表地面距离 20 ft（6～7m）。

由源地图数字化的空间要素只能与源地图的精度相同。影响源地图精度的因素很多，最主要的因素大概是地图比例尺。1：100000 比例尺地图上要素的精度比 1：24000 比例尺地图上的精度差。地图比例尺也影响一幅印刷地图所展示的细节。随着地图比例尺的变小，地图细节的数量递减，趋势线概化程度增加了（Monmonier，1996）。结果是，大比例尺地图上一条蜿蜒的小溪在小比例尺地图上变得相对平直了。

7.1.2 产生数字化错误的原因

有几种情景可以说明数字化线条与源地图线条之间的差异。本节介绍了 3 种基本的情景。第一种是手扶跟踪数字化的人为误差。人为误差不难理解：当一幅源地图有数百个多边形和数千条线时，很容易丢失某些线或错接某些点，或者把同样的线数字化两次甚至更多次。因为数字化平台的高分辨率，双重线不可能相互完全叠置，而是相交形成一连串的小多边形。

第二种情景包括扫描和跟踪。正如第 5 章所述，当栅格线条相遇或相交、靠得太近、太宽或太细并且断裂时，跟踪算法往往会出问题。跟踪产生的数字化错误包括线的塌陷、线的变形和多余线的产生（图 7.1）。在跟踪过程中双重线也常有发生，因为半自动化跟踪总是跟随延续不断的线条，尽管其中有些线条已经跟踪过了。

第三种情景是在数字化地图转换为现实世界坐标的过程（参见第 6 章）。绘制一幅与源地图相同比例尺的校核图，我们必须首先使用一组控制点，将新的数字化地图转换成现实世界坐标。由于控制点的错误，这种转换就可能造成数字化线条与源线条的偏差。与前两种表面上看来的随机性错误不同，这种由几何转换产生的偏差常常表现出规则性图形。要修正这种定位错误，必须重新数字化控制点并重新进行几何转换。

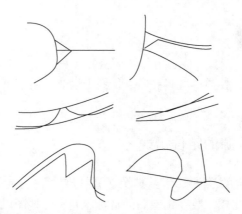

图 7.1　常见的跟踪数字化错误类型。细线为源地图上的线，粗线为跟踪形成的线

7.1.3　使用第一手数据源的定位错误

尽管纸质地图是空间数据输入最常见的数据源，但是，GPS（全球定位系统）和遥感图像等主要数据源的使用，可以不经过打印地图和地图综合步骤。GPS 或卫星图像收集的空间数据的准确性与测量工具的分辨率相关，而这种情况下地图比例尺没有任何意义。卫星图像的空间分辨率范围从小于 1m 到 1km。GPS 读数的准确度从几毫米到 10m。

7.2　空间数据准确度标准

研究定位错误，很自然会引起空间数据准确度标准的话题，准确度是基于记录的要素位置与其在地面位置或高准确度数据源上位置的对比。作为空间数据的用户，估计数据准确性时，我们通常并不是进行定位错误的检查，而是依赖于公布的标准。空间数据准确度标准的发展和地图形式的变化（从印刷到数字形式）一样。

在美国，空间数据准确度标准的发展经历了 3 个阶段。首先，是 1947 年修订与采用的美国国家制图准确度标准（NMAS），该标准为地图出版（如美国地质调查局的地形图）建立了准确度标准（美国预算局，1947）。其水平准确度标准要求在比例尺大于 1∶20000 的地图上，准确定义的地图的测试点中，不超过 10%的点误差大于 1/30in（0.085cm）；在比例尺小于或等于 1∶20000 的地图上，准确定义的地图的测试点中，不超过 10% 的点误差大于 1/50in（0.051cm）。这意味着比例尺为 1∶24000 的地图的阈值为地面 40ft（12.2m），比例尺为 1∶100000 时，其阈值为 167ft（50.9m）。但是，在数字化时代，阈值与地图比例尺的直接联系是存在问题的，因为数字化空间数据很容易以任意比例尺进行操作和输出地图。

1990 年，美国摄影测量和遥感学会（ASPRS）公布了大比例尺地图的准确度标准（美国摄影测量和遥感学会，1990）。ASPRS 用均方根（RMS）误差取代固定阈值，对水平准确度进行定义。均方根误差测量地图上的坐标值与独立来源的高准确度标识点坐标值之间的偏差。高准确度数据源可包括数字化或者硬拷贝的地图数据、GPS 数据或野外调查数据。ASPRS 标准规定，1∶20000 比例尺地图的均方根误差阈值是 16.7ft

（5.09 m），1∶2400 的地图为 2ft（0.61 m）。

1998 年，联邦地理数据委员会（FGDC）制定了空间数据准确度国家标准（NSSDA），取代了 NMAS。NSSDA 遵循 ASPRS 的准确度标准，但是把地图比例尺扩展到小于 20000（FGDC，1998）（注释栏 7.1）。与 NMAS 或 ASPRS 相比，NSSDA 的主要区别是忽略了空间数据（包括纸质地图和数字化数据）必须达到的准确度阈值。相反，却鼓励各机构为他们自己的产品建立相应的准确度阈值，并向 NSSDA 报告基于均方根误差的统计值。

注释栏 7.1	空间数据准确度（NSSDA）统计量的国家标准

为采用 ASPRS 标准或者 NSSDA 统计量，我们首先必须计算均方差（RMS），其计算式为

$$RMS = \sqrt{\sum[(x_{data,i} - x_{check,i})^2 + (y_{data,i} - y_{check,i})^2]/n}$$

式中，$x_{data,i}$、$y_{data,i}$ 是数据集中第 i 个检查点的坐标；$x_{check,i}$、$y_{check,i}$ 是高准确度参照数据集中第 i 个检查点的坐标；n 是被测检查点的数目；i 是 $1\sim n$ 的整数。

NSSDA 建议检查点的数目不能少于 20 个。计算 RMS 后，再用 RMS 乘 1.7308，表示 95%置信水平下的平均标准误差，即 NSSDA 统计量。例如，NSSDA 为 1∶12000 比例尺所建议的 RMS 误差为 21.97ft 或 6.695m，这意味着 95%置信水平的水平误差为 38.02ft 或 11.588m。

不要将数据准确度（accuracy）与数据精确度（precision）混淆。空间数据准确度用以衡量空间要素记录的位置与其实际地面位置的接近程度；然而，**数据精确度**是衡量位置记录的精确性。测量距离值可以用有小数点的数字或者舍入为最接近的米或英尺。同样地，数字可以以整型或浮点型存储在计算机里。而且，浮点型数字可以是单精度，也可以是双精度。数据记录中的数字数目表示所记录位置的精确度。

7.3 拓 扑 错 误

拓扑错误影响数据模型必需的或用户自定义的拓扑关系。Esri 公司开发的 Coverage 模型将拓扑关系归纳为连接、面定义和邻接（参见第 3 章）。如果数字化的要素不能遵循这些关系，就会产生拓扑错误。Esri 公司的 geodatabase 包含 31 种应用于点、线和多边形要素的空间关系的拓扑规则（参见第 3 章）。其中一些拓扑规则与一种要素类型内的要素相关，而其他拓扑规则与两种或更多种参与的要素类相关。应用 geodatabase 数据模型，我们可以选择用于数据集的拓扑关系，并定义需要订正的拓扑错误类型。

7.3.1 空间要素的拓扑错误

空间要素的拓扑错误可分为多边形、线和点，对应于拓扑原语的面、弧段和节点（参见第 3 章）。多边形由闭合边界组成，如果它们的边界数字化不正确，多边形要素可能存在重叠、多边形之间有缝隙或有未闭合的边界（图 7.2）。重叠的多边形也可能是重复

边界的多边形引起的（如相同的多边形数字化不止一次）。

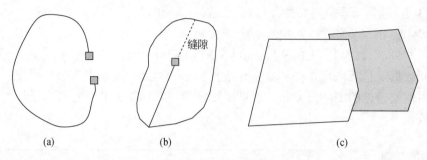

图7.2 （a）未闭合多边形，（b）两个多边形之间有缝隙，（c）多边形重叠

线始于点终于点。常见的线要素拓扑错误，是指在一个点（节点）处没有完全接合。如果在线之间存在缝隙，此类错误称为**未及或欠头（undershoot）**，而如果一条弧段过长则称为**过伸（overshoot）**（图 7.3）。这两种情况都将在悬挂的结束点产生悬挂节点（dangling node）。然而，悬挂节点在某些特殊情况下是可接受的，如死胡同和小支流。伪节点出现在一条连续线段上，并把该线段不必要地分为数段（图7.4）。然而，某些伪节点是可接受的。例如，把伪节点插在线要素属性值发生变化的地方。

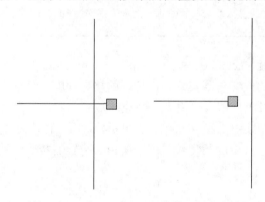

图7.3 过伸（左）、未及（右），两种错误都会产生悬挂节点

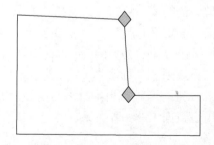

图7.4 菱形符号表示的伪节点不在线条交叉处

线段方向也可能是一种拓扑错误。例如，在水文学分析项目中，规定所有的河流必须指向下游方向，河流的起点（始节点）的海拔必须高于终点（到节点）。同样，一个交通模拟项目可能要求所有的街道都明确为双行道、单行道还是死胡同（图7.5）。

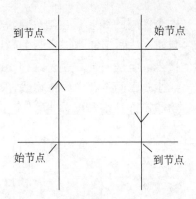

图 7.5　弧段的"始节点"和"到节点"决定弧段的方向

7.3.2　图层之间的拓扑错误

　　由于 GIS 中的许多操作需要使用两个或两个以上的图层，因此必须检查图层间的拓扑错误。如果这些错误未被检测并修正，它们在地图综合或编辑时可能会产生问题（Oosterom and Lemmen，2001；Hope and Kealy，2008）。例如，由城市街区（在一个多边形图层中）计算便利店的数量时（在一个点图层），必须首先确保每个便利店位于其正确的城市街区内。这个例子也说明了涉及拓扑错误的图层中，可能是相同的要素类型（如多边形），也可能是不同的要素类型（如点和多边形）。

　　两个多边形图层之间常见的错误，是它们的外部边界线没有重合（图 7.6）。假设一个 GIS 项目用一个土壤图层和一个土地利用图层进行数据分析，这两个图层经分别数字化而形成，因而就不会有重合的边界线。随后，如果这两个图层被叠置，边界线之间的差异就会形成小多边形，而这些小多边形会丢失土壤图层属性或土地利用属性。单个多边形边界线也会出现类似的问题。比如，人口普查片区应该被嵌套在县域和流域的子流域之内，但是，当较大的多边形（如县域）不能和较小的多边形（如人口普查片区）共有边界时，就会产生拓扑错误。

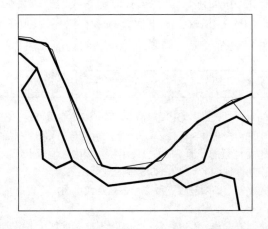

图 7.6　两个图层的外部边界线。一条用粗线表示，另一条用细线表示，在图上方两条线没有重合

当一个图层的线要素和另一个图层的线要素在结束点没有完全接合时，两个线图层就会产生拓扑错误（图 7.7）。例如，从两相邻州拼合两个高速公路图层时，我们希望高速公路在穿越州界处能够完全接合。但是如果高速公路相交或重叠或有缝隙，则出现错误。其他的线图层拓扑错误包括线要素的重叠（如铁路线在高速公路上）和线要素不能被另一组线要素覆盖（如公交路线不能被街道覆盖）。

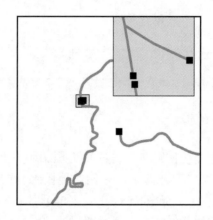

图 7.7　图中黑色方块表明节点错误，在阴影区域有一些黑色方块。如插图所示，放大后它变得明显：左边的两个节点错误代表节点之间有间隙的悬挂节点，右边第三个代表一个连接到路尽头的可接受的悬挂节点。间隙意味着沿道路发生中断，在最短路径等数据分析中会有问题

如果点要素不能沿着另一图层的线要素延伸，则将发生点要素的拓扑错误。比如，测流量的监测站必须沿河流布点，否则就会发生错误。同理，如果地块的地界交点不在国家土地测量系统（PLSS）的多边形边界上，也会发生错误。

7.4　拓 扑 编 辑

拓扑编辑确保拓扑错误的消除。执行拓扑编辑，我们必须使用能够检测和显示拓扑错误并有工具来除去它们的 GIS 软件。下面就以带有拓扑规则的 ArcGIS 作为拓扑编辑的例子，其他 GIS 软件包也有类似的修复拓扑错误的功能（注释栏 7.2）。

注释栏 7.2	在 GIS 中进行拓扑编辑

鉴于拓扑在 GIS 中的重要性，许多 GIS 软件包中都有拓扑编辑可用。GIS 中的拓扑实现可以是永久性的，也可以是即时的（参见第 3 章）。另外一个区别是与由 GIS 完成的拓扑编辑的类型有关。例如，ArcGIS、QGIS（一个流行的开源 GIS）也使用拓扑规则来编辑点、线和多边形图层。如下所示，许多在 QGIS 中使用的规则实际上与 ArcGIS 中的规则相似。

（1）点图层：必须被覆盖，必须被端点覆盖，必须是在里面，不得有重复，不得有无效几何图形，不得有多部分几何图形。

（2）线图层：终点必须被覆盖，不得有悬挂节点，不得有重复，不得有无效的几何图形，不能有多部分几何图形，不得有伪节点。

（3）多边形图层：必须闭合，不得有重复，不得有间隙，不得有无效几何图形，不得有多部分几何图形，必须不叠置，也不能互相叠置。

7.4.1 聚合容差（cluster tolerance）

ArcGIS 中的一个用于拓扑编辑的强有力工具是聚合处理，它用聚合容差（又称为XY 容差）去接合顶点（组成线的点），如果这些点落在由该容差指定的正方形区域。聚合过程在处理小的过伸或不及和重复线时很有用。聚合容差适用于参与地理数据库拓扑的所有要素类，因此，被接合的顶点可以在同一层或层之间。默认的聚合容差是 0.001m，但是用户可以根据数字化数据的准确性来改变它。一般来说，聚合容差不应该设置得太大，因为大的聚合容差会无意间改变线和多边形的形状。较好的策略是使用小的聚合容差，并使用接合容差（snapping tolerance）来处理局部的更严重的错误。只要在指定的容差范围内，接合容差就可以接合顶点、弧段和节点（参见第 5 章）。

7.4.2 用地图拓扑编辑

地图拓扑（map topology）是要素组成部分之间拓扑关系的临时集合，这些要素组成部分被认为是重合一致的。比如，可以在土地利用图层和土壤图层之间建立地图拓扑，使它们的外部轮廓重合。在河流和县域两图层间也可以建立地图拓扑，使得当河流作为县界时，两者可重合。进行地图拓扑的图层类型可以是 shapefile 文件或者是geodatabase 模型要素，但不是 coverage。

创建指定的要素类型并定义聚合容差之后，就可以对地图进行拓扑编辑。然后，用ArcGIS 中的编辑工具，迫使参与的要素类型的几何特征一致（本章应用部分的习作 2将用到地图拓扑编辑）。

7.4.3 用拓扑规则编辑

Geodatabase 总共有 31 种拓扑规则，这些拓扑规则适用于点、线和面要素（参见第3 章）。用拓扑规则编辑有 3 个基本步骤。第一步，通过定义参与要素类型、每个要素类型的排序、拓扑规则和聚合容差，创建新的拓扑。其中，要素顺序决定要素类型在拓扑编辑中的相对重要性。

第二步，拓扑关系验证。这一步评估拓扑规则，并得出误差以识别违反拓扑规则的要素。同时，当参与要素类的悬挂、未及或过伸等错误落在设定的容差范围时，其边界和节点就被接合。接合时用到要素类早先定义的排序：秩序低（准确度低）的要素被移动的概率就高。

验证结果将被储存到一个拓扑图层，该图层将用在第三步，进行修正错误和特例情况下接受错误（如可以接受的悬挂节点）。Geodatabase 提供了一组修正拓扑错误的工具。

例如，如果两个参与要素类的研究区边界线不重合，并且两图层叠置时生成碎屑多边形，我们可以选择减去（删除）这些多边形，或者创建新的多边形，或者修正边界线直至重合（本章应用部分的习作 3 和 4 将使用部分工具，修正图层之间的错误）。

7.5 非拓扑编辑

非拓扑编辑（nontopological editing）是指可以修正简单要素、基于现有要素创建新要素等基本编辑操作。类似于上一节的拓扑编辑，许多基本操作也将接合容差用于接合点和线、线和多边形轮廓来编辑要素。不同之处是，这些基本操作不涉及地图拓扑或拓扑规则所定义的拓扑。

7.5.1 编辑现有要素

以下概括对现有要素的基本编辑操作。

（1）延伸或整饰线条（Extend/Trim Line）：延伸或整饰一条线，使之与目标线会合。

（2）删除或移动要素（Delete/Move Features）：删除或移动一个或多个选中的要素。其中，要素可能是点、线或多边形。因为非拓扑数据中每个多边形是一个单元，与其他多边形相互独立，所以，移动一个多边形则意味着将其置于现有多边形的上层，而在该多边形原来的位置产生一个空白区（图 7.8）。

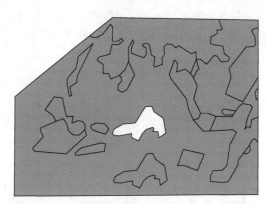

图 7.8 移动 shapefile 的一个多边形之后，在其原来位置上会出现一个空白区

（3）如果要素落在指定的 x、y 容差内，用集成使其一致。集成类似于使用地图拓扑，除了它可以直接用于 shapefiles。接合容差必须认真设置，因为它会导致要素的崩溃、删除和移动。

（4）对要素整形（Reshaping Features）：在一条线上移动、删除或添加节点能够改变线的形状（图 7.9）。同样的操作也可用来对多边形整形。如果对一个多边形及与之相邻的多边形整形，必须使用拓扑工具，以至于当一条边界线被移动时，共享同一边界线的所有多边形同时会被整形。

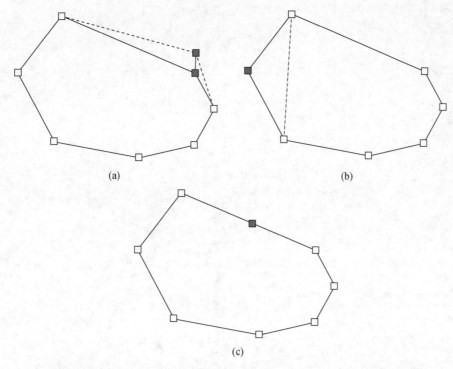

图 7.9 通过移动节点（a）、删除节点（b）和增加节点（c），对线条整形

（5）分割线和多边形（Split Lines and Polygons）：画一条穿越已有线段的新线来分割已有的线，或者画一条穿越多边形的分割线分割多边形（图 7.10）。

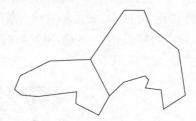

图 7.10 画一条穿越多边形边界的分割线，将一个多边形分割成两个

7.5.2 由现有要素创建新要素

下面概括基于现有要素创建新要素的非拓扑操作。

（1）要素合成（Merge Features）：将选中的线或多边形要素组合成一个要素（图 7.11）。如果要合并的要素在空间上不邻接，结果是形成一个由多个多边形组成的要素。

（2）要素缓冲（Buffer Features）：在指定距离内，围绕线或多边形要素创建缓冲区。

（3）要素联合（Union Features）：把不同图层的要素组合成一个要素。与 Merge Operation 不同的是对不同的图层操作而非单一图层。

（4）要素相交（Intersect Features）：由不同图层重叠要素的交叉可创建新要素。

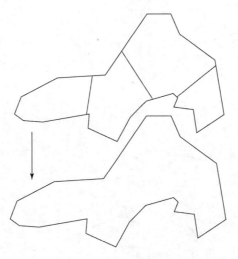

图 7.11　把 4 个选中的多边形合并成一个

7.6　其他编辑操作

有一些编辑操作如图幅拼接、线的泛化和线的平滑，很难被归类为拓扑或非拓扑编辑。

7.6.1　图幅拼接

图幅拼接（Edgematching）是指沿着一个图层的边缘，对相邻图层的线条做匹配，以使线条连续穿过两个图层的边界（图 7.12）。例如，一个地区的公路图层由几个州的公路图层组成，而各州的公路图层经分别数字化和编辑而成。通常情况下，图层之间的误差是很小的（图 7.13）。但是，必须消除这些微小的错误，才能将该地区的公路图层用于最短路径等空间分析操作。

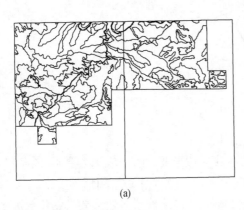
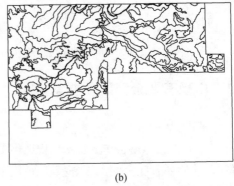

(a)　　　　　　　　　　　　　　(b)

图 7.12　图幅拼接把两个邻近图层（a）的线进行匹配，使得穿越图层边界的线条连续（b）

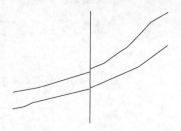

图 7.13 当放大以后才能看清两个相邻图层的线不匹配

图幅拼接需要一个源图层和一个目标图层。其中，源图层的要素被移动，使之与目标图层的要素相匹配。接合两个图层的端点（和线）时，接合容差提供帮助。图幅拼接可以同时在一对点或多对点间完成。图幅拼接完成后，源图层和目标图层可以被合并成单一的图层，两图层的人为边界（如州界）可以被消除掉。

7.6.2 线的泛化和平滑

线的泛化是指通过消除线条上的某些点而简化线条的过程。当使用扫描或流模式的数字化时（参见第 5 章），或者当源图层以较小比例尺显示时，就需要对线进行泛化（Cromley and Campbell，1992）。对于基于点形成线的 GIS 分析来说，线的简化也很重要。例如，缓冲分析，其原理是沿着一条线的各点量测缓冲距离（参见第 11 章）。如果线条上的点太多，未必能够改善分析的结果，反而需要花费更多的处理时间。

Douglas-Peucker 算法是线的简化一种最有名的算法（Douglas and Peucker，1973；Shi and Cheung，2006）。该算法是用指定容差进行逐条线计算。该算法开始于将一条线的终点连接到趋势线（图 7.14），并计算趋势线上每个中间点的离差。如果离差大于容差，最大离差的点即与原线的终点相连接，形成新的趋势线（图 7.14a）；利用新的趋势线，该算法再次计算每个中间点的离差。这个过程一直进行，直到离差不超过容差为止。结果生成一条连接趋势线的简化线。如果初始离差都小于容差值，简化线则为一条连接终点的直线（图 7.14b）。

移除点的 Douglas-Peucker 算法的缺点之一是：简化后的线条常带有明显的角。ArcGIS 提供了两种选择：弯曲简化和加权面积。弯曲简化算法将一条直线分割成一系列的弯曲，计算每个弯曲的几何性质，并除去那些被认为无关紧要的弯曲（Wang and Muller，1998）。加权面积算法计算点的"加权有效面积"，即由点及其两个相邻点构成的三角形面积，并以三角形的形状进行加权，以评估点的意义（Zhou and Jones，2005）。因此，如果一个点有一个小而平的三角形区域，它很可能会被移除。图 7.15 比较了 Douglas-Peucker 算法和弯曲简化算法的泛化结果。

线的平滑是指通过使用一些数学函数（如样条函数）改变线型的过程（Burghardt，2005；Guilbert and Saux，2008）。线的平滑对于数据显示来说可能是最重要的。有时，计算机处理生成的线条（比如降水量分布图上的等值线）会参差不齐和不美观。将这些线作平滑处理，以达到数据显示的目的。图 7.16 是用样条函数（spline）做线的平滑的例子。

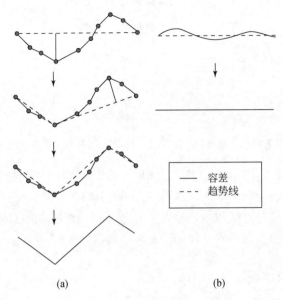

图 7.14 线的简化的 Douglas-Peucker 算法是一个迭代过程，要求使用容差、趋势线，并计算节点到趋势线的离差。详见 7.6.2 节解释

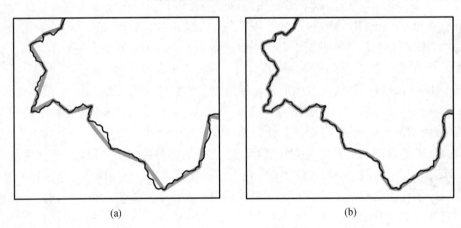

图 7.15 线的简化结果依所用算法不同而异：图（a）为 Douglas-Peucker 算法，图（b）为弯曲简化（bend-simplify）算法

图 7.16 基于数学运算生成新节点并添加到线中，从而使线条平滑

重要概念和术语

聚合容差（Cluster tolerance）：用来接合点和线的容差，又称 x、y 容差。

悬挂节点（Dangling node）：未与其他弧段相连的弧段终点的节点。

数据精确度（Data precision）：数据精确程度的度量，比如对 x、y 坐标系统中记录的位置数据的精准程度的度量。

道格拉斯-普克算法（Douglas-Peucker algorithm）：用于线的简化的一种计算机算法。

图幅拼接（Edgematching）：沿着图层边缘把两个邻接图层的线条匹配在一起的编辑操作。

线的泛化（Line generalization）：通过消除线的某些节点而使线条简化的过程。

线的平滑（Line smoothing）：通过对线添加新节点而使之平滑的过程，这些新节点通常由样条等数学函数产生。

定位错误（Location errors）：与地图要素位置有关的错误，诸如缺失线条或缺失多边形。

地图拓扑（Map topology）：图层之间单一要素重合部分拓扑关系的临时集合。

非拓扑编辑（Nontopological editing）：非拓扑数据的编辑。

伪节点（Pseudo node）：出现在连续弧段上的节点。

拓扑编辑（Topological editing）：对拓扑数据的编辑，目的是使拓扑数据遵循所要求的拓扑关系。

拓扑错误（Topological errors）：与地图要素拓扑关系有关的错误，如悬挂弧段、缺失标识或多重标识。

复习题

1. 说明定位错误和拓扑错误之间的差异。

2. 什么是数字化的原始数据源？

3. 解释编辑在 GIS 中的重要性。

4. 虽然美国 1947 年就采用国家地图准确度标准，并且一直被印在美国地质调查局的标准地形图图幅上，但是，该标准并不真正适用于 GIS 数据，为什么？

5. 根据美国新的空间数据精确性国家标准，鼓励地理空间数据的生产者同时提供数据集及其均方差统计值。一般而言，如何说明和使用均方差统计值？

6. 假设数据集 1 中一个点的位置记录为（575729.0，5228382），数据集 2 中的一个点记录为（575729.64，5228382.11）。哪个数据集的数据精确度更高？从实际操作看，本例中的数据精确度差异是指什么？

7. ArcGIS 10.5 的 Help 里提供了一个插图，图解该数据模型的拓扑规则（ArcGIS Desktop 10.5 Help>Manage Data>Editing>Editing topology>Geodatabase topology>

Geodatabase topology rules and topology error fixes）。浏览该插图，您能否列举一个使用多边形规则的例子？这个例子与插图所给的不同，并且"必须是被要素类覆盖"（"Must be covered by feature class of "）的例子。

8. 举出与图中不同的运用"多边形不能重叠"（"Must not overlap with"）规则的例子。

9. 给出与图中不同的运用"不能相交或内部相触"（"Must not intersect or touch interior"）的线条规则的例子。

10. 在 ArcGIS 中，拓扑的实现被描述为即时动态的，为什么？

11. 用示意图说明在编辑中，大的聚合容差如何无意间改变线要素的形状。

12. 试述悬挂节点和伪节点的不同。

13. 什么是地图拓扑？

14. 描述运用拓扑规则的三个基本步骤。

15. 一些非拓扑编辑操作可以在现有要素基础上产生新要素，给出两个例子。

16. 图幅拼接需要一个源图层和一个目标图层，解释这两种图层的区别。

17. Douglas-Peucker 算法会产生不平滑的简化线条，为什么？

18. 说出 ArcGIS 中替代 Douglas-Peucker 算法的两种方法。

应用：空间数据的准确度和质量

本章应用部分有 4 个空间数据编辑的习作。习作 1 让您用基本编辑工具对 shapefile 文件进行编辑。习作 2 要求运用地图拓扑和聚合容差对两个 shapefile 的数字化错误进行修正。习作 3 和习作 4 练习运用拓扑规则：习作 3 修正悬挂弧段，习作 4 修正轮廓边界线。与可以和 shapefiles 一起应用的地图拓扑不同，拓扑规则是通过地理数据库（geodatabase）中要素数据集的属性框来定义。需要标准或高级软件许可才可使用 geodatabase 拓扑规则。

习作 1　编辑一个 shapefile 文件

所需数据：*editmap2.shp* 和 *editmap3.shp*。

习作 1 包括 3 个基本操作：合并多边形、分割多边形和整形多边形边界。您将对 *editmap2.shp* 进行编辑，而 *editmap3.shp* 用来说明编辑以后的 *editmap2.shp* 有何变化。

1. 启动 ArcMap，在 ArcMap 中打开 Catalog 并连接至第 7 章数据库。把数据帧改名为 Task1。把 *editmap2.shp* 和 *editmap3.shp* 添加到 Task 1。忽略警示信息。以 *editmap3.shp* 为参照编辑 *editmap2.shp*（二者用不同的外框符号表示）。在 *editmap2.shp* 快捷菜单中选择 Properties，在 Symbology 栏中，将 symbol 改为 Hollow，将 Outline Color 设为黑色。在 Labels 栏，对 label features in this layer 复选框打勾，并选 LANDED_ID 为标识字段，点击 OK，关闭对话框。然后在目录表中，点击 *editmap3* 的符号，选择符号为 Hollow，Outline Color 为红色。右击 *editmap2*，指向 Selection，点击 Make This The Only Selectable Layer。

2. 检查编辑工具条是否被选中。点击 Editor 下拉箭头，选择 Start Editing。第一步, 合并编号为 74 和 75 的多边形: 点击 Editor Toolbar 上的 Edit Tool, 在 75 号多边形内点击右键, 按下 shift 键, 点击 74 号多边形。两个多边形以青色高亮显示。点击 Editor 下拉箭头, 选择 Merge。在出现的对话框中, 选择最上面的一个要素, 点击 OK 关闭对话框。多边形 74、75 合并成一个多边形, 标记为 75。

问题 1 列出 Editor 菜单除 Merge 之外的其他编辑操作。

3. 第二个操作是分割 71 号多边形。放大图层至多边形 71 包含在视窗中。点击 Edit 工具, 用它单击多边形内部选中 71 号多边形。点击 Editor Toolbar 上的 Cut Polygons 工具。在您准备开始绘制分割线之处, 点击鼠标左键, 点击组成分割线的每一个节点, 在终节点双击鼠标。多边形 71 被分成两部分, 每个多边形都标记为 71。

4. 第三个操作, 是把 73 号多边形的矩形南边向下拉伸, 以改变其形状。因为多边形 73 和 59 有公共边界, 需要使用地图拓扑修改边界。点击 Editor 的下拉箭头, 指向 More Editing Tools, 单击 Topology。在 Topology 工具条上, 点击 Select Topology。在出现的对话框中, 选中 editmap2, 点击 OK。在 Topology 工具条上, 点击 Topology Edit Tool; 然后, 双击多边形 73 的南面边界线。现在, 多边形 73 的轮廓变成紫红色、节点为暗绿色、终点为红色。Edit Vertices 工具条同样显示在屏幕上。

5. 对该多边形进行整形的方法: 添加 3 个新的节点, 并拖拽节点, 形成新的形状。在 Edit Vertices 工具条上点击 Add Vertex（插入节点）工具。用它点击 73 号多边形南面边界的中央, 拖拽至新边界的中央（用 editmap3 作指南）。（此时, 多边形 73 的原始边界线作为参考仍保留, 当点击多边形 73 以外的任何位置, 原始边界消失。）

6. 下一步, 用 Add Vertex（插入节点）工具沿着节点 1 与多边形 73 原先东南角的连线, 添加另一个节点（节点 2）: 拖拽节点 2 至新边界的东南角。再添加一个节点（节点 3）, 然后将其拖拽至新边界的西南角。修整完边缘线后, 鼠标右键点击边缘, 选择 Finish Sketch。

7. 从 Editor 下拉列表中, 选择 Stop Editing, 保存编辑。

习作 2 用聚合容差修正两个 shapefile 之间的数字化错误

所需数据: *land_dig.shp*, 一个参考 shapefile; *trial_dig.shp*, 一个由 *land_dig.shp* 数字化后的 shapefile。

由于数字化误差（72~76 号多边形）, *trial_dig.shp* 和 *land_dig.shp* 之间存在差异。这里将运用聚合容差使 *trial_dig.shp* 与 *land_dig.shp* 的边界线重合。两个图层要素的单位都是 m, UTM 坐标系。

1. 插入一个新的数据帧, 命名为 Task 2。将 *land_dig.shp* 和 *trial_dig.shp* 添加到 Task 2。用黑色外框符号显示 *land_dig*, 将其标识字段命名为 LAND_DIG_I。用红色外框符号显示 *trial_dig*。右击 *trial_gid*, 指向 Selection, 然后点击 Make

This The Only Selectable Layer。放大图并用 Measure 工具检查两幅图之间的偏差。大多数偏差都小于 1m。

2. 第一步，在两个 shapefiles 之间建立地图拓扑。点击 Customize 菜单，在 Toolbar 中勾选 Editor 和 Topology。从 Editor 下拉菜单选择 Start Editing。在 Topology 工具条中点击 Select Topology。在弹出的对话框中，选择 land_dig 和 trial_dig 为地图拓扑图层，在选项中键入 1（m）为聚合容差。点 OK，关闭对话框。

3. trial_dig 有 5 个多边形，其中 3 个是独立多边形，2 个在空间上相邻。在右下方开始编辑多边形，假设这个多边形与 land_dig 中的 73 号多边形重叠。放大多边形所在区域。点击 Topology 工具条中的 Topology Edit Tool，用鼠标双击多边形的边界。边界线变成可编辑的虚线框，并以绿色方框表示顶点，红色方框表示节点。把鼠标指针放在节点上直到指针变为方形符号；在十字箭头上单击右键，在快捷菜单上，选择 Move。点击 Enter 键，关闭对话框（此时，您在使用指定的容差值接合节点和边缘）。在多边形范围之外，点击任意点取消选中多边形的边界线。该多边形应与 land_dig 中的 73 号多边形完全重合。选择 trial_dig 中的其他多边形，用相同的步骤修正数字化错误。

4. 除 76 号多边形外，trial_dig 和 land_dig 之间的错误都要修正。剩下的误差是因为其值大于指定的聚合容差（1m）。使用基本编辑操作修正这个较大的误差，而不再通过设置较大的聚合容差值，因为那样会扭曲部分要素。使用基本编辑操作修正大误差的方法：放大至不一致的区域，在 Edit 工具条双击 trial_dig 的边界线。当边界变成可编辑虚框，把一个节点拖至与目标线段接合。这步把差异减少到小于 1m，现在您可以使用拓扑编辑工具和与步骤 3 相同的步骤聚合剩下的差异。

5. 当您把 5 个多边形都编辑完之后，在 Editor 下拉菜单选择 Stop Editing，并保存编辑。

问题 2　如果您在步骤 2 把聚合容差指定为 4 m，trial_dig.shp 会出现什么情况？

习作 3　用拓扑规则修订悬挂弧段

所需数据：idroads.shp，一个爱达荷州道路的 shapefile；mtroads_idtm.shp，与 idroads.shp 具有相同坐标系的蒙大拿州道路的 shapefile；Merge_result.shp 由爱达荷州和蒙大拿州合并道路的 shapefile。

从网上下载的这两个道路 shapefiles，在州界没有正好连接。所以，Merge_result.shp 图层存在缝隙。如果不消除缝隙，该图层不能用于网络分析，如寻找最短路径。本习作要求用拓扑规则对缝隙所在处以符号表示；然后，用编辑工具消除缝隙。

1. 插入一个数据帧并重命名为 Task3。第一步，准备一个个人的 geodatabase 和一个要素数据集，在 ArcCatalog 中，把 Merge_result.shp 作为一个要素分类导入到要素数据集。在 ArcMap 中单击 Catalog 打开它。右键单击 Chap7 数据库，指向 New，选择 Personal Geodatabase。重命名新数据库为 MergeRoads.mdb，右键点击 MergeRoads.mdb，指向 New，选择 Feature Dataset，命名为 Merge，点击 Next。在弹出的对话框中，从 Add Coordinate System 菜单中选择 Import 并以 *idroads.shp* 为要素数据集导入坐标系统，作为要素数据集的坐标系统。在垂直坐标系统上选择 no，把 XY 容差改为 1m，然后点击 Finish。在 Catalog 目录树中右键单击 *Merge*，指向 Import，选择 Feature Class（single）。在弹出的对话框中，输入要素选择 *Merge_result.shp*，并输入 *Merge_result* 为输出要素类型名称。单击 OK，导入该 shapefile。

2. 这一步是要建立一个新的拓扑。右键单击 Catalog 目录树中的 *Merge*，指向 New，选择 Topology。在最初的两个面版单击 Next。第三个面版，把 *Merge_result* 旁边的小框里打勾。在第四个面版单击 Next。在第五个面版单击 Add Rule 按钮。在出现的 Add Rule 对话框的 Rule 下拉菜单，选择 "Must Not Have Dangles"，单击 OK。单击 Next，完成拓扑规则的设置。创建新的拓扑后，单击 Yes，使之生效。

问题 3 在 Add Rule 对话框中，每个拓扑规则都有说明，在 ArcGIS Desktop Help 中，"Must Not Have Dangles" 规则是如何描述的？

问题 4 "Must Not Have Pseudonodes" 规则是如何描述的？

3. 确认结果保存在 *Merge* 要素数据集的名为 *Merge_Topology* 拓扑图层中。在 *Merge_Topology* 的下拉菜单选择 Properties，拓扑属性（The Topology Properties）对话框有 4 个栏标。General、Feature Classes 和 Rules 栏定义了拓扑规则。单击 Errors 栏和 Generate Summary。汇总报告中显示有 96 个错误，意味着 *Merge_result* 有 96 个悬挂节点。关闭对话框。

4. 添加 *Merge* 要素数据集到 Task 3（您可移除一个额外的 Merge_result，它是在前面步骤 2 中被加到 Task 3 的）。*Merge_Topology* 的点错误是这 96 个悬挂节点，其中大多数为沿着两个州边界的结点，且都是可接受的悬挂节点。只有这些沿着两个州公共边界的节点需做检查和必要情况下的修正。把 *Merge* 要素数据集添加到 Task 3，同时把 *idroads.shp* 和 *mtroads_idtm.shp* 两个图层也加载到 Task 3，这两个 shapefiles 都将作为检查和修正错误时的参考图层。用不同颜色表示 *Merge_result*，*idroads* 和 *mtroads_idtm*，以便容易区分。右击 *Merge_result*，指向 Selection，然后点击 Make This The Only Selectable Layer。

5. 现在，准备检查和修正 *Merge_result* 的错误。确认 Editor 和 Topology 工具条可以使用。从 Editor 菜单选择 Start Editing，选择 *MergeRoads.mdb* 作为编辑数据的来源。有 5 个地方道路横穿蒙大拿-爱达荷的边界，这些地方以点错误的形式显示。放大地图上部的第一个交叉口区域，直到看到一对悬挂弧段，弧段之间的距离大约是 5.5m（用标准工具条上的 Measure 工具测量距离）。在 Topology 工具条上单击 Select Topology，选择 geodatabase topology Merge_Topology 来完成编辑，点击 OK。

　　单击 Topology 工具条的 Fix Topology Error Tool（修正拓扑错误工具），然后单击红色正方形，选中之后变为黑色。单击 Topology 工具条的 Error Inspector，出现一个显示错误类型的报告单（如 Must Not Have Dangles）。使用 Fix

Topology Error Tool，并且右键单击黑色正方形。下拉菜单有 Snap、Extend、Trim 工具修订错误。选择 Snap，出现 Snap Tolerance 框，输入 6m，两个正方形被接合到一起，形成一个正方形。再次用右键单击正方形，选择 Snap，按回车键关闭 Snap Tolerance 框。正方形现在应消失了。注意：在 Edit 菜单及标准工具条中还可以使用 Undo 和 Redo 工具。Click the tool 在 Topology 工具条上单击 Validate Topology In Current Extent，使您已做的变化生效。

6. 放大时，第二个点错误显示有 125m 的缝隙。至少有两种方法修正该错误。第一种是使用 Fix Topology Error Tool 的 Snap 命令，接合容差至少要设定为 125m。这里使用第二种方法，及常规编辑工具。首先，设置编辑环境。在 Editor 菜单里指向 Snapping，选中并打开 Snapping 工具条。其次，从 Snapping 下拉菜单选择 Options，在 General 栏中，输入 10 为接合容差值，单击 OK。确认 Snapping 下拉菜单里 Use Snapping 被打勾。在 Editor 工具条上点击 Create Features 按钮。在 Create Features 窗口点击 *Merge_result*，选择 Line 作为 Construction 工具，关闭该窗口。右键单击右边的正方形，指向 Snap to Feature，选择 Endpoint。然后右键单击正方形选择 Finish Sketch。此时，缝隙被新的线段桥接。单击 Topology 工具条的 Current Extent 里的 Validate Topology。正方形符号消失，意味着被编辑点错误不存在了。

7. 您可以用上述的两个选项来修正其他的点错误。

8. 当穿越州界的所有不连接的点错误都被修正之后，在 Editor 菜单上，选择 Stop Editing，保存编辑。

习作 4　用拓扑规则确保两个多边形图层重合

所需数据：*landuse.shp* 和 *soils.shp*，一个基于 UTM 投影系统的两个多边形 shapefile。

因为数字化的源地图不同，这两个 shapefile 文件的轮廓不完全重合。该习作展示如何运用拓扑规则，用符号表示这两个 shapefile 之间的差异，以及如何用编辑工具修正不重合。

1. 在 ArcMap 中插入一个新的数据帧，并重命名为 Task 4。与习作 3 相似，第一步要准备一个个人 geodatabase 和要素数据集，把 *landuse.shp* 和 *soils.shp* 作为要素类型导入要素数据集。在 ArcCatalog 中，鼠标右键单击 Catalog 目录树中的 Chap7 文件夹，指向 New，选择 Personal Geodatabase，把该 geodatabase 重命名为 *Land.mdb*。右键单击 *Land.mdb*，指向 New，选择 Feature Dataset。输入 *LandSoil* 作为该数据集的文件名，点击 Next。在弹出的对话框中，用 Add Coordinate System 菜单中的 Import 导入 *landuse.shp* 作为新要素数据集的坐标系统。选择 no 作为垂直坐标系，设置 XY 容差为 0.001m，并点击 Finish。右键单击 *LandSoil*，指向 Import，选择 Feature Class（multiple），在弹出的对话框中，添加输入要素 *landuse.shp* 和 *soils.shp* 为输入要素。点击 OK，并导入要素类（Feature Classes）。

2. 下一步建立新的拓扑。在 Catalog 目录树里，右键单击 *LandSoil*，指向 New，选择 Topology。在前两个面板点击 Next，在第三个面板选中 *landuse* 和 *soils* 参与拓扑。第四个面板让您为要素设置等级。要素等级中高级别的要素移动的可能性小。点击 Next（因为该习作接下来的编辑操作不受等级的影响）。在第五个面板中，单击按钮 Add Rule，在上部的下拉列表中选择 *landuse*；在 Rule 下拉列表选择 "Must Cover Each Other"；在下部的下拉列表中选择 *soils*，单击 OK，退出 Add Rule 对话框。依次点击 Next 和 Finish，完成拓扑规则的设置。新的拓扑已经建立，单击 Yes，使之生效。

问题 5　"Must Be Covered By Feature Class Of" 的规则说明是什么？

3. 将 *Land-Soil* 要素数据集加到 Task4。两个 shapefiles 不能完全重合的区域即存在面积错误。用不同颜色的轮廓符号显示 *landuse soils*。放大显示区域错误，两个要素类之间的差异大多在 1m 之内。

4. 在 Editor 菜单选择 Start Editing。在 Topology 工具条单击 Select Topology，选择 the geodatabase topology LandSoil_Topology 来完成编辑。再在 Topology 工具条，单击 Fix Topology Error Tool，拖动方框选择每个区域错误，所有的区域错误变黑。右键单击任一黑色区域，选择 Subtract。该命令通过消除两要素类型的非公共区域。换言之，编辑之后，该命令确保被 *LandSoil* 图层覆盖的区域范围都有来自于两个要素类型的属性数据。

5. 在 Editor 下拉菜单选择 Stop Editing，保存编辑。

挑战性任务

所需数据：*idroads.shp*，*wyroads.shp* 和 *idwyroads.shp*。

完成本任务需要标准的或高级软件许可。本章数据库包括以下数据：*idroads.shp*，爱达荷州主要道路的 shapefile 文件；*wyroads.shp*，怀俄明州主要道路的 shapefile 文件；*idwyroads.shp*，爱达荷州和怀俄明州合并道路的 shapefile 文件。3 个图层都被投影到爱达荷州的横轴墨卡托（IDTM）坐标系，且测量单位是 m。本挑战性任务要求您检查和修正合并道路图层边缘小于 200m 的缝隙。在地理数据库（geodatabase）数据模型中用拓扑规则对 *idwyroads.shp* 修正悬挂弧段。

参考文献

American Society for Photogrammetry and Remote Sensing. 1990. ASPRS Accuracy Standards for Large-Scale Maps. *Photogrammetric Engineering and Remote Sensing* 56: 1068-70.

Burghardt, D.2005.Controlled Line Smoothing by Snakes. *GeoInformatica* 9: 237-52.

Cromley, R. G., and G. M. Campbell. 1992. Integrating Quantitative and Qualitative of Digital Line Simplification. *The Cartographic Journal* 29: 25-30.

Douglas, D. H., and T. K. Peucker. 1973. Algorithms for the Reduction of the Number of Points Required to Represent a Digitized Line or Its Caricature. *The Canadian Cartographer* 10: 110-22.

Federal Geographic Data Committee. 1998. Part 3: *National Standard for Spatial Data Accuracy, Geospatial*

Positioning Accuracy Standards, FGDC-STD-007.3-1998.Washington, DC: Federal Geographic Data Committee.

Guilbert, E., and E. Saux. 2008. Cartographic Generalisation of Lines Based on a B-Spline Snake Model. *International Journal of Geographical Information Science* 22: 847-70.

Hope, S., and A. Kealy. 2008.Using Topological Relationships to Inform a Data Integration Process. *Transactions in GIS* 12: 267-83.

Monmonier, M. 1996. *How to Lie with Maps,* 2d ed. Chicago: University of Chicago Press.

Shi, W., and C. Cheung. 2006. Performance Evaluation of Line Simplification Algorithms for Vector Generalization. *The Cartographic Journal* 43: 27-44.

U.S. Bureau of the Budget. 1947. *United States National Map Accuracy Standards.* Washington, DC: U.S. Bureau of the Budget.

van Oosterom, P. J. M., and C. H. J. Lemmen. 2001. Spatial Data Management on a Very Large Cadastral Database. *Computers, Environment and Urban Systems* 25: 509-28.

Wang, Z., and J. C. MüLLER. 1998. Line Generalization based on Analysis of Shape Characteristics. *Cartography and Geographic Information Systems* 25: 3-15.

Zhou, S., and C. B. Jones. 2005. Shape-Aware Line Generalisation with Weighted Effective Area. In P. F. Fisher, ed., *Developments in Spatial Handling 11th International Symposium on Spatial Handling,* 369-80.

第8章 属性数据管理

本章概览

GIS 既涉及空间数据，也涉及属性数据。空间数据与空间要素的几何学有关，而属性数据描述空间要素的特征。图 8.1 所示的属性数据，如街名、地址范围和邮政编码都与拓扑综合地理编码参照格式/线（TIGER/Line）（参见第 5 章）文件的每条街道分段相对应。没有属性数据的存在，TIGER/Line 文件的使用就会受到限制。

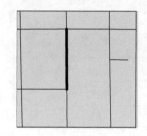

FEDIRP	FENAME	FETYPE	FRADDL	TOADDL	FRADDR	TOADDR	ZIPL	ZIPR
N	4th	St	6729	7199	6758	7198	83815	83815

图 8.1 TIGER/Line 文件的每条街道分段都有一个相应的属性记录。这些属性包括街名、街道左右侧地址范围及两侧的邮政编码

空间数据与属性数据在矢量要素中得到很好的区分，如 TIGER/Line 文件。地理关系数据库模型（如 shapefile）分开存储空间数据和属性数据，两者由要素 ID 码来相互关联（图 8.2），从而达到同步化，使得两种数据都可一起进行查询、分析和显示。面向对象数据模型（如 geodatabase）把空间数据和属性数据结合在一个系统中，每个空间要素有唯一的目标 ID 码和属性数据来存储它的几何特征（图 8.3）。尽管这两种数据模型存储空间数据的方式不同，但都是在同样的关系数据库环境中运行。因此，第 8 章涉及的材料都可在上述两个矢量数据模型中应用。

栅格数据模型在数据管理方面显示不同的情景。像元值与该像元位置的空间现象的属性相对应数值属性表不同于矢量属性表，数值属性表列出了所有的像元值和它们的出现频率，而不是单个的像元值（图 8.4）。如果像元值代表诸如县级空间单元的 FIPS（美国联邦信息处理标准）代码，我们可以使用数值属性表来存储县级水平的数据，并使用栅格来显示该县级水平的数据。但是，栅格总是与像元值（如 FIPS 代码）结合起来进行数据查询和数据分析。一个栅格和它所代表的像元值之间的这种关系，使栅格数据模型和矢量数据模型区分开来。属性数据在栅格数据中的管理与其在矢量数据中的管理相比，变得不那么重要了。

Record	Soil-ID	Area	Perimeter
1	1	106. 39	495. 86
2	2	8310. 84	508382. 38
3	3	554. 11	13829. 50
4	4	531. 83	19000. 03
5	5	673. 88	23931. 47

图 8.2　地理关系数据模型举例：土壤 coverage 用 Soil-ID 把空间数据和属性数据连接起来

ObjectID	Shape	Shape-Length	Shape-Area
1	Polygon	106. 39	495. 86
2	Polygon	8310. 84	508382. 38
3	Polygon	554. 11	13829. 50
4	Polygon	531. 83	19000. 03
5	Polygon	673. 88	23931. 47

图 8.3　面向对象数据模型用字段 Shape 存储土壤多边形的几何特征。因此，该表格包含着空间和属性两种数据

ObjectID	Value	Count
0	160101	142
1	160102	1580
2	160203	460
3	170101	692
4	170102	1417

图 8.4　数值属性表列出了数值和数目的属性，Value 字段存储像元值，Count 字段存储栅格的像元数目

　　本章共有 5 节，重点在于矢量数据。8.1 节是对 GIS 中属性数据的概述；8.2 节讨论关系模型、数据规范化、数据关系类型；8.3 节阐述合并、关联和关系类；8.4 节介绍空间连接，这是一种利用空间关系来连接要素的操作；8.5 节涉及属性数据的输入，包括字段的定义、方法与校核；8.6 节讨论字段处理和从现有属性数据生成新的属性数据。

8.1　GIS 中的属性数据

　　GIS 中的属性数据存储在表格中。属性表由行和列组成，每一行代表着一个空间要素，每一列代表空间要素的一个特征，列与行相交显示特定要素的特征值（图 8.5）。行又称为记录，列又称为字段。

Label-ID	pH	Depth	Fertility
1	6.8	12	High
2	4.5	4.8	Low

→ 行

↓ 列

图 8.5　包括行和列的要素属性表，每行代表一个空间要素，每列代表空间要素的一个特性或特征

8.1.1　属性表的类型

GIS 中的矢量数据有两种类型属性数据表。第一种称为**要素属性表**，用来获取几何要素。每个矢量数据集有一个要素属性表。对于地理关系数据模型，要素属性表通过要素 ID 码把要素与其几何特征相链接。对于面向对象数据模型，要素属性表用一个字段存储要素的几何特征。要素属性表还有默认的字段，用于概括要素的几何特征，如线状要素的长度、多边形要素的面积和周长。

如果数据集只有几个属性，要素属性表可能是所需的唯一表格。但是，多数不是这种情况。例如，一个土壤制图单元可能有超过 100 个的土壤解译、土壤性质和性能数据。在一个要素属性表中存储这些属性数据需要进行许多重复的输入，这个过程既耗时间，又占用计算机存储，而且这样的表格也很难使用与更新。这就是为什么我们需要第二种类型的属性数据表。

第二种属性数据表为非空间数据表，即非空间数据表不是直接存储要素的几何特征；但是，在必要的时候，可以用一个字段把非空间数据表与要素属性表链接起来。习惯上，非空间数据表可能为文本文件的形式，如 dBASE 文件、Excel 文件、Access 文件，以及 Oracle、SQL Server 和 IBM DB2 等由数据库软件包管理的文件。随着越来越多的组织采用云计算操作，已有了另一种选择：客户端可以通过网络浏览器访问集中式数据库，甚至可以在服务器端处理数据（Zhang，Cheng and Boutaba，2010）。

8.1.2　数据库管理

要素属性表和非空间数据表的存在意味着 GIS 需要一个**数据库管理系统（DBMS）**来管理这些表格。DBMS 是能够使我们建立和操作数据库的软件包（Oz，2004）。它提供数据输入、搜索、存取、操作、输出的工具。大多数 GIS 软件包含本地数据库的管理工具。比如，ArcGIS 使用 Microsoft Access 进行个人 geodatabases 管理。

除了 GIS 方面的应用外，使用数据库管理系统还有其他优点。GIS 往往是一个企业范围信息系统的一部分，GIS 所需的属性数据可能存在于同一组织中的不同部门。因此，GIS 必须在整个信息系统内部运行，并和其他信息技术相互作用。

除了管理本地数据库的数据库系统管理工具外，很多 GIS 软件包也有连接访问远程数据库的能力。这对于经常从中心数据库中查寻存储数据的 GIS 用户非常重要。例如，在国有森林护林员地区办公室的 GIS 用户通过这种功能定期检索国家林业总部维护的数据。该情景代表客户-服务器分布式数据库系统。客户（如一个行政区办公室的用户）向服务器发送一个请求，通过服务器检索数据，并在本地计算机上处理数据。

8.1.3　属性数据的类型

属性数据分类的一种方法是通过数据类型。数据类型决定了一个属性在 GIS 中如何储存。数据类型的信息通常包含在地理空间数据的元数据中（参见第 5 章）。根据 GIS 软件包的不同，可得到的数据类型也是不同的。通用的数据类型包括数字型、文本型（或字符串）、日期型和二进制大对象型（BLOB）。其中，数字型数据包括整型数据（没有小数数字的数据）和浮点型数据（小数数据）。此外，根据计算机内存的不同，整型数据的长度可短可长，而浮点型数据可以是单精度的，也可以是双精度的（注释栏 8.1）。BLOB 作为一个长序列的二进制编号，用来储存图像、多媒体图像和空间要素的几何特征（注释栏 8.2）。

注释栏 8.1	数值数据类型的选择

数字字段可以存储为整型或浮点型，这取决于数值是否有小数点。但是如何选择短整型或长整型、单精度浮点型或双精度浮点型？可以基于以下两点进行选择：首先是数值所具有的数字位数。短整型允许 5 个数字；长整型为 10 个；单精度浮点型 7 个；双精度浮点型 17 个。其次考虑数据类型所需的字节数：短整型需 2 个字节存储；长整型需 4 个字节；单精度浮点型需 6～9 个字节；双精度浮点型需 8 个字节。推荐使用较小字节数据类型，因为它不仅能减小存储量，同时还能提高数字访问性能。

注释栏 8.2	什么是 BLOB？

BLOB，又称为二进制大对象，与"传统"数据类型（数字、文本和日期）不同，因为它用来存储大数据，如坐标（**要素几何特征的**）、图像或多媒体，用很长的二进制序列（1 和 0）表示。Coverage 和 shapefile（参见第 3 章）的**要素几何特征**的坐标分别存储在独立表格里，而 geodatabase 则存储在 BLOB 字段里。除了有效利用现有技术，在数据访问和检索方面用 BLOB 字段比用独立表格更有效。

属性数据分类的另一种方法是测量范围。测量范围的概念根据复杂程度将属性数据分成标称的（nominal）、有序的（ordinal）、区间的（interval）和比率的（ratio）等数据类型（Stevens，1946）。**标称数据**是描述不同种类的数据，如土地利用类型或土壤类型。**有序数据**通过排列关系来区分数据。例如，土壤侵蚀程度可分为严重、中等和轻度侵蚀的。**区间数据**已知数值之间的间隔。例如，70°F 比 60°F 高出 10°F。**比率数据**除了它是基于有意义的或绝对的零值以外，其他与区间数据相同。例如，人口密度就是比率数据，因为密度零就是绝对零。测量范围的区别对于统计分析很重要，因为不同类型的测试（参数的和非参数检验）是为不同的数据范围而设计的；对于数据显示也很重要，因为选择地图符号的其中一个决定因素是数据显示的测量范围（参见第 9 章）。

栅格的单元值通常分为类别的和数值的（第 4 章），类别数据包括标称的（nominal）和有序的（ordinal）数据，数值数据包括区间的（interval）和比率的（ratio）数据。

数据类型与测量范围明显相关。字符型适合于标称和有序的数据。根据是否包含小数的数字，整型与浮点型都适合于区间和比率数据。但也有例外，例如，研究者可能把地下水污染风险分成高、中、低，同时，用查找表（Look-up table）输入数值数据。在查找表中，1 代表低，2 代表中，3 代表高。这里的数字仅仅是有序的类别数据的数字编码。GIS 用户在进行分析前必须注意属性数据的性质。

8.2 关系数据库模型

数据库是一系列数字格式的相关表格的集合。基于文献资料，数据库设计至少有 4 种类型：平面文件、层次型、网络型和关系型（图 8.6）（Jackson，1999）。

平面文件是在一张大表中包括了所有数据。例如，一个要素属性表就像一个平面文件，另一例子是仅有属性数据的电子数据表格（spreadsheet）。**层次型数据库**分层次组织数据，在不同层之间仅使用"一对多"的关联。图 8.6 的简单例子显示出分区、地块和业主等不同层次。基于"一对多"的关联，每一层次又分为不同的分支。**网络型数据库**是在表格间建立联系，如图 8.6 所示的连接。层次型数据库和网络型数据库设计上的一个共同问题是必须事先知道表格之间的连接（如访问路径），并且在设计时将其加入到数据库中（Jackson，1999），因此容易导致建立的数据库复杂、不灵活，从而限制了数据库的应用。

GIS 软件包，无论是商业化或开源的，通常都使用**关系数据库**来管理数据（Codd，1970；Codd，1990；Date，1995）。关系数据库是表格（又称为关系表）的集合，它们之间通过关键字联系起来。**主关键字**代表一个或更多属性，对应的属性值在表格记录中可唯一确定。主关键字不能为空，不能改变。**外部关键字**是参考另一个表中主关键字的一个或多个属性。只要在功能上匹配，两个关键字不必具有相同的名字。但是在 GIS 中，它们往往具有相同的名称，如要素 ID。这样，ID 要素也被称为共同关键字。如图 8.6 所示，连接分区与地块属性数据的关键字是分区代码，连接地块与业主的关键字是地块标识号（PIN）。当用在一起时，这些关键字可将分区与业主关联起来。

与其他数据库设计相比，关系数据库有两个突出优点（Carleton et al.，2005）。第一，数据库中的每一表格可与其他表格分开准备、维护和编辑。随着 GIS 技术的逐渐普及，更多的数据将以空间单元来记录和管理，因此这个特征很重要。第二，在因查询或分析需要连接表格之前，这些表格仍保持分离。经常需要的表格链接都是临时的，这种关系数据库对于数据管理与处理就十分有效。尽管关系数据库简单且灵活，但它仍然需要预先计划。GIS 项目可以从一个平面文件的数据库开始，随着项目的扩展，再迁移到关系数据库，以便更容易添加新变量和增加数据量（Blanton et al.，2006）。

一个空间数据库，如 GIS 数据库，已经被称为扩展的关系数据库，因为除了描述性（属性）数据之外，还包括空间数据，如点、线和面要素的位置和范围（Güting，1994）。按照这个概念，一些研究人员将 GIS 称为空间数据库管理系统（如 Shekhar and Chawla，

PIN	Owner	Zoning
P101	Wang	Residential (1)
P101	Chang	Residential (1)
P102	Smith	Commercial (2)
P102	Jones	Commercial (2)
P103	Costello	Commercial (2)
P104	Smith	Residential (1)

(a)

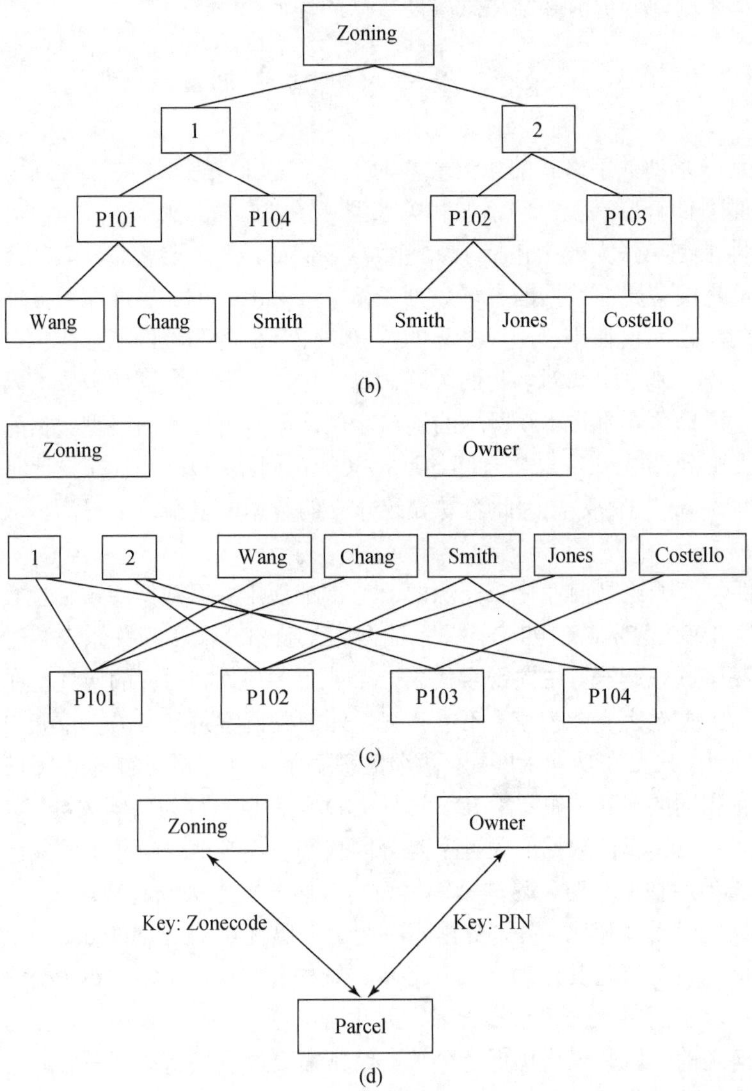

(b)

(c)

(d)

图 8.6　数据库设计的 4 种类型：（a）平面文件、（b）层次型、（c）网络型、（d）关系型

2003）。地理关系数据模型（参见第 3 章）在其子系统中处理空间数据，在关系数据库管理系统（RDBMS）中处理属性数据，并使用如要素 ID 之类的指针链接这两个组件。Geodatabase（第 3 章）将空间数据库和属性数据两者集成转换为单个数据库，从而简化了这两个组件的链接过程。链接或集成很重要，因为除了要素属性之外，GIS 必须能够

处理要素几何图形（如点、线和多边形）及要素之间的空间关系（如拓扑关系）（Rigauz、Scholl and Voisard，2002）。

8.2.1 SSURGO：一个关系数据库实例

关系数据库的优点促使许多政府机构采用它来维护数据。例如，美国人口普查局从一个本土的数据库系统切换到关系数据库来管理"MAF/TIGER"数据库（Galdi，2005）。在本节中以自然资源保持局（NRCS）的**土壤地理调查（SSURGO）数据库**为例（http://soils.usda.gov/）。其中，土壤调查区可能由一个县、多个县或多个县的一部分组成。SSURGO 数据库提供了美国最详细的土壤制图。

SSURGO 数据库包括空间数据和表格数据。每一个土壤调查单元，空间数据都包括详细的土壤地图。土壤地图由土壤地图单元制成，它的每一部分由一个或者更多的不连接多边形组成。作为最小的土壤制图单元，一个土壤地图单元代表一系列的地理范围，它适用于共同的土地利用管理策略。通过土壤地图和存在于 SSURGO 数据库中 70 多个属性表中的数据之间的关联，提供了土壤地图单元的解译和性能。NRCS 提供这些表的描述和链接键。

一开始，单是 SSURGO 数据库的大小就会令人迷惑。实际上，如果您对关系数据库模型有正确的理解，该数据库就不难使用。本章 8.2.3 节用 SSURGO 数据库来阐明表格之间的关系类型。第 10 章将用该数据库作为数据探查的例子。

8.2.2 规范化

制备如 **SSURGO** 的关系型数据库必须遵循某些规则。规则之一称为**规范化**。规范化是一个分解的过程，即将一个包括所有属性的数据表格分解成小的表格，同时保持它们之间必要的连接（Vetter，1987）。通过规范化可以达到以下几个目标：

（1）避免表中多余数据浪费数据库空间，以及避免可能导致的数据完整性问题。

（2）确保独立表格中属性数据可以被单独维护、更新，并在需要时可被链接起来。

（3）有利于形成分布式数据库。

这里提供了一个规范化的例子。图 8.7 显示了 4 块宗地，表 8.1 显示了与宗地关联的属性数据。表 8.1 含有冗余数据：业主 Smith 的地址、居住区和商业区都被输入两次。表格也还包含不规则的记录：业主和业主地址字段可以有一个或两个数值。表 8.1 的未规范化表格，是很难进行管理和编辑的。首先，很难定义业主和业主地址字段，并存储它们的数据。如果所有权关系改变，这个表中全部属性数据都必须更新。当增加或删除数值时，操作同样困难。

表 8.2 给出了规范化的第一步。表 8.2（常被称为第一规范表）在其像元中不再有多重值，但增加了数据冗余。除了业主和业主地址外，地块 P101 和 P102 重复了两次，Smith 的地址也被重复了两次，居住区和商业区重复了三次。而且，需要字段 PIN（地块标识号）与业主组成的复合关键字，才能辨认业主地址，而仅靠 PIN 来就不可能完成。

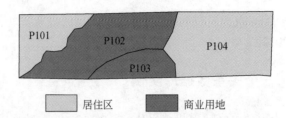

图 8.7 图示 4 块宗地，编码分别为 P101、P102、P103 和 P104，其中两块（P101 和 P104）为居住区，另两块为商业用地

表 8.1 未规范化表格

地块标识号	业主	业主地址	销售日期	英亩	分区代码	分区
P101	Wang	101 Oak St	1-10-98	1.0	1	住宅区
	Chang	200 Maple St				
P102	Smith	300 Spruce Rd	10-6-68	3.0	2	商业区
	Jones	105 Ash St				
P103	Costello	206 Elm St	3-7-97	2.5	2	商业区
P104	Smith	300 Spruce Rd	7-30-78	1.0	1	住宅区

表 8.2 规范化的第一步

地块标识号	业主	业主地址	销售日期	英亩	分区代码	分区
P101	Wang	101 Oak St	1-10-98	1.0	1	住宅区
P101	Chang	200 Maple St	1-10-98	1.0	1	住宅区
P102	Smith	300 Spruce Rd	10-6-68	3.0	2	商业区
P102	Jones	105 Ash St	10-6-68	3.0	2	商业区
P103	Costello	206 Elm St	3-7-97	2.5	2	商业区
P104	Smith	300 Spruce Rd	7-30-78	1.0	1	住宅区

　　图 8.8 给出了规范化的第二步。取代表 8.2 的是 3 个小表：地块表、业主表和地址表。PIN（地块标识号）是关联地块与业主的关键字段。业主名字是关联地址与业主表的关键字段。地块和地址表格之间的关系可以通过关键字段 PIN（地块标识号）和业主名字来建立。第二步规范化表的唯一问题是分区代码和分区两个字段的冗余。

　　上例中规范化的最后一步概括如图 8.9 所示。从图 8.9 可以看出，可以通过建立一个新表（如分区表）来解决分区余下的数据冗余问题。分区代码是关联地块与分区表的关键字段。至此，表 8.1 中的未规范化数据已被完全规范化了。

　　虽然进一步的规范化比第三步能达到与关系数据模型相一致的目标，但确实有减慢数据存取并增添更高维护成本的缺陷（Lee，1995）。例如，为了找到地块主人的地址，您必须关联 3 个表（地块、业主和地址）且使用两个关键字段（地块标识号和业主名字）。提高数据存取性能的一个方法是减少规范化的层次，如通过去除地址表并将地址包含在业主表中。因此，数据库在概念设计时应该进行规范化维护，但是在物理设计时还必须考虑性能和规范化以外的其他因素（Moore，1997）。

地块表

PIN	Sale date	Acres	Zone code	Zoning
P101	1-10-98	1.0	1	Residential
P102	10-6-68	3.0	2	Commercial
P103	3-7-97	2.5	2	Commercial
P104	7-30-78	1.0	1	Residential

业主表

PIN	Owner name
P101	Wang
P101	Chang
P102	Smith
P102	Jones
P103	Costello
P104	Smith

地址表

Owner name	Owner address
Wang	101 Oak St
Chang	200 Maple St
Jones	105 Ash St
Smith	300 Spruce Rd
Costello	206 Elm St

图 8.8　来自规范化第二步的独立表格，与表格相关的关键字段突出显示

地块表

PIN	Sale date	Acres	Zone code
P101	1-10-98	1.0	1
P102	10-6-68	3.0	2
P103	3-7-97	2.5	2
P104	7-30-78	1.0	1

地址表

Owner name	Owner address
Wang	101 Oak St
Chang	200 Maple St
Jones	105 Ash St
Smith	300 Spruce Rd
Costello	206 Elm St

业主表

PIN	Owner name
P101	Wang
P101	Chang
P102	Smith
P102	Jones
P103	Costello
P104	Smith

分区表

Zone code	Zoning
1	Residential
2	Commercial

图 8.9　规范化后的独立表格。关联表格的关键字段突出显示

　　如果图 8.9 代表规范化的最后步骤，那么在 GIS 中的宗地表格成为宗地地图的要素属性表的一部分，其他表格可制备为非空间属性表。

8.2.3　关系类型

　　关系数据库的表格之间（cardinalities）（更精确地说是表格中的记录之间）通常包括 4 种关系类型：一对一、一对多、多对一和多对多（图 8.10）。**"一对一"关系**是指源

表和目标表中都分别只有一个记录是互相关联的。**"一对多"关系**是指目标表中的一条记录可以与源表中的多条记录关联。例如，一个公寓综合楼的街道地址可能包括很多住户。**"多对一"关系**正好与一对多相反，目标表中两个以上的记录与源表中的一个记录关联。例如，公寓综合楼的很多住户将会共享同一个街道地址。**"多对多"关系**是指目标表中的多条记录可以与源表中的多条记录关联。例如，一个林地可以有很多树种，一个树种又可以在多个树林中生长。

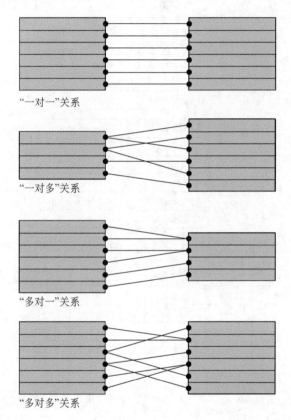

图 8.10　关系数据库表格之间的 4 种数据关系类型：一对一、一对多、多对一和多对多

　　为了说明这些关系，尤其是"一对多"和"多对一"的关系，初始表和目标表的设计很关键。例如，如果要把非空间表中的属性数据关联到一个要素属性表，则这个要素属性表就是基表，其他表格就是被关联的目标表（图 8.11）。要素属性表有主关键字，其他表格有外部关键字。通常，基表的设计取决于数据的存储和信息的查询。下面用两个例子来说明。

　　第一个例子涉及图 8.9 规范化得到的 4 个表：地块、业主、地址和分区。假设问题是要查找选定地块的业主。为了回答这个问题，您可以把地块表作为基表，把业主表作为被关联的表。则两表之间的关系为"一对多"：地块表中的一条记录可以对应于业主表一条以上的记录。

　　假设问题改为查找选定业主所拥有的地块。这时，合适的设计应把业主表作为基表，地块表作为被关联的表。其关系就变成了"多对一"：业主表中的一条以上的记录可能

主关键字　　　　　　　　　　　　　　　　外部关键字

Record	Soil-ID	Area	Perimeter
1	1	106.39	495.86
2	2	8310.84	508 382.38
3	3	554.11	13 829.50
4	4	531.83	19 000.03
5	5	673.88	23 931.47

Soil-ID	suit	soilcode
1	1	Id3
2	3	Sg
3	1	Id3
4	1	Id3
5	2	Ns1

要素属性表　←　　　　　　　　　将被合并的表

图 8.11　由共同关键字提供右边的表格与左边的要素属性表的链接

对应着地块表中的一条记录。地块表与分区表的关系也是如此。如果问题是查找一个选定地块的分区代码，这是一个"多对一"的关系。如果问题是查找商业区的地块，则是"一对多"的关系。

　　第二个例子涉及 SSURGO 数据库。在使用数据库之前，最好将表格之间的关系进行分类。例如，因为不同的推荐树种可能与相同的土壤组分相关联，则树种组成管理表（*cotreestomng*）和 组分表（*component*）的关系就是"多对一"的关系（图 8.12）。另外，因为一个地图单元可能与多个土壤组分相关联，地图单元表（*mapunit*）和组分表则为"一对多"的关系（图 8.13）。

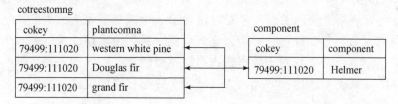

图 8.12　SSURGO 数据库中"多对一"关系的例子：把在 *cotreestomng* 中的 3 种树种与在 *component* 的相同土壤组分关联起来

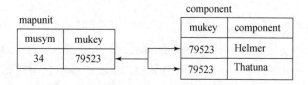

图 8.13　SSURGO 数据库中"一对多"关系的例子：把在 *mapunit* 中的土壤的地图单元与在 *component* 中的两种土壤组分关联起来

　　除了连接表格的作用外，关系类型还影响到数据的显示。假设要显示地块的业主。如果地块和业主表是"一对一"关系，每一地块都可以用唯一的符号来显示。如果关系是"多对一"的，则每一符号代表一个或多个地块。但是，如果关系是"一对多"的，数据显示就会出现问题，因为一个地块可能有一个以上的业主，用业主列表中的第一个业主来代替地块的多个业主就不对了（此时，可以对多业主地块类别设计不同符号来解决该问题）。

8.3　合并、关联和关系类

为利用关系数据库，我们可以把数据库中的表格链接起来，进行数据查询和管理。这里我们介绍 3 种链接表格：合并、关联和关系类。

8.3.1　合并（joins）

合并（join）是用两个表格的一个共同关键字或者主关键字和外部关键字把两个表格连在一起（Mishra and Eich，1992）。典型的例子是把一个或更多个非空间数据表中的属性数据合并到一个要素属性表中，进行数据查询和数据分析。如图 8.11 所示，两个表可通过共同关键字 Soild-ID 合并。合并被推荐用于"一对一"或"多对一"的关系。假如是"一对一"关系，两个表以记录合并。假如是"多对一"关系，基表中的许多记录与其他表格的一个记录有相同数值。合并对于"一对多"或"多对多"关系不适用，因为在这种关系中，其他表格只有第一条匹配记录值被赋予基表的一个记录。

8.3.2　关联（relates）

关联（relate）操作只是临时性地把两个表格连接在一起，而各表格保持独立。通过首先建立每对表格之间的关联，可同时建立起 3 个或更多表格的关联。基于窗口的 GIS 软件包特别适合于关联操作，因为它可以同时看多个表格。关联的一个优点就是对 4 种关系类型都适合。这对于数据查询有很重要的意义，因为关系数据库很可能包括各种各样的关系类型。尽管如此，关联减慢了数据存储的速度，特别是对远程数据库的处理更慢。

8.3.3　关系类（relationship classes）

基于对象数据模型如 geodatabase 可以支持对象之间的关系。当用来进行属性数据管理时，关系是被预先定义并存储在 geodatabase 的关系类中。表之间的关系类有一对一、一对多、多对一和多对多。在前 3 种关系中，源表和目标表中的记录是直接关联的；然而对于多对多的关系，必须首先建立一个临时表，将源表和目标表记录间的联系分类。当在 geodatabase 中出现时，关系类自动被认知并能够在执行关联（relate）操作时使用。在本章应用中的习作 7 涉及创建和使用关系类。

8.4　空　间　合　并

空间合并操作使用空间关系来将两组空间要素及其属性数据合并起来（Güting，1994；Rigaux et al.，2002；Jacox and Samet，2007）。例如，一个空间合并操作可以使用包含的拓扑关系将学校连接到学校所在的县，也就是说，学校被包含在一个县里。其他的拓扑关系还有：相交，如一条与森林火灾区相交的高速公路；邻近，如村庄和断层线之间的最近距离（图 8.14）。除了拓扑关系之外，空间合并操作也可能基于方向（如北部）和距离（如小于 40mi）的关系（Güting，1994）。第 10 章将更详细讨论空间关系，因为它们在空间查询中要用到。

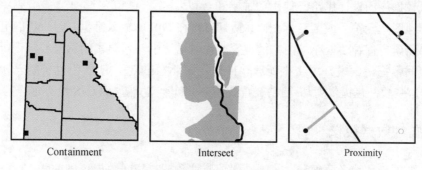

图 8.14　空间合并操作可基于包含、相交和邻近等拓扑关系

如 8.2.3 节所述，表格之间的关系类型也可以应用于空间合并操作。因为离村庄最近的只有一条断层线，村庄和断层线之间的匹配是一对一的。而且，因为一个县很可能包含不止一所学校，县和学校的匹配是一对多（一个县对应多所学校）。

8.5　属性数据输入

属性数据的输入就像是数字化一幅纸质地图，它的处理过程要求建立输入字段，选择数字化方式，还包括属性数据校核。

8.5.1　字段定义

属性数据输入的第一步是定义表格中的每一个字段。字段的定义通常包括字段名、字段宽度、类型、小数位数。字段宽度指的是为每一字段预留的数字位数，应满足数据中最大的数目或最长字符串（负号与小数点所占位数也应包括在内）。数据类型必须是 GIS 软件包所允许的类型。小数数字的位数是浮点数据类型定义的一部分。对于 ArcGIS 中的浮点数据类型，精度（precision）定义字段宽度，刻度（scale）定义小数位数。

对字段的定义也就是字段的属性。因此，在定义之前考虑这些字段将会怎样使用是很重要的。例如，SSURGO 数据库的土壤地图单元被定义为字符型，尽管地图单元是用数字如 79522 和 79523 等编码。当然，不能用这些土壤地图单元的标识码来进行计算。

8.5.2　数据输入方法

假设一幅有 4000 个多边形的地图，每个多边形有 50 个属性数据的字段，则共需输入 200000 个数值。如何减少属性数据输入的时间与人力，每个 GIS 用户都对此感兴趣。

如同查找现有地理空间数据一样，最好先确定政府机构或组织是否已经以数字格式输入了属性数据。如果是这样，那么您只需将数据文件导入到 GIS 中。GIS 软件包可以导入分隔符文本文件、dBASE 文件和 Excel 文件。如果没有属性数据文件，那么键盘输入是唯一的办法。键盘输入的工作量取决于所用的方法或工具。例如，GIS 软件包的一个编辑工具要求一次输入一条记录，这并不是有效率的方法。一种节省时间的方法是遵循关系数据库的设计思路，使用关键字和查找表。

对于地图单元符号或要素标识码，最好直接在 GIS 中输入数据。因为我们可以在视窗中选择要素，查看要素在基图中的位置，在对话框中输入要素的符号或标识码。但是对于非空间数据，则最好用文字处理软件包（如 Notepad），或者用电子制表软件（如 Excel）。这些软件包提供剪切-粘贴、查找-替换和其他功能，但 GIS 没有这样的功能。

8.5.3　属性数据校核

属性数据校核涉及两部分。第一是保证属性数据与空间数据正确关联：标识或要素标识码应该是唯一的，不含空值。第二是检查属性数据的准确性。因为不准确性可能归结于许多因素，如看错、数据过时和数据输入错误。

一套有效地防止数据输入出错的方法是使用 geodatabase 中的属性域（Zeiler，1999）。可为属性定义取值的有效范围或有效集。假设地块分区的字段值为，居住区为 1、商业区为 2、工业区为 3。不管何时编辑字段，该分区值的集合都必须坚持。因此，如果输入一个分区值 9，该值将被拒绝接受，因为它不在数值的有效集范围内。类似地，用有效数字范围取代有效数据集并且作为约束条件，可应用于地块大小或建筑物高度。本章应用部分的习作 1 就是用属性域，以确保数据输入的准确性。

8.6　字段与属性数据的处理

字段和属性数据的操作包括字段的添加和删除，以及通过现有属性数据的分类和计算生成新的属性数据。

8.6.1　添加和删除字段

我们经常从网上下载数据用于 GIS 项目中，通常下载的数据记录总是多于所需要的。这时，就要删除一些不需要的数据。这不仅可以减少数据的冗余，还可以节省数据处理的时间。删除字段很简单，这个处理过程要求确定属性表及需要删除的字段。

在属性数据的分类和计算中，添加字段是首要的一步，新添加的字段用来保存分类和计算的结果。要添加一个字段，我们必须如同属性数据输入一样来定义新字段。

8.6.2　属性数据的分类

数据分类可以由现有数据创建新的属性。假设您有一个区域的海拔数据集，可通过对这些海拔做如下重分类：<500m，500～100m 等，从而获得新数据。

　　分类生成新的属性数据的操作包括3个步骤:一是定义一个新字段来存储分类结果,二是通过查询来选择数据子集,三是给所选数据子集赋值。除非计算机编程为自动执行,否则第二与第三步一直重复,直到所有记录被分类并被赋予新值(参见应用部分习作5)。数据分类的主要好处是减少或简化了数据集,使得新的数据集更容易应用于 GIS 显示和分析。

8.6.3　属性数据的计算

　　通过现有属性数据的计算也可以生成新的属性数据。操作分两步:一是定义一个新的字段,二是通过现有字段的属性值计算新字段的属性值。计算是通过公式完成,公式可以手工编写,也可以调用不同数学公式的组合。

　　一个计算例子:把一幅步道地图由米转换为英尺,并将结果以一个新的属性保存。这个新属性就可以由长度×3.28 计算而得,其中长度是已知的。另一个例子:通过计算现有属性数据坡度、坡向和海拔来估算野生生物栖息地的质量。完成这个工作的第一步是对每个变量建立一个评分系统。然后,计算坡度、坡向和海拔的指数值。最后,将各指数值加和,评估野生生物栖息地的质量。很多情况下,不同的变量被赋予不同的权重。例如,如果海拔的重要性是坡度和坡向的 3 倍,则指数值计算式 = 坡度得分 + 坡向得分 + 3 × 海拔得分。第 18 章有一节是关于指数模型的。

重要概念和术语

　　类别数据(Categorical data):以标称或排序度量的数据。

　　数据库管理系统(DBMS):用于管理综合的和共享的数据库的计算机程序,能完成数据输入、查找、检索、操作和输出等任务。

　　要素属性表(Feature attribute table):存储要素空间数据的属性表格。

　　字段(Field):表格中的列,记述空间要素的一个属性。

　　平面文件(Flat file):在一个大表中包含所有数据的数据库。

　　外部关键字(Foreign key):与基表相链接的表格中,能唯一地确定表格中一个记录的一个或多个属性。

　　层次型数据库(Hierarchical database):多层结构并用"一对多"的关系关联不同层次的数据库。

　　区间数据(Interval data):已知数值间隔的数据,如温度记录。

　　合并(Join):用两个表格的共同关键字把两个表格合并在一起的关系数据库操作。

　　"多对多"关系(Many-to-many relationship):表中的多条记录与另表中的多条记录相关联的一种数据关系类型。

　　"多对一"关系(Many-to-one relationship):表中的多条记录与另表中的一条记录相关联的一种数据关系类型。

　　网络型数据库(Network database):基于表格之间内置连接的数据库。

标称数据（Nominal data）：显示不同类别的数据库，如土地利用类型或土壤类型。

规范化（Normalization）：将一个包括所有属性数据的表分解成小的表格，同时，在关系数据库中保持表格之间必要链接的过程。

"一对多"关系（One-to-many relationship）：表中的一条记录与另表中多条记录相关联的一种数据关系。

"一对一"关系（One-to-one relationship）：表中的一个记录与另表中的一个且仅仅一个记录相关联的一种数据关系。

有序数据（Ordinal data）：按等级排列的数据，如大、中、小城市。

主关键字（Primary key）：基表中能唯一确定一个记录的一个或多个属性。

比率数据（Ratio data）：已知数值间隔的数据，且基于有意义的 0 值，如人口密度。

记录（Record）：表格中的一行，代表一个空间要素。

关联（Relate）：用两个表格中的一个共同关键字，把两个表格暂时联系起来的关系数据库操作。

关系数据库（Relational database）：由表格的集合组成的数据库，用关键字来联系各表格。

土壤地理调查数据库（SSURGO database）：由美国自然资源保持局（NRCS）维护的数据库，它以 7.5 分的四边形单元获取土壤调查数据。

空间合并（Spatial join）：空间合并操作使用空间关系将两组空间要素和及其属性数据合并起来。

复习题

1. 什么是要素属性表？
2. 列举一个非空间属性表的例子。
3. Geodatabase 与 shapefile 在存储要素属性数据上有何不同？
4. 描述基于测量范围概念的 4 种属性数据类型。
5. 您能把有序数据转成区间数据吗？为什么？
6. 说说关系数据库的定义。
7. 解释关系数据库的优点。
8. 定义主关键字。
9. 图 8.9 中分区表和地块表的合并操作结果是什么？
10. 一个完全规范化的数据库会减慢数据存储的速度，为了加速数据存储的速度，一个可行的方法是删除如图 8.9 中的地址表。但是删除地址表以后,数据库会变成怎样？
11. 列举一个现实世界中 "一对多"关系的例子（不包括本章的例子）。
12. 解释合并（join）操作与关联（relate）操作的相似性和差异性。
13. 为什么 GIS 数据库称为扩展的关系数据库？
14. "包含"是一种可以用于空间合并的拓扑关系。从你的专业领域中举一例说明如何使用包含。

15. 假设您下载了一个 GIS 数据集，数据集是以 m 而不是以 ft 为长度单位。叙述为数据集添加一个以 ft 为单位的字段的步骤。

16. 假设您下载了一个 GIS 数据记录。要素属性表的一个字段包括的数值有 12、13，等等。如何在 GIS 中找出这些数值是代表数字还是字符串？

17. 叙述由现有数据集的属性生成新属性的两种方法。

应用：属性数据的输入与管理

本章应用部分包括属性数据管理的 7 个习作。习作 1 是用 geodatabase 的要素类练习属性数据的输入。习作 2 与习作 3 分别阐述合并与关联表格。习作 4 与习作 5 分别显示如何通过数据分类来建立新的属性数据。习作 4 用重复选择数据子集并赋予其分类值的常规方法，而习作 5 用 Python 脚本编制自动程序的方法找出一个数据子集并赋予其分类值。习作 6 演示如何通过数据计算来生成新的属性数据。习作 7 练习在文件 geodatabase 中创建和使用关系类。空间合并在第 10 章作为空间查询来介绍。

习作 1　使用验证规则输入属性数据

所需数据：*landat.shp*，一个有 19 条记录的多边形 shapefile。

在习作 1 中，您将学习怎样用 geodatabase 要素类型及定义域输入属性数据。定义域及其编码将会限制输入的数值，从而避免数据输入错误。属性域是 geodatabase 中的一个验证规则，但不适用于 shapefile（参见第 3 章）。

1. 启动 ArcMap。启动 ArcMap 的 Catalog，将其连接到第 8 章数据库。重命名数据帧为 Task1。首先要创建一个个人 geodatabase，在目录树里右击 Chap8 数据库，指向 New，选中 Personal Geodatabase，将新的个人 geodatabase 命名为 *land.mdb*。

2. 这一步要导入 *landat.shp* 为 *land.mdb* 的一个要素。右击 *land.mdb*，指向 Import，选择 Feature Class（single）。用浏览按钮或者拖拉的方法添加 *landat.shp* 作为输入要素。把输出要素类命名为 *landat*。点击 OK，关闭对话框。

3. 现在为 geodatabase 创建一个定义域。从 *land.mdb* 快捷菜单选择 Properties，出现 The Database Properties 对话框，其中包括 Domain Name，Domain Properties 和 Coded Values。您需要对这三个框架进行设置：点击 Domain Name 下的第一像元，输入 lucodevalue；点击 Field Type 旁的像元，选中 Short Integer；点击 Domain Type 旁边的像元，选择 Coded Values，点击 Code 下面的第一个像元并输入 100。点击 100 旁边位于 Description 下的像元，输入 100-urban。在 Code 下面 100 的下面依次输入 200、300、400、500、600 和 700，同时输入各数字相应的 Description 属性：200-agriculture、300-brushland、400-forestland、500-water、600-wetland、和 700-barren。点击 Apply 和 OK，关闭 Database Properties 对话框。

4. 这一步是要为 *landat* 增加一个新字段，并且定义该字段的域值。在目录树中右

击 *land.mdb* 中的 *landat* 并选择 Properties。在 Fields 栏的 Field Name 下面点击第一个空白像元，输入 lucode。点击 lucode 旁边的像元，选择 Short Integer。在 Field Properties 框中点击 Domain 旁边的像元，选中 lucodevalue。点击 Apply 并退出 Properties 对话框。

问题 1　列举出一个新字段可用的数据类型。

5. 在 ArcMap 目录表中打开 *landat* 的属性表，lucode 表格最后一个字段以 Null values 的方式出现。

6. 点击 Editor Toolbar 按钮，打开工具条。点击 Editor 的下拉按钮，选择 Start Editing。右击 LANDAT-ID 字段，并选择 Sort Ascending。现在，就可以输入 lucode 值了：点击 lucode 下面的第一个像元，选择林地（400）。根据下表输入剩下的 lucode 值。

Landat-ID	Lucode	Landat-ID	Lucode
59	400	69	300
60	200	70	200
61	400	71	300
62	200	72	300
63	200	73	300
64	300	74	300
65	200	75	200
66	300	76	300
67	300	77	300
68	200		

问题 2　用自己的语言描述步骤 6 输入属性数据时，编码域值如何确保输入属性数据的准确性。

7. 当您完成 lucode 值的输入时，选择 Editor 下拉菜单中的 Stop Editing，保存编辑。

习作 2　合并表格

所需数据：*wp.shp*，一个森林立地的 shapefile；*wpdata.dbf*，一个包括植被和土地类型数据的属性数据文件。

习作 2 要求您将一个 dBASE 文件与一个要素属性表合并。合并操作将把不同表格的属性数据合并到一个表格中，使得在查询、分类或计算时可以使用所有属性数据。

1. 在 ArcMap 中插入一个新的数据帧，命名为 Task 2。把 *wp.shp* 和 *wpdata.dbf* 添加到 Task 2。

2. 打开 *wp* 和 *wpdata* 属性表。在两个表中都有的字段 ID 将作为合并表格的主关键字。

3. 现在，把 *wpdata* 合并到 *wp* 的属性表中。右击 *wp*，点击 Joins and Relates，选择 Join。在出现的 Join Data 对话框的上部，选择从一个表的属性进行合并。

然后，从第一个下拉列表中选择 ID，第二个下拉列表中选择 *wpdata*，第三个下拉列表中选择 ID。点击 OK，进行表格合并。打开 *wp* 的属性表来查看扩展的表。两表看似已连接，但实际上是通过 OLE（对象链接与嵌入）关联。输出 *wp*，保存为一个不同的文件名，即可以永久保存合并后的表格。

习作 3　关联表格

所需数据：*wp.shp*，*wpdata.dbf* 和 *wpact.dbf*。前两个与 Task 2 的数据相同，*wpact.dbf* 包含了附加的活动记录。

在习作 3 中，您将在 3 个表格中建立 2 个关联。

1. 从 ArcMap 的 Insert 菜单中选择 Data Frame，重命名新的数据帧为 Tasks3-6。把 *wp.shp*、*wpdata.dbf* 和 *wpact.dbf* 添加到 Tasks 3-6。

2. 检查关联表格中可用的关键字。字段 ID 必须出现在 *wp* 的属性表、*wpact* 和 *wpdata* 中。关闭表格。

3. 第一个关联是建立在 *wp* 和 *wpdata* 之间。右击 *wp*，指向 Joins and Relates，选择 Relate；在出现的 Relate 对话框中，选择第一个下拉列表中的 ID，第二个下拉列表中的 *wpdata*，第三个下拉列表中的 ID；用 Relate1 作为关联名，点击 OK。

4. 第二个关联是建立在 *wpdata* 和 *wpact* 之间。右击 *wpdata*，点击 Joins and Relates，选择 Relate；在出现的 Relate 对话框中，选择第一个下拉列表中的 ID，第二个下拉列表中的 *wpact*，第三个下拉列表中的 ID；输入 Relate2 为关联名，点击 OK。

5. 现在，三个表格已经关联起来，右击 *wpdata*，选择 Open，点击表格顶部的 Select by Attributes 按钮；在出现的下一个对话框中，输入下面的 SQL 表达式"ORIGIN" > 0 AND "ORIGIN" <= 1900，创建一个新的选择（可双击字段窗口的 "Origin" 并点击 >、<= 和 AND，将它们输入表达框）。点击 Apply。点击表格底部的 Show selected records 按钮，只有选中的记录被显示。

6. 通过以下步骤查看 *wp* 属性表中哪些记录与 *wpdata* 中选择的记录相关联。点击 Related Tables 的下拉菜单，选择 Relate1: *wp*。*wp* 属性表显示出被关联的记录。*wp* 图层显示出这些被选中记录的位置。

7. 应用与步骤 6 相同的操作，查看 *wpact* 中的哪些记录与 *wp* 中那些被选择的多边形相关联。

问题 3　在步骤 7 中，*wpact* 表中有多少条记录被选中？

习作 4　由数据分类生成新的属性数据

所需数据：*wpdata.dbf*。

习作 4 演示如何应用现有属性数据进行数据分类及创建新的属性数据。

1. 首先，点击 ArcMap 的 Selection 菜单中的 Clear Selected Features，清除选择该项。点击并打开 ArcToolbox，双击 Data Management Tools/Fields 工具集中的 Add Field 工具，（也可通过 *wpdata* 表格上方的 Table Options 菜单选择 Add Field

工具。)选择 *wpdata* 作为输入表格，输入 ELEVZONE 为字段名，选择 SHORT 为字段的类型，并点击 OK。

2. 在 Tasks 3-6 中打开 *wpdata*，点击显示全部记录的按钮。ELEVZONE 在 *wpdata* 中出现，但值为 0。点击 Select by Attributes 按钮。确认选择方法为 create a new selection 。在表达式栏中输入下面的 SQL 表达式："ELEV" > 0 AND "ELEV" <= 40。点击 Apply。点击表格底部 的 Show selected records 按钮，使只有选中 的记录显示出来，这些被选中的记录成为 ELEVZONE 的第一类，右击 ELEVZONE 字段并选择 Field Calculator。在 Field Calculator 对话框的表达式 栏中输入 1，并点击 OK。*wpdata* 中被选中的记录都被赋予值 1，这意味着它们 都是属于 1 类的。

3. 返回到 Select by Attributes 对话框，确认方法为 create a new selection 。输入 SQL 表达式："ELEV" > 40 AND "ELEV" <= 45。点击 Apply。按照上面相同步 骤，使被选择记录 ELEVZONE 被赋值 2。

4. 重复相同的步骤选择余下的两个级：46–50 和 > 50，并分别给它们的 ELEVZONE 赋值 3 和 4。

问题 4 ELEVZONE 赋值为 4 的记录有多少条？

习作 5 使用属性数据分类的高级方法

所需数据：*wpdata.dbf*。

在习作 4 中，通过重复选择数据子集并计算类型值的方法，您已经对 wpdata.dbf 表 中的 ELEVZONE 进行了分类。本习作是为您演示怎样用 Python 脚本及新方法来快速 计算 ELEVZONE 的值。

1. 通过在 Table Options 菜单里点击 Clear Selection 以清除 *wpdata* 的选择记录。 点击显示全部记录。在 Data Management Tools/ Fields 工具集下双击 Add Field 工具，选择 *wpdata* 作为输入表，选择 ELEVZONE2 为字段名，选择 SHORT 为 字段类型，然后点击 OK。

2. 在 Tasks3-6 中打开 *wpdata*。ELEVZONE2 显示在 *wpdata*，值为 0。要用高级方 法，首先复制 ELEV 值至 ELEVZONE2，即右击 ELEVZONE2，选择 Field Calculator，在表达式栏输入[ELEV]，点击 OK。

3. 右击 ELEVZONE2 再次选中 Feild Calculator。接着用高级方法对 ELEV 值进行分 类，然后将分类值保存到 ELEVZONE2。在 Field Calculator 对话框中，选择 Python 作为 Parser，并勾选 Show Codeblock 框，然后点击 Load 按钮，将 *Expression.cal* 上载为计算表达式。上载之后，你将在 Pre-Logic Script 代码框中看 到如下代码：

```
def Reclass（ELEVZONE2）：
    if（ELEVZONE2 <= 0）：
      return 0
  elif（ELEVZONE2 > 0 and ELEVZONE2 <= 40）：
        return 1
```

```
elif（ELEVZONE2 > 40 and ELEVZONE2 <= 45）：
    return 2
elif（ELEVZONE2 > 45 and ELEVZONE2 <= 50）：
    return 3
elif（ELEVZONE2 > 50）：
    return 4
```

同时在"ELEVZONE2 ="框中输入表达式 Reclass（!ELEVZONE2!）。点击 OK 运行代码。

4. ELEVZONE2 现在被赋予用 Python 代码计算的值，它们应与 ELEVZONE 值相同。

习作 6 由数据计算生成新的属性数据

所需数据：*wp.shp* 和 *wpdata.dbf*。

在习作 4 和习作 5 中，您已经通过数据分类生成了一个新字段。另一个生成新字段的常用方法是数据计算。习作 6 将会演示通过现有属性数据的计算生成新字段。

1. 双击 Add Field 工具，选择 *wp* 的属性表作为输入表格，输入 ACRES 作为字段名，选择 DOUBLE 作为字段类型，输入 11 作为字段的精度，输入 4 作为字段刻度，点击 OK。

2. 打开 *wp* 的属性表，点击显示全部记录。表格中出现了新字段 ACRES，其值为 0。右击 ACRES 选择 Calculate Values。在信息栏点击 Yes。在 Field Calculator 对话框中，在 ACRES =下的公式栏中输入以下表达式：[AREA] / 1000000 × 247.11。点击 OK，字段 ACRES 下显示了以英亩为单位的多边形。

问题 5 FID = 10 相当于多少英亩？

习作 7 创建关系类

所需数据：*wp.shp*，*wpdata.dbf* 和 *wpact.dbf*，与习作 3 相同。

在习作 7 中您将通过首先定义并把它们保存在文件 geodatabase 中使用关系类，而不是在习作 3 中使用即时关联。习作 7 需要标准或高级软件许可。

1. 如有需要，在 ArcMap 中打开 Catalog 窗。在 Catalog 目录树中右击第 8 章的数据库，指向 New，并选择文件 Geodatabase。将新的 geodatabase 重命名为 *relclass.gdb*。

2. 这一步将 *wp.shp* 作为要素类添加到 *relclass.gdb*，指向 Import 并选择 Feature Class（single）。使用浏览按钮添加 *wp.shp* 作为输入要素。将输出要素类命名为 *wp*。点击 OK 关闭对话框。

3. 这一步将 *wpdata.dbf* 和 *wpact.dbf* 导入作为 *relclass.gdb* 的表格。右击 *relclass.gdb*，并选择 Table(multiple)。使用浏览器按钮把 *wpdata.dbf* 和 *wpact.dbf* 添加为输入表格。点击 OK 关闭对话框。确认 *relclass.gdb* 现已包含 *wp*，*wpact* 和 *wpdata*。

4. 右击 *relclass.gdb*，指向 New，并选择 Relationship Class。您将首先通过几步在 *wp* 和 *wpdata* 之间创建一个关系类。将这个关系类命名为 *wp2data*，选择 *wp* 作

为原始表格，*wpdata* 作为目标表格，点击 Next。使用默认的简单关系。然后，当它从原始表格到目标表格时，将 *wp* 指定作为关系标签，当从目标表格到原始表格时，将 *wpdata* 指定作为关系标签，并选择没有消息传递。选择一对一的顺序排列。然后选择不在关系类中添加属性。在接下来的对话框中选择 ID 作为主关键字和外部关键字。在点击 Finish 之前回顾关系类集合。

5. 依照和步骤 4 相同的程序创建 *wpdata* 和 *wpact* 之间的关系类 *data2act*。ID 将仍被作为主关键字和外部关键字。

6. 这一步显示怎样使用已经定义并存储在 *relclass.gdb* 中的关系类。在 ArcMap 中插入一个新的数据帧并重命名为习作 7。将 *relclass.gdb* 中的 *wp*、*wpact*、*wpdata* 添加到习作 7。

7. 右击 *wpdata* 并选择 Open。点击 Select By Attributes。在接下来的对话框中通过输入下面的 SQL 语句表达式创建一个新的选择：

ORIGIN > 0 AND ORIGIN ＜ = 1900。点击 Apply 。点击位于表格底端的 Selected，使其仅显示选中的记录。

8. 在 Related Tables 的下拉箭头下，选择 *wp2data*。*wp* 属性表显示相关的记录，*wp* 图层显示那些被选中记录的位置。

问题 6 在步骤 8 中 *wp* 属性表选中了多少条记录？

9. 您可以使用关系类 *data2act* 去寻找在 *wpact* 中的相关记录。

挑战性任务

所需数据: *bailecor_id.shp*，一个美国爱达荷州贝利生态区的 shapefile; 数据以爱达荷州横轴麦卡托（IDTM）为投影坐标系统，单位为 m。

本任务要求您在 bailecor_id 中添加一个字段，用以计算爱达荷州每个生态区的面积，单位为 acre。

问题 1 Owyhee Uplands Section 的面积为多少英亩？

问题 2 Snake River Basalts Section 的面积为多少英亩？

参考文献

Arvanitis, L. G., B. Ramachandran, D. P. Brackett, H. Abd-E1 Rasol, and X. Du. 2000. Multiresource Inventories Incorporating GIS, GPS and Database Management Systems: A Conceptual Model. *Computers and Electronics in agriculture* 28: 89-100.

Blanton, J. D., A. Manangan, J. Manangan, C. A. Hanlon, D. Slate, and C. E. Rupprecht. 2006. Development of a GIS-based, Real-Time Internet Mapping Tool for Rabies Surveillance. *International Journal of Health Geographics* 5: 47.

Carleton, C. J., R. A. Dahlgren, and K. W. Tate. 2005. A Relational Database for the Monitoring and Analysis of Watershed Hydrologic Functions: I. Database Design and Pertinent Queries. *Computers & Geosciences* 31: 393-402.

Chrisman, N. 2001. *Exploring Geographic Information Systems*, 2d ed. New York: Wiley.

Codd, E. F. 1970. A Relational Model for Large Shared Data Banks. *Communications of the Association for*

Computing Machinery 13: 377-87.

Codd, E. F. 1990. *The Relational Model for Database Management,* Version 2. Reading, MA: Addison-Wesley.

Date, C. J. 1995. *An Introduction to Database Systems*. Reading, MA: Addison-Wesley.

Galdi, D. 2005. Spatial Data Storage and Topology in the Redesigned MAF/TIGER System. U.S. Census Bureau, Geography Division.

Güting, R. H. 1994. An Introduction to Spatial Database Systems. *VLDB Journal* 3: 357-399.

Jackson, M. 1999. Thirty Years(and More)of Database. *Information and Software Technology* 41: 969-78.

Jacox, E., and H. Samet. 2007. Spatial Join Techniques. ACM Transactions on Database Systems 32, 1, Article 7, 44 pages.

Lee, H. 1995. Justifying Database Normalization: A Cost/Benefit Model. *Information Processing & Management* 31: 59-67.

Mishra, P., and M. H. Eich. 1992. Join Processing in Relational Databases. *ACM Computing Surveys* 24: 64-113.

Moore, R.V.1997. The Logical and Physical Design of the Land Ocean Interaction Study Database. *The Science of the Total Environment* 194/195: 137-46.

Oz, E. 2004.Management *Information Systems*, 4th ed. Boston, MA: Course Technology.

Rigauz, P., M. Scholl, and A. Voisard. 2002. *Spatial Databases with Application to GIS*. San Francisco, CA: Morgan Kaufmann Publishers.

Shekhar, S. and S. Chawla. 2003. *Spatial Databases: A Tour*. Upper Saddle River, NJ: Prentice Hall.

Stevens, S. S. 1946. On the Theory of Scales of Measurement. *Science* 103: 677-80.

Vetter, M. 1987. *Strategy for Data Modelling*. New York: Wiley.

Zeiler, M. 1999. *Modeling Our World: The ESRI Guide to Geodatabase Design*. Redlands, CA: Esri Press.

Zhang, Q., L. Cheng, and R. Boutaba. 2010. Cloud Computing: State-of-the-Art and Research Challenges. *Journal of Internet Services and Applications* 1: 7-18.

第9章 数据显示与地图编制

地图是 GIS 的界面（Kraak and Ormeling，1996）。作为一个可视化工具，地图在传递地理空间数据方面是最有效的，无论强调的是地理空间数据的位置还是分布模式。在 GIS 中地图制图可以是非正式或正式的。非正式的是指我们查看和查询地图上的地理空间数据，正式的是指我们生成地图用于专业演讲和报告。第 9 章主要涉及正式的地图制图。

普通地图元素包括图名、地图主体、图例、指北针、比例尺、文字说明和图廓（图9.1）。其他元素包括格子线（经纬度的线或控制点）或格网（空间索引的线或控制点）、地图投影名称、插图或位置图，以及数据质量信息。在某些情况下，地图上也可以包含表、照片和超链接（链接地图要素至文件、照片、视频或网站）。这些元素共同作用将地图信息传递给地图读者。地图主体是地图最重要的部分，因为它包含了地图信息。地图的其他元素支撑了地图信息的传递过程。例如，图名蕴含了地图主题，图例则将地图符号与地图主体联系起来。实际上，地图制作可以被描述为将地图元素组装起来的过程。

数据显示是近年来 GIS 软件包获得较大进展的一个领域。具有绘图用户界面的桌面 GIS 软件包在数据显示方面表现出色有两方面原因。首先，制图者可以通过简单点击图标来构建一幅地图。其次，桌面 GIS 软件包在菜单选项中嵌入了一些设计选项，如符号选择和颜色设计。

对于地图编制初学者来说，这些易于使用的 GIS 软件包及其"默认选项"有时可能会产出质量欠佳的地图。制图时需要地图设计和地图信息传达的清晰思路。设计良好的地图读起来悦目、数据丰富，同时有助于制图者向读图者传递地理空间信息（Tufte，1983）。而设计拙劣的地图会令读图者迷惑不解，甚至被制图者的错误信息误导。

本章强调地图用于显示和报告方面。地图的数据探查和三维可视化则分别在第 10章和第 13 章涉及。本章共分 5 节：9.1 节讨论地图符号化，包括数据符号关系、色彩运用、数据分类和概括；9.2 节划分定量地图的不同类型；9.3 节概述地图注记、字体变化的选择和文字注记的摆放；9.4 节涉及地图设计、版面和视觉层次的设计元素；9.5 节查验与地图生产相关的问题。

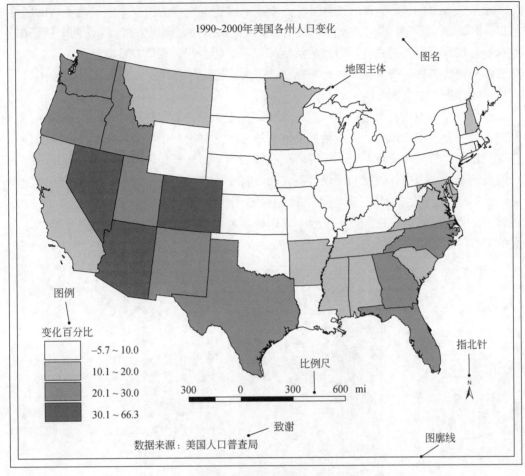

图 9.1　常见的地图元素

9.1　地图的符号表示

地图学涉及制作和研究地图的所有方面（Robinson et al.，1995）。地图制图学家把地图分为普通地图或专题地图，定性的地图或定量的地图（Robinson et al.，1995；Dent、Torguson and Hodler，2008；Slocum et al.，2008）。**普通地图**用于一般目的。例如，美国地质调查局的标准地形图，图上显示了多种空间要素。为特殊目的所设计的**专题地图**是用于显示选定主题的分布格局，如某个州以县为统计单位的人口密度分布。定性地图是描述不同的数据类型，如植被类型；而定量地图表达排序和数值数据，如城市人口。

无论何种类型的地图，地图制图者通过使用符号、色彩、数据分类和制图概括向读者表达制图数据。

9.1.1　空间要素与地图符号

空间要素以其位置和属性为特征。为了在地图上表示某一空间要素，我们用地图符号来指示该要素的位置，并用该符号与一个或一组视觉变量的组合来显示该要素的属性数据。例如，用红色粗线代表州际公路，而用黑色细线代表州级公路。在这两个例子中，线状符号均代表公路的位置，而线的宽度和色彩这两种视觉变量与线状符号一起，将州际公路与州级公路区分开来。由此可见，合适的地图符号和视觉变量的选择是数据显示和地图制作的主要方面。

　　栅格数据的地图符号选择很简单：无论空间要素是否被描述成一个点、线或区域，地图符号都会应用为像元。矢量数据的地图符号的选择取决于要素的类型（图9.2）。一般规则是用点符号代表点要素，线符号代表线要素，面符号代表区域要素。但是，这个一般规则不适用于立体数据和集聚数据，如没有立体符号来表示高程、气温和降水量等立体数据。取而代之的是，三维表面和等值线常用来制作立体数据地图（参见第13章）。例如，县域人口的集聚数据被作为一个集聚等级来报告，通常是把集聚数据分配到每个县的中心，然后用点符号表示。

图9.2　该地图用面符号来表示流域、线符号表示河流、点符号表示测站

　　数据显示的可视化变量包括色相、明度、彩度、大小、纹理、形状和图案（图9.3）。视觉变量的选择取决于所显示的数据类型，量度的级别通常用来对属性数据进行分类（参见第8章）。大小（如大小圆）和纹理（如符号斑纹的不同间距）更适合用于显示排序、区间和比率数据。例如，一幅地图可以使用不同大小的圆表示不同规模的城市。形状（如圆形和方形）和图案（水平线或交叉阴影线）更适合用于显示标称数据，如一幅地图可以使用不同的区域图案代表不同的土地用途。以色相、明度和彩度作为视觉变量将在9.1.2节讨论。GIS软件包会把视觉变量的选择安排在调色板上，方便用户选择组成地图符号的变量。有些软件包同时也允许自定义图案设计。例如，Google My Maps之类的在线制图服务，尽管选项较少，也使用相同的方法（注释栏9.1）。

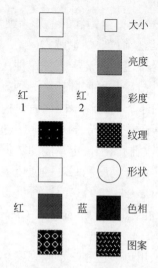

图 9.3　地图符号表示中的视觉变量

　　显示栅格数据时，视觉变量的选择会受到限制。因为栅格数据由像元组成，形状和大小这两个视觉变量并不适用于栅格数据。当像元很小时，纹理和图案的使用也十分困难。因此，多数情况下栅格数据的显示局限于用不同的色相、亮度和彩度。

9.1.2　色彩的运用

　　由于色彩可为地图增添特殊的魅力，在条件允许的情况下，制图者通常都会首选彩色地图，其次才是黑白地图。虽有很多色彩可选择，但色彩可能是最易被错用的视觉变量。运用色彩进行地图制作时，首先必须理解视觉的 3 个属性，即色相、亮度和彩度。

　　色相，是一种色彩与另一种色彩区别的性质，如红色与蓝色即为不同的色相。色相也可定义为组成一种颜色的光的主波长。人们通常倾向于将不同的色相与不同类型的数据联系起来。**亮度**，是一种色彩的明度或暗度，其中，黑色为低值而白色为高值。在地图上，我们通常感到较暗的符号更重要或更具分量。**彩度**，又称为饱和度或强度，指的是一种色彩的丰富程度或鲜艳程度。完全饱和的色彩为纯色，而低饱和度的色彩则偏灰。通常，色彩饱和度越高的符号其视觉重要性也越大。

色彩运用的第一窍门是简单：色相是适于表征定性（标称）数据的视觉变量，而亮度与彩度则更适合于表征定量（排序、区间和比率）数据。

定性制图相对比较简单。对于一幅定性地图而言，找到 12 种或 15 种易于相互区别的颜色并不难。如果一幅地图需要更多的符号，我们可以把图案或文字增加到色相中去，以形成更多的地图符号。另外，在制图上，定量制图数据受到更多的关注。多年来，在表现定量数据时，制图员提出了结合亮度和彩度的通用色彩方案（Cuff，1972；Mersey，1990；Brewer，1994；Robinson et al.，1995）。这些色彩方案的一个基本前提是读者可以更容易地感受到亮度从低到高的渐变（Antes and Chang，1990）。具体色彩方案如下所述。

（1）单色相方案。此方案采用单一色相、不同亮度和彩度的组合，生成一个系列的色彩方案。例如，浅红到深红。对于显示定量数据，这是一个简单却有效的方案（Cuff，1972）。

（2）色相与亮度方案。此方案采用一种色相的高亮度渐变到另一种色相的暗亮度的配色方案。例如，黄到深红、黄到深蓝。Mersey（1990）发现，在对普通地图信息的回忆或识别上，结合色相和亮度规则变化的色彩序列优于其他彩色方案。

（3）双端色方案。此方案采用两种主色的渐变色。例如，双端色方案可由深蓝到浅蓝，然后再由浅红到深红。双端色方案尤其适合于有正、负值或者增加与减少的数据。但是，Brewer 等（1997）指出，当读图者从不包括正负值的定量地图获取信息时，双端色方案实际上也比其他色彩方案更好。在 Brewer（2001）提供的 2000 年人口普查统计数据地图上可以找到双端色方案（http://www.census.gov/population/www/cen2000/atlas.html）。

（4）部分光谱方案。本方案用可见光光谱中相邻的色彩来表示显著差异。此方案的例子有："黄色—橙色—红色"和"黄色—绿色—蓝色"等。

（5）全光谱方案。本方案采用可见光光谱的所有颜色，常用于高程地图。本方案的色相之间没有逻辑顺序，因此，本方案不常用于其他定量数据的制图。

9.1.3　数据的分类

数据分类包括集聚数据及地图要素的分类方法和类型数目的使用。GIS 软件包通常会提供不同的数据分类方法。以下介绍 5 种常用的分类方法。

（1）等间隔。使分类结果中每个类的数值间距（数值变化范围）相等。

（2）几何间隔。该方法将数据值通过递增的间隔进行分类。

（3）等频率。也称为分位数，该分类方法用类别数等分数据数，使分类结果中每个类型含有相等数目的数据值。

（4）标准离差。这种分类方法将平均值向上或向下偏移标准值（0.5，1.0 等）的单元为类别分类点。

（5）自然断点。又称为 Jenks 优化法。本分类方法将对数据分组进行优化（Slocum et al.，2008），通过使用一个算法把同一类别中的数据值差异最小化，把类别之间数据值差异最大化。

（6）用户自定义。该方法让用户选择合适的有意义的类别分割点。例如，按州绘制人口变化率地图时，用户可以选择 0 或者全国平均值作为类别分割点。

通过改变分类方法、分类数量或者同时改变分类方法与数量，同一数据可以绘制出完全不同的地图及其空间格局（图 9.4）。这就是为什么制图者通常先进行数据分类实验，而后再决定最终地图的分类方案。尽管最终的决定仍然是主观的，但应遵循制图目的和地图信息传递指南来做出决定。

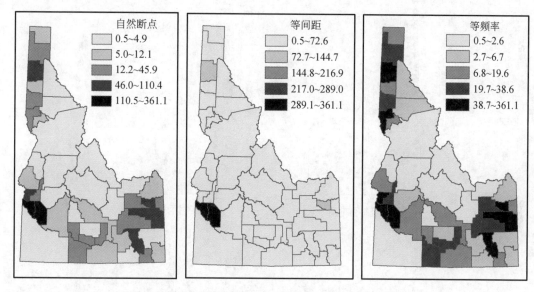

图 9.4　基于相同数据的地图因分类方法不同所呈现的差异

9.1.4　制图概括

制图概括被认为是制图表示中必不可少的一部分（Slocum et al.，2008）。使用地图符号来表达空间要素是概括的一种，如相同的点符号可能代表不同区域范围的城市。数据分类是另一种概括，如一个分类可能包含不同人口数量的一组城市。

比例尺变化通常是制图概括的原因（Foerster、Stoter and Kraak，2010）。在美国，很多要素层是用 1：24000 比例尺进行数字化的。当地图的比例尺为 1：250000 时，与源地图相比，相同的要素需要从地图空间上大量缩减。因此，地图符号将要缩小甚至重叠在一起。当地图显示大量的空间要素时，这个问题变得更加严重。地图制图者怎样处理这样的问题呢？极为接近的空间要素可以分类、合并或者折叠成一个精炼轮廓的单一要素；与河平行的铁路、高速公路可能根据它们几何形状的改变来增加更多的空间；相交要素的符号化，如桥梁、过街天桥、地下通道可能会被中断或者调整。

矢量数据模型强调在 GIS 中地理空间数据的几何准确性，但是各种概括原则都要适用于它们的几何特征，且能够在地图上清晰地表达空间要素。为了满足制图需要而保持几何的完整性一直是对 GIS 用户的不断挑战。为了帮助解决这些挑战，Esri 公司引进了一个新的符号选项 representations。Representations 提供了编辑工具，可以修改空间要素的外观——不改变数据库中的几何形状。因此，河流可以被屏蔽，桥梁才可以在河流图层上显示。铁路可以轻轻移开，腾出空间给平行的高速公路。

9.2　地图的种类

图 9.5 显示了定量地图的 6 种常见类型：点描法地图、等值区域地图、分级符号地图、饼状统计地图、流量地图和等值线地图。

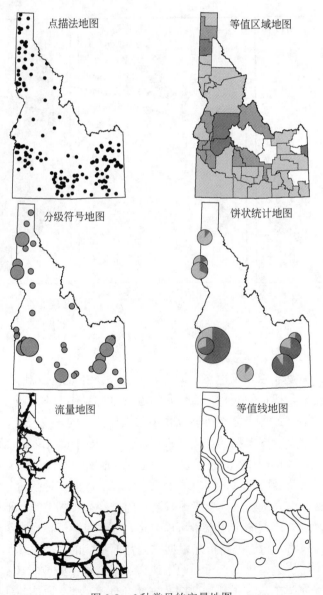

图 9.5　6 种常见的定量地图

点描法地图用统一的点状符号表示空间数据，每一个符号代表一个单位值。"一对一"点描法制图使用一点为单位值，以达斯汀.凯布尔创造的美国种族点描地图为例，在该地图中，2010 年人口普查的每个人都表示为一个点（http://www.coopercenter.org/demographics/Racial-Dot-Map）。但是，在多数情况下是用"一对多"点描法制图，单位值大于 1，此时，点的位置是绘图需要考虑的主要方面（注释栏 9.2）。

等值区域地图是将基于行政单元的派生数据用阴影符号表示（注释栏 9.3）。例如，一幅县域的平均家庭收入图。在制图前，首先对派生的定量数据进行分类，并用彩色配色方案进行符号化。因此，数据分类对等值区域地图的影响很大。制图者们通常制作出几种版本的等值区域地图，从中选择其一，而且通常选择具有较好空间组织的分类图作为最后版本。

注释栏 9.2	点描法地图上点的定位

　　如果是一对一绘制地图，在点描地图上点的定位不成问题。但如果是一对多绘制地图，便会成为问题。假设某县人口数是 5000 人，而图中一个点代表 500 人。在该县内的 10 个点该如何放置呢？最好是把点设置于有人居住的地方。然而，除非有附加数据，否则包括 ArcMap 的大多数 GIS 软件包都是用随机方法来布点。随机布点的点描法地图有利于进行地图不同部分点密度的比较，但并不适用于需要定位的数据。一种改进点描法地图准确度的方法是在尽可能小的行政单元基础上来布置这些点。另一种方法是排除诸如水体等不应布点的区域。ArcMap 软件可用掩模区来达此目的。透明度也可以用于强调的目的（Robinson，2011）。在前面的示例中，我们可以对栅格数据应用透明度来突出矢量数据。

注释栏 9.3	绝对值和派生值制图

　　地图编制人员将数值分为绝对值和派生值（Chang，1978）。绝对值是指诸如县的人口数一类的表示数量的数值或原始数据，而派生值是诸如县的人口密度一类的标准化数值（县人口/县的区域面积）。县的人口密度不依赖于县的大小。因此，相同人口数和不同面积的两个县，其人口密度不同，从而在等值区域地图上有不同的符号。如果等值区域地图被用于绘制绝对值地图，如县的人口数图，那么各县之间面积大小的差异可能会严重地影响地图的比较（Monmonier，1996）。进行绝对值制图，建议用分级符号图。

　　分区密度地图是简单分区图的一个变种。**分区密度地图**并不是按行政边界来分区，而是按统计数据和附加信息来勾绘具有相同数值的区域（Robinson et al.，1995），如图 9.6 所示。在过去制作分区密度地图是十分耗时的任务，但是现在 GIS 的解析功能已经简化了制图的程序（Eicher and Brewer，2001；Holt et al.，2004）。

　　分级彩色地图，这个术语可以用于涵盖等值区域地图和分区密度地图的概念，因为这两种地图都使用分级颜色方案去显示空间数据的变化。

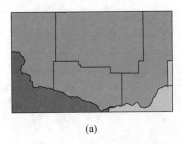 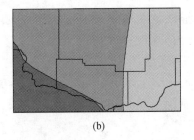

图 9.6 （a）按行政区边界的等值区域地图，（b）不按行政区边界的分区密度地图

分级符号地图用大小不同的符号（如圆圈、方形或者三角形）来代表数据的不同数值范围。例如，可以使用分级符号代表不同人口数值的城市。对于这类地图有两个重要问题：尺寸的范围和尺寸间的可辨别差异。这两点显然与地图上的类别数或分级符号数相关。

比例符号地图是分级符号地图的一个变种，它不是使用数值的范围，而是对每个数值使用专门的符号尺寸。因此，一个圆圈的尺寸可能代表 10000 的人口，另一个则代表 15000，依此类推。

统计图地图以饼状图或柱状图为地图符号。饼状图是分级圆圈符号图的一种变种，可显示两套定量数据：圆圈大小依数值（如一个县的人口数量）的大小比例而定，圆内的分区则可用来显示数值的构成，如一个县人口的种族构成图。柱状图用竖线及高度来表示定量数据。柱状图对于数据的并列比较十分有效。

流量地图显示流或空间交互数据，如河流流量、交通和迁移数据。有不同的方法来制作流量地图（Rae，2011）。如图 9.5 所示，一种方法是通过改变线状符号宽度来表示不同的数值范围。另一种方法是使用统一的线状符号来表示一个数字等级，如大于 500 名通勤者。

等值线地图使用等值线系统来代表一个表面。每条等值线把相等值的点连起来。GIS用户经常使用等值线地图来显示地形（参见第 13 章）和空间插值生成的统计表面（参见第 15 章）。

GIS 已经引进一种新的基于矢量和栅格数据的地图分类方法。由矢量数据制成的地图与传统的点状、线状和面状符号地图一样。本章讨论的大部分内容适用于这类矢量数据的显示。栅格数据制成的地图尽管看起来与传统地图相像，却是基于像元的（图 9.7）。栅格数据也能被分类为定性的或定量的，因此本节所阐述的适用于定性和定量地图的各种色彩方案，也可以分别用于绘制栅格地图。由美国国家航空航天局在地球观测卫星上提供的全球地图（第 5 章）是用栅格数据绘制的定量地图的极好例子（如卫星数据）（http://earthobservatory.nasa. gov/GlobalMaps/）。其中多数都是使用一种色相和色值或不同颜色方案的渐变彩色地图。

GIS 项目常需要使用并显示矢量和栅格数据。我们可以用透明度工具在栅格数据上叠加矢量数据，**透明度**能控制图层透明百分比，它对于高亮显示很有用。比如，可将矢量数据的透明度设为 50%，这样矢量数据下方的栅格数据仍然可以看到。这是 Google My Maps 的标准选项（注释栏 9.1）。

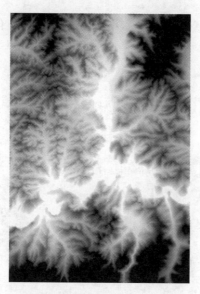

图 9.7　基于栅格数据的高程地图。颜色越暗表示海拔越高

9.3　地图的注记

一幅没有文字或注记的地图是无法被理解的。几乎每一种地图要素都需要有注记。制图者把文字当作一种地图符号，因为与点状、线状、面状符号一样，文字也有多种变化类型。因此，运用类型变化绘制出悦目、协调的地图成为地图制作过程的一环。

9.3.1　字体的变化

字体可以有字样和字形方面的变化。字样指的是字体的设计特征。两组主要的字样类型为**有修饰笔划（serif）**和**无修饰笔划（scans serif）**（图 9.8）。其中，有修饰笔划字样是指在字的笔划开始及结束的地方有额外的装饰，这种字样可使人们在阅读报纸或书籍的连续文字时容易一些。相比之下，无修饰笔划字样显得简单、粗壮。无修饰笔划字样虽然很少被用于书籍或其他有大量文字的材料中，但是即使在有复杂符号的地图上，无修饰笔划字样在字体较小时也清晰可辨。它的另外一个优点还在于有较多的字体变种。

Times New Roman
Tahoma

图 9.8　图中的 Times New Roman 是有修饰笔划字体，而 Tahoma 是无修饰笔划字体

字形变化包括字重（粗体、常规或细体）、**字宽**（窄体或宽体）、正体与斜体（roman 与 italic）、大写与小写等方面的不同变化（图 9.9）。字样可能有一个字体族，每个字体族由该字体的变体组成。因此，字体 Arial（一种无衬线字体）可有 Arial 轻斜体、Arial 粗宽体，等等。字库是指特定字样所有变体的完整集合。计算机里的字库是从打印机制

造商和软件包加载的。这些字库对于常规制图已经足够。如有需要，还可以将另外的字库导入 GIS 软件包。

Helvetica Normal

Helvetica Italic

Helvetica Bold

Helvetica Bold-Italic

Times Roman Normal

Times Roman Italic

Times Roman Bold

Times Roman Bold-Italic

图 9.9　字重和正斜体变化

字体在大小和颜色方面也有很多变化。字体大小是用**点数**来量度一个字母的高度，72 个点为 1in，12 个点为 1/6in。打印出来的字母看起来会比它们用点量度时的尺寸要小一些。点数的大小可想象成以金属字体块来量测，量测的时候必须从下伸字母（如 p 或 g）的最低点量到上伸字母（如 d 或 b）的最高点为止。但是没有一个字母会延伸到金属字体块的最边缘。字体颜色就是字母的颜色。除了颜色，字母还可以出现阴影、光晕或填充图案。

9.3.2　字体变化的选择

如同视觉变量一样，文本符号的字体变化在地图符号中也可以具有相同的功能。如何为一幅地图选择字体变化呢？实用指南是把文字符号分为定性或定量的类别。代表定性的文字符号类别，可以在字样、字体颜色、正体或斜体等方面产生变化，如河流、山脉、公园等的名称。相对而言，代表定量的文字符号类别，可以在字体大小、字重和大小写等方面产生变化，如不同规模城市的名称。文字符号进行这样的分类有利于简化选择字体变化的过程。

除了分类，建议在选择字体类型的时候还要考虑可读性、协调性和惯例（Dent、Torguson and Hodler，2008）。可读性比较不容易掌握，因为它不仅受字体变化的影响，而且还受文字排列方式和注记与背景符号之间的对比等的影响。作为 GIS 用户，我们还有设计在显示器显示的地图与打印出较大图幅的地图需要考虑的问题。要保证地图各部分注记的可读性，实验是唯一途径。

注记的可读性必须与协调性相平衡。作为传达地图内容的一个方式，注记必须清晰可读但又不能吸引过多的注意力。制图者应当避免在一幅图上用太多字样（图 9.10），而只选用一至两种字样可取得协调美观的效果。例如，许多制图者在地图主体中用无修饰笔划字样，而在图名和图例中则选用有修饰笔划字样。惯例的应用也有助于协调性。字体选择的惯例包括水体要素名称用斜体、行政单元名称（如州名和县名）用大写且字母间要留有间距，以及对不同大小的城市名称采用不同的字体大小和字形。

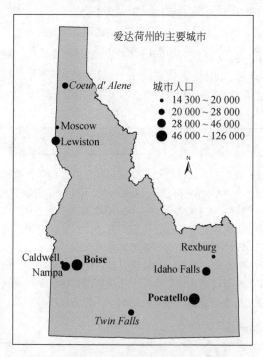

图 9.10　使用太多字体变体导致整幅地图不协调

9.3.3　文字在地图主体的放置

当提到文字注记的放置，我们必须首先认识两类文字元素。地图中的文字元素（也称为标识）是与空间要素直接相关的。大多数情况下，这些标识就是空间要素的名称，但也可以是某些属性值，如等高线读数和降水量。地图上其他文字元素如图名和图例并不与特定位置相联系；相反，这些文字元素（如图解元素）的放置位置与版面设计有关（参见 9.4.1 节）。

作为通用规则，文字放置的位置应该能显示所标识空间要素的位置和范围。制图学家建议把点状要素的名称放在其符号的右上方；线状要素的名称用条块状标识并且与要素的走向平行；面状要素的名称应放在指明其面积范围的地方。其他通用规则包括：标识排列应与地图边框或纬线对齐，且标识应完整置于陆地或水体上。

在 GIS 软件包中，实现标注算法并非易事（Mower，1993；Chirié，2000）。名称自动标识给计算机程序员们提出了许多难题：名称必须有可读性，并且不能与其他名称或符号叠置；名称必须清晰指示其所要指示的符号；名称的放置方式也要遵循制图惯例。这些问题在小比例尺地图上更加严重，因为在小比例尺地图上名称之间地图空间的竞争更加剧烈。因此，不应期望标注能够完全自动化，通常需要一些交互式的编辑，改善最后成果图的效果。为此，GIS 软件包提供多种标注方法。

例如，ArcGIS 提供了交互式和动态标注法。交互式标注法每次只能编辑一个标识。如果摆放位置的效果不理想，标识可以被马上移走。当标识数目不多或者标识位置必须准确的时候，交互式标注法是一种理想的方法。动态标注法可能是大多数用户的选择，因为它可以自动标注所有或者被选择的项目。通过动态标注，我们可以设置文字标识摆放的顺序，解决潜在的冲突（注释栏 9.4）。比如，可以选择以条块状摆放线状要素，并与该线状要素走向平行；还可以设定在同一地图空间标识竞争的优先规则。在默认状态下，ArcGIS 不允许标识之间相互重叠。这是一条明智的规则，在此约束条件下，标识的摆放位置将被影响，一些标识的位置可能还需要调整（图 9.11）。

注释栏 9.4	动态标注法

当选择动态标注法时，我们基本让计算机来完成标注任务。但是计算机在标注时，需要接收标注方法与解决潜在问题的指令。ArcGIS 用 Placement Properties 对话框获取用户的指令。对话框有两个栏标：Placement 栏用于部署方法和重复标注。不同的要素类型有不同的部署方法。例如，ArcGIS 根据标注处的点特征，提供 36 种相应的部署标识的方法。默认的部署方法通常是地图文献中所推荐的方法。例如，一系列街区中相同的街名等重复标识可以被移走或去掉。Conflict Detection 栏用于处理重叠、被重叠的标注和要素符号。ArcGIS 用重要性配置器来决定一个图层及其要素的相关重要性。Conflict Detection 栏也有缓冲选项，为每个标注周围提供一个缓冲区。只靠动态标注法就能做一幅"完美"的图，通常是不可能的。在多数情况下，在将标注转换为注释之后，一些标识还需要逐个调整。

图 9.11　美国主要城市的动态标注。最初的效果不错，但并非完全令人满意。比如，费城（Philadelphia）就看不见。圣安东尼奥（San Antonio）、印第安纳波利斯（Indianapolis）、巴尔的摩（Baltimore）的标识名与其所在点状符号稍有重叠，而旧金山（San Francisco）与圣何塞（San Jose）又太靠近

　　动态标识不能被单独选择或调整。但是，它们可以首先被转换为文本元素，然后就如同交互式标注一样可以被单独移走或改变（图 9.12）。在一个确实拥挤的区域处理好标识的方法是用一条引线，把标识和它对应的要素连接起来（图9.13）。

图 9.12　图 9.11 的修订版。重新把费城（Philadelphia）添加到地图上，并把几个城市的标识名逐个移到靠近各自点状符号的地方

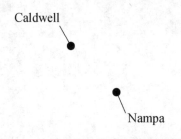

图 9.13　连接点状符号及其标识的引线

　　或许标注过程中最艰巨的任务应属河流名称标识。一般规则是河流的名称要沿着河流走向，标注在河道的上方或下方。交互式和动态标注法都可以使河流名称顺着河流弯曲的方向而弯曲地出现标识。而河流名称的弯曲状况取决于相应河段的平滑程度和长度，以及河流名称的长度。一次性就把所有的名称放在正确的位置上是几乎不可能的（图 9.14a）。用**样条文字**（spline text）工具可把有问题的名称删除并重新标注，这种工具可以使文字串沿着目标曲线排列（图 9.14b）。

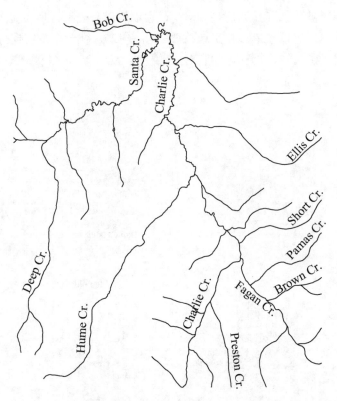

图 9.14a　河流的动态标注或许并不能对每个标识起作用。Brown Cr.与 Fagan Cr.重叠，Pamas Cr.与 Short Cr.的名称并不沿着小溪的走向

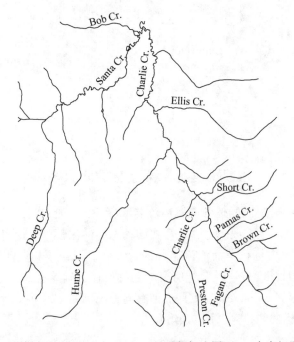

图 9.14b　用样条文字（spline text）工具重新标注图 9.14a 中有问题的标识

9.4　地 图 设 计

如同图形设计，**地图设计**是一种为达一定目标而进行的视觉设计。地图设计的目的是为了增强地图，使其易于理解和传递正确消息或信息。设计良好的地图看起来应该是平衡的、协调的、有序的和悦目的，而设计拙劣的地图则只会令人迷惑和产生误导（Antes et al.，1985）。地图设计既是科学，又是艺术，地图设计也许没有绝对的对与错，但是却有较好、效率较高的地图和较差、效率较低的地图。因为现在有权访问 Web 制图服务的人就可以制作地图，所以关注地图设计很重要（注释栏 9.5）。

注释栏 9.5	更好的制图活动（better mapping campaign）

因为现在有权访问 Web 制图服务的人就可以制作地图，所以地图设计较以前变得更为重要。这里提到两个例子显示为提高在线地图质量所做的努力。由英国制图学会主办的 Better Mapping Campaign，自 2006 年以来举行了一系列的研讨会（Spence，2011）。研讨会参与者给出了两个重要信息：①通过一些制图设计原则的权衡应用来改进地图；②制图学是可以区分地图好与坏的。第二个例子试图通过软件设计提高在线制图的质量，而不是通过教育。鉴于许多互联网地图的可读性差，Gaffuri（2011）提供了自动概括技术作为一种纠正问题的途径。例如，Google 地图的一个常见问题是标记符号的堆放，可通过制图概括或分组技术解决。

地图设计与图形艺术领域有相通之处，许多地图设计的原理起源于视觉感知。制图者通常从排版和视觉层次的角度来研究地图设计。

9.4.1　排版

排版又称平面组织，是对地图的不同要素进行排列与组合。排版关注的主要方面包括焦点、顺序和平衡问题。一幅专题地图，必须有清晰的焦点，它通常是地图主体或地图主体的一部分。为了吸引读图者的注意力，焦点要素应放置在地图光学中心的附近，即地图几何中心偏上一点。焦点要素应在线宽、纹理、数值、细节和色彩的对比上与其他地图要素有所区别。

在看过焦点要素后，读图者应能按一定次序转向地图的其他部分。例如，图例和图名有可能是随地图主体之后读者想要看的部分。为使这一转移过程流畅，制图者应清楚地将图例与图名放置在地图上，甚至可以用方框将它们框起来或者用更大一点的字样，以引起读图者的注意（图 9.15）。

一幅完工的地图应该达到视觉平衡，它不应该给读图者以头重、脚重或两边重的印象。然而，平衡并不意味着拆散地图要素，将它们几乎机械性地摆放在地图的每一个部位。那样的话，各地图要素的分布虽然可以达到某种平衡，但是地图仍然会显得无序和杂乱。因此，制图者应在地图组织与地图信息传递方面处理好平衡问题。

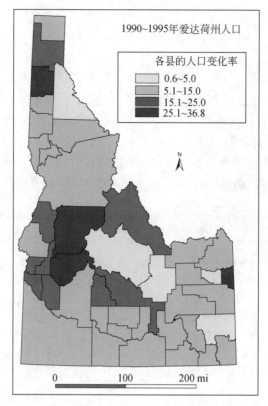

图 9.15　用方框把图例框起来以引起读图者的注意

　　制图员过去习惯于用缩略图来试验地图的平衡问题。现在他们用计算机在一个版面上对地图元素进行操作。例如，ArcGIS 提供了版面设计的两种基本方法。第一种是使用版面模板。这些默认的模板分成以下几类：通用、工业、美国和世界模板。每个类别都有一个选择清单。例如，美国模板包括全美国、美国大陆及美国国内的 5 个地区。图 9.16 显示美国大陆模板的基本结构。用户使用这些内置设计能快速构成地图。

　　第二种方法是打开一张版面布局页面，然后每次增加一个地图元素。ArcGIS 提供以下地图元素：图名、文字注记、图廓线、图例、指北针、比例尺、比例尺注记、图片和景物。当把这些框架元素放置在版面布局页面上，可以把它放大、缩小及在页面上移动。ArcGIS 提供的其他地图元素有插入方框（extent rectangle）、地图边框（frame）和格网线（grid）。还可以将第二种方法创建的排版保存为一个标准模板供日后使用。标准模板在项目或报告中要求多个地图外观一致时很有用。

　　不管在排版设计中采取何种方法，都需要特别重视图例。图例包括了组成一幅地图的所有图层的描述。例如，一幅显示州内不同类别城市和公路的地图至少需要 3 个图层：城市图层、公路图层和州边界图层。取默认值时，这些描述被作为单独的图形要素放置在一起，使图层繁多冗长，从而使排版出现平衡问题。解决办法是把图例分成两列或更多列，删除没用的图例（如州界符号）。另一种方法是将图例转化成图像，将图像重新排列成想要的格式，然后重新将图像元素组合成图例。

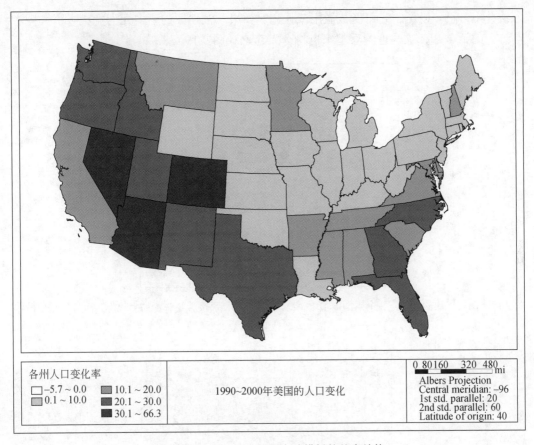

图 9.16　ArcMap 中美国大陆模板的基本结构

9.4.2　视觉层次

视觉层次（visual hierarchy）是指将三维效果或深度引入可视平面的开发过程（图 9.17）。根据各个地图要素在地图用途中的重要程度，制图者将地图要素置于不同的视觉层次，从而创建了视觉层次。最重要的元素应放在最顶层并且距离读图者最近。最不重要的元素放在底层。一幅专题地图的视觉层次可由三级或更多级组成。

视觉层次的概念是视觉感受中"**图形-背景（figure-ground）关系**"的扩展（Arnheim，1965）。在视觉上更重要一些的图形要素，距离读者更近一些，并且有形状、有令人印象深刻的色彩及具体的含义。底层是图形的背景。在地图设计中，制图员已经采用"深度暗示"来增强"图形-背景关系"。

或许最简单却又最有效的创建视觉层次的方法是所谓的插入或叠印（Dent、Torguson and Hodler，2008）。**插入**是用对象的不完整轮廓线使它看起来像在另一对象的后面。地图中有关插入的例子比比皆是，尤其是在报纸和杂志中。当经线与纬线相交于海岸线时，大陆在地图上看起来会显得更重要或者在整个视觉层次中会占据更高的层次。如果图名、图例或者插页地图置于方框内，无论带不带阴影，看起来都会更突出。当地图的主体被精心地叠置在围绕地图的图廓之上时，地图主体的显示将更加突出（图 9.18）。插入法使用方便，以至于它可能被滥用或误用。如果一幅地图的诸多元素竞相吸引读图者注意力的话，那么这幅地图看起来也将令人迷惑（图 9.19）。

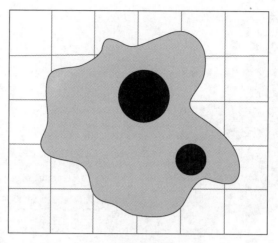

图 9.17　视觉层次的例子。两个黑圆圈顶层（离读者最近），紧接着是灰色的多边形，而最不重要的格网在底层

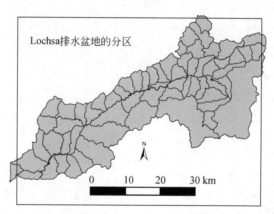

图 9.18　通过插入法，地图主体显示在图廓线上方，然而一些制图者可能反对这个设计，因为他们认为所有的地图元素应置于图廓线内部

续分结构是地图设计的原理之一，它根据拟定视觉层次将地图符号分为初级和二级符号（Robinson et al.，1995）。每个初级符号被赋予区分明显的色相，而二级符号之间的区分则是基于色彩变化、图案、纹理。例如，气候图中所有的热带气候都以红色表示，而不同的热带气候类型（湿润赤道气候、季风气候和热带干湿季气候）则以不同深浅的红色来区分。续分结构对于有许多地图符号的地图最有用，如气候图、土壤图、地质图和植被图。

对比是地图设计的一个基本要素，与视觉层次一样，对比对于排版也很重要。在大小或宽度上的对比可使州界比县界、大城市比小城市看起来更重要（图 9.20）。色彩的对比能将图形从背景中区分出来。制图员常用暖色（如橙色到红色）表现图形，冷色（如蓝色）表示背景。纹理的对比也能将图形和背景区分开来，因为含有更多细节或更多纹

图 9.19　如果一幅地图的诸多要素竞相吸引读图者的注意力，则地图看起来也将令人迷惑

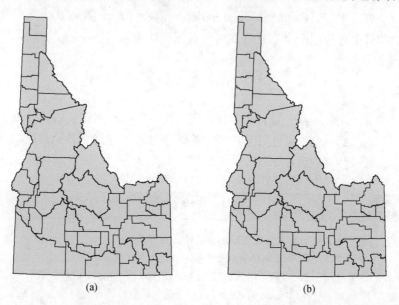

图 9.20　（a）图中缺乏对比，而（b）图中线条的粗细对比使州界看起来比县界重要

理的地图趋于更加突出。与插入法的用法一样，过多的对比使用会使地图外观杂乱。例如，在一幅地图上如果亮红色与绿色作为面状符号并排使用的话，看起来会很刺眼。

通过"调低"背景图层符号的透明度（参见 9.2 节），这个工具在创建视觉层次上也显得很有用。假设我们想要在县域人口变化率的图层上再添加一个显示主要城市的图层，我们可以调整县域图层的透明度，使城市图层的显示更突出。

9.5　动　画　地　图

GIS 生成的地图或视图可以在动画中用来显示随时间、空间和/或属性变化的变化（Lobben，2003）。已有许多时序动画的例子，如美国从 1900～2010 年以 10 年为时间间隔的人口变化，以 6h 为时间增量的热带气旋的轨迹，或者每隔 2min 传播的海啸波。动画也可以是非时序性的，如沿着预先定义的路线（Berry et al.，2011），以及具有不同社会、管理和自然要素的 3-D 轨迹场景（Reichhart and Arnberger，2010）。

不管是时序动画还是非时序动画，必须准备一系列显示主题快照的图帧。在时序动画情况下，还需要显示时间值和时间间隔的属性。在动画之前，必须为显示的每个图帧设置时间长度。在动画完成之后，它可以以.avi 或.mov 文件格式保存为视频，这样就可以在 PowerPoint 演示中使用。

动画可以分为两类：演示和交互（Lobben，2003）。在演示动画中，图帧在一个方向上移动，在指定的时间间隔内向前或向后移动，而很少或根本无法控制查看器。另外，交互式动画允许用户跨步或连续播放动画（Andrienko et al.，2010）。

随着动画在 GIS 用户中逐渐流行，研究者呼吁要更好地理解动画地图的应用。人们对信息超载和改变盲症（邻近场景中发现重要变化的失败）的问题提出了担忧（Harrower，2007；Fish、Goldsberry and Battersby，2011）。还有人认为，与静态地图相比，动画地图只有在应用于动态变化的时间数据时才有效（Lobben，2008）。

9.6　地图的生产

GIS 用户在计算机屏幕上设计和制作地图。这些软拷贝地图能以各种方式使用，可以打印出来、输出到互联网、在计算机投影系统上使用、导出到其他软件，或经过进一步加工用于出版（注释栏 9.6）。

注释栏 9.6	软拷贝地图的使用

　　完成软拷贝地图后，可以将其打印或输出。从计算机屏幕打印地图需要操作系统与打印设备之间的软件接口（常称为驱动程序）。ArcGIS 把增强型图元文件（EMF）设置为默认的输出格式，并提供 PostScript（PS）与 ArcPress 两种格式选项。EMF 文件源于 Windows 操作系统，专门用于打印地图。PS 是 20 世纪 80 年代由 Adobe Systems Inc.开发的高质量打印行业标准。ArcPress 是 ESRI 公司开发的模块，该模块基于 PS，并擅长于对栅格数据集、图像或复杂地图符号的打印。

　　当计算机导出地图作其他用途时，必须指定输出格式。ArcGIS 提供了栅格和矢量格式的地图输出。栅格格式包括 JPEG、TIFF、BMP、GIF 和 PNG。矢量格式包括 EMF、EPS、AI、PDF 和 SVG。

　　胶印是印刷大量地图副本的一种标准方法。胶印进行计算编制地图的典型程序如下：第一，在分色过程中，把地图输出分离为 CMYK PostScript 文件。CMYK 代表青、品红、黄、黑 4 种印刷颜色，常被用于胶印。第二，这些文件是通过图像处理器来产出高分辨率印刷版或负片。第三，如果从图像处理器的输出由负片组成，则负片被用于制作印刷版。第四，胶印是通过压力运行印刷版印刷出彩色地图。

　　地图生产是一个复杂的主题。我们常惊奇地发现从彩色打印机打印出来的色彩符号与在屏幕上的颜色不完全一致。这种差异来源于不同介质和色彩模式的应用。

　　大多数计算机采用**液晶显示器（LCD）**来显示数据。液晶显示器有两片中间充满液晶的偏振材料。液晶显示器的每个像元都可以单独发光或熄灭。

　　使用液晶显示器，我们在计算机屏幕上看到的色彩符号都是由像元组成的，而每个像元的颜色实际上是 RGB（红、绿、蓝）3 种不同颜色混合显示的结果。红绿蓝三基色各自的强度不同决定了它的颜色。每种基色可能具有的强度数值取决于液晶显示器中电压的变化。通常每个基色的强度范围都超过 256 个级别，通过 3 种基色组合，可产生 1680 万种色彩（256×256×256）。

　　许多软件包提供 RGB 色彩模式来定义颜色。然而，RGB 的混色模式并不直观，也不符合人体角度的颜色感觉（图 9.21）（MacDonald，1999）。例如，饱和的红色与饱和的绿色相混合能产生黄色，但是这一现象并不易显示出来。正因为此，其他基于色相、明度和彩度的色彩模式被开发出来。例如，ArcGIS 除了 RGB 色彩模式外，还提供了**HSV**（色相/饱和度/明度）色彩模式用于设定自定义色彩。

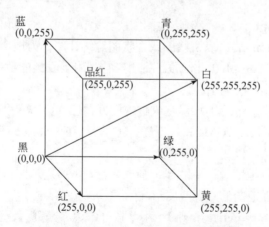

图 9.21　RGB（红、绿、蓝）色彩模式

　　打印的彩色地图与计算机屏幕显示存在两个方面的不同：彩色地图反射光线而不发射光线；彩色地图上色彩的生成是减色而不是加色过程。减色法的 3 种基本色是青色、品红和黄色。打印的时候，这 3 种基本色加上黑色构成了"青品黄黑"（CMYK）模式的 4 原色印刷。

　　生成打印的地图色彩符号与生成计算机屏幕上地图的过程大体一致。彩色点替代了像元点，而彩色点覆盖的面积比例替代了不同光强。打印地图上的深橙色可能代表了60% 品红和 80% 黄色的组合，而浅橙色则可能代表了 30% 品红和 90% 黄色的组合。为了使计算机屏幕上的色彩符号与打印地图上的色彩符号一致，需进行 RGB 模式到 CMYK 模式的转换。但是，两者之间没有精确的转换，因此打印出来的彩色地图看起来仍然会与屏幕上色彩有所不同（Fairchild，2005）。国际色彩协会是由遍及全世界超过70 家公司和组织组成的，自 1993 年以来，该协会一直致力于不同平台和介质的色彩管理系统的研究（http://www.color.org）。在开发出这样一种满足要求的色彩管理系统之前，我们仍然必须在各种介质上进行色彩的实验研究。

对于 GIS 用户来说，地图生产可能是一项富有挑战性的工作，彩色地图的生产更是如此。注释栏 9.7 叙述了一个免费互联网工具 ColorBrewer，可以帮助 GIS 用户选择适用于特定模式地图生产的色彩符号（Brewer，Hatchard and Harrower 2003）。

注释栏 9.7	制作彩色地图的网络工具

在 http://colorbrewer2.org/网页上有一个制作地图的免费网站工具。这个工具提供 3 种色彩方案：顺序的、发散的及定性的。可以选择一种色彩方案并在等值区域地图样本上预览色彩效果。在样本图上还可以添加点和线符号并改变地图边界和背景色彩。而后，对每种选中的色彩，该工具可以 CMYK、RGB 和 Hexadecimal 颜色编码显示其色彩数值。而且，对于每种选定的色彩方案，该工具还能评估其与色盲、彩色打印、复印或便携式计算机（LCD）友好兼容等指标。

重要概念和术语

地图学（Catography）：涉及制作地图和研究地图的各个方面的学科。

统计地图（Chart map）：以饼状图或柱状图等统计图作为地图符号的地图。

等值区域地图（Choropleth map）：将阴影符号用于收集的数据或统计值，以列举行政单元（诸如县或州）的地图。

彩度（Chroma）：颜色的丰富程度或鲜艳程度，也称为饱和度或强度。

"青品黄黑"色彩模式（CMYK）：青色（C）、品红（M）、黄色（Y）和黑色（K）的四原色组合形成的色彩模式。

对比（Contrast）：地图设计中的一个基本元素，可通过地图符号的大小、宽度、色彩和纹理的变化来增强地图的外观或图形-背景关系。

分区密度地图（Dasymetric map）：不是按行政边界来分区，而是按统计数据和额外信息来描绘相同数值区的地图。

点描法地图（Dot map）：用统一的点状符号显示空间数据的地图，每个符号代表一个单位值。

图形-背景关系（Figure-ground relationship）：在视觉上把更重要的对象（图形）从背景中分离出来的视觉感知趋向。

流量地图（Flow map）：以不同宽度的线状符号来显示不同数量的流量数据的地图。

普通地图（General reference map）：用于通用目的的地图，如美国地质调查局（USGS）

的地形图。

分层设色地图（**Graduated color map**）：用渐变色彩方案（如由浅红到深红）显示空间数据差异的地图。

分级符号地图（**Graduated symbol map**）：用不同大小的符号（如圆圈、方形或者三角形）来代表不同数量等级的地图。

HSV：以色相（H）、饱和度（S）和亮度（V）来定义颜色的色彩模式。

色相（**Hue**）：一种色彩得以与另一种色彩相区别的颜色性质，如红色与蓝色即为不同的色相。色相是光的主波长。

插入（**Interposition**）：由于一个对象的不完整轮廓，使其显得好像位于其他对象之后的趋势。

等值线地图（**Isarithmic map**）：用等值线系统代表一个表面的地图。

排版（**Layout**）：地图要素的排列和组合。

液晶显示器（**LCD**）：它具有两片中间充满液晶溶液的偏振材料，常作为个人计算机或便携式计算机的显示设备。

地图设计（**Map design**）：为取得地图的效果而进行的视觉设计的开发过程。

点（**Point**）：字体的度量单位，72 点为 1in。

比例符号地图（**Proportional symbol map**）：用特定大小的符号表示每一个数字值的地图。

红绿蓝色彩模式（**RGB**）：一种用红（R）、绿（G）、蓝（B）三原色组分来定义颜色的色彩模式。

无修饰笔划（**Sans serif**）：不带修饰笔划。

修饰笔划（**Serif**）：添加到线划末端的、小的、收笔笔触。

样条文字（**Spline text**）：沿着曲线排列的字串。

续分结构（**Subdivisional organization**）：根据预期的视觉层次，把地图符号分为初级符号和二级符号两组的一种地图设计原理。

专题地图（**Thematic map**）：用来强调一种主题的空间分布的地图，如显示以县为统计单位的人口密度分布的地图。

透明度（**Transparency**）：用来控制一个图层透明度百分比的显示工具。

字样（**Typeface**）：字体的特殊风格或设计。

字重（**Type weight**）：字体的相对黑度，如粗体、常规或细体。

字宽（**Type width**）：字体的相对宽度，如窄体或宽体。

亮度（**Value**）：是指一种颜色的明暗度。

视觉层次（**Visual hierarchy**）：将三维效果或深度引入地图，从而展开视觉设计的过程。

复习题

1. 说出地图中常见的 5 个元素。

2. 关注地图设计为何重要？

3. 地图编制者将视觉变量运用于地图符号。什么是视觉变量？

4. 说出用于数据显示的普遍视觉变量。

5. 描述颜色的 3 个视觉维。

6. 举例说明"色相和亮度"色彩方案。

7. 举例说明"双端色"色彩方案。

8. 定义等值区域地图。

9. 为何数据分类对于制图特别是等值区域地图很重要？

10. ArcGIS 提供了分级颜色和分级符号显示方法。如何区别这两种选择？

11. 假设要求您重新绘制图 9.10，请提供一个字体设计清单，包括字样、字形和大小，这些字体设计将应用于 4 种类型的城市。

12. 达到地图与文字标注和谐的一般设计原则是什么？

13. ArcGIS 提供有标注文字交互式标注与动态标注的功能。每种方法各有何优缺点？

14. 图 9.15 显示 ArcGIS 中用于美国大陆区域设计的版面模板。在以后的项目中，您是否考虑使用该模板？为什么？

15. 什么是视觉层次？视觉层次与地图目的有何联系？

16. 图 9.17 是地图设计中应用插入法的例子。该地图是否获得预期的三维效果？

17. 什么是地图设计的续分结构？除本章的气候图例子外，是否可以想到一个应用续分结构原理进行地图设计的例子？

18. 解释为何彩色打印机打印出来的颜色符号与计算机屏幕看到的并不完全一致。

19. 定义 RGB 和 CMYK 这两种色彩模式。

20. 从您的学科中举出一个时间动画被用作显示工具的例子。

应用：数据显示和地图编制

本章应用部分有 3 个数据显示与制图的习作。习作 1 引导您制作一幅等值区域地图。习作 2 介绍制图的符号表示，涉及文本注记和公路盾形符号。习作 3 的重点为文字在地图中的摆放。因为 ArcMap 的排版包括所有数据帧，所以每个习作后，需要保存文件时，您必须退出 ArcMap。制作用于报告显示的地图可能是件烦琐的工作，需要您耐心地进行实验。

习作 1　制作等值区域图

所需数据：*us.shp*，一个 2000～2010 年美国各州人口变化的 shapefile，坐标投影系统为阿伯斯等积圆锥投影，地图单位是 m。

等值区域地图按行政单元显示统计量。习作 1 要求绘制 2000～2010 年，按州统计的人口变化率地图。地图包括以下要素：美国大陆地图和比例尺、阿拉斯加地图和比例尺、夏威夷地图和比例尺、图名、图例、指北针、数据源陈述、地图投影陈述、地图要素周围的图廓线。地图的基本版面如下：页面大小为 11″（宽）×8.5″（高）或者书信大小，横向。按从上到下的顺序，地图左边 1/3 版面，自上而下，分别是图题、阿拉斯加地图和夏威夷地图；地图右边 2/3 版面，自上而下，分别为美国大陆地区地图和其他地图要素。

1. 启动 ArcMap，开启 ArcMap 的 Catalog，连接到第 9 章数据库，并最大化显示其视窗。加载 us.shp 到新的数据帧，重命名新数据帧为 Conterminous。用 Zoom In 工具放大视窗，观察地图下方的 48 个州。

2. 这一步用符号表示各州人口变化率。右击 us 并选择 Properties。在 Symbology 栏中，点击 Quantities 并选择 Graduated 为颜色方案。点击 Value 下拉箭头，选择表示 1990～2000 年人口变化率的 ZCHANGE（2000～2010 年人口变化率）字段。在数据分类时，地图编制者建议使用整数和逻辑断点，如 0。在 Range 下的第一个像元中里键入 0，新的值域为–0.6～0.0。在后面的 3 个像元中，依次分别输入 10、20 和 30；点击这些像元下面的空间区域，清除选择。接着，改变 ZCHANGE 的颜色方案：右击 Color Ramp 框，使 Graphic View 前面的框不被打勾。点击下拉箭头，选中 Yellow to Green to Dark Blue。则值域 –0.6～0.0 的第一个类型显示为黄色，其余类型分别显示为从绿色至深蓝色。点击 OK 关闭 Layer Properties 对话框。

问题 1　在 us.shp 中有多少条 ZCHANGE＜0 的记录？

3. 下一幅图是阿拉斯加州的人口变化率分布图。插入一个新数据帧,命名为 Alaska,加载 us.shp，用 Zoom In 工具放大图 Alaska。按照步骤 2 相同的操作，或者在 Layer Properties 对话框中，用 Import 按钮显示 ZCHANGE。

4. 接下来是夏威夷的分布图。从 Insert 菜单，选择 Data Frame 并重命令为 Hawaii。加载 us.shp。用 Zoom In 工具放大 Hawaii 地图，用 ZCHANGE 显示该地图。

5. 现在，ArcMap 的目录表里有 3 个数据帧：Conterminous、Alaska 和 Hawaii。从 View 菜单选择 Layout View，点击 Zoom Whole Page 按钮。从 File 菜单选择 Page and Print Setup。在 Landscape 前面的框中打勾。确认页面大小为 11″× 8.5″，点击 OK。

6. 以上 3 个数据帧在版面中堆叠，您将依据基本的版面设计规则，重新安排数据帧的位置：在 Arcmap 工具条上点击 Select Elements 按钮，在 Layout 上点击 Conterminous 数据帧，当数据帧上出现手柄时，移动该数据帧，置于版面的右上方；改变其图幅大小，使其占有整个版面宽和高各约 2/3 的范围内，可使用缩放和漫游工具来调整图层的大小和位置。点击 Alaska 数据帧并移动置于版面中心的左侧。点击 Hawaii 数据帧并移动置于 Alaska 数据帧的下方。

7. 现在，为每一个数据帧添加比例尺。首先点击 Conterminous，再从 Insert 菜单选择 Scale Bar。点击选择 Alternating Scale Bar 1，再选择 Properties。其中，Scale Bar Selector 对话框有 3 个栏标：Scale and Units、Numbers and Marks 和 Format。在 Scale and Units 栏中，从对话框的中部开始设置：当重置大小时，选择 Adjust 宽度。选择 Kilometers 为刻度单位，键入 km 作为标识。再从对话框的上半部分开始：键入 1000（km），作为刻度值；选择 2，作为刻度数；选择 0，作为续分刻度数。并选择在零前面不显示刻度。在 Numbers 和 Marks 栏中：从频率下拉列表中，选择 divisions；并从位置下拉列表中，选择 Above 栏。在 Format 栏中，从字库下拉列表中，选择 Times New Roman。点击 OK 关闭对话框。地图上出现了带手柄的比例尺。将比例尺移动到 Conterminous 数据帧的左下角。比例尺显示的刻度应为 1000 km 和 2000 km（您可以在 Layout 工具栏中设置 Zoom Control 到 100%并且使用 Pan 工具确认比例尺）。另外两个地图也需要自己独立的比例尺：点击 Alaska 数据帧，加入刻度为 500km 的比例尺；点击 Hawaii 数据帧，加入刻度 100km 的比例尺。

问题 2 以自己的语言阐述比例尺中的刻度数和续分刻度数。

问题 3 步骤 7 中，选择了 "Adjust width when resizing" 选项，该选项是什么意思？

8. 至此，您已经完成了数据帧的有关工作。但是，地图还包括图题、图例和其他地图要素。从 Insert 菜单中选择 Title，从 Insert Title 框进入 Title，当 Title 框的轮廓线为青色时，双击此框，出现 Properties 对话框（含有两个栏标）。在 Text 栏里，依次分别键入以下两行：Population Change（第一行）、by State，2000–2010（第二行）。点击 Change Symbol。Symbol Selector 对话框可以选择颜色、字库、大小和风格。依次分别选择 black、Bookman Old Style、20 和 B（粗体）。点击 OK 关闭对话框。移动图题，置于 Alaska 正上方和整个版面的左上方。

9. 下一步是图例。因为 3 个数据帧用相同的图例显示，所以任选一个数据帧的图例即可。在激活的数据帧中，点击 ZCHANGE，再点击一次该字段，使之高亮显示。删除 ZCHANGE（除非通过目录表已经将其删除，否则它的图例也将显示出来，造成整个版面的图例混乱）。从 Insert 菜单选择 Legend，出现的 Legend 向导包括 5 个面板。在第一个面板中，确认 us 包含在图例中。在第二个面板，进行图例名及其字体设计，在 Legend Title 框内删除 Legend，输入 Rate of Population Change（%），然后选择 14 作为字体大小，选择 Times New Roman 为字库，清除选择 B（粗体）。略过第三、第四个面板，在第五个面板点击 Finish。将该图例移至 Hawaii 数据帧的右边。

10. 下面设置指北针。从 Insert 菜单选择 North Arrow。选择一个简单的指北针，即 ESRI North 6。点击 OK。将指北针移到图例的右上方。

11. 下一步是数据源。从 Insert 菜单选择 Text，版面出现 Enter Text 框。在其外点击，当框的轮廓线变成青色时，双击此框。出现包含两个栏标的 Properties 对话框。在此对话框的 Text 栏内，输入 Data Source: US Census 2010。点击 Change Symbol，选择字库为 Times New Roman，大小为 14。点击 OK。将数据源陈述移至整个版面的右下方、指北针的正下方。

12. 采用与步骤 11 相同的操作程序，添加地图投影的文字陈述。输入 "Albers Equal-area Conic Projection"、字体为 Times New Roman、大小为 10。移至数据源陈述的正下方。

13. 最后，添加图廓线。从 Insert 菜单选择 Neatline，确认 place around all elements 前面的框已打勾，并从 Border 下拉列表中选择 Double、Graded，并从 Background

下拉列表中选择 Sand。点击 OK。

14. 至此已完成了地图设计。如果您还想重新安排地图要素，只需选中要素并移到新的位置。通过其手柄或者属性，您还可以放大或者缩小地图要素。

15. 如果您的计算机连接到一台彩色打印机上，可以通过选择 File 菜单下的 Print，直接打印彩色地图。File 菜单下还有其他两个选项：一是存储为 ArcMap 文件；二是导出为图形文件（如 EPS，JPEG，TIFF，PDF 等）。退出 ArcMap。

问题 4 本习作为何需要同时准备 3 个数据帧(如 Conterminous、Alaska 和 Hawaii)？

习作 2 使用分级符号、线状符号、公路盾形符号和文字符号

所需数据：*idlcity.shp*，一个包括爱达荷州 2010 年 10 个最大城市的 shapefile；*idhwy.shp*，一个显示爱达荷州域内的州际路和国道的 shapefile；*idoutl.shp*，爱达荷州的行政区划图。

习作 2 介绍 *idoutl* 和 *idhwy* 符号化的表达（见 9.1.4 节）。Representation 用在此处是为了提高符号设计的灵活性，而不是修改空间要素。因为制图表达需要使用标准的或高级软件许可证，对于基本许可证用户是分开提供说明的。您可在 ArcMap 中进行地图字体的试验并试着用公路盾形符号。

1. 启动 ArcMap，确认 Catalog 连接到第 9 章数据库，将数据帧重命名为 Task 2，加载 *idlcity*、*idhwy* 和 *idoutl*。从 File 菜单选择 Page and Print Setup，确认页面是否为 8.5 in（宽），11 in（高），纵向（Portrait）。

2. 选择 *idoutl* 的 Properties。在 Symbology 栏的 Show 列表中有 Representations。点击 Representations，制图表示 idoutl_Rep 仅有一条规则，它包括一个线状（短线）符号层和一个填充符号层。点击线状符号层，它的外轮廓为宽 0.4（点）的黑线。点击填充符号层，以灰色填充。制图表示因此以黑色为轮廓线、灰色为背景显示 *idoutl*。点击 OK。（对于软件基本许可证的用户，点击 *idoutl* 内容表上的 symbol。选择灰色为背景色，宽 0.4 的黑线为轮廓线）。

3. 从 *idhwy* 的快捷菜单中选择 Properties。制图表示 idhwy_Rep 有两个规则，一个是用于州际路，另一个用于国道。点击 Rule 1；规则 1 包括两个线状符号层。点击第一个，它显示为宽是 2.6 的红线符号。点击第二个线状符号层，它显示为宽为 3.4 的黑线符号。将两个符号层叠加形成具有黑色轮廓线的红色符号来表示州际公路。点击 Rule 2；规则 2 包括一条线状符号层，只显示宽为 2 的红色线状符号。点击 OK。（对于软件基本许可证的用户，*idhwy* 进行符号化如下操作。在 Symbology 栏，选择 Categories and Unique 用于选项显示，并从 Value 字段下拉列表中选择 ROUTE_DESC。点击底端的 Add All Values。不选其他任何选项。双击靠近州际公路的 Symbol 并在 Symbol Selector 工具箱选择 Freeway 符号。双击靠近国道的 Symbol 并选择 Major Road 符号，但要把其颜色改为火星红。在两个对话框中点击 OK。）

4. 从 *idlcity* 的快捷菜单中选择 Properties，在 Symbology 栏的显示选项下选择 Quantities and Graduated Symbols，并选择 POPULATION 为 Value 字段。然后，

将分级数从 5 改为 3；在第一类型中输入 50000，第二类型输入 100000，以改变值阈 Range。点击调色板 Template，选择颜色为 Solar Yellow。您可能还想改变圆的大小，这样就可以很容易区分。点击 OK，关闭对话框。

5. 下一步标注城市。点击 Customize 菜单，指向 Toolbars，检查 Labeling 复选框已打勾，打开 Labeling 工具条。在 Labeling 工具条上点击 Label Manager 按钮。在 Label Manager 对话框的 Label Classes 框内点击 *idlcity*，并在 Add label classes from symbology categories 框内点击 Add 按钮。点击 Yes 以重写已有的标注类。在 Label Classes 框内，扩展 *idlcity*，您可以看到按人口分成的 3 种类型。

6. 点击第一个符号类型（23800–50000）。确认标注字段是 CITY_NAME。选择 Century Gothic（或者其他无修饰笔划字体）、文字大小为 10。点击 SQL Query 按钮，将查询表达式的第一部分[POPULATION] > 23800 改为[POPULATION]>= 23800。如果不改，则人口数为 23800 的城市（Moscow）将不会显示出来。点击第二个符号类型（50001–100000），选择 Century Gothic、文字大小为 12。再点击第三个符号类型（100001–205671），选择 Century Gothic、12 和 B（粗体）。确认 Label Classes 框里的 *idlcity* 已打勾，点击 OK 关闭对话框。

7. 现在，所有城市的名字都已显示在窗口内。但是，在 Data View 内，很难判断标注的质量。您必须切换到 Layout View，就可以看出地图的标注情况。使用数据帧手柄使地图处在页面之内，从 View 菜单选择 Layout View，在 ArcMap 工具条上点击 Full Extent。在 Layout 工具条的 Zoom Control 列表中选 100%。用 Pan 工具就可以看到一张 8.5in×11in 地图上的标识。

8. 所有的标签都按照地图惯例被放置在点符号的右上角。然而，为了避免与高速公路符号发生冲突，最好将一些标签移到另一个位置。这里我们以 Nampa 为例，为了改变 Nampa 标注位置，首先必须将标识转换成注释(annotation)，右击 *idlcity*，确认 Convert Labels to Annotation 被选中。在随后出现的对话框里，在 Store Annotation 下选择 in the map。点击 Convert。要移动 Nampa 的标注，需要以下步骤：在标准工具条，点击 Selecte Elements 工具，点击 Nampa 以选中它；然后将标识移至其点符号之下（Nampa 位于 Boise 和 Caldwell 之间。您可以用 Identify 工具查找 Nampa 的位置）。

9. 本习作的下半部分练习用公路盾形符号标注州际路和国道。切换至 Data View，右击 *idhwy* 并选择 Properties，在 Labels 栏中，确认 Label Field 为 MINOR1（公路编号表）。然后点击 Symbol，从 Category 列表中选择 U.S. Interstate HWY 盾形符号，关闭 Symbol Selector 对话框。在 Layer Properties 对话框，点击 Placement Properties。在 Placement 栏，方向选为 Horizontal，点击 OK 关闭对话框。现在可绘制州际盾形符号了，方法是：点击 Customize 菜单，指向 Toolbars，然后勾选 Draw 工具条，在 Draw 工具条点击 Text（A）下拉箭头，选择 Label 工具。选择 "place label at position clicked"，然后关闭 Lable Tool Options 对话框。将 Label 工具移到地图的一条州际公路之上，点击添加 Lable（由于州际公路有多种编号，如 90 和 100、80 和 30，所以沿相同州际公路移动工具时，公路编号可能发生变化）。当 Label 处于激活状态时，您可以移动 Lable 至正确位置。对每一个州际公路添加标签。

10. 同步骤9，用 U.S. Route HWY 盾形符号标注美国国道。标注 U.S.公路。切换至 Layout View，确认公路盾形符号被适当标注。您已经交互式放置公路盾形符号，因而也可以对这些符号单独地进行调整。

11. 完成整幅图还需要添加图题、图例和其他地图要素。切换到布局视图 Layout View，从设置图题开始：激活数据帧，然后从 Insert 菜单选择 Title。在 Insert Title 框中进入"Title"，"Title"轮廓线以青色显示，双击框。在 Properties 对话框的 Text 栏中，为其文字框中键入 Idaho Cities and Highways，点击此对话框中的 Change Symbol。选择 Bookman Old Style（或者其他有修饰笔划字体）、24 和 B 为文字大小和字体。将图题移至该版面的右上方。

12. 下一步是图例。在绘制图例之前，想要移去图层名 idlcity 和 idhwy，操作是：在目录表上点击 idlcity，并再次点击，再删除它。用同样操作删除 idhwy。从 Insert 菜单选择 Legend。在默认状态下，图例包括地图的所有图层。因为已经移去图层名 idlcity 和 idhwy，所以这两个图层处出现空行。Idoutl 显示爱达荷州的轮廓，也不必包含在图例中。可以从 legend 中删除 idoutl，方法是：在 Legend Items 框中，先点击 idoutl，然后点击左边的箭头按钮。点击 Next。在第二个面板 Legend Title 框中高亮显示 Legend，再删除它（如果您想在地图中保留文字 Legend，则不必删除）。略过随后的两个面板，在第五个面板中点击 Finish。将图例移到版面的右上方、图题下方。

13. 图例上的注记是 Population 和 Representation: idhwy_Rep（对于软件基本许可证的用户是 Route_Desc），使之为更详细描述的注记，您可以先将图例转化成图形。右击图例并选择 Convert To Graphics。再次右击图例并选择 Ungroup。选择 Population 注记，并双击它打开 Properties 对话框。在文本框中输入 City Population 并点击 OK。使用相同的方法改变高速公路类型中的 Representation: idhwy_Rep。为了重组图例图形，您可以使用 Select Elements 工具在图形周围拖出一个方框，然后从快捷菜单中选择 Group。

14. 下一步是绘制比例尺条。从 Insert 菜单选择 Scale Bar，先点击 Alternating Scale Bar 1，然后点击 Properties。在 Scale and Units 栏，当需要重新设置大小时，选择 Adjust width，然后选择 Miles 作为刻度单位。再输入刻度值为 50（mi）、刻度数为 2、续分刻度数为 0。在 Numbers and Marks 栏，从 Frequency 下拉列表选择 divisions。在 Format 栏的 Font 下拉列表，选择 Times New Roman。点击 OK 关闭对话框。比例尺条此时自动出现在地图中。用手柄移动比例尺条至图例下方。

15. 下一步是绘制指北针。从 Insert 菜单选择 North Arrow，选择简单的指北针 ESRI North 6。点击 OK。将指北针移至比例尺条的下面。

16. 最后，改变数据帧的设计。右击 Task 2，选择 Properties；点击 Frame 栏，并从 Border 下拉列表中，选择 Double、Graded。点击 OK。

17. 可以直接打印地图，保存为 ArcMap 文件，或者导出为图形文件。退出 ArcMap。

习作 3　河流标注

所需数据: *charlie.shp*,一个显示爱达荷州北部的 Santa Creek 及其支流的 shapefile。
习作 3 让您尝试 ArcMap 下的动态标注方法。动态标注方法可以标注地图上所有要素并移去重叠名称。但是,仍然需要对少数标识或重叠标识进行调整。因此,本习作也要用到 Spline Text 工具。

1. 启动 ArcMap,创建一个新的数据帧 Task 3,加载 *charlie.shp* 到 Task 3。从 File 菜单选择 Page and Print Setup,键入宽和高都是 5in。点击 OK 退出该对话框。

2. 点击 Customize 菜单,指向 Toolbars,勾选 Labeling 以打开 Labeling 工具条。点击 Labeling 栏的 Label Manager 按钮。Label Classes 框中的 *charlie* 下点击 Default。确认标注字段是 NAME。选择 Times New Roman、10、*I* 为字体。注意默认的放置中有平行朝向和上方位置。点击 Properties。Placement 栏或多或少重复 Label Manager 对话框里的信息。Conflict Detection 栏列出标注权重、要素权重及缓冲器。关闭 Placement Properties 对话框。在 Label Classes 框里对 *charlie* 打勾。点击 OK 退出对话框。

问题 5　列出可用于线要素的位置选项。

3. 切换至 Layout 视窗。点击 Zoom Whole Page 按钮,用控制手柄调整数据帧的大小至确定的页面大小。从 Zoom Control 下拉列表中选择 100%;用 Pan 工具检查河流名称的标注。结果总体令人满意。尽管如此,您还想改变一些标注的位置,如 Fagan Cr.、Pamas Cr.和 Short Cr.。参照图 9.14 尽量做些改进。

4. 至此,您已经进行了动态标注。但是这种动态标注不能进行单个标识的选择和修改。要改变单个标识的位置,必须把标识转变为注释。方法是: 在目录表中右击 *charlie*,选择 Convert Labels to Annotation。选择将注释存于地图,点击 Convert。关闭该窗口。

5. 为了确保添加到地图中的注释与其他标识一样,还必须指定绘制符号选项。点击 Drawing 下拉箭头,指向 Active Annotation Target,勾选 charlie anno。点击 Customize 菜单,指向 Toolbars,然后勾选 Draw 打开 Draw 工具条。再次点击 Drawing 下拉箭头,选择 Default Symbol Properties。点击 Text Symbol。在 Symbol Selector 对话框,选择 Times New Roman、10 和 *I*。点击 OK 退出对话框。

6. 切换至 Data View。下面操作以 Fagan Cr.为例: 放大地图的右下方,用 Select Elements 工具选择 Fagan Cr.并将其删除。在 Draw 工具条点击 Text（A）下拉箭头,选择 Spline Text 工具。将鼠标指针沿河道移至 Brown Cr.和 Fagan Cr.的连接处下方,双击以结束样条。在 Text 框内输入 Fagan Cr.,则沿点击的位置出现 Fagan Cr.。可用相同步骤改变其他标识。

挑战性任务

所需数据: *country.shp*,一个包括 200 多个国家人口和面积属性的世界 shapefile。字段 2012 包含在 2012 年世界银行发布的人口数据,251 个记录,16 个有 0 的代表南极洲和一些小岛。

本任务要求您绘制世界人口密度分布图。

1. 用 *country.shp* 中的 2012（人口）和 SQMI_CNTRY（面积，单位为 mi^2）生成人口密度字段 POP_DEN，并用公式 [2012] / [SQMI_CNTRY] 计算人口密度字段值。

2. 自定义类型分界，将 POP_DEN 分成 7 个类型，除了第一类，还应有 0 的类型分界。

3. 制备一个地图版面，完成以下地图要素：图题"世界人口密度图"、图例（图例说明为"每平方英里的人口数"，和地图的图廓线。

参考文献

Andrienko, G., N. Andrienko, U. Demsar, D. Dransch, J. Dykes, S. I. Fabrikant, M. Jern, M-J Kraak, H. Schumann, and C. Tominski. 2010. Space, Time, and Visual Analytics. *International Journal of Geographical Information Science* 24: 1577-1600.

Antes, J. R., and K. Chang. 1990. An Empirical Analysis of the Design Principles for Quantitative andQualitative Symbols. *Cartography and Geographic Information Systems* 17: 271-77.

Antes, J. R., K. Chang, and C. Mullis. 1985. The Visual Effects of Map Design: An Eye Movement Analysis. *The American Cartographer* 12: 143-55.

Arnheim, R. 1965. *Art and Visual Perception.* Berkeley: University of California Press.

Berry, R., G. Higgs, R. Fry, and M. Langford. 2011. Web-based GIS Approaches to Enhance Public Participation in Wind Farm Planning. *Transactions in GIS* 15: 147-72.

Brewer, C. A. 1994. Color Use Guidelines for Mapping and Visualization. In A. M. MacEachren and D. R. F. Taylor, eds., *Visualization in Modern Cartography,* pp. 123–47. Oxford: Pergamon Press.

Brewer, C. A. 2001. Reflections on Mapping Census 2000. *Cartography and Geographic Information Science* 28: 213-36.

Brewer, C. A., G. W. Hatchard, and M. A. Harrower. 2003. ColorBrewer in Print: A Catalog of Color Schemes for Maps. *Cartography and Geographic Information Science* 30: 5-32.

Brewer, C. A., A. M. MacEachren, L. W. Pickle, and D. Herrmann. 1997. Mapping Mortality: Evaluating Color Schemes for Choropleth Maps. *Annals of the Association of American Geographers* 87: 411-38.

Chang, K. 1978. Measurement Scales in Cartography. *The American Cartographer* 5: 57-64.

Chirié, F. 2000. Automated Name Placement with High Cartographic Quality: City Street Maps. *Cartography and Geographic Information Science* 27: 101-10.

Cuff, D. J. 1972. Value versus Chroma in Color Schemes on Quantitative Maps. *Canadian Cartographer* 9: 134-40.

Dent, B., J. Torguson, and T. Hodler. 2008. Cartography: *Thematic Map Design*, 6th ed. New York: McGraw-Hill.

Eicher, C. L., and C. A. Brewer. 2001. Dasymetric Mapping and Areal Interpolation: Implementation and Evaluation. *Cartography and Geographic Information Science* 28: 125-38.

Fairchild, M. D. 2005. *Color Appearance Models*, 2d ed. New York: Wiley.

Fish, C., K. P. Goldsberry, and S. Battersby. 2011. Change Blindness in Animated Choropleth Maps: An Empirical Study. *Cartography and Geographic Information Science* 38: 350-362.

Foerster, T., J. Stoter, and M. J. Kraak. 2010. Challenges for Automated Generalisation at European Mapping Agencies: A Qualitative and Quantitative Analysis. *The Cartographic Journal* 47: 41-54.

Gaffuri, J. 2011. Improving Web Mapping with Generalization. *Cartographica* 46: 83-91.

Harrower, M. 2004. A Look at the History and Future of Animated Maps. *Cartographica* 39: 33-42.

Harrower, M. 2007. The Cognitive Limits of Animated Maps. *Cartographica* 42(4): 349-357.

Holt, J. B., C. P. Lo, and T. W. Hodler. 2004. Dasymetric Estimation of Population Density and Areal

Interpolation of Census Data. *Cartography and Geographic Information Science* 31: 103-21.

Huang, B., and X. Pan. 2007. GIS Coupled with Traffic Simulation and Optimization for Incident Response. Computers, *Environment and Urban Systems* 31: 116-32.

Kraak, M. J., and F. J. Ormeling. 1996. *Cartography: Visualization of Spatial Data.* Harlow, England: Longman.

Lobben, A. 2003. Classification and Application of Cartographic Animation. *The Professional Geographer* 55: 318-328.

Lobben, A. 2008. Influence of Data Properties on Animated Maps. *Annals of the Association of American Geographers* 98: 583-603.

MacDonald, L.W.1999.Using Color Effectively in Computer Graphics. *IEEE Computer Graphics and Applications* 19: 20-35.

Mersey, J. E. 1990. Colour and Thematic Map Design: The Role of Colour Scheme and MapComplexity in Choropleth Map Communication. *Cartographica* 27(3): 1-157.

Monmonier, M. 1996. *How to Lie with Maps,* 2d ed. Chicago: Chicago University Press.

Mower, J. E. 1993. Automated Feature and Name Placement on Parallel Computers. *Cartography and Geographic Information Systems* 20: 69-82.

Rae, A. 2011. Flow-Data Analysis with Geographical Information Systems: A Visual Approach. *Environment and Planning B: Planning and Design* 38: 776-794.

Reichhart, T., and A. Arnberger. 2010. Exploring the Influence of Speed, Social, Managerial and Physical Factors on Shared Trail Preferences using A 3D Computer Animated Choice Experiment. *Landscape and Urban Planning* 96: 1-11.

Robinson, A. C. 2011a. Highlighting in Geovisualization. *Cartography and Geographic Information Science* 38: 373-83.

Robinson, A. H., J. L. Morrison, P. C. Muehrcke, A. J. Kimerling, and S. C. Guptill. 1995. *Elements of Cartography,* 6th ed. New York: Wiley.

Slocum, T. A., R. B. McMaster, F. C. Kessler, and H. H. Howard. 2008. *Thematic Cartography and Geographic Visualization,* 3rd ed. Upper Saddle River, NJ: Prentice Hall.

Tufte, E. R. 1983. *The Visual Display of Quantitative Information .Cheshire*, CT: Graphics Press.

第10章 数据探查

本章概览

　　在 GIS 项目中进行数据分析可能是最重要的。GIS 数据库可能含有几十个地图图层和数百个属性。从何处着手？寻找何种属性？存在哪些数据关系？进入分析阶段的捷径是数据探查。以原始数据为中心的数据探查可使用户查验数据中的总趋势，细察数据子集并关注其间可能存在的关系。数据探查的目的是更好地理解数据，为系统地阐明研究问题和设想提供一个起点。

　　数据探查最有名的例子也许是约翰·斯诺博士关于 1854 年在伦敦暴发的霍乱的研究（Vinten-Johansen et al.，2003）。伦敦索霍区有 13 个水泵从井里供水。当霍乱暴发时，斯诺制作了死者的家庭住址区位图，基于地图，斯诺即可以确定罪魁祸首是位于布罗德街的水泵。水泵手柄被移去后，感染和死亡的人数急剧下降。有趣的是，2009 年的研究仍沿袭斯诺博士的做法，所不同的是用现代地理信息技术，在加拿大的哥伦比亚省评估饮用水对散发性肠道疾病所扮演的角色（Uhlmann et al.，2009）。

　　现代数据探查的一个重要组成部分为交互式、动态链接的可视化工具。地图（无论基于矢量或栅格）、图形和表格在多视窗中显示并动态链接。因此，若从表格中选择一个或多个记录，在图形或地图中则自动突出显示相应要素（Robinson，2011a）。数据探查可以从不同角度观察数据，使信息处理和综合更为容易。基于 Windows 的 GIS 软件包可以同时进行地图、统计图、图解和表格的使用，适合于做数据探查。

　　本章共由 5 节构成：10.1 节讨论数据探查的基本要素；10.2 节探讨基于地图的数据操作，将地图作为数据探查的工具；10.3 节和 10.4 节涉及基于要素的矢量数据探查，10.3 节集中讨论属性数据查询，而 10.4 节涵盖空间数据及属性和空间数据相结合的数据查询；10.5 节介绍栅格数据查询。

10.1　数据探查概述

　　数据探查起源于统计学。统计学家往往在正式和结构化的数据分析之前，用各种各样的图形技术和描述性统计量来探查数据（Tukey，1977；Tufe，1983）。具有多个动态链接视窗的 Windows 操作系统，可以让用户直接对统计图和图表中的数据点进行操作，进一步帮助探测性数据分析。这种数据探查是**数据可视化**的一个组成部分，使用各种探索性技术和图形来理解和了解数据（Buja，Cook and Swayne，1996），最近出现的**可视化分析**则是由交互式可视化接口支持的分析推理科学（Thomas and Cook，2005）（注释栏 10.1）。

注释栏 10.1　　　　　　　　　　　　**数据可视化和可视化分析**

　　Buja、Cook 和 Swayne（1996）将数据可视化分为两个方面：渲染和操作。渲染用于决定在图表上显示什么以及创建何种类型的图表。操作涉及如何在单一图表上操作及如何组织多个图表。Buja、Cook 和 Swayne（1996）进一步认为数据可视化包括三个基本任务：查找"格式塔"（Gestalt）、盘问查询（posing queries）和比较分析。查找"格式塔"，即寻找数据集内的格局和属性。盘问查询意味着通过查询数据子集，探查更详细的数据特征。比较分析则进行变量之间或数据子集之间的对比。

　　可视化分析比数据可视化更为广泛，因为它代表了一种整体方法，允许用户将他们的创造力和背景知识与计算机的数据存储和处理能力结合起来，以了解复杂的问题。Tomas 和 Cook（2005）认为视觉分析的 4 个焦点是：分析推理技术；视觉表征和转换；数据表示和转换；生产、展示和传播。

　　与统计学中的探测性数据分析相类似，GIS 中的数据探查让用户查看数据集的通用模式，对数据集进行查询并假设数据集之间可能的关系（Andrienko et al.，2001）。但是有两个重要的区别：第一，GIS 中的数据探查既包括对空间数据的探查，也包括对属性数据的探查。第二，在 GIS 中进行数据探查的媒介包括地图和地图要素。例如，在研究中，我们不仅仅想知道有多少个研究区被标注为贫瘠的，而且还想知道这些土壤的分布状况。因此，除了描述性统计变量和图形，在 GIS 中的数据探查必须涉及基于地图的数据操作，属性数据查询和空间数据查询。

10.1.1　描述性统计量

　　描述性统计量概括数据集的数值，假设数据集按升序排列：

（1）值域：最大值与最小值之差。

（2）中值：中间值，或者第 50 个百分位数值。

（3）第一个四分位数：第 25 个百分位数值。

（4）第三个四分位数：第 75 个百分位数值。

（5）平均值：数据值的平均值。由值的总和除以值的个数，即 $\sum_{i=1}^{n} x_i / n$ 计算。式中，x_i 是第 i 个值，n 代表数值的个数。

（6）方差：用来衡量数据相对于均值的离散程度。由下式计算：$\sum_{i=1}^{n} (x_i - \mathrm{mean})^2 / n$。

（7）标准差：方差的平方根。

（8）Z 得分：由下式计算的标准得分：$(x - \text{mean})/s$，式中，s 代表标准差。

注释栏 10.2 中包含了 1990～2000 年,美国各州人口变化率的描述性统计量数值。该数据集作为数据探查的案例，将在本章中频繁引用。

注释栏 10.2						描述性统计量		

下表以升序方式，表达美国 1990～2000 年各州的人口变化率。此数据集显示为正态偏向分布。

DC	–5.7	VT	8.2	AL	10.1	NM	20.1
ND	0.5	NE	8.4	MS	10.5	OR	30.4
WV	0.8	KS	8.5	MD	10.8	WA	21.1
PA	3.4	SD	8.5	NH	11.4	NC	21.4
CT	3.6	IL	8.6	MN	12.4	TX	22.8
ME	3.8	NJ	8.6	MT	2.9	FL	23.5
RI	4.5	WY	8.9	AR	13.7	GA	26.4
OH	4.7	HI	9.3	CA	13.8	ID	28.5
IA	5.4	MO	9.3	AK	14.0	UT	29.6
MA	5.5	KY	9.6	VA	14.4	CO	30.6
NY	5.5	WI	9.6	SC	15.1	AZ	40.0
LA	5.9	IN	9.7	TN	16.7	NV	66.3
MI	6.9	OK	9.7	DE	17.6		

该数据集的描述性统计量如下所示：

（1）平均值：13.45

（2）中位数：9.7

（3）值域：72.0

（4）第一个四分位数：7.55，位于 MI（6.9）和 VT（8.2）之间

（5）第三个四分位数：17.15，位于 TN（16.7）和 DE（17.6）之间

（6）标准差：11.38

（7）内华达（66.3）的 Z 得分：4.64

10.1.2　图形

数据探查使用不同类型的图形。一个图形可能包含一个或多个变量，可能显示一种或者多种数值。选择图形的一个重要原则是通过图形能够表达数据的内涵（Tufte，1983；Wiener，1997）。

线状图形以线条方式表示数据。图 10.1 中的线状图是以 x 轴表示州、y 轴表示人口变化率的美国 1990～2011 年各州人口变化率线状图。曲线有两个明显"峰值"。

柱状图也称为直方图（histogram），将数据按等间隔进行分组，并且使用柱高表示

各组别中数值的频率或者数量。柱状图可以用垂直或水平柱形来表示。图 10.2 用垂直柱状图将美国人口变化率分成 6 组。注意图中较高端的柱状数据。

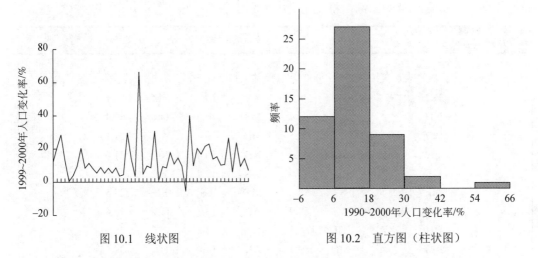

图 10.1　线状图　　　　　　　　　　图 10.2　直方图（柱状图）

累积分布图（cumulative distribution graph）是线状图的一种，用于绘制与累积分布值所对应的排序数据值。对于第 i 个累积分布值的计算式为 $(i-0.5)/n$，式中，n 代表数值的数目。此计算式将数据集的值转换为 0.0～1.0 的数值。图 10.3 显示累积分布图。

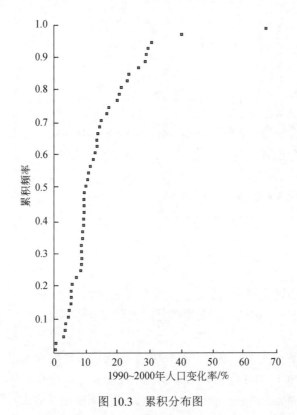

图 10.3　累积分布图

散点图（scatterplot）用符号沿 *x*、*y* 轴来点绘两个变量的数值。图 10.4 绘制的是美国 1990～2000 年人口变化率对应 2000 年各州 18 岁以下人口所占比率的散点图。基于一组变量，散点图矩阵可以以矩阵格式将变量显示为成对散点图。

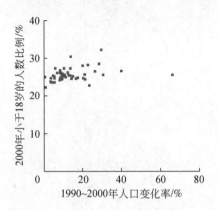

图 10.4　1990～2000 年美国人口变化比率对应 2000 年美国各州 18 岁以下人口所占比率的散点图。两个变量之间存在较弱的正相关关系

泡状图（bubble）是散点图的一种变形。泡状图用表示第三变量数值所占比例的大小不一的气泡状符号，取代了散点图中使用的固定不变的符号。图 10.5 就是图 10.4 的一种变形图，通过气泡状符号大小表示的附加变量代表 2000 年该州的人口数。图 10.5 仅显示美国人口普查局定义的 9 个区域之一——山地区域的各州。

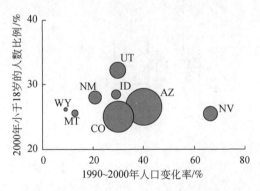

图 10.5　泡状图。其中，沿 *x* 轴方向表示 1990～2000 年人口变化率；沿 *y* 轴方向表示在 2000 年时各州 18 周岁以下人口所占比率；气泡符号的大小表示 2000 年各州总人口数

盒状图（boxplot），也称为"盒须图"（box and whisker），用于概括数据集中 5 个统计量的分布：最小值、第一个四分位数、中位数、第三个四分位数和最大值。通过查验各个统计量在盒状图中的位置，可以判断该数据值是对称分布还是偏向分布，以及是否存在非常态数据点（如超限误差）。图 10.6 显示美国人口变化率的盒状图。从图中可以看出，该数据集很明显地偏向高数值端。图 10.7 归纳了 3 种基本的数值分布类型。

有一些图形则更为专业化。分位数散布图（quantile–quantile plots），也称为 QQ 图，用于将数据集的实际累积分布与理论分布进行对比，如正态分布、钟形频率分布。如果数据集的数据遵循理论分布，则 QQ 图形中各点就会沿直线分布。图 10.8 显示来自正态分布的标准化数值的人口变化率。可以看出，该数据集并非正态分布。在两个最高值时，曲线出现明显偏离，这种特征也在前面的图形中被高亮显示出来。

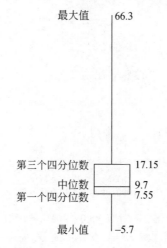

图 10.6　基于 1990～2000 年人口变化比率数据集的盒状图

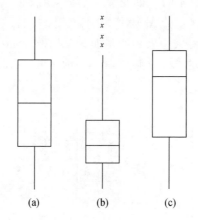

图 10.7　盒状图（a）提示数据服从正态分布。盒状图（b）显示高值端附近的数据为正态偏向分布。（b）中的几个 x 可能代表超限误差，从盒状图形的末端算起，其长度超过 1.5 个盒长。盒状图（c）表示低值端数据较高聚集而呈负态偏向分布

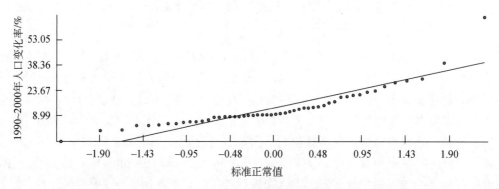

图 10.8　1990～2000 年人口变化率对应来自正态分布的标准化数值的 QQ 图

还有一些专门为空间数据设计的图形。例如，图 10.9 是将各个点进行拉伸成柱形的空间数据图，其中，各柱形高度与其数值大小成比例。这种图形可以让用户查看 x 维（东–西）和 y 维（北–南）数据值的总体趋势。基于空间数据，也有描述性空间统计，如质心（参见第 12 章）和均方根误差（参见第 15 章）。

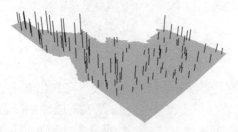

图 10.9　显示爱荷达州 105 个气象站年降水量的三维图。可以看出降水量呈由北向南递减的明显趋势

大部分 GIS 软件包都提供了绘制图形和统计图的工具。例如，ArcGIS 有一个统计图引擎，它提供用于制图的柱状图、线状图、散点图、散点矩阵、盒状图和饼状图，并可导出到其他软件包。

10.1.3 动态图形

当图形被显示在多个动态链接的视窗时，即形成了**动态图形**。也可以直接在动态视窗中对数据点进行操作。例如，可以在一个窗口中列出一条查询语句，而在另一个窗口中获得响应的结果，并且这些都有相同的可视字段。通过查看多窗口中被选中的高亮数据点，推断这些数据中存在的格局，或者数据之间存在的某种关系。正因为此，多个动态链接视窗一直被用作查询数据的理想框架（Buja、Cook and Swayne，1996）。

刷亮（Brushing）是用于操作动态图形的一种常用方法（Becker and Cleveland，1987）。例如，我们可以通过图形选择方式从一个散点图中选择一个点的子集，并察看在其他散点图中加亮的相关数据点。刷亮法可以延伸用到地图（MacEachren et al.，2008）。图 10.10 显示了链接散点图和地图的一个刷亮方法实例。

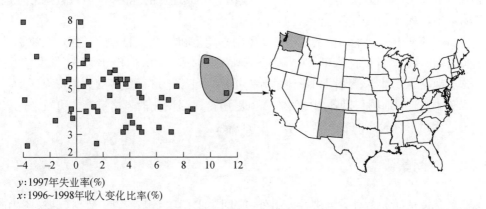

y:1997年失业率(%)
x:1996~1998年收入变化比率(%)

图 10.10　左边的散点图被动态链接到右边的地图。在散点图中"刷亮"两个数据点，则地图中同时高亮显示相对应的州（华盛顿和新墨西哥）

其他操作动态图形的方法还包括旋转、删除和数据点转换。三维图形的旋转可以让用户从不同透视角度来查看图形。数据点的删除（如区域外的点）和数据转换（如对数变换）都是揭示数据之间关系的有效工具。动态图形的一个例子是交互式癌症地图册，它允许用户在 1999～2010 年的一个特定时期内，通过网站、性别、种族和状态来可视化癌症病例（https://nccd.cdc.gov/DCPC_INCA/）。

10.2 基于地图的数据操作

地图是**地理可视化**的重要部分，换言之，数据可视化专注于地理空间数据与制图、GIS、图像分析及数据探查分析的综合（Dykes、MacEachren and Kraak，2005）（注释栏 10.3）。基于地图的 3 种数据操作方法是：数据分类、空间集聚和地图比较。

注释栏 10.3	地理可视化和地理可视化分析

地理可视化强调将制图学、GIS、图像分析和探索性数据分析进行综合，用于地理空间数据的视觉探查、分析、综合和表达（Dykes、MacEachren and Kraak，2005；Robinson，2011b）。因此，地理可视化的目标与数据可视化和可视化分析类似。地理可视化是一个活跃的研究领域，专注于用户界面设计（如 Roth、Ross 和 MacEachren，2015）、时空数据可视化（如 Andrienko 等，2010）和 3D 数据（如 Chen 和 Clark，2013）。随着可视化分析已经成为一个热门词，人们已经建议用地理可视化分析取代地理可视化（Andrienko et al.，2010）。

10.2.1 数据分类

数据分类是地图制作的一种常见做法（第 9 章），但它也是数据探查的工具，尤其当分类是基于描述性统计量的时候。假如要探查美国各州失业率，为了获得对数据的初步观察，可以根据全国失业率平均值将失业率分为全国平均值之上和之下两类（图 10.11a）。尽管这样的地图一般化（把全国划分成连片的地区），但从这些分片地区仍可揭示出解释失业率的一些区域因素。

按高于或低于全国平均值的等值线，可用平均值和标准差的方法对各州失业率进行分类（图 10.11b）。此时，就可集中关注一些特别的州，如高于平均值一倍标准差的州。

分类地图与属性表、地图和统计量等链接后，可用于进行更多的数据探查活动。例如，将图 10.11 的地图与以各州中等收入家庭所占比率变化的表格链接，可发现低失业率的州是否趋于有较高的收入增长率，反之亦然。

10.2.2 空间集聚

除了是按空间关系对数据进行分组外，空间集聚在功能上类似于数据分类。图 10.12 表示以州和大区为单位的美国人口变化率。大区是州的空间集聚，是美国人口普查局为数据收集而划定的。如图 10.12 所示，按大区绘制的地图更能够从整体上反映出美国人口的增长概况。美国人口普查局划定的其他地理单元层次还有县、普查片、街区组和街区等。这些地理单元层次形成层次顺序，因此，通过查验不同空间尺度的数据，可探究空间尺度效应。

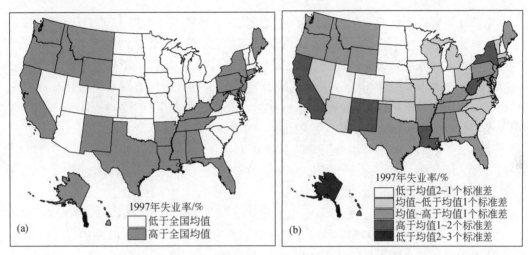

图 10.11　两种分类方案：高于或低于全国平均值（a），高于或低于平均值与标准差（b）

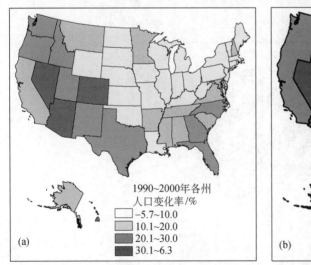
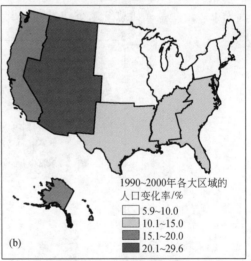

图 10.12　基于州（a）和大区（b）两个层次的空间集聚

　　如果距离是研究中的主要因子，则可以通过点、线和面的距离量测来集聚空间数据。例如，一个城区可集聚为距城市中心或其街道的不同距离带（Batty and Xie，1994）。与人口普查地理分区的不同在于，这些距离分区需要用另外的数据处理方法，如缓冲区分析和区域插值（参见第 11 章）。

　　对于栅格数据，空间集聚是利用输入栅格的像元生成更低分辨率的栅格。例如，以 3 为因子聚集生成一个栅格。输出栅格中的每个像元由一个 3×3 矩阵构成，像元值是基于 9 个输入像元值计算的统计量：平均值、中位数、最小值、最大值或总和（参见第12 章）。

10.2.3　地图比较

地图比较可以帮助 GIS 用户理清不同数据集之间的关系。可用不同方法比较地图，一个简单的方法是地图叠加。例如，调查野生动物的位置和河流之间的关系，你可以直接在河流图层（线要素）上绘制野生动物位置（点要素）。这两个图层也可以组合在一起[ArcGIS 称之为"组合图层"（group layer）]，绘制在一个植被图层（面要素）上进行比较。面图层或栅格图层难以比较，一种方法是将这些图层打开和关闭。ArcGIS 的用于栅格数据的 Swipe 工具在不用关闭图层的情况下即可显示特定图层下面的图层。另一个办法是采用透明度作为可视变量（第 9 章）。例如，比较两幅栅格图层，可以用彩色方案显示其中一幅，而另一幅则以半透明灰色调显示。灰色调仅把彩色符号变暗，不会造成因颜色混合而导致的混淆。

地图比较也可用地图符号显示两组数据集。例如，双变量等值区域图（Meyer、Broome and Schweitzer，1975），用一个符号代表两个变量，如图 10.13 中的失业率和收入变化率。另外一个例子是统计图（cartogram）（Dorling，1993；Sun and Li，2010），在统计图里，单位区域（如州）的大小与一个变量（如州人口）成比例，区域符号用于代表第二个变量（如总统选举结果）。

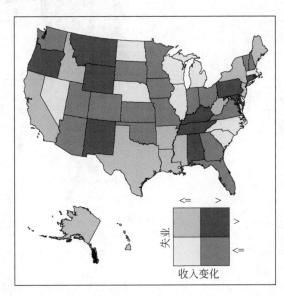

图 10.13　双变量地图：1997 年的失业率，高于或者低于全国平均水平；1996～1998 年的收入变化率，高于或者低于全国平均水平

如果地图用于基于时间的数据比较时（参见第 9 章），时间动画则是一个选择。在网络制图服务里动画地图伴以互动地图，正如 Cinnamon 等（2009）所展示的，除了在动画地图上分析一段时间内的比例变化，用户还可以在互动地图上比较空间格局。

10.3　属性数据查询

属性数据查询通过处理属性数据而获取数据子集。所选中的数据子集能同时在表格中进行查验、在统计图中显示及链接到地图中高亮显示要素。所选中的数据子集还可以被打印、保存，用于后期处理。

属性数据查询需要使用逻辑表达式，此时，属性数据必须能够被数据库管理系统所识别。尽管在概念上都一样，但是不同的系统有不同的表达式结构。例如，ArcGIS 使用 SQL（结构化查询语言）作为查询表达式（注释栏 10.4）。

注释栏 10.4	SQL（结构化查询语言）属性数据查询

SQL（结构化查询语言）是一种专为操作关系数据库设计的语言。然而，有不同版本的 SQL 用于 Esri 的矢量数据模型（参见第 3 章）。个人地理数据库（personal geodatabase）用 Jet SQL，它是 Microsoft Access 的一种查询语言。文件地理数据库（file geodatabase）用的是 ANSI SQL，类似 Jet SQL 的一种语言。Shapefile 和 coverage 用 SQL 的受限版本。这就是为什么 ArcGIS 用户在数据查询时可能看到不同的符号。例如，如果某字段属于 geodatabase 要素类，那么应该为查询表达式中的字段加上方括号，但是，如果该字段属于 coverage 或 shapefile，那么该字段则要加上双引号。

10.3.1　SQL（结构化查询语言）

SQL（结构化查询语言）是一种专为操作关系数据库（参见第 8 章）设计的数据处理语言。对于 GIS 应用，SQL 是 GIS（如 ArcGIS）和数据库（如 Microsoft Access）进行交互的一种指令语言。IBM 公司于 20 世纪 70 年代开发了 SQL，许多数据库管理系统均已采用这种语言，如 Oracle、Postgres、Informix、DB2、Access 和 Microsoft SQL Server。

在使用 SQL 对数据库存取数据时，GIS 用户必须遵循此查询语言的结构（语法）。SQL 的基本语法如下（关键字标注为斜体）：

select <属性列表>
from <关系>
where <条件>

select 关键字表示从数据库中选择字段，*from* 关键字表示从数据库中选择表格，*where* 关键字则指定用于数据查询的条件或指标。图 10.14 显示使用 SQL 查询表格的 3 个例子。Parcel（地块）表中有以下字段：地块标识号 PIN（文本或字符串型），销售日期 Sale_date（日期型），英亩 Acres（浮点类型），分区代码 Zone_code（整型）及分区 Zoning（文本型），括号里表示数据类型。业主 Owner 表则有地块标识号 PIN（文本型）和业主名字 Owner_name（文本型）两个字段。

PIN	Owner_name
P101	Wang
P101	Chang
P102	Smith
P102	Jones
P103	Costello
P104	Smith

Relation 1: Owner

PIN	Sale_date	Acres	Zone_code	Zoning
P101	1-10-98	1.0	1	Residential
P102	10-6-68	3.0	2	Commercial
P103	3-7-97	2.5	2	Commercial
P104	7-30-78	1.0	1	Residential

Relation 2: Parcel

图 10.14　PIN（地块标识号）字段将地块表与业主表关联，两表都可使用 SQL

第一个例子是一个简单的 SQL 语句，用于查询 P101 宗地的出售日期：

　　select Parcel.Sale_date

　　from Parcel

　　where Parcel.PIN = 'P 101'

Parcel.Sale_date 和 Parcel.PIN 的前缀 Parcel 表示该字段来源于 Parcel 表格。

第二个例子用于查询大于 2 英亩并且属于商业区的地块：

　　select Parcel.PIN

　　from Parcel

　　where Parcel.Acres > 2 AND

Parcel.Zone_code = 2

表达式中所使用的字段均出现在 Parcel 表中。

第三个例子用于查询归属于 Costello 的地块的销售日期：

　　select Parcel. Sale_date

　　from Parcel，Owner

　　where Parcel. PIN = Owner. PIN AND

　　　Owner_name = 'Costello'

此查询包含已经连接的两个表格。*where* 语句包括两个部分：一是用于指明 Parcel.PIN 和 Owner.PIN 是进行合并（join）操作的关键字（第 8 章），二是具体的查询表达式。

　　至此我们着重讨论了 SQL 在数据库管理系统中的应用。GIS 也在查询数据库对话框里提供了 *select*、*from* 和 *where* 等关键字。因此，只要在对话框中输入 *where* 语句（查询表达式）就可进行查询。

10.3.2　查询表达式

　　查询表达式又称为 *where* 条件语句，由布尔表达式和连接符组成。简单的布尔表达式包括两个操作数和一个逻辑运算符。例如，Parcel.PIN = 'P101' 表达式中，PIN 和 P101 是操作数，而 "=" 是逻辑运算符。其中，PIN 是字段名，P101 是查询中用到的字段值，而表达式则选择 PIN = P101 的记录值。操作数可以是一个字段、数字或者文本。逻辑运算符包括等于（=）、大于（>）、小于（<）、大于或等于（>=）、小于或等于（<=）或者不等于（<>）等几种类型。

布尔表达式是操作数和 +、−、× 、/ 等运算符的计算式。假设 length 是一个用 ft 作单位的字段，可以使用表达式"length" × 0.3048 > 100，找到那些长度超过 100 m 的记录。如 "length" × 0.3048 − 50 > 100 这种较长的混合计算式，其计算过程是：按照从左至右的顺序，先运行 × 和 / 操作，然后进行 + 和 − 运算。运算过程中，可以使用圆括号来改变运算顺序。例如，先将长度减去 50 再乘以 0.3048，运算式为（"length" − 50）× 0.3048 > 100 。

布尔连接符包括 AND、OR、XOR 和 NOT，用于连接两个或更多逻辑表达式，进行数据查询。如针对 10.3.1 节第二个例子中使用 AND 连接的两个表达式：Parcel.Acres > 2 AND Parcel.Zone_code = 2，则同时满足两个不等式条件的记录被选择。此处，如果连接符变为 OR，那么为满足其中之一或者同时满足两个表达式的记录将被选择。如果连接符变为 XOR，则仅仅是满足其中一个表达式的记录被选择（由此可见，XOR 在功能上正好与 AND 相反）。连接符 NOT 为否定表达式，即真表达式变为假，反之亦然。例如，语句 NOT Parcel.Acres > 2 AND Parcel.Zone_code = 2，是指选择那些地块面积不大于 2acre 且位于商业区的记录。

实际上，布尔连接符 NOT、AND 和 OR 是用于对概率数据集进行 Complement（互补）、Intersect（相交）和 Union（合并）运算的关键字。图 10.15 对这些运算做了解释，其中，A 和 B 代表一个全集的两个子集。

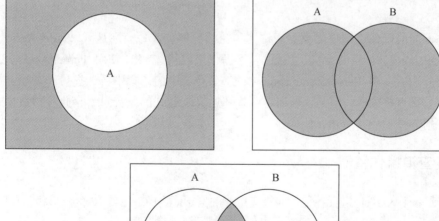

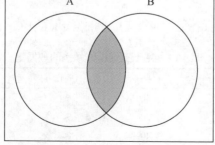

图 10.15　阴影部分代表数据集 A 的补集（上左），数据集 A 和 B 的并集（上右），以及 A 和 B 的交集（下）

（1）"Complement of A" 是全集中不属于 A 的元素。

（2）"Union of A and B" 是属于 A 或 B 的元素集。

（3）"Intersect of A and B" 是既属于 A 又属于 B 的元素集。

10.3.3　运算类型

属性数据查询是以完整数据集开始的。基本查询运算通过选择一个子集，而把原来的数据集分为两个子集：一个包括选中记录，另一个包括未选中的记录。给定一个选中的数据子集，可以对其进行 3 种运算。一是向数据子集中加入更多记录，二是从数据子集移除记录，三是选择一个更小子集（图 10.16 ）。同理，通过对选中和未选中子集进行切换操作，或者通过清除选中的记录，对选中的或者未选中的子集进行以上 3 种类型的运算。

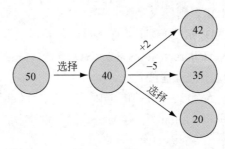

图 10.16　对选中的 40 条记录的子集可以进行 3 种操作：向子集（+2）添加更多记录，从子集（–5）删除记录，或者选择一个更小的子集（20）

这些不同的操作类型使得数据查询更为灵活。例如，原有表达式 Parcel.Acres > 2 AND Parcel.Zone_code = 2，就可以通过以下操作来取代：首先，使用 Parcel.Acres > 2 来选择子集，然后，用 Parcel.Zone_code = 2 从已经选中的子集中再选择另一子集。尽管这个实例显得有些琐碎，但是，查询表达式和运算表达式的联合对于查验各种数据子集却相当有用，见 10.3.4 所述。

10.3.4　查询操作举例

本节是基于表 10.1 进行各种不同查询操作的例子。表 10.1 包含 10 个记录和 3 个字段。

表 10.1　用于查询操作举例的数据集

Cost	Soiltype	Area	Cost	Soiltype	Area
1	Ns1	500	6	Tn4	300
2	Ns1	500	7	Tn4	200
3	Ns1	400	8	N3	200
4	Tn4	400	9	N3	100
5	Tn4	300	10	N3	100

例 1　选择一个数据子集，然后添加记录

[Create a new selection]“cost”>= 5 AND“soiltype”= 'Ns1'

0 of 10 records selected

[Add to current selection]“soiltype”= 'N3'

3 of 10 records selected

例 2　选择一个数据子集，然后切换选择

[Create a new selection]“cost”>= 5 AND“soiltype”= 'Tn4' AND“area”>= 300

2 of 10 records selected

[Switch Selection]

8 of 10 records selected

例 3　选择一个数据子集，然后从中选择更小子集

[Create a new selection]“cost”> 8 OR“area”> 400

4 of 10 records selected

[Select from current selection]“soiltype”= 'Ns1'

2 of 10 records selected

10.3.5　关系数据库查询

关系数据库查询是针对关系数据库进行工作的，关系数据库由许多独立而又相互关联的表格组成。在关系数据库进行的表格查询，不仅可以在表中选择一个数据子集，而且还可以从其他表格中选择与该子集相关的记录。这一特点使得用户可从多个表格中查验到相关数据，因而是数据探查所需要的。

在使用关系数据库之前，用户首先必须熟悉数据库的整体结构、关联表格的关键字的设计及每个表中列出的用于描述的字段数据词典。对于两个或更多表格的数据查询，可以选择 join（合并）或 relate（关联）来完成查询（参见第 8 章）。其中，join 是把两个或更多的表格合并成单一表格。relate 则只将各个表格做动态链接，而保持表格的分离。当一个表格中的一条记录被选中，这种链接将自动选择并高亮显示对应的记录或链接表格中的记录。选择 join 还是 relate，主要依据是表格之间数据关系的类型。Join 操作适合于“一对一”或“多对一”关系，而不适合“一对多”或者“多对多”关系。然而，relate 操作适合于以上 4 种关系类型。

土壤地理调查（SSURGO）数据库是美国国家自然资源保持局（NRCS）开发的关系数据库。该数据库包括了 70 多个表格中的土壤图、土壤性状和解释。整理出每个土壤属性表所在位置及如何联系在一起的，是一项挑战。假设我们提出以下问题：在年洪涝频率为频繁或偶发的地方，可发现哪些植物类型（俗名）？回答这个问题需要以下 4 个 SSURGO 表格：土壤图和它的属性表；在字段 *flodfreqcl* 含有年洪涝频率的地图单元组分表或 *comnoth* ；在字段 *plantcomna* 含有常见植物名的林地自然植物表或 *coeplants*；组成表或 *component*，它包含链接其他表格的关键字（图 10.17）。

在表格被关联以后，就可以对 *comnoth* 执行下列查询语句：“flodfreqcl”= 'frequent' OR “flodfreqcl”= 'occasional'。此逻辑表达式不仅选中 *comnoth* 中满足要求的记录，

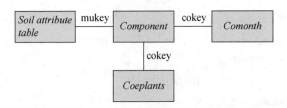

图 10.17　将 SSURGO 数据库中的 3 个 dBASE 文件与土壤图属性表关联的关键字

通过关联，而且选中 *coeplants*、*component* 、土壤属性表中和地图中对应的土壤多边形。
由于 SSURGO 数据库中各表格相互关联并与地图动态链接，因此，可以实现以上动态
选择。本章应用部分的习作 4 将详细介绍关系数据库的查询。

10.4　空间数据查询

空间数据查询是指通过对空间要素几何图形直接操作来检索数据子集的过程。要素
几何图形存储在地理关系模型（如 shapefile）的空间子系统中，并与基于对象模型（如
geodatabase）中的属性数据相结合（参见第 3 章）。如何有效地访问这些要素几何图形
一直是 GIS 和计算机科学的一个重要研究课题（Guttman，1994；Rigaux et al.，2002）。
通常，一个空间索引模型（如 R-树）（Guttman，1994）用于加速数据查询。R-树模型
以分层的顺序，使用一系列最小边界框来索引空间要素。例如，在图 10.18 中，点要素
被两个级别的最小值边界框所限制。A 和 B 在更高的水平上包含（C，D），（E，F，G）
则在较低的水平包含（C，D）。可以用这些边界框作为过滤器来搜索这些点要素，首先
在较高的级别，然后在较低的级别，而不是在整个空间中搜索，这样便节省了空间数据
查询的处理时间。文献已提出了用于划分空间要素和用于空间数据搜索的不同算法（如
Jacox 和 Samet，2007）。

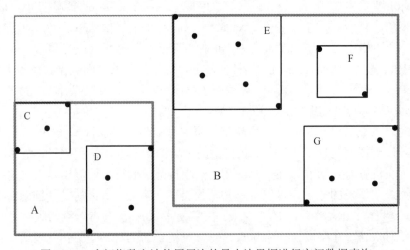

图 10.18　空间指数方法使用层次的最小边界框进行空间数据查询

在空间索引结构的基础上，可以使用图形或要素之间的空间关系来执行空间查询。
查询的结果可以在地图与链接的表格中突出显示的记录同时查到，并在图表中同时显

示，它们也可以保存为新数据集以备进一步处理。

10.4.1　由图形选择要素

最简单的空间查询是通过指向它或通过在它们周围拖动一个框来选择一个图层的要素。或者，我们也可以使用一个图形（如一个圆、一个方框、一条线或者一个多边形来选择落在里面的要素，或是相交的图形对象。这些图形可以用绘图工具或从 GIS 图层选定的空间要素（如一个县）转换而得。在爱达荷州太阳谷 40mi 半径范围内选择滑雪道就是图形查询的一个例子（图 10.19）。

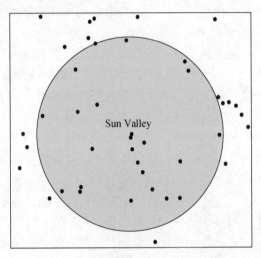

图 10.19　以太阳谷为中心选择要素

注释栏 10.5	ArcGIS 中的空间查询和空间合并工具

　　ArcGIS 中，用于空间查询和/或空间合并的工具有 3 种：第一种是在图层快捷菜单中的 Join，它仅限于空间合并中最亲密的关系；第二种是 Select 菜单中的 Select by Location，它使用 15 个空间关系来选择要素，但不合并数据；第三种是 ArcToolBox 的 Analysis/Overlay 工具集中的 Spatial Join，它可以使用另外两个工具所覆盖的所有空间关系进行查询，此外，还可以合并数据。在 Spatial Join 对话框中列出了 18 个空间关系，把合并要素（在合并操作中欲选择的要素）与目标要素（供选要素）联系起来。这 18 个空间关系可以通过包含、相交和接近/邻接的概念来分组。

　　（1）包含："within,""completely within,""within_Clementini),""contains,""completely_contains,""contains_Clementini,"和"have their center in."。

　　（2）相交："intersect,""intersect_3d),"和"crossed_by_the_outline_of."。

　　（3）接近/邻接/同一的："within_a_distance,""within_a_distance_3d),""within_a_distance_geodesic),""share_a_line_segment_with,""boundary_touches,""are_identical_to,"。

　　测地线（"Geodesic"）距离是沿着大圆测量的，亦即地球表面的最短距离。"3d"是指建筑等三维要素。当合并要素在边界上而不是在目标要素的内部时，"contain"与"contain_clementini"就有区别，"contain"不包括所选的这些要素，而"contain_clementini"则包含。一些关系只适用于一两种类型的要素，如"boundary_touches"适用于线和多边形要素，但不适用于点要素。

10.4.2 由空间关系选择要素

该查询方法根据要素与其他要素的空间关系来选择要素。合并要素（在合并操作中选择的要素）可能在目标要素的同一图层（用于选择的要素），更常见的情况是，它们在不同图层。第一种查询的例子，在一个休息区（目标要素）半径 50mi 范围内找到路边的休息区（合并要素），在这种情况下，合并要素和目标要素处于同一图层。第二种查询的例子，在每个县域找到休息区，该查询需要两个图层：一个图层显示县域（目标要素）及路边休息区（合并要素）。根据它们的空间关系，查询的结果将路边休息区及其属性合并到县域。因此，在本例中的空间数据查询和空间合并（参见第 8 章）同时执行，使其成为在 GIS 中一个有用的操作。

在文献中已把用于空间数据查询的空间关系分为距离、方向和拓扑关系（Güting，1994；Rigaux et al.，2002）。例如，我们可以用距离关系来找到在街道交叉点 1km 范围内的餐馆，并利用方向关系在州际公路的西部找到娱乐场所。拓扑关系比距离和方向更重要，它包括各种各样的关系，如连接性（参见第 3 章）可能与空间查询无关。因此，在这里我们考虑三个基本的空间概念，空间查询的更多细节请见注释栏 10.5。

包含（containment）——选择落入目标要素或被目标要素包含的要素。这类例子包括：在每个县域查找学校，在每个州查找国家公园。

相交（intersect）—— 选择相交的或被交叉的目标要素。这类例子包括查找城市与活动断层线相交的部位，与规划道路相交的地块。

选择与用于选择的要素相交的要素。例如，选择与拟建道路相交的地块，查找与活动断层线相交的城区。

邻近（proximity）—— 选择紧邻或接近目标要素的合并要素。这类例子包括，查找离城市最接近的危险废弃物地点，在州际公路 10mi 范围内查找州立公园，查找与洪涝地带邻接的地块，以及与新的主题公园共享边界的空地。

10.4.3 属性数据查询与空间数据查询的结合

到目前为止，我们分别讨论了属性数据查询或空间数据查询。在许多情况下，数据探查需要两种类型的查询。假设我们需要查找位于南加利福尼亚州高速公路出口 1mi 以内的加油站，且该加油站每年的营业额超过 200 万美元。现有加油站和高速公路出口的图层，至少有两种方法可用于解答这个问题。

（1）在查找高速公路出口 1mi 范围内的加油站的空间数据查询中，使用高速公路出口作为目标要素，加油站作为合并要素。随着空间查询，由于被选中加油站的属性被合并到高速出口的属性表，我们便可使用属性数据查询来查找营业额超过 200 万美元的加油站。

（2）执行所有加油站的属性数据查询来找到营业额超过 200 万美元的加油站。然后我们可以在空间数据查询中用高速公路出口作为目标要素，加油站作为合并要素，只在离高速公路出口 1mi 范围内的加油站中选择。第一种方法是从空间数据查询开始,而后是属性数据查询,第二种方法与之相反,两种方法的最终结果相同。

空间查询与属性数据的组合查询拓展了数据探查的可能性。一些 GIS 用户甚至可能会考虑用这种数据探查来进行数据分析,因为这就是他们需要完成的大多数常规任务。

10.5　栅格数据查询

尽管对于数据查询而言,无论是栅格数据还是矢量数据,在概念乃至一些方法上都基本相同,但是,二者的实际应用却存在差别,以致需要对栅格数据查询进行单独介绍。

10.5.1　由像元数值查询

在栅格数据中,像元数值通常代表该像元位置空间要素的属性值,如高程值(参见第 4 章)。因此,栅格数据要素查询的操作数是栅格本身,而不是矢量数据查询中的字段。

栅格数据查询使用布尔表达式,将满足查询条件与不满足条件的像元区分开来。例如,表达式 [road] = 1,可查询像元数值为 1 的整型道路栅格。操作数 [road] 是指栅格数据,而操作数 1 是指像元数值(可以表示州际类别)。另外一个表达式,[elevation] > 1243.26,用于查询像元数值大于 1243.26 的浮点型高程栅格。同样,操作数 [elevation]是指栅格数据本身。因为浮点型高程栅格包含连续值,查询特定值可能查不到栅格中的任一像元。

栅格数据查询也用布尔连接符 AND、OR 和 NOT,把独立的表达式连起来。含有独立表达式的混合语句通常可用于多种栅格:整型、浮点型或两者复合。例如,语句([slope] = 2) AND([aspect] = 1),表示在坡度栅格中选择数值为 2 的像元(如坡度为 10%~20%),在坡向栅格中选择数值为 1(北向)的像元(图 10.20)。在生成的输出栅格中,满足条件的像元被赋值为 1,其他的像元则赋值为 0 。

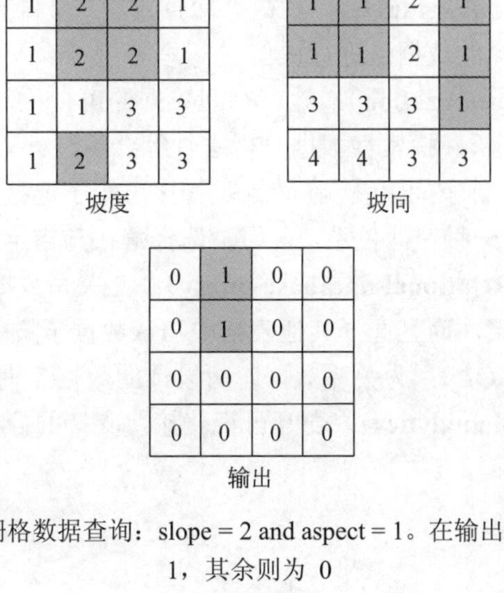

图 10.20　包括两个栅格的栅格数据查询:slope = 2 and aspect = 1。在输出栅格中,选中的像元编码为 1,其余则为 0

直接查询多个栅格是栅格数据所独有的。而对于矢量数据，复合表达式中的所有属性必须是在同一个属性表或者经过合并的属性表内。另一个区别是：像 ArcGIS 这样的 GIS 软件包具有为矢量数据查询所专门设计的对话框，对栅格数据却不然。并且栅格数据查询的工具经常混在栅格数据分析（第 12 章）的工具中。

10.5.2　用选择要素查询

使用点、圆形、方形或多边形等要素特征，可以进行栅格数据查询。查询结果是生成一个输出栅格，其像元数值都对应于所处定位点或者落入用于选择的要素范围之内，而其他像元则赋值为 no data 。同样地，这种类型的栅格数据查询与数据分析共享相同的工具。第 12 章将提供更多有关本主题的信息。

重要概念和术语

属性数据查询（Attribute data query）：通过对地图属性数据的操作而获取数据的过程。

布尔连接符（Boolean connector）：用于构建复合表达式的 AND、OR、XOR 或 NOT 等关键字。

布尔表达式（Boolean expression）：字段、数值和逻辑运算符的组合，诸如 "class"＝2，由它导出为真（True）或为假（False）的评价。

刷亮（Brushing）：用于在多视图中选择和高亮显示数据子集的一种数据探查技术。

包含（Containment）：在数据查询中用于选择落在指定要素之内的要素的一种空间关系。

数据可视化（Data visualization）：使用各种探查技术和图形，以理解和获得对数据认识的过程。

动态图形（Dynamic graphics）：一种数据探查方法，可直接对在多个动态链接视窗中显示的统计图和示意图的数据点进行操作。

地理可视化（Geovisualization）：地理空间数据的可视化，它是将地理空间数据通过制图学、GIS、图像分析和探索性数据分析进行综合的过程。

相交（Intersect）：一种空间关系，在数据查询中可用于选择与指定要素相交的要素。

邻近（Proximity）：一种空间关系，可用于选择落在与指定要素一定距离内的要素。

关系数据库查询（Relational database query）：在关系数据库中的查询，它不仅选择一个表格中的数据子集，而且选择其他表格中与该数据子集关联的记录。

结构化查询语言（SQL）：为关系数据库所设计的数据查询和操作语言。

可视化分析（Visual analytics）：交互可视化接口支持的分析推理科学。

复习题

1. 以您自己的经历，举例说明数据探查。

2. 下载 2000~2010 年您所在州各县人口变化率（可从人口分布与变化：2010 链接获取数据，该链接位于 2010 年人口普查网站 https://www.census.gov/2010census/news/press-kits/briefs/ briefs.html），利用县域数据计算中值、第一个四分位数、第三个四分位数、中位数及标准差。

3. 利用上题的县域数据和描述性统计量绘制盒状图。盒状图中所显示的数据分布属于哪种类型？

4. 10.1.2 节的图形中，哪些是为多变量（如两个或更多变量）可视化所设计的？

5. 图 10.4 展示的是 1990~2000 年人口变化率与 2000 年 18 岁以下人口比率之间的弱正相关关系。本例中，正相关是何意思？

6. 试述用于数据探查的刷亮技术。

7. 举一个用空间集聚进行数据探查的例子。

8. 什么是双变量等值区域地图？

9. 参考图 10.14，写出查询地块 P104 的业主名字的 SQL 语句。

10. 参考图 10.14，写出查询地块 P103 或地块 P104 的业主名字的 SQL 语句。

11. 参考表 10.1，为下列各查询操作填空：

    [Create a new selection] "cost" > 8

    _____ of 10 records selected

    [Add to current selection] "soiltype" = 'N3' OR "soiltype" = 'Ns1'

    _____ of 10 records selected

    [Select from current selection] "area" > 400

    _____ of 10 records selected

    [Switch Selection]

    _____ of 10 records selected

12. 定义空间数据查询。

13. 试解释在 ArcGIS 中通过位置与通过空间合并的选择工具的区别。

14. 参考注释栏 10.5，举出使用 "intersect" 作为空间数据查询的实例。

15. 参考注释栏 10.5，举出使用 "are contained by" 作为空间数据查询的实例。

16. 假如有两幅纽约市的数字化地图：其中一幅显示地界标，而另一幅显示餐馆。餐馆图层的其中一个属性列出了食物类型（如日本、意大利食物，等等）。假设要在时代广场周围 2 mi 内找日本餐馆，试述完成这项任务的步骤。

17. 空间数据合并与属性数据管理中的合并有何不同？

18. 参考图 10.20，如果查询语句为（[slope] = 1）AND（[aspect] = 3），在输出栅格中有多少个像元值为 1？

应用：数据探查

本章应用部分包括数据探查的 7 个习作：习作 1 中执行"由位置选择要素"工具，习作 2 执行图表引擎，创建一幅散点图并将表和地图相关联。习作 3 将查询一个合并的属性表，用放大窗口查验查询结果，并在查询结果处设置书签。习作 4 涉及关系数据库查询；习作 5 是空间与属性组合的数据查询；习作 6 进行空间合并；习作 7 进行栅格数据查询。

习作1 由位置选择要素

所需数据：*idcities.shp*，爱达荷州 654 个地点的 shapefile；*snowsite.shp*，爱达荷州及其毗邻州的 206 个滑雪站的 shapefile。

习作 1 要求用"由位置选择要素"方法，选择距爱达荷州的 Sun Valley 40mi 范围之内的滑雪站，并在统计图中绘出滑雪站的数据。

1. 启动 ArcMap，在 ArcMap 中启动 Catalog，并将其连接到第 10 章数据库。将 *idcities.shp* 和 *snowsite.shp* 添加到 Layers 中。右击 Layers 并选择 Properties。在 General 栏中，将数据帧重命名为 Tasks1&2，同时，从 Display 下拉列表中选择 Miles。

2. 再从 *idcities* 中选择 Sun Valley。从 Selection 的菜单中，选中 Select By Attributes。从 Layer 下拉列表选择 *idcities*，在方法列表中选择"Create a new selection"。然后在表达式框中输入以下 SQL 语句："CITY_NAME" = 'Sun Valley'（还可以点击 Get Unique Values 从列表中获取 Sun Valley）。点击 Apply，关闭对话框。Sun Valley 被高亮显示在地图中。

3. 从 Selection 菜单选中 Select By Location。在出现的 Select By Location 对话框中，选择方法为"select features from"。勾选 *snowsite* 作为目标图层，选择 *idcities* 作为源图层，确认"use selected features"已打勾。选取"are within a distance of the source layer feature"为目标图层要素的选择方法。输入 40 miles 作为搜索距离，并点击 OK。距离 Sun Valley 40 mi 之内的滑雪站被高亮显示在地图中。

4. 右击 *snowsite* 并选择 Open Attribute Table。点击 Show selected records，则显示选中的滑雪站。

问题 1 距 Sun Valley 40 mi 之内的滑雪站有多少个？

5. 对选中记录可做如下两个操作：第一，Table Options 菜单有选项来打印或导出选中记录；第二，你可以高亮显示记录（和要素）。例如，在选中的记录中 Vienna Mine Pillow 有最大雪水当量（SWE_MAX）。看看 Vienna Mine Pillow 在地图中的位置，你可以点击最左边栏的记录。记录和点要素都呈黄色高亮显示。

6. 将表格和选中的记录继续打开在习作 2 中使用。

习作2 制作动态图表

所需数据：与习作 1 相同的 *idcities.shp* 和 *snowsite.shp*。

习作 2 要求用习作 1 选中的记录创建一个散点图，并实现散点图、属性表和地图之间的动态连接。

1. 确保 *snowsite* 属性表显示习作 1 中选中的记录。下一步将选中的滑雪站导出到新的 shapefile 文件，右击 Tasks 1&2 中的 *snowsite*，指向 Data，并选择 Export Data。将输出的 shapefile 文件作为 *svstations* 保存在第 10 章的工作空间下。添加

svstations 到 Tasks 1&2。在目录表中关闭 *idcities* 和 *snowsite*。关闭 *snowsite* 属性表。右键单击 svstation 并选择 Zoom to Layer。

2. 接下来，从 *svstations* 中创建一个图表。打开 *svstations* 的属性表，从 Table Option 菜单下选择 Create Graph。在 Create Graph Wizard，选择 ScatterPlot 作为图表类型，*svstations* 作为层或图表，ELEV 作为 Y 字段，SWE_MAX 作为 X 字段。点击 Next。在第二个面版中输入 Elev-SweMax 作为标题。点击 Finish。一幅 ELEV 与 SWE_MAX 的散点图显示出来。

问题 2　描述 ELEV 与 SWE_MAX 之间的关系。

3. 这幅散点图已经动态地连接到 *svstations* 属性表和地图。点击散点图中的一个点，这一点和它相应的记录和要素都高亮显示。你也可以用鼠标在散点图上画一个矩形选中两个或者更多的点。这类交互作用也可以由属性表和地图开始实施。

4. 右击散点图。联系菜单给绘制图表提供了各种选项，如打印、保存、输出和添加到布局。

习作 3　由连接表格查询属性数据

所需数据：*wh.shp*，一个林场的 shapefile；*wpdata.shp*，含有林场数据的 dBASE 文件。数据查询可通过属性数据或空间数据来进行。习作 3 用属性数据来查询。

1. 在 ArcMap 中插入一个新数据帧，重命名为 Task 3。将 *wp.shp* 和 *wpdata.dbf* 添加到 Task 3 中。接下来通过使用 ID 作为关键字将 *wpdata* 加入到 *wp*。右击 *wp*，指向 Joins and Relates，并选择 Join。在出现的 Join Data 对话框中，选择 join attributes from a table，从图层中选择 ID 作为字段、选择 *wpdata* 作为表格，选择 ID 作为表格的字段，然后点击 OK。

2. *wpdata* 已被加到 *wp* 属性表。打开 *wp* 属性表，该表含有不同前缀的两套属性。点击 Select by Attributes。在出现的 Select by Attributes 对话框中，确认方法为创建一个新的选择。然后，在表达式框中输入以下 SQL 语句："wpdata.ORIGIN" > 0 AND "wpdata.ORIGIN" <= 1900。点击 Apply。

问题 3　有多少条记录被选中？

3. 点击位于表格下部的 Show selected records，使只有选中的记录才被显示。在图层 *wp* 中，被选中记录的多边形也高亮显示。为了减少选中的记录，再次点击 Select by Attributes。在出现的 Select by Attributes 对话框中，确认 select from current selection 被选中。然后，在表达式框中键入以下 SQL 语句："wpdata.ELEV" <= 30。点击 Apply。

问题 4　在子集中具有多少条记录？

4. 为了更清楚地看到地图中被选中的多边形，点击 Window 菜单并选择 Magnifier。当出现放大窗口时，点击窗口的标题条并在整幅地图中拖动窗口，查看放大视图。

5. 在进入本习作的下一个部分之前，从 *wp* 属性表中点击 Clear Selection 和 select All 以显示全部记录。然后点击 Select by Attributes。确认方法是 "Create a

new selection"。在表达式框中键入以下 SQL 语句：（"wpdata.ORIGIN" > 0 AND "wpdata.ORIGIN" <= 1900）AND "wpdata.ELEV" > 40（圆括号是为了表达更加清晰，但非必需），点击 Apply。4 条记录被选中。选中的多边形都靠地图上方。使用 Zoom In 工具将选中的多边形附近区域进行放大。你可以为放大区域设置书签，供日后参考。点击 View 菜单，指向 Bookmarks，并选择 Create Bookmark。输入 *protect* 作为 Bookmark Name。下次若要查看放大区域，可点击 View 菜单，指向 Bookmarks 并选择 *protect*。

习作 4　由关系数据库查询属性数据

所需数据：*mosoils.shp*，一个土壤图层 shapefile；*component.dbf*、*coeplants.dbf* 和 *comonth.dbf*，3 个由美国国家自然资源保持局（NRCS）开发的 SSURGO 数据库的 dBASE 文件。

习作 4 对 SSURGO 数据库进行操作。通过将数据库中表格的适当链接，可从任一表格探查数据库中的许多土壤属性。而且，由于表格与土壤图链接，还可以看见所选中记录的位置。

习作 4 使用 shapefile，因此，您将使用链接表格的相关操作。但是如果给您的是 geodatabase 和标准级或高级软件许可，您可以选择使用关系类（见第 8 章习作 7）。

1. 在 ArcMap 中插入一个新数据帧，重命名为 Task 4。将 *mosoils.shp*、*component.dbf*、*coeplants.dbf* 和 *comonth.dbf* 加到 Task 4。

2. 首先将 *mosoils* 与 *component* 关联。在目录表中右击 *mosoils*，指向 Joins and Relates，点击 Relate。在出现的 Relate 对话框中，从第一个下拉列表中选择 mukey，从第二个列表中选择 *component*，从第三个列表中选择 mukey，输入 soil_comp 作为关联名，并点击 OK 。

3. 接下来准备另两个关联：一个是 *comp_plant*，用 *cokey* 作为公用字段将 *component* 与 *coeplants* 关联；另一个是 *comp_month*，用 *cokey* 作为公用字段将 *component* 与 *comp_month* 关联。

4. 此时，4 个表（*mosoils* 属性表、*component*、*coeplants* 和 *comonth*）通过 3 个关联都双双关联了。右击 *comonth* 并选择 Open。点击 Select by Attributes。在下一个对话框，通过在表达式框中键入以下 SQL 语句来创建一个新的选择："flodfreqcl" = 'Frequent' OR "flodfreqcl" = 'Occasional'。点击 Apply。点击 Show selected records，使只有选中的记录被显示。

问题 5　在 *comonth* 中，有多少条记录被选中？

5. 若要查看在 *component* 属性表中哪些记录与在 *comonth* 中选中的记录相关联，步骤如下：点击 *comonth* 表顶部的 Related Tables 下拉箭头，点击 comp_month：*component*。表 *component* 的属性与关联的记录一起出现。通过选择 *comp_plant:*（与 *component* 关联的 *coeplants* 表格），你可以在 *coeplants* 表中查看哪些记录与那些频繁或偶发洪涝的记录相关联。

6. 为了在 *mosoils* 中查看哪些记录与那些频繁或偶发洪涝的多边形相关联，你可

以在与 *component* 表关联的表中选择 soil_comp: mosoils。*mosoils* 的属性表显示相关记录并在地图上显示选中记录的位置。

问题 6 在 *mosoils.shp* 中，通用植物名为"爱达荷 fescue"的植物种类的多边形有多少个？

习作 5 空间与属性组合的数据查询

所需数据：*thermal.shp*，一个包含 899 个热井和泉眼的 shapefile；*idroads.shp*，爱达荷州主要道路的 shapefile。

习作 5 假设某公司要在爱达荷州确定温泉胜地的候选地点。选点的两个标准如下：

（1）温泉必须位于主要道路 2mi 范围内。

（2）温泉的温度必须高于 60℃。

thermal.shp 中的字段 TYPE = *s* 时表示泉眼，TYPE = *w* 表示热井。字段 temp 表示水温（℃）。

1. 在 ArcMap 中插入新数据帧，将 *thermal.shp* 和 *idroads.shp* 加到新数据帧。右击新数据帧，选择 Properties。在 General 栏中，将数据帧重命名为 Task5，从 Display 下拉列表中选择 Miles。

2. 首先，选择位于主要道路 2 mi 范围内的温泉和热井。从 Selection 菜单中选择 Select By Location。在出现的 Select By Location 对话框中执行以下步骤：选择方法为 "select features from"，选择 *thermal* 为目标图层，*idroads* 为源图层，选取 "are within a distance of the source layer feature" 为选择目标图层要素的方法，并输入 2（mi）为缓冲距离，点击 OK。地图中距离道路 2 mi 范围内的温泉和热井都被高亮显示。

问题 7 有多少个温泉和热井被选中？

3. 接下来用第二个标准来缩小对地图要素的选择。从 Selection 菜单中选择 Select By Attributes。在 Layer 下拉列表中选择 *thermal*，从 Method 列表中选择 "Select from current selection"。在表达式框中键入以下 SQL 语句："TYPE" = 's' AND "TEMP" > 60。点击 OK。

4. 打开 *thermal* 属性表，点击 Show selected records 以显示被选中的记录。所选中的记录 都是 TYPE 为 s 且 TEMP 高于 60 的。

5. 地图提示对于查验所选中的热泉水温很有帮助。在目录表中右击 *thermal* 并选择 Properties。在 Display 栏中，在 Field 下拉菜单下选择 TEMP，勾选 Show Map Tips using the display expression 复选框，点击 OK 退出 Properties 对话框。在 ArcMap 的标准工具条中点击 Select Elements，将鼠标指针移到高亮显示的一个温泉位置，地图提示随即显示出该温泉的水温。

问题 8 距离道路 *idroads* 5km 范围内且温度高于 70℃ 的热井和温泉有多少个？

习作 6 进行空间合并

所需数据：*AMSCMType_PUB_24K_POINT*，来自土地管理局的显示废弃矿点和危害性材料废弃地点的 shapefile 文件；*cities*，表示爱达荷州超过 300 个城镇的点的 shapefile 文件；*counties*，表示爱达荷州各县的多边形 shapefile 文件。

AMSCMType_PUB_24K_POINT 基于 NAD83，而城镇和县是基于 NAD27 的。在 ArcGIS 中，即时投影（参见第 2 章）将允许它们为此任务进行空间注册。

在 ArcGIS 中，图层的快捷菜单及 ArcToolbox 中都有空间合并。前者只提供了一种空间关系，而后来有 18 种空间关系。在习作 6 中，您将使用这两种方法来查询废弃地点与爱达荷州的城镇和县域的位置关系。

1. 在 ArcMap 中插入一个新的数据帧，并将其重命名为 Task 6。添加 *AMSCMType_PUB_24K_POINT*.shp、*cities.shp* 和 *counties.shp* 到 Task 6。

2. 第一部分是要找到离 *AMSCMType_PUB_24K_POINT* 中的地点最接近的城市。右击 *cities*，指向"合并和关联"，选择合并。单击合并数据对话框中的第一个下拉箭头，并选择基于空间位置从另一图层合并数据。确认 *AMSCMType_PUB_24K_POINT* 是要合并到 *cities* 的图层。点击单选按钮："每个点将被给出离它最近的线的所有属性，距离字段显示与这条线的距离"。指定 *city_site.shp* 为第 10 章数据库中的输出 shapefile。点击 OK 运行该操作。

3. 右击 *city_site* 并打开它的属性表。距离（表格最右侧的字段）列出每个被遗弃地点与离它最近的城市。

问题 9　离最近的城市 1km 以内有多少废弃的地点？

问题 10　问题 9 中有多少地点处于"需要分析"的状态？

4. 使用图层的快捷菜单，空间合并仅限于最接近的空间关系。而在 ArcToolBox 工具箱中的空间合并工具允许您从 18 个空间关系中选择。在处理空间合并的第二部分之前，从选择菜单中点击清除选择要素。在 ArcMap 中点击打开 ArcToolBox，在 Analysis Tools/Overlay 工具集中双击 Spatial Join 工具。在空间合并对话框中，在第 10 章数据库中，输入 *AMSCMType_PUB_24K_POINT* 为目标要素，*counties* 为合并要素，*cleanup_county* 为输出要素类，WITHIN 为匹配选择。单击 OK 运行该命令。你可以打开"工具帮助"阅读 WITHIN 选项是如何操作的。

5. *cleanup_county* 被添加到 Task 6 中。打开它的属性表，可看到它合并了 *AMSCMType_PUB_24K_POINT* 中每个点的属性和该点所在县的属性。

6. 这一步要用 *cleanup_county* 来查询需要分析的 Custer 县的废弃地点。单击 *cleanup_county* 属性表中的由属性选择。在下一个对话框中，输入以下查询表达式："NAME" = 'CUSTER' AND "Status" = 'NEEDS ANALYSIS'. Custer 县的那些需要分析的废弃地点在选中的记录和地图上都显示出来了。

问题 11　Custer 县有多少个废弃地点需要分析？

习作 7　栅格数据查询

所需数据：*slope_gd*，一个坡度栅格文件；*aspect_gd*，一个坡向栅格文件。

习作 7 介绍查询单一栅格或者多个栅格的不同方法。

1. 在 ArcMap 中的 Insert 菜单选择 Data Frame。将新数据帧重命名为 Task7，并将 *slope_gd* 和 *aspect_gd* 加到 Task 7。
2. 从 Customize 菜单选择 Extension，确认 Spatial Analyst 已打勾。点击打开 ArcToolBox 窗口。在 Spatial Analyst Tools / Map Algebra 工具集下双击 Raster Calculator。在 Raster Calculator 对话框中，在表达式框中输入以下地图表达："slope_gd" = 2（= = 等同于 =）。输出栅格保存为 *slope2*，然后点击 OK 运行操作。*slope2* 被添加至目录树中。赋值为 1 的像元代表坡度为 10°～20°的区域。

问题 12　在 *slope2* 中，有多少个像元的值为 1？

3. 返回到 Raster Calculator 工具，输入表达式：（"slope_gd" == 2）&（"aspect_gd" == 4）.（& 等同 AND）。输出栅格保存为 *asp_slp*，然后点击 OK。*asp_slp* 的像元赋值为 1 的区域代表坡度为 10°～20°且为南坡的区域。

问题 13　以上两个栅格中，满足条件 slope = 3 AND aspect = 3 的面积占总面积的百分比是多少？

挑战性任务

所需数据：*cities.shp*，爱达荷州 194 个城市的 shapefile；*counties.shp*，爱达荷州各县 shapefile；与习作 5 相同的 *idroads.shp*。

cities.shp 有一项属性称为 CityChange，用于表示 1990～2000 年的人口变化率。*counties.shp* 含有 1990 年县域人口（pop1990）和 2000 年县域人口（pop2000）的属性。在该文件的属性中添加新字段 CoChange。通过以下表达式计算 CoChange 的字段值：（[pop2000] – [pop1990]）× 100 / [pop1990]。因此，CoChange 显示各县 1990～2000 年的人口变化率。

问题 1　位于博伊西 50mi 范围内的城市平均人口变化率是多少？

问题 2　与州际公路相交并且 CoChange >= 30 的县有多少个？

问题 3　符合 CityChange >= 50 条件式的城市中，有多少个是在 CoChange >= 30 的县域之内？

参考文献

Andrienko, G., N. Andrienko, U. Demsar, D. Dransch, J. Dykes, S. I. Fabrikant, M. Jern, M-J Kraak, H. Schumann, and C. Tominski. 2010. Space, Time, and Visual Analytics. *International Journal of Geographical Information Science* 24: 1577-1600.

Andrienko, N., G. Andrienko, A. Savinov, H. Voss, and D. Wettschereck. 2001. Exploratory Analysisof Spatial Data Using Interactive Maps and Data Mining. *Cartography and Geographic Information Science* 28: 151-65.

Batty, M., and Y. Xie. 1994. Modelling Inside GIS: Part I. Model Structures, Exploratory Spatial Data Analysis and Aggregation. *International Journal of Geographical Information Systems* 8: 291-307.

Becker, R. A., and W. S. Cleveland. 1987. Brushing Scatterplots. *Technometrics* 29: 127-42.

Buja, A., D. Cook, and D. F. Swayne. 1996. Interactive High-Dimensional Data Visualization. *Journal of Computational and Graphical Statistics* 5: 78-99.

Chen, X., and J. Clark. 2013. Interactive Three-Dimensional Geovisualization of Space-Time Access to Food.

Applied Geography 43: 81-86.

Cinnamon, J., C. Rinner, M. D. Cusimano, S. Marchall, T. Bekele, T. Hernandez, R. H. Glazier, and M. L. Chipman. 2009. Online Map Design for Public-Health Decision Makers. *Cartographica* 44: 289-300.

Dorling, D. 1993. Map Design for Census Mapping. *The Cartographic Journal* 30: 167-83.

Dykes, J., A.M. MacEachren, and M.-J.Kraak (eds.). 2005. *Exploring Geovisualization.* Amsterdam: Elsevier.

Guttman, A. 1994. R-trees: A Dynamic Index Structure for Spatial Search. In *Proceedings of the ACM SIGMOD Conference*(Boston, MA). 47-57.

Jacox, E., and H. Samet. 2007. Spatial Join Techniques. *ACM Transactions on Database Systems* 32(1): 7.

MacEachren, A. M., S. Crawford, M. Akella, and G. Lengerich. 2008. Design and Implementation of a Model, Web-based, GIS-Enabled Cancer Atlas. *The Cartographic Journal* 45: 246-60.

Meyer, M. A., F. R. Broome, and R. H. J. Schweitzer. 1975. Color Statistical Mapping by the U.S. Bureau of the Census. *American Cartographer* 2: 100-17.

Rigauz, P., M. Scholl, and A. Voisard. 2002. *Spatial Databases with Applications to GIS.* San Francisco, CA: Morgan Kaufmann Publishers.

Robinson, A. C. 2011a. Highlighting in Geovisualization. *Cartography and Geographic Information Science* 38: 373-83. Robinson, A. C. 2011. Supporting Synthesis in Geovisualization. *International Journal of Geographical Information Science* 25: 211-27 .

Roth, R. E., K. S. Ross, and A. M. MacEachren. 2015. User-Centered Design for Interactive Maps: A Case Study in Crime Analysis. *ISPRS International Journal of Geo-Information* 4: 262-301

Sun, H., and Z. Li. 2010. Effectiveness of Cartogram for the Representation of Spatial Data. *The Cartographic Journal* 47: 12-21.

Thomas, J., and K. Cook. 2005. *Illuminating the Path: Research and Development Agenda for Visual Analytics.* Los Alamitos, CA: IEEE Computer Society Press.

Tufte, E. R. 1983. *The Visual Display of Quantitative Information.* Cheshire, CT: Graphics Press.

Tukey, J. W. 1977. *Exploratory Data Analysis.* Reading, MA: Addison-Wesley.

Uhlmann, S., E. Galanis, T. Takaro, S. Mak, L. Gustafson, G. Embree, N. Bellack, K. Corbett, and J. Isaac-Renton. 2009. Where's the Pump? Associating Sporadic Enteric Disease with Drinking Water Using a Geographic Information System, in British Columbia, Canada, 1996-2005. *Journal of Water and Health* 7: 692-98.

Wiener, H. 1997. *Visual Revelations.* New York: Copernicus.

第 11 章　矢量数据分析

GIS 分析的范畴依 GIS 应用领域不同而异。水文学领域的 GIS 用户可能强调地貌分析和水文建模的重要性，而从事野生生物管理的 GIS 用户则对野生生物位置与其所在环境之关系的分析功能更感兴趣。这就是 GIS 发展商采用两种通用方式打包其 GIS 产品的原因。一种是为大多数 GIS 用户准备的分析工具，另一种是专为特殊应用（如水文建模）而设计的模块或扩展模块。本章将述及矢量数据分析中的基本分析工具。

矢量数据模型用点及其 x、y 坐标来构建点、线和多边形的空间特征（第 3 章）。在矢量数据分析中输入这些空间特征，且分析结果的准确性取决于这些特征的位置和形状的准确性，以及是否是拓扑关系。此外，重要的是要知道数据分析可应用于图层中的所有或已选定的地图要素。

由于越来越多的分析工具被引入到 GIS 软件中，因此有必要防止这些工具使用上的混淆。大量的分析工具诸如 Union（联合）和 Intersect（求交）也作为编辑工具出现（参见第 7 章）。尽管这些术语相同，但执行不同的功能。作为叠置工具，Union 和 Intersect 对空间和属性数据都能分析。而作为编辑工具，它们仅对空间数据（几何特征）进行分析。在本章中，会适时对二者的不同进行评述。

本章共由 5 节组成：11.1 节涉及缓冲区建立及其应用；11.2 节讨论地图叠置、叠置类型、置叠问题和叠置的应用；11.3 节涵盖点与点和点与线之间距离测量的工具；11.4 节查验模式分析；11.5 节包括要素操作工具。

11.1　建立缓冲区

基于邻近（proximity）的概念，**建立缓冲区**可把地图分为两个区域：一个区域位于所选地图要素的指定距离之内，另一个区域在指定距离之外。在指定距离之内的区域称为缓冲区。GIS 常用改变属性值来区分缓冲带（如赋值 1）和缓冲区外的区域（如赋值 0）。除了缓冲带的指定值，没有其他属性数据被添加或组合。

建立缓冲区的地图要素包括点、线或面（图 11.1）。围绕点建立缓冲区产生圆形缓冲区。围绕线建立缓冲区，形成一系列围绕每条线段的长条形缓冲带。围绕多边形建立缓冲区则生成由该多边形边界向外延伸的缓冲区。

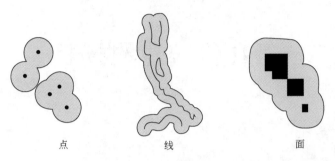

点　　　　　　　　　线　　　　　　　　　面

图 11.1　围绕点、线和面建立的缓冲区

　　对矢量数据分析的缓冲不应该与在编辑中（参见第 7 章）的缓冲区要素或对空间数据查询（第 10 章）的缓冲区混淆。编辑中的缓冲区要素使用的是单个要素而不是图层，同时没有诸如创建多个环或合并重叠边界的选项（参见 11.1.1）。空间数据查询缓冲区是选择位于其他要素一定距离内的要素，但不能创建缓冲带。因此，如果想要在一个图层要素周围创建缓冲带，并保存缓冲带为一个新的图层，则应该用矢量数据分析的 buffer 工具。

11.1.1　缓冲区建立中的差别

　　图 11.1 的建立缓冲区中有若干差别。缓冲距离（又称为缓冲大小）未必为常数，也可以根据给定字段取值而变化（图 11.2）。例如，河滨缓冲区的宽度范围取决于它所期望的功能和相邻地区的土地利用强度（注释栏 11.1）。一个地图要素还可以有一个以上的缓冲区，如一个核电站可以用 5mi、10mi、15mi 和 20mi 缓冲距离来建立缓冲区，形成环绕该电站的多环缓冲区（图 11.3）。所建立的这些缓冲区，虽然缓冲带间隔都为 5mi，但是面积却不同。位于核电站中心向外的第二个环，其区域面积大约是第一环的 3 倍。因此，如果这个缓冲区是疏散规划的一部分，则必须考虑面积上的这种差异。

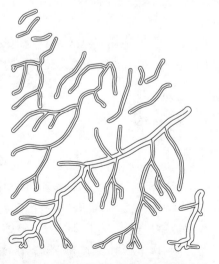

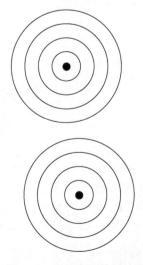

图 11.2　用不同缓冲距离建立的缓冲区　　　　　图 11.3　有四个环的缓冲区

　河滨缓冲区宽度

河滨缓冲区是指沿河、溪两岸的河岸带，可对受污染的径流起过滤作用，并在水体与人类的土地利用之间提供一个过渡。河滨缓冲区也是可保护野生生物栖息地和渔业的复杂生态系统。根据缓冲区拟提供的保护或服务功能，缓冲区宽度可有所不同。据多方报道，若要过滤溶于地表径流中的营养物质和农药，需要 100 ft（30m）的缓冲区宽度。若要保护渔业尤其是冷水性渔业，至少要 100 ft（30m）的缓冲区宽度。若要保护野生生物栖息地，则至少需要 300 ft（90m）宽度。美国许多州都采取根据宽度对河滨缓冲区进行分类的政策。

对线要素建立缓冲区未必在线两侧都有缓冲区，可以只在线的左侧或右侧建立缓冲区（左右侧由线的起点到终点的方向决定）。同理，多边形缓冲区可以从多边形边界向内或向外扩展。缓冲区边界可以保留完整，使每个缓冲区为独立多边形，以用于进一步的分析。缓冲区边界也可以被融合来创立一个总区，使独立的缓冲区之间没有叠置区（图11.4），甚至缓冲区的终端（ends）还可以是圆形的或是平直的。

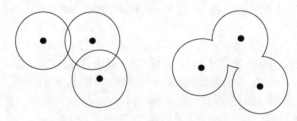

图 11.4　未做边界融合（左图）与已做边界融合（右图）的缓冲区

不管如何变异，缓冲区建立总是用与选定地图要素的距离量度来产生缓冲区的。选定要素的线单位（通常为米或英尺，第 2 章）用作默认的距离单位。或者我们可以为缓冲区指定其他距离单位（如用英里代替英尺）。由于使用距空间要素的距离量测来建立缓冲区，因此，数据集的空间要素的位置准确度决定了缓冲区的准确度。

11.1.2　建立缓冲区的应用

缓冲区的大部分应用都是基于缓冲带的，缓冲区通常作为保护区并被应用于规划或管理目的。

（1）市政法令规定，禁止在距学校或教堂 1000ft 范围内开设酒类商店或色情商店。

（2）政府规定河流两岸 2mi 以内的区域为缓冲区，缓冲区内禁止伐木，目的是使河流尽可能减少淤积。

（3）距道路 500ft 的国家森林内，禁止钻探油气井。

（4）城市规划机构可沿河流边缘设立岸边地带，减少营养物、沉积物和杀虫剂的排入对水体的影响；保持树荫以防止河流温度的升高；提供野生生物和水生生物的庇护所（Thibault，1997；Dosskey，2002；Qiu，2003）。

（5）规划机构可能会在水、湿地、关键生境和水井等地理要素周围建立缓冲区，予以保护并防止这些区域被设置垃圾填埋场（Chang、Parvathinathan and Breeden，2008）。

缓冲区可以作为中立地带，以及解决矛盾冲突的一种工具。比如，在控制抗议人群中，警察可以要求抗议者远离建筑物至少 300ft。也许众所周知的中立地带是沿 38° N 纬线将南北朝鲜分隔开的非军事区（宽约 2.5mi 或 4km）。

有时，GIS 应用中的缓冲区表示包含区。例如，工业园区的选址标准可规定：候选地点必须在重型道路 1mi 范围内。此时，所有重型公路的 1mi 缓冲区都成为包含区。城市可以围绕可用的开放式接入点（如热点）创建缓冲带，以此查看无线连接的覆盖区域。

不仅是作为筛选设备，缓冲区本身也可以成为分析对象（如研究区）。河流缓冲区可以用于评估野生动物栖息地（Iverson et al.，2001），保护区的缓冲区用于评估保护的有效性（Mas，2005），而道路缓冲区用于研究森林火灾风险（Soto，2012）。此外，注释栏 11.2 描述了两个用缓冲区分析"食品沙漠"的研究。

注释栏 11.2	用缓冲区分析"食品沙漠"

　　"食品沙漠"指的是社会的贫困地区，这些地区有限享用超市的合理价格食品，尤其是健康食品（如水果、蔬菜和谷物）。可达性通常是按最短路径分析（第 17 章）量算的，然而，缓冲区也可用于相同的目的，尤其是在农村地区。Schafft、Jensen 和 Hinrichs（2009）围绕具有一个或多个大杂货店的邮政编码质心以 10mi 建立缓冲区，并将宾夕法尼亚州乡村的这些缓冲区以外地区定义为"食品沙漠"。他们的分析表明，在食品沙漠的学区的学生超重比率高。Hubley（2011）也围绕超市、大型连锁店和大型杂货店以 10mi 半径建立缓冲区去寻找缅因州一个农村的"食品沙漠"。该研究得出的结论是，大多数农村居民都在获好评食品商店的可接受距离之内。

缓冲区可以用作点和线要素的定位准确度的指标。该应用与以下数据尤其相关，如不包含地理坐标的历史数据或从低质量的数据源衍生而来的数据。注释栏 11.3 概述此类应用。

注释栏 11.3	缓冲区作为定位准确度的指标

　　围绕线或点要素的缓冲区已用作定位准确度或空间要素不确定性的指标。为评估数字化线要素的定位准确度，Goodchild 和 Hunter（1997）提出一种估算方法，在较高准确度地图所代表的特定的缓冲距离内估算较低准确度代表的总长度（如从小比例尺地图上数字化）。Seo 和 O'Hara（2009）用相同的方法比较 TIGER/线划文件（参见第 5 章）的线要素和 QuickBird 图像的对应要素（非常高的分辨率，参见第 4 章）。Wieczorek、Guo 和 Hijmans（2004）提议用点半径的方法为无地理坐标的自然历史数据设定地理参照。点标记了与位置描述最匹配的地点，同时这个半径（如缓冲距离）代表了所在位置内的最大距离。类似地，Doherty 等（2011）应用了点半径方法为优胜美地国家公园（Yosemite National Park）搜救历史事件提供地理参照。

最后，建立多环缓冲区作为一种采样方法可能很有用。例如，对河网按规则间距建立缓冲区，可以用河网距离的函数对木本植被成分和模式进行分析（Schutt et al.，1999）。还可以将递增的缓冲带应用在其他研究中，如环绕城区的土地利用变化研究。

11.2　地　图　叠　置

地图叠置操作是将两个要素图层的几何形状和属性组合在一起，生成新的输出图层（GIS 软件包可提供每次超过两个图层的叠置操作，为明了起见本章仅限于讨论两个图层的叠置）。输出图层的几何形状代表来自各输入图层的要素的几何交集。图 11.5 解释两个简单的多边形图层的叠置操作。输出图层的每个要素包含所有输入图层的属性组合，而这种组合不同于其邻域。

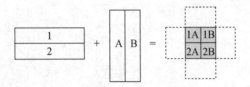

图 11.5　地图叠置把两幅图层的几何形状和属性组合到一幅新图层（图中的虚线仅为了说明，在输出图层中并不存在）

用于叠置分析的图层必须经过空间配准，亦即具有相同的坐标系统。如果是 UTM 坐标系统或者国家平面坐标（SPC）系统，这些图层还必须是在相同分带和相同基准面（如 NAD27 或 NAD83）。

11.2.1　要素类型和地图叠置

实际操作中，地图叠置首先应该考虑要素的类型。叠置操作可以以多边形、线或点图层作为输入，并创建一个较低维度要素的输出。例如，输入图层为多边形和线图层，输出将是线图层。本节将讨论 3 个常见的覆盖操作："点与多边形的叠置""线与多边形的叠置"和"多边形与多边形的叠置"3 种类型，而未涉及所有不同要素类型的组合。为讨论方便，将点、线或多边形的图层称为输入图层；而将要被叠置其他要素的多边形图层称为叠置图层。

在**"点与多边形的叠置"**操作中，输入图层的点要素被叠置到叠置图层上，并且被赋予叠置多边形的属性（图 11.6）。例如，利用"点与多边形的叠置"可寻找野生生物位置与植被类型之间的联系。

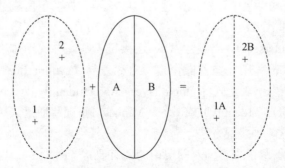

图 11.6　点与多边形的叠置。输入图层为点状图层；输出图层也是点状图层，但已含有多边形图层的属性数据

在"线与多边形的叠置"操作中,输出图层含有输入图层的线要素,其中线要素被叠置图层的多边形边界所分割(图 11.7),因此输出图层的弧段数比输入图层更多。输出图层中的每个线段合并了线状图层的属性和叠置多边形的属性。查找拟建道路的土壤数据就是"线与多边形的叠置"的一个例子。输入图层是包括有拟建道路的线图层,叠置图层为土壤图层。输出图层显示为被分割的拟建道路,每个路段有与其毗邻的不同土壤数据集合。

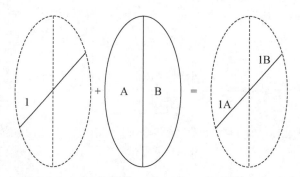

图 11.7 线与多边形的叠置。输入数据为线图层。输出图层也是线图层,但有两点不同于输入图层:线已被分割成两段,且这些线段具有来自叠置多边形图层的属性数据

最常见的叠置操作是**"多边形与多边形的叠置"**,涉及两个多边形图层。输出图层将输入图层和叠置图层的多边形边界组合在一起,生成一系列新的多边形(图 11.8),每个新的多边形都携有两个图层的属性,并有别于毗邻多边形的属性。例如,高度带与植被类型之间的关系分析就属于"多边形与多边形的叠置"。

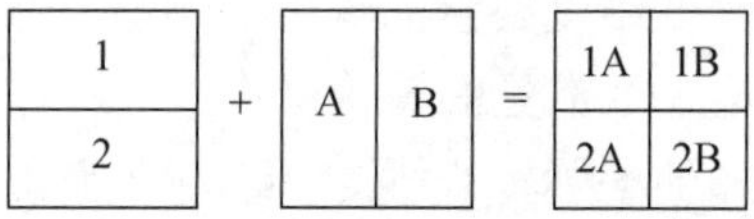

图 11.8 多边形与多边形的叠置。在本图中,叠置的两个图层的区域范围相同。将两个图层的几何形状和属性合并生成了一个多边形图层

11.2.2 地图叠置方法

在不同的 GIS 软件包中,对地图叠置的叫法不一样,但所有叠置方法都是基于布尔连接符的运算,即 AND、OR 和 XOR(参见第 10 章)。若使用 AND 连接符,则此叠置操作为求交(Intersect)。若使用 OR 连接符,则此叠置操作称为联合(Union)。若使用 XOR 连接符,则此叠置操作称为对称差异(symmetrical difference)或差异(difference)。若使用以下表达式 [(input layer) AND (identity layer)] OR (input layer),则该叠置操作称为识别(Identity)或减去(Minus)。下面将通过采用两个多边形图层作为输入图层来详解这 4 种叠置方法。

Union(联合)保留了来自输入图层中的所有要素(图 11.9)。因此输出图层的区域范围对应于两幅输入图层合并后的区域范围。

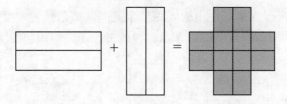

图 11.9　Union 法的输出图层中保留了两个输入图层的全部区域范围

Intersect（求交）仅保留两个图层共同区域范围的要素（图 11.10）。Intersect 常常是叠置分析的首选方法，因为输出图层的任何要素都同时具有两个输入图层的属性数据。例如，森林管理计划可能需要了解河滨带的植被类型。此时，与 Union 相比，Intersect 是更有效的叠置方法，因为输出图层仅含有河滨带和河滨带的植被类型。

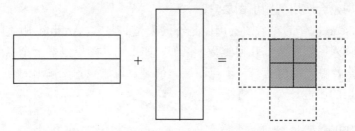

图 11.10　Intersect 法的输出图层中仅保留两个输入图层的共同区域

求交是一种空间关系，可用于空间合并操作（第 10 章）。注释栏 11.4 解释用求交做空间合并与用求交做叠置有何不同。

注释栏 11.4	叠置与空间合并的差异
	空间合并可以使用交叉作为空间关系合并两个图层的属性数据。根据所涉及的要素类型，它可能会也可能不会产生与用求交方法做叠置的相同输出。对于一个点和多边形图层，用空间合并与用叠置的输出是相同的，这是因为点要素只有位置。然而，在线和多边形图层或两个多边形图层的情况时，输出是不同的。输出合并的输出保留相同要素，而叠加产生一套新的基于两个输入图层几何求交的要素。两个输出表具有相同数量的记录，每个记录具有相同的属性，但与每个记录相联系的线或多边形的形状随表格的不同而异。

Symmetrical difference（对称差异）仅保留输入图层各自独有的区域范围内的要素（图 11.11）。换言之，对称差异在输出的区域范围上与 Intersect 正好相反。

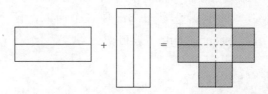

图 11.11　Symmetrical difference 法在输出图层中仅保留各输入图层独有的区域

Identity（识别）仅保留落在由输入图层定义的区域范围内的要素（图 11.12）。另外一图层称为识别图层。输入图层可含点、线或多边形，而识别图层是多边形图层。

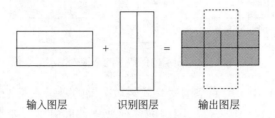

输入图层　　　　　　识别图层　　　　　输出图层

图 11.12　Identity 操作生成的输出图层与输入图层的范围相同

可见，叠置方法的选择与输入图层的区域范围有关。如果输入图层的区域范围相同，那么此区域范围也会应用到输出图层。

由于 Intersect 操作的输入图层可以是不同类型的要素，ArcInfo 版本规定输出的要素类型对应于输入图层中最低几何维数。例如，如果输入图层包括一个点图层和两个多边形图层，那么，输出图层就是一个点图层。但是，通过叠置，输出的点图层含有来自两个多边形图层的属性。

11.2.3　叠置和数据格式

地图叠置在 GIS 中的使用与 GIS 本身历史一样长，虽然不是 GIS 中最重要的工具，也是最被认可的工具。许多针对地图叠置而形成的概念和方法都是基于传统的拓扑矢量数据，如 Esri 公司的 coverage。从 20 世纪 90 年代起，新型矢量数据已被引入 GIS 中，诸如同样来自 Esri 公司的 shapefile 和 geodatabase 要素类。Shapefile 是非拓扑的，而 geodatabase 可以即时拓扑。总体看来，对这些新型矢量数据的叠置分析还不需要新的处理方式，但是新型矢量数据已带来一些变化。

与 coverage 模型不同，shapefile 和 geodatabase 都允许多边形要素具有多组分，并且可相互重叠。这意味着叠置操作实际上可以应用于单个要素图层：Union 通过联合不同的多边形产生新要素，Intersect 由多边形重叠的区域产生新的要素。但是，当用于单个图层时，Union 和 Intersect 基本上只是创建新要素的编辑工具（第 7 章），而非地图叠置工具，因为不是对不同图层执行几何求交和属性数据合并。

许多 shapefile 用户都意识到地图叠置输出的一个问题：面积和周长的数值不会自动被更新。事实上，输出图层包含两套面积和周长数值，分别来自每个输入图层。本章应用部分的习作 1 将介绍如何使用一段简单的 Visual Basic 脚本来更新这些数值。然而，geodatabase 要素类型的地图叠置却未出现这个问题，因为其默认的面积字段（shape_area）和周长字段（shape_length）被自动更新。

11.2.4　碎屑多边形（slivers）

多边形图层叠置的常见错误是形成**碎屑多边形**，即沿着两个输入图层的相关或共同边界线（如研究区边界）生成的碎屑多边形（图 11.13）。碎屑多边形的出现往往来自数字化的误差。由于手扶跟踪数字化或扫描的精度很高，输入图层的公共边界线很少会刚好重合。当两个图层叠置后，未重合的数字化边界线求交生成碎屑多边形。产生碎屑多边形的其他原因还有源地图的误差或解译误差。例如，土壤和植被图上的多边形边界通常是由野外调查数据、航空相片和卫星图像解译而来的，解译差错也可能造成多边形边界不正确。

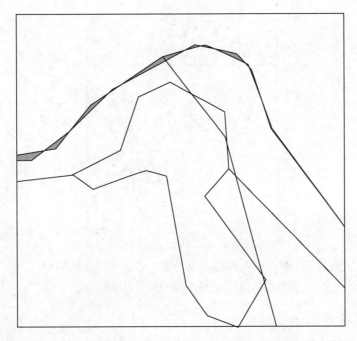

图 11.13　图中上部边界有一系列碎屑多边形（阴影区），在输入图层的多条海岸线叠置中形成的

　　多数 GIS 软件包在地图叠置操作中配上某种容差，以消除碎屑多边形。例如，ArcGIS 用**聚合容差**就会将落在指定距离之内的点和线接合到一起（图 11.14）（参见第 7 章）。聚合容差既可以由用户定义，也可以使用默认值。因此，地图叠置的输出图层上残留的碎屑多边形是那些超出聚合容差的。因此，减少碎屑多边形的一个有效方法是增大聚合容差。但是，由于聚合容差是作用于整个图层的，若容差值过大，很可能会把那些在输入图层上的非共享边界与线接合为共享边界，在叠置输出图层上消除本应存在的小多边形（Wang and Dongaghy，1995）。

　　解决碎屑多边形问题的另外一些方法包括数据预处理和后处理。我们可以将拓扑规则运用到输入图层 geodatabase 中，以确保在进行地图叠置操作之前，它们的共有边界是重合的（参见第 7 章）。还可以在地图叠置操作之后，用最小制图单元的概念来消除碎屑多边形。**最小制图单元**代表最小面积单元，是由政府机构或组织来管理的。例如，美国国家森林部门采用 5acre 作为其最小制图单元，那么可把所有小于 5acre 的碎屑多边形与毗邻多边形合并，从而消除碎屑多边形（11.5 节）。

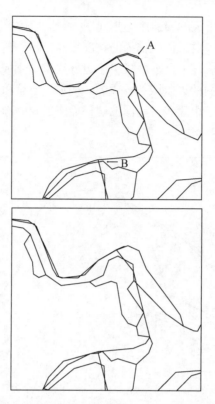

图 11.14 聚合容差可消除上部边界（A）的许多碎屑多边形，
但也会接合那些不是碎屑多边形的线段（B）

11.2.5 地图叠置中的误差传递

碎屑多边形是输入图层误差的例子，这种误差会传递到地图叠置分析的输出图层中。误差传递是指由于输入图层的不准确而产生的误差。在地图叠置中误差传递通常有两种类型：位置误差和标识误差（MacDougall，1975；Chrisman，1987）。位置误差是数字化和解译差错而产生的不准确边界引起的。标识误差则是由不准确的属性数据引起，如多边形数值的不正确编码。每个地图叠置产品势必都会有一些位置和标识误差的组合。

误差传递的影响程度如何呢？其影响取决于输入图层的数目和误差的空间分布。随着输入图层的数目增加，叠置操作输出结果的精度减小。如果在输入图层中相同位置出现误差的可能性减小，则准确度也趋于减小。

Newcomer 和 Szajgin（1984）提出的误差传递模型，计算输入图层在叠置输出图层上为正确的事件概率。该模型提出输出图层的最高精确度等于输入图层中精确度最低的图层的精确度，而最低精确度由式（11.1）计算出：

$$1 - \sum_{i=1}^{n} \mathrm{Pr}(E_i') \tag{11.1}$$

式中，n 是输入图层的数目；$\mathrm{Pr}(E_i')$ 是输入图层 i 为不正确的概率。

假设有 3 个输入图层进行地图叠置操作，各图层的精确度分别为 0.9、0.8 和 0.7。根据 Newcomer 和 Szajgin 模型，可以判断出叠置分析输出结果的最高精确度是 0.7，最低精确度为 0.4 或 1−（0.1＋0.2＋0.3）。可见，Newcomer 和 Szajgin 模型解释了叠置分析中误差传递的潜在问题。尽管如此，如注释栏 11.5 所示，它只是一个简单模型，与现实世界还有显著差别。

注释栏 11.5	误差传递模型

　　Newcomer 和 Szajgin 提出关于地图叠置误差传递模型（1984）简单可行。但是，它仍然是一个概念框架模型。首先，该模型基于正方形要素，是比用于地图叠置的真实数据集简单得多的几何要素。其次，该模型仅用于处理布尔操作符的 AND，即输入图层 1 和 2 都是正确的。布尔操作符的 OR 却有所不同，因为它只要求输入图层有一个是正确的即可（输入图层 1 是正确的 OR 输入图层 2 是正确的）。因此，地图叠置输出结果是正确的概率实际上随着输入图层数目增加而增大了（Veregin，1995）。最后，Newcomer 和 Szajgin 模型只能用于二进制数据，这意味着一个输入图层若非正确则为错误。该模型不能用于等间隔或比率数据，并且不能量测误差值。对数值数据建立误差传递模型比对二进制数据要困难得多（Arbia et al.，1998；Heuvelink，1998）。

11.2.6　地图叠置的应用

　　叠置方法在许多查询和建模应用程序中起着核心作用。假设某投资公司正在寻找一块位于商业区的地块，需要满足的条件是没有洪涝方面的问题，而且要在重型道路 1 mi 以内。那么，就应该先创建 1mi 的道路缓冲区；然后，将此缓冲区图层与功能分区图层和泛滥平原图层一起做地图叠置分析。接下来，查询地图叠置输出图层就能选出符合公司选址标准的地块。更多应用实例将在第 11 章和第 18 章的应用部分进行介绍。

　　地图叠置更有效的应用是帮助解决面的插值问题（Goodchild and Lam，1980）。**面的插值法**包括将一个已知多边形数据集（源多边形）转移到另一个目标多边形。例如，人口普查区可以代表源多边形（有来自美国人口普查局的各区已知人口），而学区则代表未知人口数据的目标多边形。估算每个学区的人口时常用面积权重的方法，包括以下步骤（图 11.15）：

　　（1）将人口普查区地图与学区地图进行地图叠置。
　　（2）查询各学区内各人口普查区的面积比例。
　　（3）根据面积比例，将每个人口普查区的人口分配给各学区。
　　（4）将每个人口普查区的比例人口相加作为每个学区的人口。

　　然而，以上用于面的插值方法的假设是：各人口普查区的人口是均一分布的。但现实中却往往不是这样。

　　新近研究已应用多种辅助数据（如道路密度、不透水面和土地覆被）用于分区密度制图（参见第 9 章）相同的方法来改进面的插值（如 Reibel 和 Bufalino，2005；Reibel

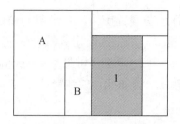

图 11.15　面的插值的实例。粗线表示人口普查区，细线表示学区。已知人口普查区 A 的人口为 4000，B 的人口为 2000。地图叠置结果显示，人口普查区 A 的面积在学区 1 中所占的面积比例为 1/8，人口普查区 B 所占的面积比例为 1/2。因此，学区 1 内的人口可以估计为 1500，或者[（4000×1/8）+（2000×1/2）]

和 Agrawal，2007）。Zandbergen（2011）的新近研究表明，地址点位比面插值的其他类型辅助数据更有意义。

11.3　距　离　量　测

距离量测是指要素之间直线（欧氏）距离的量测。量测可在一个图层中的点到另一图层的点之间进行，或在一个图层的各个点到另一图层中的最邻近点或线之间进行。在这两种情况下，距离量测结果都保存在一个字段中。

距离量测可以直接用于数据分析。例如，Chang、Verbyla 和 Yeo（1995）利用距离量测来测试鹿的重新定居点是否更接近原始林与皆伐区的边缘，而不是在鹿的重新定居区内随机分布。Fortney 等（2000）应用家庭位置和医疗提供者之间的距离量测，评价健康服务的地理可达性。定位准确度则是要求距离量测的另一个主题（注释栏 11.6）。

注释栏 11.6	评估定位准确度的距离量测

距离量测的一个常见应用是确定点要素的定位准确性。首先，准备两组点，一组点用于测试（测试点），另一组是具有更高准确度的其他相同点（参照点）。其次，链接测试点和参照点来量测距离。最后，由评估距离量测的准确度计算描述性统计如均方差误差（RMS）（参见第 7 章）。Zandbergen 和 Barbeau（2011）用该方法并辅以从高敏感度 GPS 功能的手机上获得的 GPS 数据，对比调查基准位置来评估定位准确度。在其他研究中，Zandbergen、Ignizio 和 Lenzer（2011）分别在 TIGER 2009 和 TIGER 2000 中用高分辨率彩色正射图像上的参考点比较了采样道路的相交点和 T 型路口。基于距离量测得出以下结论：TIGER 2009 比 TIGER 2000 的路网更准确。

距离量测还可以用作数据分析的输入数据。例如，常用于移民研究和商业应用的一种空间互动重力模型，就将点与点之间的距离量测值作为输入数据。模式分析也用距离量测值作为输入数据，11.4 节将进行介绍。

11.4　模　式　分　析

模式分析是关于二维空间点要素空间分配的研究。与缓冲区和叠置可用于可视化不同，模式分析依靠统计来描述分布模式。在整体（全球）水平上，模式分析可以揭示某分布模式是随机、离散还是集聚的。随机模式是指某位置点的存在不会促使或抑制相邻点的出现的一种模式。这个空间随机性将随机模式和分散的或聚合的模式区分开来。在局部水平上，模式分析可以检测出分布模式中是否含有高值或低值的局部集聚。因为模式分析可作为更正式的和结构性的数据分析的前奏，所以一些研究者已经将模式分析作为一项数据探查活动（Murray et al.，2001；Haining，2003）。

11.4.1　点模式分析

点模式分析的一个经典方法是最近邻分析，它使用图层中各个点与其最邻近点的距离，判断该点是呈随机的、规则的还是集聚的分布模式（Clark and Evans，1954）。最近邻统计量是一个比率值，即观测点与最邻近的平均距离（d_{obs}）到假定随机分布时所期望（d_{exp}）平均距离的比率（R）。计算式为

$$R = \frac{d_{\text{obs}}}{d_{\text{exp}}} \tag{11.2}$$

如果点的分布模式比随机模式更加集聚，则比率 R 小于 1；若更加离散，则比率 R 大于 1。最近邻分析也可以生成 Z 得分值，表示分布模式为随机结果的可能性。

图 11.16 显示鹿的位置的点分布模式。其最近邻分析结果显示：R 值为 0.58（比随机模式更加集聚），Z 得分为–11.4（随机分布的可能性小于 1%）。

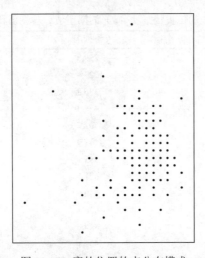

图 11.16　鹿的位置的点分布模式

雷普利（Ripley）的 K 函数，它是另外一种受欢迎的点模式分析方法（Ripley，1981；Boot and Getis，1988；Bailey and Gatrel，1995）。它能够辨认出在一定的距离范围内的聚合或者分离效果，因此不同于最近邻分析。实践中为了简化解译，常用的标准版本是 Ripley's 的 K-函数，又称 L 函数。在距离 d 的 L 函数观测值，无边缘修正，可以通过式（11.3）计算（Ripley，1981）：

$$L(d) = \sqrt{A\sum_{i=1}^{N}\sum_{i=1, j\neq1}^{N} k(i,j)} \bigg/ \left[\pi N(N-1)\right] \qquad (11.3)$$

式中，A 是研究区域的大小；N 是点的数量；Π 是数学常量。在公式（11.3）中，k（i, j ）的总和，是在距离 d 内测量 j 点到全部 i 点的数量。当 i 和 j 之间的距离小于或等于 d 时，k（i, j ）为 1；当 i 和 j 之间的距离大于 d 时，k（i, j ）为 0。随机点模式的期望值 L（d）即是 d（Boots and Getis，1988）。当 L（d）的计算值高于期望值时，在距离 d 的点分布模式比随机模式更加聚集；当 L（d）的计算值低于期望值时，在距离 d 的点分布模式比随机模式更加离散。

L（d）的计算值会受到近研究区边缘的点的影响。不同的算法在边缘修正中得到使用（Li and Zhang，2007）。例如，ArcGIS 提供了以下 3 种方法：模拟外边界值、缩小分析区和 Ripley 的边缘修正公式。由于边缘修正，正式估算 L（d）的统计意义是很难的。相反，上、下包络线 L（d）可以通过一系列模拟导出，在研究区内随机放置 N 个点来开始模拟。如果 L（d）计算值高于上模拟包络线，在距离 d 的点分布模式很有可能集聚；如果 L（d）计算值低于上模拟包络线，在距离 d 的点分布模式很有可能离散。

表 11.1 显示图 11.16 中鹿的位置数据的期望值、观测值和两者之差。d 距离的范围从 100～750m，以 50m 递增。从 100～700m 全程观察到集聚，但它的峰值发生在 250m。图 11.17 绘出 L（d）的计算值和上、下模拟值包络线。L（d）计算值高于上包络线，100～650m，从而经验性地证实为聚合点模式。

表 11.1　鹿的位置数据 L（d）的期望值、观测值和两者之差

期望值 L（d）（1）	观测值 L（d）（2）	（2）－（1）
100	239.3	139.3
150	323.4	173.4
200	386.8	186.8
250	454.5	204.5
300	502.7	202.7
350	543.9	193.9
400	585.1	185.1
450	621.5	171.5
500	649.5	149.5
550	668.3	118.3
600	682.9	82.9
650	697.1	47.1
700	704.9	4.9
750	713.7	−36.3

11.4.2　量测空间自相关的莫兰指数（Moran's I）

最近邻分析只使用点与点之间的距离作为输入数，空间自相关分析则考虑点的位置及其属性的变化。因此，**空间自相关**按照空间赋值状况量测各个变量值之间的相关关系

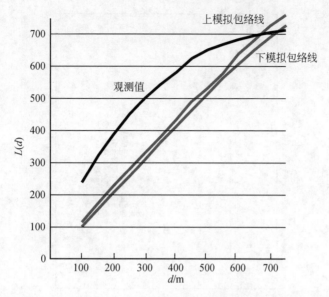

图 11.17　$L(d)$ 的计算值及上、下模拟包络线

（Cliff and Ord，1973）。如果相似的值在空间上互相靠近，则被描述为极相关；如果从数值摆布未能得出模式，则为独立或随机的。空间自相关也被称为空间联系或者空间依赖关系。

莫兰指数（Moran's I） 是一种通用的空间自相关测量方法。可以通过式（11.4）计算：

$$I = \frac{\sum_{i=1}^{n}\sum_{j=1}^{m}W_{ij}(x_i - \overline{x})(x_j - \overline{x})}{s^2\sum_{i=1}^{n}\sum_{j=1}^{m}W_{ij}} \qquad (11.4)$$

式中，x_i 为点 i 处的值；x_j 为点 i 的邻近点 j 的值；W_{ij} 为系数；n 为点的数目；s^2 为 x 值与其均值 $\overline{x}$ 的方差。系数 w_{ij} 是用于量测空间自相关的权重，一般而言，被定义为点 i 与点 j 之间距离（d）的倒数（等于 $1/d_{ij}$）。其他权重诸如距离平方的倒数（反距离权重）也被使用。

莫兰指数值取决于随机模式下的期望值 $E(I)$：

$$E(I) = \frac{-1}{n-1} \qquad (11.5)$$

式中，当点的数量很大时，$E(I)$ 则接近 0。

在随机模式下，莫兰指数接近 $E(I)$。若相邻的点趋于具有相近的值（如空间相关），则莫兰指数大于 $E(I)$；反之，若相邻的点趋于不等的值（空间不相关），莫兰指数则小于 $E(I)$。与最近邻分析相类似，也可以结合莫兰指数来计算 Z 得分。Z 得分表示点模式为随机分布结果的可能性。

图 11.18 显示与图 11.16 相同的鹿的位置，但是，此图中以看到的数目作为属性。此时，计算得到莫兰指数为 0.1，远大于 $E(I)$ 值（0.00962）；计算的 Z 值为 11.7，表明为随机分布结果的可能性小于 1%。因此这个结果与最近邻分析是一样的。

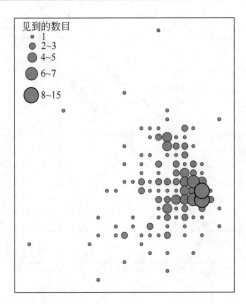

图 11.18　点分布模式表示鹿的位置和在每个位置上看到的数目

　　至此，分布模式的讨论一直以点为核心。然而，莫兰指数（Moran's I）也可以应用于多边形分布模式的分析中。其计算公式仍然如方程（11.4）所示，各计算指数值也相同。不同之处在于 w_{ij} 系数的计算是基于多边形要素之间的空间关系。当多边形 i 与多边行 j 相邻时，w_{ij} 赋值为 1；当多边形 i 与多边行 j 互不相邻时，w_{ij} 赋值为 0。

　　图 11.19 显示美国爱达荷州阿达县各街区拉丁裔人口比例。计算得到莫兰指数值为 0.05，高于 0.00685 的 $E(I)$；Z 值为 6.7，提示该模式为随机结果的可能性小于 1%。因此，可以得出，相邻街区势必有相近的拉丁裔人口比例，或同为高比例，或同为低比例（尽管如此，有两个街区例外，即位于南部的、面积大且人口稀少的街区，拉丁裔人口比例较大的聚集在州府博伊西附近）。

　　空间联合局域指标（local indicators of spatial association，LISA）是莫兰指数的局域版本（Anselin，1995），LISA 为每个要素（点或多边形）计算指数值和 Z 得分。Z 得分值高且为正数时，提示该要素与相近值要素邻近，都高于或者低于平均值。Z 值高却为负数时，则指明该要素与具有不同数值的要素邻近。图 11.20 表明博伊西附近有高度相似值的集聚类（如高比例拉丁裔人口），围绕这一聚类的是小块的高度不相似值。

11.4.3　量测高/低聚集度的 G-统计量

　　不论是整体还是局部的莫兰指数都只能检测出具有相近值的要素是否呈现聚类，而不能说明该聚类是否由高值或低值组成。正因为如此，导致出现了 **G-统计量**（G-statistic），用以区分出高值聚类和低值聚类（Getis and Ord，1992）。其中，整体 G-统计量基于指定的距离 d，其计算式为

$$G(d) = \frac{\sum\sum w_{ij}(d)x_ix_j}{\sum\sum x_ix_j},\ i \neq j \tag{11.6}$$

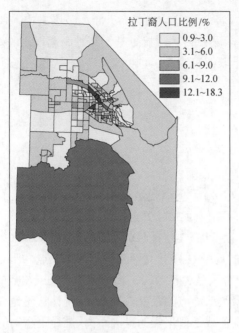

图 11.19 爱达荷州阿达县各街区拉丁裔人口比例。州府博伊西位于该图上部中央（小规模街区所在处）

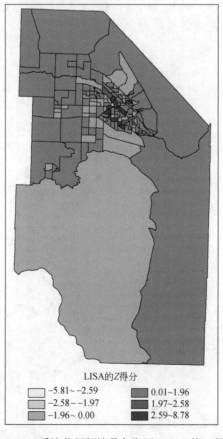

图 11.20 爱达荷州阿达县各街区 LISA 的 Z 得分

式中，x_i 为点 i 处的值；若 j 位于点 i 的 d 距离范围之内，则点 j 的值为 x_j；$w_{ij}(d)$ 为空间权重，当 i 和 j 表示点时，该权重基于某种距离权重（如距离的倒数），若 i 和 j 表示多边形时，该权重取值 1 和 0（相邻或者互不相邻的多边形）。

$G(d)$ 的期望值为

$$E(G) = \frac{\sum\sum w_{ij}(d)}{n(n-1)} \qquad (11.7)$$

一般来说，当 n 很大时，$E(G)$ 是一个非常小的数值。

$G(d)$ 值高，则为高值集聚；相反，则为低值集聚。$G(d)$ 的 Z 得分可计算出来，用于评价它的统计学意义。对于美国爱达荷州阿达县各街区拉丁裔人口的比例，计算得到整体 G-统计量为 0.0、Z 值为 3.9，表示有高值的空间集聚。

与莫兰指数相类似，也可用 G-统计量的局部版本（Ord and Getis, 1995；Getis and Ord, 1996）。由 $G_i(d)$ 表示的局域 G-统计量经常被称为"热点"（hot spots）分析的工具。由 $G_i(d)$ 计算得出的 Z 得分高且为正数时，提示高值聚类或热点的存在。相反，Z 得分高却为负数时，表明低值聚类或冷点的存在。局部 G-统计量还允许使用距离阈值 d，并将距离阈值定义为可识别高值或低值聚类的最大距离。推导距离阈值的一个方法是首先运用莫兰指数，并确定到集聚停止点的距离（如 Haworth，Bruce 和 Iveson，2013）。

图 11.21 显示阿达县拉丁裔人口的局部 G-统计量的 Z 得分。该图显示出在博伊西出现一个明显的热点，但在该县无冷点出现。

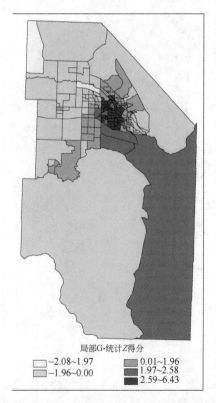

图 11.21　阿达县各街区拉丁裔人口的局部 G-统计量的 Z 得分

11.4.4　模式分析的应用

模式分析具有很多重要的应用。最近邻分析和雷普利的 K 函数是空间分布和植物类型结构分析的标准方法（Wiegand and Moloney，2004；Li and Zhang，2007）。雷普利的 K 函数也用于其他类型的空间数据，包括工业企业（Marcon and Puech，2003）。热点分析已成为犯罪地点制图和分析的标准工具（LeBeau and Leitner，2011）和公共健康数据（如 Jacquez and Greiling，2003）。注释栏 11.7 描述了墨西哥城的毒品热点研究。

注释栏 11.7	检测毒品热点

正如 Vilalta（2010）在墨西哥城吸毒场所的研究中所展示，模式分析是制图和分析犯罪地点的标准工具。此项研究对 2007~2008 年 69 个警区所拘捕的 2960 名藏毒者进行了全球和本地莫兰（Moran）分析。研究报道 4 个"大麻热点"和 3 个"可卡因热点"，所有这些具有不同的意义，并且比其相邻警区具有较高数量的吸毒者。进一步分析表明，大麻吸食点与较好的居住区和较多的女主人家庭有关联，而可卡因无明显的社会经济关联。

空间自相关对于分析空间分布的时间变化很有用处（Goovaerts and Jacquez，2005；Tsai et al.，2006）。同样地，它对于距离类空间依赖性的定量化也十分有用（Overmars，de Koning and Veldkamp，2003）。空间自相关对于证实标准统计分析如回归分析的有效性具有重要的作用。统计推论通常用于受控的实验，很少用于地理研究（Goodchild，2009）。如果数据表明有显著的空间自相关，研究者则应将空间依赖性纳入分析（Malczewski and Poetz，2005）。

11.5　要素操作

许多 GIS 软件包提供了在一个或者更多图层操作和管理要素的工具。当一种工具涉及两个地图图层时，图层必须基于相同的坐标系。如同叠置，这些要素工具经常用于数据预处理和数据分析；然而，又不同于叠置，这些工具不会把输入图层的空间数据和属性数据组合到一个图层。在不同的 GIS 软件包中，尽管这些工具的名称不尽相同，但要素操作容易按图形执行。

Dissolve（消除边界）工具是把相同属性数值的要素聚合起来（图 11.22）。例如，我们可以按公路编号或州县把道路聚合到一起。Dissolve 的一个重要应用是简化已分类的多边形图层。分类是把选定属性分成类型并标出相邻多边形的废弃边界，相邻多边形原先具有不同数值，但是现在被归成相同类型。Dissolve 可以消除这些不必要的边界，并生成一幅以分类结果为属性值的新的较简单图层。Dissolve 的另一个应用是将输入图层的空间和属性数据聚合到一起。例如，为了消除县图层的边界，可选择州名作为消除边界（to dissolve）的属性，把县域人口作为聚合（to aggregate）的属性，输出图层为表示该州人口（如各县人口总和）属性的州域图层。

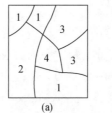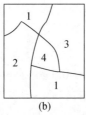

图 11.22　Dissolve 消除具有相同属性值的多边形（a）边界，生成简化图层（b）

　　Clip（剪取）工具是以剪取图层的区域范围将输入图层进行剪切，生成一幅只包含落在剪切图层区域范围内的输入图层要素（包含属性）（图 11.23）。剪取是一个很有用的工具，如用于剪取出与研究区域相应的新地图。输入图层可以是点、线或多边形图层，而剪取图层必须是多边形图层。输出图层与输入图层的要素类型相同。

　　Append（拼接）工具把两个或多个图层拼接在一起，生成一个新图层，具有相同的要素和属性（图 11.24）。例如，Append 可把 4 幅输入图层拼到一起，而每幅都对应于 USGS 的 7.5 分标准地形图幅。生成的输出地图可作为一个图层来进行数据查询或显示。

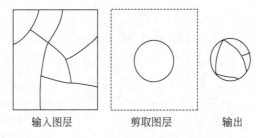

输入图层　　　　剪取图层　　　　输出

图 11.23　Clip 工具生成的输出图层，仅包含那些落在剪取图层区域范围内的输入图层要素（图中虚线仅作为说明，在剪取地图中并不存在）

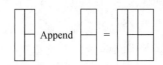

图 11.24　Append 工具把两个相邻图层拼接成一个图层，但不能消除图层之间的公共边界

　　Select（选择）工具生成一个含有用户定义的查询表达式的要素的新图层（图 11.25）。例如，在一个样方图层中，以"林冠郁闭度 60%～80% 的样方"为选择表达式，生成一个显示高林冠郁闭度的图层。

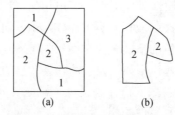

图 11.25　Select 工具通过选择输入图层（a）的要素生成新图层（b）

Eliminate（排除）工具通过移去满足用户定义查询表达式的要素，生成一个新图层（图 11.26）。例如，该工具可应用最小制图单元概念，把图层中小于所定义的最小制图单元的多边形消除。

Update（更新）工具用"剪切和粘贴"操作，以更新图层及其要素来替换输入地图（图 11.27）。顾名思义，Update 在以有限区域的新要素来更新现有图层方面是很有用处的。这比重新数字化整幅地图要简单得多。

Erase（擦除）工具是从输入图层消除那些落在擦除图层区域范围内的要素（图 11.28）。假设进行适宜性分析时，要求候选地点必须在离河流 300m 之外。在这种情况下，河流缓冲区图层可用作擦除图层，对缓冲区以内的不作进一步考虑。

Split（分割）把输入图层分成两个或两个以上的图层（图 11.29）。一个表示区域亚单元的分割图层被用作输入图层的分割模板。例如，国家林业局可按地区将林分图层割开，使每个地区办公室都有自己的图层。

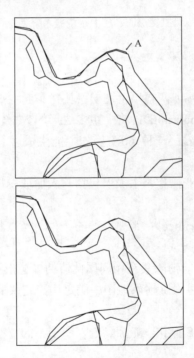

图 11.26　Eliminate 工具消除上部边界线上的碎屑多边形（图中的 A）

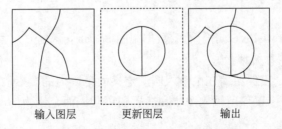

输入图层　　　更新图层　　　输出

图 11.27　Update 工具用更新图层及其要素来替换输入图层

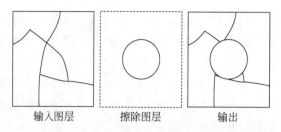

输入图层　　　　　　擦除图层　　　　　　输出

图 11.28　Erase 将落在擦除图层区域范围内的输入图层要素消除

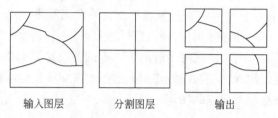

输入图层　　　　　　分割图层　　　　　　输出

图 11.29　Split 工具以分割图层的几何形状将输入图层分割成 4 个独立的图层

重要概念和术语

拼接（Append）：把两幅或两幅以上图层拼接在一起生成一幅新图层的 GIS 操作。

面的插值（Areal interpolation）：将一组多边形的数据转换到另一多边形的过程。

缓冲区建立（Buffering）：一种 GIS 操作，能生成含有选择要素一定距离范围的分区。

剪取（Clip）：一种 GIS 操作，生成仅包括落入剪取图层区域范围内的输入图层要素的新图层。

聚合容差（Cluster tolerance）：距离容差的一种，当点和线之间的距离小于指定距离时，强行将两者接合到一起。

边界消除（Dissolve）：能消除具有相同属性值的多边形边界的一种 GIS 操作。

排除（Eliminate）：通过去除输入地图中满足用户定义查询表达式的要素，生成一个新图层的 GIS 操作。

擦除（Erase）：一种 GIS 操作，能擦除输入图层中的那些落在擦除图层面范围内的要素。

误差传递（Error propagation）：在地图叠置输出图层中，由于输入图层的不准确而产生的误差。

G-统计量（G-statistic）：用于衡量数据集中高、低值聚类的一种空间统计方法，包括整体的或局部的两种统计量。

识别（Identity）：仅保留落在由输入图层定义面范围内的要素的一种地图叠置方法。

求交（Intersect）：仅保留输入图层和叠置图层共同面范围内的要素的一种地图叠置方法。

线与多边形的叠置（Line-in-polygon overlay）：一种 GIS 操作，它使线状图层被叠置图层的多边形边界所分割，输出地图上每个线段组合了来自线状图层和它所落入多边形的属性。

空间联合局域指标（LISA）：莫兰指数的局域版本。

最小制图单元（Minimum mapping unit）：由政府机构或组织所指定的最小面积单元。

莫兰指数（Moran's I）：用于衡量数据集中的空间自相关程度的统计量。

最近邻分析（Nearest neighbor analysis）：用于判定点分布模式是随机、规则或集聚的一种空间统计量。

地图叠置（Overlay）：将输入图层的几何形状和属性结合在一起，生成输出图层的一种 GIS 操作。

点与多边形的叠置（Point-in-polygon overlay）：一种 GIS 操作，它使点状图层的每个点被赋予它所落入多边形的属性数据。

多边形与多边形的叠置（Polygon-on-polygon overlay）：一种 GIS 操作，它使输出地图组合了来自输入地图的多边形边界，生成一组新多边形，每个新多边形携带了输入图层的属性。

雷普利的 K 函数（Ripley's K-function）：通过一定范围的距离来判断点模式是随机的、规则的还是集聚的一种空间统计量。

选择（Select）：一种 GIS 操作，它根据用户定义的逻辑表达式选中地图要素，生成新图层。

碎屑多边形（Slivers）：在地图叠置中，沿着两个输入图层的共同边界出现的面积很小的多边形。

空间自相关（Spatial autocorrelation）：按照空间赋值状况，测量一个变量的数值之间关系的一种空间统计量，也被称为空间联系或空间依赖性。

分割（Split）：把输入图层分成两个或两个以上图层的一种 GIS 操作。

对称差异（Symmetrical difference）：一种地图叠置方法，它仅保留输入图层中各自独有区域范围内的要素。

联合（Union）：保留输入地图和叠置地图全部要素的一种"多边形与多边形叠置"方法。

更新（Update）：用更新图层及其要素来替换输入图层的一种 GIS 操作。

复习题

1. 给缓冲区下定义。

2. 描述缓冲区建立中的 3 种差别。

3. 根据您的学科领域，提供建立缓冲区的一个应用实例。

4. 描述"点与多边形的叠置"操作。

5. "线与多边形的叠置"操作将生成一个线状图层，该图层一般含有比输入的线状图层更多的记录（要素）吗？为什么？

6. 根据您的学科领域，提供"多边形与多边形的叠置"操作的一个应用实例。

7. 在何种情景下，Intersect 比 Union 用于地图叠置操作更为有效？

8. 假设输入图层为县域，而叠置图层为国家森林。该县域有部分区域与国家森林重叠。可将 Intersect 运算的输出表达为 [county] AND [national forest]。那么，如何表达 Union 运算和 Identity 运算的输出？

9. 定义由地图叠置操作生成的碎屑多边形。

10. 什么是最小制图单元？最小制图单元是如何用于处理碎屑多边形问题？

11. 尽管来自地图叠置操作的许多碎屑多边形表明数字化边界不准确，但也可能表明属性数据不准确（如标识错误）。请举一个后者的例子。

12. 从您的学科领域举例解释面的插值问题。

13. 最近邻分析和莫兰指数都可应用于点要素。它们之间在输入数据方面有何不同？

14. 用您自己的话解释空间自相关。

15. 莫兰指数和 G-统计量都具有整体（通用）和局部版本。这两个版本在模式分析方面有何不同？

16. 局部 G-统计量可用作热点分析的工具，为什么？

17. 边界消除（Dissolve）操作能够做什么？

18. 假设您已从互联网上下载了植被地图，但该图比您的研究区大得多。试述您将采取哪些步骤来得到研究区植被图。

19. 假设您需要一幅地图用于显示所在县的有毒废弃物站点。您已经从环境保护局（EPA）网站下载所在州每个县的有毒废弃物站点的 shapefile。那么，您将对 EPA 地图执行何种操作，以得到您所需的县的地图？

应用：矢量数据分析

本章应用部分包括矢量数据分析的 6 个习作。习作 1 涵盖了矢量数据分析的基本工具，包括建立 Buffer、Overlay 和 Select。因为 ArcGIS 不会自动更新地图叠置输出图层（shapefile 格式）中的面积和周长值，所以习作 1 还用 Calculate Geometry 来计算面积和周长；习作 2 涉及多组分多边形的地图叠置操作；习作 3 将叠置用于区域插值问题；习作 4 进行空间自相关；习作 5 和习作 6 涉及的要素操作：习作 5 中的"选择"和"剪取"，习作 6 中的"边界消除"。

习作1 缓冲区建立和地图叠置

所需数据：*landuse*、*soils* 和 *sewers* 的 shapefile 文件。

习作 1 介绍了矢量数据的两种最重要操作：建立缓冲区和叠置。叠置工具的可用性在 ArcGIS 中是多样的。具有高级软件许可证的用户可以使用叠加方法：求交、对称差异和联合。具有基本的或标准的许可证级别的用户，只可使用求交和联合，且限于两个输入图层。ArcGIS 中，可输入 3 个图层，但一次只能叠置两个图层。

习作 1 模拟进行实际项目的 GIS 分析。该习作目的是按以下选址标准，为新的大学水产养殖实验室找到一个合适地点。

（1）土地利用类型以灌木林地为宜（如 *landuse.shp* 中的字段 LUCODE = 300）。

（2）选择适宜开发的土壤类型（如 *soils.shp* 中的字段 SUIT >= 2）。

（3）必须位于距离下水道 300 m 之内。

1. 启动 ArcMap，在 ArcMap 中启动 Catalog，并将其连接到第 11 章数据库。添加 *sewers.shp*、*soils.shp* 和 *landuse.shp* 到图层中，将图层改名为 Task1。其中的 3 个 shapefile 图层均以 m 为距离单位。

2. 首先，建立 *sewers* 的缓冲区。点击并打开 ArcToolbox。从 ArcToolbox 快捷菜单中设置 Environments，将 Chap11 数据库设置为当前和暂存工作区。在 Analysis Tools/Proximity 工具箱内双击 Buffer 工具。在出现的 Buffer 对话框中，选择 *sewers* 为输入要素集，*sewerbuf.shp* 作为输出要素集，键入 300（m）作为距离，选择 ALL 为 dissolved type，然后点击 OK。打开 *sewerbuf* 的属性表。可以看到属性表中只有一条记录对应于已进行边界消除的缓冲区。

问题 1　在 Buffer 对话框中，如何定义 Side Type？

3. 接着进行 *soils*、*landuse* 和 *sewerbuf* 地图叠置操作。在 Analysis Tools/Overlay 工具箱内双击 Intersect 工具。选择 *soils*、*landuse* 和 *sewerbuf*，作为输入要素（如果您是使用基本的或标准的软件许可证，一次只能叠置两个图层）。键入 *final.shp*，作为输出要素类。点击 OK 执行操作。

问题 2　在 Intersect 对话框中，如何定义 XY 容差？

问题 3　*final* 中有多少条记录？

4. 最后一步是从 *final* 中选择符合前两项标准的多边形。在 Analysis Tools/Extract 工具箱内双击 Select 工具。选择 *final* 为输入要素，将输出要素类命名为 *sites.shp*，并点击用于输入表达式的 SQL 按钮。在出现的 Query Builder 对话框中，键入以下表达式："SUIT" >= 2 AND "LUCODE" = 300。点击 OK，退出该对话框。

问题 4　在 *sites* 中包含了多少个地块？

5. 打开 *sites* 属性表。注意该表包括了两套面积和周长数据，并且各个字段含有重复数值。这是因为 ArcGIS Desktop 不能自动更新输出的 shapefile 文件中的面积和周长值。使其更新的一个简单方法：把 *sites.shp* 转换为 geodatabase 要素类（参见第 3 章），要素类的 shape_area 和 shape_length 字段就有更新过的数值。您可使用简单的工具来完成更新的任务。关闭 *sites* 属性表。

6. 在 Data Management Tools/Fields 工具箱内双击 Add Field 工具。选择 *sites* 作为输入表，键入 Shape_Area 作为字段名，选择 Double 作为字段类型，键入 11 为字段精度，输入 3 作为字段刻度，点击 OK。用相同的工具和相同的字段定义，将 Shape_Leng 作为新字段添加到 *sites* 中。

7. 打开属性表 *sites*，右击 Shape_Area 并选择 Calculate Geometry，单击 Yes 进行计算。在 Calculate Geometry 对话框，选中 Area 为性质，平方米为单位，点击 OK。Shape_Area 就赋予了正确的面积值。

8. 右击 Shape_Leng 并选择 Calculate Geometry。在 Calculate Geometry 对话框，选

中 Perimeter 为性质，米为单位，点击 OK。Shape_Length 就赋予了正确的周长值。

问题 5　在 *sites.shp* 中，Shape_Area 值的和是多少？

习作 2　多组分多边形的地图叠置

所需数据：*boise_fire*、*fire1986* 和 *fire1992*，是 *boise_fire.mdb* 数据库中 *regions* 要素数据集的 3 个要素类。其中，*boise_fire* 记录了博伊西国家森林 1908～1996 年的林火情况；*fire1986* 是 1986 年的林火记录；而 *fire1992* 则是 1992 年的林火记录。

习作 2 让您用多组分多边形要素（第 3 章）进行地图叠置操作。*fire1986* 和 *fire1992* 都是从 *boise_fire* 中获取的多边形图层。多组分多边形类似于 coverage 模型中的区域。使用多组分多边形的地图叠置操作使得输出结果中包含较少要素（记录），从而简化了数据管理任务。

1. 在 ArcMap 中添加一个新的数据帧，重命名为 Task 2。往 Task 2 中添加 *regions*。打开 *boise_fire* 属性表。历史上的林火情况按年份记录为 YEAR1 到 YEAR6，而通过名称记录为 NAME1 到 NAME6。其中，年份和名称的多个字段都是必要的，因为一个多边形可能在过去发生过多起林火。打开 *fire1986* 属性表。尽管该图层实际上包含了 7 个简单多边形，但文件中仅有一条记录。*fire1992* 也与此相同。

2. 首先，进行 *fire1986* 和 *fire1992* 的联合。在 Analysis Tools/Overlay 工具箱中双击 Union 工具。选择 *fire1986* 和 *fire1992* 作为输入要素，键入 *fire_union* 作为 *regions* 要素数据集中的输出要素类。点击 OK 执行该操作。打开 *fire_union* 的属性表。

问题 6　解释 *fire_union* 中的各条记录代表什么。

3. 接下来，求取 *fire1986* 和 *fire1992* 的交集。在 Analysis Tools/Overlay 工具箱中双击 Intersect 工具。选择 *fire1986* 和 *fire1992* 为输入要素，键入 *fire_intersect* 作为输出要素类。点击 OK 执行该操作。

问题 7　解释 *fire_intersect* 中的单一记录代表什么。

习作 3　执行区域插值

所需数据：*latah_districts* 和 *census_tract*，这是 *interpolation*.mdb 的爱达荷州要素数据集中的两个要素类。两个要素类都是从美国人口普查网站下载的。*latah_districts* 显示位于爱达荷州 Latch 县及其周边的 6 个学区的边界（Genesee、Kendrick、Moscow、Potlatch、Troy 和 Whitepine），*census_tract* 包含爱达荷州人口普查区边界和每个普查区 2010 年的人口。要素数据集是基于爱达荷州横轴墨卡托投影坐标系统（第 2 章），以米为单位。

习作 3 要求您执行区域插值（11.2.6 节），并把已知人口数据由人口普查区转到学区。

1. 在 ArcMap 中插入新的数据帧，重命名为习作 3。把爱达荷州要素数据集添加到习作 3。

2. 右键单击 *census_tract* 并打开其属性表。字段 DP0010001 包含该人口普查区 2010 年的人口。

3. 区域插值根据人口普查区占学区的面积比例把人口普查区的人口摊派到学区。 *Shape_Area census_tract* 显示每个人口普查区的大小，这需要叠加操作的输出用于计算面积比例。因此，您需要将 *Shape_Area* 值保存到一个新字段，使之不与叠置输出的 *Shape_Area* 相混淆。在 Data Management Tools/Fields 工具集中双击添加字段工具。在添加字段对话框中，选择 *census_tract* 为输入表格，输入 AREA 作为字段名，选择 DOUBLE 为字段类型，并单击 OK。右击 AREA 选择字段计算器，单击 Yes 进行计算。在字段计算器对话框中，在表达框中输入 [Shape_Area]，单击 OK。

4. 这一步要对 *latah_districts* 与 *census_tract* 进行求交操作。在 Analysis Tools/Overlay 工具集中双击 Intersect 工具。输入 *latah_districts* 和 *census_tract* 为输入要素，在爱达荷州要素集中命名该输出要素类为 intersect，并单击 OK。

5. 假设人口是均匀分布的，现在可以计算每个人口普查区在学区里的人口比例，假设人口是均匀分布的。在 Data Management Tools/Fields 工具集中双击添加字段（Add Field）工具。在添加字段对话框中，选择 *intersect* 为输入表格，输入 TRACT_POP 为字段名称，选择 DOUBLE 为字段类型，并单击 OK。从 TRACT_POP 的快捷菜单中选择字段计算器。在字段计算器对话框中，输入表达式：[DP0010001]* ([Shape_Area]/[AREA])。单击 OK。

6. 这一步您将首先选择 Moscow 学区，然后得到其估算人口。在 *intersect* 的表格选项（Table Options）菜单单击 Select by Attributes。在下一个对话框中，确认方法是创建一个新的选择，输入查询表达式：[NAME10]= "Moscow School District 281"，并单击 Apply。单击该按钮以显示选中的记录。右键单击 TRACT_POP 并选择 Statistics（统计数据）。统计数据 Sum 显示 Moscow 学区的估算人口。

问题 8 有多少个人口普查大片与 Moscow 学区相交?

问题 9 Moscow 学区的估算人口是多少?

7. 您可以采用与步骤 6 相同步骤的过程找到其他学区的估算人口。

问题 10 Troy 学区的估算人口是多少?

习作 4 计算整体和局部 G-统计量

所需数据：*adabg00.shp*，爱达荷州阿达县各街区的 2000 年人口普查 shapefile。

在习作 4 中，首先，需要判断阿达县的拉丁裔人口分布是否具有空间集聚。然后，再查该县拉丁裔人口是否存在局部"热点"。

1. 在 ArcMap 中插入一个新数据帧。将此新数据帧重命名为 Task4，并将 *adabg00.shp* 添加到 Task 4 中。

2. 右键点击 *adabg00*，并选择 Properties。在 Symbology 栏中，选择 Quantities/Graduated colors 来显示 Latino 字段值。放大到地图的上部中心（博伊西所在地），查验图中拉丁裔人口的空间分布。可以看出，位于西南部的大面积街区中的拉丁裔人口比例较高（11%），但该街区人口仅略高于 4600。巨大区域单元的视觉主导是等值区域地图的缺点。

问题 11 阿达县拉丁裔人口比例的值域是多少？

3. 打开 ArcToolbox。首先计算整体 G-统计量：在 Spatial Statistics Tools/Analyzing Patterns 工具箱中双击 High/Low Clustering（Getis-Ord General G）工具。选择 *adabg00* 作为输入要素类，选择 Latino 作为输入字段，同时勾选"General Report"前的复选框。其他字段均用默认选项。点击 OK 执行此命令。

4. 操作完成后，从 Geoprocessing 菜单选择 Results。在 Current Session 下，扩展 High/LowClustering（Getis-ord General G），然后双击 Report File：GeneralG_Results. html 以打开它。在窗口顶部，列举了观察的总的 G-统计量、Z 得分、概率值和对结果的解释。关闭报告和结果。

5. 接下来，运行局部 G-统计量。在 Spatial Statistics Tools/Mapping Clusters 工具箱中双击 Hot Spot Analysis（Getis-Ord Gi*）工具。选择 *adabg00* 作为输入要素类，选择 Latino 作为输入字段，输入 *local-g.shp* 作为 Chap11 数据库中的输出要素类，同时指定距离步长为 5000（m）。点击 OK 执行此命令。

6. 打开属性表 *local-g*。字段 GiZScore 存储 Z 得分，GiPValue 的字段存储各街区的可能值，字段 Gi_Bin 存储置信水平 bin。Gi_Bin 值为 0 的街区意味着本地聚类不具统计学意义。Gi_Bin 值为 1 或–1 的街区意味着本地聚类的统计学意义显著，具 90%置信水平；Gi_Bin 值为 2 或–2 具 95%置信水平；Gi_Bin 值为 3 或–3 具 99%置信水平。Gi_Bin 取正值代表高值聚类，取负值则代表低值聚类。

问题 12 GiZScore 的值域是多少？

7. 现在，您可以看到在博伊西的一个"热点"和位于西南部的大面积街区。

习作 5　执行 Select（选择）和 Clip（剪取）

所需数据：shapefiles 文件：*AMSCMType_PUB_24K_POINT* 和 *Jefferson*。

AMSCMType_PUB_24K_POINT 是一个点状 shapefile，显示爱达荷州内废弃矿山土地和有害物质场所的位置。此文件是从土地管理局的清洁行动中获得的。*Jefferson* 是多边形 shapefile，显示爱达荷州杰斐逊县的边界。两个 shapefiles 都投影至 NAD_1983_UTM_Zone_11N。习作 5 要求您首先从 *AMSCMType_PUB_24K_POINT* 中选择这些地点，其状态为"Action Completed"，然后在杰斐逊县内剪取选定的地点。习作 5 的最后部分将输出 shapefile 转为 KML 文件，这样您可以在 Google Earth 中查看这些地点。

1. ArcMap 中插入一个新的数据帧，重命名为 Task5。加载 *Jefferson* 和 *AMSCMType_PUB_24K_POINT* 至 Task 5。

2. 首先选择具有"Action Completed"状态的地点。双击 Analysis Tools/Extract 工具集中的 Select 工具。在 Select 对话框中，输入 *AMSCMType_PUB_24K_POINT* 为输入要素，命名输出要素类为 *action_completed*，点击 SQL 按钮，在 Query Builder 对话框中，输入以下表达式："Status" = 'ACTION COMPLETED'. 点击

OK 关闭对话框。

3. 此步用 *Jefferson* 剪取（clip）*action_completed*。双击 Analysis Tools/Extract 工具集中的 Clip 工具。输入 *action_completed* 为输入要素，*Jefferson* 为剪取要素，*ac_jefferson* 为输出要素类。点击 OK 运行 Clip 操作。

4. *ac_jefferson* 是点状 shaplefile，包含杰斐逊县内的呈现"Action Completed"状态的地点。

问题 13　*ac_jefferson* 中包含多少地点？

5. 在 Conversion Tools 中双击/To KML 工具集下的 Layer to KML 工具来打开它。选择 *ac_jefferson* 作为图层，输出文件保存为 *ac_jefferson.kmz*，单击 OK 关闭对话框。

6. 现在，您可以显示 KMZ 文件，开启谷歌地球，从文件菜单中选择 Open 并选择 *ac_jefferson.kmz*。您可以展开 *ac_jefferson* 以看到完整站点的每一个。然后您可以在谷歌地球上单击其中一个看它的位置及其属性。

习作 6　边界消除操作

所需数据：*vulner.shp*，一个显示脆弱度模型的多边形 shapefile 文件，是由地下水埋深、土地利用和土壤图层叠置而来（详见第 18 章）。

vulner.shp 中的字段 TOTAL 的取值范围从 1～5，其中，1 代表极轻微脆弱度，5 表示极严重脆弱度。–99 被赋予都市区，在模型中不予评估。*vulner.shp* 的几何图形很复杂，因为它叠合了 3 个输入图层的边界。习作 6 要演示如何使用边界消除来生成更简洁的地图，这有利于数据的查看。

1. 在 ArcMap 中插入一个新的数据帧，将其重命名为 Task6。将 *vulner* 加到习作 6。打开 *vulner* 的属性表，以下将对 TOTAL 字段进行操作。

问题 14　*vulner* 有多少个多边形？

2. 需要查知都市区以外的最小值和最大值以进行等级划分。单击 *vulner* 属性表中的 Select by Attributes，在弹出的对话框中，输入查询表达式："TOTAL" >0 点击 Apply。右击 TOTAL 字段并选择统计，显示 *vulner* 的最小值为 2.904，最大值为 5。从 ArcMap 的选择菜单单击清除选中要素，关闭表格。

3. 基于最小和最大统计值，可将 *vulner* 分为 5 个等级：<=3.00，3.01-3.50，3.51-4.00，4.01-4.50，>=4.51，并将分类值保存在新字段里。在 ArcMap 中单击 ArcToolbox，双击 Data Management Tools/Fields（数据管理工具/字段）工具集中的 Add Field（添加字段）工具。在添加字段对话框中，输入 vulner 为输入表格，输入 RANK 为字段名称，选择 SHORT 为字段类型，并单击 OK 运行该命令。

4. 打开 *vulner* 的属性表，可见新字段 RANK 已添加到表中。从表格选项菜单中选择由属性选择。在下一个对话框，输入表达式："TOTAL" >0 and "TOTAL" <=3，点击 Apply。右击 RANK 并选择字段计算器，然后在该窗口的 "RANK=" 之下输入 1，点击 OK。重复相同的步骤将等级 2 赋予 3.0-3.5，等级 3 赋予 3.5-4.0，等级 4 赋予 4.0-4.5，等级 5 赋予>4.5。另外一种方法是使用 Python 脚本（参见

第 8 章习作 4）。在分类完成后，都市区的 RANK 数值为 0，其他记录的数值为 0～5。关闭表格并从选择菜单选择清除选中要素以清除选定的多边形。

5. 现在可使用边界消除工具来得到 vulner 的简化图层。双击 Data Management Tools/Generalization 工具集中的 Dissolve 工具。在边界消除对话框中，输入 vulner 为输入要素，输入 vulner_dissolve 为第 11 章数据库的输出要素类，并打勾 RANK 作为 Dissolve_Field。注意，勾选"创建多部件要素"。单击 OK 运行该命令。

6. vulner_dissolve 现已被添加到习作 6。右击 vulner_dissolve，选择 Properties。在 Symbology 选项卡上，选择使用双端点色阶和唯一值来显示图层。在 Value 字段的下拉菜单中，选择 RANK。然后点击添加所有数值。选择双端点色阶（如蓝色到红色）。双击 RANK 的 0 值符号，并将其改为 Hallow（空白）符号，因为对都市区不作评价。点击 OK 显示地图。

7. vulner_dissolve 的属性表只有 6 个记录，每个级别各对应一个取值。这是因为 Dessolve 采用了创建多部件要素的方法，vulner_dissolve 只保留了 vulner 的等级（RANK），清晰显示的地图其演示效果更佳。

挑战性任务

所需数据：lochsa.mdb，包含爱达荷州克利尔沃特国家森林公园罗奇萨河的两个要素类的个人 geodatabase。

在 geodatabase 中，lochsa_elk 有一个名为 USE 的字段，表示麋鹿在夏季或冬季的栖息地。lt_prod 有一个名为 Prod 的字段，表示源自土地类型数据的 5 个木材生产率等级。其中，1 代表生产力最高，5 代表生产力最低。lt_prod 中的一些多边形的生产力数值为–99，表示这些多边形内缺乏数据。而且由于数据可获性不同，lochsa_elk 覆盖的区域范围比 lt_prod 大。

本挑战性任务要求证实或推翻以下论断："麋鹿冬季栖息地区域的 1 级和 2 级生产力等级的面积比例高于夏季栖息地区域"。换言之，必须回答以下两个问题：

问题 1　Prod 取值为 1 或 2 的夏季栖息地面积比例是多少？

问题 2　Prod 取值为 1 或 2 的冬季栖息地面积比例是多少？

参考文献

Anselin, L. 1995. Local Indicators of Spatial Association—LISA. *Geographical Analysis* 27: 93-116.

Arbia, G., D. A. Griffith, and R. P. Haining. 1998. Error Propagation Modeling in Raster GIS: Overlay Operations. *International Journal of Geographical Information Science* 12: 145-67.

Bailey, T. C., and A. C. Gatrell. 1995. *Interactive Spatial Data Analysis*. Harlow, England: Longman Scientific & Technical.

Beckler, A. A., B. W. French, and L. D. Chandler. 2005. Using GIS in Areawide Pest Management: A Case Study in South Dakota. *Transactions in* GIS 9: 109-27

Boots, B. N., and A. Getis. 1988. *Point Pattern Analysis*. Newbury Park, CA: Sage Publications.

Chang, K., D. L. Verbyla, and J. J. Yeo. 1995. Spatial Analysis of Habitat Selection by Sitka Black-Tailed Deer in Southeast Alaska, USA. *Environmental Management* 19: 579-89.

Chang, N., G. Parvathinathan, and J. B. Breeden. 2008. Combining GIS with Fuzzy Multicriteria Decision-Making for Landfill Siting in a Fast-Growing Urban Region. *Journal of Environmental Management* 87: 139-153.

Chrisman, N. R. 1987. The Accuracy of Map Overlays: A Reassessment. *Landscape and Urban Planning* 14: 427–39.

Clark, P. J., and F. C. Evans. 1954. Distance to Nearest Neighbor as a Measure of Spatial Relationships in Populations. *Ecology* 35: 445-53.

Cliff, A. D., and J. K. Ord. 1973. *Spatial Autocorrelation.* New York: Methuen.

Doherty, P., Q. Guo, Y. Liu, J. Wieczorek, and J. Doke. 2011. Georeferencing Incidents from Locality Descriptions and its Applications: A Case Study from Yosemite National Park Search and Rescue. *Transactions in GIS* 15: 755-93.

Dosskey, M. G. 2002. Setting Priorities for Research on Pollution Reduction Functions of Agricultural Buffers. *Environmental Management* 30: 641-50

Fortney, J., K. Rost, and J. Warren. 2000. Comparing Alternative Methods of Measuring Geographic Access to Health Services. *Health Services & Outcomes Research Methodology* 1: 173-84.

Getis, A., and J. K. Ord. 1992. The Analysis of Spatial Association by Use of Distance Statistics. *Geographical Analysis* 24: 189-206.

Getis, A., and J. K. Ord. 1996. Local Spatial Statistics: An Overview. In P. Longley and M. Batty, eds., *Spatial Analysis: Modelling in a GIS Environment,* pp. 261-77. Cambridge, England: GeoInformation International.

Goodchild, M.F. 2009. What Problem? Spatial Autocorrelation and Geographic Informatio Science. *Geographical Analysis* 41: 411-17.

Goodchild, M. F., and N. S. Lam. 1980. Areal Interpolation: A Variant of the Traditional Spatial Problem. *Geoprocessing* 1: 293-312.

Goovaerts, P., and G. M. Jacquez. 2005. Detection of Temporal Changes in the Spatial Distribution of Cancer Rates Using Local Moran's I and Geostatistically Simulated Spatial Neutral Models. Journal of Geographical Systems 7: 137-59

Haining, R. 2003. Spatial Data Analysis: Theory and Practice. Cambridge, UK: Cambridge University Press.

Haworth, B., E. Bruce, and K. Iveson. 2013. Spatio-Temporal Analysis of Graffiti Occurrence in an Inner-City Urban Environment. *Applied Geography* 38: 53-63.

Heuvelink, G. B. M. 1998. *Error Propagation in Environmental Modeling with GIS.* London: Taylor and Francis.

Hubley, T. A. 2011. Assessing the Proximity of Healthy Food Options and Food Deserts in a Rural Area in Maine. *Applied Geography* 31: 1224-1231.

Iverson, L. R., D. L. Szafoni, S. E. Baum, and E. A. Cook. 2001. A Riparian Wildlife Habitat Evaluation Scheme Developed Using GIS. *Environmental Management* 28: 639-54.

Jacquez, G. M., and D. A. Grieling. 2003.Local Clustering in Breast, Lung, and Colorectal Cancer in Long Island, New York. International Journal of *Health Geographics* 2:3.(Open access at http://www.ij-healthgeographics.com/cintent/2/1/3).

LeBeau, J. L., and M. Leitner. 2011. Introduction: Progress in Research on the Geography of Crime. *The Professional Geographer* 63: 161-73.

Li, F., and L. Zhang. 2007. Comparison of Point Pattern Analysis Methods for Classifying the Spatial Distributions of Spruce-Fir Stands in the North-East USA. *Forestry* 80: 337-49.

MacDougall, E. B. 1975. The Accuracy of Map Overlays. *Landscape Planning* 2: 23-30.

Malczewski, J., and A. Poetz. 2005. Residential Burglaries and Neighborhood Socioeconomic Context in London, Ontario: Global and Local Regression Analysis. *The Professional Geographer* 57: 516-29.

Marcon, E., and F. Puech. 2003. Evaluating the Geographic Concentration of Industries Using Distance-Base Methods. *Journal of Economic Geography* 3: 409-28

Mas, J. 2005. Assessing Protected Area Effectiveness Using Surrounding(Buffer)Areas Environmentally Similar to the Target Areas. *Environmental Monitoring and Assessment* 105: 69-80.

Murray, A. T., I. McGuffog, J. S. Western, and P. Mullins. 2001. Exploratory Spatial Data Analysis Techniques for Examining Urban Crime. *British Journal of Criminology* 41: 309-29

Neckerman, K. M., G. S. Lovasi, S. Davies, M. Purciel, J. Quinn, E. Feder, N. Raghunath, B. Wasserman, and A. Rundle. 2009. Disparities in Urban Neighborhood Conditions: Evidence from GIS Measures and Field Observation in New York City. *Journal of Public Health Policy* 30: 264-85.

Newcomer, J. A., and J. Szajgin. 1984. Accumulation of Thematic Map Errors in Digital Overlay Analysis. *The American Cartographer* 11: 58-62.

Ord, J. K., and A. Getis. 1995. Local Spatial Autocorrelation Statistics: Distributional Issues and an Application. *Geographical Analysis* 27: 286-306.

Overmars, K. P., G. H. J. de Koning, and A. Veldkamp. 2003. Spatial Autocorrelation in Multi-Scale Land Use Models. *Ecological Modelling* 164: 257-70.

Qiu, Z. 2003. A VSA-Based Strategy for Placing Conservation Buffers in Agricultural Watersheds. *Environmental Management* 32: 299-311.

Reibel, M., and M. E. Bufalino. 2005. Street-Weighted Interpolation Techniques for Demographic Count Estimation in Incompatible Zone Systems. *Environment and Planning A* 37: 124-39.

Reibel, M., and A. Agrawal. Areal Interpolation of Population Counts Using Pre-classified Land Cover Data. *Population Research and Policy Review* 26: 619 -633.

Ripley, B.D. 1981. *Spatial Statistics.* New York: Wiley.

Schutt, M. J., T. J. Moser, P. J. Wigington, Jr., D. L. Stevens, Jr., L. S. McAllister, S. S. Chapman, and T. L. Ernst. 1999. Development of Landscape Metrics for Characterizing Riparian-Stream Networks. *Photogrammetric Survey and Remote Sensing* 65: 1157-67.

Schafft, K. A., E. B. Jensen, and C. C. Hinrichs. 2009. Food Deserts and Overweight Schoolchildren: Evidence from Pennsylvania. *Rural Sociology* 74: 153-77.

Soto, M. E. C. 2012. The Identification and Assessment of Areas At Risk of Forest Fire Using Fuzzy Methodology. *Applied Geography* 35: 199-207.

Thibault, P. A. 1997. Ground Cover Patterns Near Streams for Urban Land Use Categories. *Landscape and Urban Planning* 39: 37-45.

Tsai, B., K .Chang, C. Chang, and C. Chu. 2006. Analysis Spatial and Temporal Changes of Aquaculture in Yunlin County, Taiwan. *The Professional Geographer* 58: 161-71.

Veregin, H. 1995. Developing and Testing of an Error Propagation Model for GIS Overlay Operations. *International Journal of Geographical Information Systems* 9: 595-619.

Vilalta, C. J. 2010. The Spatial Dynamics and Socioeconomic Correlates of Drug Arrests in Mexico City. *Applied Geography* 30: 263-70.

Wang, F., and P.Donaghy. 1995. A Study of the Impact of Automated Editing on Polygon Overlay Analysis Accuracy. *Computers &Geosciences* 21: 1177-85

Wiegand, T., and K. A. Moloney. 2004. Rings, Circles, and Null-Models for Point Pattern Analysis in Ecology. *Oikos* 104: 209-29.

Zandbergen, P. A. 2011. Dasymetric Mapping Using High Resolution Address Point Datasets. *Transactions in GIS* 15: 5-27.

Zandbergen, P. A., D. A. Ignizio, and K. E. Lenzer. 2011. Positional Accuracy of TIGER 2000 and 2009 Road Networks. *Transactions in GIS* 15: 495-519.

Zandbergen, P. A., and S. J. Barbeau. 2011. Positional Accuracy of Assisted GPS Data from High-Sensitivity GPS-Enabled Mobile Phones. *The Journal of Navigation* 64: 381-99.

第 12 章　栅格数据分析

本章概览

栅格数据模型使用一种规则格网来覆盖整个空间，该格网的每个像元值对应于该像元位置上空间现象的特征。这种拥有固定像元位置的简单数据结构不仅计算效率高，而且可以应用于多种数据分析。这就是为什么栅格数据通常用于涉及大量计算的 GIS 工程，如创建环境模型（参见第 18 章）。

与基于点、线和多边形几何对象的矢量数据分析不同，栅格数据分析基于栅格像元和栅格。因此，栅格数据分析能在独立像元、像元组或整个栅格全部像元的不同层次上进行。一些栅格数据运算使用单一栅格，而另一些则使用两个或更多栅格数据。栅格数据分析中应着重考虑的是像元数值类型。平均值、标准差等统计数据被视为数字型数值，而众数（出现频率最高的像元数值）等其他像元数值，作为数字型数值和类别型数值都可以。

各种类型的数据被存储为栅格数据格式（参见第 4 章）。然而，栅格数据分析的操作只针对 GIS 软件包所支持的栅格数据。因此，对于某些栅格数据，在分析之前必须先经过处理。

本章述及栅格数据分析的基本工具：12.1 节描述栅格数据分析的环境，包括用于分析的区域范围参数和输出像元大小；12.2 节～12.5 节涵盖了栅格数据分析中的 4 种常见类型：局域运算、邻域运算、分区运算和自然距离量测运算；12.6 节介绍不属于栅格数据分析常用类型的操作；12.7 节以地图叠置分析和缓冲区建立为例，比较基于矢量和基于栅格的运算。

12.1　数据分析环境

因为可能涉及两个或两个以上的栅格，栅格操作需要通过指定它的区域范围和输出单元尺寸来定义数据分析环境。其中，用于分析的区域范围是指特定栅格，或者是由最

小和最大的 x、y 坐标定义的区域，还可能是多个栅格叠置生成的区域。栅格叠置分析的命令是联合（union）或求交（intersect）。Union 命令生成所有输入栅格的并集区域，而 intersect 用输入栅格的重叠部分生成共同的叠置区域。分析掩模（要素图层或栅格均可）也可以为分析确定区域范围（注释栏 12.1）。分析掩膜把分析限于其区域范围。例如，要把水土流失分析仅限于私有土地，我们可以准备一个显示私有土地的要素图层，也可以是一个区分私有土地的栅格（如私人土地的单元值为 1，其他土地单元值无数据）。

注释栏 12.1	如何制作分析掩模
分析掩模的源数据可以是要素图层或栅格数据。例如，分析掩模可以是一个研究区的边界地图（一个要素图层），这样可把栅格数据分析的范围限为研究区。用作分析掩模的栅格数据，感兴趣区域内的像元值必须为有效数据，其余区域像元值为 no data。若有必要，可以利用重新分类（reclassification）工具（参见 12.2.2 节）将 no data 赋予区域以外的像元。当分析掩膜确定后，分析掩膜应先于栅格数据分析。	

我们可以用任何合适的比例尺定义输出像元的大小。一般来说，输出像元大小被设为等于或大于输入栅格中的最大像元。这符合输出分辨率对应于输入栅格最低分辨率的基本原理（参见第 4 章）。例如，如果输入栅格像元大小为 10~30m，则输出像元大小应该是等于或大于 30m。

12.2 局 域 运 算

局域运算是一个像元接一个像元运算，建立栅格数据分析的核心。局域运算由单个或多个输入栅格生成一个新的栅格，新栅格的像元值可以由输入与输出栅格的关系函数计算得到，或通过分类表对其赋值。

12.2.1 单一栅格的局域运算

假定以单一栅格为源数据，基于输入栅格的像元值，局域运算通过空间函数计算得到输出栅格的每个像元值。如图 12.1 所示，GIS 软件包通常提供了大量的数学运算。

算术	+, −, /, *, 绝对值, 整型, 浮点型
对数	指数, 对数
三角函数	sin, cos, tan, arcsin, arccos, arctan
幂	平方, 平方根, 幂

图 12.1　用于局域运算的算术函数、对数函数、三角函数和幂函数

例如，浮点型栅格转换为整型栅格的过程就是一种简单的局域运算。它用取整
（Integer）函数逐个像元地进行取整运算。把用百分数表示的坡度栅格转换为用度数表
示的坡度栅格也是一种局域运算，但是，所需的数学表达式比较复杂。如图 12.2 所示，
用表达式 [slope_d] = 57.296×arctan（[slope_p]/100），就把用百分数表示的 slope_p 转
化成以度数表示的 slope_d。在三角函数的表达中，计算机软件包一般以弧度为单位，
因此，在实际应用中，需要用常数 57.296（360 / 2π，π 等于 3.1416 ）把弧度转变为
角度。

15.2	16.0	18.5
17.8	18.3	19.6
18.0	19.1	20.2

(a)

8.64	9.09	10.48
10.09	10.37	11.09
10.20	10.81	11.42

(b)

图 12.2 基于局域运算，将坡度栅格数据的像元值由百分数（a）转化为度数（b）

12.2.2 重新分类

重新分类是通过分类生成一个新的栅格数据的局域运算方法，也称为再编码，或通
过查找表的转换（Tomlin，1990）。重新分类方法有两种：第一种方法是一对一改变，
即输入栅格中的一个像元值在输出栅格中被赋予一个新值。例如，在输出栅格中，将土
地利用栅格数据中的灌溉农地像元赋值为 1。第二种方法是在输入栅格中对一系列像元
值赋予新值。例如，在人口密度栅格中，将人口密度为 0~25 人/mi^2 的像元对应的输出
栅格赋值为 1，等等。整型的栅格数据可以利用以上两种方法中的任意一种进行重新分
类，但是浮点型栅格数据则只能利用第二种方法进行重新分类。

进行重新分类有三个目的。第一，创建简化的栅格数据。例如，栅格数据可以用 1
代表坡度段 0.0%~10.0%，用 2 代表坡度段 10.0%~20.0%，依此类推，以此来取代
一系列连续的坡度值。第二，生成包含惟一类别或数值的新栅格。如 10.0%~20.0%的
坡度范围。第三，生成表示输入栅格像元值排序结果的新栅格。例如，重新分类结果可
表示 1~5 的适宜性排序，1 为最不适宜，5 为最适宜。

12.2.3 多个栅格的局域运算

多个栅格的局域运算也涉及图层合成（compositing）、地图叠置（overlaying）或叠
加地图（superimposing）等操作（Tomlin，1990）。由于可以用多个栅格图层进行运算，
所以局域运算相当于基于矢量的地图叠置操作。

许多局域运算都同时用多个输入栅格，而非仅用单一输入栅格。除了可用于独立栅
格的数学运算外，其他的基于输入栅格的像元值或其频率的度量也都可存储于输出栅

格。然而，这些度量中的一些仅限于数值数据的栅格。

最大值、最小值、值域、总和、平均值、中值和标准差等统计值都是应用于数值型栅格的度量。例如，图 12.3 显示局域运算计算 3 个输入栅格数据的平均值的例子。如果输入栅格的一个像元为 no data，则输出栅格中该像元也为 no data 。

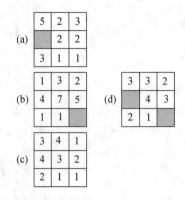

图 12.3 （d）中的像元是由 3 个输入栅格（a，b 和 c）以局域运算计算的平均值。
其中，阴影像元为 no data

其他适用于数值型或者类别型数据栅格的度量，如众数、少数和唯一值数目等统计值。对于每个像元，众数表示输出频率最高的像元值，少数则为输出频率最低的像元值，类别型栅格则输出不同像元值的数目。例如，图 12.4 显示由 3 个输入栅格获取的众数统计值的输出栅格。

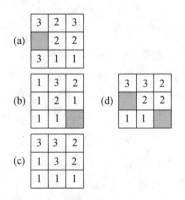

图 12.4 （d）中的像元值是由 3 个输入栅格（a，b 和 c）以局域运算求取的众数统计值。
阴影像元为 no data

还有一些局域运算不涉及统计或计算。例如，称为 Combine 的一种局域运算，是将一个独特输出值赋予输入值的每种独特组合。假设一个坡度栅格有 3 种像元值（0%～20%、20%～40% 和大于 40%），一个坡向栅格有 4 种像元值（北、东、南和西）。Combine 运算生成的输出栅格，每种坡度和坡向的独特组合有一个值，例如 1 代表坡度大于 40% 和南坡，2 代表坡度为 20%～40% 和南坡，以此类推（图 12.5）。

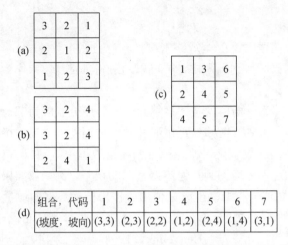

图 12.5　(c) 中的每个像元值代表 (a) 和 (b) 像元值的独特组合。组合代码及其含义见 (d)

12.2.4　局域运算的应用

局域运算是栅格数据分析的核心，用途也很多。例如，土地覆被变化检测的研究，可用 Combine 运算生成独特组合来追踪土地覆被类型的变化，美国地质调查局的土地覆被数据库（2001 年、2006 年和 2001 年）非常适合这种变化的检测研究。然而，局域运算对于需要对逐个像元进行数学计算的 GIS 模型或许是最有用的。

修正版的通用土壤流失方程式（RUSLE）（Wischmeier and Smith，1978；Renard et al.，1997）在公式中用了 6 个环境因子：

$$A = R\,K\,L\,S\,C\,P \tag{12.1}$$

式中，A 为土壤预测流失量（t）；R 为降水侵蚀因子；K 为土壤侵蚀因子；L 为坡长因子；S 为坡度因子；C 为作物管理因子；P 为保土措施因子。将每个因子制备为输入栅格，通过多栅格局域运算，得出土壤预测流失量的输出栅格。注释栏 12.2 描述了 RUSLE 的一个案例研究，矢量和栅格数据源都可用于制备输入因子。

注释栏 12.2	修正的通用土壤流失方程式（RUSLE）案例研究

RUSLE 是基于栅格，但我们可使用矢量数据源来制备其输入因子。矢量数据可通过直接转换（参见第 4 章）或空间内插（参见第 15 章）为栅格数据。Millward 和 Mersey（1999）应用 RUSLE 对墨西哥山区流域潜在水土流失建模。通过研究区周围的 30 个气象站插值 R 因子，从 1∶50000 的土壤地图上数字化 K 因子，用一个从 1∶50000 地形图内插得来的数字高程模型计算 LS 因子（合并 L 和 S 为一个因子），然后从 Landsat TM 解译得来的土地覆被地图获得 C 因子，最后一个因子 P 假定为 1，代表无水土保护实践的一个条件。输出像元大小与 Landsat TM 一致，均为 $25m^2$。每个输出像元都有一个值（如预测像元位置的土壤流失），由局部运算的输入因子相乘计算得来。

Mladenoff 等（1995）在分析狼的适宜栖息环境中应用了逻辑回归或对数回归模型：

$$\text{Logit}（p）=-6.5988+14.6189R \tag{12.2}$$

$$p = 1/[1 + e^{\text{logit}(p)}]$$

式中，p 是狼群出现的概率；R 是道路密度；e 是自然指数。Logit（p）可由道路密度输入栅格进行局域运算而得到。同样，p 可以通过将 logit（p）作为输入栅格，进行另一个局域运算而得到。

在局域运算中，因为以栅格做叠置运算，误差传递可能成为解译输出结果的一个问题。与矢量数据不同，栅格数据并不直接涉及数字化误差（如果栅格数据是由矢量数据转化而来，则矢量数据的数字化误差会被带到栅格数据中），其误差的主要来源是像元值的质量，而这又回过来可追溯到其他数据来源的误差。例如，如果栅格数据源于卫星图像，就可以将卫星图像分类准确度统计值用于评价栅格数据的质量（Congalton，1991；Veregin，1995）。但是，这些统计值是基于二值数据（如分类的正确与否）。要模拟这种间隔和比率数据的误差传递更难（Heuvelink，1998）。

12.3　邻 域 运 算

邻域运算又称为焦点操作（focal operation），涉及一个焦点像元和一组环绕像元。环绕像元是按其相对于焦点像元的距离和（或）方向性关系来选定的。邻域运算的一个必需参数是邻域类型。邻域类型一般包括矩形、圆形、环形和楔形（图 12.6）。矩形邻域是以像元为单位由宽度和高度定义的，如以焦点像元为中心的 3×3 窗口。圆形邻域则以焦点像元为圆心，以指定半径向外扩展。环形或炸面圈形邻域是由以焦点像元为中心的一个小圆和一个大圆共同围成的环形区域组成。楔形邻域是以焦点像元为圆心的圆的一片扇形。如图 12.6 所示，在所定义的邻域内，有些像元只被部分覆盖。对此，一般的处理原则是：如果该像元的中心是在该邻域内，则将其包括。

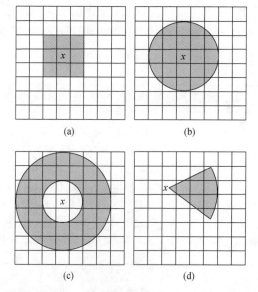

图 12.6　4 种常见的邻域类型：矩形（a）、圆形（b）、环形（c）和 楔形（d）。
带 x 标记的像元为焦点像元

虽然不规则邻域（如不对称和不连续邻域）已在文献中提出（如 Guan 和 Clarke 2010），但 GIS 软件包中尚无该方法。

12.3.1　邻域统计值

邻域运算通常用邻域内的像元值进行计算，然后将计算值赋予焦点像元。要完成一个栅格的邻域运算，需要将焦点像元从一个像元移到另一个像元，直到所有像元都被访问过。GIS 软件开发设计了不同的规则应用于栅格边缘的焦点像元，此处不适用于 3×3 矩形邻域。尽管邻域运算在单一栅格上进行，但其处理过程类似于多个栅格数据的局域运算。不同的是，邻域运算使用定义邻域的像元值，而不是用不同输入栅格的像元值。

从输出栅格看，邻域运算得到的既可以是最小值、最大值、值域、总和、平均值、中值、标准差等统计值，也可以是众数、少数和种类数等测量值列表。这些统计值和测量值与多栅格局域运算的统计值和测量值相同。

块状运算（block operation）是一种使用矩形（块状）的邻域运算，它将计算值赋予输出栅格数据中的所有块状像元。因此，块状运算与普通邻域运算不同，即运算不是从一个像元移到另一个像元，而是从块到块。

12.3.2　邻域运算的应用

邻域运算的一个重要应用是简化数据。例如，滑动平均（moving average）减少了输入栅格像元值的波动水平（图 12.7）。该方法用 3×3 或 5×5 矩形作为邻域空间。随着邻域从一个焦点像元移到另一个焦点像元，计算得到邻域像元值的平均值并将其赋予该邻域的焦点像元。滑动平均输出栅格代表初始像元值的综合概括。另外一个例子是以种类数为测度的邻域运算，先计算邻域内不同像元值的像元数，再把该数目赋予焦点像元。例如，这种方法可在输出栅格中表示植被类型或野生物种的种类数。

(a)

1	2	2	2	2
1	2	2	2	3
1	2	1	3	3
2	2	2	3	3
2	2	2	2	3

(b)

1.56	2.00	2.22
1.67	2.11	2.44
1.67	2.11	2.44

图 12.7 （b）中像元值是（a）中的阴影像元以 3×3 为邻域的邻域平均值。例如，（b）中的 1.56 是由（1 +2 +2 +1 +2 +2 +1 +2 +1）/9 计算得来

图像处理中经常用到邻域运算，而且不同情况下有不同的名称，如用于空间要素处理的滤波（filtering）、卷积（convolution）和视窗移动（moving window）操作（Lillesand、Kiefer and Chipman，2007）。例如，边缘增强可以使用值域滤波器，基本上是一种采用值域统计值的邻域运算（图 12.8）。值域是量测定义邻域内最大值和最小值之差。因此，高的值域值指示邻域内有边缘（edge）存在。边缘增强的反面是基于众数（majority）度量的平滑运算（图 12.9）。众数运算是把频率最高的像元值赋予邻域内的每个像元，因而生成一个比初始栅格更为平滑的栅格。

(a)

200	200	110	210	210
200	200	110	210	210
150	150	100	170	170
140	140	130	160	160
140	140	130	160	160

(b)

100	110	110
100	110	110
50	70	70

图 12.8 （b）的像元值是（a）的阴影像元 3×3 邻域的邻域值域统计值。例如，输出栅格的左上方有个像元值为 100，是由（200 – 100）计算而得

(a)

1	2	2	2	2
1	2	2	2	3
1	2	1	3	3
2	2	2	3	3
2	2	2	2	3

(b)

2	2	2
2	2	3
2	2	3

图 12.9 （b）的像数值是（a）的阴影像元 3×3 邻域的邻域众数统计值。例如，在输出栅格的左上方有个像元值为 2，因为在该邻域中有 5 个 2 和 4 个 1

地形分析是十分依赖于邻域运算的另外一个研究领域。一个像元所代表的坡度、坡

向和表面曲率的测算，都来自紧邻的邻域像元（比如 3×3 矩形）高程值的邻域运算（参见第 13 章）。为了某些研究，对邻域的定义可以远远超出像元的瞬时邻域（注释栏 12.3）。

注释栏 12.3　　　　　　　　　更多邻域运算的实例

尽管大部分用于地形分析的邻域运算是使用 3×3 邻域，但是也有特例。例如，由 Begueria 和 Vicente-Serrano（2006）提出的回归模型，使用以下的空间变量在气候变化复杂的地区预测降水量，每一个都是由邻域运算推导出来的：

(1) 2.5～25km 圆圈内的平均高程；

(2) 2.5～25km 圆圈内的平均坡度；

(3) 2.5～25km 圆圈内的平均补给能量（最大高程—焦点像元点的高程）；

(4) 对 4 个主要方向的阻碍效应（在 2.5/25km 半径内与北/南/西/东平均方向的楔形内的最大高程—焦点像元的高程）

对于需要由其邻域特征来选择像元的研究，邻域运算也很重要。例如，安装重力喷灌系统需要有关像元的圆形邻域内的落差信息。假设系统要求在 0.5mi（845m）距离内具有 130ft（40m）落差，在经济上才是可行的。那么，通过设定半径为 0.5mi 的圆形作为邻域、（高程）值域为统计值，在高程栅格上做邻域运算即可得到答案。查询输出栅格可显示出符合标准的像元。

因为可在定义范围内做概括统计，邻域运算还可用于选择符合研究指定指标的点位。例如，Crow Host 和 Mladenoff（1999）的一项研究要求从 16 块样地中选择一个分层随机样品，代表位于两个区域生态系统内的两个业主，所用方法就是邻域运算。

12.4　分 区 运 算

分区运算用于处理相同值或相似要素的像元分组。这些组称为分区。分区可以是连续的或不连续的。其中，连续分区包含的像元是空间上相连的，而非连续分区包含像元的分隔区。流域栅格是连续分区的一个例子，其中属于同一个流域的像元在空间上是相连的（本章习作 4）。土地利用栅格则是非连续分区的例子，土地利用的一个类型可以出现在栅格的不同区域。

12.4.1　分区统计量

分区运算可对一个或两个栅格进行处理。若为单个输入栅格，分区运算量测每个分区的几何特征，如面积、周长、厚度（thickness）和重心（图 12.10）。面积为分区的像元数与像元大小的乘积。连续分区的周长就是其边界长度，而不连续分区的周长为每个部分的长度之和。厚度是计算在每个分区内可画的最大圆的半径（以像元为单位）。重心是分区的几何中心，即与分区最匹配的椭圆长、短轴的交点。

分区	面积	周长	厚度
1	36224	1708	77.6
2	48268	1464	77.4

图 12.10　两个大流域（分区）的厚度和重心。面积以 km² 表示，周长和厚度用 km 表示，每个分区的重心则标以 x

给定两个栅格（一个输入栅格和一个分区栅格），要求以分区栅格的区域为范围对输入栅格进行分区运算生成输出栅格，输出栅格对分区栅格的每个分区概括了输入栅格的像元值。概括统计值和量测值包括面积、最小值、最大值、总和、值域、平均值、标准差、中值、众数、少数和种类数（如果输入栅格是浮点型栅格，则无最后 4 种量测值）。图 12.11 显示按分区计算平均值的分区运算过程。其中，图 12.11b 是具有 3 个区域的分区栅格，图 12.11a 为输入栅格，图 12.11c 是输出栅格。

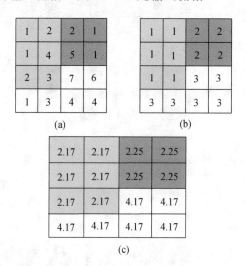

图 12.11　（c）中的像元值是由输入栅格（a）和分区栅格（b）运算的分区平均值。例如，2.17 是分区 1 的{1，1，2，2，4，3} 的平均值

12.4.2　分区运算的应用

面积、周长、厚度和重心等分区几何特征的测度对于景观生态学研究尤为有用

（Forman and Godron，1986；McGarigal and Marks，1994）。还有许多其他的几何学测度
都可以由面积和周长导出。例如，周长-面积比（分区周长/分区面积）是景观生态学中
形状复杂度的简单测量。

两个栅格的分区运算可得出用于比较目的的描述性统计值。例如，为比较不同土壤
质地的地形特征，可以用包含沙土、壤土和黏土等类型的土壤栅格作为分区栅格，用坡
度、坡向和高程的栅格为输入栅格。通过一系列分区运算，便可归纳出 3 种土壤质地类
型的坡度、坡向和高度特征。注释栏 12.4 描述了运用分区运算为滑坡敏感性研究制备输
入数据的案例。

注释栏 12.4	分区运算的应用

对于一些研究而言，分区运算是不可或缺的工具之一。Che 等（2012）对滑坡敏感性的研究是
一例。研究中认为以下因子是滑坡的潜在控制因子：坡度、岩石类型、土壤类型和土地覆盖类型。
为了量化每个因子与所记载的滑坡数据间的关系，他们首先定义在每个滑坡点周围 25m 缓冲带内的
像元为"种子像元"，然后用分区操作得出每个因子类别（如坡度为 10º~15º、15º~20º，以此类推）
的种子像元的数量。若无分区运算工具，则很难计算种子像元数量。

12.5　自然距离量测运算

在 GIS 项目中，距离可以表达为自然距离和耗费距离。**自然距离**是量测直线距离
或称为欧几里得距离，而**耗费距离**量测的是指穿越自然距离的耗费。这两种距离量测的
区别对于现实应用十分重要。例如，卡车司机对穿越一条路径的时间和燃料耗费比对它
的自然距离更感兴趣。在这种情况下，耗费距离不仅与自然距离有关，还与限速和路况
有关。本节重点讨论自然距离。第 17 章将讨论用于最小耗费路径分析的耗费距离。

自然距离量测运算是计算与源像元的直线距离。例如，在图 12.12 中，若要获得像
元（1，1）与（3，3）之间的距离，可用以下公式计算：

$$像元大小 \times \sqrt{(3-1)^2 + (3-1)^2}$$

或：像元大小× 2.828。若像元大小为 30m，则距离等于 84.84m。

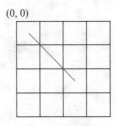

(0, 0)

图 12.12　直线距离量测一个像元中心到另一个像元中心的距离。本图表示像元（1，1）和像元（3，3）
之间的直线距离

从本质上看，自然距离量测运算是通过在整个栅格上对源像元以波状连续的距离

（图 12.13）或者以特定的最大距离建立缓冲区。正因为此，自然距离量测运算又被称为扩展的邻域运算（Tomlin，1990）或整体（如整个栅格）运算。

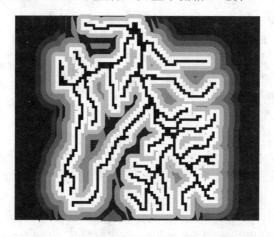

图 12.13 对一个河网的连续距离量测

在进行自然距离量测运算时，在 GIS 中都可使用要素图层（如一个河流的 shapefile 文件）作为分析的数据源。这种选择是基于方便考虑的，因为在开始运算之前，该图层由矢量格式转换为栅格格式。

由自然距离量测运算所得的连续距离栅格，可直接用于后续运算。不过，经常是做进一步处理，生成特定的距离分区或一系列距离分区。重新分类还可以将连续的距离栅格转换成一个或多个离散的距离分区。重新分类的一个变型称为**剪切（Slice）**，它可将连续的距离栅格分成等间隔或等面积的距离分区。

12.5.1 配置与方向

除了计算直线距离，自然距离量测运算还可以产生配置（allocation）和方向（direction）栅格（图 12.14）。配置栅格中的像元值对应于距该像元最近的源像元。方向栅格中的像元值对应于距它最近的源像元的方向值（以度为单位）。该方向值基于罗盘仪方向：90°为东，180°为南，270°为西及 360°为北（0°是为源像元预留的）。

1.0	2	1.0	2.0
1.4	1.0	1.4	2.2
1.0	1.4	2.2	2.8
1	1.0	2.0	3.0

(a)

2	2	2	2
2	2	2	2
1	1	1	2
1	1	1	1

(b)

90	2	270	270
45	360	315	287
180	225	243	315
1	270	270	270

(c)

图 12.14 基于图中标记为 1 和 2 的源像元，（a）表示各像元与最近源像元的自然距离量测（以像元为单位）；（b）表示各像元到距离最近的源像元之间的配置；（c）表示各像元与距离最近的源像元的方向（以度为单位）。用阴影表示的第 3 行 3 列的像元到两个源像元的距离相等，因此，该像元可配置给任一源像元，其指向源像元 1 的方向为 243°

12.5.2　自然距离量测运算的应用

　　与围绕矢量要素建立缓冲区类似，自然距离量测运算有广泛应用。例如，我们可以从一幅河网或者区域断层线图创建等间隔距离分区。另外一个例子是应用距离量测运算作为模型实现工具，如由 Herr 和 Queen（1993）开发的明尼苏达州西北部大沙丘鹤（greater sandhill cranes）潜在筑巢栖息地的模型。该模型基于未受干扰的植被、道路、建筑物和农用地的距离量测，把潜在适宜筑巢植被分为理想、尚理想、勉强和不适宜等几种类型。虽然自然距离量测在以上例子中是有用的，但是对于其他一些应用则是不现实的（注释栏 12.5）。

注释栏 12.5	距离量测运算的局限性

　　自然距离量测的是直线距离或欧几里得距离。然而，欧几里得距离有其局限性。正如 12.5 节提及，与自然距离相比，一个卡车司机更注重全程路径对时间或燃油的耗费。研究者意识到欧几里得和沿着路网的实际旅行不一致，不能反映如相对地形特征等因子（如陡峭的爬坡）（Sander et al.，2010；Brennan and Martin，2012）。因此，他们必须选用其他距离量测，如消耗距离、旅行距离或时间距离。这些距离量测将在第 17 章提及。

12.6　其他的栅格数据运算

　　在 12.2～12.5 节中已经讨论了局域、邻域、分区和距离量测运算等主要的栅格数据运算。然而，还有些栅格数据的运算不属于上述分类方案。

12.6.1　栅格数据管理

　　在 GIS 项目中，我们经常需要 剪取（clip）或 拼接（combine）从 Internet 上下载的栅格数据，使其适合于研究区域。剪取（clip）可以通过指定分析掩模或者由 x 和 y 的最小、最大值定义矩形的研究区域范围，然后使用较大的栅格作为输入栅格（图12.15）。镶嵌（mosaic）可以将多个输入栅格拼接成一个栅格。如果输入栅格出现重叠，GIS 软件包一般会提供在重叠区域充填像元值的选项。例如，ArcGIS 允许用户选择第一个输入栅格的数据或由所有输入栅格的混合数据作为重叠区的值；如果输入栅格之间存在小缝隙，有种办法是用邻域平均运算来填充缺失的数值。

12.6.2　栅格数据提取

　　栅格数据提取是指从一个现有栅格提取数据生成一个新的栅格，其操作与栅格数据查询（第 10 章）相似。提取栅格数据的工具可以是一个数据集、图形对象或查询表达式。如果数据集是点要素图层，提取工具提取该点位置的像元值（如第 6 章使用的双线

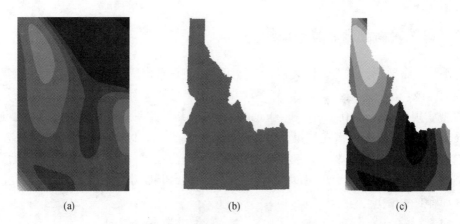

(a) (b) (c)

图 12.15 分析掩模（b）是用于剪取输入栅格（a）。（c）是输出栅格，它和分析掩模有相同的范围（a
和 c 之间的特征不同是由于二者有不同的值域）

性插值法），并把该像元值赋予到要素属性表的新字段中。如果数据集是一个栅格或一
个多边形要素图层，提取工具提取由栅格或者多边形图层定义范围内的像元值，区域以
外的像元被赋予 no data。

　　用于栅格数据提取的图形对象可以是一个矩形、一组点、一个圆或一个多边形。该
图形对象以 x 和 y 坐标值输入。例如，一个圆可以用一对 x、y 坐标值为其圆心，一个长
度值为其半径输入（图 12.16）。使用这种提取方法，可提取距震中 50mi 半径范围内的
高程数据，或者提取一组气象站的高程数据。

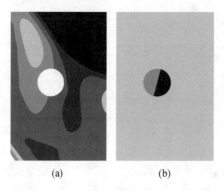

(a) (b)

图 12.16 以白色显示的圆用于从输入栅格（a）中提取像元值。输出栅格（b）和输入栅格有相同的范
围，但是圆形以外被赋予 no data（为了强调对比，b 使用了与 a 不同的符号）

　　通过"由属性提取"（extract-by-attribute）运算，可生成一个像元值符合查询表达式
的新栅格。例如，我们可以创建一个落在特定高程分区（如 900～1000m）的新栅格。
在输出栅格中，这一高程分区以外的像元被赋予"no data"。

12.6.3　栅格数据的综合归纳

　　有几种运算可综合归纳或简化栅格数据。其中一种操作是重新采样（resampling），它可以将巨大的栅格数据集建成不同的金字塔层级（不同的分辨率）（参见第 6 章）。**聚合（aggregate）**与重新采样技术类似，都是创建一个像元大小比输入数据大（较低分辨率）的输出栅格。但是，重新采样输出栅格的像元值是通过最邻近法、双线性插值法或三次卷积法计算而得。聚合方法则不然，它是计算落入输出像元中的输入像元的平均值、中值、总和、最小值或最大值，作为各输出像元值（图 12.17）。

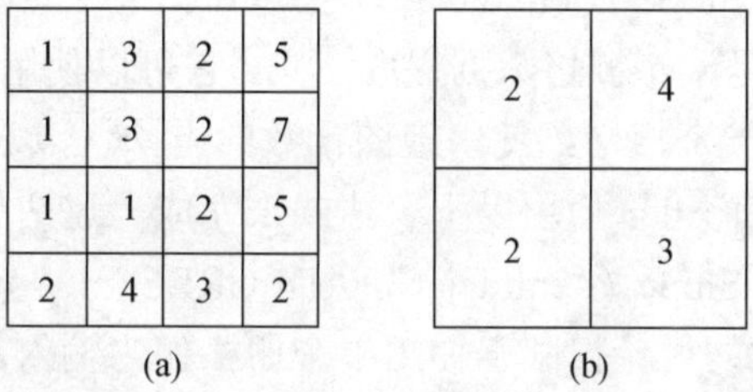

图 12.17　由输入栅格（a）生成的较低分辨率栅格（b）的聚合运算。它使用均值统计值和因子 2（b 中的一个像元覆盖 a 中的 2×2 像元）。例如，（b）中的像元值 4 是（a）中 {2，2，5，7} 的均值

有些数据的综合归纳运算是基于分区或有相同值的像元组。例如，ArcGIS 中的 RegionGroup 工具，在输出栅格中对各像元识别出该像元所属的分区（图 12.18）。我们可把 RegionGroup 看作一种分类方法，它把像元值和像元的空间联系都作为分类指标。

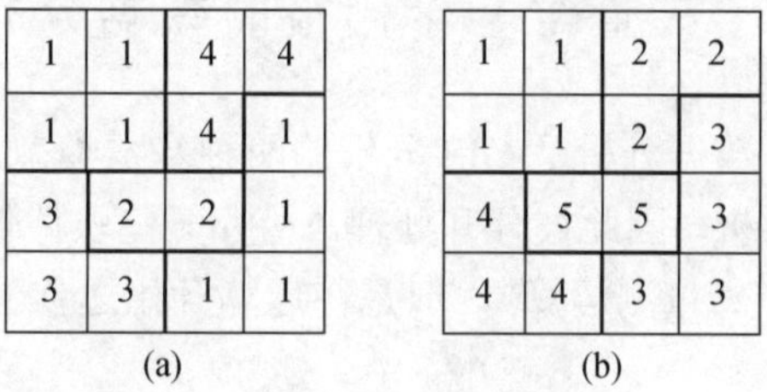

图 12.18　输出栅格（b）的各像元都有一个独特数字，它可识别该像元在输入栅格（a）中所属的联系区。例如，（a）中具有相同像元值 3 的联系区，在（b）中有独特数字 4

栅格像元值的综合归纳或简化对于某些应用是十分有益的。例如，源自卫星像片或者 LIDAR（激光雷达）数据的栅格往往有较高程度的局部变异。这些局部变异可能成为分析中不需要的噪声。我们可用聚合或重新采样技术来消除这些噪声。

12.7　地图代数运算

地图代数运算是一种非正式的语言，语法类似于代数，可以用来促进栅格数据的处理和分析（Tomlin，1990；Pullar，2001）。地图代数运算使用表达式来链接输入和输出。除输入和输出，表达式可以由 GIS 工具、数学运算符及常数组成。GIS 工具不仅可以包括局域、焦点、分区和距离量测操作等基本工具，而且有特殊的工具，如用于从高度栅格导出坡度栅格的 Slope（参见第 13 章）。表达式的结构必须遵循 GIS 软件包中设置的规则。

例如，表达式：Slope（"emidalat"，"degree"），可以用来从 "emidalat" 高程栅格

导出"slope_d"（一个以度数为单位的坡度栅格）。该表达式使用 Slope 工具，输入"emidalat"参数为输入栅格，输入"度"作为输出量纲。表达式的输入和输出都是栅格图层，尽管要素图层也可以使用某些工具（如用于自然距离量测操作的河流图层）。

在上面的例子中，如果我们想从"slope_d"中提取出坡度值小于 20°的栅格，可以用这个表达式：

ExtractByAttributes（Slope（"emidalat"，"DEGREE"），"Value < 20"）

ExtractByAttributes 是一个栅格数据提取工具，它可以使用查询表达式（如"Value< 20"）从输入栅格提取出一个栅格。使用地图代数的方法优点之一是我们可以将表达式串成单个语句。因此，我们可以使用以下表达式来完成上述两个操作：

ExtractByAttributes（Slope（"emidalat"，"DEGREE"），"Value < 20"）

至此我们对地图代数的讨论仅限于使用单个栅格作为输入。如同局域操作，地图代数也可以使用多个栅格图层作为输入。例如，在 12.2.4 节中的 RUSLE 涉及 RKLSCP 6 种环境因素的相乘。当 6 个因素各作为一个栅格后，我们可以使用地图代数表达式"R"×"K"×"L"×"S"×"C"×"P"来计算输出栅格。地图代数可使用多个栅格的易用性使之成为研究多变量（如逻辑回归模型）模型的有用工具（Pinter and Vestal，2005；Pande et al.，2007）（参见第 18 章）。

12.8　基于矢量与基于栅格的数据分析的比较

矢量数据分析和栅格数据分析是 GIS 分析的两种基本类型。GIS 软件包不能在相同操作中同时进行这两种分析，因此被分开处理。尽管一些软件包在栅格数据运算中允许使用矢量数据（如自然距离量测运算），但是在运算开始之前经过了矢量数据转换成栅格数据的过程。

每个 GIS 项目的数据源和目标是不同的，而矢量数据与栅格数据之间容易进行相互转换。因此，我们必须选择高效且合适的数据分析类型。本节以两个在 GIS 中最常用运算——地图叠置（overlay）和建立缓冲区（buffer）为例，对基于矢量和基于栅格的运算进行对比。

12.8.1　地图叠置

通常将多个栅格的局域运算与基于矢量的地图叠置运算做比较。这两种运算的相似点在于都以多个数据集作为输入数据，但是二者却有重要的区别。

首先，如果要将输入图层的几何特征与属性合并在一起，基于矢量的地图叠置运算必须计算要素和插入点之间的相交部分。而对于基于栅格的局域运算来说，这种计算是不必要的，因为各输入栅格数据都有相同的像元大小和区域范围。即使输入栅格需要先进行重新采样为相同的像元大小，其计算仍比计算线的交集简单。其次，基于栅格的局域运算可以用各种数学工具和计算生成输出数据，而基于矢量的地图叠置运算只能对各输入图层的属性进行合并，对于属性的任何计算都必须遵循地图叠置运算。鉴于以上两个原因，基于栅格的叠置运算常用于涉及较多图层和大量运算的项目（注释栏 12.6）。

注释栏 12.6	基于栅格的叠置案例

在南佛罗里达州紧急疏散避护点选址的研究中，Kar 和 Hodgson（2008）考虑以下 8 个叠置因子：洪水区、高速公路和疏散路径的邻近区、危险点的邻近区、卫生设施邻近区、小区人口总数、小区儿童总数、小区老人总数、小区少数民族总数和小区低收入总数。这些因子的所有数据源，如高速公路、危险点和小区（美国人口普查局的街区群）都是矢量格式。然而，对于表达因子所需要的大量设施和空间分辨率，选择基于栅格的模型比基于矢量的模型更高效。模型像元大小为 50m。

尽管基于栅格的局域运算在计算上要比基于矢量的地图叠置运算效率更高，但后者仍有其优点。例如，基于矢量的地图叠置运算可以将各输入图层的多种属性合并在一起。一旦合并成一个图层，所有的属性都可以被单独或组合查询与分析。例如，一个林分（stand）图层可能有高度、树冠郁闭度、层次结构和树冠直径等属性，而土壤图层则有深度、质地、有机质和 pH 等属性。使用地图叠置运算将两个图层的属性合并为单一图层的属性，其所有属性都可以被查询和分析。相比之下，局域运算中的各输入栅格则是与一组像元值（如单一属性）联系。换言之，对与上述同样的林分和土壤属性进行查询和分析，基于栅格的局域运算对每个属性需要一个栅格。因此，当要分析的数据集有很多个几何特征相同的属性时，基于矢量的地图叠置运算比基于栅格的局域运算效率要高。

12.8.2　建立缓冲区

基于矢量的建立缓冲区运算和基于栅格的自然距离量测运算的相似之处，在于二者都对选择的要素进行距离量测。然而，二者不同之处至少包括以下两个方面：第一，建立缓冲区运算使用 x 和 y 坐标计算距离，而基于栅格的运算使用像元进行自然距离量测。因此，建立缓冲区的运算可以创建比基于栅格的运算更为准确的缓冲区。这对于精度要求较高的应用就显得极为重要，如实施河滨带管理项目。第二，建立缓冲区的运算更加灵活并且有更多的选择。例如，缓冲区的运算可以创建多个环（缓冲分区），而基于栅格的运算则生成连续的距离量测值，需要另外的数据处理过程（如重新分类和剪切），根据连续距离量测数据来定义缓冲区。建立缓冲区运算可以为每个要素创建相互分隔的缓冲区，或为所有要素创建融合在一起的缓冲区。用基于栅格的运算则难以创建和处理分隔的距离量测。

重要概念和术语

聚合（Aggregate）：一种综合归纳运算，生成比输入栅格更大像元（较低分辨率）的输出栅格。

分析掩模（Analysis mask）：一种模，它把栅格数据分析局限于不具有 no-data 值的像元。

块状运算（**Block operation**）：一种邻域运算，它使用一个矩形（块状）并将所计算的值赋予输出栅格的所有块状像元。

剪取（**Clip**）：一种栅格数据运算，它可使用一个矩形范围提取输入栅格的一部分，生成一个新的栅格。

耗费距离（**Cost distance**）：以像元之间移动的耗费来量测的距离。

局域运算（**Local operation**）：一个像元接一个像元进行的栅格数据运算。

地图代数运算（**Map algebra**）：用多个栅格进行局域运算的术语。

镶嵌（**Mosaic**）：将多个输入栅格拼成单一栅格的一种栅格数据运算。

邻域运算（**Neighborhood operation**）：涉及焦点像元及其围绕像元的一种栅格数据分析。

自然距离（**Physical distance**）：像元之间的直线距离。

自然距离量测运算（**Physical distance measure operation**）：计算与源像元直线距离的一种栅格数据运算。

栅格数据提取（**Raster data extraction**）：使用一个数据集、一个图形对象或者一个查询表达式从现有栅格提取数据的一种运算。

重新分类（**Reclassification**）：对输入栅格的像元数值重新分类，以生成新栅格的一种局域运算。

剪切（**Slice**）：将连续栅格分成等间隔或等面积类型的一种栅格数据运算。

分区运算（**Zonal operation**）：涉及相同值或相似要素的像元组的一种栅格数据运算。

复习题

1. 分析掩模在栅格数据运算中如何节省时间和工作量？
2. 为什么局域运算又被称为逐个像元运算？
3. 如图 12.3 所示，试显示统计值为最小值的输出栅格。
4. 如图 12.4 所示，试显示统计值为种类数的输出栅格。
5. 图 12.5c 中有 2 个像元值同为 4 的像元。为什么？
6. 邻域运算又称为焦点运算。什么是焦点像元？
7. 试述邻域运算中的常用邻域类型。
8. 如图 12.8 所示，试显示使用种类数为量测值的邻域运算的输出栅格。
9. 如图 12.9 所示，试显示以最小值为统计值的邻域运算的输出栅格。
10. 利用分区运算可从单一栅格中导出哪些类型的几何量测值？
11. 用两个栅格进行分区运算时，首先必须定义其中一个为分区栅格。什么是分区栅格？
12. 如图 12.11 所示，试显示以值域为统计值的邻域运算的输出栅格。
13. 要求生成您所在州的各主要流域的平均降水量图。试描述完成这项任务的步骤。
14. 试解释自然距离与耗费距离之差异。

15. 什么是自然距离量测运算？

16. 在划定河滨带时，政府机构最有可能采用基于矢量的建立缓冲区运算，而不采用基于栅格的自然距离量测运算。为什么？

17. 如注释栏 12.3 所示，假设您有一幅高程栅格,您怎样能够制作一幅表示在 2.5km 圆圈内的平均补给能量的栅格？

18. 说出地图代数的定义。

19. 写出一个地图逻辑演算表达式，用来从高程栅格（*emidalat*）数据中提取高程大于 3000ft 的区域，并将该区的单位设为米。

应用：栅格数据分析

本节应用部分涉及栅格数据分析的基本运算。习作 1 为局域运算；习作 2 用 Combine 工具进行局域运算；习作 3 为邻域运算；习作 4 为分区运算；习作 5 为数据查询中的自然距离量测运算。习作 6 运行两个栅格数据的提取操作。6 个习作和挑战性问题都需要 Spatial Analyst 扩展模块。点击 Customize 菜单，指向 Extensions，确定 Spatial Analyst 扩展模块已勾选。

习作 1　执行局域运算

所需数据：*emidalat*，一个像元大小为 30m 的高程栅格。

习作 1 要求运行局域运算，将 *emidalat* 数据的高程值从米转化为英尺。

1. 启动 ArcMap，在 ArcMap 中打开 Catalog 并连接到第 12 章数据库。在目录树中，从 *emidalat* 的快捷菜单中选择 Properties。Raster Dataset Properties 对话框显示出 *emidalat* 属性有 186 列、214 行，像元大小为 30（m），值域为 855~1337（m）。还有，*emidalat* 是浮点型的 ESRI 格网（grid）。

2. 添加 *emidalat* 至图层，图层重命名为 Task 1&3。打开 ArcToolbox。右击 ArcToolbox，选择 Environment。设定第 12 章数据为当前和暂存工作空间。双击 Spatial Analyst Tools/Math 工具集下的 Times 工具，在出现的对话框中，选择 *emidalat* 为输入栅格或常量值 1，输入 3.28 为输入栅格或常量值 2，在当前暂存工作区保存输出栅格为 *emidaft*。除了用 ft 度量外，*emidaft* 和 *emidalat* 是一样的，点击 OK。

问题 1　*emidaft* 像元的值域是多少？

3. 另外一种方法可用 Spatial Analyst Tools/Map Algebra 工具集中的 Raster Calculator 完成习作 1。

习作 2　执行组合运算

所需数据：*slope_gd*，一个包含 4 个坡度等级的坡度栅格；*aspect_gd*，一个有平地和 4 个主要方向的坡向栅格。

习作 2 涉及 Combine（组合）工具的使用。Combine 是局域运算的一种，可以处理两个或两个以上的栅格。

1. 在 ArcMap 的 Insert 菜单中选择 Data Frame，并重命名为 Task 2。把 *slope_gd* 和 *aspect_gd* 数据添加到 Task 2。

2. 双击 Spatial Analyst Tools/Local 工具集中的 Combine 工具，在出现的对话框中，选择 *aspect_gd* 和 *slope_gd* 作为输入栅格，输入 *slp_asp* 作为输出栅格。点击 OK，运行操作。*slp_asp* 显示出对输入值的每个独特组合都有一个独特输出值。打开 *slp_asp* 的属性表，查看独特组合及其计数。

问题 2　在 *combine* 中，坡度等级为 2 与坡向类型为 4 组合的像元数有多少个？

习作 3　执行邻域运算

所需数据：*emidalat*，与习作 1 一样。

习作 3 要求对 *emidalat* 进行邻域运算的平均值操作。

1. 在 Spatial Analyst Tools/Neighborhood 工具集中双击 Focal Statistics 工具。在随后的对话框中，选择 *emidalat* 为输入栅格，保存 *emidamean* 为输出栅格，默认邻域是一个 3×3 矩形，选择 mean 为统计类型，点击 OK。*Emidamean* 显示的是 *emidalat* 的邻域均值。

问题 3　在 Spatial Analyst 中，除了平均值还有哪些可用的邻域统计值？除了矩形，还有哪些可用的邻域类型？

习作 4　执行分区运算

所需数据：*precipgd*，一个表示爱达荷州年平均降水量的栅格；*hucgd*，一个流域栅格。

习作 4 要求按流域算得爱达荷州年降水量统计值。*precipgd* 和 *hucgd* 具有相同的投影坐标系，且都以米为单位。降水的量测单位为 1/100 in；例如，像元值为 675 即 6.75in。

1. 在 ArcMap 中，从 Insert 菜单中选择 Data Frame，将新的数据帧重新命名为 Task 4 & 6，并把 *precipgd* 和 *hucgd* 数据添加到 Task 4 & 6。

2. 双击 Spatial Analyst Tools/Zonal 工具集中的 Zonal Statistics 工具。在出现的对话框中，选择 *hucgd* 为输入栅格，选择 *precipgd* 为数值栅格，保存 *huc_precip* 为输出栅格，选择 mean 为统计类型，点击 OK。

3. 为显示每个流域的平均降水量，可通过如下操作实现：右击 *huc_precip*，选择 Properties，在 Symbology 的 Show 栏点击 Unique Values，点击 Yes 以计算独特值，然后点击 OK。

问题 4　在爱达荷州，哪个流域的年平均降水量最大？该领域位于何位置？

4. Spatial Analyst Tools/Zonal 工具箱中的 Zonal Statistics as Table 工具可把每个区域的值的总和输出为一个表格。

习作 5　自然距离量测

所需数据：*strmgd*，一个表示河流的栅格；*elevgd*，一个表示高度分带的栅格。

习作 5 要求您查找一个植物种类的潜在栖息地。*Strmgd* 中的像元值是河流的 ID

值。*Elevgd* 中的像元值表示高程分带 1、2 和 3。两个栅格的像元分辨率均为 100m。该植物种类的潜在栖息地必须满足下列条件：

（1）高程分带为 2；

（2）与河流的距离在 200m 之内。

1. 在 ArcMap 的 Insert 菜单中选择 Data Frame。将新的数据帧重新命名为 Task 5，并把 *strmgd* 和 *elevgd* 添加到 Task 5。

2. 双击 Spatial Analyst Tools/Distance 工具集中的 Euclidean Distance 工具。在出现的对话框中，选择 *strmgd* 为输入栅格，将输出保存为 *strmdist*，然后点击 OK。*Strmdist* 显示了在 *strmgd* 中对河流的连续距离分区。

3. 下一步是生成一个距离河流 200m 之内的区域的新栅格。双击 Spatial Analyst Tools / Reclass 工具集中的 Reclassify 工具，在 Reclassify 对话框中，选择 *strmdist* 作为输入栅格，并点击 Classify 按钮。在 Classification 对话框中，更改分类数为 2，输入 200 作为第一个断点值，点击 OK，关闭对话框。返回 Reclassify 对话框，保存输出为 *rec_dist*，点击 OK。*rec_dist* 将距河流 200m 之内的区域（1）与之外的区域（2）区分开来。

4. 这一步是合并 *rec_dist* 和 *elevgd*。双击 Spatial Analyst Tools / Local 工具集中的 Combine 工具，在出现的对话框中，选择 *rec_dist* 和 *elevgd* 为输入栅格，保存 *habitat1* 为输出栅格，点击 OK。

5. 现在准备从 *habitat1* 中提取潜在栖息地。双击 Spatial Analyst Tools / Extraction 工具集中的 Extract by Attributes 工具，在出现的对话框中，选择 *habitat1* 为输入栅格，在 Query Builder 中输入地点从句："REC_DIST" =1 AND "ELEVGD" =2，保存输出为 *habitat2*，点击 OK，*habitat2* 显示了被选定的栖息地区域。

问题 5　验证 *habitat2* 是正确的潜在栖息地区域。

6. 前面步骤是让您使用 **Spatial Analyst** 里的不同工具，您也可以忽略步骤 3～步骤 5，直接用 *strmdist* 代替重分类来完成本习作。在这种情况下，将会用到 Spatial Analyst Tools/Map Algebra 工具集里的 Raster Calculator 工具及以下地图逻辑演算表达：（"strmdist" <= 200）&（"elevgd" == 2）。

习作 6　由属性和掩模执行提取

所需数据：*precipgd* 和 *hucgd*，同习作 4。

习作 6 要求您运行两个栅格数据提取操作。首先，您将使用一个查询表达式从 *hucgd* 中提取一个流域。其次，您将使用已提取的流域作为掩模从 *precipgd* 中提取降水数据。结果是一个所提取流域的新的降水量栅格。

1. 在 ArcMap 中激活 Task4 & 6。在 Spatial Analyst Tools/Extraction 工具集中双击 Extract by Attributes 工具。在下一个对话框中输入 *hucgd* 为输入栅格，在查询生成器（Query Builder）中输入表达式"VALUE"=170603，并保存输出栅格为 *huc170603*。单击 OK。

2. 在 Spatial Analyst Tools/Extraction 工具集中双击 Extract by Mask 工具。在下一

个对话框中，输入 *precipgd* 为输入栅格，*huc170603* 为输入栅格或要素掩模数据，*p170603* 为输出栅格。单击 OK 运行提取操作。

问题6　在 *p170603* 中的值域是多少？

习作7　运行地图代数

所需数据：*emidalat*，同习作1。

地图代数是一种可以用来促进栅格数据操作和分析的非正式语言。地图代数使用表达式来链接输入和输出。Task1 和 Task5 已介绍了表达式的例子。地图代数的结构必须遵循 ArcGIS 中的规则。本习作要用 12.7 节所述的表达式运行地图代数操作。

1. 在 ArcMap 中插入一个新的数据帧，并将其重命名为 Task7，添加 *emidalat* 到习作7。

2. 下面的操作由两部分组成。首先，使用坡度工具创建以度数为单位的坡度图层；其次，使用由属性提取工具提取出坡度小于 20° 的范围。

3. 打开 ArcToolBox，右击 ArcToolBox，在 Environment 中将当前和暂存工作空间设置为第 12 章数据库。在 Spatial Analyst Tools/Map Algebra（空间分析师工具/地图代数）工具集中双击 Raster Calculator（栅格计算器）工具。在栅格计算器的表达式框中输入以下内容：

ExtractByAttributes（Slope（"emidalat"，"DEGREE"），"Value < 20"）

注意式中 "Slope" 的 "S" 为大写字母，"ExtractByAttributes" 里的单词之间无空格，可从图层菜单中将 "emidalat" 拖进表达式框中，表达式应使用原始字符输入。输入表达式后，在输出栅格框里，将输出栅格保存为第 12 章数据库里的 *emidaslp20*，单击 OK 运行该命令。如果表达式有误，则会出现错误消息，应返回表达式框，再次以正确格式输入表达式。

4. 运行成功后，*emidaslp20* 出现在目录树中，它包含了坡度小于 20° 的区域，坡度更陡的区域被作为无数据处理。可按如下操作来查看无数据的像元：右击 *emidaslp20* 并选择 Properties 来打开该图层的性质对话框。在 Symbology 选项卡里，单击 "Display NoData as" 下拉箭头并选红色，单击 OK 离开对话框。现在便可看到 *emidaslp20* 中被排除出坡地图层的区域。

问题7　*emidaslp20* 中像元的值域是多少？

挑战性任务

所需数据：*emidalat*，*emidaslope* 和 *emidaaspect*。

本任务要求使用高程、坡度和坡向构建一个基于栅格的模型。

1. 用 Spatial Analyst Tools/Reclass 工具集中的 Reclassify 工具，根据以下表格对 *emidalat* 重分为 5 个高程带，并将输出结果保存为 *rec_emidalat*。

旧值	新值
855~900	1
900~1000	2
1000~1100	3
1100~1200	4
>1200	5

2. *emidaslope* 和 *emidaaspect* 已经被重新分类和分级排序。用以下公式来创建一个模型：*emidaelev* + 3 × *emidaslope* + *emidaaspect*。将此模型命名为 *emidamodel*。

问题 1　在 *emidamodel* 中的像元的值域是多少？

问题 2　在 *emidamodel* 中，像元值 >20 的区域所占的比例是多少？

参考文献

Beguería, S., and S. M. VicenteSerrano. 2006. Mapping the Hazard of Extreme Rainfall by Peaks over Threshold Extreme Value Analysis and Spatial Regression Techniques. *Journal of Applied Meteorology and Climatology* 45: 108-24.

Brennan, J., and E. Martin. 2012. Spatial Proximity is More Than Just a Distance Measure. *International Journal of Human-Computer Studies* 70: 88-106.

Che, V. B., M. Kervyn, C. E. Suh, K. Fontijn, G. G. J. Ernst, M.-A. del Marmol, P. Trefois, and P. Jacobs. 2012. Landslide Susceptibility Assessment in Limbe(SW Cameroon): A Field Calibrated Seed Cell and Information Value Method. *Catena* 92: 83-98.

Congalton, R. G. 1991. A Review of Assessing the Accuracy of Classification of Remotely Sensed Data. *Photogrammetric Engineering & Remote Sensing* 37: 35-46.

Crow, T. R., G. E. Host, and D. J. Mladenoff. 1999. Ownership and Ecosystem as Sources of Spatial Heterogeneity in a Forested Landscape, Wisconsin, USA. *Landscape Ecology* 14: 449-63.

Forman, R. T. T., and M. Godron. 1986. *Landscape Ecology*. New York: Wiley.

Guan, Q., and K. C. Clarke. 2010. A General-Purpose Parallel Raster Processing Programming Library Test Application Using a Geographic Cellular Automata Model. *International Journal of Geographical Information Science* 24: 695-722.

Herr, A. M., and L. P. Queen. 1993. Crane Habitat Evaluation Using GIS and Remote Sensing. *Photogrammetric Engineering & Remote Sensing* 59: 1531-38.

Heuvelink, G. B. M. 1998. *Error Propagation in Environmental Modelling with GIS*. London: Taylor and Francis.

Kar, B., and M. E. Hodgson. 2008. A GIS-Based Model to Determine Site Suitability of Emergency Evacuation Shelter. *Transactions in GIS* 12: 227-48.

Lillesand, T. M., and R. W. Kiefer, and J. W.Chipman. 2007. *Remote Sensing and Image Interpretation*, 6th ed. New York: Wiley.

McGarigal, K., and B. J. Marks. 1994. *Fragstats: Spatial Pattern Analysis Program for Quantifying Landscape Structure*. Forest Science Department: Oregon State University.

Millward, A. A., and J. E. Mersey. 1999. Adapting the RUSLE to Model Soil Erosion Potential in a Mountainous Tropical Watershed. *Catena* 38: 109-29.

Mladenoff, D. J., T. A. Sickley, R. G. Haight, and A. P. Wydeven. 1995. A Regional Landscape Analysis and Prediction of Favorable Gray Wolf Habitat in the Northern Great Lakes Regions. *Conservation Biology* 9: 279-94.

Pande, A., C. L. Williams, C. L. Lant, and D. J. Gibson. 2007. Using Map Algebra to Determine the

Mesoscale Distribution of Invasive Plants: The Case of Celastrus orbiculatus in Southern Illinois, USA. *Biological Invasions* 9: 419-31.

Pinter, N., and W. D. Vestal. 2005. El Niño--Driven Landsliding and Postgrazing Vegetation Recovery, Santa Cruz Island, California. *Journal of Geophysical Research* 10, F02003, doi: 10.1029/2004JF000203.

Pullar, D. 2001. MapScript: A Map Algebra Programming Language Incorporating Neighborhood Analysis. *GeoInformatica* 5: 145-63.

Renard, K. G., G. R. Foster, G. A. Weesies, D. K. McCool, and D. C. Yoder(coordinators). 1997. Predicting Soil Erosion by Water: A Guide to Conservation Planning with the Revised Universal Soil Loss Equation(RUSLE). *Agricultural Handbook 703*. Washington, DC: U.S. Department of Agriculture.

Sander, H. A., D. Ghosh, D. van Riper, and S. M. Manson. 2010. How Do You Measure Distance in Spatial Models? An Example Using Open-Space Valuation. *Environment and Planning B: Planning and Design* 37: 874-94.

Tomlin, C. D. 1990. *Geographic Information Systems and Cartographic Modeling*. Englewood Cliffs, NJ: Prentice Hall.

Veregin, H. 1995. Developing and Testing of an Error Propagation Model for GIS Overlay Operations. *International Journal of Geographical Information Systems* 9: 595-619.

Wischmeier, W. H., and D. D. Smith. 1978. Predicting Rainfall Erosion Losses: A Guide to Conservation Planning. *Agricultural Handbook 537*. Washington, DC: U.S. Department of Agriculture.

第13章　地形制图与分析

本章概览

绵延起伏的地形是 GIS 用户所熟悉的现象。地表作为制图和分析对象已有数百年（Pike、Evans and Hengl，2008）。在美国，美国地质调查局（USGS）的地形测绘部门成立于 1884 年。多年来，地图制图师已设计了各种地形测绘技术，如等高线、晕渲法、分层设色和三维透视图。地貌学家也建立了陆地表面定量化测度，包括坡度、坡向和表面曲率。Geomorphometry 是地形定量化科学，坡度、坡向和曲率是地貌量计学（Geomorphometry）研究的地表参数（Franklin，1987；Pike，Evans and Hengl，2008）。

地形制图和分析技术不再只是专家的工具，GIS 已经使之真正易于融合到各种应用中。坡度和坡向在水文建模、雪被评估、土壤制图、滑坡圈绘、土壤侵蚀和植被群落预测制图中一直发挥着重要作用（Lane et al.，1998；Wilson and Gallant，2000）。晕渲地图、透视地图和三维鸟瞰地图在论文展示和报告中已很常见。

多数 GIS 软件包将海拔数据（z 值）处理为点或像元位置的属性数据，而不是真三维模型中的 x、y 坐标上的一个附加坐标。在栅格数据格式中，z 值对应于像元值。在矢量数据格式中，z 值以属性字段或要素几何特征存储。地形制图和分析可使用栅格数据、矢量数据或者这两种数据作为输入数据。这大概是 GIS 销售商一般都将地形制图和分析功能做成一个模件或一个扩展模块，与 GIS 的基本工具分开的原因。

本章共由 5 节组成：13.1 节述及两种常用于地形制图和分析的数据源：数字高程模型（DEM）和不规则三角网（TIN）；13.2 节阐述地形制图的不同方法；13.3 节讨论用 DEM 和 TIN 两种数据源进行坡度和坡向分析；13.4 节讲述由 DEM 生成地面曲率；13.5 节对用 DEM 与用 TIN 的地形制图和分析进行比较。视域和流域分析也与地形分析密切相关，将在第 14 章中阐述。

13.1　用于地形制图与分析的数据

地形制图与分析的两种常用输入数据是：基于栅格的 DEM 和基于矢量的 TIN。尽管我们无法在一个操作中同时使用 DEM 和 TIN 两种类型数据，但是，可以进行

DEM 和 TIN 之间的相互转换。

13.1.1　数字高程模型（DEM）

DEM 表示高程点的规则排列。DEM 的数据源包括地形图、航空照片、卫星图像（包括被动和主动系统）、激光雷达和无人机系统基于摄影测量和地面激光扫描所采集的数据（参见第 4 章）。美国的大多数 GIS 用户使用来自美国地质调查局和美国国家航空航天局的不同空间分辨率的 DEM（参见第 5 章）。越来越多的不同空间分辨率的全球 DEM 也可从各种网站上下载（参见第 5 章）。

本章涵盖使用 DEM 进行地形制图和分析。DEM 指的是裸地的海拔，不考虑搭盖（如建筑物）或自然（如植被覆盖）要素。数字地表模型（DSM）则代表另一类高程模型，它包括了地球表面的建筑和自然要素。DSM 可以由激光雷达数据来制备，因为激光雷达系统可以探测来自不同高度物体的多个返回信号（参见第 4 章）。DSM 对于植被管理和视域分析（参见第 14 章）都很有用，但不用于地形测绘和分析。不管 DEM 的来源如何，为了进行地形制图与分析，基于点的 DEM 数据必须首先转化成栅格数据格式，把每个高程点置于高程栅格的像元中心，因而，DEM 和高程栅格可以相互转换。

13.1.2　不规则三角网（TIN）

TIN 是指用一系列无重叠的三角形来近似模拟陆地表面，从而构成不规则的三角网。高度值（z）连同 x、y 坐标一起存储在节点（node），再由这些节点构成三角形。与 DEM 对比，TIN 是基于高程点的不规则分布。

DEM 通常是经转换过程来编制初始 TIN 的主要数据源，但是 TIN 还可利用其他数据源。外加的点数据可包括实测高程点、GPS 数据和雷达数据等；线数据可包括等高线和断线，**断线**（breaklines）是表示河流、岸线、山脊和道路等陆地表面变化的线要素；面数据可包括湖泊和水库。Esri 引入了地形数据格式，可以在要素数据集中存储制作 TIN 所需的各种输入数据。

由于地形的复杂性，TIN 模型中的三角形大小各异。因此，不需要 DEM 中的每个点都用于构建 TIN。事实上，建立反映真实地表形态的 TIN 模型时，需要选择更能代表地形的点。GIS 中已设计了从 DEM 中选择有意义点的若干算法（Lee, 1991; Kumler, 1994）。最常用的算法是最大 z 容差。

最大 z 容差（maximum z-tolerance）算法是从一个高程栅格选点来构建一个 TIN，要求达到：对于高程栅格上的每个点，以初始高程与 TIN 的估算高程之差小于指定的最大 z 容差为选点依据。该算法采用迭代过程：首先，构建一个候选的 TIN。然后，对这个 TIN 的每个三角形，计算每个栅格点与闭合三角形面的高差。该算法确定最大差值的点。如果差值大于指定的 z 容差，算法就对该点标记为加到 TIN 的点。在当前的 TIN 上每个三角形都被检测以后，用选上的附加点计算新的三角形。该过程反复进行，直至栅格里所有点都在指定的最大 z 容差之内。

最大 z 容差算法选取的高程点，加上附加的从等高线提取的高程点、测量数据、GPS 数据或 LIDAR 数据，联结起来形成初始 TIN 上的一系列不重叠的三角网。连接这些高程点的常用算法称为**德朗奈（Delaunay）三角测量法**（Watson and Philip, 1984；Tsai, 1993）。由该算法形成的三角形具有以下特征：所有结点（高程点）与最近相邻点连接构成三角形；三角形尽量等角，或尽量密集。

不同的软件里，断线的作用是不同的。既可以成为初始 TIN 的组成成分，也可用于对初始 TIN 进行修改。断线以三角形边缘的形式显示陆地表面自然结构的变化（图 13.1）。如果断线上每一点的 z 值为已知，以字段形式存储；否则，由下覆的 DEM 或 TIN 表面来估算。

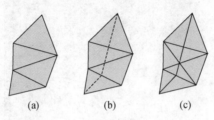

(a)　　　　　　　(b)　　　　　　　(c)

图 13.1　（b）中虚线表示的断线把（a）中的三角形切分，生成（c）中一些新的三角形

TIN 边界附近的三角形经常被延伸和拉长，这些三角形导致地形要素的扭曲。这些不规则的原因是沿着边缘高程的突然降落。解决这一问题的办法是：把研究区边界以外的一些高程点包括进来一并进行处理，然后，再从较大的 coverage 中剪取研究区。TIN 的创建过程在某种程度上比起由 DEM 生成高程栅格更为复杂。

正如 DEM 可以转换成 TIN，TIN 也可以转换成 DEM。这一过程要求 DEM 上的每个高程点由组成 TIN 的相邻节点来估算（插值）。每个节点有 x, y 坐标，以及 z 值（高程）。因为已经假设每个三角形面的坡度和坡向是常数，所以，可以用局部一次多项式插值方法将 TIN 转换成 DEM（第 15 章将局部多项式插值作为空间插值方法之一进行阐述）。TIN 到 DEM 的转换，对于由 LIDAR 数据生产 DEM 时很有用。该过程首先将 LIDAR 数据（点）连接起来，形成 TIN；然后，由 TIN 的高程点插值，编制成 DEM。

13.2　地　形　制　图

本节介绍 5 种地形制图技术：等高线法、垂直剖面法、地貌晕渲法、分层设色法和透视图法。

13.2.1　等高线法

等高线法是地形制图的常用方法。**等高线**将高程值相等的点连接起来。**等高距**表示等高线之间的垂直距离。**基准等高线**是开始计算高程的等高线。假设某 DEM 的高程读数范围是 743～1986 m，如果基准等高线为 800，等高距为 100，则用等高线法生成的等高线读数为 800、900、1000，等等。

　　等高线的排列和模式是地形的反映。例如，陡峻地形的等高线间距紧密；等高线向河流上游方向弯曲（图 13.2）。经一定训练且有经验的读者在阅读等高线时，能看出由数字化数据模拟的地形直观形象，甚至判断出准确度。

图 13.2　等高线地图

　　等高线的自动绘制需要遵循两个基本步骤：①检查等高线与栅格像元或三角形是否交叉；②通过栅格像元或三角形绘出等高线（Jones et al.，1986）。因为 TIN 的三角网上每个节点都有高程读数，因而可以作为解释自动绘制等高线的很好例子。给定一条等高线，检查每个三角形的边缘是否有等高线经过。若有，假定边缘的两个端节点之间为恒定坡度，沿三角形边缘进行线性插值即可确定等高线的位置。当等高线的所有位置都计算出来之后，连接这些点便构成等高线（图 13.3）。初始等高线由许多笔直的线段组成，用拟合数学函数（如样条函数）可对组成等高线的点做平滑处理（参见第 7 章）。

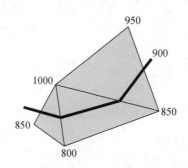

图 13.3　沿三角形边缘内插数值为 900 的点，这些点连接成 900 的等高线

　　尽管等高线在悬崖、洼地或孤丘处会出现闭合，但是互不相交，也不会在地图中间出现中断。由 GIS 生成的等高线地图，有时出现无规律性和水平误差。无规律性常常是使用大像元引起的，水平误差归因于在平滑算法中使用了不正确参数值（Clarke，1995）。

13.2.2　垂直剖面法

垂直剖面表示沿一条线的高度变化，如远足小道、道路或河流（图 13.4）。手工方法一般包括以下几个步骤：

（1）在等高线地图上画一条剖面线；

（2）标记等高线与剖面线的每个交叉点，并记录其高程；

（3）提高每个交叉点的高程的比例；

（4）连接这些高程点，绘成垂直剖面图。

垂直剖面的自动绘制的步骤相同，只是用高程栅格或 TIN 替代等高线地图。

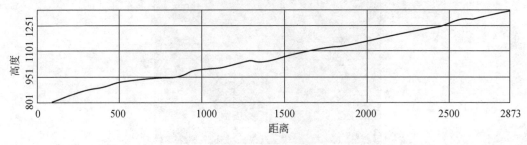

图 13.4　垂直剖面图

13.2.3　地貌晕渲图

地貌晕渲图（又称为阴影地形图）是指模拟太阳光与地表要素相互作用下的地形容貌（图 13.5）。面光的山坡明亮而背光的山坡阴暗。地貌晕渲图有助于看图者更好认识地形要素的形态。地面晕渲图可单独制作成图，如 Thelin 和 Pike（1991）制作的美国数字阴影地形图。地貌晕渲图的更普遍用途是作为地形或专题地图的背景。

已往均由有天赋的艺术家制作地貌晕渲。但是，现在计算机已能作出高质量的晕渲地图。影响地貌晕渲视觉效果的因子有 4 个：一是太阳方位角，是光线进来的方向，变化范围为顺时针方向 0°～360°。一般来说，默认的太阳方位角为 315°。当光源由地貌晕渲图的左上角射入时，地物阴影投向观察者，这样可避免反立体效果（注释栏 13.1）。二是太阳高度角，是入射光线与地平面的夹角，变化范围为 0°～90°。另外两个因子是坡度和坡向：坡度变化范围为 0°～90°，坡向为 0°～360°（13.3 节）。

注释栏 13.1	反立体效果

当地物阴影投向看图者时，地形阴影图看起来是正确的；若阴影投向背离看图者，比如用 135°作为太阳方位角，则地图上的丘陵看起来像洼地，而洼地看起来又像是丘陵，这种光学上的错觉被称为反立体效果（Campbell，1984）。当然，太阳方位角 315°对于地球表面的大多数地方，完全是不现实的。

图 13.5　地貌晕渲图的例子，太阳方位角为 315°（NW）、太阳高度角为 45°

由计算机生成的地貌晕渲算法采用相对辐射值来计算高程栅格中的每个像元或 TIN 中的每个三角形（Eyton，1991）。相对辐射值的值域为 0～1，如果乘以常数 255，它转变为用于计算机屏幕显示的照度值。在晕渲图上，当照度值是 255 时为白，当照度值是 0 时为黑。相对辐射值的计算与入射值的计算相似，入射值可以通过相对辐射值乘以太阳高度角的正弦值（sine）获得（Franklin，1987）。入射值随坡度坡向变化而异，与表面接收的太阳直接辐射成比例（Giles and Franklin，1996）。注释栏 13.2 显示了相对辐射值和入射值的计算。

注释栏 13.2	相对辐射值的计算实例

可以采用以下方程来计算栅格像元或 TIN 三角形的相对辐射值：

$$R_f = \cos\,(A_f - A_s)\,\sin\,(H_f)\,\cos\,(H_s) + \cos\,(H_f)\,\sin\,(H_s)$$

式中，R_f 为一个面（一个栅格像元或一个三角形）的相对辐射值；A_f 为坡向；A_s 为太阳方位角；H_f 为坡度；H_s 为太阳高度角。

假设高程栅格中的一个像元的坡度值为 10°、坡向值为 297°（西—西北向），太阳高度角为 65°，太阳方位角为 315°（西北向），该像元的相对辐射计算如下：

$$R_f = \cos\,(297\text{–}315)\,\sin\,(10)\,\cos\,(65) + \cos\,(10)$$
$$\sin\,(65) = 0.9623$$

该像元将呈明亮，相对辐射值 R_f 为 0.9623。假设太阳高度角降低至 25°，太阳方位角仍为 315°，则相对辐射值为

$$R_f = \cos\,(297\text{–}315)\,\sin\,(10)\,\cos\,(25) + \cos\,(10)$$

$$\sin（25）= 0.5658$$

该像元将呈中灰色，相对辐射值 R_f 为 0.5658。

一个面的入射值可以通过以下公式计算：

$$\cos（H_f）+ \cos（A_f\text{-}A_s）\sin（H_f）\cot（H_s）$$

式中，符号的含义与相对辐射值公式相同。入射值也可由相对辐射值乘以 $\sin（H_s）$ 得来。

除制作地貌晕渲图外，相对辐射值和入射值都可用于影像处理，作为表示入射辐射与局部地貌相互作用的变量。

13.2.4 分层设色法

分层设色法用高程描绘地球块体的分布。**分层设色法**（hypsometric tinting）是用不同颜色符号表示不同的高度分区（图 13.6）。选用搭配合理的颜色有助于显示高程的渐变，这点对于小比例尺地图尤其突出。分层设色也可用于强调特殊的高程分区，如在野生生物栖息地研究中，分层设色就显得尤为重要。

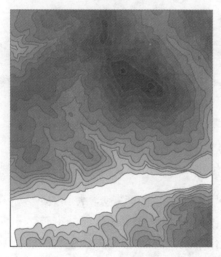

图 13.6 分层设色地图，不同高程分区用不同的灰色符号表示

13.2.5 透视图

透视图是地形的三维视图，有如从飞机上某个角度所见的地形容貌（图 13.7）。谷歌地球推广了地形鸟瞰视图。这里讨论在 GIS 中如何准备在三维视图。三维视图容貌受以下 4 个参数控制（图 13.8）：

（1）观察方位是自观察者到地表面的方向，变化范围为顺时针方向 0°～360°。

（2）观察角度是观察者所在高度与地平面的夹角，总是在 0°～90°。观察角度为 90°，表示从地表正上方观察地面；观察角度为 0°则意味着从正前方观察地面。因此，当观察角度为 0°时三维效果达到最大，而观察角度为 90°时三维效果最小。

图 13.7　三维透视图

（**3**）**观察距离**是观察者与地表面的距离。调整观察距离，可使地面近看或远看。

（**4**）**Z-比例系数**是垂直比例尺与水平比例尺的比率，又称为垂直缩放因子。在突出微地形特征上很有用。

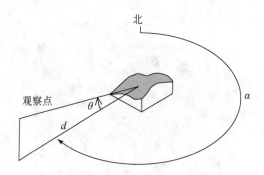

图 13.8　控制三维透视图容貌的 3 个参数：观察方位角 α（自北顺时针方向计算），观察角度 θ（自地平面开始计算），观察距离 d（观察点到三维表面的距离）

除了以上参数，三维视图的设计也可以包含大气效应，如云和雾。Häberling、Bär 和 Hurni（2008）为三维地图的设计原则提供了极好的审查。

三维透视图具有可视化效果，因而是许多 GIS 软件的显示工具。例如，ArcGIS 的 3D Analyst 扩展模块提供了用于设置观察参数的图形界面。用该模块可以很容易实现地表的旋转、漫游和近距离观察。为了使透视图更具真实感，可在**三维披盖**（3D draping）过程中添加诸如水文要素（图 13.9）、土地覆被、植被和道路等图层。

通常，DEM 和 TIN 为三维透视图和三维披盖提供表面。但是，一旦要素图层有存储 z 系数的字段，或可用于计算 z 系数的字段，那么，该要素图层就可用三维透视图显示。例如，图 13.10 是一幅基于高程分区的三维视图。同理，三维显示建筑物要素，可将建筑物高度作为 z 值来突出它们。图 13.11 是一幅由 Google Earth（现在是 Google Maps）创建的三维建筑群。

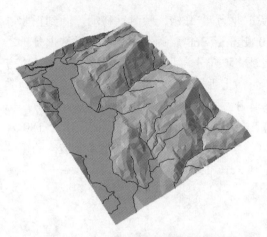

图 13.9　在三维地表上披盖河流和岸线　　　　图 13.10　高程分区的三维透视图

图 13.11　位于马萨诸塞州（麻省）波士顿的三维建筑群

13.3　坡度和坡向

坡度是地表位置上高度变化率的量度，坡度可表达为百分数或者度数。其中，百分数坡度等于提升的垂直距离与所历经的水平距离之比率乘以 100，度数坡度是垂直距离与水平距离之比的反正切（Arc tangent）（图 13.12）。

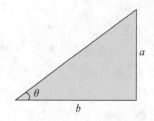

图 13.12　以百分比或者度表示的坡度 θ，可由垂直距离 a 和水平距离 b 计算而得

坡向是斜坡方向的量度，量纲是度，从正北为 0°开始，顺时针移动，回到正北以 360°结束。坡向是圆的度量。坡向 10°比 30°更靠近 360°。因此，用坡向做数据分析之前，我们经常需对坡向进行转换。常用方法是将坡向分为北、东、南、西共 4 个基本方向，或者北、北东、东、南东、南、南西、西、北西共 8 个基本方向，并把坡向作为类别数据（图 13.13）。Chang 和 Li（2000）提出了另外一种转换坡向的方法，该方法仍用数值度量而获取基本方向。例如，要获取南-北基本方向，可设北为 0°，南为 180°，东和西各为 90°（图 13.14）。将坡向量度转成线性量度的最常用方法是求取坡向的正弦（sine）或余弦（cosine）值，其值域是–1～1（Zar，1984）。

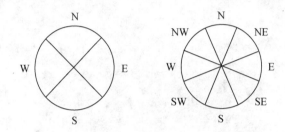

图 13.13　坡向的度量常分为 4 个基本方向或 8 个基本方向

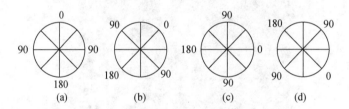

图 13.14　获取 N-S 向（a）、NE-SW 向（b）、E-W 向（c）和 NW-SE 向（d）等基本方向的转换方法

作为地形特征分析和可视化的基本要素，坡度和坡向在流域单元、景观单元和地貌测量等研究中十分重要（Moore et al.，1991）。当与其他变量一起使用时，坡度和坡向有助于森林蓄积量估算、土壤侵蚀、野生生物栖息地适宜性、选址分析和许多其他领域的问题解决。（Wilson and Gallant，2000）。

13.3.1　用栅格计算坡度和坡向的算法

坡度和坡向过去往往是在野外测得（注释栏 13.3）或从等高线地图经手工获取。庆幸的是，随着 GIS 的应用，手工操作已经越来越少见了。用 GIS 只要点击一个按钮，就可立即生成坡度或坡向图层。然而，由于结果取决于计算坡度和坡向的算法，因此具有不同计算算法的知识就显得重要了。虽然在概念上坡度和坡向在空间上不断地变化，GIS 还不能按点计算它们。然而，可以计算一个离散单位的坡度和坡向，如高程栅格像元或者是 TIN 三角形。输入数据或 TIN 的分辨率可因此影响计算结果。

Blong（1972）描述过最大坡度角和斜坡纵断面的不同的野外测量方法。测量最大坡度角的一种常见方法是在斜坡的最陡部分铺设一块 20in 长的板，用水准仪读取该板的倾斜度。除了水准仪外，还需要测杆和卷尺来完成斜坡纵断面的测量。测杆放置在估计的坡度拐点的坡面上，如果坡度拐点不明显则以固定间隔放置。然而，一些研究人员建议用相等的地面长度（如 5ft 或 1.5m）测量每个坡度角而不管斜坡为何种形式。

以面为单位（如像元和三角形）是通过像元标准矢量的倾向和倾量来计算它们的坡度和坡向。其中，标准矢量是垂直于像元的有向直线（图 13.15）。设标准矢量为（n_x，n_y，n_z），像元坡度的计算公式为

$$\sqrt{n_x^2 + n_y^2} / n_z \qquad (13.1)$$

像元坡向的计算公式为

$$\arctan (n_y / n_x) \qquad (13.2)$$

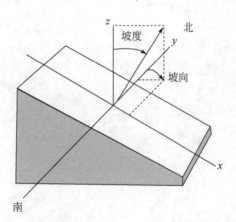

图 13.15　像元的标准矢量是垂直于该像元的有向直线，它的倾向和倾量决定该像元的坡度和坡向。（Redraw from Hodgson，1998，*CaGIS*，25（3）：173–185；经美国测绘大会许可重印）

迄今为止，已经设计了由高程栅格计算坡度和坡向的许多近似方法。这里将介绍 3 种常用方法。这 3 种方法都采用 3×3 移动窗口估算中心像元的坡度和坡向，但是，用于估算的邻接像元数和每个像元的权重各不相同。

第一种方法，由 Fleming 和 Hoffer（1979）及 Ritter（1987）提出的，采用与中心像元直接邻接的 4 个像元，估算中心像元的坡度与坡向。图 13.16 中的点 C_0 的坡度（S）计算公式为：

$$S = \sqrt{(e_1 - e_3)^2 + (e_4 - e_2)^2} / 2d \qquad (13.3)$$

式中，e_i 为邻接像元值；d 为像元大小。C_0 标准矢量的 n_x 分量为（$e_1 - e_3$），即 x 维的高差。n_y 分量为（$e_4 - e_2$），即 y 维的高差。$S \times 100$ 等于 C_0 点的坡度百分数。

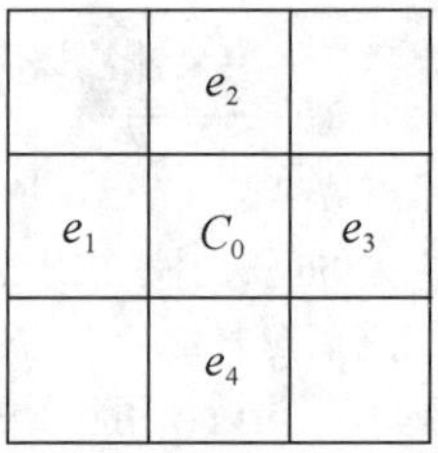

图 13.16　计算 C_0 的坡度和坡向的 Ritter 算法，采用 4 个与 C_0 的直接邻接像元

S 的方位角 D 可由式（13.4）计算：

$$D = \arctan[(e_4 - e_2)/(e_1 - e_3)] \tag{13.4}$$

式中，D 是相对于 x 轴的弧度。坡向则用度数来量测，并始于北向 $0°$。注释栏 13.4 显示了将 D 转换成坡向的算法（Ritter，1987；Hodgson，1998）。

<table>
<tr><td>注释栏 13.4</td><td>由 D 到坡向的转换</td></tr>
</table>

这里所用的符号含义与公式（13.1）～公式（13.4）相同。撇号后的文字为注释。

```
If S <> 0 then
T = D×57.296
If nx = 0
If ny < 0 then
    Aspect = 180
    Else
    Aspect = 360
ElseIf nx > 0 then
    Aspect = 90 − T
    Else ´ nx < 0
    Aspect = 270 − T
Else ´ S = 0
    Aspect = −1    ´ 平地坡向不能确定
End If
```

第二种方法是在 ArcGIS 中采用 Horn 算法计算坡度和坡向（1981）。Horn 算法使用 8 个邻接像元，4 个直接邻接像元的权重值取为 2，4 个对角像元的权重值取为 1。Horn 算法计算 C_0 点的坡度如图 13.17，计算公式为

$$S = \sqrt{[(e_1 + 2e_4 + e_6) - (e_3 + 2e_5 + e_8)]^2 + [(e_6 + 2e_7 + e_8) - (e_1 + 2e_2 + e_3)]^2}/8d \tag{13.5}$$

C_0 点的 D 值按式（13.6）计算：

$$D = \arctan([e_6 + 2e_7 + e_8] - (e_1 + 2e_2 + e_3))/[(e_1 + 2e_4 + e_6) - (e_3 + 2e_5 + e_8)] \tag{13.6}$$

用与第一种方法相同的算法可把 D 值转化成坡度，除了 $n_x = (e_1 + 2e_4 + e_6)$ 和 $n_y = e_3 + 2e_5 + e_8$。注释栏 13.5 显示了使用 Horn 算法的例子。

e_1	e_2	e_3
e_4	C_0	e_5
e_6	e_7	e_8

图 13.17　Horn 算法与 Sharpnack 和 Akin 算法都采用 8 个与 C_0 邻接像元来计算 C_0 的坡度和坡向

注释栏 13.5　　　　　　　　　　用栅格计算坡度和坡向的实例

下表表示高程栅格的一个 3×3 窗口。高程以米为单位，像元大小为 30m。

1006	1012	1017
1010	1015	1019
1012	1017	1020

用 Horn 算法计算中央像元的坡度和坡向：

$n_x = (1006 + 2 \times 1010 + 1012) - (1017 + 2 \times 1019 + 1020) = -37$

$n_y = (1012 + 2 \times 1017 + 1020) - (1006 + 2 \times 1012 + 1017) = 19$

$S = \sqrt{(-37)^2 + (19)^2} / 8 \times 30 = 0.1733$

$S_p = 100 \times 0.1733 = 17.33$

$D = \arctan(n_y/n_x) = \arctan(19/-37) = -0.4744$

$T = -0.4744 \times 57.296 = -27.181$

因为 $S <> 0$ 且 $n_x < 0$，则

坡向 $= 270 - (-27.181) = 297.181$。

作为比较，Fleming 和 Hoffer 算法得到 S_p 的值为 17.16；Sharpnack 和 Akin 算法得到 S_p 的值为 17.39。而坡向值分别为 299.06 和 296.56。

第三种方法，称为 Sharpnack 和 Akin 算法（1969）。该方法也是采用 8 个邻接像元，但对每个像元的权重相同。S 的计算公式为

$$S = \sqrt{[(e_1 + e_4 + e_6) - (e_3 + e_5 + e_8)]^2 + [(e_6 + e_7 + e_8) - (e_1 + e_2 + e_3)]^2} / 6d \qquad (13.7)$$

D 的计算公式为

$$D = \arctan\{[(e_6 + e_7 + e_8) - (e_1 + e_2 + e_3)] / [(e_1 + e_4 + e_6) - (e_3 + e_5 + e_8)]\} \qquad (13.8)$$

13.3.2　用 TIN 计算坡度和坡向的算法

假设三角形的 3 个节点分别为 $A(x_1, y_1, z_1)$、$B(x_2, y_2, z_2)$ 和 $C(x_3, y_3, z_3)$（图 13.18），标准矢量分别是矢量 AB[$(x_2 - x_1)$，$(y_2 - y_1)$，$(z_2 - z_1)$]和 AC[$(x_3 - x_1)$，$(y_3 - y_1)$，$(z_3 - z_1)$]的向量积。该标准向量的 3 个分量是

$$n_x = (y_2 - y_1)(z_3 - z_1) - (y_3 - y_1)(z_2 - z_1)$$

$$n_y=(z_2-z_1)(x_3-x_1)-(z_3-z_1)(x_2-x_1) \quad (13.9)$$

$$n_z=(x_2-x_1)(y_3-y_1)-(x_3-x_1)(y_2-y_1)$$

三角形的 S、D 值由方程（13.1）和方程（13.2）计算，然后可将 D 值换算成以度表示的坡向（正北为 0°），注释栏 13.6 显示了使用 TIN 的实例。

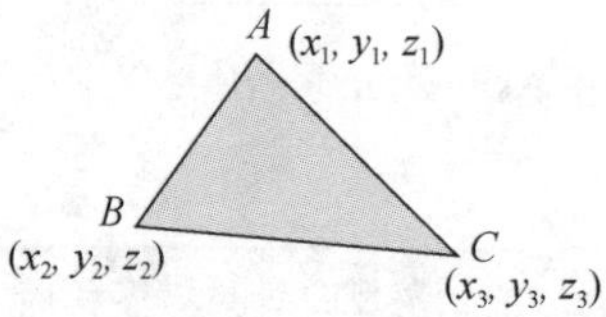

图 13.18　用三角形 3 个节点上的 x、y 和 z 值，计算 TIN 中三角形的坡度和坡向的算法

注释栏 13.6　用 TIN 计算坡度和坡向的实例

假设 TIN 中的某三角形的 3 个节点分别为 x、y 和 z，单位均为米。

节点 1：$x_1=532260$，$y_1=5216909$，$z_1=952$

节点 2：$x_2=531754$，$y_2=5216390$，$z_2=869$

节点 3：$x_3=532260$，$y_3=5216309$，$z_3=938$

计算三角形坡度和坡向的步骤如下：

$n_x=(5216390-5216909)(938-952)-(5216309-5216909)(869-952)=-42534$

$n_y=(869-952)(532260-532260)-(938-952)(531754-532260)=-7084$

$n_z=(531754-532260)(5216309-5216909)-(532260-532260)(5216390-5216909)=303600$

$S_p=100\times[\sqrt{(-42534)^2\ +\ (-7084)^2}/303600]=14.20$

$D=\arctan(-7084/-42534)=0.165$

$T=0.165\times57.296=9.454$

因为 $S<>0$，并且 $n_x<0$，所以，坡向$=270-T=260.546$。

13.3.3　影响坡度和坡向量算的因子

坡度和坡向测算的准确度直接影响到以坡度和坡向作为输入数据的模型的准确度。因此，影响坡度和坡向量测的因子的研究便显得十分重要。

第一个影响因子是用于生成坡度和坡向的 DEM 数据的空间分辨率，或许也是最重要的影响因子。由一个高分辨率 DEM 生成的坡度和坡向图层，应当比低分辨率 DEM 所生成的包含更多细节。已有研究表明，随着 DEM 模型分辨率的减小，坡度和坡向测算的准确度降低（Chang and Tsai，1991；Gao，1998；Deng，Wilson and Bauer，2007）。

图 13.19 显示华盛顿西部塔科马市北部一小区域的地貌晕渲地图，3 种不同的地貌晕渲地图分别由 3 种不同的 DEM 生成。其中，30m 和 10m 的 DEM 源于美国地质调查局的 DEM 数据。1.83m 的 DEM 源于 LIDAR 数据生成的裸地 DEM 数据。从图中不难看出，随着 DEM 分辨率的提高，显示的地形细节增加。图 13.20 的坡度图也由这 3 种 DEM 生成，符号颜色越深表示坡度越陡。其中，30m、10m 和 1.83m DEM 生成的坡度

范围分别为 $0^{\circ} \sim 77.82^{\circ}$、$0^{\circ} \sim 83.44^{\circ}$ 和 $0^{\circ} \sim 88.45^{\circ}$。可见，随着 DEM 分辨率增加，坡度图的细节增加。

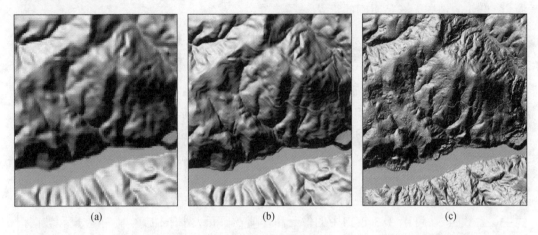

图 13.19　3 种不同分辨率的 DEM：美国地质调查局的 30m（a）和 10m 的 DEM（b），由 LIDAR 数据生成 1.83m 的 DEM（c）

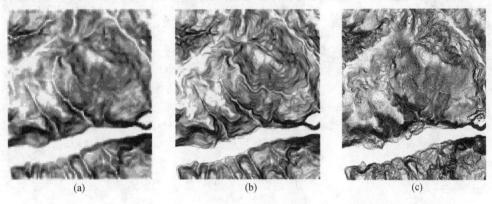

图 13.20　由图 13.19 3 种不同分辨率 DEM 生成的坡度图。坡度越陡显示的符号越暗

　　DEM 数据中的错误也会影响坡度和坡向的量测。与其他地理空间数据一样，DEM可能有错。例如，据报道，美国地质调查局 30m 的 DEM（参见第 5 章）可能有系统的和随机的误差。系统误差的固定模式是在 DEM 生成过程中引入的，而随机误差的性质和位置不能精确地确定（Wechsler and Kroll，2006）。

　　坡度和坡向的量测随算法不同而异。然而，哪种算法更好或更准确，目前尚无定论。先前的研究报告认为，Horn、Sharpnack 和 Akin 的算法是中等地形中最适合估算坡度和坡向的算法（Skidmore，1989），Ritter 的算法比其他算法要好（HodgHson，1998；Jones，1998），Ritter 和 Horn 的算法在坡度和坡向量测上没有显著的统计差异。

　　最后，局部地形也会影响坡度和坡向的测算。在陡坡地区，坡度估算的误差较大；地形起伏小的平坦地区，坡向估算的误差较大（Chang and Tsai，1991；Zhou、Liu and Sun，2006）。数据精确度问题（如把高程取整数）可能是地形起伏小的地区的坡向和坡度误差原因（Carter，1992；Florinsky，1998）。而陡坡的坡度误差，部分原因可能是由于森林地域难于建立立体相关（Bolstad and Stowe，1994）。

根据 Pike、Evans 和 Heng（2008）的报道，由于影响坡度和坡向测量的这些因素，源自 DEM 的地图无一是明确的。

13.4　表　面　曲　率

当将 GIS 应用于水文学研究时，经常需要计算表面曲率，来确定某一个像元位置表面是向上凸还是向下凹（Gallant and Wilson，2000）。与坡度和坡向类似，可以用不同的算法来计算表面曲率（Schmidt、Evans and Brinkmann，2003）。一种常用算法是用二阶多项式方程拟合一个 3×3 的窗口（Zevenbergen and Thorne，1987；Moore et al.，1991）：

$$z = Ax^2y^2 + Bx^2y + Cxy^2 + Dx^2 + Ey^2 + Fxy + Gx + Hy + I \qquad (13.10)$$

式中，系数 A～I 可由 3×3 窗口中的像元高程值及像元大小来估算。除了坡度和坡向，根据这些参数，可以计算剖面曲率、平面曲率、曲率的量度（注释栏 13.7）。

注释栏 13.7　　　　　　　　　　　　**计算表面曲率的实例**

1017	1010	1017
1012	1006	1019
1015	1012	1020

上表表示高程栅格中的一个 3×3 窗口，像元大小为 30m。本例说明如何计算中央像元的剖面曲率、平面曲率和表面曲率。第一步是要估算符合 3×3 窗口的二次多项式方程的系数 D～H。

$$D = [(e_4 + e_5)/2 - e_0]/L^2$$
$$E = [(e_2 + e_7)/2 - e_0]/L^2$$
$$F = (-e_1 + e_3 + e_6 - e_8)/4L^2$$
$$G = (-e_4 + e_5)/2L$$
$$H = (e_2 - e_7)/2L$$

式中，e_0～e_8 是 3×3 窗口中的高程值（见下表），L 是像元大小。

e_1	e_2	e_3
e_4	e_0	e_5
e_6	e_7	e_8

$$剖面曲率 = -2[(DG^2 + EH^2 + FGH)/(G^2 + H^2)] = -0.0211$$
$$平面曲率 = 2[(DH^2 + EG^2 - FGH)/(G^2 + H^2)] = 0.0111$$
$$表面曲率 = -2(D + E) = -0.0322$$

以上 3 个曲率都是基于 1/100（z-单位）。曲率为负值，表明中央像元面呈朝上的凹型，是被较高海拔的相邻像元所环绕的浅洼地。顺便提一下，中央像元的坡度和坡向也可以利用 G 和 H 参数，像 Fleming 和 Hoffer（1979）和 Ritter（1987）在 13.3.1 节中使用相同的方法推导出来。

$$Slope = \sqrt{G^2 + H^2}$$
$$Aspect = \arctan(-H/-G)$$

剖面曲率是沿着最大坡度方向进行估算。平面曲率是沿着垂直于最大坡度方向进行估算。而曲率是以上两者的差值，即剖面曲率－平面曲率。一个像元的曲率值为正值，表明该像元面向上凸出；像元曲率值为负值，则是下凹；像元曲率值为 0，表明该表面是平的。

空间分辨率和 DEM 质量等因素影响坡度和坡向的因素，也会影响曲率的测量。

13.5　栅格与 TIN 对比

栅格或 TIN 常用于地形制图与分析。GIS 允许使用高程栅格或 TIN，并可将两种数据模型相互转换。于是，存在选用哪个数据模型的问题。对于这个问题，无法简单回答。本质上讲，两种数据模型的区别表现在数据灵活性和计算效率两个方面。

使用 TIN 的主要好处在于输入数据来源的灵活性。可用 DEM、等高线、GPS 数据、LiDAR 数据和测量数据来构建 TIN。还可把高程点的精确位置添加到 TIN 上，或者添加断线（如河流、道路、山脊线和岸线）以定义地表的不连续处。相比之下，当河流宽度小于 DEM 分辨率时，DEM 和 Grid 就不能描述山地河流及其相伴的地形特征。

一个高程栅格的像元大小是固定的，因此无法对高程栅格添加新采样点来提高其地表准确度。假定栅格的生成方法相同，改善栅格质量的唯一方法只能是提高分辨率，如从 30m 提高到 10m。实际上，研究者（尤其是在小流域工作的研究者）提倡使用 10m 甚至更高分辨率的 DEM（Zhang and Montgomery, 1994）。但因为提高 DEM 的分辨率需要重新编辑高程数据，其操作费用将增加。

除了数据灵活性外，TIN 还是用于地形制图和三维显示的最佳数据模型。与高程栅格相比，TIN 的三角面能更好地表达地表形态，创建更清晰的图像。多数 GIS 用户似乎更喜欢基于 TIN 的地图而不是基于高程栅格的（Kumler, 1994）。

采用栅格进行地形分析的主要优点是计算效率高。其简单的数据结构使得比较容易在一个高程栅格上完成邻域操作。因此，用高程栅格计算坡度、坡向、表面曲率、相对辐射和其他地形变量更快捷。相比之下，随着三角形数目的增加，用 TIN 的计算量显著增加。对于一些地形分析操作，GIS 软件包实际上是先将 TIN 转换成高程栅格，再进行数据分析。

最后，从垂直准确度来看哪种数据模型更为准确？据 Wang 和 Lo（1999），TIN 比同样样本点的 DEM（栅格）更为准确，因为 TIN 是使用数据点形成三角形，然而，随着样本量增加准确度的差异减小。

重要概念和术语

三维披盖（3-D drape）：在三维透视图上添加诸如植被和道路等专题图层的方法。

坡向（Aspect）：坡面朝向的度量。

基准等高线（Base contour）：等高线绘制的起算线。

断线（Breaklines）：表示陆地表面诸如河流、岸线、山脊和道路等变化的线要素。

等高距（Contour interval）：等高线之间的垂直距离。

等高线（Contour lines）：相同高程点的连线。

德劳奈三角测量法（Delaunay triangulation）：一种把点连成三角形的算法，它遵循所有点都与最近邻接点连接，且三角形尽量密集排列的原则。

晕渲法（Hill shading）：模拟陆地表面在阳光与地形要素相互作用下视觉效果的一种绘图方法，又称为阴影地形法。

分层设色（Hypsometric tinting）：用颜色符号表示不同高度分区的一种地图制图方法。

最大 z 容差法（Maximum z-tolorance）：一种构建 TIN（不规则三角网）的算法。对于每个选定的高程点，该算法确保估算点的原始高程值与由 TIN 估算的高程值之差小于指定的容差。

透视图（Perspective view）：产生陆地表面三维视图的一种绘图法。

坡度（Slope）：在一个地表位置上的高程变化率，用度或百分比表示。

垂直剖面（Vertical profile）：表示沿诸如远足小道、道路或河流等线条上的高度变化的统计图。

观察角（Viewing angle）：观察者所在高度与地平线的夹角，是构建透视图的参数之一。

观察方位角（Viewing azimuth）：观察者对地面的方向，是构建透视图的参数之一。

观察距离（Viewing distance）：观察者与地面的距离，是构建透视图的参数之一。

z-比例系数（z-scale）：透视图上的垂直比例尺与水平比例尺的比率，又称为垂直缩放因子。

复习题

1. 说出两种用于地形制图和分析的常用数据类型。

2. 进入 USGS 的 National Map 网站（https://viewer.nationalmap.gov/basic/），阅读可下载的不同类型高程产品的信息。

3. 列出可用于生成原始 TIN 的数据类型。

4. 列出用于修订 TIN 的数据类型。

5. 最大 z 容差法是 ArcGIS 软件中用于将 DEM 转换成 TIN 的算法。解释该算法如何工作。

6. 假设您要用 DEM 制作等高线地图。DEM 中高程读数为 856～1324m。如果您用 900 作为基准等高线，100 作为等高距，那么地图上的等高线是何种状况？

7. 试述影响地貌晕渲视觉效果的因子。

8. 解释如何用观察方位角、观察角、观察距离和 z-比例系数来改变三维透视图。

9. 试用语言（不用方程）叙述如何用中心像元邻接的 4 个像元的高程计算中心像元的坡度。

10. 试用语言（不用方程）叙述 ArcGIS 如何用 8 个邻接像元的高程来计算中心像

元的坡度。

11. 哪些因子影响由 DEM 测算坡度和坡向的准确度?

12. 假如您需要将一个以度为坡度单位的栅格转换成以百分比为单位,在 ArcGIS 下如何实现?

13. 假设您有一个多边形图层含有以度为坡度单位的字段,在 ArcGIS 中哪种数据处理可将其转换成以百分比表示坡度的多边形图层?

14. 用高程栅格进行地形制图和分析有什么优点?

15. 用 TIN 进行地形制图与分析有什么优点?

应用: 地形制图和分析

应用部分有 4 个地形制图与分析的习作:习作 1 要求以 DEM 为数据源,生成一个等高线图层、一个垂直剖面、一个晕渲图层和一个三维透视图。习作 2 要求以 DEM 为数据源,提取一个坡度图层、坡向图层和一个地表曲率图层。习作 3 要求创建一个 TIN 模型并修改。习作 4 练习如何把 LiDAR 数据转化成 DEM。

本节习作需要应用 Spatial Analyst 和 3D Analyst 扩展模块。3D Analyst 通过 ArcGlobe 和 ArcScene 提供三维可视化环境。ArcGlobe 在功能上和 ArcScene 相近,只是前者可用于庞大且多变的数据集,如高分辨率的卫星影像、高分辨率的 DEM 和矢量数据。另外,ArcScene 设计用于小型本地项目。在习作 1 中,将会用到 ArcScene。

习作 1　用 DEM 进行地形制图

所需数据: *plne*,一个高程栅格; *streams.shp*,一个河流 shapefile; Google Earth(谷歌地球)。

高程栅格 *plne* 是从美国地质调查局的 7.5 分 DEM 导入的,高程范围为 743~1986m。shapefile 文件 *stream.sh* 显示研究区的主要河流。

1.1　创建等高线图层

1. 启动 ArcMap,打开 ArcMap 中的 Catalog,连接到第 13 章数据库。将 *plne* 加载到 Layers,重命名为 Tasks1&2。右击 *plne* 并选择 Properties,在 Symbology 选项卡上,右击 Color Ramp,取消勾选 Graphic View。从下拉菜单中选择 Elevation #1 来显示 *plne*。点击 Customize 菜单,指向 Extensions,确定 Spatial Analyst 和 3D Analyst 扩展模块已勾选。

2. 打开 ArcToolbox,右击 ArcToolbox,选择 Environments,设置第 13 章数据库为当前和暂存工作区。双击 Spatial Analyst Tools/Surface 工具集中的 Contour 工具。在 Contour 对话框中,选择 *plne* 为输入栅格,保存 *ctour.shp* 为输出折线要素。输入 100m 为等高线间距,输入 800m 为等高线基线,点击 OK。

3. 此时,*ctour* 出现在地图中。右击 *ctour*,在出现的快捷菜单中选择 Properties。再在 Labels 栏中，选中 label features in this layer 复选框，选择 CONTOUR 作为标识字段，点击 OK。至此，等高线被标注（如果要清除注记，右击 *ctour*，清除 Label Features 选项）。

4. 先将 *ctour* 转换为 KML 文件，便可以在 Google Earth 上查看。在 Conversion Tools/To KML 工具集上双击 the Layer to KML 工具，输入 *ctour*，并将输出文件在第 13 章数据库中保存为 *ctour.kmz*，单击 OK 运行转换。打开谷歌地球，从文件菜单中选择 Open，并打开 *ctour*。在 *ctour* 绘出后，可以点击一条等高线查看它的海拔值。你也可以使用谷歌地球的三维视图来理解等高线和地形之间的关系。

1.2 创建垂直剖面图

1. 将 *streams.shp* 加入到 Tasks1&2 中，选取一条河流进行垂直剖面的练习。打开 *streams* 属性表；在表格中点击 Select by Attributes 按钮，并在表达式栏中输入下列 SQL 语句："USGH_ID"= 167。点击 Apply。关闭 *streams* 属性表。将选中的河流放大显示。

2. 点击 Customize 菜单，指向 Toolbars，勾选 3D Analyst 工具条。*plne* 应在工具条上显示为一个地图图层。在 3D Analyst 工具条中点击 Interpolate Line 工具。用鼠标指针沿选中的河流逐点数字化，至最后一点时，双击鼠标，结束数字化。在数字化的河流周围出现带柄的矩形。

3. 在 3D Analyst 工具条中点击 Profile Graph 工具，出现垂直剖面图，其标题和副标题为默认设置。右击图表的标题条，选择 Properties。在出现的 Graph Properties 对话框输入新的标题和副标题，并选择其他进一步设计选项。

问题 1 沿垂直剖面的高程值如何变化？该变化值域与习作 1.1 中的 *ctour* 的读数是否一致？

4. 数字化的河流变成了地图中的图形要素。可用 Select Elements 工具选中后将其删除。要取消选中，则从 Selection 菜单中选择 Clear Selected Features。

1.3 创建地貌晕渲图层

1. 在 Spatial Analyst Tools / Surface 工具集中双击 Hillshade 工具。在 Hillshade 对话框中，选择 *plne* 为输入数据，保存 *hillshade* 为输出栅格。采用默认方位角值 315，高度角 45。点击 OK 运行该操作。

2. 尝试设置不同的方位角和高度角，观察这两个参数如何影响晕渲图。

问题 2 高度角越低，晕渲图看起来越黑还是越亮？

1.4 创建透视图

1. 点击 3D Analyst 工具条里的 ArcScene 工具以打开 ArcScen 应用。将 *plne* 和 *stream.shp* 加载到视图中。此时，*plne* 按默认设置以平面图方式显示，没有三维效果。右击 *plne* 出现的快捷菜单中选择 Properties，在 Base Heights 栏中，点击选择按钮 floating on a custom surface，选择 *plne* 为地表数据，点击 OK，退出对话框。

2. 此时，*plne* 以三维透视图显示。下一步是将 *streams* 叠加到该地表上：右击 *streams*，在出现的菜单中选择 Properties，再在 Base Heights 栏中，点击 floating on a custom surface 选择按钮。选择 *plne* 作为地表，点击 OK。

3. 设置 *plne* 和 *streams* 的属性，改变三维视图的外观。例如，可以改变显示 *plne* 的颜色方案：右击 *plne*，在出现的菜单中选择 Properties，再在 Symbology 栏中右击 Color Ramp 栏，清除 Graphic View 选项。点击 Color Ramp 下拉箭头，选择 Elevation #1，点击 OK。此时，Elevation #1 以常用颜色方案显示 *plne* 的三维视图。点击目录表中 *streams* 的符号，从 Symbol Selector 中选择 River 符号，点击 OK。

4. 可以调整 *plne* 的颜色符号，使颜色更柔和，从而突出 *streams*：右击 *plne*，在出现的快捷菜单中选择 Properties，再在 Display 栏中，设置透明度为 40（%），点击 OK。

5. 点击 View 菜单，选择 Scene Properties。Scene Properties 中提供用户 General、Coordinate System、Extent 和 Illumination 共 4 个栏标。其中，在 General 栏中，可以进行 z-垂直缩放因子（默认值为无）和背景颜色进行设置，并有模拟旋转的复选框。Illumination 栏中，可对方位角和高度角进行设置。

6. ArcScene 中的标准工具可进行浏览、放大或缩小、以目标为中心定位、对目标放大和其他三维操作。例如，Navigate 工具可让您对三维表面进行旋转。

7. 除了上述的标准工具外，ArcScene 还有其他的用于透视图的工具条：点击 Customize 菜单，指向 Toolbars，选中 3D Effects 复选框。在 3D Effects 工具条中可进行透明度、光强和阴影的调整。Animation 工具条中有进行模拟的工具。例如，您可以将模拟结果保存成 .avi 格式文件并用于 PowerPoint 的演示。关闭 ArcScene。

习作 2　由 DEM 导出坡度、坡向和曲率

所需数据：*plne*，与习作 1 相同的高程栅格。
习作 2 涉及坡度、坡向和表面曲率。

2.1　导出一个坡度图层

1. 双击 Spatial Analyst Tools/Surface 工具集中的 Slope 工具，选择 *plne* 为输入栅格。设 *plne_slope* 为输出栅格，选 PERCENT_RISE（上升百分比）为输出量纲，点击 OK 执行该命令。

问题 3　在 *plne_slope* 中的百分比坡度的值域是多少？

2. *plne_slope* 是连续型栅格，可对 *plne_slope* 中的坡度进行分级：双击 Spatial Analyst Tools/Reclass 工具集中的 Reclassify 工具。在出现的 Reclassify 对话框中，选择 *plne_slope* 作为输入栅格，点击 Classify，在接下来出现的对话框中，将类型数

目改成 5，输入 10、20、30 和 40 作为前 4 个坡度级的断点值，将输出栅格存为 *rec_slope*，点击 OK。在 *rec_slope* 中，像元值为 1 的代表坡度 0%～10%，像元值为 2 的代表坡度 10%～20%，以此类推。

2.2 导出一个坡向图层

1. 双击 Spatial Analyst Tools/Surface 工具集中的 Aspect 工具，选择 *plne* 作为输入栅格，*plne_aspect* 作为输出栅格，点击 OK。

2. *plne_aspect* 显示为有 8 个主方向和 1 个平面的坡向图层，但是，实际上 *plne_aspect* 是一个连续型（浮点）栅格，您可通过检查图层的属性来验证。要创建一个具有 8 个主方向的坡向栅格，还必须对 *plne_aspect* 做重新分类。

3. 双击 Spatial Analyst Tools/Reclass 工具集中的 Reclassify 工具，选择 *plne_aspect* 作为输入栅格，点击 Classify。在随后出现的 Classification 对话框中，确定类型数目是 10。然后点击 Break Values 下的第一个单元中，输入–1；再在接下来的 9 个单元中分别输入 22.5、67.5、112.5、157.5、202.5、247.5、292.5、337.5 和 360，点击 OK，退出 Classification 对话框。

4. 现在，Reclassify 对话框中的 "old values" 一栏的值已被刚才输入的断点值所替代，但是，还必须改变 "new values" 一栏的值：点击 new values 下的第一个单元，输入–1。在接下来的 9 个单元中点击并分别输入 1、2、3、4、5、6、7、8 和 1。最后一个单元的值取 1，因为单元（337.5°～360°）和第二个单元（–1°～22.5°）共同构成北向。将输出栅格保存为 *rec_aspect*，点击 OK。该输出栅格是一个整型数值型栅格，包括 8 个主方向和 1 个平面（–1）。

问题 4　*aspect_rec* 中像元计数最大的单元值为–1，为什么？

2.3 导出一个表面曲率图层

1. 双击 Spatial Analyst Tools/Surface 工具集中的 Curvature 工具，选择 *plne* 作为输入栅格，设定 *plne_curv* 作为输出栅格，点击 OK。

2. *plne_curv* 中，像元值为正时，表明该像元处的表面向上凸出；相反，像元值为负，则向下凹陷。ArcGIS for Desktop Help 进一步建议，丘陵地区曲率的输出值应该在–0.5～0.5，崎岖山区为–4～4。*plne* 是北爱达荷 Priest 湖地区的高程数据集，该地区地形陡峻，因此，*plne_curv* 的像元值范围为–6.89～6.33。

3. 右击 *plne_curv*，选择 Properties。在 Symbology 栏中，将 show 的类型改成 Classified，点击 Classify。在随后出现的 Classification 对话框中，选择类型数为 6；然后输入断点值：–4、–0.5、0、0.5、4 和 6.34。返回到 Properties 对话框，选择一种混合颜色系列（如红-黄-绿），点击 OK。

4. 现在，可运用颜色符号将 *plne_curv* 中的凸出和凹陷像元分辨出。西侧的 Priest 湖的符号显示像元值为–0.5～0，其实际像元值为 0（平地）。如果需要，将 *streams.shp* 加载到 Tasks 1&2，观察沿河道的像元，可以看出许多像元符号都表明所处地形为下凹区。

习作 3　建立和显示不规则三角网（TIN）

所需数据：*emidalat*，一个高程栅格；*emidastrm.shp*，一个河流 shapefile。

习作 3 教您如何由高程栅格构建 TIN，并用 *emidastrm.shp* 作为断线对 TIN 进行修改。同时，教您如何显示 TIN 中的不同要素。地形是 ArcGIS 中地形制图和分析的一个数据格式。地形存储在 geodatabase 的要素数据集中，同时还有其他要素类，如断线、湖和研究区边界。基于 TIN 的表面便可通过要素数据集和内容而即时创建。习作 3 没有用到地形，因为只涉及两个数据集。

1. 在 ArcMap 中，从 Insert 菜单选择 Data Frame，将其重命名为 Task3，将 *emidalat* 和 *emidastrm.shp* 加到 Task 3 中。

2. 在 3D Analyst Tools/Conversion/From Raster 工具集中，双击 Raster to TIN 工具，选择 *emidalat* 作为输入栅格，设定 *emidatin* 为输出的 TIN，改变 Z Tolerance 为 10。点击 OK，运行命令。

问题 5　默认的 Z 容差是 48.2，改变其值为 10，观察到有什么变化？

3. *emidatin* 是由 *emidalat* 生成的初始 TIN。这一步要用含有河流的 *emidastrm* 修正 *emidatin*：在 3D Analyst Tools/Data Management/TIN 工具集中，双击 Edit TIN 工具，选择 *emidatin* 作为输入的 TIN，选择 *emidastrm* 作为输入的要素类。默认的 SF_type(表面要素类型)是 hardline。把处理过的 *emidatin* 改名为 *emidatin_mod*，点击 OK。

4. 显示 *emidatin_mod* 的方法有几种：右击 *emidatin_mod*，在出现的快捷菜单中选择 Properties。点击 Symbology 栏标，点击 Show 栏下部的 Add 按钮，出现 Add Renderer 滚动列表，其中有组成 *emidatin_mod* 的边、面或节点的选项。在列表中点击"Faces with the same symbol"，点击 Add，再点击 Dismiss，返回到 Show 栏。除了 Faces 和 Elevation 外，清除 Show 中所有复选框。确认 Add 下部的"show hillshade illumination effect in 2D display"复选框被勾选，点击 Layer Properties 对话框中的 OK。使用 its faces in the same symbol 这一设置，如同地貌晕渲图一样，*emidatin_mod* 可用作显示河流、植被等地图要素的背景。

问题 6　*emidatin* 中有多少个节点和多边形？

5. 你可以按照与习作 1.4 同样的步骤来查看 ArcScene 的 *emidatin*，因为 *emidatin* 已经是一个面了，无须再定义定制的面。

习作 4　将激光雷达数据（LiDAR）转换为栅格

所需数据：*crwater.las*，从 OpenTopography（http://www.opentopography.org/）下载的 LAS 文件。*crwater.las* 包含爱达荷州 Clearwater 国家森林公园的激光雷达点云数据。OpenTopography 的原始文件涵盖 89.39km^2 调查面积，分为两部分，点密度为 4.48 点/m^2。本习作从中提取了 0.89km^2 范围。

习作 4 要展示如何将 LAS 文件转换为栅格。这个过程包括两个步骤：将 LAS 文件转换为 LAS 数据集，再从 LAS 数据集生成栅格。激光雷达数据处理是一个复杂的主题，因为数据可以被用于不同用途（参见第 4 章），本习作仅涉及将 LAS 文件转换为 DEM

所需的基本步骤。

1. 这一步先将 *crwater.las* 转换为 Catloge 中的 LAS 数据集。右击 Cataloge 目录树中的第 13 章数据库，在 New 之下，选择 LAS Dataset，重命名新的数据集为 *crwater.lasd*。双击 *crwater.lasd* 打开 LAS Dataset Properties 对话框。需要先在对话框中使用两个选项卡，在 LAS File 选项卡，点击 Add file 按钮，并使用浏览器添加 *crwater.las*；在 Statistics 选项卡，点击 Calculate 来计算各种统计数据。本习作需要注意的是，在分类编码 Classification Codes 下，有 536440 个地点和 4383662 个未分配的点。现在可以查看其他选项卡，Surface Constraints 选项卡是空的，因为你没有使用断线或剪辑多边形。XY 坐标系统选项卡和 Z 坐标系统选项卡分别显示该数据基于 NAD_1983_UTM_Zone_11 N 和 NAVD 1988（分别参见第 2 章）。单击 OK 关闭对话框。

问题 7　*crwater* 的最小和最大海拔是多少？

2. 在 ArcMap 中插入一个新的数据帧，并将其重命名为 Task 4，将 *crwater.lasd* 添加到 Task4。

3. 可使用 LAS Dataset 工具栏来查看 *crwater.lasd*。点击 ArcMap 中的 Customize，在工具栏中对 LAS Dataset 打勾。*crwater.lasd* 出现在工具栏上的活动数据集。点击 Filter（过滤器）下拉箭头，并对 Ground 打勾，这样就只看到从地面返回的脉冲。地面符号按钮（在过滤器左侧）可选择海拔、坡向、坡度和等高线。该工具栏还提供了剖面视图（Profile View）和三维视图（3D View）工具。

4. 现在将用指定的地面过滤器将 *crwater.lasd* 转换为栅格。双击 Conversion Tools/To Raster 工具集中的 LAS Dataset to Raster。输入 *crwater.lasd* 作为输入的 LAS 数据集，将输出保存为第 13 章数据库中的 *crwaterdem*，确认 Sampling Type 为 CELLSIZE，并指定样本值为 1。样本值是输出 DEM 的单元大小。点击 OK 运行这个工具。

5. 1m 分辨率的 DEM 文件 *crwaterdem* 现已被添加到 Task4 中。把其图例符号改为 Elevation #1，这样便能更好地看到地形了。

问题 8　*crwaterdem* 的最小和最大海拔是多少？如何解释 *crwater* 和 *crwaterdem* 之间的海拔差异？

挑战性任务

所需数据：*lidar*，*usgs10*，*usgs30*。

本任务要求您处理不同分辨率的 DEM：1.83m 的 *lidar*，10m 的 *usgs10* 及 30m 的 *usgs30*。

1. 在 ArcMap 中插入一个新的数据帧，重命名为 Challenge，加载 *lidar*，*usgs10* 和 *usgs30*。

问题 1　每个 DEM 各有多少行和多少列？

2. 用每个 DEM 分别创建晕渲图层，比较图层的地形细节。

3. 用每个 DEM 分别创建单位为度的坡度图层，并进行重新分级，分为 9 级：0°~10°、10°~20°、20°~30°、30°~40° 、40°~50°、50°~60°、60°~70°、70°~80°、80°~90°。

问题 2　列出每个 DEM 中的每个坡度等级所占的面积比例。

问题 3　总结 DEM 分辨率对坡度图层的影响。

参考文献

Blong, R. J. 1972. Methods of Slope Profile Measurement in the Field. *Australian Geographical Studies* 10: 182-92.

Bolstad, P. V., and T. Stowe. 1994. An Evaluation of DEM Accuracy: Elevation, Slope, and Aspect. *Photogrammetric Engineering and Remote Sensing* 60: 1327-32.

Campbell, J. 1984. *Introductory Cartography*. Englewood Cliffs, NJ: Prentice Hall.

Carter, J. R. 1989. Relative Errors Identified in USGS Grided DEMs. *Proceedings, AUTO–CARTO* 9, pp. 255-65.

Carter, J. R. 1992. The Effect of Data Precision on the Calculation of Slope and Aspect Using Grided DEMs. *Cartographica* 29: 22-34.

Chang, K., and Z. Li. 2000. Modeling Snow Accumulation with a Geographic Information System. *International Journal of Geographical Information Science* 13: 693-707.

Chang, K., and B. Tsai. 1991. The Effect of DEM Resolution on Slope and Aspect Mapping. *Cartography and Geographic Information Systems* 18: 69-77.

Clarke, K. C. 1995. *Analytical and Computer Cartography*, 2d ed. Englewood Cliffs, NJ: Prentice Hall.

Deng, Y., J. P. Wilson, and B. O. Bauer. 2007. DEM Resolution Dependencies of Terrain Attributes across a Landscape. *International Journal of Geographical Information Science* 21: 187-213.

Eyton, J. R. 1991. Rate-of-Change Maps. *Cartography and Geographic Information Systems* 18: 87-103.

Fleming, M. D., and R. M. Hoffer. 1979. *Machine Processing of Landsat MSS Data and DMA Topographic Data for Forest Cover Type Mapping*. LARS Technical Report 062879. Laboratory for Applications of Remote Sensing, Purdue University, West Lafayette, IN.

Flood, M. 2001. Laser Altimetry: From Science to Commercial LIDAR Mapping. *Photogrammetric Engineering and Remote Sensing* 67: 1209-17.

Florinsky, I. V. 1998. Accuracy of Local Topographic Variables Derived from Digital Elevation Models. *International Journal of Geographical Information Systems* 12: 47-61.

Franklin, S. E. 1987. Geomorphometric Processing of Digital Elevation Models. *Computers & Geosciences* 13: 603-9.

Gallant J. C., and J. P. Wilson. 2000. Primary Topographic Attributes. In J. P. Wilson and J. C. Gallant, eds., *Terrain Analysis: Principles and Applications,* pp. 51–85. New York: Wiley.

Gertner, G., G. Wang, S. Fang, and A. B. Anderson. 2002. Effect and Uncertainty of Digital Elevation Model Spatial Resolutions on Predicting the Topographical Factor for Soil Loss Estimation. *Journal of Soil and Water Conservation* 57: 164-74.

Gesch, D. B. 2009. Analysis of Lidar Elevation Data for Improved Identification and Delineation of Lands Vulnerable to Sea-Level Rise. *Journal of Coastal Research*, Nov2009 Supplement, Issue S6, pp. 49-58.

Gesch, D. B. 2007. The National Elevation Dataset. In D. Maune, ed., *Digital Elevation Model Technologies and Applications*: *The DEM Users Manual*, 2nd ed., pp. 99-118. Bethesda, Maryland: American Society for Photogrammetry and Remote Sensing.

Giles, P. T., and S. E. Franklin. 1996. Comparison of Derivative Topographic Surfaces of a DEM Generated from Stereoscopic Spot Images with Field Measurements. *Photogrammetric Engineering & Remote Sensing* 62: 1165-1171.

Guttentag, D. A. 2010. Virtual Reality: Applications and Implications for Tourism. *Tourism Management* 31:

637-51.

Häberling, C., H. Bär, and L. Hurni. 2008. Proposed Cartographic Design Principles for 3D Maps: A Contribution to an Extended Cartographic Theory. *Cartographica* 43: 175-88.

Hill, J. M, L. A. Graham, and R. J. Henry. 2000. Wide-Area Topographic Mapping and Applications Using Airborne Light Detection and Ranging(LIDAR)Technology. *Photogrammetric Engineering and Remote Sensing* 66: 908-13.

Hodgson, M. E. 1998. Comparison of Angles from Surface Slope/Aspect Algorithms. *Cartography and Geographic Information Systems* 25: 173-85.

Horn, B. K. P. 1981. Hill Shading and the Reflectance Map. *Proceedings of the IEEE* 69(1): 14-47.

Jones, K. H. 1998. A Comparison of Algorithms Used to Compute Hill Slope as a Property of the DEM. *Computers & Geosciences* 24: 315-23.

Jones, T. A., D. E. Hamilton, and C. R. Johnson. 1986. *Contouring Geologic Surfaces with the Computer*. New York: Van Nostrand Reinhold.

Kienzle, S. 2004. The Effect of DEM Raster Resolution on First Order, Second Order and Compound Terrain Derivatives. *Transactions in GIS* 8: 83-111.

Kumler, M. P. 1994. An Intensive Comparison of Triangulated Irregular Networks(TINs)and Digital Elevation Models(DEMs). *Cartographica* 31(2): 1-99.

Lee, J. 1991. Comparison of Existing Methods for Building Triangular Irregular Network Models of Terrain from Raster Digital Elevation Models. *International Journal of Geographical Information Systems* 5: 267-85.

Lefsky, M. A., W. B. Cohen, G. G. Parker, and D. J. Harding. 2002. Lidar Remote Sensing for Ecosystem Studies. *BioScience* 52: 19-30.

Lim, K., P. Treitz, M. Wulder, B. St-Onge, and M. Flood. 2003. Lidar Remote Sensing of Forest Structure. *Progress in Physical Geography* 27: 88-106.

Moore, I. D., R. B. Grayson, and A. R. Ladson. 1991. Digital Terrain Modelling: A Review of Hydrological, Geomorphological, and Biological Applications. *Hydrological Process* 5: 3-30.

Murphy, P. N. C., J. Ogilvie, F. Meng, and P. Arp. 2008. Stream Network Modelling using Lidar and Photogrammetric Digital Elevation Models: A Comparison and Field Verification. *Hydrological Processes* 22: 1747-1754.

Pettit, C. J., C. M. Raymond, B. A. Bryan, and H. Lewis. 2011. Identifying Strengths and Weaknesses of Landscape Visualization for Effective Communication of Future Alternatives. *Landscape and Urban Planning* 100: 231-41.

Pike, R. J., I. S. Evans, and T. Hengl. 2008. Geomorphometry: a Brief Guide. In: T. Hengl and H. I. Reuter, eds., Geomorphometry: Concepts, Software, Applications. *Developments in Soil Science*, vol. 33, pp. 1-28. Amsterdam: Elsevier.

Ritter, P. 1987. AVector-Based Slope and Aspect Generation Algorithm. *Photogrammetric Engineering and Remote Sensing* 53: 1109-11.

Schmidt, J., I. Evans, and J. Brinkmann. 2003. Comparison of Polynomial Models for Land Surface Curvature Calculation. *International Journal of Geographical Information Science* 17: 797-814.

Sharpnack, D. A., and G. Akin. 1969. An Algorithm for Computing Slope and Aspect from Elevations. *Photogrammetric Engineering* 35: 247-48.

Skidmore, A. K. 1989. A Comparison of Techniques for Calculating Gradient and Aspect from a Grided Digital Elevation Model. *International Journal of Geographical Information Systems* 3: 323-34.

Smith, E. L., I. D. Bishop, K. J. H. Williams, and R. M. Ford. 2012. Scenario Chooser: An Interactive Approach to Eliciting Public Landscape Preferences. *Landscape and Urban Planning* 106: 230-43.

Thelin, G. P., and R. J. Pike. 1991. *Landforms of the Conterminous United States: A Digital Shaded-Relief Portrayal,* map I-2206, scale 1: 3, 500, 000. Washington, DC: U.S. Geological Survey.

Tsai, V. J. D. 1993. Delaunay Triangulations in TIN Creation: An Overview and Linear Time Algorithm. *International Journal of Geographical Information Systems* 7: 501-24.

Wang, K., and C. Lo. 1999. An Assessment of the Accuracy of Triangulated Irregular Networks(TINs)and

Lattices in ARC/INFO. *Transactions in GIS* 3: 161-74.

Watson, D. F., and G. M. Philip. 1984. Systematic Triangulations. *Computer Vision, Graphics, and Image Processing* 26: 217-23.

Wechsler, S. P., and C. N. Kroll. 2006. Quantifying DEM Uncertainty and Its Effect on Topographic Parameters. *Photogrammetric Engineering & Remote Sensing* 72: 1081-1090.

Wilson, J. P., and J. C. Gallant, eds. 2000. *Terrain Analysis: Principles and Applications*. New York: Wiley.

Shi, X., L. Girod, R. Long, R. DeKett, J. Philippe, and T. Burke. 2012. A Comparison of LiDAR-Based DEMs and USGS-Sourced DEMs in Terrain Analysis for Knowledge-Based Digital Soil Mapping. *Geoderma* 170: 217-26.

Zar, J. H. 1984. *Biostatistica Analysis*, 2d ed. Englewood Cliffs, NJ: Prentice Hall.

Zevenbergen, L. W., and C. R. Thorne. 1987. Quantitative Analysis of Land Surface Topography. *Earth Surface Processes and Landforms* 12: 47-56.

Zhang, W., and D. R. Montgomery. 1994. Digital Elevation Model Raster Size, Landscape Representation, and Hydrologic Simulations. *Water Resources Research* 30: 1019-28.

Zhou, Q., X. Liu, and Y. Sun. 2006. Terrain Complexity and Uncertainty in Grid-Based Digital Terrain Analysis. *International Journal of Geographical Information Science* 20: 1137-47.

第14章 视域和流域

地形分析涉及的地表基本参数包括坡度、坡向和地表曲率（参见第13章），以及更多的专业应用。第 14 章将重点讲述在专业上的两种应用：视域分析和流域分析。

视域是一个观测点的可视区域。在 GIS 中，视域分析涉及推导和准确度评估。例如，帝国大厦观测台的可视域范围。除了描绘出可视区域，视域研究还分析可视冲突或视野所能提供的"价值"。例如，他们发现人们愿意为视野开阔的酒店房间（Lange and Shaeffer，2001）或有着公园和水域景色的高层公寓（Bishop et al.，2004）支付更多。

流域是地表水排向共同出水口的集水范围。流域分析在地形上追踪地表的流向和轨迹，这样可以正确划定流域。流域研究很少停留在流域边界的制图。例如，威斯康星州的流域划分项目设计用于评估农业非点源污染对水质和水生生态系统的影响。

本章共有 6 节：14.1 节介绍用数字高程模型（DEM）或不规划三角网（TIN）做视域分析；14.2 节分析影响视域分析的各种参数，如可视点、可视角、搜索范围和高度；14.3 节概述了视域分析的应用；14.4 节介绍了使用 DEM 的流域分析及分析步骤；14.5 讨论诸如影响流域分析结果的流向确定方法等因素；14.6 节介绍流域分析的应用。

14.1 视 域 分 析

视域指的是从一个或多个观察点可以看见的地表范围（图 14.1）。提取视域的过程被称为视域分析或可视性分析。视域分析要求有两个输入数据集，第一是用含一个或多个观察点的点图层（如一个包含通信塔的图层）。如果用线图层（如一个包含历史轨迹的图层），那么观察点就是组成线要素的点（起始点和节点）。第二个是 DEM（如高程栅格）或 TIN，用于表示地表面。用这两个输入图层，视域分析可提取可视区域，如通信塔的服务区域或历史轨迹的优美景色。

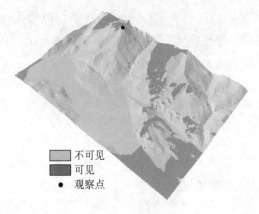

不可见
可见
● 观察点

图 14.1　视域示例

14.1.1　视线操作

　　视域分析的基础是**视线**操作。**视线**是连接观察点和观察目标的线。如果观察范围内任意一点地表或目标高于视线，则该目标对于该观察点为不可视。如果没有地形或目标阻挡视线，则从观察点可以看到目标，即为可视的。GIS 不仅仅是为了将目标点判定为可视还是不可视的，还可以用符号显示视线的可视域和不可视域。

　　图 14.2 显示出对 TIN 数据进行的视域分析。其中，图 14.2a 显示了连接观察点和目标点视线的可视域（白色）和不可视域（黑色）。图 14.2b 显示了沿视线的垂直剖面。图中观察点位于河流东部，高程为 994m。视线的可视部分顺坡向下，穿过高程 932m 处的河流，在河流西部顺坡连续向上，直到受到高程 1028m 处的山脊线的阻隔，自此开始为不可视域。

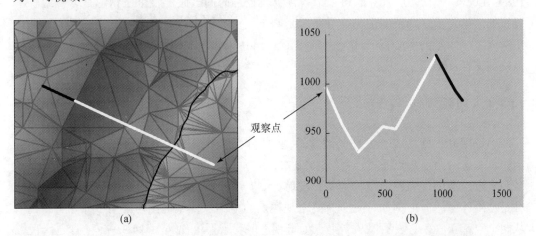

图 14.2　（a）为在 TIN 数据中连接两个点的视线，（b）视线的垂直剖面。两图中的视域用白色表示，不可视域用黑色表示

　　视域分析将视线操作扩展到整个研究区域的每个单元或 TIN 的每个面。由于视域分析很耗时，已有多种不同算法用于计算视域（De Floriani and Magillo，2003）。一些算法针对高程栅格，其他的针对 TIN。GIS 软件包通常不提供算法选择，也没有所用算法的

信息（Riggs and Dean，2007）。比如，ArcGIS 可以用高程栅格或 TIN 作为数据源，但视域分析输出结果仅保存为栅格格式。在视域分析时，ArcGIS 将 TIN 转换成栅格，以利用栅格数据计算效率高的优点。

14.1.2　基于栅格的视域分析

由高程栅格导出视域包括以下步骤：首先，在观察点和目标位置之间创建视线（如中心像元）。第二，沿视线生成一系列中间点。通常，这些中间点选自高程栅格的格网线与视线的交叉点（De Floriani 和 Magillo 2003）。第三，插值获得中间点的高程（如通过线性内插）。第四，通过算法检查中间点的高程，并判断目标是否可视。重复上述操作，将高程栅格的每一个单元作为目标（Clarke，1995），结果为一个将各单元分别归为可视或不可视的栅格。

用高分辨率 DEM（如基于 LiDAR 的 DEM）（参见第 4 章）的视域分析，可以进行密集计算（Zhao、Padmanabhan and Wang，2013）。因此，目前的研究集中于通过将并行计算和图形处理单元（可以进行快速数学计算的计算机芯片）结合在一起用于视域分析的新技术（Zhao、Padmanabhan and Wang，2013；Osterman、Benedičič and Ritoša，2014）。

14.1.3　基于 TIN 的视域分析

从 TIN 数据提取的视域不像从高程栅格中提取的那么好界定。可以使用不同的规则。首要规则是确定 TIN 三角形是否可划分为可视与不可视两部分（De Floriani and Magillo，1994，1999），或者整个三角形能够被界定为可视或不可视（Goodchild and Lee，1989；Lee，1991）。后者算法可以节省计算机处理时间。假定整个三角形是可视或者不可视的，第二步规则要确定可视性是否是基于一个、两个或者三个点，能够组成一个三角形或者三角形的中心点（注记点）（Riggs and Dean，2007）。一点规则不像两点或三点规则那样严格。

14.1.4　累积视域

不论用高程栅格或 TIN 作为数据源，视域分析的结果都是显示可视与不可视的二值地图。对于一个观察点而言，视域地图取值 1 为可视，取值 0 为不可视的。用两个或多个观察点生成的视域图通常称为**累积视域**图。表达累积视域图时通常有两种选择。第一种是使用计数运算。例如，对于有两个观察点的地图，视域地图可能有 3 个值：2 表示从两个点都可视，1 表示仅从一个点处可视，0 表示不可视（图 14.3a）。换言之，视域地图可能的取值是 $n+1$，其中 n 为观察点数目。注释栏 14.1 介绍了累积视域的应用。第二种是使用布尔运算。假设用于视域分析的两个观察点被标注为 J 和 K。利用每个观察点产生的视域和联合局部运算（第 12 章），我们可以把累积视域图的可视部分划分为只有 J 可见、只有 K 可见或者是 J 和 K 都可见（图 14.3b）。

注释栏 14.1	累积视域的应用实例

　　当分析中有两个或更多观察点时，视域的解译结果可有明显不同，这取决于结果是基于简单视域还是累积视域。在 Mouflis 等（2008）的研究中对此差异进行了论证，用视域分析来评估希腊东北部萨索斯岛的大理石采石场的可视影响。1984 年有 28 个采石场，占地 31hm²，2000 年有 36 个采石场，占地 180hm²。视域分析的输入数据包含一个 30m 分辨率的 DEM 和一个能够显示每年采石场周长的线性栅格。结果显示，采石场的可视域从 1984 年的 4700hm²（占全岛面积的 12.29%）增加至 2000 年的 5180hm²（占全岛面积的 13.54%）。以二值（可视或不可视区域）表示的可视域的增加相对较小（岛面积的+1.25%）。然而，当考虑累积视域时，整个可视域增加 2.52 倍，采石场可视周长像元数的变化范围从 0～201 增至 0～542。

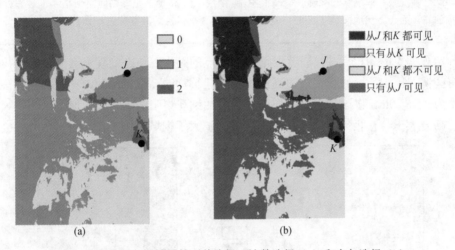

图 14.3　表达累积视域图的两种选择：计数选择（a）和布尔选择（b）

14.1.5　视域分析的准确度

　　视域分析的准确度取决于 DEM 数据准确度、数据模型（如 TIN 和 DEM）的选择及判断可视化的规则。根据 Maloy 和 Dean（2001）报道认为，基于栅格 GIS 生成的视域和实地调查的视域之间的平均吻合程度仅仅稍高于 50%。最近的研究（Riggs and Dean，2007）发现平均吻合程度的变化范围在 65%～85%，它取决于 GIS 软件和 DEM 的分辨率。这些发现使研究者去寻找替代。Fisher（1996）建议以概率术语来表达可视度，而不是用两种状态。Chamberlain 和 Meitner（2013）已经开发出一种方法来生成视域权重，即用 0 和 1 之间的值来提供可视程度。

14.2　视域分析中的参数

　　许多参数都会影响视域分析的结果。第一个参数是观察点。位于山脊线观察点的视域，比位于狭窄山谷观察点的视域要宽广。GIS 软件中涉及观察点至少有两种情形。第一种情形假设观察点的位置是固定的，如果该点的高程已知，可以直接输入到字段中。

如果该点的高程未知，则可以从高程栅格或 TIN 中估算。例如，ArcGIS 用第 6 章已经介绍的双线性插值法，对高程栅格上的观察点的高程进行插值。第二种情形假设观察点是可选的。如果进一步假设目的是获得最大视域，则可选择位于视野开阔的高处的观察点。GIS 提供了多种工具，帮助确定合适的观察点（注释栏 14.2）。

注释栏 14.2	选择观察点的工具

　　我们可用多种工具来选择海拔较高、视野开阔的观察点。等高线和地形晕渲可提供研究区地形的全貌。数据查询工具可以将选择范围缩小到某一特定高程范围，如选择在离最高高程 100m 范围内。数据提取工具可以在某个点，沿一条线，在圆形、矩形或多边形范围内，从栅格或 TIN 等地面提取高程读数。这些提取工具是非常有用的，可以将观察点的选择范围缩小到高海拔的较小区域。尽管如此，确定某一观察点的准确高程却很困难。因为当下伏地面是栅格时是使用 4 个最邻近单元值进行估算，而当下伏地面是 TIN 时，是使用三角形 3 个节点的高程值进行估算。

　　确定观察点的高程后，接着就要增加观察点的高程，使之到观察者本身的高度，或者在有些情况下，是增加观察点的高程到实体建筑物的高度。例如，一座森林观察哨通常高度为 15～20m，将这个高度值作为补偿值加到观察哨的高程上，使得以观察哨为观察点的高度大于与它相邻的周边高度，这样就扩大了视域范围（图 14.4）。

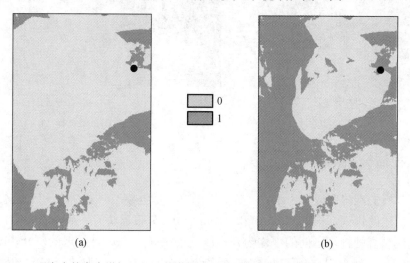

图 14.4　观察点的高度增加 20m，其直接结果是从图（a）到图（b）的可视范围增加

　　第二个参数是**观察方位角**，该值限定了观察的水平角度。例如，图 14.5 所用的观察角度为 0°～180°，默认值是整个 360°范围，这在许多实际情况中是不现实的。要模拟从一个建筑物（住家或办公室）的窗口所看到的视域，用 90°观察方位角（与窗户垂直线呈 45°的两边）比用 360°范围更符合现实（Lake et al.，1998）。

　　观察半径是第三个参数，它设定了生成可视范围的搜索距离。图 14.6 显示了以观察点为中心、半径为 8000m 的可视范围。默认的观察距离通常是无限远。搜索半径大小的设定随具体项目不同而异。例如，模拟从瞭望塔监控古城入口的视野，采用 5km 半径（Nackaerts et al.，1999）。

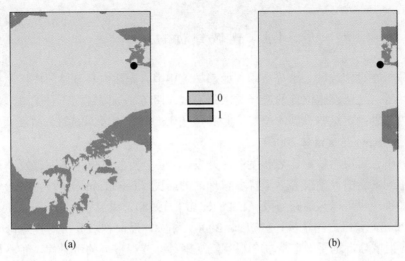

图 14.5 观察角不同导致图（a）和图（b）之间可视范围不同：图（a）的观察角为 0°～360°，
图（b）的观察角为 0°～180°

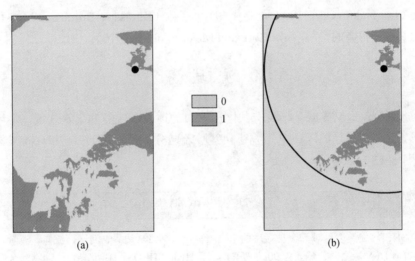

图 14.6 搜索半径不同导致图（a）和图（b）之间可视范围不同：图（a）中搜索半径为无限远，
图（b）中搜索半径为从观察点起 8000m

其他参数包括垂直观察角度、地表曲率、树高和建筑高度。垂直观察角度可从地平面以上 90°到地平面以下 90°。地表曲率可以被忽略，也可在生成视域过程中进行纠正。如果视域分析在林区的道路或小路进行，树高将是一个重要的影响因子。将估算的树高加到地表高程，生成林冠高度（Wing and Johnson，2001）。但是如果输入代表 SRTM（航天飞机雷达地形测绘）地形高程模型（参见第 4 章）或 LiDAR 导出的 DSM（参见第 13 章），树高不会成为问题。与树高相似，DEM 中可包含建筑高度和区位以用作城区视域分析（Sander and Monson，2007；VanHorn and Mosurinjohn，2010）。

GIS 软件包将视域分析的参数作为观察点数据集的属性。因此，在进行视域分析之前，必须设置参数。

14.3　视域分析的应用

视域分析在设施选址上十分有用，如森林瞭望哨、无线电话基站、广播电视微波发射塔的选址等。这些设施位置的选择要求是视域（服务）范围最大，且无过多重叠。视域分析可以帮助确定这些设施的位置，尤其是在初期规划阶段。例如，加拿大的地面无线部署计划（Sawada et al.，2006）。

视域分析也可用于估算住宅和度假区开发，尽管分析的目标可能因开发商和当前居民不同而不同。新的设施很容易干扰乡村地区的居民（Davidson et al.，1993）。同样，视觉入侵和噪声也可以与道路开发（Lake et al.，1998）、大温室（Rogge、Nevens and Gulinck，2008）和风力涡轮机（Möller，2006）相关。反向视域分析对视觉影响研究很有用；反向视域分析是要确定从多个观察点观察目标或观察点的可见性，而不是计算从一个观察点可以看到的区域（Fisher，1996）。

视域分析的其他应用包括景观管理和评估（Palmer，2004），为徒步旅行者选择的风景路径（Lee and Stucky，1998），制作 3D 可视化（Kumsap、Borne and Moss，2005），以及恐怖主义和犯罪的预防（VanHorn and Mosurinjohn，2010）。

14.4　流　域　分　析

按地形划分，这里**流域**是指具有共同出水口的地表水流经的集水区域，常用于水域及其他资源管理和规划的区域单元（图 14.7）。**流域分析**是指用 DEM 和流向来勾绘河网和流域（注释栏 14.3）。

注释栏 14.3　　　　　　　　　　　　　　**HydroSHEDS**

　　HydroSHEDS 是一套区域和全球尺度的水文数据，包括流域边界、河网、流向、流量。这些数据来自 SRTM DEM，空间分辨率为 90m（第 4 章）。HydroSHEDS 已由世界野生动物基金会与美国地质调查局、国际热带农业中心、美国自然保护协会和德国卡塞尔大学环境系统研究中心等机构合作开发的。

以前，流域边界是在地形图上用手工勾绘。绘制边界的人员根据地图上的地形要素来确定分界线的位置。现在，我们可以用 GIS 和 DEM 就可以生成初步的流域边界，只需要传统方法所需时间的一小部分。自动勾绘是用于编制美国的流域边界数据库（WBD）（http://datagateway.nrcs.usda.gov/GDGOrder.aspx）和全球尺度的流域边界（注释栏 14.3）（http://hydrosheds.cr.usgs.gov/index.php）的一种方法。

可以在不同的空间尺度来勾绘流域边界（Band et al.，2000；Whiteaker et al.，2007）。较大的流域可能覆盖整个河流系统，而在流域内，还有更小的流域，每个小流域对应于河流系统中的一条支流。这就是流域边界数据集（WBD）包含 6 个级别的原因（注释栏 14.4)。

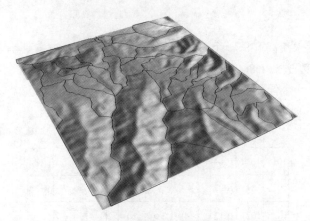

图 14.7 勾绘的流域叠置在三维地面上。黑色线条代表流域边界，丘陵地区的流域边界与地形分水岭颇为一致

注释栏 14.4	流域边界数据集（WBD）

  对于多数用途，水文单元和流域具有同样的意义。20 世纪 70 年代美国开发一个等级体系为 4 级的水文代码（HUC），包括区域、分区、用户单元（accounting units）和编目单元（cataloging unit）。新的流域边界数据集（WBD）在 4 级水文代码（HUC）基础上增加了流域和子流域这两个更精细的级别。流域和子流域以 USGS 1：24000 比例尺的矩形地图为地理参考进行描绘，基于水文边界划分的联邦标准（FSDHUB）中备案的一组通用指导（http://acwi.gov/spatial/index.html）。一个流域平均覆盖 40000~250000acre，一个次级流域平均覆盖 10000~40000acre。因此流域指的是 WBD 中特定的水文单元。

  流域的勾绘可基于区域也可基于点。基于区域的方法是将研究区划分成一系列流域，每个区域对应一个河段。基于点的方法是用所选的点生成流域，选择的点可能是泄流口、水文站或水坝。不管基于区域还是点，自动生成流域的方法都始于填洼 DEM，并按一系列步骤进行。

14.4.1 已填洼 DEM

  已填洼 **DEM** 是指不存在有小洼地。小洼地是指一个或多个栅格单元被周围较高海拔的栅格单元所围绕，因而代表一个内排水区域。尽管有些小洼地是真实的地形，如采石场或冰河壶穴，但是许多小洼地是 DEM 生成过程中产生的数据错误所致。因此，必须从高程栅格中除去这些洼地。常用方法之一是把像元值加高到其周围的最低像元值（Jenson and Domingue，1988）。填洼后的平坦地表仍然需要解释来定义其排水流向，一种方法是对两个缓坡施加影响，迫使流水从围绕平坦表面的较高地形处流向较低地形处的边缘（Garbrecht and Martz，2000）。勾绘过程的下一步骤是使用已填洼的 DEM 来导出水流方向。

14.4.2　流向

流向栅格显示水流离开每一个已填洼高程栅格单元时的方向。确定流向的方法有：单流向或多向流向方法。**D8**（8 方向法）是广泛使用的单流向方法。ArcGIS 也用此方法，该方法是赋予一个像元的流向指向周边 8 个像元中的一个像元，该像元的距离权重坡度最大（图 14.8）（O'Callaghan and Mark，1984）。

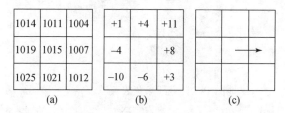

图 14.8　通过计算中心像元与其每个邻域像元（共 8 个）的距离权重坡度，确定图（a）中心像元的流向。对于其中 4 个紧邻的像元，坡度的计算是将中心像元与邻接点的高程差除以 1。对于 4 个角落的邻接像元，其坡度的计算是用高程差除以 1.414（图 b），结果显示最陡的坡度是从中心像元到其右侧像元，是为流向

多流向方法允许流向扩散（Freeman，1991；Gallant and Wilson，2000；Endreny and Wood，2003）。例如，D∞（D 无穷大）方法（Tarboton，1997），该法首先将中心像元与其周围 8 个像元连接起来，生成 8 个三角形；再选择坡度最大的三角形作为流向。三角形相交的两个相邻像元接受的水流与该三角形坡向的密接度成比例。下一步是用流向栅格计算流量累积栅格。

14.4.3　流量累积

流量累积栅格对每个像元计算流经它的像元数（图 14.9）。以图 14.10 所示的延续树形态，水流累积格网记录了每个像元有多少个上游像元将水排给它。

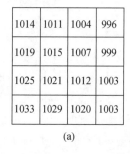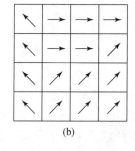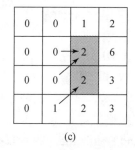

图 14.9　已填洼高程栅格（a）、流向栅格（b）和流量累积栅格（c）。（c）图中的两个阴影栅格的流量累积值都是 2。其中上面的像元接受来自其左边和左下方像元的水流，下面的像元接受来自其左下方像元的水流，它本身已有流量累积值 1

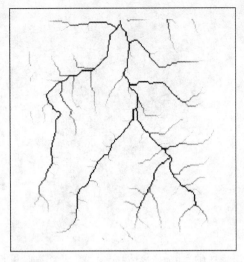

图 14.10　流量累积栅格，图中较暗符号表示较高的流量累积值

　　流量累积栅格可用两种方式解释。第一，高累积值的像元一般对应于河道，而 0 累积值的像元通常是山脊线。第二，如果乘以像元大小，所得像元值等于排水面积。流量累积栅格可以用于派生河网。

14.4.4　河网

　　河网的派生是基于河道初始值，初始值表示维持河道水头的排水量，以贡献的像元替代排水量（Lindsay 2006）。例如，临界值为 500 意味着排水网络的每个像元至少有 500 个像元的贡献。下一步是将河网转换成河流链路栅格。

14.4.5　河流链路

　　河流链路栅格要求河流栅格线的每一个部分都赋予唯一值，并与流向关联（图 14.11）。因此，河流链路栅格就像基于拓扑的河流图层：交叉点或交汇点就像节点，交汇点之间的河流区段就像弧段或河段（图 14.12）。

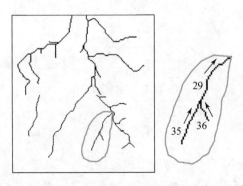

图 14.11　为了生成河流链路，河网的每一段都被赋予唯一值和流向。右边插入图显示 3 个河流链路

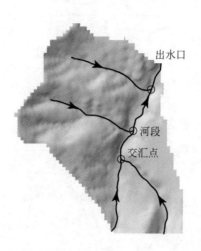

图 14.12　河流链路栅格包括河段、交汇点、流向和出水口

14.4.6　全流域（areawide watersheds）

最后一步是为每个河段勾绘流域（图 14.13）。该操作用流向栅格和河流链路栅格作为输入数据，如用越小临界值生成的河网密度越大，流域数目越多，但每个流域面积越小。图 14.12 未覆盖原始 DEM 的整个范围。矩形边界周围有部分缺失，是因为其流量累积值低于所设定的临界值。

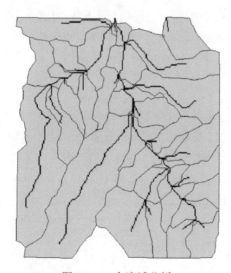

图 14.13　全流域分析

14.4.7　基于点的流域

一些项目的任务并不是为每个河段生成流域，而是基于所感兴趣的点来勾绘特定流域（图 14.14）。这些感兴趣的点可能是河流的水文站、水坝或水质监测站。在流域分析中，这些点被称为**泄流点**或出水口。

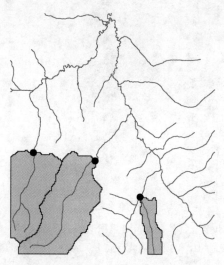

图 14.14 基于点的流域（图中灰色区域）

基于泄流点的单个流域的勾绘步骤与全流域的勾绘步骤相同。唯一的差别在于，前者用泄流点栅格替代河流链路栅格。然而，泄流点的像元必须位于河流链路的像元上。如果该泄流点不是直接位于河流链路上，对于该出水口将导致偏小的、不完整的流域（Lindsay et al.，2008）。

图 14.15 显示了泄流点位置的重要性。该图中的泻流点代表属于美国地质调查局在某条河流的水文站。在美国地质调查局的网站上，水文站的地理位置以经纬度值记录。在绘出的河流链路栅格中，水文站偏离河流约 50m。该位置误差结果导致该水文站只生成一个小的流域，如图 14.14 所示。若将水文站移到该河流上，结果生成一个大的流域，其实际范围超出 1：24000 比例尺的矩形地图（图 14.16）。在 GIS 中有一个命令，在用户定义的搜索半径内，可以将泄流点接合到河流像元上（注释栏 14.5）。Lindsay 等（2008）用水体名称更好地重新定位泄流点。

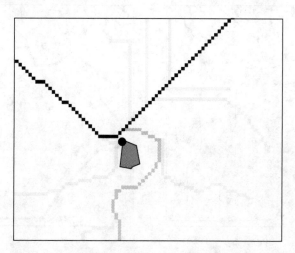

图 14.15 如果泄流点（黑色圆点）未被接合到具有高流量累积值的像元（灰色标识），通常只能识别少数像元（阴影区域）作为它的流域

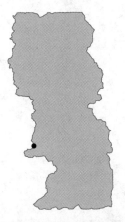

图 14.16 当图 14.15 的泄流点接合到具有高流量累积值的一个像元时（如表示河道的一个像元），其流域范围扩展到超出美国地质调查局 1 : 24000 比例尺的矩形地图边界

| 注释栏 14.5 | 接合泄流点 |

ArcGIS 中的 Snap Pour Point 工具可以在用户定义的搜索距离内，将泄流点接合到具有最高流量累积值的像元。Snap Pour Point 操作可以看作是勾绘基于点的流域这一数据处理过程的一部分。许多情况下，泄流点可以由屏幕数字化方式生成，从带有 x、y 坐标的表格转换而来，或从已有数据集中选取。这些点很少直接落在计算机生成的河道上，偏差原因可能是泄流点的数据质量、计算机生成的河道不够精确，或者两者兼有。应用部分的习作 4 涉及 Snap Pour Point 工具的使用。

　　泄流点距离河网的相对位置决定了基于该点的流域大小。如果泄流点位于交汇点，那么从交汇点起的上游流域被合并为泄流点的流域。如果泄流点位于两个交汇点之间，则两个交汇点之间河段的流域分为两部分：一个为泄流点的上游河段，另一个为下游河段（图 14.17）。然后，该流域的上游部分与更上游的流域合并，形成该泄流点的流域。

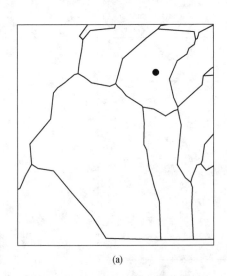
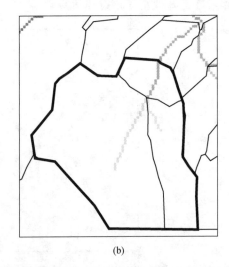

(a)　　　　　　　　　　　　　　(b)

图 14.17 （a）中黑色圆圈标识的泄流点沿河段分布，而不是位于交汇点处；（b）中显示该泄流点的流域是融合流域（以粗黑线显示），表示该泄流点的上游汇流面积

14.5　影响流域分析的因素

流域分析的结果受 DEM 分辨率、流向及流量累积临界值等因素的影响。

14.5.1　DEM 分辨率

较高分辨率的 DEM 比低分辨率的 DEM 能更好地定义地图要素,并生成更详细的河网。这在图 14.18 和图 14.19 中通过对比 30m 分辨率的 DEM 和 10m 分辨率的 DEM 进行了阐述。在一个野外实证研究中,Murphy 等(2008)报道了 1m 分辨率的 LiDAR DEM 比 10m 分辨率的 DEM 可预测更多的一级河流(最小的支流),并生成向上游延伸更远的河道。

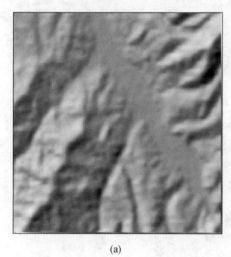 

(a)　　　　　　　　　　　　　　　　　(b)

图 14.18　图(a)为 30m 分辨率的 DEM,图(b)为 10m 分辨率的 DEM

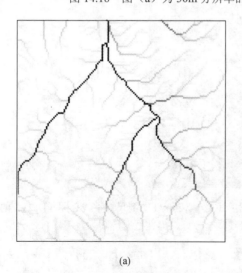 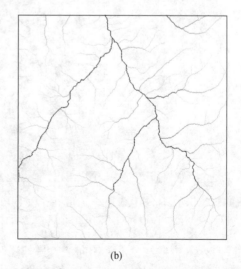

(a)　　　　　　　　　　　　　　　　　(b)

图 14.19　由图 14.18 的 DEM 生成的河网图。10m 分辨率 DEM 生成的河网(b)比 30m 分辨率 DEM 生成的河网(a)更详细

　　由流域分析自动描绘的河网，与美国地质调查局（USGS）1∶24000 比例尺线划图（DLG）上的河网相偏离，特别是地表较低的区域。为了得到更好的匹配，可以使用一个称为"stream burning"的方法，将一个基于矢量的河流图层整合为 DEM（Kenny and Matthews，2005），以此进行流域分析。例如，为了生成"hydro enforced"的 DEM，美国地质调查局（USGS）通过假定一个由河流分割的由大到小的等高值连续梯度，及时调整邻近矢量河流的像元高程值（Simley，2004）。同样，Murphy 等（2008）从那些归类为地表水的像元高程值中减去一个定值。通过"burning"将河流转为 DEM，这意味着 DEM 上的水流将更有逻辑地累积为地形图上识别到的河流。

14.5.2　流向

　　流向栅格是由用洼地充填（sink-filling）算法填洼过 DEM 制备而得的。洼地必须填满，但有报道称，当附近有内排水区域时，迭代算法可能会导致虚假的排水网络和盆地（Khan et al.，2014）。因此，重要的是在执行流向之前，要检查由 GIS 识别的洼地及其周边地区。

　　GIS 软件包（包括 ArcGIS）用的是 D8（8 方向法），主要是因为其简单，且对于带有汇聚型河流的多山地形能生成较好结果（Freeman，1991）。但是 D8（8 方向法）趋向于沿主方向生成平行河流（Moore，1996）。它不能充分表示陡坡和脊线上的发散河流（Freeman，1991），且不能很好地用于含泛滥平原和湿地的多变地形（Liang and Mackay，2000）。例如，图 14.20 显示 D8 方法在山谷表现较好，但在相对平坦的区域表现差。

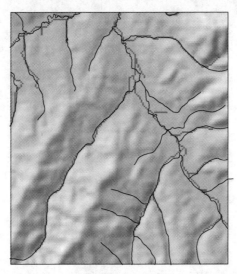

图 14.20　灰色栅格线代表用八方向法生成的河段；细黑线是 1∶24000 比例尺数字线划图（DLG）的河段。在边界明确的山谷地区，这两种河段线吻合较好，但在低洼地则吻合不好

　　D8（8 方向法）是单流向法。另外还存在各种多流向法，包括 D∞（D 无穷大）。针对特定下游区域（Zhou and Liu，2002；Wilson et al.，2007）、流向路径（Endreny and Wood，2003）和上坡汇流区（upslope contributing area）（Erskine et al.，2006），这些流向法已

通过受控设置做过对比。D8（8 方向法）在这些研究中排名很低，因为它生成直且平行的河流路径，并且不能沿着山脊和侧坡表达河流模式。减少低洼区域直线河流路径问题的方法是添加高程噪声（elevation noises）（如 0～5cm）到 DEM 上（Murphy et al.，2008）。

14.5.3　流量累积临界值

基于相同的流量累积栅格，较高临界值比低临界值将产生较稀疏的河网和较少的内河流域。图 14.20 阐述了临界值的影响，图 14.20a 显示了流量累积栅格，图 14.20b 是基于临界值为 500 个像元的河网，图 14.20c 是基于临界值为 100 个像元的河网。可想而知，从临界值得到的河网应和从传统方法（如高分辨率地形图或野外制图）获得的河网一致（Tarboton et al.，1991）。图 14.21 显示了与图 14.20 相同区域的从 1∶24000 比例尺数字线划图（DLG）得到的水系图。100～500 个像元的临界值似乎能最好地捕获此区域内的河网。另一些研究人员已提出，应该用坡度和其他形属性来改变临界值，取代常数（Montgomery and Foufoula-Georgiou，1993；Heine et al.，2004）。

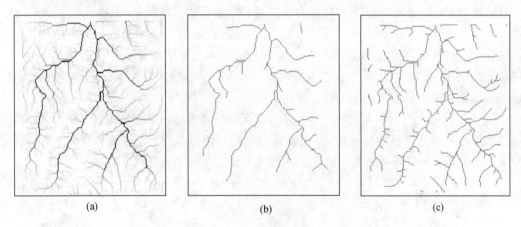

图 14.21　流量累积图（a）；临界值为 500 像元的河网（b）；临界值为 100 像元的河网（c）

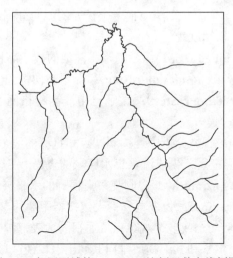

图 14.22　与图 14.21 相同区域的 1∶24000 比例尺数字线划图所生成的河网

14.6 流域分析的应用

自然资源的管理和规划中，经常用流域作为水文单元。因此，流域分析的一个重要应用是流域管理方面。**流域管理**通过协调土地利用、土壤和水及连接上下游区域之间的相互关系，达到组织和规划人类活动的目的（Brooks et al.，2003）。正如 14.4 节中提到的，美国多家机构共同努力已经组织起来去创建和确认流域边界数据集（WBD）。

20 世纪 70 年代美国提出清洁水行动计划（Clean Water Act），目标是恢复和保护国家水资源的化学、物理和生物整体性。当前，其行动计划是在流域内提倡统一的政策，确保进行统一的联邦土地和资源管理。政策的指导原则是用一致的和科学的方法来管理联邦土地和资源，达到评估、保护和恢复流域的目的。许多管理部门已经组织创建流域边界数据集 WBD（Watershed Boundary Dataset）（http://www.nrcs.usda.gov/wps/portal/nrcs/main/national/water/watersheds/dataset），美国农业部自然资源保护局（NRCS）负责 WBD 的认证。

流域分析的另一个主要应用是作为水文建模的必要输入数据（Chen et al.，2005）。例如，美国陆军工程兵团水文工程中心发布了水文建模系统（HMS），通过设定不同情景，模拟降雨的地表径流过程（http://www.hec.usace.army.mil/）。该模型所需的一个数据集是流域模型，包括子流域、河段、汇流点、源和汇的等水文要素的参数和连通性数据。这些水文要素都可以通过流域分析而获得。

流域分析生成地形要素，还可用于洪水预报模型和融雪径流模型的输入数据。洪水预报模型所需的变量包括：有效集水区、河道坡度、河流长度和流域高程；融雪径流模型所需的变量包括：流域内积雪覆盖面积和流域的地形要素。

重要概念和术语

累积视域（Cumulative viewshed）：两个或多个观察点的视域。

8 方向法（D8）：是一个流向算法，把一个像元的流向分配给其 8 个邻近像元的流向，具有最陡峭的距离加权梯度。

已填洼 DEM 模型（Filled DEM）：已消除小洼地的数字高程模型。

流量累积栅格（Flow accumulation raster）：显示流向每个像元的像元数的栅格。

流向栅格（Flow direction raster）：显示已填洼高程格网上每个像元水流流向的栅格。

视线（Line-of-sight）：视域分析中连接观察点和目标的线。

泄流点（Pour points）：用于生成流域集水区域的点。

观察方位角（Viewing azimuth）：限制观察点视野的水平夹角的参数。

观察半径（Viewing radius）：为视域分析设定搜索距离的参数。

视域（Viewshed）：从一个或多个观察点可通视的地表范围。

流域（Watershed）：将水和其中物质排向共同出水口的区域范围。

　　流域分析（**Watershed analysis**）：包括水流方向计算、流域边界提取和河网的分析。
　　流域管理（**Watershed management**）：通过对土地利用、土壤和水及上下游相互关系的认识，来管理流域内人类活动的实践。

复习题

　　1. 描述视域分析所需的输入数据的两种类型。
　　2. 什么是累积视域地图？
　　3. 一些研究人员提倡采用概率可视性地图，为什么？
　　4. 我们可以选择哪些参数进行视域分析？
　　5. 假设您要为美国林务局进行沿一条观光公路的视域分析。沿该公路您已选了许多点作为观察点。假如您想将视域限定在风景线 2mi 以内，水平视角为从正西到正东。那么需要哪些参数？各参数值为多少？
　　6. 注释栏 14.1 描述了累积流域的应用实例，计数运算与逻辑运算中，何者用于研究累积流域编绘？
　　7. 除了本章提到的例子外，以您的学科领域举例说明视域分析的应用。
　　8. 画出示意图说明流域要素、地形划分、河段、河流交汇点和出水口等。
　　9. 何为已填洼 DEM？为什么流域分析需要用已填洼 DEM？
　　10. 图 14.7 的例子显示向东的水流方向。假设左下角单元的高程从 1025 变成 1028，流向仍保持不变吗？
　　11. 八方向算法遭到哪些批评？
　　12. 如何解释流量累积栅格（图 14.9）？
　　13. 从流量累积栅格生成排水网络需要一个河道初始值的临界值，解释临界值是如何改变排水网络的输出结果的。
　　14. 要从 DEM 中生成全流域，必须创建几个过渡的栅格。画出流程图，从 DEM 开始，接着是过渡栅格，最后是流域栅格。
　　15. 由泄流点生成的流域通常被称为融合流域（merged watershed），为什么？
　　16. 试述 DEM 分辨率对流域边界勾绘的影响。
　　17. 解释八方向（D8）和 D 无穷大（D∞）在计算流向中的不同。
　　18. 举例说明流域分析在您的学科领域中的应用。

应用：视域和流域

　　本应用部分包括视域和流域分析的 4 个习作。习作 1 涉及视域分析及观察点高度偏离对视域的影响，也涉及视线运算。习作 1 除了 Spatial Analyst 之外，还需要 3D Analyst 扩展模块。习作 2 要创建两个观察点的累积视域，其中一个观察点通过屏幕数字化添加。习作 3 要练习通过 DEM 生成全流域的步骤。习作 4 重点练习基于点的流域提取，以及感兴趣点与河道相对应的重要性。

习作 1 视域分析

所需数据：*plne*，一个高程栅格；*lookout.shp*，一个瞭望哨的 shapefile；*los_line*，用于视线操作的线 shapefile。

瞭望哨位置专题文件含有一个观察点。习作 1 中，首先，创建一个晕渲图 *plne*，以便更好地观察地形。接着，按默认参数值，进行视域分析。然后，将观察点的高度增加 15m，增加视域范围，观察其视域变化。最后要运行视线操作。

1. 启动 ArcMap，在 ArcMap 中打开 Catalog，连接到第 14 章数据库，将数据帧重命名为 Tasks1&2。加载 *plne* 和 *lookout.shp*。首先，创建晕渲图 *plne*：打开 ArcToolbox，设置第 14 章数据库为当前和暂存工作区。双击 Spatial Analyst Tools/Surface 工具集中的 Hillshade 工具。选择 *plne* 为输入栅格，保存输出栅格为 *hillshade*，点击 OK，*hillshade* 被加入到地图中。

2. 视域分析。双击 Spatial Analyst Tools/Surface 工具集中的 Viewshed 工具。选择 *plne* 为输入栅格，选择 *lookout* 为输入点或线观察要素，保存输出栅格为 *viewshed*，点击 OK。

3. 用 *viewshed* 文件将研究区域分成可视区和不可视区。打开 *viewshed* 的属性表，属性表显示可视（1）与不可视（0）两种栅格的像元数。

问题 1 *plne* 文件中，从指定观察点可视的面积比例是多少？

4. 假设观察点为一个实体建筑，高度为 15m，用字段 OFFSETA 表示增加的高度。其操作步骤为，在 Data Management Tools/Fields 工具集中双击 Add Field 工具，选择 *lookout* 作为输入表，输入 OFFSETA 作为字段名，点击 OK。双击 Data Management Tools/Fields 工具集下的 Calculate Field 工具，选择 *lookout* 作为输入表，选择 OFFSETA 作为字段名称，键入 15 作为表达式，点击 OK。打开 *lookout* 的属性表，确认 OFFSETA 已输入正确的数值。

5. 继续第二步的操作，将高度已增加 15m 的观察点再进行视域分析。保存输出栅格为 *viewshed15*，*viewshed15* 显示可视区域增大。

问题 2 对于 *plne* 而言，增加高度后该观察点的可视面积比例是多少？

6. 除了 OFFSETA，可以在 ArcGIS 中指定其他观察参数。OFFSETB 定义观察目标的增加高度。AZIMUTH1 和 AZIMUTH2 定义观察的水平角范围，RADIUS1 和 RADIUS2 定义搜索范围，VERT1 和 VERT2 定义观察的垂直角范围。

7. 这一步骤要运行视线操作。*los_line* 是输入的线文件，*lookout* 作为一个观察点。在 3D Analyst Tools/Visibility 工具集里双击 Line of Sight 工具。在其对话框中，输入 *plne* 作为输入的地表面，*los_line* 作为输入的线要素，并将输出要素类保存为第 14 章数据库中的 *line_of_sight*。单击 OK 以运行该工具。该工具在 *lookout* 的高度上加高 1（m），使它高出地面。

8. *line_of_sight* 被添加到 Tasks 1&2 中，并且是彩色的，绿色表示可见部分，红色表示不可见部分。比较 *line_of_sight* 与 *viewshed* 的视域范围。这两种颜色对应于可见的和不可见的部分，应完全吻合。

习作 2 创建一个新的用于视域分析的瞭望哨 Shapefile

所需数据：*plne* 和 *lookout.shp*，与习作 1 相同。

习作 2 要求在进行视域分析前，另外再数字化一个瞭望哨的位置，分析结果为累积视域。

1. 右击内容列表中的 *lookout*，选择快捷菜单中的 Copy；再右击 Tasks 1& 2，在出现的快捷菜单中选择 Paste Layer（s）。被复制的 shapefile 文件名字仍然为 *lookout*。右击窗口上部的那个 *lookout*，选择 Properties，在 General 栏中，将 *lookout* 图名改为 *newpoints*。

2. 激活 Editor 工具条。点击 Editor 下拉菜单，选择 Start Editing，并选择 *newpoints* 为编辑状态。在 Editor 工具条单击 Create Features 以打开它。在 Create Features 窗口，点击 *newpoints*，并确认构建工具为点。

3. 下一步添加一个新的观察点。用 *hillshade* 为参照，用 zoom in 工具辅助观察，找到合适的观察点位置。也可以用 *plne* 文件和 Identify 工具来查询高程数据。当准备添加观察点时，首先点击 Point 工具，然后在所需位置点击，创建新的点。新建观察点的初始 OFFSETA=0。打开 *newpoints* 的属性表，点击新建点的 OFFSETA 框，输入 15。为将新建的和已有的两个观察点进行区分，分别键入 ID 值 1 和 2。点击 Editor 菜单，选择 Stop Editing，保存编辑。至此，可以运用 *newpoints* 进行视域分析。

4. 双击 Spatial Analyst Tools/Surface 工具集中的 Viewshed 工具。选择 *plne* 为输入栅格，选择 *newpoints* 为输入点或线观察要素，保存输出栅格为 *newviewshed*，点击 OK。

5. *newviewshed* 显示了可视和不可视的两种区域类型。其中，可视域代表了累积视域。部分视域仅是一个观察点的视域，而其他区域同是两个观察点的视域。从 *newviewshed* 的属性表可以看出单个观察点可视和两个观察点都可视的像元数。

问题 3 对于 *plne* 而言，*newpoints* 的可视面积百分比是多少？计算观察点由一个增加为两个时，视域增加的百分数。

6. 保存 *newpoints* 为 shapefile：右击 *newpoints*，指向 Data，选择 Export Data。在出现的 Export Data 对话框中，指定输出 shapefile 文件的路径和名称。

习作 3 勾绘全流域

所需数据：*emidalat*，一个高程栅格；*emidastrm.shp*，一个流域 shapefile。

习作 3 是用高程栅格勾绘整个流域的操作流程。数据源是高程栅格。*emidastrm.shp* 作为参照图层。除非特别说明，所有用于 Task 3 的工具都在 Spatial Analyst Tools/Hydrology 工具集中。

1. 在 ArcMap 中插入一个新的数据帧，重命名为 Task 3。打开 *emidalat* 和 *emidastrm.shp*。

2. 首先，检查 *emidalat* 中是否存在小洼地。双击 Flow Direction 工具。选择 *emidalat* 作为输入地面栅格网，键入 *temp_flowd* 作为输出的水流方向栅格，点击 OK。在 *temp_flowd* 建立后，双击 Sink 工具，选择 *temp_flowd* 作为输入的水流方向栅格，将 *sinks* 设置为输出栅格，点击 OK。

问题 4 *emidalat* 中有多少个小洼地？说出这些洼地的位置。

3. 这一步要填平 *emidalat* 中的小洼地。双击 Fill 工具，选择 *emidalat* 作为输入的地面栅格，设定 *emidafill* 为输出地面栅格，点击 OK。

4. 用 *emidafill* 继续上述操作。双击 Flow Direction 工具，选择 *emidafill* 作为输入地面栅格，设定 *flowdirection* 为输出的水流方向栅格，运行命令。

问题 5 如果 *flowdirection* 中的一个像元值为 64，那么该单元的流向是什么？（查询 ArcGIS Desktop help 中 Flow Direction tool/command 的索引，以获取答案。）

5. 接着创建一个流量累积栅格。双击 Flow Accumulation 工具，选择 *flowdirection* 为输入的水流方向栅格，键入 *flowaccumu* 为输出累积栅格，点击 OK。

问题 6 在 *flowaccumu* 中像元值的值域是多少？

6. 下一步创建一个源栅格，作为后续步骤中勾绘流域的输入数据。包含两个步骤：首先，选择（或设定临界值）*flowaccumu* 中流入值超过 500 个像元的单元，双击 Spatial Analyst Tools/Conditional 工具集的 Con 工具，选择 *flowaccumu* 作为输入的条件栅格，键入表达式 Value > 500，键入 1 作为常数值，设定 *net* 为输出栅格，并点击 OK 运行命令。在接下来的分析中将用到 *net* 作为输入河流栅格。因此，您可以比较 *net* 和 *emidastrm* 以检查二者之间的差异。其次，为 *net* 中的交汇点（交叉点）间的每个河段指定一个惟一值。返回到 Hydrology 工具集，双击 Stream Link 工具，选择 *net* 作为输入的河流栅格，*flowdirection* 为输入的流向栅格，*source* 为输出栅格。运行命令。

7. 至此，准备了勾绘流域所需的所有数据。双击 Watershed 工具，选择 *flowdirection* 作为输入的流向栅格，*source* 为输入栅格，指定 *watershed* 为输出格网，点击 OK。将 *watershed* 的符号改变成唯一值，以便可以看出每一个流域。

问题 7 在 *watershed* 中有多少个流域？

问题 8 如果流量累积临界值从 500 改成 1000，那么流域数目增加还是减少？

8. 您也可用 ArcMap 中的 Python 脚本完成习作 3。用这个方法，首先在 ArcMap 的标准工具条中打开 Python 窗口。假设工作空间是 d: /chap14（"/" 用来指定路径），其中包含 *emidalat*，您需要在 ">>>" 后输入以下语句，以完成习作 3：

```
>>> import arcpy
>>> from arcpy import env
>>> from arcpy.sa import *
>>> env.workspace = "d: /chap14"
>>> arcpy.CheckExtension（"Spatial"）
>>> outflowdirection = FlowDirection（"emidalat"）
>>> outsink = Sink（"outflowdirection"）
>>> outfill = Fill（"emidalat"）
>>> outfd = FlowDirection（"outfill"）
>>> outflowac = FlowAccumulation（"outfd"）
```

>>> outnet = Con（"outflowac"，1，0，"VALUE > 500"）

>>> outstreamlink = StreamLink（"outnet"，"outfd"）

>>> outwatershed = Watershed（"outfd"，"outstreamlink"）

>>>outwatershed.save（"outwatershed"）

脚本的前 5 行输入了 arcpy 和 Spatial Analyst 工具，定义了第 14 章数据库为工作空间。接下来是使用 FlowDirection、Sink、Fill、Flowdirection（已填洼 DEM）、FlowAccumulation、Con、StreamLink 和 Watershed 这些工具的语句。每输入一条语句，您将会在 ArcMap 中看到输出结果。最后一条是在第 14 章数据库中将流域的输出结果保存为 *outwatershed*。

习作 4 生成泄流点的上游集水区

所需数据：习作 3 中生成的 *flowdirection*，*flowaccumu* 和 *source*；*pourpoints.shp*，含有两个点的 shapefile。

在习作 4 中，您将为 *pourpoints.shp* 中每个点生成一个特定的流域(如上游集水区)。

1. 在 ArcMap 中新建一个数据帧，命名为 Task 4。加载 *flowdirection*，*flowaccumu*，*source* 和 *pourpoints.shp*。

2. 从 *pourpoints* 的目录菜单中选择 Zoom to Layer。放大显示一个泄流点。该泄流点并不准确落在习作 3 所创建的河流链路栅格 *source* 上，其他泄流点也是如此。如果这些泄流点被用于流域分析，它们将不生成或生成很小的流域。ArcGIS 有 SnapPour 命令，当设定搜索距离时，将泄流点接合到最大流量累积值单元。用 Measure 工具测量泄流点与附近河段间的距离，当接合距离为 90m（3 个单元）时，可以将泄流点置于河道上。

3. 双击 Spatial Analyst Tools/Hydrology 工具集中的 Snap Pour Point 工具，选择 *pourpoints* 为输入栅格或要素泄流点数据，这些像元将匹配给 *flowaccumu*。选择 *flowaccumu* 为输入累积栅格，保存输出栅格为 *snappour*，输入 90 为接合距离，点击 OK。现在查看 *snappour*，两个泄流点像元位置应与 *flowaccumu* 相吻合。

4. 双击 Watershed 工具，选择 *flowdirection* 为输入流向栅格，选择 *snappour* 为输入栅格或要素泄流点数据，保存输出为 *pourshed*，点击 OK。

问题 9 对应每个新的泄流点有多少像元？

挑战性任务

1. 从美国国家地图浏览器（National Map Viewer）网站 http://viewer.nationalmap.gov/viewer/下载某个区域的 USGS DEM，最好是学校附近的山区。您可以参考第 5 章习作 1 的下载信息。

2. 用 DEM 和赋值为 500 的临界值运行一个大范围的流域分析。保存输出流域为 *watershed500*。然后用相同的 DEM 和赋值为 250 的临界值运行另一个大范围的流域分析，并保存输出为 *watershed250*。

3. 比较 *watershed500* 和 *watershed250*，并解释二者有何不同。

参考文献

Band, L. E., C. L. Tague, S. E. Brun, D. E. Tenenbaum, and R. A. Fernandes. 2000.Modelling Watersheds as Spatial Object Hierarchies: Structure and Dynamics. *Transactions in GIS* 4: 181-96.

Bishop, I. D., E. Lange, and A. M. Mahbubul. 2004. Estimation of the influence of view components on high-rise apartment pricing using a public survey and GIS modeling. *Environment and Planning B: Planning and Design* 31: 439-52.

Brabyn, L., and D. M. Mark. 2011. Using Viewsheds, GIS, and a Landscape Classification to Tag Landscape Photographs. *Applied Geography* 31: 1115-1122.

Brooks, K. N., P. F. Ffolliott, H. M. Gregersen, and L. F. DeBano. 2003. *Hydrology and The Management of Watersheds*, 3rd ed. Ames, IA: Iowa State Press.

Chamberlain, B.C., and M. J. Meitner. 2013. A Route-Based Visibility Analysis for Landscape Management. *Landscape and Urban Planning* 111: 13-24.

Chen, C. W., J. W. Herr, R. A. Goldstein, G. Ice, and T. Cundy. 2005. Retrospective Comparison of Watershed Analysis Risk Management Framework and Hydrologic Simulation Program Fortran Applications to Mica Creek Watershed. *Journal of Environmental Engineering* 131: 1277-84.

Clarke, K. C. 1995. *Analytical and Computer Cartography*, 2d ed. Englewood Cliffs, NJ: Prentice Hall.

Davidson, D. A., A. I. Watson, and P. H. Selman. 1993. An Evaluation of GIS as an Aid to the Planning of Proposed Developments in Rural Areas. In P. M. Mather, ed., *Geographical Information Handling: Research and Applications*, pp. 251-59. London: Wiley.

De Floriani, L., and P. Magillo. 1994. Visibility Algorithms on Triangulated Terrain Models. *International Journal of Geographical Information Systems* 8: 13-41.

De Floriani, L., and P. Magillo. 1999. Intervisibility on Terrains. In P. A. Longley, M. F. Goodchild, D. J. Maguire, and D. W. Rhind, eds., *Geographical Information Systems, Vol. 1: Principles and Technical Issues*, 2d ed., pp. 543–56. New York: Wiley.

De Floriani, L., and P.Magillo.2003.Algorithms for Visibility Computation on Terrains: A Survey. Environment and Planning B: *Planning and Design* 30: 709-28.

Endreny, T. A., and E. F. Wood. 2003. Maximizing Spatial Congruence of Observed and DEM-delineated Overland Flow Networks. *International Journal of Geographical Information Science* 17: 699-713.

Erskine, R. H., T. R. Green, J. A. Ramirez, and L. H. MacDonald. 2006. Comparison of Grid-Based Algorithms for Computing Upslope Contributing Area. *Water Resources Research* 42, W09416, doi: 10.1029/2005WR004648.

Fisher, P. R. 1996. Extending the Applicability of Viewsheds in Landscape Planning. *Photogrammetric Engineering and Remote Sensing* 62: 1297-1302.

Freeman, T.G. 1991. Calculating Catchment Area with Divergent Flow Based on a Regular Grid. *Computers and Geosciences* 17: 413-22.

Gallant J. C., and J. P. Wilson. 2000. Primary Topographic Attributes. In J. P. Wilson and J. C. Gallant, eds., *Terrain Analysis: Principles and Applications*, pp. 51–85. New York: Wiley.

Garbrecht, J., and L. W. Martz. 2000. Digital Elevation Model Issues in Water Resources Modeling. In D. Maidment and D. Djokic, eds., *Hydrologic and Hydraulic Modeling Support with Geographic Information Systems*, pp. 1-27. Redland, CA: ESRI Press.

Goodchild, M. F., and J. Lee. 1989. Coverage Problems and Visibility Regions on Topographic Surfaces. *Annals of Operations Research* 18: 175-86.

Heine, R. A., C. L. Lant, and R.R.Sengupta.2004.Development and Comparison of Approaches for Automated Mapping of Stream Channel Networks. *Annals of the Association of American Geographers* 94: 477-90.

Jenson, S. K., and J. O. Domingue. 1988. Extracting Topographic Structure from Digital Elevation Data for

Geographic Information System Analysis. *Photogrammetric Engineering and Remote Sensing* 54: 1593-1600.

Kenny, F., and B.Matthews.2005.A Methodology for Aligning Raster Flow Direction Data with Photogrammetrically Mapped Hydrology. *Computers & Geosciences* 31: 768-79.

Khan, A., K. S. Richards, G. T. Parker, A. McRobie, and B. Mukhopadhyay. 2014. How large is the Upper Indus Basin? The Pitfalls of Auto-Delineation using DEMs. *Journal of Hydrology* 509: 442-53.

Kumsap, C., F. Borne, and D.Moss.2005.The Technique of Distance Decayed Visibility for Forest Landscape Visualization. *International Journal of Geographical Information Science* 19: 723-44.

Lake, I. R., A. A. Lovett, I. J. Bateman, and I. H. Langford. 1998. Modelling Environmental Influences on Property Prices in an Urban Environment. *Computers, Environment and Urban Systems* 22: 121-36.

Lang, E., and P.V. Schaeffer. 2001. A comment on the market value of a room with a view. *Landscape and Urban Planning* 55: 113-120.

Lee, J. 1991. Analyses of Visibility Sites on Topographic Surfaces. *International Journal of Geographical Information Systems* 5: 413-29.

Lee, J., and D. Stucky. 1998. On Applying Viewshed Analysis for Determining Least-cost Paths on Digital Elevation Models. *International Journal of Geographical Information Science* 12: 891-905.

Liang, C., and D. S. Mackay. 2000. A General Model of Watershed Extraction and Representation Using Globally Optimal Flow Paths and Up-slope Contributing Areas. *International Journal of Geographical Information Science* 14: 337-58.

Lindsay, J.B.2006.Sensitivity of Channel Mapping Techniques to Uncertainty in Digital Elevation Data. *International Journal of Geographical Information Science* 20: 669-92.

Lindsay, J. B., J. J. Rothwell, and H. Davies. 2008. Mapping Outlet Points Used for Watershed Delineation onto DEM-Derived Stream Networks. *Water Resources Research* 44, W08442, doi: 10.1029/2007 WR006507.

Maloy, M. A., and D. J. Dean. 2001. An Accuracy Assessment of Various GIS-Based Viewshed Delineation Techniques. *Photogrammetric Engineering and Remote Sensing* 67: 1293-98.

Maxted, J. T., M. W. Diebel, and M. J. Vander Zanden. 2009. Landscape Planning for Agricultural Non-Point Source Pollution Reduction. II. Balancing Watershed Size, Number of Watersheds, and Implementation Effort. *Environmental Management* 43: 60-68.

Möller, B. 2006. Changing Wind-Power Landscapes: Regional Assessment of Visual Impact on Land Use and Population in Northern Jutland, Denmark. *Applied Energy* 83: 477-94.

Montgomery, D. R., and E.Foufoula-Georgiou.1993.Channel Network Source Representation Using Digital Elevation Models. *Water Resources Research* 29: 3925-34.

Moore, I. D. 1996. Hydrological Modeling and GIS. In M. F. Goodchild, L. T. Steyaert, B. O. Parks, C. Johnston, D. Maidment, M. Crane, and S. Glendinning, eds., *GIS and Environmental Modeling: Progress and Research Issues*, pp. 143–48. Fort Collin, CO: GIS World Books.

O'Callaghan, J. F., and D. M. Mark. 1984. The Extraction of Drainage Networks from Digital Elevation Data. *Computer Vision, Graphics and Image Processing* 28: 323-44.

Osterman, A., L. Benedičič, and P. Ritoša. 2014. An IO-Efficient Parallel Implementation of an R2 Viewshed Algorithm for Large Terrain Maps on a CUDA GPU. *International Journal of Geographical Information Science* 28: 2304-2327.

Palmer, J. F. 2004. Using Spatial Metrics to Predict Scenic Perception in a Changing Landscape: Dennis, Massachusetts. *Landscape and Urban Planning* 69: 201-18.

Riggs, P. D., and D.J.Dean.2007.An Investigation into the Causes of Errors and Inconsistencies in Predicted Viewsheds. *Transactions in GIS* 11: 175-96.

Rogge, E., F. Nevens, and H. Gulinck. 2008. Reducing the Visual Impact of `Greenhouse Parks' in Rural Landscapes. *Landscape and Urban Planning* 87: 76-83.

Ryan, C. M., and J. S. Klug. 2005. Collaborative Watershed Planning in Washington State: Implementing the Watershed Planning Act. *Journal of Environmental Planning and Management* 48: 491-506.

Sander, H. A., and S. M. Manson. 2007. Heights and Locations of Artificial Structures in Viewshed

Calculation: How Close is Close Enough? *Landscape and Urban Planning* 82: 257-70.

Saunders, W. 2000. Preparation of DEMs for Use in Environmental Modeling Analysis. In D. Maidment and D. Djokic, eds., *Hydrologic and Hydraulic Modeling Support with Geographic Information Systems*, pp. 29-51. Redland, CA: ESRI Press.

Sawada, M., D. Cossette, B. Wellar, and T. Kurt. 2006. Analysis of the Urban/Rural Broadband Divide in Canada: Using GIS in Planning Terrestrial Wireless Deployment. *Government Information Quarterly* 23: 454-79.

Simley J. 2004. *The Geodatabase Conversion.* USGS National Hydrography Newsletter 3(4). USGS. Available at http://nhd.usgs.gov/newsletter_list.html

Tarboton, D. G. 1997. A New Method for the Determination of Flow Directions and Upslope Areas in Grid Digital Elevation Models. *Water Resources Research* 32: 309-19.

Tarboton, D. G., R. L. Bras, and I. Rodrigues-Iturbe. 1991. On the Extraction of Channel Networks from Digital Elevation Data. *Water Resources Research* 5: 81-100.

VanHorn, J. E., and N. A. Mosurinjohn. 2010. Urban 3D GIS Modeling of Terrorism Sniper Hazards. *Social Science Computer Review* 28: 482-96.

Whiteaker, T. L., D. R. Maidment, H. Gopalan, C.Patino, and D.C.Mckinney.2007.Raster-Network Regionalization for Watershed Data Processing. *International Journal of Geographical Information Science* 21: 341-53.

Wilson, J. P., C. S. Lam, and Y. Deng. 2007. Comparison of the Performance of Flow-Routing Algorithms Used in GIS-Based Hydrologic Analysis. *Hydrological Processes* 21: 1026-1044.

Wing, M. G., and R. Johnson. 2001. Quantifying Forest Visibility with Spatial Data. *Environmental Management* 27: 411-20.

Zhao, Y., A. Padmanabhan, and S. Wang. 2013. A Parallel Computing Approach to Viewshed Analysis of Large Terrain Data Using Graphics Processing Units. *International Journal of Geographical Information Science* 27: 363-84.

Zhou, Q., and X. Liu. 2002. Error Assessment of Grid-based Flow Routing Algorithms Used in Hydrological Models. *International Journal of Geographical Information Science* 16: 819-42.

第 15 章 空 间 插 值

本章概览

地形是一种人们熟知的表面。GIS 用户还会遇上其他类型的表面，这些面本来可能无法以实体显示，但可用生成陆地表面同样的方法使之可视化，被称为统计表面。统计表面包括降水量、积雪量、水位和人口密度等。

如何构建一个统计表面？这与构建陆地表面相似，只是要求输入数据局限为点的数据样本。例如，为了构建一幅降水量图，人们找不到如同数字高程模型（DEM）那样规则分布的气象站。因此，需要样本点之间的数据填充过程。

在本章中，**空间插值**是用已知点的数值来估算其他点的数值的过程。例如，在一个没有数据记录的地点，其降水量可通过对附近气象站已知降水量记录的插值来估算出来。空间插值创建一个格网，又称为格网化（gridding）。因此，空间插值是将点数据转换成面数据的一种方法，目的在于使面数据能以三维表面或等值线地图显示，且能用于空间分析和建模。

本章共分 5 节：15.1 节讲述空间插值的元素，包括控制点和空间插值的类型；15.2 节涉及整体拟合法，包括趋势面和回归模型；15.3 节对局部拟合法做概述，包括泰森多边形、密度估算、距离倒数权重和薄板样条函数；15.4 节探讨克里金法——一种常用的随机局部拟合法；15.5 节对不同插值方法作比较。空间插值比 GIS 中的其他主题更依赖于算法，因此本章包含一些实例，用于说明空间插值如何运算。

15.1 空间插值的元素

进行空间插值要有两个基本条件：已知点和插值方法。多数情况下，已知点是现实存在点，如气象站点或调查点。

15.1.1 控制点

控制点是已知数值的点，也称为已知点、样本点或观测点。控制点提供了为空间插值建立插值方法（如数学方程）的必要数据。控制点的数目和分布对空间插值精度的影响极大。空间插值的一个基本假设是估算点的数值受到邻近控制点的影响比较远控制点的影响更大。为使估算效果更好，控制点在研究区的分布应合理。但在现实应用中极少出现这种理想状况，一个研究区内经常包含数据贫乏的区域。

图 15.1 是一幅爱达荷州 130 个气象站及相邻州的其他 45 个气象站。该地图清楚地显示有几个数据贫乏区域：克利尔沃特山区（Clearwater Mountains）、萨蒙河山区（Salmon River Mountains）、莱姆哈伊山脉（Lemhi Range）和奥怀希（Owyhee Mountains）山区。第 15 章都用这 175 个气象站的 30 年（1970~2000 年）平均降水量数据，以此为例子进行空间插值介绍。本章后面将述及这些数据贫乏地区在空间插值时产生的问题。

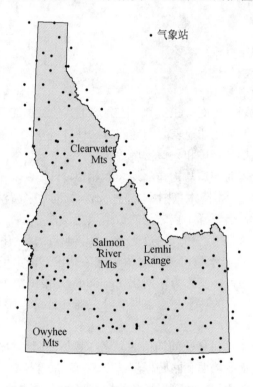

图 15.1　爱达荷州及其周边的 175 个气象站地图

15.1.2　空间插值的类型

空间插值有多种分类方法。首先，它可以分成全局和局部拟合法。**全局插值法**利用现有的每个已知点来估算未知点的值。而**局部插值法**则是用已知点的样本来估算未知点的值。由于这两种方法的区别是用于估算的控制点数目不同，因此，可以将从全局到局部看作是尺度不同的连续统一体。

从概念上看，全局插值法用于估算表面的总趋势，而局部插值法用于估算局部或短程变化。许多情况下，在估算某个点的未知数值时，局部拟合法比整体拟合法更有效。因为，远处的点对估算值的影响很小，有些情况下甚至会使估算值失真。此外，局部拟合法还因计算量小而更受青睐。

其次，空间插值方法可以分为精确和非精确插值法（图 15.2）。对某个数值已知的点，**精确插值法**在该点位置的估算值与该点已知值相同。换句话说，精确插值所生成的面通过所有的已知点。相反，**非精确插值**，或称为近似插值，估算的点值与该点已知值不同。

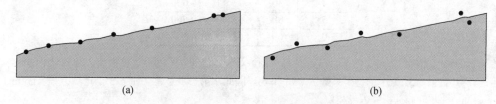

图 15.2　精确插值（a）和非精确插值（b）

最后，空间插值方法可以分成确定性和随机性两种。**确定性插值方法**不提供预测值的误差检验。**随机性插值方法**则考虑变量的随机性和用估计变异提供预测误差的评价。

表 15.1 显示第 15 章涉及的空间插值方法的分类。需要注意的是，两个整体拟合法也用于局部操作中。

表 15.1　空间插值方法的分类

整体拟合法		局部拟合法	
确定性	随机性	确定性	随机性
趋势面*	回归	泰森、密度估算、距离倒数权重、薄板样条	克里金

* 考虑到一些前提假设，趋势面分析可以看作一种特殊的回归分析，因而是一种随机方法（Griffith and Amrhein 1991）

15.2　整体拟合法

本节讲述趋势面模型和回归模型的整体拟合法。

15.2.1　趋势面模型

作为一种非精确插值方法，**趋势面分析**用多项式方程拟合已知值的点（Davis，1986；Bailey and Gatrell，1995），并用于估算其他点的值。线性或一阶趋势面用如下方程：

$$z_{x,y} = b_0 + b_1 x + b_2 y \tag{15.1}$$

式中，属性值 z 是坐标 x 和 y 的函数。系数 b 由已知点估算（见注释栏 15.1）。因为趋势面模型的构建方法类似于回归模型的最小二乘法，其拟合程度可用相关系数（R^2）确定和检验。而且，可以计算出每个已知点的观测值和估算值之间的偏差或残差。

注释栏 15.1	趋势面分析的实例

图 15.3 显示 5 个已知值的气象站，这 5 个站又围绕着未知值的 0 号站。下表显示各个站点的 x、y 坐标（以像元大小为 2000m 的栅格的行列测量）及其已知值。

站点	x	y	z 值
1	69	76	20.820
2	59	64	10.910
3	75	52	10.380
4	86	73	14.600
5	88	53	10.560
0	69	67	?

　　本例说明如何用方程（15.1）（或线性趋势面）对未知值的 0 号站点进行插值。最小二乘法通常用于计算方程（15.1）中的待定系数 b_0、b_1 和 b_2。因此，第一步是建立如下 3 个正规方程（normal equations），与回归分析的方程相似。

$$\sum z = b_0 n + b_1 \sum x + b_2 \sum y$$
$$\sum xz = b_0 \sum x + b_1 \sum x^2 + b_2 \sum xy$$
$$\sum yz = b_0 \sum y + b_1 \sum xy + b_2 \sum y^2.$$

以上方程可以改写成如下的矩阵：

$$\begin{bmatrix} n & \sum x & \sum y \\ \sum x & \sum x^2 & \sum xy \\ \sum y & \sum xy & \sum y^2 \end{bmatrix} \times \begin{bmatrix} b_0 \\ b_1 \\ b_2 \end{bmatrix} = \begin{bmatrix} \sum z \\ \sum xz \\ \sum yz \end{bmatrix}$$

用 5 个已知点的值，我们能计算出统计值并将其代入方程：

$$\begin{bmatrix} 5 & 377 & 318 \\ 377 & 29007 & 23862 \\ 318 & 23862 & 20714 \end{bmatrix} \times \begin{bmatrix} b_0 \\ b_1 \\ b_2 \end{bmatrix} = \begin{bmatrix} 67.270 \\ 5043.650 \\ 4445.800 \end{bmatrix}$$

将左边第一个矩阵的逆矩阵与右边的矩阵相乘，我们能算出系数 b：

$$\begin{bmatrix} 23.210 & -0.163 & -0.168 \\ -0.163 & 0.002 & 0.000 \\ -0.168 & 0.000 & 0.002 \end{bmatrix} \times \begin{bmatrix} 67.270 \\ 5043.650 \\ 4445.800 \end{bmatrix} = \begin{bmatrix} -10.094 \\ 0.020 \\ 0.347 \end{bmatrix}$$

0 号站点的未知值可用这些系数由下式估算：

$$z_0 = -10.094 + (0.020)(69) + (0.347)(67) = 14.535$$

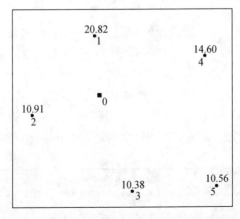

图 15.3　0 号站点的未知值由其周围具有已知值的 5 个站点插值

大多数自然现象的分布通常比由一阶趋势面生成的倾斜面更复杂。因而，需要更高阶的趋势面模型来拟合更复杂的表面。例如，包含山和谷的三阶面。该模型基于如下方程：

$$z_{x,y} = b_0 + b_1x + b_2y + b_3x^2 + b_4xy + b_5y^2 + b_6x^3 + b_7x^2y + b_8xy^2 + b_9y^3 \quad (15.2)$$

一阶趋势面需要估算 3 个系数，相比之下，三阶趋势面需要估算 10 个系数（如 b_i），才能预测未测点的值。因此，趋势面模型的阶数越高，计算量就越大。GIS 软件包可提供高达 12 阶的趋势面模型的计算。

图 15.4 显示一幅由 175 个数据点构建的爱达荷州年平均降水量的三阶趋势面等值线（等雨量线）图，趋势面输出像元大小为 2000m。与等高线图相似，等值线对于可视化和量测很有用。

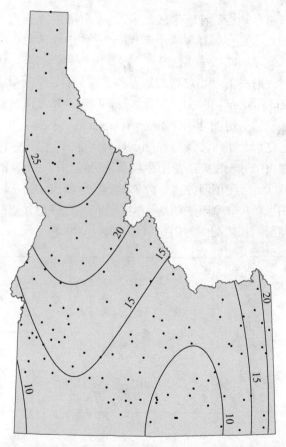

图 15.4　由三阶趋势面模型生成的等值线图（图中点符号表示位于爱达荷州内的已知点）

趋势面分析有多种类型。逻辑斯蒂趋势面分析使用二进制数值的已知点（如 0 和 1），生成概率面。**局部多项式插值**用一组已知点样本来估算某一像元的未知值，如果用局部多项式插值方法，需将不规则三角网（TIN）转换成 DEM，并通过 DEM 求取地形的测度（见第 13 章）。

15.2.2　回归模型

回归模型把方程中的一个因变量与多个自变量联系起来。回归模型通过回归方程作为内插程序进行评估，或探索因变量和自变量之间的关系。许多回归模型用非空间属性因而不被视为空间插值方法。但当回归模型中使用空间变量诸如与河流的距离或特定位置的高程时可有例外。由于第 18 章也包含回归模型，关于回归模型类型的更详细信息将在第 18 章予以介绍。

15.3　局部拟合法

局部插值法用一组已知点的样本来估算未知值，因此样本选取十分重要。首先，是确定用于估算的已知点个数（如样本大小）。GIS 软件包通常允许用户自己确定已知点的个数或用默认值（如 7～12 个控制点）。一般认为控制点越多，估算结果越精确。然而这种设想的正确与否取决于已知点与未知点的分布关系、空间自相关程度（第 11 章）及数据质量（Yang and Hodler，2000）。尽管如此，控制点越多通常意味着估算越趋于概括，控制点越少意味着估算更加准确（Zimmerman et al.，1999）。

控制点个数确定之后，下一步就是已知点选择（图 15.5）。一种简单方法是选取最邻近的已知点为已知点；另一种方法是用半径来选择已知点，半径的长短取决于样本大小。一些搜索选项可以结合应用四分或八分象限。四分象限法是从围绕每个要估算单元的 4 个方向选择已知点，八分象限法则是从 8 个方向来选择已知点。其他方法采用椭圆可考虑方向因素，椭圆的长轴与主方向相对应。

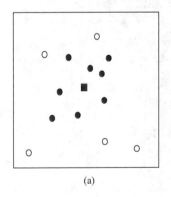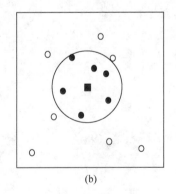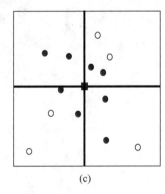

(a)	(b)	(c)

图 15.5　搜索样本点的 3 种方法：（a）找到与估算点最邻近的点，（b）以半径搜索点及（c）用象限搜索点

15.3.1　泰森多边形

泰森多边形假设泰森多边形内的任意点与多边形内的已知点的距离最近。泰森多边形最初用于估算区域的平均降水量。通过构建多边形，多边形内的任意点与多边形内的气象站更接近，而与多边形外的其他气象站则较远（Tabios and Salas，1985）。泰森多边

形也称为冯罗诺（*Voronoi*）多边形，并被用于多种设施特别是公共设施（如医院）的服务区域分析（Schuurman et al.，2006）。

泰森多边形不进行插值，而是基于已知点构建初始三角形。连接点的方法不同会形成不同的三角形群。其中，德劳奈三角网测量方法[与构建 TIN（参见第 13 章）相似的方法]常用于构建泰森多边形（Davis，1986）。Delaunay 三角网测量确保每个已知点都与它最近的点相接，这样就使得三角形尽可能为等边三角形。在三角形每条边的中点画垂线，就可以很容易地构建泰森多边形（图 15.6）。

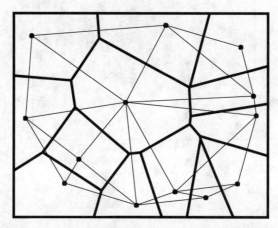

图 15.6 由已知点和德劳奈三角形（细线表示的）插值生成的泰森多边形（粗线表示的）

在点密集处，泰森多边形较小；在点稀疏处则较大。多边形大小反映了诸如公共设施的质量。多边形越大，意味着家庭位置与公共设施间的距离越大。多边形大小也可以用于其他目的，如预测森林的年龄，多边形越大，其树龄越大（Nelson et al.，2004）。

15.3.2 密度估算

密度估算用已知点的样本来量测栅格中的像元密度。例如，如果点代表的是人口普查范围的中心，已知值代表所报道的入室盗窃案件，密度估算可以生成全市范围内入室盗窃率高和低的表面图。对于某些应用，密度估算提供了替代点模式分析的方法，该方法描述了随机、聚合和离散模式（参见第 11 章）。

密度估算分成简单密度估算和核密度估算两种方法。简单估算方法是一个计数方法，而核估算方法则基于概率函数并提供密度估算的选项。简单密度估算方法是将栅格置于点分布图上，将落在每个像元的点制表，求所有点值的和，用和除以单元大小，就估算得每个像元的密度。图 15.7 是一个简单密度估算的输入和输出例子。输入是能看到鹿的点位的分布，以 50m 间距标绘（相当于遥感分辨率的大小）。每个鹿的点位有一个计数值，表示在该点上鹿被看到多少次。输出是密度栅格，像元大小是 $10000m^2$ 或 $1hm^2$，密度估算用每公顷看到的次数来表示。基于像元中心的圆形、矩形、楔形或环形可替代像元来进行密度估算。

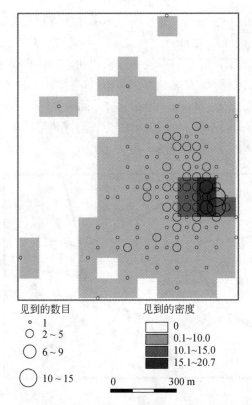

见到的数目

○ 1
○ 2～5
○ 6～9
○ 10～15

见到的密度

☐ 0
☐ 0.1～10.0
☐ 10.1～15.0
☐ 15.1～20.7

0　　　　300 m

图 15.7　由简单密度估算法的每公顷范围内看到鹿的次数

核密度估算（kernel density estimation） 将每个已知点与核函数联系，用于估算目的（Silverman，1986；Bailey and Gatrell，1995）。核函数表达为双变量概率密度函数，看起来像是一个隆起（bump），以一个已知点为中心，在一个定义的带宽或窗口范围内逐渐减小到 0（Silverman，1986）（图 15.8）。核函数和带宽决定了隆起的形状，这种形状反过来决定估算中的平滑量。那么，在点 x 上的核密度估算值是在带宽范围内位于已知点 x_i 的隆起之和。

$$\hat{f}(x) = \frac{1}{nh^d} \sum_{i=1}^{n} K\left[\frac{1}{h}(x - x_i)\right] \qquad (15.3)$$

式中，$K(\ )$ 是核函数；h 是带宽；n 是在带宽范围内的已知点数目；d 是数据的维度。对二维数据（$d=2$），核函数通常表示为

$$K(x) = 3\pi^{-1}(1 - X^T X)^2, \text{if } X^T X < 1 \qquad (15.4)$$
$$K(x) = 0, 否则$$

用方程（15.5）替代方程 15.4 中的 $K[\ ]$，则方程 15.4 改写成

$$\hat{f}(x) = \frac{3}{nh^2\pi} \sum_{i=1}^{n} \left\{1 - \frac{1}{h^2}\left[(x - x_i)^2 + (y - y_i)^2\right]\right\}^2 \qquad (15.5)$$

式中，π 是一个常数；$(x-x_i)$ 和 $(y-y_i)$ 分别是带宽范围内的点 x 和已知点 x_i 之间的 x、y 坐标的偏差。

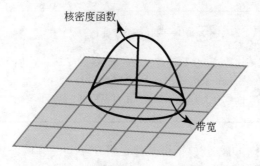

图 15.8 核函数是一个概率密度函数，在图上显示就像格网上的一个"隆起"（"bump"）

使用与简单估算方法相同的输入数据，图 15.9 显示核密度估算法构建的密度栅格输出结果。栅格上的密度值是期望值而非概率（注释栏 15.2）。核密度估算法通常能产生比简单估算法更平滑的密度表面。

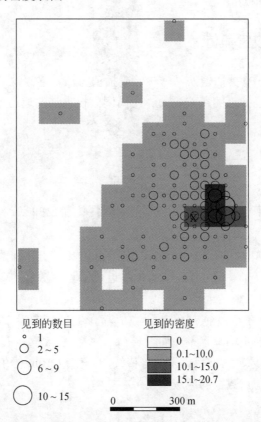

图 15.9 由核密度估算法计算的每公顷范围内看到鹿的次数。字母 X 标记的像元用作注释栏 15.2 中的例子

注释栏 15.2	核密度估算的实例

本例说明图 15.9 中 X 标记的单元值的计算过程。窗口范围被定义成一个以 100m 为半径（h）的圆。因此，只有在像元中心 100m 半径范围内的点能影响像元密度的估算。用像元周围邻近的 10 个点，由下式计算像元的密度：

$$\frac{3}{\pi}\sum_{i=1}^{10} n_i \{1 - \frac{1}{h^2}[(x - x_i)^2 + (y - y_i)^2]\}^2$$

式中，n_i 是在点 I 处的观测次数；x_i 和 y_i 是点 i 的 x、y 坐标；x 和 y 是待估算像元的中心 x、y 坐标。因为密度是用每 10000 m² 或 hm² 来度量，因此，在方程（15.5）中，h^2 被省略掉。又因为结果显示的是一个期望值而非概率，因此在方程（15.5）中，n 也不需要。最后，像元密度的计算结果是 11.421。

作为表面插值的一种方法，核密度估算已经在不同的领域得到了广泛的应用，主要作为数据可视化和探查的工具。例如，公共健康（Reader，2001；Chung et al.，2004）、犯罪学（Gerber，2004）、道路事故（Anderson，2009）、城市形态学（Mackaness and Chaudhry，2013）。至于核密度估算的最新进展包括使用地理社交数据，如作为数据源（Mackaness and Chaudhry，2013）并与时间维结合的地理标注的 Flickr 图像（Brunsdon、Corcoran and Higgs，2007）。

15.3.3　距离倒数权重插值

距离倒数权重（IDW）插值法是一种精确插值方法，它假设未知值的点受近距离已知点的影响比远距离已知点的影响更大。距离倒数权重法的通用方程式为

$$z_0 = \frac{\sum_{i=1}^{s} z_i \frac{1}{d_i^k}}{\sum_{i=1}^{s} \frac{1}{d_i^k}} \tag{15.6}$$

式中，z_0 是点 0 的估计值；z_i 是已知点 i 的 z 值；d_i 是已知点 i 与点 0 间的距离；s 是在估算中用到的已知点数目；k 是确定的幂。

幂 k 控制了局部影响的程度。指数幂等于 1.0 意味着点之间数值变化率为恒定不变（线性插值）。指数幂大于等于 2.0 意味着越靠近已知点，数值的变化率越大；远离已知点时，则趋于平稳。

IDW 插值的一个重要特征是所有预测值都介于已知的最大值和最小值之间。图 15.10 为 IDW 法生成的年均降水量曲面（$k=2$）（注释栏 15.3）。图 15.11 为其等值线图。IDW 插值的显著特点是产生小而封闭的等值线。西南角 10in 等值线的形状较为怪异，因为该地属于缺乏已知点数据的区域。

15.3.4　薄板样条函数（thin-plate splines）

在空间插值中除了应用于表面而非线条以外，空间插值的样条与线的平滑（第 7 章）在概念上相似。**薄板样条函数**生成一个通过控制点的表面，并使所有点连接形成的所有坡面的斜度变化最小（Franke，1982）。也就是说，薄板样条函数基于生成最小曲率的面来拟合控制点。薄板样条函数的近似表达式如下：

$$Q(x, y) = \sum A_i d_i^2 \log d_i + a + bx + cy \tag{15.7}$$

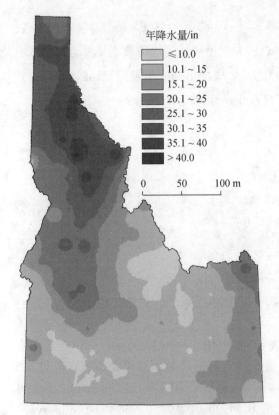

图 15.10 距离倒数权重插值法生成
的年平均降水量曲面

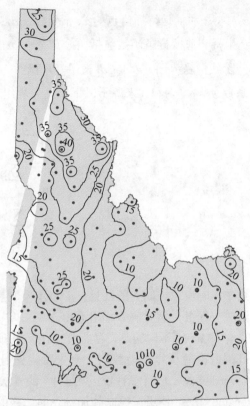

图 15.11 距离倒数权重插值法生成的
等值量线图

| 注释栏 15.3 | 距离倒数权重法估算的实例 |

本例所用数据与注释栏 15.1 相同。但是，0 点的值通过距离倒数平方方法插值得到。下表显示 0 点分别与 5 个已知点之间的距离（km）：

点号	距离
0，1	18.000
0，2	20.880
0，3	32.310
0，4	36.056
0，5	47.202

将已知的数值和距离值代到方程（15.6），继而估算 z_0，结果如下：

$\Sigma z_i 1/d_i^2 = (20.820)(1/18.000)^2 + (10.910)(1/20.880)^2 + (10.380)(1/32.310)^2 + (14.600)(1/36.056)^2 + (10.560)(1/47.202)^2 = 0.1152$

$\Sigma 1/d_i^2 = (1/18.000)^2 + (1/20.880)^2 + (1/32.310)^2 + (1/36.056)^2 + (1/47.202)^2 = 0.0076$

$z_0 = 0.1152/0.0076 = 15.158$

式中，x 和 y 是待插值点的 x、y 坐标，$d_i^2 = (x - x_i)^2 + (y - y_i)^2$，$x_i$ 和 y_i 是控制点 i 的 x、y 坐标。薄板样条函数包括两个部分：（$a+bx+cy$）表示局部趋势函数，其表达式类似于一阶线性趋势面，$d_i^2 \log d_i$ 表示基本函数，目的是生成最小曲率的表面（Watson，1992）。系数 A_i、a、b 和 c 来源于以下线性方程组（Franke，1982）：

$$\sum_{i=1}^{n} A_i d_i^2 \log d_i + a + bx + cy = f_i$$

$$\sum_{i=1}^{n} A_i = 0$$

$$\sum_{i=1}^{n} A_i x_i = 0$$

$$\sum_{i=1}^{n} A_i y_i = 0 \qquad （15.8）$$

式中，n 表示控制点的数目；f_i 表示控制点 i 的已知值；系数的估算需要 $n+3$ 个方程，组成方程组，然后解方程组而得。

　　与 IDW 不同的是，薄板样条函数法预测的值并不局限于控制点的最大值与最小值范围内。薄板样条函数的一个主要问题是数据贫乏区的陡坡，通常是指如同"过冲"（overshoots）。已有多种校正"过冲"的方法。例如，薄板张力样条（thin-plate splines with tension）法，使用户控制施加到表面边缘的压力（Franke，1985；Mitas and Mitasova，1988）。还有其他包括规则样条（Mitas and Mitasova 1988）和规则张力样条（Mitasova and Mitas 1993）等方法。所有的这些方法都归为**径向基函数（RBF）**这一类（注释栏 15.4）。

注释栏 15.4　　　　　　　　　　　**径向基（radial basis）函数**

　　径向基函数（RBF）是指插值方法的一个大类。所有这些插值方法都基于精确插值。基函数或方程的设置决定了面与控制点间如何匹配。例如，ArcGIS 提供了 5 种径向基函数方法，分别是薄板样条、张力样条、完全规则样条、多象限函数和反多象限函数。每种径向基函数方法各有其控制生成表面光滑程度的参数。虽然每个径向基函数与其参数结合共同产生新的表面，但是，生成的表面之间的差别很小。

　　薄板张力样条（thin-plate splines with tension）法的表达式如下：

$$a + \sum_{i=1}^{n} A_i R(d_i) \qquad （15.9）$$

式中，a 表示趋势函数，基本函数 R（d）的表达式为

$$-\frac{1}{2\pi\varphi^2}[\ln(\frac{d\varphi}{2}) + c + K_0(d\varphi)] \qquad （15.10）$$

式中，φ 是此张力法中用到的权重。如果权重 φ 的值设定为接近 0，用张力法与基本薄板样条法得到的估计值相似；较大的权重 φ 值降低了薄板的刚度，因而缩小了插值的范

围，结果是通过控制点生成如同膜状的表面形态（Franke，1985）。注释栏 15.5 为采用薄板张力样条法的实例。

<table>
<tr><td>注释栏 15.5</td><td colspan="5">薄板张力样条函数（thin-plate splines with tension）的实例</td></tr>
</table>

本实例所用数据与注释栏 15.1 中的相同，但是，生成 0 点的未知值的方法是薄板样条函数法。首先，通过估算预测点与已知点之间的距离、已知点之间的距离和 ϕ 值（0.1），计算得到方程（15.10）中的 $R(d)$。下表显示与距离值相伴随的 $R(d)$ 值：

Points	0, 1	0, 2	0, 3	0, 4	0, 5
Distance	18.000	20.880	32.310	36.056	47.202
$R(d)$	−7.510	−9.879	−16.831	−8.574	−22.834
Points	1, 2	1, 3	1, 4	1, 5	2, 3
Distance	31.240	49.476	34.526	59.666	40.000
$R(d)$	−16.289	−23.612	−17.879	−26.591	−20.225
Points	2, 4	2, 5	3, 4	3, 5	4, 5
Distance	56.920	62.032	47.412	26.076	40.200
$R(d)$	−25.843	−27.214	−22.868	−13.415	−20.305

然后，计算出方程（15.9）中的 A_i，将计算出的 $R(d)$ 值代入方程（15.9）中，并以矩阵形式表示方程和 A_i 的约束条件：

$$\begin{bmatrix} 1 & 0 & -16.289 & -23.612 & -17.879 & -26.591 \\ 1 & -16.289 & 0 & -20.225 & -25.843 & -27.214 \\ 1 & -23.612 & -20.225 & 0 & -22.868 & -13.415 \\ 1 & -17.879 & -25.843 & -22.868 & 0 & -20.305 \\ 1 & -26.591 & -27.214 & -13.415 & -20.305 & 0 \\ 0 & 1 & 1 & 1 & 1 & 1 \end{bmatrix} \times \begin{bmatrix} a \\ A_1 \\ A_2 \\ A_3 \\ A_4 \\ A_5 \end{bmatrix} = \begin{bmatrix} 20.820 \\ 10.910 \\ 10.380 \\ 14.600 \\ 10.560 \\ 0 \end{bmatrix}$$

解矩阵，其解为

$a = 13.203$ $A_1 = 0.396$ $A_2 = -0.226$ $A_3 = -0.058$ $A_4 = -0.047$ $A_5 = -0.065$

至此，以下式计算点 0 处的值：

$z_0 = 13.203 + (0.396)(-7.510) + (-0.226)(-9.879) + (-0.058)$
$(-16.831) + (-0.047)(-18.574) + (-0.065)(-22.834) = 15.795$

用相同的数据集，由其他方法估算得到的 z_0 值分别为薄板样条估算的值为 16.350，规则样条法估算的值为 15.015，其中，τ 取值 0.1。

薄板样条函数及衍生函数常用于生成平滑、连续的表面，如高程面或水位面。样条函数法也被用于平均降水量（Hutchinson，1995；Tait et al.，2006）和土地需求表面（Wickham O'Neill and Jones，2000）的生成。图 15.12 和图 15.13 分别显示规则样条函数和张力样条函数两种方法建立的年均降水量面。相对于距离倒数平方插值法生成的等雨量线，两图中的等雨量线都很平滑。此外，两等值线相似。

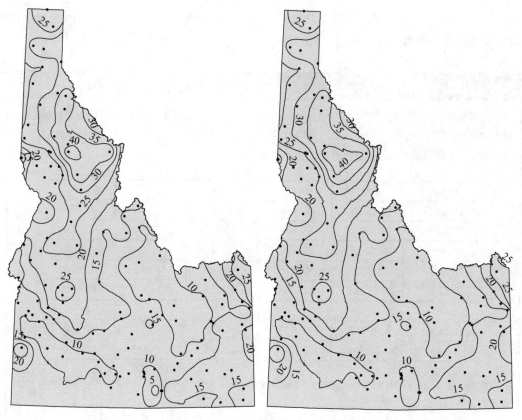

图 15.12　规则样条法生成的等雨量线图　　　图 15.13　张力样条法生成的等雨量线图

15.4　克里金法（Kriging）

克里金法是一种用于空间插值的地统计学方法。与前面介绍的其他插值法相比，克里金法可用估计的预测误差来评估预测的质量。克里金法最初源于 20 世纪 50 年代的采矿和地质工程，至今已在许多学科中被广泛应用。克里金法在地球和环境科学中已很流行。

克里金法假设某种属性的空间变异（如一个矿体内品位的变化）既不是完全随机性的也不是完全确定性的。相反，空间变异可能包括 3 种影响因素：表征区域变量变异的空间相关因素；表征趋势的"漂移"或结构；还有随机误差。对几种影响的不同解释，形成用于空间插值的不同克里金法。

15.4.1　半变异图

克里金法用半变异测定空间相关要素，这里的要素是指对空间依赖的要素或被称为空间自相关要素。半变异的计算公式如下：

$$\gamma(h) = \frac{1}{2}[z(x_i) - z(x_j)]^2 \tag{15.11}$$

式中，$\gamma(h)$ 是已知点 x_i 和 x_j 的半变异；h 表示这两个点之间的距离；z 是属性值。

图 15.14 是半变异云图，相对于数据集中各对已知点的距离 h 点绘 $\gamma(h)$（因为半变异图根据已知点测算，克里金法有时也被称为有全局支持）。如果数据集空间自相关确实存在，则近距离已知点之间的半变异很小，而较远距离的已知点之间的半变异较大。

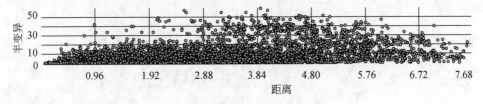

图 15.14　半变异云图

半变异云图是探测研究对象空间变异性的重要工具（Gringarten and Deutsch，2001）。但是，因为它包含所有的控制点对，使之操作和使用不方便。克里金法中通常使用一种称为**区间分组（binning）**的过程，并以距离和方向来平均半变异数据。其步骤如下：首先将样本点对分成不同步长的区间组。例如，如果以距离间隔 2000m 为步长，则距离小于 2000m 的样本点对将被分到 0～2000 的区间组中，距离 2000～4000m 的样本点对则分到 2000～4000 区间组中，依此类推。其次，按方向对将样本点再进行分区。常用的方法是用辐射状扇区，而 ArcGIS 的 Geostatistical Analyst 地统计分析模块则用格网像元进行归类（图 15.15）。

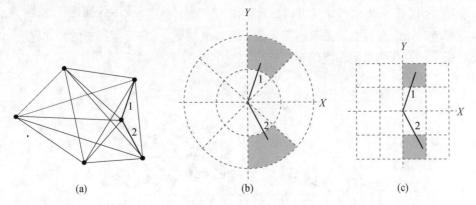

图 15.15　对图（a）中的 1 和 2 样本按方向进行区间归类的常用方法是径向扇区（b）。ArcGIS 中的 Geostatistical Analyst 则使用如图（c）所示的格网像元

区间分组的结果是生成一系列区间组，区间组分别按距离和方向对所有样本点对进行归类。最后，按算式（15.12）计算平均半变异：

$$\gamma(h) = \frac{1}{2n} \sum_{i=1}^{n} [z(x_i) - z(x_i + h)]^2 \tag{15.12}$$

式中，$\gamma(h)$ 是按步长 h 归类的样本点的平均半变异；n 是按方向归类的样本点对数；z 是属性值。

用平均半变异和平均距离绘制**半变异图**（图 15.16）。因为考虑方向因素，相同的距离值可能有多个半变异。可以按距离来观察图 15.16 中的半变异图。如果样本点对之间存在空间相关，那么，距离上接近的点对之间有更接近的值，相离较远的点对则不然。换言之，当不存在空间自相关时，样本点之间的距离增加，半变异随之增大。

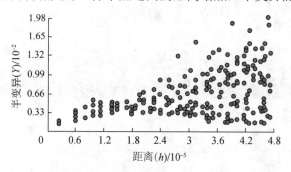

图 15.16　通过距离区间分组后的半变异图

可按方向对半变异图进行观察。如果空间相关性具有方向性，那么，某一方向的半变异将比其他方向上的变化更快。**各向异性**是描述空间相关的方向差异的术语（Eriksson and Siska，2000）。与此相反，各向同性是指空间相关不随方向变化而变化，而仅随距离变化而变化。

15.4.2　模型

如图 15.16 所示的半变异图可以单独用于测定数据集间的空间自相关。但是，在克里金法插值时，半变异图通常须用某一数学函数或模型来拟合（图 15.17）。拟合的半变异图可用于估算任意给定距离的半变异。

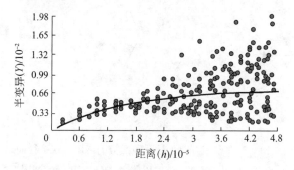

图 15.17　用数学函数或模型拟合半变异

在地统计学中，半变异的拟合比较困难，并且是一项有争议的工作（Webster and Oliver，2001），原因之一是可供选择的模型数量较多。例如，ArcGIS 中的 Geostatistical Analyst 模块就提供了 11 个模型。另一原因是缺乏比较不同模型的标准方法。Webster 和 Oliver（2001）提出了一种将视觉观察与交叉验证相结合的方法。其中，交叉验证（15.5 节专门讨论）是一种比较插值方法的统计学方法。例如，Geostatistical Analyst 中的最优模型就是基于交叉验证的结果。也有人建议用人工智能系统，按照与任务相关的知识和数据特点，来选择合适的插值方法（Jarvis et al.，2003）。

半变异常用的两种模型是球体模型（Geostatistical Analyst 中默认的模型）和指数模型（图 15.18）。球体模型显示，空间相关性随距离增加逐渐降低，直到某一距离后，空间相关性趋于稳定。指数模型的变化出现在各种尺度，变化幅度相对较小，即随着距离增加，空间相关呈指数型递减，直至达到无限远的距离才消失。

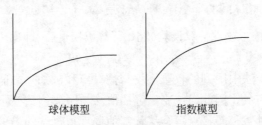

图 15.18 拟合半变异图的两种常见模型：球体模型和指数模型

拟合半变异图包括 3 个元素：块金、变程和基台。**块金（nugget）**是样对距离为 0 时的半变异，表示测量及分析误差或微小变异，或两者。**变程（range）**是半变异开始稳定时的样对距离，即它与半变异图中的空间相关部分的距离相对应。超过该变程，半变异趋于相对恒定值。此时的半变异称为**总基台值（sill）**。总基台值包括两个部分：块金和**基台值（partial sill）**，换言之，基台值等于总基台值与块金之差。

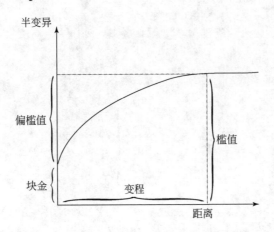

图 15.19 块金、变程、总基台值和基台值

15.4.3 普通克里金法

假设不存在漂移，**普通克里金法**重点考虑空间相关的因素，并用拟合的半变异直接进行插值。估算某测量点 z 值的通用方程为

$$z_0 = \sum_{i=1}^{s} z_x W_x \qquad (15.13)$$

式中，z_0 是待估计值；z_x 是 x 点的已知值；W_x 是 x 点的权重；s 是用于估算的样本点数目。权重可由对一组联立方程求解得到。例如，由 3 个已知点（1，2，3）估算一个未知点（0）的值时，需要联立以下 3 个方程：

$$W_1\gamma(h_{11}) + W_2\gamma(h_{12}) + W_3\gamma(h_{13}) + \lambda = \gamma(h_{10})$$
$$W_1\gamma(h_{21}) + W_2\gamma(h_{22}) + W_3\gamma(h_{23}) + \lambda = \gamma(h_{20}) \qquad (15.14)$$
$$W_1\gamma(h_{31}) + W_2\gamma(h_{32}) + W_3\gamma(h_{33}) + \lambda = \gamma(h_{30})$$
$$W_1 + W_2 + W_3 + 0 = 1.0$$

式中，$\gamma(h_{ij})$ 是已知点 i 和 j 间的半变异；$\gamma(h_{i0})$ 是第 i 个已知点与未知点之间的半变异。λ 是引入的拉格朗日系数，以确保估算误差最小。计算出权重后，即可由方程（15.14）估算 z_0：

$$z_0 = z_1 W_1 + z_2 W_2 + z_3 W_3$$

此例显示，克里金法中用到的权重不仅与估算点和已知点之间的半变异有关，还与已知点之间的半变异有关，因此，使克里金插值法与距离倒数权重插值法相区别。后者只用已知点和估算点估算权重。克里金法和其他局部拟合法的另外一个重要区别是，克里金法对每个估算点都进行变异量算，用于说明估算值的可靠性。如上例，变异估算可由式（15.15）计算：

$$s^2 = W_1\gamma(h_{10}) + W_2\gamma(h_{20}) + W_3\gamma(h_{30}) + \lambda \qquad (15.15)$$

基于指数模型的普通克里金法生成的年降水量曲面如图 15.20 所示。15.21 图中显示出克里金法预测曲面的标准误差分布。正如所料，数据贫乏地区的标准差最高。具体的普通克里金法插值的实例见注释栏 15.6。

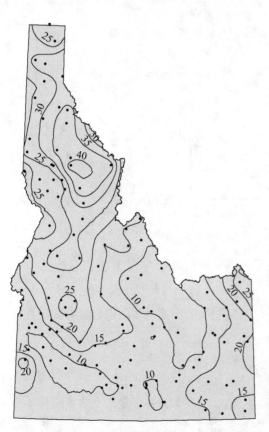
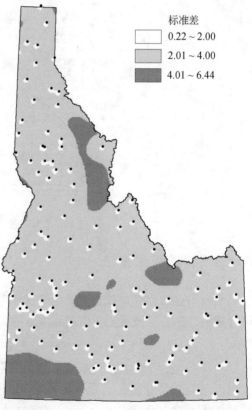

图 15.20　基于指数模型的普通克里金插值法生成的等雨量线图

图 15.21　图 15.20 中的年降水量曲面的标准差

注释栏 15.6	用普通克里金法估算的实例

本例用普通克里金法进行空间插值。为简化计算，选择线性模型，模型定义为

$$\gamma(h) = C_0 + C(h/a),\ 0 < h <= a$$
$$\gamma(h) = C_0 + C,\ h > a$$
$$\gamma(0) = 0$$

式中，$\gamma(h)$ 是在距离为 h 的半变异；C_0 是在距离 0 处的半变异；a 是变程；C 是总基台值，或者表示在 a 处的半变异。在 ArcGIS 软件下的输出结果为

$$C_0=0,\ C=112.475,\ a=458000$$

然后，用模型进行空间插值。方法与注释栏 15.1 中的相同，即用 5 个已知数值的点估计未知点的值。这一步首先需要计算各点之间的距离（km），以及基于线性模型计算各距离值的半变异。结果如下表（单位为 km）：

Points ij	0, 1	0, 2	0, 3	0, 4	0, 5
h_{ij}	18.000	20.880	32.310	36.056	47.202
$\gamma(h_{ij})$	4.420	5.128	7.935	8.855	11.592
Points ij	1, 2	1, 3	1, 4	1, 5	2, 3
h_{ij}	31.240	49.476	34.526	59.666	40.000
$\gamma(h_{ij})$	7.672	12.150	8.479	16.653	9.823
Points ij	2, 4	2, 5	3, 4	3, 5	4, 5
h_{ij}	56.920	62.032	47.412	26.076	40.200
$\gamma(h_{ij})$	13.978	15.234	11.643	6.404	9.872

基于半方差，再将联立方程改写成矩阵形式，求出权重：

$$\begin{bmatrix} 0 & 7.672 & 12.150 & 8.479 & 14.653 & 1 \\ 7.672 & 0 & 9.823 & 13.978 & 15.234 & 1 \\ 12.150 & 9.823 & 0 & 11.643 & 6.404 & 1 \\ 8.479 & 13.978 & 11.643 & 0 & 9.872 & 1 \\ 14.653 & 15.234 & 6.404 & 9.872 & 0 & 1 \\ 1 & 1 & 1 & 1 & 1 & 0 \end{bmatrix} \times \begin{bmatrix} W_1 \\ W_2 \\ W_3 \\ W_4 \\ W_5 \\ \lambda \end{bmatrix} = \begin{bmatrix} 4.420 \\ 5.128 \\ 7.935 \\ 8.855 \\ 11.592 \\ 1 \end{bmatrix}$$

该矩阵的解为

$$W_1 = 0.397 \quad W_2 = 0.318 \quad W_3 = 0.182 \quad W_4 = 0.094 \quad W_5 = 0.009 \quad \lambda = -1.161$$

再用方程（15.14），估计未知点 0 的值：

$$z_0 = (0.397)(20.820) + (0.318)(10.910) + (0.182)(10.380) + (0.094)(14.600) + (0.009)(10.560) = 15.091$$

也可由下式计算未知点 0 的估计变异：

$$s^2 = (4.420)(0.397) + (5.128)(0.318) + (7.935)(0.182) + (8.855)(0.094) + (11.592)(0.009) - 1.161 = 4.605$$

于是，点 0 处估计值的标准差为 2.146。

15.4.4　泛克里金法（universal Kriging）

　　泛克里金法假设除了样本点之间的空间相关性外，空间变量的 z 值还受到漂移或倾向等影响。克里金是在趋势删除后的残差上进行的。这就是为什么泛克里金也被称为残差克里金（Wu and Li，2014）。一般来说，泛克里金法通常用到一阶（平面曲面）或二阶（二维曲面）多项式。一阶多项式为

$$M = b_1 x_i + b_2 y_i \tag{15.16}$$

式中，M 表示漂移；x_i 和 y_i 是样本点 i 的 x、y 坐标；b_1 和 b_2 是漂移系数。二阶多项式为

$$M = b_1 x_i + b_2 y_i + b_3 x_i^2 + b_4 x_i y_i + b_5 y_i^2 \tag{15.17}$$

　　通常不用高阶多项式，有两个原因。第一，高阶多项式在残差中会留下少量变异，造成结果的不确定性。第二，高阶多项式意味着相关系数 b_i 的数目很多，并且又必须与权重一起估算，致使需要联立求解的方程太多。

　　图 15.22 是基于一阶线性漂移的泛克里金插值法生成的年降水量曲面，图 15.23 是所预测曲面的标准差分布图。从此例可见，相对于普遍克里金法，泛克里金插值法估算的预测值可靠性较低。泛克里金法估算的例子见注释栏 15.7。

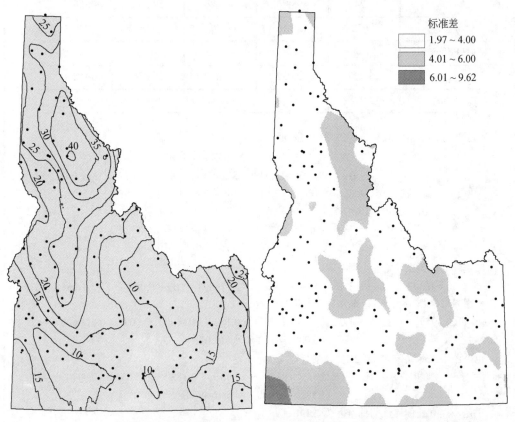

图 15.22　基于线性漂移和球体模型的　　　　图 15.23　图 15.22 中年降水量曲面的
　　　泛克里金插值法的等雨量线图　　　　　　　　　　标准差分布图

| 注释栏 15.7 | 泛克里金法估算的实例 |

本例用泛克里金法估算点 0 的未知值（注释栏 15.1）。有以下假设：①漂移为线性的，②半变异图拟合为线性模型。一并考虑附加漂移因素，共选用 8 个方程联立成方程组：

$$W_1\gamma(h_{11})+W_2\gamma(h_{12})+W_3\gamma(h_{13})+W_4\gamma(h_{14})+W_5\gamma(h_{15})+\lambda+b_1x_1+b_2y_1=\gamma(h_{10})$$
$$W_1\gamma(h_{21})+W_2\gamma(h_{22})+W_3\gamma(h_{23})+W_4\gamma(h_{24})+W_5\gamma(h_{25})+\lambda+b_1x_2+b_2y_2=\gamma(h_{20})$$
$$W_1\gamma(h_{31})+W_2\gamma(h_{32})+W_3\gamma(h_{33})+W_4\gamma(h_{34})+W_5\gamma(h_{35})+\lambda+b_1x_3+b_2y_3=\gamma(h_{30})$$
$$W_1\gamma(h_{41})+W_2\gamma(h_{42})+W_3\gamma(h_{43})+W_4\gamma(h_{44})+W_5\gamma(h_{45})+\lambda+b_1x_4+b_2y_4=\gamma(h_{40})$$
$$W_1\gamma(h_{51})+W_2\gamma(h_{52})+W_3\gamma(h_{53})+W_4\gamma(h_{54})+W_5\gamma(h_{55})+\lambda+b_1x_5+b_2y_5=\gamma(h_{50})$$
$$W_1+W_2+W_3+W_4+W_5+0+0+0=1$$
$$W_1x_1+W_2x_2+W_3x_3+W_4x_4+W_5x_5+0+0+0=x_0$$
$$W_1y_1+W_2y_2+W_3y_3+W_4y_4+W_5y_5+0+0+0=y_0$$

式中，x_0 和 y_0 是待估算点的 x、y 坐标；x_i 和 y_i 是已知点 i 的 x、y 坐标；其他符号注释同注释栏 15.6。x、y 坐标实际上对应于输出格网中的行和列，格网单元大小为 2000m。

与普通克里金法类似，方程中的半变异可以从半变异图和线性模型得到。然后，以矩阵形式重写方程：

$$
\begin{bmatrix}
0 & 7.672 & 12.150 & 8.479 & 14.653 & 1 & 69 & 76 \\
7.672 & 0 & 9.823 & 13.978 & 15.234 & 1 & 59 & 64 \\
12.150 & 9.823 & 0 & 11.643 & 6.404 & 1 & 75 & 52 \\
8.479 & 13.978 & 11.643 & 0 & 9.872 & 1 & 86 & 73 \\
14.653 & 15.234 & 6.404 & 9.872 & 0 & 1 & 88 & 53 \\
1 & 1 & 1 & 1 & 1 & 0 & 0 & 0 \\
69 & 59 & 75 & 86 & 88 & 0 & 0 & 0 \\
76 & 64 & 52 & 73 & 53 & 0 & 0 & 0
\end{bmatrix}
\times
\begin{bmatrix}
W_1 \\ W_2 \\ W_3 \\ W_4 \\ W_5 \\ \lambda \\ b_1 \\ b_2
\end{bmatrix}
=
\begin{bmatrix}
4.420 \\ 5.128 \\ 7.935 \\ 8.855 \\ 11.592 \\ 1 \\ 69 \\ 67
\end{bmatrix}
$$

该矩阵的解为

$$W_1=0.387 \quad W_2=0.311 \quad W_3=0.188 \quad W_4=0.093 \quad W_5=0.021 \quad \lambda=-1.154 \quad b_1=0.009 \quad b_2=-0.010$$

点 0 处的估计值是

$$z_0=(0.387)(20.820)+(0.311)(10.910)+(0.188)(10.380)+(0.093)(14.600)+$$
$$(0.021)(10.560)=14.981$$

点 0 处估计值的变异是

$$s^2=(4.420)(0.387)+(5.128)(0.311)+(7.935)(0.188)+(8.855)(0.093)+$$
$$(11.592)(0.021)-1.154+(0.009)(69)-(0.010)(67)=4.661$$

点 0 处估计的标谁差（s）等于 2.159。可见，泛克里金法生成的结果与用普通克里金法生成的结果十分接近。

15.4.5　其他克里金法

普通克里金和泛克里金是最常用的方法。其他克里金法包括简单克里金法、指示克里金法、离析克里金法和块克里金法（Bailey and Gatrell，1995；Burrough and McDonnell，1998；Lloyd and Atkinson，2001；Webster and Oliver，2001）。简单克里金法假设趋势组分是一个常数和已知的均值，这通常是不现实的。指示克里金法用非连续的二进制数据（如 0 和 1）。因此，插值得到 0～1 的数据，类似于概率。离析克里金法用属性值的函数进行插值，并且在计算上比其他克里金法复杂。块克里金法则基于某个小范围或块（而非某个点）估算变量的平均值。

协克里金法用一个或多个次要变量对所感兴趣的变量进行插值估算，这些次要变量与主要变量都有相关关系。并且假设变量之间的相关关系能用于提高主要变量预测值的精度。有文献报道，用协克里金法对降水量进行插值时，如将地形变量高程作为一个协变量会获得更好的估值结果（Diodato，2005）。根据用于每个数据集的克里金方法，协克里金法可以是普通协克里金法、泛协克里金法，等等。

15.5　空间插值方法的比较

空间插值方法有许多种，基于相同数据采用不同插值方法将生成不同的插值结果。例如，图 15.24 显示 IDW（距离倒数权重）和普通克里金法生成的插值曲面的差异。差值范围为–8～3.4in。其中，负值意味着 IDW 估算值小于普通克里金估算值，正值则正好相反。很明显，数据缺乏区域的差值最大（如不管为正或负值，都超过 3in），表明空间插值不能取代观测数据。但是，当无法增加更多观测点时，如何判断哪种插值法或参数取值更好呢？

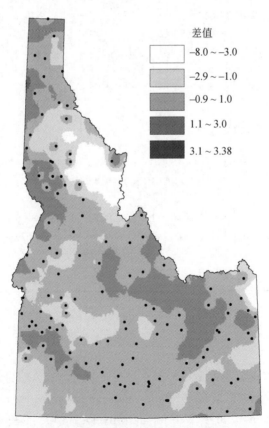

图 15.24　普通克里金和距离倒数权重法生成的插值面的差异

交叉验证和验证是进行插值方法比较时两种常用的统计技术（Zimmerman et al.，1999；Lloyd，2005）。尽管一些研究已经指出所生成曲面的视觉质量十分重要，如曲面应保持空间格局的清晰性、视觉舒适性和准确性（Yang and Hodler，2000）。

交叉验证对被比较的每种插值方法，重复下述操作步骤，实现对不同插值方法的比较：

（1）从数据集中除去一个已知点的测量值；

（2）用保留点的测量值估算除去点的值；

（3）比较原始值和估算值，计算出估算值的预计误差。

针对每个已知点，进行上述步骤；然后，计算诊断统计值，评估插值方法的准确度。两个常用的诊断统计值为均方根（RMS）误差和标准均方根误差：

$$\text{RMS} = \sqrt{\frac{1}{n}\sum_{i=1}^{n}(z_{i,\text{act}} - z_{i,\text{est}})^2} \tag{15.18}$$

$$\text{标准 RMS} = \sqrt{\frac{1}{n}\sum_{i=1}^{n}\frac{(z_{i,\text{act}} - z_{i,\text{est}})^2}{s^2}} = \frac{\text{RMS}}{s} \tag{15.19}$$

式中，n 是测量点的数目；$z_{i,\text{act}}$ 是 i 点的已知值；$z_{i,\text{est}}$ 是 i 点的估算值；s^2 是变异，s 是标准差。

RMS 是常用的精度测量方法，它可量化样本点已知值和估算值之间的差异。所有的精确局部拟合法都可以用均方根进行交叉验证，但是标准均方根只适用于克里金法，因为计算中需要用变异。标准化 RMS 需要用于计算的估算值的方差，因此只能用于克里金。各统计值解释如下：

（1）插值方法效果越好，RMS 值越小。也就是说，最佳的插值方法应该具有最小的 RMS 值，或者样本点的估算值和已知点间的平均偏差达到最小。

（2）较好的克里金方法，其均方差较小，且标准均方根接近 1。

如果标准均方根等于 1，表明 RMS=s。因此，估算标准误差是一个衡量预测值不确定性的可靠且有效的指标。

进行插值方法比较的一个常用交叉验证技术，是先将已知点分成两组样本：一组样本用于各插值方法的建模；另一组样本用于检测模型的准确度。由检测样本导出的均方根和标准均方根等诊断统计值，用于方法的比较。

重要概念和术语

各向异性（**Anisotropy**）：在空间相关分析中，描述空间相关性方向差异的术语。

区间分组（**Binning**）：克里金法中用距离和方向均分半变异数据的过程。

控制点（**Control points**）：空间插值中已知数值的点，也称为已知点、样点或观测点。

交叉验证（**Cross-validation**）：比较不同插值方法差异的技术。

密度估算（**Density estimation**）：一种局部拟合插值方法，该方法基于点的分布和点的数值来量测栅格密度。

确定性插值（Deterministic interpolation）：没有对预测值的误差进行评估的空间插值法。

精确插值（Exact interpolation）：控制点的预测值与实测值相同的插值法。

整体拟合插值法（Global interpolation）：该插值法用所有的控制点来估算未知点的值。

非精确插值（Inexact interpolation）：控制点的预测值与已知值不同的插值法。

距离倒数权重插值（IDW interpolation）：未知点的值受邻近点的影响比远距离点的影响更大的插值法。

核密度估算（Kernel density estimation）：把每个已知值的点与核函数关联起来，以二变量概率密度函数形式进行的局部拟合插值法。

克里金法（Kriging）：一种随机性插值方法，假定属性的空间变异包含空间相关成分。

局部拟合插值法（Local interpolation）：使用已知点的样本对未知值进行估算的空间插值法。

局部多项式插值法（Local polynomial interpolation）：使用已知点的样本和多项式方程来估算点的未知值的空间插值法。

局部回归分析（Local regression analysis）：局部插值方法是使用每个已知点的信息去获得局部回归模型，也称为地理权重回归分析。

块金（Nugget）：半变异图上在距离为 0 处的半变异值。

普通克里金法（Ordinary kriging）：假定不存在漂移或趋势，关注空间相关要素的一种克里金法。

基台值（Partial sill）：半变异图中总基台值与块金的差值。

径向基函数（RBF）：空间多种插值方法的集合，包括薄板样条、薄板张力样条和规则样条。

变程（Range）：半变异图中，半变异达到恒定时的距离。

回归模型（Regression model）：用一系列自变量去估算一个因变量的一种常用的整体拟合插值法。

半变异（Semivariance）：克里金法用于度量已知点之间空间相关程度的测度。

半变异图（Semivariogram）：克里金法中，用于表示半变异与已知点之间距离关系的图解。

总基台值（Sill）：半变异图中达到恒定的半变异。

空间插值（Spatial interpolation）：用已知值的点来估算其他点未知值的过程。

随机性插值（Stochastic interpolation）：用估算变异提供对预测误差的评价的空间插值方法。

泰森多边形（Thiessen polygons）：局部拟合插值法的一种。该方法确保在一个多边形内的每个未采样点与该多边形内的已知点更接近，而与任何其他的已知点相距更远。也称为冯罗诺多边形（*Voronoi polygons*）。

薄板样条函数（Thin-plate splines）：局部拟合插值法的一种，该方法创建的面所经过的点与全部点的坡度变化最小。

　　薄板张力样条（**Thin-plate splines with tension**）：用于空间插值的薄板样条函数的一种衍生函数类型。

　　趋势面分析（**Trend surface analysis**）：基于已知值的点和多项式方程拟合近似面的一种整体拟合插值法。

　　泛克里金法（**Universal kriging**）：克里金法的一种，除了样本点之间的空间相关性之外，该方法还假定属性的空间变异存在漂移或结构成分。

　　验证（**Validation**）：对插值方法进行比较的技术。验证的方法是将控制点分成两组样本，一组用于建立模型，另一组用于验证模型的精度。

复习题

　　1. 什么是空间插值？

　　2. 空间插值需要何种输入数据？

　　3. 说明整体拟合插值和局部拟合插值的区别。

　　4. 精确插值方法与非精确插值方法的区别是什么？

　　5. 什么是泰森多边形？

　　6. 给定一个包含 12 个已知点的样本点，说明利用最近点的样点法和象限法之区别。

　　7. 描述如何利用核密度估算法生成像元密度。

　　8. 在距离倒数权重插值中，幂 k 决定了源自样点数值的变化速率。能否想像 k 值大于等于 2 的空间插值情况？

　　9. 说明半变异是如何用于对数据集中的空间相关性进行定量化。

　　10. 区间分组是从数据中创建便于使用的半变异图的过程。试描述区间分组的过程。

　　11. 半变异图必须用某种数学模型拟合，方可用于克里金法。为什么？

　　12. IDW 和克里金估算法在估算未知值时都用权重。描述这两种插值方法在赋予权重方面的差异。

　　13. 描述普通克里金和泛克里金的主要区别。

　　14. 均方根（RMS）统计值通常用于选择最佳的插值法。RMS 量测的是什么？

　　15. 如何用验证技术来比较不同的插值法。

　　16. 哪一种局部插值方法可生成平滑等高线图？

应用：空间插值

　　本应用部分包括空间插值的 5 个习作。习作 1 涉及趋势面分析，习作 2 进行核密度估算，习作 3 用 IDW 进行局部拟合插值，习作 4 和习作 5 涉及克里金法：习作 4 用普通克里金，习作 5 用泛克里金法。除了习作 2 外，您要使用 Geostatistical Analyst 工具条上的 Geostatistical Wizard 进行空间插值。也可以使用 Geostatistical Analyst Tools/Interpolation 工具集和 Spatial Analyst Tools/Interpolation 工具集里的工具进行空间插值。

除了习作 2 外，您将用到 Geostatistical Analyst 中的空间插值法，因此可以用交叉验证统计值如均方根（RMS）来比较各个模型的优劣。Spatial Analyst 也为核密度估算、趋势面分析、IDW、普通克里金和泛克里金法提供了工具。但对于空间插值，Spatial Analyst 的选项不如 Geostatistical Analyst 的多。

习作 1　用趋势面模型进行插值

所需数据：*stations.shp*，爱达荷州及其周围 175 个气象站数据的 shapefile；*idoutlgd*，爱达荷州轮廓的栅格。

在习作 1 进行趋势面分析之前，您将先对 *stations.shp* 中的年平均降水量数据作探查。

1. 启动 ArcMap，在 ArcMap 中打开 Cataloge，并连接到第 15 章数据库。加载 *stations.shp* 和 *idoutlgd*，将数据帧重新命名为 Task1。确认 Customize 菜单中的 Geostatistical Analyst 和 Spatial Analyst 扩展模块都已打勾，以及 Customize 菜单中的 Geostatistical Analyst 工具条也被打勾。

2. 点击 Geostatistical Analyst 下拉菜单，指向 Explore Data，选择 Trend Analysis。在 Trend Analysis 对话框的底部，点击下拉菜单，选择 *stations* 为输入图层，ANN_PREC 作为输入属性。

3. 将 Trend Analysis 对话框最大化。3D 图显示了两个趋势：*YZ* 面上，一个呈从北到南降低的趋势；*XZ* 面上，则呈现出先从西到东降低，再略微上升的趋势；南-北向的变化比东-西向的变化强烈许多，说明爱达荷降水量格局从北往南降低。关闭对话框。

4. 点击 Geostatistical Analyst 下拉菜单，选择 Geostatistical Wizard。第一步，选择一种地统计方法。在 Methods 栏中，点击 Global Polynomial Interpolation（整体多项式插值）。

5. 第二步，选择多项式次数（order of polynomial）。多项式次数的下拉菜单列表中提供了 1~10 的次数，从中选择 1。第三步显示与观测值对应的预测值及其误差的散点图，以及与一阶趋势面模型相关的统计值。均方根（RMS）表征趋势面模型的拟合程度。本例中，均方根为 6.073。点击 Back，将幂变为 2，则均方根为 6.085。改变幂的取值，重复以上操作。选取均方根最小的趋势面模型。对于 ANN_PREC 属性，最好趋势面模型的幂为 5，因此，将幂变为 5，点击 Finish。在 Method Report 对话框中点击 OK。

问题 1　幂取值 5，均方根的值等于多少？

6. *Global Polynomial Interpolation Prediction Map* 是地统计分析生成的地图，地图范围与 *stations* 一致。右击 *Global Polynomial Interpolation Prediction Map*，选择 Properties。Symbology 按钮下的 Show 栏中有 4 个选项：地形晕渲（Hillshade）、等值线（Contours），格网（Grid）和填色等值线（Filled Contours）。选中 Filled Contours 复选框，清除 Show 的其余复选框，然后点击分类（Classify）。在出现的 Classification 对话框中，选中 method 的 Manual，类型数目设置为 7，然后输入最大值与最小值之间各类型的划分界限：10、15、20、

25、30 和 35。点击 OK，关闭对话框。等雨量线被不同颜色标记。

7. 要对 *Global Polynomial Interpolation Prediction Map* 进行切割，使其范围与爱达荷州一致。首先将地统计图层转换成栅格。右击 *Global Polynomial Interpolation Prediction Map*，指向 Data，再选择 Export to Raster。在接下来出现的 GA Layer to Grid 对话框中，将在第 15 章数据库的输出表面栅格命名为 *trend5_temp*，输入 2000（m）作为像元大小，然后点击 OK，导出数据集（Geostatistical Analyst Tool/Working 中 GA Layer to Grid 工具与 ArcToolbox 中的 Geostatistical Layers 工具集，也可完成转换）。将 *trend5_temp* 加载到地图（*trend5_temp* 中极端值的像元都位于爱达荷州的边界之外）。

8. 至此，可对 *trend5_temp* 进行切割。打开 ArcToolbox 窗口，设置第 15 章数据库为当前暂存工作区。双击 Spatial Analyst Tools/Extraction 工具集下的 Extract by Mask 工具。在接下来的对话框中选择 *trend5_temp* 作为输入栅格，*idoutlgd* 为输入栅格或要素掩膜数据，指定 *trend5* 作为输出栅格，点击 OK。*trend5* 即是被切割过的 *trend5_temp*。

9. 可以从 *Calculation* 中生成等值线，用于数据显示。双击 Spatial Analyst Tools/Surface 工具集中的 Contour 工具，在 Contour 对话框中，选择 *trend5* 为输入栅格，保存输出线要素为 *trend5ctour.shp*，输入 5 为等高间距，10 为等高基线，点击 OK。为了给等高线添加注记，右击 *trend5ctour*，选择 Properties。在 Labels 按钮下，点击 label features 选项，从 Label 字段的下拉列表中选择 CONTOUR，点击 OK。则地图中显示出有标注的等高线。

习作 2 计算核密度估算

所需数据：*deer.shp*，显示鹿的位置的点 shapefile。

习作 2 利用核密度估算法计算每公顷范围内看到鹿的平均数目。鹿的位置数据的最小分辨距离为 50m。因此，有些点位多次看到。

创建一个新 ArcMap 数据帧，命名为 Task 2。将 *deer.shp* 加入到 Task2 中。右击 *deer*，在出现的快捷菜单中，选择 Properties。点击 Symbology 按钮，在出现的对话框中，选择 Show 栏下的 Quantities，选中 Graduated symbols，从 Value 下拉列表中选择 SIGHTINGS。点击 OK。地图以渐变符号显示每个位置看到鹿的次数。

问题 2 SIGHTINGS 的值域是多少？

2. 双击 Spatial Analyst Tools/Density 工具集下的 Kernel Density 工具。选择 *deer* 为输入点或线数据，选择 SIGHTINGS 为密度字段，输出栅格命名为 *kernel_d*。输入 100，作为输出栅格的像元大小；100 作为搜索半径；HECTARES 作为面积单位。点击 OK。*kernel_d* 图层显示由核密度估算法生成的鹿被看到次数的密度。

问题 3 鹿被看到的密度的值域是多少？

习作 3 用 IDW 做插值

所需数据：与习作 1 相同的 *stations.shp* 和 *idoutlgd*。

习作 3　用 IDW 法创建降水量栅格。

1. 创建一个新的 ArcMap 数据帧,命名为 Task 3。加入 *stations.shp* 和 *idoutlgd*。

2. 点击 Geostatistical Analyst 下拉菜单,选择 Geostatistical Wizard。在 Method 框中选择 Inverse Distance Weighting,确认 Source Dataset 是 *stations*,Data Field 是 ANN_PREC,再点击 Next。

3. Step2 面板包括一个图形框和一个方法框,用于设定 IDW 的参数。IDW 法默认值用的幂为 2、最大值为 15 个邻近点(控制点)、最小值为 10 个邻近点,以及用于选择控制点的一个扇形区域。图形框显示 *stations*、控制点及其权重(您可以在 General Properties 框点击更多以查看说明),用于导出测试点位的估算值。您可以使用 Identify Value 工具来点击图形框内的任意一点,来看看如何得到点的预测值。

4. 在 Step2 面板中 Power 框包括 Click to optimize Power value(点击优化幂值)按钮。因为幂的改变直接影响到估算值,故可点击该按钮,在不改变其他参数设定的情况下,用地统计向导(Geostatistical Wizard)找到最佳的幂。Geostatistical Wizard 按钮采用交叉验证法来寻找最佳幂值。点击 Click to the Optimize Power Value 按钮,幂字段处显示的值为 3.191,再点击 Next。

5. Step3 面板让您检验交叉验证结果,包括 RMS 统计值。

问题 4　使用默认参数,包括最佳幂值,得到的 RMS 统计值是多少?

问题 5　将幂设为 2,邻近点的数目设为 10(最少为 6),得到的 RMS 统计值是多少?

6. 将包括最佳幂的所有参数重新设定为默认值。点击 Finish。在 Method Report 对话框中,再点击 OK。您可以按照习作 1 中相同的步骤,将 *Inverse Distance Weighting Prediction Map* 转换成栅格。以 *idoutlgd* 作为分析掩模,再据切割后的栅格生成等雨量线图。

习作 4　用普通克里金做插值

所需数据: *stations.shp* 和 *idoutlgd*。

在习作 4 中,首先您将检查 *stations.shp* 中 175 个点生成的半变异云图,然后,对 stations.shp 进行普通克里金法插值,生成插值的降雨量栅格和标准差栅格。

1. 从 ArcMap 的 Insert 菜单选择 Data Frame,将新的数据帧重命名为 Tasks 4&5,将 *stations.shp* 和 *idoutlgd* 加载到 Tasks 4&5 中。首先,对半变异云图做数据探查。点击 Geostatistical Analyst 下拉菜单,点击 Explore Data,选择 Semivariogram/Covariance Cloud。选择 *stations* 为图层,ANN_PREC 为其属性。输入步长大小为 82000,步长数目 12,观察半变异云图中所有的控制点对。用鼠标拖拽云图最右边某个点周围的一个矩形框,查看 ArcMap 窗口中的 *stations*。高亮显示的控制点对是由该图层中相距最远的两个控制点组成。可通过点击半变异云图空白区以清除选择。半变异图显示了空间相关数据的分布模式:随着距离增大,半变异迅速上升,直至 200000 m(2.00 × 10^5);而后缓慢下降。

2. 为了将距离 200000m 放大，将步长值改成 10000m，步长组数为 20。半变异则在 125000m 处趋于平缓。再次切换延迟大小至 82000 和滞后数至 12。为观察半变异的方向效应，选中复选框 show search direction。可以输入角度方向或用图中的方向控制按钮，改变搜索方向。拖拽方向控制按钮，按逆时针方向从 0°~180° 拉动方向控制按钮，在不同的特定角度上停止拖动，观察半变异图。在西北（315°）至西南（225°）的角度范围时，半变异上升。说明半变异可能具有方向效应。关闭 Semivariance/Covariance Cloud 窗口。

3. 从 Geostatistical Analyst 菜单中选择 Geostatistical Wizard。确定源数据集是 *stations*，数据字段是 ANN_PREC。在 Methods 对话框中点击 Kriging/CoKriging。点击 Next。Step2 选择克里金方法。Kriging Type 选择 Ordinary，输出表面类型为 Prediction，点击 Next。

4. 在 Step3 面板中，显示了半变异。除了半变异的数据已用距离取其平均值（如区间分组）外，半变异/协方差图与其云图类似。在模型框中可以选择一种数学模型，来拟合经验的半变异图。常用的模型是 spherical（球面模型）。在 Model#1 对话框中，点击 Type 的下拉箭头，选择 Spherial。改变步长值为 40000，步长组数为 12，Anisotropy 改为 ture。点击 Next。

5. Step4 的面板是选择邻近点的数目（控制点）及采样方法的操作。最后，取默认值，并点击 Next。

6. Step5 的面板显示了交叉验证的结果。图表框提供了 4 种类型的散点图（预测值与测量值、误差与测量值、标准差与测量值、标准差对正常值的 QQ 图）。Prediction Errors 框列出了包括 RMS 在内的交叉验证统计值。记录 RMS 和标准化 RMS 统计。

问题 6 Step 5 中的 RMS 值是多少？

7. 用 Back 按钮，返回 Step3 面板。Model 对话框顶部有个 optimize entire model（最优化整个模型）的按钮，点击 optimize 按钮。点击 yes 继续。现在 Model 对话框显示了 optimal 模型的参数。检查 optimal 模型的 RMS 统计。

问题 7 Optimal 模型有比问题 6 答案更低的 RMS 统计吗？

8. 使用 optimal model，点击 Step4 Report 面板上的 Finsh。点击 Method Report 对话框中的 OK。将 Ordinary Kriging Prediction Map 加入到地图中。要生成预测标准差图，点击 Step 2 面板的 Ordinary Kriging/Prediction Standard Error Map 按钮，再重复步骤 3～步骤 5。

9. 可以用与习作 1 相同的步骤，将 *Ordinary Kriging Prediction Map* 和 *Ordinary Kriging Prediction Standard Error Map* 转换成栅格，用 *idoutlgd* 作为分析掩模对该栅格进行切割，由切割后的栅格创建等值线图。

习作 5　用泛克里金做插值

所需数据：*stations.shp* 和 *idoutlgd*。

　　习作 5 中，练习对 *stations.shp* 进行泛克里金插值。从克里金过程中除去的是一阶趋势面。

1. 点击 Geostatistical Analyst 下拉菜单，选择 Geostatistical Wizard。再选择 *stations* 为源数据集，ANN_PREC 作为数据字段。在 Methods frame 中点击 Kriging/Cokriging。点击 Next。

2. 在 step 2 的面板中，选择克里金类型为 Universal Kriging，输出类型为 Prediction。从 Order of Trend removal 菜单中选择<First>，点击 Next。

3. 在 step 3 的面板中，显示将从克里金过程中移除的一阶趋势。点击 Next。

4. 在 step 4 的面板中，点击 button to optimize model，点击 OK 继续。点击 Next.

5. 邻域数目和采样方法采用默认设置。点击 Next。

6. step 6 的面板将显示交叉验证结果。虽然 RMS 的值与习作 4 中的普通克里金相同，但是，标准 RMS 值与 1 偏离很大，表明相对于普通克里金而言，泛克里金估算的标准误差的可靠性低。

问题 8　Step 6 面板中得到的标准均方根值是多少？

7. 在 Step6 面板中点击 Finish。在 Methord Report 对话框中点击 OK。*Universal Kriging Prediction Map* 是泛克里金插值而成的插值地图。要生成预测标准误差地图，需在 Step2 面板中点击 Universal Kriging/Prediction Standard Error Map，并重复步骤 3～步骤 6。

8. 您可以按照习作 1 中的步骤，将 *Universal Kriging Prediction Map* 和 *Universal Kriging Prediction Standard Error Map* 转换成栅格，用 *idoutlgd* 作为分析掩模对栅格做切割，由切割后的栅格中生成等值线。

挑战性任务

　　所需数据：*stations.shp* 和 *idoutlgd*。

　　本挑战性任务要求您比较 Geostatistical Analyst 模块中两种样条方法的插值结果。除了插值方法不同，参数都用默认值。本任务包括 3 个部分：一是用完全规则样条创建插值栅格；二是用样条创建插值栅格；三是用局部拟合法来比较这两个栅格。结果显示出两种插值方法的差异。

　　（1）用核函数创建径向基函数预测地图。将该地图转换成格网格式，保存为 *regularized* 文件名。

　　（2）用张力样条的核函数创建径向基函数预测地图。将该地图转换成栅格，保存为 *tension*。

　　（3）从 ArcToolbox 中的 Environment Settings 菜单中选择 Raster Analysis。选择 *idoutlgd* 为分析掩模。

　　（4）用 Spatial Analyst Tools/ Map Algebra 工具集中的 Raster Calculator，从 *regularized* 中减去 *tension*。

　　（5）结果显示 *idoutlgd* 范围内两种栅格的像元值差异，差值栅格显示 3 种类型：

最低值到–0.5，–0.5～0.5，0.5 到最高值。

问题 1 在差值栅格中，像元值的变程是多少？

问题 2 在差值栅格中，像元值为正值说明什么？

问题 3 在差值栅格中，高像元值（不论正值或负值）位置的分布存在某种模式吗？

参考文献

Anderson, T. K. 2009. Kernel Density Estimation and K-means Clustering to Profile Road Accident Hotspots. *Accident Analysis and Prevention* 41: 359-64.

Bailey, T. C., and A. C. Gatrell. 1995. *Interactive Spatial Data Analysis*. Harlow, England: Longman Scientific & Technical.

Bitter, C., G. F. Mulligan, and S. Dall'erba. 2007. Incorporating Spatial Variation in Housing Attribute Prices: A Comparison of Geographically Weighted Regression and the Spatial Expansion Method. *Journal of Geographical Systems* 9: 7-27.

Brunsdon, C., J. Corcoran, and G. Higgs. 2007. Visualising Space and Time in Crime Patterns: A Comparison of Methods. Computers, *Environment and Urban Systems* 31: 52-75.

Burrough, P. A., and R. A. McDonnell. 1998. *Principles of Geographical Information Systems*. Oxford, England: Oxford University Press.

Calvo, E., and M.Escolar. 2003. The Local Voter: A Geographically Weighted Approach to Ecological Inference. *American Journal of Political Science* 47: 189-204.

Chung, K., D. Yang, and R.Bell. 2004. Health and GIS: Toward Spatial Statistical Analyses. *Journal of Medical Systems* 28: 349-60.s

Cressie, N. 1991. *Statistics for Spatial Data*. Chichester, England: Wiley.

Davis, J. C. 1986. *Statistics and Data Analysis in Geology*, 2d ed. New York: Wiley.

Diodato, N. 2005. The Influence of Topographic Co-Variables on the Spatial Variability of Precipitation Over Small Regions of Complex Terrain. *International Journal of Climatology* 25: 351-63.

Eriksson, M., and P. P. Siska. 2000. Understanding Anisotropy Computations. *Mathematical Geology* 32: 683-700.

Foody, G. M. 2004. Spatial Nonstationarity and Scale-Dependency in the Relationship Between Species Richness and Environmental Determinants for the Sub-Saharan Endemic Avifauna. *Global Ecology and Biogeography* 13: 315-20.

Fotheringham, A. S., C. Brunsdon, and M.Charlton. 2002. Geographically Weighted Regression: *The Analysis of Spatially Varying Relationships*. Chichester, England: Wiley.

Franke, R. 1982. Smooth Interpolation of Scattered Data by Local Thin Plate Splines. *Computers and Mathematics with Applications* 8: 273-81.

Franke, R. 1985. Thin Plate Splines with Tension. *Computer-Aided Geometrical Design* 2: 87-95.

Gerber, M. S. 2014. Predicting Crime Using Twitter and Kernel Density Estimation. *Decision Support Systems* 61: 115-25.

Griffith, D. A., and C. G. Amrhein. 1991. *Statistical Analysis for Geographers*. Englewood Cliffs, NJ: Prentice Hall.

Gringarten E., and C. V. Deutsch. 2001. Teacher's Aide: Variogram Interpretation and Modeling. *Mathematical Geology* 33: 507-534.

Hu, Y., H. J. Miller, and X. Li. 2014. Detecting and Analyzing Mobility Hotspots using Surface Networks. *Transaction in GIS* xxx

Hutchinson, M. F. 1995. Interpolating Mean Rainfall Using Thin Plate Smoothing Splines. *International Journal of Geographical Information Systems* 9: 385-403.

Jarvis, C. H., N. Stuart, and W. Cooper. 2003. Infometric and Statistical Diagnostics to Provide Artificially-intelligent Support for Spatial Analysis: the Example of Interpolation. *International Journal of Geographical Information Science* 17: 495-516.

Lim, H., and J-C. Thill. 2008. Intermodal Freight Transportation and Regional Accessibility in the United States. *Environment and Planning A* 40: 2006-2025.

Lloyd, C. D. 2005. Assessing the Effect of Integrating Elevation Data into the Estimation of Monthly Precipitation in Great Britain. *Journal of Hydrology* 308: 128-50.

Lloyd, C. D., and P.M.Atkinson. 2001. Assessing Uncertainty in Estimates with Ordinary and Indicator Kriging. *Computers & Geosciences* 27: 929-37.

Mackaness, W. A., and O. Chaudhry. 2013. Assessing the Veracity of Methods for Extracting Place Semantics from Flickr Tags. Transactions in GIS 17: 544-62.

Malczewski, J., and A.Poetz. 2005. Residential Burglaries and Neighborhood Socioeconomic Context in London, Ontario: Global and Local Regression Analysis. *The Professional Geographer* 57: 516-29.

Mitas, L., and H. Mitasova. 1988. General Variational Approach to the Interpolation *Problem.Computers and Mathematics with Applications* 16: 983-92.

Mitasova, H., and L. Mitas. 1993. Interpolation by Regularized Spline with Tension: I. Theory and Implementation. *Mathematical Geology* 25: 641-55.

Nelson, A., T. Oberthür, and S.Cook. 2007. Multui-Scale Correlations between Topography and Vegetation in a Hillside Catchment of Honduras. *International Journal of Geographical Information Science* 21: 145-74.

Nelson, T., B. Boots, M. Wulder, and R. Feick. 2004. Predicting Forest Age Classes from High Spatial Resolution Remotely Sensed Imagery Using Voronoi Polygon Aggregation. *GeoInformatica* 8: 143-55.

Reader, S. 2001.Detecting and Analyzing Clusters of Low-Birth Weight Incidence Using Exploratory Spatial Data Analysis. *GeoJournal* 53: 149-59.

Schuurman, N., R. S. Fiedler, S. C. W. Grzybowski, and D. Grund. 2006. Defining Rational Hospital Catchments for Non-Urban Areas based on Travel-Time. *International Journal of Health Geographics* 5: 43 doi: 10.1186/1476-072X-5-43.

Silverman, B. W. 1986. *Density Estimation*. London: Chapman and Hall.

Tabios, G. Q., III, and J. D. Salas. 1985. A Comparative Analysis of Techniques for Spatial Interpolation of Precipitation. *Water Resources Bulletin* 21: 365-80.

Van der Veen, A., and C.Logtmeijer. 2005. Economic Hotspots: Visualizing Vulnerability to Flooding. *Natural Hazards* 36: 65-80.

Watson, D. F. 1992. *Contouring: A Guide to the Analysis and Display of Spatial Data*. Oxford: Pergamon Press.

Webster, R., and M. A. Oliver. 1990. *Statistical Methods in Soil and Land Resource Survey*. Oxford, England: Oxford University Press.

Webster, R., and M. A. Oliver. 2001. *Geostatistics for Environmental Scientists*. Chichester, England: Wiley.

Wickham, J. D., R. V. O'Neill, and K. B. Jones. 2000. A Geography of Ecosystem Vulnerability. *Landscape Ecology* 15: 495-504.

Yang, X., and T. Hodler. 2000. Visual and Statistical Comparisons of Surface Modeling Techniques for Point-Based Environmental Data. *Cartography and Geographic Information Science* 27: 165-75.

Zimmerman, D., C. Pavlik, A. Ruggles, and M. P. Armstrong. 1999. An Experimental Comparison of Ordinary and Universal Kriging and Inverse Distance Weighting. *Mathematical Geology* 31: 375-390.

第16章　地理编码和动态分段

第 10 章介绍了作为数据探查例子的索诺博士地图，然而该例子也可用于介绍地理编码。为了定位引发霍乱的罪魁祸首，索诺首先针对那些死于霍乱的家庭位置进行制图（地理编码）。那时地理编码还需要手动，现在则常通过互联网完成。例如，我们如何在一个不熟悉的城市找到附近的银行？我们可通过手机上网，使用诸如"Google 地图"之类的浏览器，放大至最近的街道交叉点，再搜索附近银行。选定一个银行后，我们还可以观察银行及其周围。虽然这个日常活动司空见惯，却涉及地理编码，即在地图上标绘街道地址或交叉点作为点要素。地理编码可能已是最商业化的 GIS 相关操作。应该注意的是，地理编码这个术语用在 x、y 数据的转换（参见第 5 章）和卫星图像的地理参照（参见第 6 章）。本章着重介绍街道地址和十字路口的地理编码。

与地理编码相似，动态分段可以用缺少 x、y 坐标的数据源对空间要素进行定位。动态分段处理线性参照的数据，如交通事故，往往是以某些已知点（如里程碑）的线性距离报告的（Scarponcini，2002）。为了管理和分析目的，这些线性参照数据必须与基于 x、y 坐标系统的地图图层（如土地利用图）一起使用。动态分段的设计旨在把投影坐标系统与线性参照系统这两个基本不同的量测系统汇集在一起。

本章共有 5 节：16.1 节探讨地理编码，包括参照数据库、地理编码流程和匹配选项；16.2 节讨论除了地址匹配外的其他地理编码类型；16.3 节讲述地理编码的应用；16.4 节分析动态分段中的基本要素——路径和事件；16.5 节讲解动态分段在数据管理、数据查询、数据显示和数据分析中的应用。

16.1　地　理　编　码

地理编码是指将基于文件的邮政地址数据转换为数字地理坐标（如成对的经度和纬度）的过程（Goldberg，2011）。数据存储于表格中，表格中含有描述数据位置的字段。根据 Cooke（1998）的研究，地理编码始于 20 世纪 60 年代（和 GIS 同时代），当时美国人口普查局寻找各种方法收集全国范围内的制图调查数据，逐个地址进行调查。

地理编码最常见的形式是**地址地理编码**，也称为地址匹配。它将街道地址用点要素表示在地图上。地址编码需要两个数据集。第一个数据集就是街道地址的表格数据，一条记录对应一个地址（图 16.1）。第二个数据集是参照数据库，由街道地图及每个街道的属性组成，如街道名称、地址范围和邮政编码。地址地理编码通过比较地址与参照数据库中的数据来确定街道地址的位置。

```
Name,     Address,     ZIP
Iron Horse, 407 E Sherman Ave, 83814
Franlin's Hoagies, 501 N 4th St, 83814
McDonald's, 208 W Appleway, 83814
Rockin Robin Cafe, 3650 N Government way, 83815
Olive Garden, 525 W Canfield Ave, 83815
Fernan Range Station, 2502 E Sherman Ave, 83814
FBI, 250 Northwest Blvd, 83814
ID Fish & Game, 2750 W Kathleen Ave, 83814
ID Health & Welfare, 1120 W Ironwood Dr, 83814
ID Transportation Dept, 600 W Prairie Ave, 83815
```

图 16.1　记录名称、地址和邮政编码的地址表举例

16.1.1　地理编码参照数据库

参照数据库必须有一个相匹配属性的路网进行地理编码。美国的许多 GIS 项目，包括一个历史的地理信息系统项目（注释栏 16.1）从 TIGER/Line 文件生成地理编码参照数据库，从美国人口普查局的 MAF/TIGER 数据库（参见第 5 章）提取地理/制图信息。TIGER/Line 文件中包含行政和统计区边界，如县、人口普查区、街区组，还有街道、道路、河流和水体。TIGER/Line 属性还包括了每个街段的街道名称、街道两侧的起始地址号码，以及每一侧的邮政编码（图 16.2）。然而，早先的研究（如 Roongpiboonsopit 和 Karimi，2010）已表明用 TIGER/Line 文件产生的地理编码结果，不如那些使用商业参考基础所得到的准确。作为同步的发展，美国人口普查局已执行一个计划来改善 TIGER/Line 文件的定位精度（注释栏 16.2）。

注释栏 16.1	历史地址的地理编码

"城市过渡历史"（Urban Transition Historical）地理信息系统项目使用了现代的地理编码技术在 39 个城市的 1880 年美国人口普查中绘制家庭地图（Logan et al.，2011）。尽管地理编码技术与第 16 章所涵盖的内容在参考数据库和家庭地址的输入上是一样的，但在输入数据的准备方面难度更大。用 TIGER/Line 文件作为参考数据库，但是它们必须经过人工编辑才能与这些城市 1880 年的街道布局相对应。该项目咨询了许多在线资源（如 Sanborn 火灾保险公司地图和城市年鉴），来指导编辑过程。家庭地址必须由 1880 年人口普查手稿中的个人记录转录过来。根据 Logan 等（2011 年）的说法，地理编码的地址数据将可以对这 39 个城市 1880 年的居住模式以任何地理尺度作空间分析。该项目的描述、地图和数据可从以下网址查看或下载：https://www.brown.edu/academics/spatial-structures-in-social-sciences/urban-transition-historical-gis-project。

FEDIRP: A direction that precedes a street name.
FENAME: The name of a street.
FETYPE: The street name type such as St, Rd, and Ln.
FRADDL: The beginning address number on the left side of a street segment.
TOADDL: The ending address number on the left side of a street segment.
FRADDR: The beginning address number on the right side of a street segment.
TOADDR: The ending address number on the right side of a street segment.
ZIPL: The zip code for the left side of a street segment.
ZIPR: The zip code for right side of a street segment.

图 16.2　TIGER/Line 文件所包括的属性：FEDIRP、FENAME、FETYPE、FRADDL、TOADDL、FRADDR、
TOADDR、ZIPL 和 ZIPR，这些属性对地理编码十分重要

注释栏 16.2　　　　　TIGER/Line 文件中路网的定位精度

　　早期的 TIGER/Line 文件因其定位精度差而遭批评。因此，加强 MAF/TIGER 数据库路网的质量是美国 2007 年人口普查局战略计划的关键部分。这项战略计划建议用来自州、地方和部落政府的航空相片和地理信息文件校正 TIGER/Line 文件。目标是使改进的 TIGER 数据符合基于国家空间数据精度标准（NSSDA）的 7.6m 精度要求（参见第 7 章）。这项改进已由 Zandbergen、Ignizio 和 Lenzer（2011）的研究所证实，TIGER2009 相比 TIGER2000 数据在定位精度上确实提高很多。本章习作 6 用谷歌地球的叠加来检测爱达荷州 Kootenai 县 2000 TIGER/Line 文件的位置准确度。

　　地理编码的流行及其应用促使私营公司开发自己的地理编码参考数据库。TomTom（http://www.tomtom.com/）和 NAVTEQ（https://company.here.com/here）是美国乃至世界提供道路地图的两家最知名的公司。这两家公司都在宣传他们的街道和地址数据产品是现时的、经过验证的和更新的（注释栏 16.3）。他们已经将基本地图数据卖给了 Esri、Google 和雅虎等其他公司，然后这些公司将这些数据用在他们的地理编码服务中（Duncan et al.，2011）。值得注意的是，谷歌也有自己的街道数据库，并在全球范围内运营街景车。在无人驾驶汽车的需求推动下，特斯拉（一个由德国汽车制造商组成的财团）、优步、丰田和苹果公司也生产高精度的道路地图。

注释栏 16.3　　　　　地图创建者（Map Creator）

　　维护最新的地理编码数据即使对于一个商业公司来说也不是简单的任务。更新数据库的一种方法是志愿者地理信息（参见第 1 章）。HERE（早先的 NAVTEQ）使用 Map Creator（以往是 NAVTEQ 的 Map Reportor），一个基于社区的在线工具，接收对数据库的更新（http://mapreporter.navteq.com/）。用户使用此工具可进行如下操作：①对感兴趣点（如商店或商业）添加、删除或改变；②对房子或建筑的位置做变动；③添加、编辑或删除道路和道路要素（如标识、单行线或限制**条件**）。与 HERE 类似，TomTom 允许用户通过 Map Share Reporter 在线报告地图变化。TomTom 网站指出每年道路的变化高达 15%。或许这就是谷歌和雅虎!等在线地图服务都使用 HERE 和 TomTom 产品作为美国的街道参照数据集的原因（Cui，2013）。

16.1.2　地址匹配过程

地理编码过程使用一个地理编码引擎将街道地址转换为地理坐标。GIS 用户可以使用嵌入在 GIS 包中的地理编码引擎，或者是免费的在线地图服务，如谷歌地图、必应地图、苹果地图或 Batchgeo（https://en.batchgeo.com/）。使用在线地图服务的地理编码通常受地址数量的限制，地址数量是可以一次性进行地理编码的。通常，地理编码过程包括 3 个阶段：预处理、匹配和标绘。

预处理阶段包括解析和地址标准化（Yang et al.，2004）。解析是把一个地址分解为许多组成分，采用美国的一个例子，地址"630 S. Main Street，Moscow，Idaho 83843-3040"的组成部分如下：

（1）街道编码（630）；

（2）朝向前缀（S or South）；

（3）街道名称（Main）；

（4）街道类型（Street）；

（5）城市（Moscow）；

（6）州（Idaho）；

（7）邮政编码（5+4 位编码）（83843-3040）。

解析过程的结果是形成一条与每一个地址组成分的值相匹配的记录，但实例可以发生变化。除了街道号码外，一些地址可能还含有公寓编码，而其他的可能有后缀，如街道名称和类型后加上 NE。

并不是所有的街道地址都包含全部或者像上述例子那样具有完整的结构。地址标准化可以鉴别并按顺序排列每一个地址组成分。它也将地址组成分的各种形式标准化为统一的格式。例如，Ave 代表 Avenue，N 代表 North，3rd 代表 Third。如果地理编码引擎用 Soundex 系统（对发音相同或相似但拼写不同的名称同时编码的系统）来检查拼写，那么像 Smith 和 Smythe 这样的名称都视为相同。

接下来，在参照数据库下将地理编码引擎和地址相匹配。如果已经判定地址匹配，最后一步是把它作为点要素标注在图上。假设参照数据库源于 TIGER/Line 文件。地理编码引擎首先在包含该地址的输入表参照数据库中确定街段位置，然后在该地址所在的范围内进行插值。例如，如果地址是 620，数据库中的地址范围是 600～700，那么该地址将被定位到全街段 600 的 1/5 处（图 16.3）。该过程为线性插值。图 16.4 显示街道地址已经转换为点要素的地理编码图。

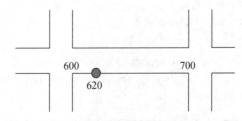

图 16.3　地址地理编码的线性内插定位

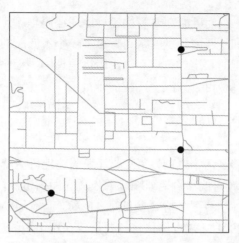

图 16.4　地理编码将街道地址以点的形式标示在地图上

　　线性内插的另外一种方法是使用"地址位置"数据库，一些国家也开发了该数据库。在这样的数据库中，地址的位置由一对 x、y 坐标值表示，与建筑基底或覆盖区的质心一致。例如，GeoDirectory 是一个地址数据库，具有爱尔兰每个建筑中心点的坐标值（http://www.geodirectory.ie/）。在美国，Sanborn 提供了 CitySets，是一个包括主要城市核心区域建筑覆盖区的数据库（http://www.sanborn.com/）。地理编码用一个地址位置数据库将 x、y 坐标值转换为点（参见第 5 章）。

16.1.3　地址匹配选项

　　地理编码引擎必须具备一些选项能处理地址表、参考数据或二者中的可能错误，通常，地理编码引擎能够放宽匹配条件。例如，ArcGIS 提供了最小的候选项得分和最小的匹配得分。前者确定从参照数据库中产生匹配对象，后者确定地址匹配与否。选用低匹配分值，匹配越多，可能出现地理编码的错误也越多。然而，ArcGIS 未精确解释得分是如何制表的（注释栏 16.4）。

注释栏 16.4	地理编码的得分系统

　　GIS 软件包如 ArcGIS 并没有说明在地理编码服务中评分系统如何运作，以拼写敏感性的设定值为例，其可能的值为 0～100。ArcGIS 默认值为 80。但是帮助文档认为，如果我们确信输入地址的拼写无误，就用较高的拼写敏感性，如果我们认为输入地址可能包含拼写错误，则用较低的拼写敏感性。虽然该说法听起来有道理，但它并没有明确指出如何设置拼写敏感性的数值。

　　可能地理编码程序所用的得分规则太多，从而无法在帮助文档全部列出。但是我们有时也可以发现得分系统在某种特定情况下是如何运作的。例如，如果作为街道地址的街道名称"Appleway Ave"被拼写成"Appleway"，ArcGIS 的得分系统将从匹配得分中扣除 15。根据 Yang 等（2004）的研究，ArcGIS 使用为每个地址单元预先设定的权重，给门牌号码赋予最大值，而街道后缀赋予最小值。我们所看到的匹配得分是各自得分的总和。在关于地理编码确定性指标发展的文章中，Davis 和 Fonseca（2007）描述了在地理编码确定性程度的评价中所遵循的 3 个阶段的程序：解析、匹配和定位。该文章让我们认识到评分系统是如何像一个商业地理编码系统一样运行的。

　　鉴于匹配选项众多，我们可能需要多次运行地理编码程序。第一次运行程序时地理编码引擎给出匹配地址和不匹配地址的数目，对每一个不匹配的地址，地理编码引擎按照最小候选分值列出匹配的可用候选项。再次运行地理编码程序前，我们既可以从候选项中挑选一个作为匹配，也可以修改未匹配的地址。

16.1.4　偏移标注选项

　　旁向偏移和端点偏移是两个选项，允许地理编码地址可沿着街道线段远离其插值位置进行标绘（图 16.5）。旁向偏移将地理编码的点放在距街道线段一侧指定距离的位置。该选项对点在多边形内部的叠置分析（参见第 11 章）是有用的，如链接地址至人口普查区或地块（Ratcliffe, 2001）。端点偏移将点要素放在距街道线段终点一定距离的位置，这样可阻止地理编码点落到十字路口上方。端点偏移用一个给定距离作为一个街道线段的指定长度百分比。

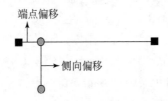

图 16.5　端点偏移使地理编码的点偏离街段的端点，侧向偏移使地理编码的点置于街段一侧

16.1.5　地理编码质量

　　地理编码的质量通常是由"命中率"来表示的，即被作地理编码的街道地址百分比。浏览最近的出版物，表明使用 GIS 的命中率通常是 85%或更好。例如，Zandbergen 和 Hart（2009）所报告的 700 个以上性犯罪者的地理编码地址的命中率为 87%。然而，命中率取决于输入数据的质量和最小匹配分数等匹配选项。衡量地理编码质量的另外一个指标是位置准确度，是通过每个地理编码地点与真实的地址位置的距离来衡量的。Zandbergen 和 Hart（2009）的报告称，一般住宅地址的位置误差为 25～168m。虽然定位误差依研究的不同而异，但乡村地区的误差总是高于城市地区（Jacquez, 2012）。

　　地理编码错误可能由输入数据引起。街道地址记录错误可能包括街道名称的拼写错误、地址号码错误、方向前缀或后缀错误、街道类型错误，以及邮政编码缺失。参考数据库可能已经过时了，没有关于新街道、街道名称变化、街道关闭和邮政编码改变的信息。在某些情况下，数据库甚至可能缺失地址范围、地址范围有偏差或邮政编码不正确（Jacquez, 2012）。邮箱地址和乡村道路地址往往被认为是地理编码的挑战（Hurley et al., 2003；Yang et al., 2004）。除了输入数据，地理编码错误也可能是由地理编码引擎通过它的选项引起，如最小匹配分数。

　　改进地理编码准确性的各种方法已经提出，包括使用遥感图像和土地利用图的二手信息图，使用谷歌地图等在线地图服务，并将地址标准化为 USPS（美国邮政服务）格式（Goldberg et al.，2007；Cui，2013）。为了确保地理编码的质量，USPS 为软件供应商提供了 CASS（编码准确度支持系统）针对地址测试他们的地址匹配软件。CASS 文件包含大约 15 万个测试地址（美国各地使用的各类地址的样本）。要想获得 CASS 认证，软件供应商必须在 ZIP+4 中获得至少 98.5%的得分（https://ribbs.usps.gov/index.cfm?page=address_certification）。

　　由于地理编码错误，Davis 和 Fonseca（2007）基于地理编码过程的 3 个阶段（解析、匹配和绘图）的确定程度，已提出了一个地理编码确定性指标。那么，该指标可以用作阈值，在阈值之外，地理编码的结果应排除在任何统计分析之外，或者作为权重纳入空间分析。注释栏 16.5 总结了一项研究的结果（Roongpiboonsopit and Karimi，2010），它使用匹配率和位置准确度来评估 5 个在线地理编码服务。

注释栏 16.5	在线地理编码服务

　　现有许多在线地理编码服务可用，其服务质量究竟如何呢？正如本章所解释的，服务质量取决于参照数据库和地理编码引擎或算法。Roongpiboonsopit 和 Karimi（2010）评估了以下 5 家在线地理编码服务：Geocoder.us，Google，MapPoint，MapQuest 和 Yahoo!。该项研究使用美国环境保护机构数据库的一系列地址，通过匹配率和定位准确度来评估和判断地理编码的质量。结论是，平均而言，Yahoo!、MapPoint 和 Google 相比 Geocoder.us 和 MapQuest 有较高准确度点和较短错误距离。然而，所有的服务在乡村、农业和工业地址比都市地址的准确度要低。

16.2　地理编码的变异形式

　　交叉点匹配也称为街角匹配，是将地址数据与图上的街道交叉点进行匹配（图 16.6）。交叉点匹配的地址条目必须列出两个街道，如 "E Sherman Ave & N 4th St."。地理编码引擎搜索两个街道交叉点的位置。交叉点匹配是用于警方事故报告数据的一种通用地理编码方法（Bigham et al.，2009）。如同地址匹配一样，交叉点匹配也会遇到一些问

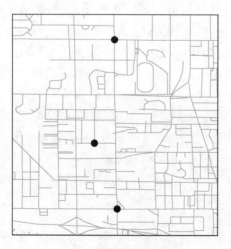

图 16.6　交叉点匹配的例子

题。街道交叉可能不存在，同时，参照数据库也可能无法覆盖新的或重命名的街道。一条蜿蜒弯曲的道路多次穿越另一条街道时是另外一类问题。它还需要其他数据诸如地址号码或邻近的邮政编码，用以确定显示哪个街道交叉点要标绘在图上。

邮政编码地理编码（ZIP code geocoding）是指将邮政编码匹配至编码的几何中心位置，它与地址匹配或交叉点匹配有两点不同：首先，它不是街道层次的地理编码；其次，它不是用街道网络，而是用含有邮政编码几何中心 x、y 坐标（地理或投影坐标）的参照数据库。

地块级别地理编码（Parcel-level geocoding）匹配地块编号与地块几何中心位置，如果地块数据库可用，还可以绘制地块边界线。

逆向地理编码（Reverse geocoding）是逆向地址编码；将点的位置转换成描述性的地址。

地名别名地理编码（Place name alias geocoding）是匹配地名（如带有街道地址的有名餐厅或博物馆）与街道地址，定位街道地址，并描绘其为点要素。它需要带有完整的地名和街道地址的地名别名表。

照片地理编码是在照片上附带定位信息。照片是由装有内置 GPS 的数码相机或手机获取，可以读取经纬度值。照片地理编码用这些地理坐标描绘点位置。

16.3　地理编码的应用

地理编码可能是商业化程度最高的 GIS 相关操作，它在定位服务和其他商业应用中起到重要作用。地理编码也成为无线应急服务、犯罪制图和分析及公共健康检测的工具。

16.3.1　定位服务

定位服务是指通过互联网或无线网络将空间信息处理扩展到终端用户的各种服务或应用。早期的定位服务的例子依赖计算机接入互联网。为寻找一条街道的地址和方位，您可以访问 MapQuest 并获得结果（http://www.mapquest.com）。MapQuest 仅是提供地址匹配服务的网站之一，其他的包括 Google、Yahoo 和 Microsoft。许多美国政府机构，如美国人口普查局也在他们的网站上将地理匹配和在线互动制图结合起来。

当前定位服务的盛行与全球定位系统和各种移动设备的使用紧密相关。移动设备几乎可以使用户在任何地方访问互联网并提供定位服务。一个移动电话用户可以被定位，反过来也可以接收定位信息，如附近的自动取款机或者餐馆。其他类型的服务包括追踪人、跟踪商业车辆（如卡车、外卖递送车辆）、从事送货服务的员工、满足客户约会及量测并审计移动办公员工的生产力（参见第 1 章）。

16.3.2　商业应用

作为商业应用，地理编码在客户的邮政编码匹配和人口普查数据的展望方面非常有用。人口普查数据诸如收入、不同年龄段组的人口百分比和教育水平，可以帮助企业准备促销邮件（特别是专门针对其预期的收件人）。由 Esri 开发的 Tapestry Segmentation 数据库，基于社会经济和人口统计特征将 ZIP 编码与美国 65 种社区类型相联系。该数据库是为邮件房、名录经纪人、信用卡公司和那些定期发送大量促销邮件的公司所设计的。

地块级地理编码将地块 ID 与地块边界链接，允许财产和保险公司使用多种应用信息，如基于地块到洪灾、火灾和地震易发区的距离来确定保险率。

其他商业应用包括选址分析和市场区域分析。例如，不动产价格的空间格局分析是根据住户交易的点要素地理编码进行的（Basu and Thibodeau，1998）。电信供应商也可用地理编码数据确定适当的基础设施位置（如手机信号塔），以扩大客户基数。

16.3.3 无线应急服务

无线应急服务使用内置 GIS 接收器定位需要紧急调度服务（如火灾、救护车或警察）的移动手机用户。该应用是由美国联邦通信委员会（FCC）于 2001 年授权强化的，通常称为自动定位识别，它要求所有在美国的无线运营商为拨打 911 的移动手机用户提供一定准确度的定位。美国联邦通信委员会（FCC）要求，基于手持设备的系统能够定位 50m 范围内的 67%及 150m 内 95%的拨打电话者（Zandbergen，2009）。

16.3.4 犯罪制图和分析

犯罪制图和分析也始于地理编码。犯罪记录几乎总是含有街道地址或其他的位置属性（Grubesic，2010；Andresen and Malleson，2013）。经过地理编码的犯罪地点数据已经输入数据用于"热点"分析（第 11 章）和时空分析（LeBeau and Leitner 2011）。

16.3.5 公共卫生

地理编码近年来已经成为公共卫生和流行病学研究的重要工具（Krieger，2003；Jacquez，2012）。作为公众卫生监测活动的一部分，卫生专业人员利用地理编码来定位和识别人类疾病模式的变化。例如，可以对肺结核（TB）病例进行地理编码，从而研究肺结核病从疫区中心到周边地区的时空蔓延。地理编码也可以用来获取毗邻社区的社会经济数据，用于公共卫生监测数据的横向分析（Krieger et al.，2003），并根据医疗机构和服务对象之间的通行时间和距离，为健康服务的地理可达性量测提供输入数据（Fortney et al.，2006）。

16.4 动态分段

动态分段可以定义为沿着一条路径动态计算事件位置的过程（Nyerges，1990）。路径是一个线要素（如 GIS 中所使用的街道、公路或溪流），也具有与其几何特征存储在一起的线性量测系统。事件是沿路径发生的线性参照数据，如限速、交通事故或渔场条件。

16.4.1 路径

要想与线性参照事件数据一起使用，路径必须具有内置测量系统。图 16.7 显示了一条路径，沿路径的每个点都有一对 x、y 坐标值和 m 值。x、y 值在二维坐标系定位线性要素，m 值是一个线性量测，可基于线段几何长度，或从里程标桩或其他参照标志内插得到。此类路径描述为"路径动态位置对象"（Sutton and Wyman，2000），在 ArcGIS 中被称为"路径要素类"（注释栏 16.6）。

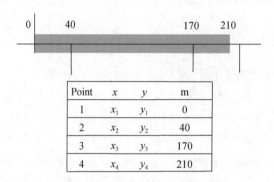

Point	x	y	m
1	x_1	y_1	0
2	x_2	y_2	40
3	x_3	y_3	170
4	x_4	y_4	210

图 16.7 Geodatabase 路径要素类的例子

注释栏 16.6	路径要素类

美国国家水文地理数据集（NHD）正将 coverage 模型（NHDinARC）转换成 geodatabase 数据模型（NHDinGEO）（参见第 3 章）。NHDinARC 数据用路径子类来存储交通运输和海岸线（route. rch）。与此相反，NHDinGEO 数据包含一个新的 NHDFlowline 要素类，将 m 值与要素的几何特征一起存储。这些 m 值可应用于区段参照的其他要素类。

路径要素类也被交通部门所采用，进行数据传输。例如，华盛顿州的交通部门（WSDOT）（http://www.wsdot.wa.gov/mapsdata/geodatacatalog/default.htm），WSDOT 已建立了带线性量测的州公路路径。这些公路路径是对休息区、限速和沿线景观类型等要素进行定位的基础。本章应用部分的习作 2 和习作 3 所用的数据集就是从 WSDOT 网站下载的。

16.4.2 创建路径

路径链接了一系列的线段。GIS 中，路径的创建方式可以是交互式也可以通过数据转换。

若用交互式方法，我们必须首先对一个路径进行数字化或从组成路径的图层中选择已有的线（图 16.8）。然后我们可以对路径运用量测命令，计算路径量测值。如果需要，路径量测可基于有已知距离的点进一步校准。

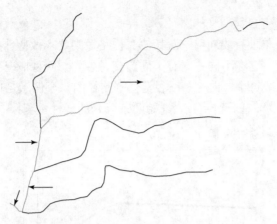

图 16.8　交互式方法要求对构成路径（图中粗线符号显示）的线段做选择和进行数字化

数据转换方法可以将全部线要素或通过数据查询选得的线要素创建路径。例如，我们可以为一个州的每条有编号公路或每条州际公路创建路径系统（州际公路从数据集中被选出）。图 16.9 显示用转换方法创建的爱达荷州的 5 条州际公路路径。

图 16.9　爱达荷州的州际公路路径

创建路径时，我们必须了解路径的不同类型。路径可分为如下 4 种类型：

（1）**简单路径**：只有一个方向且没有环线或分支的路径。

（2）**组合路径**：与其他路径相连接的路径。

（3）**分割路径**：一条路径续分为两条路径。

（4）**环状路径**：有自行交叉的路径。

简单路径就是简单地直线向前，而其他 3 种路径则要求做特殊的处理。州际公路是组合路径的一个例子，它在不同方向有不同的交通条件。此种情况下，可对同一条州际公路建立两条路径，即每个方向一条路径。分割路径的一个例子是由州际公路分割出来的商务路段（图 16.10）。在分割点处，开始两条分开的线性量测：一条在州际公路延续，另一条止于商务路段的终点。

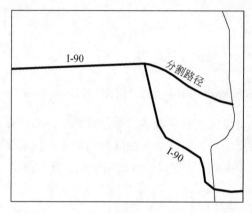

图 16.10　分割路径的例子

环状路径要求把该路径分割成不同路段，如果路径不分割成不同路段，则该路径的度量会中断。我们用巴士路径来解释这一过程（图 16.11）。图中的巴士路径有两个环路。因此，我们可以把巴士路径分割为 3 个路段：①从该市西边起到该路径的第一个交叉口；②在第一个交叉口和第二个交叉口之间；③从第二个交叉口回到起点处。每个部分都分别进行创建和量测。3 个部分完成后，对整个路径进行重新量测，从而使量测系统保持连贯和一致。

图 16.11　为路径量测将环状路径分割成 3 部分

16.4.3　事件

事件是通常存储于事件表中的线性参照数据。动态线段允许在路径上通过线性测量系统标注事件。

事件可以是点事件或线性事件。

点事件是发生在点的位置上，如事故与停车标志。为了把点事件和路径关联起来，点事件表必须有路径标识码、事件的位置及事件的属性。

线事件是涵盖部分路径的事件，如路面状况。为了把线事件与路径系统关联起来，线事件表必须有路径标识码和起止测度。

路径可以结合不同事件，包括点和线。因此，路面状况、交通流量和交通事故都可链接至同一公路路径。

16.4.4　创建事件表

通常有两种方法可以创建事件表。第一种方法由已含有路径标识码和通过里程标志、河流里程或其他数据获取线性量测的现有表格来创建事件表。

第二种方法通过对路径沿线的点或多边形要素的定位来创建事件表，与基于矢量的叠置操作十分相似（参见第 11 章）。进行叠置操作的输入图层是路径图层与点或多边形图层。该过程不生成输出图层，而是生成事件表。

图 16.12 显示沿公路路径的休息区。要将这些休息区转换成点事件，我们需制备一个包含休息区的点图层，用量测工具来量测休息区沿公路路径的位置，并将信息记录到点事件表中。点事件表列出了要素标识码（FID）、路径标识码、量测值及所处公路的侧

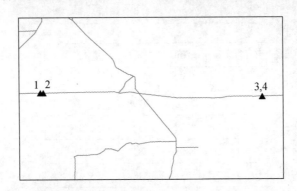

要素标识码	路径标识码	量测值	RDLR
1	90	161.33	R
2	90	161.82	L
3	90	198.32	R
4	90	198.32	L

图 16.12　将点要素转换成点事件的例子。注解见 16.4.4 节

向（RDLR）。休息区 3 和 4 的量测值相同，但是位于高速公路的不同侧。计算机利用用户定义的搜索半径来确定一个点是否是点事件，如果一个点位于路径的搜索半径内，那么该点即为点事件。

图 16.13 显示了一个河网和一个有 4 种坡度类型的坡度图层。要创建一个线事件表来显示沿河流路径的坡度类型，必须计算路径与坡度图层之间的交叉点，并赋予该路径每一路段所穿越多边形的坡度类型，将信息记录到事件表中。线性事件表显示了路径标识码和起点量测（F-Meas）、终点量测（T-Meas）及每个河段的坡度代码。例如，河流路径 1 的前 7638m 的坡度代码为 1，接下来的 160m（7798～7638）的坡度代码变成 2，如此等等。

路径标识码	始测度	到测度	坡度代码
1	0	7638	1
1	7638	7798	2
1	7798	7823	1
1	7823	7832	2
1	7832	8487	1
1	8487	8561	1
1	8561	8586	2
1	8586	8639	1
1	8639	8643	2

图 16.13　将路径图层与多边形图层叠置而创建的线事件表的例子。注解见 16.4.4 节

无论是用现有的表格制备，还是沿路径对要素定位而生成，事件表都可以很容易被编辑和更新。例如，在创建沿公路的休息区的点事件表后，我们可以添加其他属性（如公路所属的行政区和管理单位）到事件表中。而且，如果出现新的休息区，只要知道新休息区的量测值是多少，我们就可以将其添加到同一个事件表中。

16.5 动态分段的应用

动态分段可将存储在表格式报告中的线性参照数据转换为路径沿线的事件。一旦这些数据与路径联系起来，便可在 GIS 环境中用于显示、查询和分析。

16.5.1 数据管理

交通部门可使用动态分段来管理限速、休息区、桥梁和高速路的人行道条件等数据，自然资源机构可使用该方法来存储和分析河流到达数据和水生生物栖息地数据。

从数据管理的角度来看，动态分段的用途体现在以下两个方面。第一，可以用相同的线要素建立不同的路径。可以用相同的街道数据库构建一个交通运输网络，以满足交通运输建模的需要（Choi and Jang, 2000），同样，也可以用相同的街道网络构建多种旅行路径，每个路径都有起点和终点，提供分散旅行数据以满足旅行建模的需要（Shaw and Wang, 2000）。

第二，不同的事件可以参照相同的路径，或者更准确地说，相同的线性量测系统与该路径存储在一起。渔业生物学家可以用动态分段来存储河网的多种环境数据，用于栖息地研究。如注释栏 16.6 所示，动态分段是用于传送水文数据集和用于公路沿线要素定位的有效方法。

尽管动态分段通常用于高速公路、步道和河流，但也已应用于其他领域。例如，Yu（2006）开发了一个时间动态分段方法，用时间作为线性参照系统，然后在时空路径上确定现实的和虚拟的活动的位置。

16.5.2 数据显示

一旦事件表与路径联系起来，事件表就具有地理参照的特性，并能当作要素图层使用。这一转换相似于对地址表进行地理编码或显示带 x、y 坐标的表。对于数据显示而言，事件图层与河流图层或城市图层没有区别。我们可以用点符号来显示点事件，用线符号显示线事件（图 16.14）。

16.5.3 数据查询

我们可以对事件表及其相关的事件图层进行属性数据查询和空间数据查询。例如，我们可以查询一个点事件表，来选择公路路径上近期发生的交通事故。属性查询结果可以显示在事件表中，也可以显示在事件图层中。要确定这些近期事故与过去事故是否具

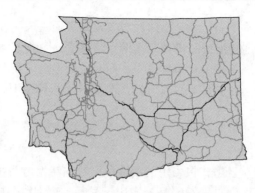

图 16.14　粗实线符号代表华盛顿州公路网中法定限速 70 mi/h 的路段

有相同的情况，我们可以执行空间查询，对近期事故的 10mi 范围内的过去事故进行调查。

数据查询还可用于在路径上查找某个点的量测值。这一点，与点击一个要素从而得到该要素属性数据的操作相似（图 16.15）。

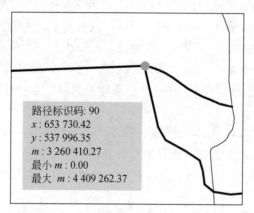

路径标识码: 90
x: 653 730.42
y: 537 996.35
m: 3 260 410.27
最小 m: 0.00
最大 m: 4 409 262.37

图 16.15　对一个点（图上用小圆圈表示）做数据查询，显示该点位置的路径标识码、x 和 y 坐标，以及量测值（m）。此外，还列出该路径的起点和终点的量测值

16.5.4　数据分析

路径和事件都可以作为数据分析的输入数据。因为高速公路分段与限速、车道数和其他属性有关，它们最适合输入用于交通分析。例如，在一项交通拥堵的研究中，Tong、Merry 和 Coifman（2009）从 GPS 与 GIS 集成数据：GPS 获取车辆定位和定时，GIS 提供分段公路属性。Chiou、Tsai 和 Leung（2010）在他们对森林步道旅行时间和能源消耗的研究中，使用动态分段来收集步道路径的边坡数据。

事件在转成事件图层后，可以像任何点图层或线图层一样进行分析。例如，道路事故可以用动态分段进行定位，然后分析其聚集性模式（Steenberghen et al., 2009）。

数据分析还可以在两个事件图层之间进行，这样可以分析公路路径上的交通事故和限速之间的关系。这一分析与基于矢量的叠置操作十分相似：输出图层显示每个事故的位置和相关的法定限速。对输出图层的查询可以确定事故是否多发于限速较高的公路路径上。但是当对两个以上的事件进行分析并且每一个事件涉及很多路段时，数据分析会变得十分复杂（Huang，2003）。

重要概念和术语

地址地理编码（**Address geocoding**）：将表格中的街道地址用点要素形式表示在地图上的过程，也称为地址匹配。

组合路径（**Combined route**）：与其他路径相连接的路径。

动态分段（**Dynamic segementation**）：计算路径上事件的位置的过程。

事件（**Events**）：沿路径发生的属性。

地理编码（**Geocoding**）：对存储于表格中的数据进行空间位置赋值的过程，在表格中含有关于数据位置的字段。

交叉点匹配（**Intersection matching**）：将街道交叉点赋值为地址数据的过程，也称为街角匹配。

线事件（**Line events**）：涵盖部分路径的事件，如路面状况。

循环路径（**Looping route**）：一条自行交叉的路径。

地块级地理编码（**Parcel-level geocoding**）：匹配地块编号与地块几何中心位置的过程。

照片地理编码（**Photo geocoding**）：照片上附加位置信息的过程。

地名别名地理编码（**Place name alias geocoding**）：在地图上标绘地名（如已知餐馆）为点要素的过程。

点事件（**Point events**）：发生在路径上某个点位置上的事件，如事故与停车标志。

反向地理编码（**Reverse geocoding**）：是将用经纬度表示的位置数据转换成描述性地址的过程。

路径（**Route**）：线性量测系统与其几何特性一起存储的线要素。

简单路径（**Simple route**）：只有一个方向且没有环线或分支的路径。

分割路径（**Split route**）：续分为两条路径的路径。

邮政编码地理编码（**ZIP code geocoding**）：将邮政编码与其中心位置相匹配的过程。

复习题

1. 描述地址地理编码所需的两种输入数据。

2. TIGER/Line 文件对于地理编码而言十分重要，列出该文件的属性。

3. 登录 MapQuest 网站（http://www.mapquest.com/），输入您要找的银行所在的街道地址，看结果是否正确？

4. 解释线性内插沿街道标绘地址的过程。

5. 描述地址地理编码过程的 3 个阶段。

6. GIS 软件包通常提供哪些选项进行地址匹配？

7. 哪些因素可在地址地理编码中引起低命中率?

8. 解释地理编码中侧向偏移和端点偏移的区别。

9. 什么是邮政编码地理编码?

10. 什么是照片地理编码?

11. 地理编码是 GIS 相关活动商业化程度最高的功能之一。除了在第 16 章所提到的实例外,您还能想出哪些地理编码在商业应用中的实例?

12. 用您自己的话解释如何用动态分段对路径沿线的事件进行定位。

13. 解释一个路径线性量测系统是如何存储在 geodatabase 中的。

14. 说明如何用现有的线要素创建路径。

15. 谈谈线事件表中的点事件表。

16. 假设要求您制备一个事件表,显示加利福尼亚第 5 州际公路穿过地震易发带(多边形要素) 的部分。您该如何完成这一任务?

17. 查看您所在州的交通运输部门是否建立网站用于发布 GIS 数据。若有,可获取哪些数据用于动态分段?

应用: 地理编码和动态分段

本章应用部分包括地理编码和动态分段的 6 个习作。习作 1 是让您用来自 2000 TIGER/Line 文件的参考数据库对 10 个街道地址进行地理编码。习作 2 要您从华盛顿州交通部门的网站下载公路路径和事件数据,并进行显示和查询。习作 3 用华盛顿州交通部门网站的这些数据分析两个事件图层的空间关系。习作 4 和习作 5 是从现有的线要素建立一个路径,并对要素沿路径定位: 习作 4 是沿河流路径确定坡度类型,习作 5 是沿第 5 州际公路确定城市位置。习作 6 让您检查习作 1 在 Google Earth 中使用的 TIGER/Line 文件的定位准确度。

习作 1　对街道地址进行地理编码

所需数据: *Streets*, 一个爱达荷州库特内县的街道要素类, 该图层是由 2000 TIGER/Line 文件生成。*cda_add.txt*,一个有科达伦城区 5 个饭店和 5 个政府机关的街道地址的文本文件,科达伦是库特内县最大的城市。

在习作 1 中,您将学习如何用街道地址创建点要素。地址地理编码要有一个地址表和一个参照数据集。地址表包含了一个用于定位的街道,参照数据集中含有地址信息,用于对街道进行定位。习作 1 包括下面 4 个步骤: 查看输入数据,创建一个地理编码服务,运行地理编码,为未匹配地址重新运行地理编码。

1. 启动 ArcMap。点击并打开 Catalog 窗口,连接 Catalog 目录树至第 16 章数据库。加载 *streets* 和 *cda_add* 至图层,重命名为 Task1。右击 *streets*,打开属性表。由于 *streets* 是从 TIGER/Line 文件获取,故其所有属性来自原始数据。图 16.2 描述了部分属性。右击 *cda_add*,打开表格。表格包含以下字段: Name、Address 和 Zip。关闭两个表格。

2. 点击并打开 ArcToolbox 窗口。右击 ArcToolbox，在环境设置里设定第 16 章数据库为当前暂存工作区。在 Geocoding Tools 工具集中双击 Create Address Locator 工具。在 Create Address Locator 对话框中，选择 US Address – Dual Ranges 为地址定位器类型，选择 *streets* 为参照数据。Field Map 窗口显示字段名和别名。带星号的字段名是必要的，您必须关联它们至 *streets* 的相应字段。从 From Left 字段名开始，点击它的对应别名，从下拉菜单中选择 FRADDL。选择 TOADDL 为 To Left 的字段名；选择 FRADDR 为 From Right 的字段名；选择 TOADDR 为 To Right 的字段名。别名为 FENAME 是 Street Name 的正确字段名。保存输出地址定位器为 *Task 1*，点击 OK。创建 *Task 1* 的过程需稍等会儿。

3. 现在您可以使用 Geocoding 工具条。点击 Customize 菜单，指向 Toolbars，勾选 Geocoding。在工具条上点击 Geocode Addresses。选择 Task 1 为地址定位器，单击 OK。在出现的对话框中，选择 select *cda_add* 为地址表，在 *Kootenai.gdb* 中保存输出要素类为 *cda_geocode*，点击 OK。地理编码地址对话框显示 9（90%）是相匹配的或连接的，1（10%）是不匹配的。

4. 为了处理不匹配的记录，在地理编码地址窗口点击 Rematch，打开了 Interactive Rematch 对话框。高亮显示的不匹配记录是 2750 W Kathleen Ave 83814。不匹配的原因是错误的 ZIP Code。在 Zip Code 框里输入 83815。由 Candidates 窗口显示地理编码备选。备选高亮显示在顶部，得分值为 100，点击 Match。10 条记录全部被地理编码。点击 Close，关闭对话框。

5. 您可在 *streets* 顶部查看 *cda_geocode*。10 个已被地理编码的点全部落在 Coeur d'Alene 城市内。

6. 在离开习作 1 之前，可查看地址定位器的属性。在目录树中双击 *Task1*。这些性质包含地理编码选项，诸如最小匹配分数、最低候选分数、拼写敏感度等参数和您用在习作 1 的偏移。

问题 1　默认的拼写敏感值为 80。如果您将其改为 60，则这个改变将如何影响地理编码进程？

问题 2　侧偏移和结束偏移的值是多少？

习作 2　路径和事件的显示和查询

所需数据：*decrease24k.shp*，华盛顿州公路的 shapefile；*SpeedLimitsDecAll.dbf*，公路法定限速的 dBASE 文件。

原始数据为地理坐标，*decrease24k.shp* 已被投影成 Washington State Plane，South Zone，NAD83，单位为 ft。线性量测系统单位为 mi。习作 2 中您将学习如何显示和查询路径和事件。

1. 在 ArcMap 中插入一个新的数据帧，将其重命名为 Task 2。将 *decrease24k.shp* 和 *SpeedLimitsDecAll.dbf* 加入到 Task 2 中。打开 *decrease24k.shp* 的属性表。属性表显示州路径标识符（SR）和路径量测属性（Polyline M）。关闭表格。

2. 这一步将加入 Identify Route Locations 工具。按默认设置，该工具不出现在任何工具条中。您需要将其加入。从 Customize 菜单选择 Customize Mode。在 Commands 栏，选择 Linear Referencing 目录。Commands 框中显示 5 种命令。将 Identify Route Locations 命令拖放至 ArcMap 的工具条中。关闭 Customize 对话框。

3. 在 Selection 菜单中，用 Select By Attribute 工具在 *decrease24k* 中选择"SR" = '026'。现在 26 号公路应该标示在地图中。放大显示 26 号公路，点击 Identify Route Locations 工具，然后点击 26 号公路上的点，这一操作打开 Identify Route Location Results 对话框，显示选中的点的量测值及其他信息。

问题 3　以 mi 为单位，26 号公路的总长是多少？

问题 4　该公路的里程标志是沿哪个方向累进的？

4. 清除选中的要素。现在您将处理限速事件表。在 Linear Referencing Tools 工具集中双击 Make Route Event Layer 工具。在下一个对话框中，从上到下，选择 *decrease24k* 作为输入路径要素，SR 作为路径标识符文件，*SpeedLimitsDecAll* 作为事件表，SR 为路径标识符字段（忽略错误信息），线事件类型，B_ARM（开始累积的路径里程）作为起始量测字段，E_ARM（结束累积的路径里程）作为量测终点字段。点击 OK，关闭对话框。这时，一个新的图层 *SpeedLimitsDecAll Events* 加入到 Task 2 中。

5. 右击 *SpeedLimitsDecAll Events*，选择 Properties.。在 Symbology 栏下，在 Show 框中选择 Quantities/Graduate colors，在 Fields 框中选择 LEGSPDDEC（法定速度描述）作为 value 值。选择一种颜色系列和线宽，以更好区分不同的限速类型。点击 OK，关闭对话框。现在在州公路路径的顶部，Task 2 显示限速数据。

问题 5　*SpeedLimitsDecAll Events* 中，限速＞60 的记录有多少条？

习作 3　分析两个事件图层

所需数据：*decrease24k.shp*，与习作 2 相同；*RoadsideAll.dbf*，一个显示公路两侧景观类型的 dBASE 文件；*RestAreasAll.dbf*，一个显示休息区的 dBASE 文件。

在习作 3 中，使用 ArcToolbox 对休息区事件表和路旁景观类型进行叠置，输出的事件表可以作为事件图层加入到 ArcMap 中。

1. 在 ArcMap 中插入一个新的数据帧，将其重命名为 Task 3。将 *decrease24k.shp*，*RoadsideAll.dbf* 和 *RestAreasAll.dbf* 加入到 Task 3 中。打开 RoadsideAll。字段 CLASSIFICA 存储了 5 种景观类型：林地、闲置地、农村、半城市和城市（忽略分类上有矛盾的要素）。打开 RestAreasAll。该表格有许多属性，包括休息区名称（FEATDESCR）和县名（COUNTY）在内。关闭该表格。

2. 在 Linear Reference 工具集中双击 Overlay Route Events 工具。Overlay Route Events 对话框由 3 个部分组成：输入事件表、叠置事件表和输出事件表。选择 *RestAreasAll* 作为输入事件表，SR 作为路径标识符字段（忽略警告信息），POINT 作为事件表，ARM 作为量测字段。选择 *RoadsideAll* 作为叠置事件表，SR 作为路径标识符字段，LINE 作为事件类型，BEGIN_ARM 作为起始量测字段，END_ARM 作为终止量测字段，选择 INTERSECT 作为叠置类型。输入

Rest_Roadside.dbf 作为输出事件表，SR 作为路径标识符字段，ARM 作为量测字段。点击 OK，执行叠置操作。相交操作创建一个事件表，把数据 *RestAreasAll* 与 *RoadsideAll* 相结合。

3. 打开 *Rest_Roadside*。该表由 *RestAreasAll* 和 *RoadsideAll* 的属性组合而成。

问题 6　有多少休息区位于林地范围？

问题 7　有无休息区位于城市范围？

4. 与习作 2 相似，可以用 Make Route Event Layer 工具，加入 *Rest_Roadside* 事件。因为 *Rest_Roadside* 是一个点事件表，您要在 Make Route Event Layer di 对话框中输入点的事件类型和量测字段。事件图层可以显示休息区及其属性（如景观类型）。

习作 4　创建河流路径并分析该路径沿线坡度

所需数据：*plne*，一个高程栅格；*streams.shp*，一个河流 shapefile。

习作 4 让您分析沿河流的坡度类型。习作 4 由几个部分组成：①用 ArcToolbox 从 *plne* 中创建坡度多边形 shapefile；②从 *streams.shp* 中选中一条河流作为要素类导入到一个新的 geodatabase 中；③用 ArcToolbox 从河流要素类创建路径；④运行叠置操作，对沿河流路径的坡度类型进行定位。

1. 在 ArcMap 中插入一个新的数据帧，将其重命名为 Task 4。将 *plne* 加入到 Task 4 中。用 Spatial Analyst 从 *plne* 创建一个以百分比为单位的坡度栅格。用 Spatial Analyst 对 *plne_slp* 重分类，生成如下 5 级：<10%、10%~20%、20%~30%、30%~40%和>40%。将重分类栅格命名为 *reclass_slp*。然后，使用 Conversion Tools/From Raster 工具集里的 Raster to Polygon 工具将重分类后的坡度栅格转换成多边形 shapefile，将该 shapefile 命名为 *slope*。*slope* 中的字段 GRIDCODE 表示 5 种坡度类型。

2. 在目录树中右击第 16 章数据库，指向 New，选择 Personal Geodatabase。将该 geodatabase 命名为 *stream.mdb*。

3. 下一步将 *streams.shp* 中的一条河流导入到 *stream.mdb* 中，成为 *stream.mdb* 的要素类。右击 *stream.mdb*，指向 Import，选择 Feature Class(single)。选择 *streams.shp* 作为输入要素类。输入 stream165 作为输出要素名称，点击 SQL 按钮。在 Query Builder 对话框中，输入下列表达式 "USGH_ID" = 165，点击 OK。*stream165* 被加到 Task4。

4. 双击 Linear Referencing Tools 工具集下的 Create Routes 工具，Create Routes 可将所有的线性要素或选定要素由 shapefile 或 geodatabase 要素类转换为路径。选择 *stream165* 作为输入线要素，选择 USGH_ID 作为路径标识符字段，输入 *StreamRoute* 作为 *stream.mdb* 中的输出路径要素，点击 OK。

5. 现在您将运行操作,沿 *StreamRoute* 对坡度类型进行定位。双击 Linear Referencing Tools 工具集下的 Locate Features Along Routes 工具，选择 *slope* 作为输入要素，选择 *StreamRoute* 作为输入路径要素，输入 *Stream_Slope.dbf* 作为第 16 章数据库

中的输出事件表，不选复选框，保持零长度线事件。点击 OK，执行叠置操作。

6. 在 Linear Referencing Tools 工具集中双击 Make Route Event Layer 工具。在出现的对话框中，确保 *StreamRoute* 是输入路径要素，USGH_ID 是路径标识字段，*Stream_Slope* 是输入事件表，RID 是路径标识字段，Line 为事件类型。然后点击 OK，加载事件至地图图层。.

7. 除了 *Stream_Slope Events* 外，关闭内容列表中的所有图层。右击 *Stream_Slope Events*，选择 Properties。在 Symbology 栏中，在 Show 选项下选择 Categories 和 Unique Values，选择 GRIDCODE 作为字段值，点击 Add All Values，点击 OK。放大显示 *Stream_Slope Events*，观察路径沿线的坡度变化。

问题 8　在 *Stream_Slope Events* 图层中有多少条记录？

问题 9　在 *Stream_Slope Events* 图层中，多少条记录的 GRIDCODE 值为 5（slope > 40%）？

习作 5　沿州际路径对城市进行定位

所需数据：*interstates.shp*，美国大陆州际公路的线 shapefile；*uscities.shp*，美国大陆城市的点 shapefile；这两个 shapefiles 都用投影坐标系统，单位为 m。

习作 5 中，您将沿 5 号州际公路对城市进行定位，该公路从华盛顿起直到加利福尼亚。该习作由 3 个部分组成：从 *interstates.shp* 提取 5 号州际公路创建一个新的 shapefile；用 5 号州际公路创建一个新的路径；在 5 号州际公路 10mi 内，对 *uscities.shp* 中的城市进行定位。

1. 在 ArcMap 中插入新的数据帧，重命名为 Task 5。加载 *interstates.shp* 和 *uscities.shp* 至 Task 5。在 Analysis Tools/Extract 工具集中双击 Select 工具，选择 *interstates.shp* 作为输入要素，设定 *I5.shp* 为输出要素类，点击 SQL 按钮，在 Query Builder 中输入如下表达式："RTE_NUM1" = '5'（在 5 的前面有两个空格，为避免丢失空格，您可以使用 Get Unique Values，而不是输入数值）。点击 OK，关闭对话框。下一步在 *I5* 中加入一个数值型字段，作为路径标识符，在 Data Management Tools/Fields toolset 下双击 Add Field 工具，选择 *I5* 作为输入表，输入 RouteNum 作为字段名，选择 DOUBLE 作为字段类型，点击 OK。在 Data Management Tools/Fields 工具集双击 Calculate Field 工具，选择 *I5* 作为输入表，RouteNum 作为字段名，在表达式中输入 5，点击 OK。

2. 在 Linear Referencing Tools 工具集中双击 Create Routes 工具，选择 *I5* 作为输入的线要素，选择 RouteNum 作为路径标识符字段，设定 *Route5.shp* 作为输出路径要素类，选择 LENGTH 作为量测源，输入 0.00062137119 作为量测因子，点击 OK。将线量测单位从 m 转换成 mi。

3. 这一步骤对 *Route5* 的 10mi 内的城市进行定位。双击 Linear Referencing Tools 工具集下的 Locate Features Along Routes 工具，选择 *uscities* 作为输入要素，选择 *Route5* 作为输入路径要素。选择 RouteNum 作为路径标识符字段，输入 10 mi 作为搜索半径，设定 *Route5_cities.dbf* 作为输出事件表，点击 OK。

4. 这一步要从 Task 5 创建事件图层 *Route5_cities.dbf* 。在 Linear Referencing Tools 工具集中双击 Make Route Event Layer 工具，确定 *Route5* 为输入路径要素，*Route5_cities* 是事件表，事件类型为点事件。点击 OK 加入事件图层。

问题 10　在 *Route5* 的 10mi 范围内有多少个俄勒冈州的城市？

5. 您可以使用空间数据查询（第 10 章）来选择 *I5* 中的 10mi 距离之内的城市并得到同样的结果。区别在于，因为 *I5* 已被转换为一个路径，它还可以用于其他数据的管理。

习作 6　核查 TIGER/Line 文件的质量

所需数据：习作 1 的 *streets* 文件。

TIGER/Line 文件常用作地理编码的参照数据库，如同习作 1。TIGER/Line 文件的使用者，包括习作 1 使用的 2000 TIGER/Line 文件，已对路网的定位准确度作出评论，特别是乡村区域。习作 6 让您在 Google Earth 中检查 2000 TIGER/Line 文件的质量。

1. 插入新的数据帧，重命名为 Task 6。从 Task 1 将 *streets* 复制到 Task 6。

2. 这一步要将 *streets* 转换为 KML 文件。右击 *streets*，选择 Save Layer。在出现的对话框中保存图层文件为 *streets.lyr*。在 Conversion Tools/To KML 工具集中双击 Layer To KML 工具。在 Layer to KML 对话框中，输出 *streets* 为 Layer，保存输出文件为第 16 章数据库里的 *kootenai_streets.kmz*，输入 20000 作为图层的输出尺度，点击 OK 运行转换。由于图层文件较大，该转换需花些时间方能完成。

3. 启动 Google Earth。从 File 菜单下选择 Select，打开 *kootenai_streets.kmz*。缩放 Coeur d'Alene 的城市街道，检查它与影像上的相应街道是否一致。然后位移至乡村区域，检查 TIGER/Line 文件在这些区域的质量。

挑战性任务

所需数据：访问 Internet

习作 1 中，您已在 ArcGIS 中使用了 Address Locator 对爱达荷州的 Coeur d'Alene 的 10 个地址进行地理编码。本挑战性问题要求您选用两个 Internet 浏览器，对相同地址进行地理编码（选择包括：Google、Yahoo、Microsoft 和 MapQuest）。您可基于以下 2 点与习作 1 比较研究结果：①命中率；②定位准确度。

问题 1　哪个地理编码引擎表现最好？

参考文献

Andresen, M. A., and N. Malleson. 2013. Crime Seasonality and Its Variations Across Space. *Applied Geography* 43: 25-35.

Basu, S., and T. G. Thibodeau. 1998. Analysis of Spatial Autocorrelation in House Prices. 1998. *The Journal of Real Estate Finance and Economics* 17: 61-85.

Bigham, J. M., T. M. Rice, S. Pande, J. Lee, S. H. Park, N. Gutierrez, and D. R. Ragland. 2009. Geocoding Police Collision Report Data from California: A Comprehensive Approach. *International Journal of Health Geographics* 8: 72 doi: 10.1186/1476-072X-8-72.

Chiou, C., W. Tsai, and Y. Leung. 2010. A GIS-Dynamic Segmentation Approach to Planning Travel Routes on Forest Trail Networks in Central Taiwan. *Landscape and Urban Planning* 97: 221-28.

Choi, K., and W. Jang. 2000. Development of a Transit Network from a Street Map Database with Spatial Analysis and Dynamic Segmentation. *Transportation Research Part C: Emerging Technologies* 8: 129-46.

Cooke, D. F. 1998. Topology and TIGER: The Census Bureau's Contribution. In T. W. Foresman, ed., *The History of Geographic Information Systems: Perspectives from the Pioneers,* pp.47-57.Upper Saddle River, NJ: Prentice Hall.

Cui, Y. 2013. A Systematic Approach to Evaluate and Validate the Spatial Accuracy of Farmers Market Locations Using Multi-Geocoding Services. *Applied Geography* 41: 87-95.

Davis, Jr., C. A., and F.T.Fonseca. 2007. Assessing the Certainty of Locations Produced by an Address Geocoding System. *Geoinformatica* 11: 103-29.

Duncan, D. T., M. C. Castro, J. C. Blossom, G. G. Bennett, and S. L. Gortmaker. 2011. Evaluation of the Positional Difference between Two Common Geocoding Methods. *Geospatial Health* 5: 265-73.

Fortney, J., K. Rost, and J. Warren. 2000. Comparing Alternative Methods of Measuring Geographic Access to Health Services. *Health Services & Outcomes Research Methodology* 1: 173-84.

Goldberg, D. W. 2011. Advances in Geocoding Research and Practice. *Transactions in GIS* 15: 727-33.

Goldberg, D. W., J. P. Wilson, and C. A. Knoblock. 2007. From Text to Geographic Coordinates: The Current State of Geocoding. *URISA Journal* 19: 33-46.

Grubesic, T. H. 2010. Sex Offender Clusters. *Applied Geography* 30: 2-18.

Huang, B. 2003. An Object Model with Parametric Polymorphism for Dynamic Segmentation. *International Journal of Geographical Information Science* 17: 343-60.

Hurley, S. E., T. M. Saunders, R. Nivas, A.Hertz, and P.Reynolds. 2003. Post Office Box Adresses: A Challenge for Geographic Information System-Based Studies. *Epidemiology* 14: 386-91.

Jacquez, G. M. 2012. A Research Agenda: Does Geocoding Positional Error Matter in Health GIS Studies? *Spatial and Spatio-temporal Epidemiology* 3: 7-16.

Krieger, N. 2003. Place, Space, and Health: GIS and Epidemiology. *Epidemiology* 14: 384-85.

Krieger, N., P. D. Waterman, J. T. Chen, M. Soobader, and S.V.Subramanian. 2003. Monitoring Socioeconomic Inequalities in Sexually Transmitted Infections, Tuberculosis, and Violence: Geocoding and Choice of Area-Based Socioeconomic Measures—The Public Health Disparities Geocoding Project(US). *Public Health Reports* 118: 240-60.

LeBeau, J. L., and M. Leitner. 2011. Introduction: Progress in Research on the Geography of Crime. *The Professional Geographer* 63: 161-73.

Logan, J. R., J. Jindrich, H. Shin, and W. Zhang. 2011. Mapping America in 1880: The Urban Transition Historical GIS Project. *Historical Methods: A Journal of Quantitative and Interdisciplinary History* 44: 49-60

Miller, H. J., and S. Shaw. 2001. *Geographic Information Systems for Transportation: Principles and Applications*. New York: Oxford University Press.

Moore, D. A., and T.E.Carpenter. 1999. Spatial Analytical Methods and Geographic Information Systems: Use in Health Research and Epidemiology. *Epidemiologic Reviews* 21: 143-61.

Nyerges, T. L. 1990. Locational Referencing and Highway Segmentation in a Geographic Information System. *ITE Journal* 60: 27-31.

Ratcliffe, J. H. 2001. On the Accuracy of TIGER-Type Geocoded Address Data in Relation to Cadastral and Census Areal Units. *International Journal of Geographical Information Science* 15: 473-85.

Roongpiboonsopit, D., and H. A. Karimi. 2010. Comparative Evaluation and Analysis of Online Geocoding Services. *International Journal of Geographical Information Science* 24: 1081-1100.

Scarponcini, P. 2002. Generalized Model for Linear Referencing in Transportation. *GeoInformatica* 6: 35-55.

Shaw, S., and D. Wang. 2000. Handling Disaggregate Spatiotemporal Travel Data in GIS. *GeoInformatica* 4: 161-78.

Steenberghen, T., K. Aerts, and I. Thomas. 2009. Spatial Clustering of Events on a Network. *Journal of*

Transport Geography doi: 10.1016/j.jtrangeo.2009.08.005.

Sutton, J. C., and M.M.Wyman. 2000. Dynamic Location: An Iconic Model to Synchronize Temporal and Spatial Transportation Data. *Transportation Research Part C* 8: 37-52.

Tong, D., C. J. Merry, and B. Coifman. 2009. New Perspectives on the Use of GPS and GIS to Support a Highway Performance Study. *Transactions in GIS* 13: 69-85.

Uhlmann, S., E. Galanis, T. Takaro, S. Mak, L. Gustafson, G. Embree, N. Bellack, K. Corbett, J. Isaac-Renton. 2009. Where's the Pump? Associating Sporadic Enteric Disease with Drinking Water Using a Geographic Information System, in British Columbia, Canada, 1996-2005. *Journal of Water & Health* 7: 692-98.

Whitsel, E. A., K. M. Rose, J. L. Wood, A. C. Henley, D. Liao, and G. Heiss. 2004. Accuracy and Repeatability of Commercial Geocoding. *American Journal of Epidemiology* 160: 1023-1029.

Yang, D., L. M. Bilaver, O. Hayes, and R.Goerge. 2004. Improving Geocoding Practices: Evaluation of Geocoding Tools. *Journal of Medical Systems* 28: 361-70.

Yu, H. 2006. Spatio-Temporal GIS Design for Exploring Interactions of Human Activities. *Cartography and Geographic Information Science* 33: 3-19.

Zandbergen, P. A. 2009. Accuracy of iPhone Locations: A Comparison of Assisted GPS, WiFi and Cellular Positioning. *Transactions in GIS* 13: 5-26.

Zandbergen, P. A., and T. C. Hart. 2009. Geocoding Accuracy Considerations in Determining Residency Restrictions for Sex Offenders. *Criminal Justice Policy Review* 20: 62-90.

第17章　最小耗费路径分析和网络分析

本章介绍最小耗费路径分析和网络分析，两者都涉及运动和线性要素。最小耗费路径分析是基于栅格的，且关注面较窄。用耗费栅格定义通过每个像元所需的耗费，最小耗费路径分析能找到像元间的最小累积耗费路径。最小耗费路径分析是很有用的，如经常作为一种分析工具，用于确定建设耗费最低（最理想）和环境影响最小的新建道路或管线。

网络分析要求矢量格式并已建立拓扑关系的网络（参见第 3 章）。最常见的网络分析可能是最短路径分析，如在车载道路导航系统中，最短路径分析可帮助司机找到起讫点之间的最短路线。网络分析也包括旅行推销员问题、车辆路径问题、最近设施、配置和定位-配置。

最小耗费路径分析和最短路径分析中都会用到一些相同的术语和概念。但是两者的数据格式和参数设置有很大的不同。最小耗费路径分析用栅格数据来确定"虚拟的"的最小耗费路径。与此相反，最短路径分析则是查找网络中节点间的最短路径。将两种分析放在同一章讲述，可以比较栅格数据和矢量数据在 GIS 应用中的区别。

第 17 章由 5 节组成：17.1 节介绍最小耗费路径分析及其基本要素；17.2 节阐述最小耗费路径分析的应用；17.3 节分析道路网络的基本结构；17.4 节阐述如何将道路网络和相应属性结合起来进行网络分析；17.5 节概述网络分析。

17.1　最小耗费路径分析

最小耗费路径分析所需要素包括：源栅格、耗费栅格、耗费距离量测和生成最小累积耗费路径的算法。

17.1.1　源栅格

源栅格定义了源像元。源栅格中仅源像元有像元值，所有其他的像元都不赋值。与第 12 章的自然距离量测操作相似，耗费距离量测从源像元开始。但是在最小耗费路径分析中，源像元可以被看成路径的终点，也可以是起点或目标点。分析导出一个像元相对于源像元的最小累积耗费路径，如果存在两个或两个以上源像元，则是针对最近的那个源单元。

17.1.2 耗费栅格

耗费栅格定义了穿过每个像元的耗费或阻抗。耗费栅格包含 3 个特征：第一，每个像元的耗费通常是不同耗费的总和，如注释栏 17.1 概括的管道建设耗费，包括建造和运行耗费，还包括潜在的环境影响耗费。

注释栏 17.1	管道选址分析的耗费栅格

管道选址分析项目必须考虑建造和操作耗费。影响耗费的部分变量如下：
（1）从源头到目标的距离；
（2）地形，诸如坡向和坡度；
（3）地质，诸如岩石和土壤；
（4）河流、道路和铁路穿越点的数目；
（5）路权耗费；
（6）与人口中心邻近度。
此外，选址分析应该考虑到项目建造过程中环境影响的潜在耗费，以及项目建成后由于事故导致的维修耗费。管道规划项目的环境影响可能包括下列内容：
（1）文化资源；
（2）土地利用、娱乐和美观方面的；
（3）植被和野生生物；
（4）水的利用及水质；
（5）湿地。

第二，耗费可以是实际耗费也可以是相对耗费。相对耗费可以分级，如分为 1～5 级，5 为最高耗费等级。一个管道建设项目的耗费包括很广泛的构成因素。一些因素可以用实际耗费进行量测，但是有些构成因素则很难用实际耗费度量，如美观方面、野生生物栖息地和文化资源等。因此，相对耗费是一种将最小耗费路径分析的不同因素进行标准化的方法。

第三，耗费因素的权重由每个因素的相对重要性而定。因此，如果因素 A 的重要性是因素 B 的 2 倍，则因素 A 的权重可赋值为 2，因素 B 的权重赋值为 1。

要组成一个耗费栅格，我们由编制和估算一个耗费变量表开始。然后对每个耗费变量分别生成一个栅格，乘以每个耗费因素的权重，再用局部拟合（参见第 12 章）运算将耗费栅格相加，其局部加和即是穿过每个像元所需的总耗费。

17.1.3 耗费距离量测

路径分析中的耗费距离量测是基于节点-链接像元的表示法（图 17.1）。节点代表像元的中心，链接——包括横向链接（lateral link）或对角线链接（diagonal link）——连接节点和邻接像元。横向链接连接了该像元紧邻的 4 个相邻像元之一，对角线链接连接该单元的 4 个角落相邻像元之一。对于横向链接，其距离为 1.0 个像元，而对角线链接的距离则是 1.414 个像元。

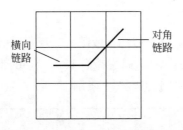

图 17.1　按节点-链接像元表示法进行耗费距离量测：连接两个直接相邻点的横向链接，连接两个对角线相邻点的对角线链接

以横向链接的方式从一个像元到另一个像元的耗费距离是两个像元耗费值的平均值。

$$1 \times [(C_i + C_j) / 2]$$

式中，C_i 是像元 i 的耗费值；C_j 是像元 j 周边的耗费值。从一个像元到另一个像元的耗费距离是两个像元耗费值平均值的 1.414 倍（图 17.2）。

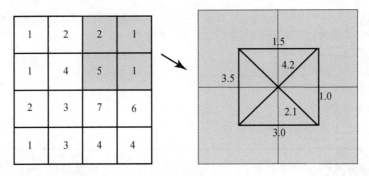

图 17.2　横向链接的耗费距离是连接像元的平均耗费，例如，（1 + 2）/ 2 = 1.5。对角线链接的耗费距离是平均耗费的 1.414 倍，如 1.414×[（1 + 5）/ 2] = 4.2

17.1.4　生成最小累积耗费路径

对于一个给定耗费栅格而言，通过计算连接两个像元的每条连接的总耗费，可以计算这两个像元间的累积耗费（图 17.3）。但是要找到路径却比较困难。这是因为在非紧邻的两个像元之间，存在许多不同的路径。只有计算出所有的累积耗费路径，才能得到最小累积耗费路径。

找出最小累积耗费路径是一个基于 Dijkstra 算法的迭代过程。该过程首先激活与源像元邻接的像元，并计算到这些像元的耗费。从像元中选出最小耗费距离的像元，该像元的值被赋给输出栅格。下一步，与所选出像元相邻的像元作为被激活的像元，并添加到列表中。接着，从列表中选出最小耗费像元，它的相邻像元就是活性像元。每次都有

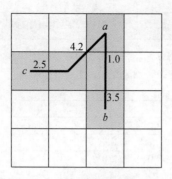

图 17.3　从像元 a 到像元 b 的累积耗费是两个横向链接耗费之和，即 1.0 与 3.5 的和。从像元 a 到 c 的累积耗费是对角线链接和横向链接的耗费之和，即 4.2 与 2.5 之和

一个像元被重新激活，这意味着该像元可通过不同路径到达源像元，而它的累积耗费必须重新计算。最后，最小耗费被赋予这个被重新激活的像元。继续执行该过程，直到输出栅格中的所有像元都被赋予它们的最小累积耗费。

图 17.4 显示耗费距离量测操作。图 17.4a 显示一个具有源像元的位于对角的栅格。图 17.4b 显示耗费栅格。为了简化计算，两个栅格的像元大小都设定为 1。图 17.4c 显示了每个横向链接耗费和每个对角线链接耗费。图 17.4d 显示每个像元的最小累积耗费。注释栏 17.2 解释图 17.4d 是如何生成的。

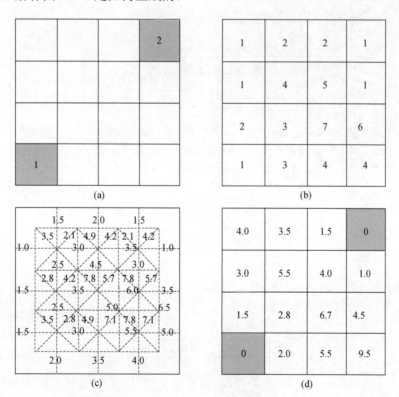

图 17.4　用源像元（a）和耗费栅格（b）生成对每个链接的耗费距离（c）和对每个像元的最小累积耗费距离（d）。生成过程参见注释栏 17.2

注释栏 17.2　　　　　　　　　　**最小累积耗费路径的生成**

第一步　激活与源像元相邻的像元，将其置于激活列表中，计算这些像元的耗费值。激活像元的耗费值如下表：1.0、1.5、1.5、2.0、2.8 和 4.2。

		1.5	0
		4.2	1.0
1.5	2.8		
0	2.0		

第二步　耗费值最低的激活像元被赋予输出栅格，它的相邻像元被激活。已经置于激活列表中的第 2 行、第 3 列的像元，必须重新计算，因为又出现了一条新路径。显然，被选像元形成的新路径为横向路径，其累积耗费为 4.0，比原来的耗费 4.2 更低。激活像元的耗费值如下：1.5、1.5、2.0、2.8、4.0、4.5 和 6.7。

		1.5	0
		4.0	1.0
1.5	2.8	6.7	4.5
0	2.0		

第三步　耗费值在 1.5 以内的两个像元被选中，它们的邻近像元被置于激活列表中。激活像元的耗费值如下：2.0、2.8、3.0、3.5、4.0、4.5、5.7 和 6.7。

	3.5	1.5	0
3.0	5.7	4.0	1.0
1.5	2.8	6.7	4.5
0	2.0		

第四步　耗费值为 2.0 的像元被选中，其相邻像元被激活。在被激活的 3 个相邻像元中，两个累积耗费为 2.8 和 6.7，耗费值不变，因为被选中像元的新路径耗费值更高（分别为 5 和 9.1）。激活像元的耗费值如下：2.8、3.0、3.5、4.0、4.5、5.5、5.7 和 6.7。

	3.5	1.5	0
3.0	5.7	4.0	1.0
1.5	2.8	6.7	4.5
0	2.0	5.5	

第五步　费用值为 2.8 的单元被选中。它的相邻单元的累积费用值均在前面的步骤中赋值。这些值保持不变，因为它们都比新路径的值低。

	3.5	1.5	0
3.0	5.7	4.0	1.0
1.5	2.8	6.7	4.5
0	2.0	5.5	

第六步　耗费值为 3.0 的像元被选中。其右侧像元的费用值为 5.7，高于被选像元的横向链接的

耗费值 5.5。

4.0	3.5	1.5	0
3.0	5.5	4.0	1.0
1.5	2.8	6.7	4.5
0	2.0	5.5	

第七步　除了第 4 行第 4 列的像元外，所有像元都赋予最小累积耗费值。对于任一源像元，该像元的最小累积耗费都是 9.5。

4.0	3.5	1.5	0
3.0	5.5	4.0	1.0
1.5	2.8	6.7	4.5
0	2.0	5.5	9.5

　　耗费距离量测操作可以生成不同的输出结果。首先是最小累积耗费栅格，如图 17.4d 所示。其次是方向栅格，显示每个像元的最小耗费路径的方向。再次是配置栅格，在耗费距离计算的基础上，显示源像元的赋值。最后是最短路径栅格。它显示了最小耗费路径。所用数据与图 17.4 相同，图 17.5a 显示两个像元的最小耗费路径，图 17.5b 显示每个像元到源像元的赋值。图 17.5b 中颜色最深的像元可以被指定给两个源像元中的任何一个。

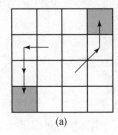
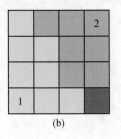

图 17.5　用与图 17.4 相同数据生成的最小耗费路径（a）和配置栅格（b）

17.1.5　最小耗费路径分析的选项

　　最小耗费路径分析的结果受耗费栅格、耗费距离量测、推导最小耗费路径的算法等影响。因为耗费栅格代表不同的耗费因素的总和，耗费因素的选择和各因素的权重可改变最小耗费路径。这就是为什么在最近的研究（如 Atkinson 等，2005；Choi 等，2009）中，最小耗费路径分析常结合多标准评估的原因，第 18 章将就此研究进行详细讨论。

　　当地形用于生成最小耗费路径时，地表通常假设为在各个方向上都是均匀的。但在现实中，表面形状因不同高程、坡度及不同方向而变化。为了提供一个对穿越这种变化地形的更贴近实际的分析，可采用"地表距离"（Yu、Lee and Munro-Stasiuk，2003）。表面距离由高程栅格或者数字高程模型（DEM）计算生成，用于量测从一个像元到另一个像元所必须经过的地面或实际距离。当两个像元间的高程差（坡度）增加时，表面距离随之增加。通过 DEM 计算的距离是准确的吗？根据 Rasdorf 等（2004）的研究，由沿公路中心线 DEM 测算的表面距离和通过车载测距离仪获得的表面距离相比，前者的准确度更高。除了表面距离，垂直因子（如克服垂直因素如上坡和下坡的难度）和水平因子（如克服水平因素如侧风的难度）也要考虑。ArcGIS 用路径距离来描述基于表面距离的耗费距离、垂直因子和水平因子。

导出最小耗费路径的常见算法是基于链接节点元胞代表和一个 3×3 邻域。它限制了邻近元胞的移动和对 8 个基本方向的移动方向。这产生了锯齿状运动模式的单元格。已有研究提出了一种算法，可以计算出比一个单元格宽的路径，或者使用更大的连接模式（5×5，7×7，9×9），而不是 3×3 的邻域（Antikainen，2013）。

17.2　最小耗费路径分析的应用

最小耗费路径分析常用于道路、管道、隧道、输电线路和步道的规划。最小耗费路径分析已应用于以下实例中：Rees（2004）在山区定位人行道；Atkinson 等（2005）推导出一个北极圈全天候道路；Snyder 等（2008）为各种地形车辆跟踪定位；Tomczyk 和 Ewertowski（2013）在保护区规划休闲步道。最小耗费路径分析也可应用于野生动物的迁移。野生动物管理中常见的应用是廊道或连通性研究（Kindall and van Manen 2007）。在这些研究中，源像元代表栖息地集中区，耗费因素通常包括植被、地形和人类活动（如道路）。分析结果可显示野生动物迁移的最小耗费路线。

最小耗费路径分析对于可达性研究很重要，如可达性医疗服务（如 Coffee 等，2012）。

17.3　网　　络

网络是一个具有目标运动的合适属性的线要素系统。道路系统是大家熟悉的网络，其他的网络还有铁路、公共交通、自行车线路、河流等。网络通常具有拓扑结构：线（弧）相交于交叉点（节点），线不能有缺口，且具有方向。

因为许多网络应用都涉及道路系统，17.3 节集中讨论道路网络。首先介绍道路网络的几何和属性数据，包括链路阻抗、转弯阻抗和限制条件。然后说明如何将这些数据放到一起形成一个街道网络，作为一个现实世界的范例。

17.3.1　链路和链路阻抗

链路是指在道路网络中由两个节点所确定的路段，也称为边。链路是网络的基本几何要素。链路阻抗是穿越链路的耗费。简单衡量耗费的方法是测量链路的实际长度，但实际长度并不是真正的耗费测度，特别在城市中不同街道的交通状况有显著差异。链路阻抗的更好量测方法是由长度和速度限制的链路估算通行时间。例如，如果速度限制是每小时 30mi，长度是 2mi，则该链路的通行时间为 4min（2/30×60min）。

有多种方法可以用来测量链路的通行时间。通行时间是有方向性的，即在一个方向的通行时间可能不同于另一方向。在这种情况下，由于交通的方向性，通行时具有离散的分段特性。显然，在一周中的不同日期和一天中的不同时段，通行时间也可能不同。因此，需要根据不同的应用，建立不同的网络属性数据。

17.3.2 节点和转弯阻抗

节点是指链路的一个交会点。交会点又称为节点。转弯是在节点处从一个链路到另一个链路的过渡。**转弯阻抗**是完成转弯所需的时间，这在拥挤的街道网络中是很有意义的（Ziliaskopoulos and Mahmassani，1996）。转弯阻抗通常是有方向性的。例如，在停车灯处，直行可能要等 5s，右转要等 10s，左转要等 30s。负的转弯阻抗值意味着限制转弯，如误转到单行道。

因为网络通常有许多不同情况的转弯，所以表可用来赋予网络中的转弯阻抗值。在转弯表中的每一条记录显示的路段包括转弯和以分、秒记录转弯阻抗。司机在街道十字路口通常有 3 种选择：向前、右转和左转。有时还有 U 形转弯。假设一个十字路口涉及 4 个街段（如同大多数交叉路口），就意味着在这里除 U 形转弯外至少有 12 种可能的转弯。根据研究的详略水平，我们未必需要在转弯表中包括所有十字路口和所有可能的转弯。对于网络应用，一般表中只列出十字路口的停车灯即可。

17.3.3 限制条件

限制条件涉及在网络上路径选择的需求。单行道或禁行道是限制条件的例子。在网络属性表中可以用指定字段标示单行道或禁行道。例如，T 可表示路段是单行道；F 表示非单行道；而 N 表示在任何方向都不能通行。单行道的方向取决于线段的始点和终点。其他限制条件的例子包括卡车路线和地下通道的高度限制。限制条件可在道路网络属性表中用二进制代码识别（即 1 为真，0 为假）。

17.4 网 络 拼 接

建立道路网络包括 3 个步骤：聚集网络的线要素、创建网络的基本拓扑关系和赋予网络属性。17.4 节讨论的是基于爱达荷州莫斯科市的一个实例。莫斯科是一座仅有 25000 人口的大学城，具有基本网络要素，其他网络拼接在某种程度上与道路网络的方式相同。注释栏 17.3 描述了一个残疾人路网研究案例。

注释栏 17.3	残疾人路网

Neis 和 Zielstra（2014）在生成残疾人路网时遵循两个主要步骤。他们首先由现成的 OpenStreetMap（OSM）数据集（17.4.1 节）中得到一个初步网络。OSM 使用标签存储街道属性，包括那些对残疾人最适合的路网，如人行道和人行道等条件（路面、光滑度、坡度、拱起、路肩和

曲率）。然而，在 OSM 中并非所有城市都有人行道的信息。欧洲 50 个首府城市中，只有 3 个城市（里加、柏林和伦敦）有足够的供第二步分析的人行道信息，第二步要分析设有人行道的道路，连接这些人行道，并生成残疾人路网。

17.4.1　线要素收集

应用美国人口普查局 TIGER/Line（拓扑统一地理编码格式/线）文件的实证研究生成的基础道路网络的公共数据源，可在美国人口普查局网站免费下载（http://www.census.gov/geo/maps-data/data/tiger.html）。TIGER/Line 文件是 shapefile 或 geodatabase 格式，测量单位是经纬度数值，基于 NAD83（1983 北美基准）（参见第 2 章）。为了将其用于真实世界（real-world）的应用，由 TIGER/Line 文件编绘的初步网络必须转换成投影坐标。

对于网络数据源至少有另外两个选择。OpenStreetMap 提供覆盖全球的道路网络，它是通过人群收集的（Neis、Zielstra and Zipf，2012）。然而，全球各地的 OSM 数据质量各不相同。道路网络数据也可以从商业公司购买（如 TomTom 和 HERE）。

17.4.2　编辑和创建网络

从 TIGER/Line 文件转换而成的网络图层具有拓扑关系：街道以节点连接，节点设计包含起节点和终节点。如果数据集中不具拓扑（如 shapefile 或 CAD 文件），则可用 GIS 软件包建立拓扑，如 ArcGIS 具有 shapefile 模型或 geodatabase 数据模型，可用于建立网络拓扑关系（注释栏 17.4）。

注释栏 17.4　　　　　　　　　　　　网络数据库

ArcGIS 把网络存储为网络数据集。网络数据集把网络元素与作为元素的数据源结合起来。网络元素是指边、交叉点和转弯。网络资源可以是 shapefile 或者 geodatabase 要素类。基于 shapefile 的网络有网络数据集和节点 shapefile 组成，两者都是折线 shapefile 文件（如路网 shapefile）。应用部分中的习作 3 就包含了一个基于 shapefile 的网络。Geodatabase 网络有网络元素和在一个要素数据集中作为要素类的数据源组成（见习作 4）。不像基于 shapefile 的网络，geodatabase 网络能够解决多边资源（如公路、铁路、公交线路和地铁线路）和能够把不同组的边在特定的节点连接起来（如地铁站交会点就把地铁线路和公交线路连接了起来）。尽管它们的数据源不同，网络数据集是拓扑的，也就是说边和交会点这些几何要素必须正确地连接。Network Analyst 有在网络元素间创建拓扑的工具（如 connectivity）。

下一步是编辑和更新街道网络。当把路网叠加到数字正射影像或高分辨率卫星影像上时，您可能会发现来自 TIGER/Line 文件的街道中心线偏离于街道。这些错误必须纠正，新街道也必须添加上去。伪节点（拓扑上不需要的节点）需要删除，以免使两个十字路口之间的街道被不必要地断开。但在一条街道沿着连续链路转变成另一条街道时，

却必须有伪节点，如果没有伪节点则连续链路会被当成同一条街道。TIGER/Line 文件被编辑和更新后，在 GIS 中可转换为街道网络。

17.4.3　对网络要素赋予属性

在此实证研究中的网络属性包括链路阻抗、单行道、限速和转弯。链路阻抗值可以是自然距离或者通行时间。自然距离是路段的长度。通行时间可以用路段的长度和限速来推导。道路由 TIGER/Line 文件转换，具有字段 MTFCC（MAF/TIGER 要素类编码），将道路分为主干道、二级道路等，可以给时速限制赋值。爱达荷州莫斯科市有 3 种时速限制：主干线 35mi/h，次干线 30mi/h，所有其他的城市道路均为 25mi/h。已知某地的限速，每一条路段的通行时间可以用路段的长度和限速来计算。

爱达荷州莫斯科市有两条单行道作为北行和南行的州道。单行道在方向字段中赋值为 T。组成单行道的所有路段的方向必须是一致的，并指向正确的方向。方向不正确的路段必须纠正。

下一步是准备有交通信号的街道十字路口转弯表。每个转弯处则由以下 3 方面定义：转弯起始边、转弯终点边和单位为分钟或秒的转弯阻抗值。

图 17.6 表示在 341 号节点的街道十字路口，除了 U 形转弯外，对所有转向都不限制。本例用了两个转弯阻抗值：左转为 30s 或 0.5min，右转或直行为 15s 或 0.25min。

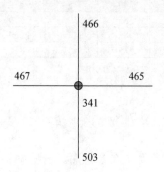

节点号	弧段1	弧段2	角度	分钟
341	503	467	90	0.500
341	503	466	0	0.250
341	503	465	−90	0.250
341	467	503	−90	0.250
341	467	466	90	0.500
341	467	465	0	0.250
341	466	503	0	0.250
341	466	467	−90	0.250
341	466	465	90	0.500
341	465	503	90	0.500
341	465	467	0	0.250
341	465	466	−90	0.250

图 17.6　在 341 号节点处的可能转弯

在一些十字路口不允许某些类型的转弯。例如，图 17.7 表示在 265 号节点处有停止标记的十字路口只能东西向通行，所以转弯阻抗值只产生于从 342 号矢线到 340 号矢线。

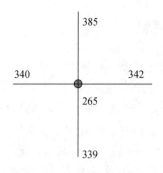

节点号	弧段1	弧段2	角度	分钟
265	339	342	−87.412	0.000
265	339	340	92.065	0.000
265	339	385	7.899	0.000
265	342	339	87.412	0.500
265	342	340	−0.523	0.250
265	342	385	−84.689	0.250
265	340	339	−92.065	0.250
265	340	342	0.523	0.250
265	340	385	95.834	0.500
265	385	339	−7.899	0.000
265	385	342	84.689	0.000
265	385	340	−95.834	0.000

图 17.7　265 号节点在东西向有停车标志。转弯阻抗仅应用于表中加阴影的行

17.5　网　络　分　析

带有适当属性的网络可应用在许多方面。一些网络应用可直接利用 GIS 工具来完成。在运营研究和管理科学里的其他应用往往需要 GIS 和特定软件的结合。

17.5.1　最短路径分析

最短路径分析是在网络中寻找节点间累积阻抗最小的路径。因为链接阻抗可由距离或时间量测，所以最短路径可表示最短的路线或最快的路线。

最短路径分析开始于阻抗矩阵。矩阵中的数值表示网络的两个节点之间直接连接的阻抗，∞（无穷大）表示不直接连接。问题是找出一个节点至其他所有节点的最短距离（最小耗费）。许多算法可用于解决此问题（Zhan and Noon 1998；Zeng and Church 2009）；其中，最常用的算法是 Dijkstra 算法（1959）。

为了阐述 Dijkstra 算法是如何使用的，图 17.8 显示了一个有 6 个节点和 8 个链接的路网，表 17.1 显示了矢线节点之间以分钟度量的旅行时间。在阻抗矩阵（表 17.1）的主对角线之上和之下，∞值表示两节点之间没有直接的路径。在图 17.8 中要寻找从节点 1 到其他所有节点的最短路径，可用迭代算法解决这个问题（Lowe and Moryadas，1975）。在每一步骤，从备选路径列表中选择最短路径，并将最短路径的节点置于方案列表中。

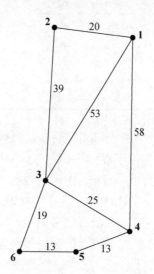

图 17.8　在道路网络上的城市之间的链路阻抗值

表 17.1　图 17.11 的 6 个节点之间的阻抗矩阵

	（1）	（2）	（3）	（4）	（5）	（6）
（1）	∞	20	53	58	∞	∞
（2）	20	∞	39	∞	∞	∞
（3）	53	39	∞	25	∞	19
（4）	58	∞	25	∞	13	∞
（5）	∞	∞	∞	13	∞	13
（6）	∞	∞	19	∞	13	∞

第一步，从节点 1 到节点 2、3、4 的 3 条路径中，选择最短路径：

$$\min\,(p_{12},\ p_{13},\ p_{14}) = \min\,(20,\ 53,\ 58)$$

路径 p_{12} 被选定，因为在 3 条备选路径中，其阻抗值为最小。把节点 2 置于含节点 1 的解决方案列表中。

第二步，准备新的备选路径列表，这些备选路径与解决方案列表中的节点（节点 1、2）有直接或间接的联系：

$$\min\,(p_{13},\ p_{14},\ p_{12}+p_{23}) = \min\,(53,\ 58,\ 59)$$

p_{13} 被选中，节点 3 置于解决方案列表中。为生成与网络其他节点的解决方案列表，继续进行如下步骤：

$$\min\,(p_{14},\ p_{13}+p_{34},\ p_{13}+p_{36}) = \min\,(58,\ 78,\ 72)$$
$$\min\,(p_{13}+p_{36},\ p_{14}+p_{45}) = \min\,(72,\ 71)$$
$$\min\,(p_{13}+p_{36},\ p_{14}+p_{45}+p_{56}) = \min\,(72,\ 84)$$

表 17.2 给出了从节点 1 到其他所有节点的最短路径问题的解决方案。

表 17.2　图 17.8 中从节点 1 到所有其他节点的最短路径

始节点	到节点	最短路径	最小累积阻抗
1	2	p_{12}	20
1	3	p_{13}	53
1	4	p_{14}	58
1	5	$p_{14} + p_{45}$	71
1	6	$p_{13} + p_{36}$	72

有 6 个节点和 8 个链接的最短路径问题容易解决。然而真实路网有许多节点和链接。例如，Zhan 和 Noon（1998）列出了乔治亚州三级路网即州际公路、主干线（principal arterial）主线（major arterial）的 2878 个节点和 8428 个链接。这就是多年来研究人员持续提议最短路径新算法以减少计算时间的原因（如 Zhen 和 Church，2009）。

如同熟知的网络分析，最短路径分析有许多应用。常见应用是帮助司机找出从起点到终点的最短路线。这可通过汽车或手机上的导航系统完成。最短路线作为可达性度量很有用。因此，可用作输入数据以拓宽可达性研究范围，包括停车换乘设施（Farhan and Murray 2005）、城市步道系统（Krizek et al.，2007）、社区资源（Comber、Brunsdon and Green，2008）和食品沙漠（注释栏 17.5）。

注释栏 17.5　　　　　　　　"食品沙漠"研究中的可达性分析

"食品沙漠"是指有限享用超市的社会贫困地区。第 11 章的注释栏 11.2 介绍了两个用缓冲区分析"食品沙漠"的研究。缓冲区接近于可达性，用于乡村合适，但对于城市就不够准确。这就是为什么许多"食品沙漠"的研究使用最短路径分析来衡量可达性。因为不可能对一个街道网络的每个住宅来运行最短路径分析，"食品沙漠"研究通常使用一个代理。Smoyer-Tomic、Spence 和 Amhhein（2006）在加拿大埃德蒙顿使用以人口加权的所有邻域邮区的中心，计算某一街区对超市的可达性。同样，Gordon 等（2011）在纽约市的低收入社区用人口普查街区组以人口加权的中心衡量街区组到一个超市的可达性。

17.5.2　旅行推销员问题

旅行推销员问题是路径问题，规定推销员必须询问所选择的访问站，并且仅能访问一次，推销员可以从任一站点出发，但必须回到出发点。目的是决定推销员走哪条路的总阻抗值最小。此问题的一种通常解决办法是采用启发式方法（Lin，1965）。从一个初始的随机旅行开始，通过交换站点逐步减少累积阻抗，获得一系列局部的最优方案。当交换站点的效果不再持续改善时就终止该迭代过程。这种启发式方法经常能够生产最小或接近最小累积阻抗的线路。与最短路径分析相似，许多算法可用于局部搜索程序，禁忌搜索算法（tabu search）是最有名的算法。对于某些应用，时间窗口约束也可被加载至旅行推销员问题，这样旅行必须在最低限度的时间延迟内完成。

17.5.3　车辆路径问题

车辆路径问题是旅行推销员问题的延伸。对于一队车辆和顾客，车辆路径问题的主要目标是规划车辆路径和访问顾客，使旅行总时间最小化。其他附加约束条件也可能存在，如时间段、车辆容量和动态条件（如交通拥挤）。因为车辆的路径选择涉及复杂的建模应用程序，它需要集成 GIS 与运筹学和管理科学的路径选择软件。

17.5.4　最近设施

最近设施是个网络分析，即在网络上任何一点从备选设施中寻找最近设施。此分析首先计算选定地点到所有备选设施的最短路径，然后从备选设施中选择最近设施。图17.9 表示离一个街道地址最近的消防站。许多选项可被用于最近设施问题。首先，用户可能想获得许多个最近设施，而不是一个设施；其次，用户可在一定距离或旅行时间内指定搜索半径，以此限制备选设施。

图 17.9　从一个街道地址到离它最近的消防站（图中以方形符号表示）的最短路径

最近设施分析通常用于定位服务（LBS）（参见第 16 章）。可以用手机和浏览器（如Google Map）寻找最近的医院、餐馆或自动取款机。作为如卫生保健之类服务质量的度量，最近的设施也很重要（Schuurman et al.，2008）。

17.5.5　配置

配置是通过网络来研究资源的空间分布。在配置研究中，资源常指公共设施如消防站、学校、医院及开放空间（如地震避难所）（Tarabanis and Tsionas，1999）。设施的分布决定了它们的服务范围，因此，空间配置分析的主要目的是衡量这些公共设施的效率。

在紧急事件服务中，一般是以反应时间来衡量效率的。即消防车或救护车达到事故地点所需的时间。例如，图 17.10 表示爱达荷州莫斯科市这个小城市现有的两个消防站在 2min 反应时间内的服务范围，该地图中显示该城市大部分区域不在 2min 的反应范围内。该城市郊区的反应时间大约为 5min（图 17.11）。如果莫斯科市居民要求到城市任何一个地方的响应时间应在 2min 以内，那么就要重新定位消防站的位置，或者极有可能是建立新的消防站。新建消防站必须能最大限度地覆盖现有消防站在 2min 内不能抵达的区域。这个问题则成为定位和配置问题，将在下一节阐述。图 17.10 和图 17.11 阐述了假想事件。另外，注释栏 17.6 描述了关于马萨诸塞州火灾响应时间的研究。

注释栏 17.6	火灾响应时间

　　美国国家防火协会（NFPA）要求消防分队到达火灾现场的响应时间标准是 90% 的时间在 4min 以内，部署高度警报安排时间 90% 是在 8min 以内。Murray 和 Tong（2009）提出在马萨诸塞州如何符合 NFPA 标准，作者通过 Boston Globe 报告回答了这个问题。首先且最直接的问题是 "在马萨诸塞州需要多少个消防站才能满足 90% 的火灾都能在 4min 抵达的标准？"。依据 GIS 的分析，Murray 和 Tong（2009）报告，在他们研究的 78449 个结构火灾中，19385 或 24.7% 的火灾超过了 4min 车程的响应标准，为了至少 90% 的结构性火灾能在 4min 内响应，马萨诸塞州还需 180 个消防站。

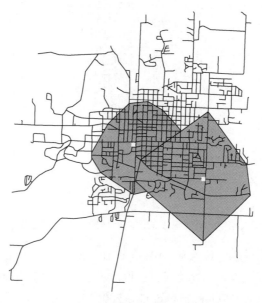

图 17.10　两个消防站在 2min 反应时间内的服务范围

对于卫生保健，配置的效率可由给定旅行时间（如 1h 旅行时间）医院接待的人口数量或百分比来度量（Schuurman et al.，2006）。

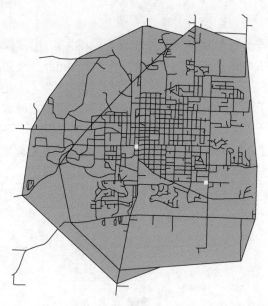

图 17.11　两个消防站在 5min 反应时间内的服务范围

17.5.6　定位-配置

定位-配置通过目标和约束集解决供需匹配问题。私营部门提供了许多定位-配置的例子。假设一个公司经营软饮料分销机构来服务超市。本例中的目标是最小化总行程，同时还有诸如只需 2h 行程的约束条件。定位-配置分析就是要使设施与超市的布局相匹配，同时满足上述目标和约束条件。

定位-配置对于公共部门也很重要。例如，一个地方学校董事会可能决定：所有学龄儿童必须在学校周围 1mi 之内，所有学生的总行程必须最小。本例中，学校代表供给，学龄儿童代表需求。定位-配置分析的目标是对居民提供均衡的服务，同时使总行程上效率最高。

定位-配置问题的建立要求输入供应、需求和阻抗测度等信息。供应由点位置的设施组成。需求可能由独立点组成，或代表线/多边形数据的聚集点。例如，学龄儿童的位置可以由单独点或单元区域内（如人口普查的街区组）的聚集点（如质心）表示。供需间的阻抗量测可由旅行距离或旅行时间来表示。路网上两点间距离可沿着最短路径或直线距离量测。最短路径距离比直线距离的结果更精确。

解决定位-配置问题的两个最常见的模型是最小阻抗法（时间或距离）和最大覆盖法。最小阻抗模型又称为中位数（p-median）定位模型，使所有需求点至他们最近的供应中心点的旅行总距离或时间最小（Hakimi，1964）。相反，最大覆盖模型，是在指定时间或距离内达到需求覆盖最大化（Church and ReVelle，1974；Indriasari et al.，2010）。两个模型都可以再增加约束条件或选项。最大距离约束可以在最小阻抗模型基础上使用，使得解决方案在对总行程最小化的同时，保障了所有需求点都不超过其指定的最大距离范围。同样，需求距离选项可以和最大覆盖模型并用，在期望距离内覆盖所有需求点。

　　这里我们将测试关于匹配救护车服务和养老院的定位-配置问题。假设：①有两个现有的消防站来服务 7 个养老院；②一部救护车应在 4min 或更短时间到达任何一个养老院。图 17.12 显示了现有两个消防站不能实现目标，因为，无论用最小阻抗还是最大覆盖模型，路网上 7 个养老院中的 2 个总在 4min 车程范围之外。一种解决办法是把消防站数量从 2 个增加至 3 个。图 17.12 显示了新增消防站的 3 个备选地点。基于最小阻抗或最大覆盖模型，图 17.13 显示了选定的备选消防站和用线符号连接的与设施匹配的

图 17.12　两个实心方形代表现有消防站，3 个空心方形代表备选，7 个圆形代表养老院。基于最小阻抗模型和路网上 4min 阻抗，地图显示了现有 2 个消防站和养老院的匹配结果

图 17.13　基于最小模型阻抗和路网上 4min 阻抗，地图显示了 3 个消防站（2 个现有，1 个备选）与 7 个养老院的匹配结果

养老院。然而，图 17.13 显示一个养老院依然在 4min 范围外。两种方法可完全覆盖所有养老院：一种方法是将消防站数量从 3 个增加至 4 个，另一种方法是把响应时间约束从 4min 放缓至 5min。图 17.14 显示了改变响应时间后的结果。7 个养老院现在可以被 3 个消防站服务。注意，图 17.14 中选定的备选不同于图 17.13。

图 17.14　基于阻抗模型和路网上的 5min 阻抗，地图显示了 3 个消防站（2 个现有，1 个备选）与 7 个养老院的匹配结果

译者注 17.1	服务于智能汽车的高精地图

　　高精地图是指高精度、精细化定义的地图，其精度需要达到分米级才能够区分各个车道，如今随着定位技术的发展，高精度的定位已经成为可能。而精细化定义，则是需要格式化存储交通场景中的各种交通要素，包括传统地图的道路网数据、车道网络数据、车道线和交通标志等数据。与传统电子地图不同，高精电子地图的主要服务对象是无人驾驶车。

　　高精地图对于智能汽车的意义如下：

　　（1）能够在危险的路口提前对车辆做出警示和减速提醒；

　　（2）能够不受光照、雾霾和雷雨等天气影响，不受昼夜影响，更不受传感器安装位置及车型影响对道路进行安全及方向指引；

　　（3）提供多车道类型预警，包括高速、城区、乡村等公路级别、隧道、桥梁、施工路段等，以及其具体的位置、朝向、曲率、坡度、限速等；

　　（4）减少了急刹急起的不良驾驶状态，有效改善驾驶的舒适性；

　　（5）高精地图的精确程度由其配套的定位技术的组合来决定；

　　（6）该分布图层下两层为高精度地图静态数据，结合上两层 V2X 数据即时支持，能够为自动驾驶行车决策提供强有力的指导。

　　高精地图在无人驾驶领域具有不可替代性，未来有望成为图商重要增长点，预计未来的 15 年高精度地图行业将迎来黄金发展期。但高精地图的门槛非常高，国内到目前为止，还没有横空出世的高精地图采集创业公司。这首先是由国情决定。地理数据涉及国家安全，因为需要地图测绘的相关资质。其次，高精地图涉及的外采和内业，都要求非常高的技术含量。尤其是采集数据处理方面，需要利用深度学习，把路灯、车道线、路牌、限速标志等数据自动化提取。另外，数据采集和处理及地图的生产，都需要耗费巨大的资金，动辄数亿甚至数十亿元的投入。所以，在国内，高精度地图也主要由百度、高德、四维图新三大公司牵头发展。在国外也仅有数个公司掌握该技术。

国内外主要的 15 家高精地图公司如下：百度地图（北京百度网讯科技有限公司）、高德地图（高德软件有限公司）、四维图新（北京四维图新科技股份有限公司）、凯立德（深圳市凯立德科技股份有限公司）、宽凳科技 [宽凳（北京）科技有限公司]、Momenta（北京初速度科技有限公司）、DeepMotion [深动科技（北京）有限公司]、Mobileye（Mobileye N.V.，以色列）、Waymo（Alphabet旗下的独立子公司）、Here（诺基亚）、TomTom（TomTom，荷兰）、DeepMap（DeepMap，美国）、CivilMaps（CivilMaps，美国）、IvI 5（IvI 5，美国）、Carmera（Carmera，美国）。

重要概念和术语

配置（Allocation）：研究网络上资源的空间分布。

最近设施（Closest facility）：一种网络分析，从确定的位置到所有的备选设施中计算出最短路径，然后找出这些备选设施中最靠近的设施。

耗费栅格（Cost raster）：定义了穿越每个像元的耗费或阻抗的栅格。

节点（Junction）：是指链路的一个交会点。

链路（Link）：道路网络中被两个节点分开的路段。

链路阻抗（Link impedance）：行经一段链路的耗费，可用实际长度或旅行时间来量测。

定位–配置（Location-allocation）：一种空间分析，通过用多组目标和约束条件使供需相匹配。

网络（Network）：一种线要素系统，线要素有用于目标流（诸如交通流）的恰当属性。

路径距离（Path distance）：ArcGIS 中用于描述耗费距离的术语，耗费距离由表面距离、垂直因子和水平因子计算。

最短路径分析（Shortest path analysis）：一种网络分析，在网络节点之间寻找最小累积阻抗的路径。

源栅格（Source raster）：定义"源"的栅格，每个像元的最小耗费路径相对"源"来计算。

旅行推销员问题（Traveling salesman problem）：一种网络分析，它以每个站点只经过一次、并返回旅行出发点为条件，来寻找最佳路径。

转弯阻抗（Turn impedance）：在道路网络中完成一个转弯所需的耗费，一般以消耗的时间来量测。

复习题

1. 什么是最小耗费路径分析中的源栅格？
2. 什么是耗费栅格？

3. 注释栏 17.1 总结了管线工程中各种耗费。以注释栏 17.1 为参照，列出与一个新建道路工程有关的各种耗费。

4. 耗费距离量测操作是基于节点-链路像元表示法，用框图来解释该表示法。

5. 在图 17.4d 中，解释像元值 5.5（第 2 行，第 2 列）是如何生成的，这个最小累积耗费是否可能？

6. 在图 17.4d 中，指出第 2 行第 3 列像元的最小累积耗费路径。

7. 在图 17.5b 中，第 4 行第 4 列的像元可分配给两个源像元的任一个，指出从各像元到每个源像元的最小耗费路径。

8. 什么是配置栅格？

9. 表面距离与常规（平面）耗费距离有何不同？

10. 解释网络与线 shapefile 之间的区别。

11. 什么是链路阻抗？

12. 什么是转弯阻抗？

13. 在网络分析中，限制条件要考虑哪些？

14. 在图 17.8 中，假设节点 1 和 4 之间的阻抗值从 58 变成 40（因为道路拓宽），这会导致表 17.2 的改变吗？

15. 配置分析的结果通常表示为服务区。为什么？

16. 定义定位–配置分析。

17. 解释定位–配置分析中，最小距离模型和最大覆盖模型之不同。

应用：路径分析和网络应用

本章应用部分包括涉及路径分析与网络应用的 6 个习作。习作 1 和习作 2 的内容为路径分析。习作 1 为最小累积耗费距离问题，习作 2 为路径距离问题。第 12 章讲述了耗费距离和路径距离都可以是欧几里得或直线距离。从习作 3 到习作 6 要用到网络分析扩展模块。习作 3 是最短路径分析。习作 4 要建立一个 geodatabase 网络数据集。习作 5 是最近设施分析。习作 6 是配置分析。

习作 1　计算最小累积耗费距离

所需数据：*sourcegrid* 和 *costgrid*，与图 17.4 中相同的两个栅格；*pathgrid*，用于分析最短路径的栅格。这 3 个栅格都是样本栅格，不含投影文件。

在习作 1 中，您所用的数据源与图 17.4a 和图 17.4b 相同，生成与图 17.4d、图 17.5a 和图 17.5b 相同的结果。而且，除非另有说明，否则都使用 Spatial Analyst Tools/Distance（空间分析师工具/距离）工具集中的工具。

1. 启动 ArcMap，在 ArcMap 中打开 Catalog，连接到第 17 章数据库，将数据帧重命名为 Task 1，将 *sourcegrid*、*costgrid* 和 *pathgrid* 加入到 Task 1 中。忽略关于空间参照的警示信息。

2. 点击打开 ArcToolbox 窗口。设置第 17 章数据库为当前暂存工作区。双击 Cost

Distance 工具。在出现的对话框中，选择 *sourcegrid* 为输入栅格，选择 *costgrid* 为输入耗费栅格，保存 *CostDistance* 为输出距离栅格，保存 *CostDirection* 为输出反向链路栅格。点击 OK，运行命令。

3. *CostDistance* 显示从每个像元到源像元的最小累积耗费距离。用 Identify 工具，点击某个像元，查看它的累积耗费。

问题 1　*CostDistance* 中的像元值与图 17.4 中的像元值相同吗？

4. *CostDirection to sourcegrid* 显示了从每个像元到源像元的最小耗费路径，在栅格中像元值说明经过哪个相邻像元到达源像元。方向是从 1 到 8 进行编码，0 代表像元本身（图 17.15）。

6	7	8
5	0	1
4	3	2

图 17.15　方向栅格中的方向量测使用数字代码。焦点像元代码为 0，数字 1～8 分别表示顺时针方向为 90°、135°、180°、225°、270°、315°、360°和 45°的量测

5. 双击 Cost Allocation 工具。选择 *sourcegrid* 为输入栅格，选择 *costgrid* 为输入耗费栅格，保存 *Allocation* 为输出配置栅格，点击 OK。*Allocation* 显示各像元到每个源像元的配置。输出栅格与图 17.5b 相同。

6. 双击 Cost Path 工具。选择 *pathgrid* 为输入栅格，选择 *costgrid* 为输入耗费距离栅格，选择 *CostDirection* 为输入耗费反向链路栅格，保存 *ShortestPath* 为输出栅格，点击 OK。*ShortestPath* 显示了 *pathgrid* 中每个像元至最近源像元的路径。*ShortestPath* 之一条路径与图 17.5a 中的相同。

习作 2　计算路径距离

　　所需数据：*emidasub*，一个高程栅格；*peakgrid*，一个仅包含一个源像元的源栅格；*emidapathgd*，包含两个像元值的路径栅格。这 3 个栅格都被投影到以米为单位的 UTM 坐标上。

　　在习作 2 中，可以找到 *emidapathgd* 中的两个像元的每一个像元到 *peakgrid* 中的源像元的最小耗费路径。最小耗费路径基于路径距离。从高程栅格计算所得的路径距离量测的是两个像元间必经的地面或实际距离。源像元海拔高于 *emidapathgd* 中的两个像元，因此，可以想象习作 2 的目标，是找到 *emidapathgd* 中两个像元的每一个到 *peakgrid* 中的源像元的最小耗费徒步旅行路径。同样，习作 2 将使用 Spatial Analyst/Distance（空间分析师/距离）工具集中的工具。

1. 在 ArcMap 中插入一个新的数据帧，将其重命名为 Task 2。将 *emidasub*、*peakgrid* 和 *emidapathgd* 加入到 Task 2 中，从 *emidasub* 的相关菜单中选择 Properties，在 Symbology 栏中，右击 Color Ramp 框不勾选 Graphic View。然

后选择 Elevation #1。如图所示，*peakgrid* 中的源像元位于高程表面的顶点附近，而 *emidapathgd* 中的两个像元位于低海拔区域。

2. 双击 Path Distance 工具，选择 *peakgrid* 作为输入栅格，设定 *pathdist1* 为输出距离栅格，选择 *emidasub* 作为输入表面栅格，设定 *backlink1* 为输出反向链路栅格，点击 OK，运行命令。

问题 2　在 *pathdist1* 中，像元值的值域是多少？

问题 3　在 *pathdist1* 中，如果像元值为 900，该值有何意义？

3. 双击 Cost Path 工具，对于输入栅格选择 *emidapathgd*，对于输入耗费距离栅格选择 *pathdist1*，对于输入耗费反向链路栅格选择 *backlink1*，设定 *path1* 作为输出栅格，点击 OK。

4. 打开 *path1* 的属性表。点击第一条记录的左侧像元。如地图上所显示的，第一条记录是 *peakgrid* 中的像元。点击第二条记录，该记录表示 *emidapathgd* 中的第一个像元（位于右上角）到 *peakgrid* 中的像元的最小耗费路径。

问题 4　*path1* 属性表中的第三条记录表示什么？

习作 3　最短路径分析

所需数据：*uscities.shp*，是一个包括了美国大陆主要城市的点 shapefile；*interstates.shp*，是一个包括了美国大陆州际公路的线 shapefile。两个 shapefiles 都是基于阿伯斯等积圆锥投影，单位是米。

习作 3 的目标是在 *uscities.shp* 中找出州际公路网上任意两个城市间的最短路径。最短路径是由通行时间的链路阻抗定义的。计算通行时间的速度限制是 65 mi/ h。Helena，Montana 和 Raleigh，North Carolina 是为本习作提供的两个城市。

习作 3 涉及以下几项任务：①由 *interstates.shp* 创建一个网络数据集；②由 *uscities.shp* 选择海伦娜（Helena）和罗利（Raleigh）；③在网络上添加两个城市；④得出这两个城市之间的最短路径。

1. 首先在 ArcMap 的 Catalog 目录树中预览 *interstates.shp* 文件的属性表，*interstates.shp* 中有一些属性对于网络分析是很重要的。字段 MINUTES 表示每节路段的通行时间，以分钟为单位。字段 NAME 列出了州际编码。字段 METERS 表示每个线段的自然长度，以米为单位。关闭该窗口。

2. 从 Customize 菜单下选择 Extentions 工具。确认 Network Analyst 被选中。从 Customize 菜单选择 Toolbars，确认 Network Analyst 已勾选。

3. 在 ArcMap 中插入数据帧并重命名为 Task 3。这一步是使用在 Catalog 目录树中的 *interstates.shp* 文件创建一个网络数据集。在 *interstates.shp* 文件上右击，并选择 New Network Dataset。在 Network Dataset 对话框中，您可以为新建的网络数据集设置不同的参数。把系统默认的名称 *interstates_ND* 作为网络数据集的名称。点击下一步。选择不使用模型转换。在接下来的对话框中点击 Connectivity 按钮。Connectivity 对话框显示 *interstates* 为源数据，终点用于连接，1 作为连接组。点击 OK 退出 Connectivity 对话框。在 New Network Database

对话框中点击下一步，选择不为您的网络要素的高程建模。下个窗口表显示的 Meters 和 Minutes 作为网络数据集的属性。点击 Next，忽略 Travel Mode 设置，再次点击 Next，选择 Yes 来进行行驶方向设置，并点击 Directions 按钮。Network Directions Properties 对话框表明了显示的长度单位是英里，长度属性单位是米。在 *Interstates.shp* 文件中的 NAME 是街道名称字段（本习作中是指州际道路）。您可以在下面的 Suffix Type 上点击 Type，并选择 None。点击 OK 退出 Network Directions Properties 对话框，并在 New Network Database 对话框上点击 Next。下一个窗口中将会显示网络数据集的总结信息。点击 Finish。点击 Yes 来创建网络。点击 Yes 把参与 *interstates_ND* 的所有要素类都加到地图中。

4. 把 *uscities* 添加到 Task3 中。从 Selection 菜单中选择 Select By Attributes。在接下来的对话框中，确认 *uscities* 是所选图层，输入下面的表达式以选择 Helena，MT 和 Charlotte, NC："City_Name" = 'Helena' OR "City_Name" = 'Charlotte'。

5. Network Analyst 工具条在 Network Dataset 框中应显示 *interstates_ND*，从 Network Analyst 的下拉菜单中选择 New Route。一个新的路径分析图层也被加载到目录表中。

6. 这一步是把 Helena 和 Charlotte 作为最短路径分析的站点加载进来。因为站点必须是位于网络上的，在定位站点时您可以使用帮助。在目录表上右击 Route，选择 Propeties。在 Layer Properties 对话框的 Network Locations 标签上，改变 Search Tolerance 为 1000（m）。点击 OK 退出 Layer Properties 对话框。放大图像 Helena 和 Montana。点击 Network Analyst 工具条上的 Create Network Location 工具和 Helena 邻接的州际公路上一个点，该点会以符号 1 显示。如果该点不在网络上，符号旁边会有问号出现。在这种情况下，您可以使用 Select/Move Network Locations 工具把该点移动到网络上。Helena 定位后，重复相同的过程，在网络上定位 Charlotte。在 Network Analyst 工具条上点击 Solve 按钮求出两个站点间的最短路径。

7. 最短路径现在出现在地图中。在 Network Analyst 工具条上点击 Directions。Directions 窗口显示了以英里为单位的行驶距离、行驶时间及从 Helena 到 Charlotte 的最短路径的详细行驶方向。

问题 5　以 mi 为单位，总的行驶距离是多少？

问题 6　使用该州际公路，从 Helena 行驶到 Charlotte 大概需要多少小时？

习作 4　创建一个 geodatabase 网络数据集

所需数据：*moscowst.shp*，一个包含爱达荷州莫斯科市道路网络的线 *shapefile*；*select_turns.dbf*，是一个 dBASE 文件，列有从 *moscowst.shp* 中选取的转弯。

moscowst.shp 是从 2000TIGER/Line 文件中编辑出来的。*moscowst.shp* 是投影到横轴墨卡托坐标系统下，单位是米。对于习作 4，您将要首先检验输入数据集。然后建立一个个人 geodatabase 和一个要素数据集。然后把 *moscowst.shp* 和 *select_turns.dbf* 作为要素类输入到要素集中。在本习作中您将使用网络数据集进行创建，从而在习作 5 中进

行最邻近设施分析。

1. 在 Catalog 目录树中右击 *moscowst.shp*，选择 Item Description。预览表上 *moscowst.shp* 有对本习作很重要的以下属性: MINUTES 表示行驶时间, 以分钟 为单位, ONEWAY 代表单行道, 如 T, NAME 表示街道名称, METERS 表示 每条街道的自然长度, 以米为单位。

问题 7 在 *moscowst.shp* 中有多少个单行道路段 (记录)？

2. 在目录树中双击 *select_turns.dbf* 以打开。*select_turns.dbf* 是一个转弯表, 最初 是在 Arcinfo Workstation 中创建的。该表格有对本习作很重要的以下字段: ANGLE 列出了转弯角, ARC1_ID 表示该转弯的第一个弧段, ARC2_ID 表示 该转弯的第二个弧段, MINUTES 列出了以分钟为单位的转弯阻抗。

3. 插入一个数据帧, 重命名为 Task 4。现在创建一个个人 geodatabase。在 ArcCatalog 中右击第 17 章数据库, 指向 New, 选择个人 Geodatabase。将其重 命名为 *Network.mdb*。

4. 创建一个要素数据集。右击 *Network.mdb*, 指向 New, 并选择 Feature Dataset。 在接下来的对话框中, 输入 *MoscowNet* 作为名称。然后点击下一个对话框, 从 Add Coordinate System 下拉菜单选择 Import 把 *moscowst.shp* 的坐标系统导入 *MoscowNet* 的坐标系统。在 New Feature Dataset 对话框里点击 Next。在 vertical coordinate 上选择 None。采用系统默认的值为容差值。然后点击 Finish。

5. 这一步是把 *moscowst.shp* 导入到 *MoscowNet* 中。右击 *MoscowNet*, 指向 Import, 选择 Feature Class (single)。在接下来的对话框中, 选择 *moscowst.shp* 作为输 入要素, 确认输出位置是 *MoscowNet*, 输入 *MoscowSt* 作为输出要素类的名称, 点击 OK。

6. 把 *select_turns.dbf* 添加到 *MoscowNet* 中, 您需要使用 ArcToolbox。在 Network Analyst Tools/Turn Feature Class 工具集上双击 Turn Table to Turn Feature Class 工具打开它的对话框。把 *select_turns.dbf* 作为输入转弯表, 把 *MoscowNet* 要素 数据集中的 *MoscowSt* 作为参照线要素, 输入 *Select_Turns* 作为输出转弯要素类 名称, 并点击 OK。*select_turn.dbf* 是一个简单的转弯表, 仅包括在有交通信号 灯的街道十字路口的两个边的拐弯。Network Analyst 允许多边拐弯。一个多边 拐弯通过一系列相连的中间边将一条边链接至另一条边。Network Analyst 还允 许使用字段替代转角来描述转弯中沿着线要素的位置。

7. 随着数据的输入, 现在可以创建一个网络数据集。在 ArcMap 的 Cataloge 中, 右击 *MoscowNet*, 指向 New, 选择 Network Database, 在下面的 8 个窗口中按 照如下步骤操作: 把默认名称 (*MoscowNet_ND*) 作为网络数据集的名称, 选择 *MoscowSt* 加入到网络数据集中, 点击 Yes 进行模型转换, 检查 *Select_Turns* 前 的复选框已打勾, 采用默认的连接设置, 勾选 None to model the elevation of your network features, 确认 Minutes 和 Oneway 是数据库的默认属性, 忽略 Travel Mode 设置, 选择建立行车方向。在查看概要信息后, 点击 Finish。点击 Yes 创 建网络, 点击 No 加载 *MoscowNet_ND* 至地图。注意, *MoscowNet_ND* 是一个网络数据集，*MoscowNet_ND_Juctions* 是一个节点要素类，都已经添加到了 Catalog 目录树中。

习作 5　寻找最近设施

所需数据：*MoscowNet*，习作 4 的网络数据集；*firestat.shp*，爱达荷州莫斯科市的两个消防站点。

1. 插入一个数据帧并重命名为 Task5。把 *MoscowNet* 要素数据集和 *firestat.shp* 添加到 Task5。为了使地图看起来不太混乱，关闭 *MoscowNet_ND_Juctions* 图层。

2. 确认 Network Analyst 工具条可以使用，并且 *MoscowNet_ND* 是网络数据库。从 Network Analyst 下拉菜单中选择 New Closest Facility。Closest Facility 图层被加载至目录表中，包含 4 个列表：Facilities、Incidents、Routes 和 Barriers（Point、Line 和 Polygon）。确认 Closest Facility 已勾选为可见。

3. 在 Network Analyst 工具条上点击 Network Analyst Window。在 Network Analyst 窗口中右击 Facilities（0），并选择 Load Locations。在接下来的对话框中点击 OK 之前，要确保 locations 将从 *firestat* 载入。

4. 在 Network Analyst 窗口点击 Closest Facility Properties 按钮。在 Analysis Setting 标签，选择找到设施 1，并从 Facility 行驶到 Incident。为紧急事件服务的单行道复选框不要选中。点击 OK 关闭对话框。在 Network Analyst 窗口中点击 Incident（0）高亮显示。然后在 Network Analyst 工具条上使用 Creat Network Location 工具，在网络上点击一个您选择的事件控制点。点击 Solve 按钮。地图应该显示到该事件的最近设施的路径。在 Network Analyst 工具条上点击 Directions 按钮。该窗口列出了路径的距离、行驶时间及详细的行驶方向。

问题 8　假设一个事件发生在 Orchard 和 F 的交叉处。来自最近消防站的救护车到达该事件发生地大约要多久？

习作 6　寻找服务区范围

所需数据：*MoscowNet* 和 *firestat.shp*，与习作 5 的相同。

1. 插入一个数据帧并重命名为 Task6。把 *MoscowNet* 要素数据集和 *firestat.shp* 添加进来。关闭 *MoscowNet_ND_Juctions* 图层。从 Network Analyst 的下拉菜单中选择 New Service Area。在 Network Analyst 工具条点击 Network Analyst 窗口，窗口打开后会出现 4 个空的列表：Facilities、Polygons、Lines 和 Barriers（Point、Line 和 Polygon）。一个新的 Service Area 分析图层也被加载到目录表中。

2. 接着把消防站作为设施加载进来。在 Network Analyst 窗口右击 Facilities（0），并选择 Load Locations。在下一个对话框中，确认 *facilities* 从 *firestat* 载入，并点击 OK。Location1 和 Location2 现在应该被作为设施 2 之下的设施被加到 Network Analyst 窗口。

3. 这一步是为服务区分析设置参数。在 Network Analyst 窗口点击 Service Area Properties 按钮打开对话框。在 Analysis Setting 面板中，选择 Minutes 作为阻

抗，输入 "2 5" 作为 2 分和 5 分的默认断点，确认是远离设施的方向，不勾选单行道限制。在 Polygon Generation 标签，选中 generate polygons 复选框，选择 generalized polygon 类型和 trim polygons，为多个设施选择不重叠的多边形，并选择环作为叠加类型。点击 OK 关闭图层属性对话框。

4. 在 Network Analyst 工具条上点击 Solve 按钮计算消防站服务区。该服务区多边形出现在了地图中和 Polygons（4）下的 Network Analyst 窗口。放大 Polygons（4）。每一个消防站与两个服务区有联系，一个是 0~2min，另一个是 2~5min。看服务区的边界（如从 Location1 来要 2~5min），您可以点击 Polygons（4）下的服务区。

5. 这一步演示如何将一个服务区保存为一个要素类。首先在 Network Analyst 窗口中选择服务区（多边形）。然后在窗口中右击 Polygon（4）图层，并选择 Export Data。在 *MoscowNet* 把数据保存为要素类。要素类属性表中包含了默认字段面积和长度。

问题 9　Location1（消防站 1）的 2min 内服务区的大小是多少？

问题 10　Location2（消防站 2）的 2min 内服务区的大小是多少？

挑战性任务

所需数据：*uscities.shp* 和 *interstates.shp*，和习作 3 中的数据相同。

该挑战性任务要您找到从北达科他州的 *Grand Forks* 到得克萨斯州的 *Houston* 的最短耗时路径。

问题 1　总的行驶距离是多少英里？

问题 2　使用该州际公路，从 *Grand Forks* 行驶到 *Houston*，大概需要多少小时？

参考文献

Antikainen, H. 2013. Comparison of Different Strategies for Determining Raster-Based Least-Cost Paths with a Minimum Amount of Distortion. *Transactions in GIS* 17: 96-108.

Apparicio, P., M. Cloutier, and R. Shearmur. 2007. The Case of Montréal's Missing Food Deserts: Evaluation of Accessibility to Food Supermarkets. *International Journal of Health Geographics* 6: 4 doi: 10.1186/1476-072X-6-4.

Atkinson, D. M., P. Deadman, D. Dudycha, and S. Traynor. 2005. Multi-Criteria Evaluation and Least Cost Path Analysis an Arctic All-Weather Road. *Applied Geography* 25: 287-307.

Bagli, S., D. Genelietti, and F. Orsi. 2011. Routeing of Power Lines through Least-Cost Path Analysis and Multicriteria Evaluation to Minimise Environmental Impacts. *Environmental Assessment Review* 31: 234-39.

Choi, Y., H. Park, C. Sunwoo, and K. C. Clarke. 2009. Multi-Criteria Evaluation and Least cost Path Analysis for Optimal Haulage Routing of Dump Trucks in Large Scale Open-Pit Mines. *International Journal of Geographical Information Science* 23: 1541-15567.

Church, R. L., and C. S. ReVelle. 1974. The Maximal Covering Location Problem. *Papers of the Regional Science Association* 32: 101-18.

Cinnamon, J., N. Schuurman, and V. A. Crooks. 2009. Assessing the Suitability of Host Communities for

Secondary Palliative Care Hubs: A Location Analysis Model. *Health & Place* 15: 822-30.

Coffee, N., D. Turner, R. A. Clark, K. Eckert, D. Coombe, G. Hugo, D. van Gaans, D. Wilkinson, S. Stewart, and A. A. Tonkin. 2012. Measuring National Accessibility to Cardiac Services using Geographic Information Systems. *Applied Geography* 34: 445-55.

Collischonn, W., and J. V. Pilar. 2000. A Direction Dependent Least Costs Path Algorithm for Roads and Canals. *International Journal of Geographical Information Science* 14: 397-406.

Comber, A., C. Brunsdon, and E. Green. 2008. Using a GIS-Based Network Analysis to Determine Urban Greenspace Accessibility for Different Ethnic and Religious Groups. *Landscape and Urban Planning* 86: 103-14.

Curtin, K. M. 2007. Network Analysis in Geographic Information Science: Review, Assessment, and Projections. *Cartography and Geographic Information Science* 34: 103-11.

Dijkstra, E. W. 1959. A Note on Two Problems in Connexion with Graphs. *Numerische Mathematik* 1: 269-71.

Farhan, B., and A. T. Murray. 2005. A GIS-Based Approach for Delineating Market Areas for Park and Ride Facilities. *Transactions in GIS* 9: 91-108.

Gonçalves, A. B. 2010. An Extension of GIS-Based Least-Cost Path Modelling to the Location of Wide Paths. *International Journal of Geographical Information Science* 24: 983-96.

Gordon, C., M. Purciel-Hill, N. R.Ghai, L. Kaufman, R. Graham, and G. Van Wye. 2011. MeasuringFood Deserts in New York City's Low-Income Neighborhoods. *Health & Place* 17: 696-700.

Hakimi, S. L. 1964. Optimum Locations of Switching Centers and the Absolute Centers and Medians of a Graph. *Operations Research* 12: 450-59.

Hallett IV, L. F., and D. McDermott. 2011. Quantifying the Extent and Cost of Food Deserts in Lawrence, Kansas, USA. *Applied Geography* 31: 1210-1215.

Hepner, G. H., and M. V. Finco. 1995. Modeling Dense Gas Contaminant Pathways over Complex Terrain Using a Geographic Information System. *Journal of Hazardous Materials* 42: 187-99.

Indriasari, V., A. R. Mahmud, N. Ahmad, and A. R. M. Shariff. 2010. Maximal Service Area Problem for Optimal Siting of Emergency Facilities. *International Journal of Geographical Information Science* 24: 213-30.

Kinall, J. L., and F. T. van Manen. 2007. Identifying Habitat Linkages for American Black Bears in North Carolina, USA. *Journal of Wildlife Management* 71: 487-95.

Krizek, K. J., A. El-Geneidy, and K. Thompson. 2007. A Detailed Analysis of How an Urban Trail System Affects Cyclists' Travel. *Transportation* 34: 611-24.

Lin, S. 1965. Computer Solutions of the Travelling Salesman Problem. *Bell System Technical Journal* 44: 2245-69.

Lowe, J. C., and S. Moryadas. 1975. *The Geography of Movement*. Boston: Houghton Mifflin.

Murray, A. T., and D. Tong. 2009. GIS and Spatial Analysis in the Media. *Applied Geography* 29: 250-59.

Neis, P., D. Zielstra, and A. Zipf. 2012. The Street Network Evolution of Crowdsourced Maps: OpenStreetMap in Germany 2007-2011. *Future Internet* 4: 1-21.

Neis, P., and D. Zielstra. 2014. Generation of a Tailored Routing Network for Disabled People Based On Collaboratively Collected Geodata. *Applied Geography* 47: 70-77.

Pullinger, M. G., and C. J. Johnson. 2010. Maintaining or Restoring Connectivity of Modified Landscapes: Evaluating the Least-Cost Path Model with Multiple Sources of Ecological Information. *Landscape Ecology* 25: 1547-1560.

Rasdorf, W., H. Cai, C. Tilley, S. Brun, and F. Robson. 2004. Accuracy Assessment of Interstate Highway Length Using Digital Elevation Model. *Journal of Surveying Engineering* 130: 142-50.

Rees, W. G. 2004. Least-Cost Paths in Mountainous Terrain. *Computers & Geosciences* 30: 203-9.

Schuurman, N., R. S. Fiedler, S. C. W. Grzybowski, and D. Grund. 2006. Defining Rational Hospital Catchments for Non-Urban Areas based on Travel-Time. *International Journal of Health Geographics* 5: 43 doi: 10.1186/1476-072X-5-43.

Schuurman, N., M. Leight, and M. Berube. 2008. A Web-Based Graphical User Interface for Evidence-Based

Decision Making for Health Care Allocations in Rural Areas. *International Journal of Health Geographics* 7: 49 doi: 10.1186/1476-072X-7-49.

Seo, S., and C. G. O' Hara. 2009. Quality Assessment of Linear Data. *International Journal of Geographical Information Science* 23: 1503-1525.

Smoyer-Tomic, K. E., J. C. Spence, and C. Amrhein. 2006. Food Deserts in the Prairies? Supermarket Accessibility and Neighborhood Need in Edmonton, Canada. *The Professional Geographer* 58: 307-26.

Snyder, S. A., J. H. Whitmore, I. E. Schneider, and D. R. Becker. 2008. Ecological Criteria, Participant Preferences and Location Models: A GIS Approach toward ATV Trail Planning. *Applied Geography* 28: 248-58.

Taliaferro, M. S., B. A. Schriever, and M. S. Shackley. 2010. Obsidian Procurement, Least Cost Path Analysis, and Social Interaction in the Mimbres Area of Southwestern New Mexico. *Journal of Archaeological Science* 37: 536-48.

Tarabanis, K., and I. Tsionas. 1999. Using Network Analysis for Emergency Planning in Case of an Earthquake. *Transactions in GIS* 3: 187-97.

Tomczyk, A. M., and M. Ewertowski. 2013. Planning of Recreational Trails in Protected Areas: Application of Regression Tree Analysis and Geographic Information Systems. *Applied Geography* 40: 129-39.

Witten, K., D. Exeter, and A. Field. 2003. The Quality of Urban Environments: Mapping Variation in Access to Community Resources. *Urban Studies* 40: 161-77.

Yu, C., J. Lee, and M. J. Munro-Stasiuk. 2003. Extensions to Least Cost Path Algorithms for Roadway Planning. *International Journal of Geographical Information Science* 17: 361-76.

Zandbergen, P. A., D. A. Ignizio, and K. E. Lenzer. 2011. Positional Accuracy of TIGER 2000 and 2009 Road Networks. *Transactions in GIS* 15: 495-519.

Zeng, W., and R. L. Church. 2009. Finding Shortest Paths on Real Road Networks: the Case For A*. *International Journal of Geographical Information Science* 23: 531-43.

Zhan, F. B., and C. E. Noon. 1998. Shortest Path Algorithms: An Evaluation using Real Road Networks. *Transportation Science* 32: 65-73.

Ziliaskopoulos, A. K., and H. S. Mahmassani. 1996. A Note on Least Time Path Computation Considering Delays and Prohibitions for Intersection Movements. *Transportation Research* B 30: 359-67.

第 18 章　GIS 模型与建模

在前面章节里我们已经介绍了用于探查、处理和分析矢量数据与栅格数据的基本工具。这些工具的众多用途之一是建立模型。模型是什么呢？**模型**是一种现象或一个系统的简化表示。本书已涉及多种模型。一幅地图就是一个模型。表示空间要素的矢量和栅格数据模型与表示数据库系统的关系数据库模型也都是模型。由于模型保留了事物的重要特性或关系，能帮助我们更好地理解一种现象或一个系统。

本章探讨 GIS 在建立模型方面的作用。有两点需要明确：第一，本章运用地理相关的数据或地理空间数据处理模型，一些学者用术语"空间显示模型"（spatially explicit models）来描述这些模型。第二，强调 GIS 在建模中而非在模型中的应用。虽然本章包括许多模型，然而著者的意图仅将其作例子之用。建模的基本要求是建模者的兴趣和对被模拟系统的了解（Hardisty et al., 1993）。这就是许多模型为学科所特有的原因。例如，环境模型通常分为大气、水文、地表/地下和生态模型。对于介绍性的 GIS 书籍，不可能仅讨论各类环境模型而不涉及其他学科模型。

本章共分 5 节：18.1 节讨论 GIS 建模的基本元素；18.2 节和 18.3 节分别述及二值模型和指数模型；18.4 节涉及线性回归、空间和对数回归模型；18.5 节介绍过程模型包括土壤侵蚀和滑坡。虽然这 4 类模型——二值、指数、回归和过程模型在复杂性程度上各不相同，但它们都有两个共同点：有一组选定的空间变量和变量之间的函数或数学关系。

18.1　GIS 建模的基本元素

在建立一个 GIS 模型之前，我们必须对模型的类型、建模过程和 GIS 在建模过程中的作用有一个基本的了解。

18.1.1　GIS 模型的分类

GIS 用户所用的许多模型是很难进行分类的，因为它们的分类标准之间的界限并不总是那么明确。本节不是提出一个详细的分类,而主要是对模型进行大致归类(表 18.1),这对后续要讨论的模型起一个介绍性作用。

表 18.1　模型的分类

模型分类	差别
描述的与规则的	描述模型描述现状,而规则模型预测未来状况
确定的与随机的	确定模型假定变量具有惟一值,而随机模型假定变量遵循某些概率分布
动态的与静态的	动态模型视时间为变量,而静态模型视时间为常数
推论的与归纳的	推论模型基于理论,而归纳模型基于经验数据

模型可以是**描述的**或**规则的**。描述模型描述空间数据的现有情况,而规则模型则对将会出现的情况提供预测。如果我们用地图来打比喻,植被地图代表描述模型,而潜在自然植被地图则代表规则模型。植被地图呈现现有的植被,而潜在自然植被地图则呈现在没有干扰和气候变化的条件下将会出现的植被类型。

模型可以是**确定的**或**随机的**。确定模型和随机模型都是用参数和变量的方程式来表示的数学模型。随机模型考虑一个或更多的参量或变量的随机性,而确定模型则不然。作为随机过程的结果,随机模型的预测有可能出现错误或不确定的测量,通常用概率表示。这是为什么随机模型也被称为概率模型或统计模型。例如,在第 15 章介绍的局部插值方法中,只有克里金法是随机模型。除了产生一幅预测地图,克里金插值法还对每一个预测值生成一个标准误差。

模型可以是**静态的**或**动态的**。动态模型强调一段时间内的空间数据变化和变量之间的相互作用,而静态模型则涉及特定时间里空间数据的状态。模拟是一种演绎空间数据随时间变化而形成不同状态的技术。许多环境模型,如地下水污染和土壤水分分布,以动态模型来研究是最好的(Rogowski and Goyne,2002)。

模型可以是**推论的**或**归纳的**。推论模型展示的结论是来自于特定的前提条件。这些前提条件通常是以科学理论或自然规律为基础的。归纳模型展示的结论是来自于实验数据和观察报告。例如,要评估滑坡的可能性,我们可以采用建立在物理学规律上的推论模型或者选用根据以往滑坡记录建立起来的归纳模型(Brimicombe,2003)。

18.1.2　建模过程

模型的建立要遵循一系列步骤。第一步,明确建模目的。这类似于给一个研究问题进行定义。模型想模拟什么现象?为什么必须建立这个模型?哪个时空尺度适合这个模型?建模者可利用概念图表组建一个模型的基本结构。

第二步是把模型分解成各种元素,然后用概念定义各种元素的属性和它们之间的相互作用框图(如流程图)。在这一步里,建模者也要将模型的数学方程和 GIS 工具集成用以执行计算。

第三步是模型的应用与校准。建模者需要数据去运行并校准模型。模型校准是一个重复的过程,不断地比较模型输出的数据与观察结果之间的差异,调整各参数的数值,然后再运行模型。模型预测中的不确定性是校准一个确定模型的主要问题。敏感性分析是将不确定性进行量化的一种技术，即通过测定输入的变化在输出结果中的表现来量化（Lindsay，2006）。

经过校准的模型可以用作预测，但一个模型在被广泛接受之前必须经过验证过程。模型验证过程就是评价模型的稳定性，即对不同于校准条件下的预测结果作出评估。未经验证的模型通常不会被其它研究人员所接受（Brooks，1997）。因此模型验证过程需要一套不同于在建模过程中使用过的数据集（Mulligan and Wainwright，2004）。建模者可把观察得来的数据分成两个子类：一类是建模用的，而另一类用于模型验证（如 Chang 和 Li，2000）。但是在很多情况下，因需要额外数据集引发了问题，而令建模者不得不放弃验证过程。

18.1.3　GIS 在建模中的作用

GIS 在建模过程中有如下几个方面的作用。首先，GIS 能够加工、显示与集成不同数据源，这些数据源包括地图、数字高程模型（DEM）、GPS 数据、影像和表格等。这些数据在模型的运行、校准及验证过程中都需要。同时，GIS 也能像数据库管理工具一样运作，它对于那些与建模相关的工作十分有用，如探索性数据分析和数据可视化等。GIS 也有对于建模目的有用的分析工具。注释栏 18.1 解释了 GIS 在定位建模中的作用。

注释栏 18.1	GIS 和定位模型

　　定位模型是数学模型，用最优化技术解决空间规划问题，如第 17 章所提及的定位-分配问题。GIS 在定位模型中可以扮演什么角色？Murray（2010）认为，GIS 可为需要的输入数据提供定位模型入口，并能将地理数据可视化。此外，GIS 可在问题解决和理解推进方面为定位模型提供帮助。Murray（2010）列述了诸如叠置、地图逻辑运算和空间查询技术之类的 GIS 功能，尤其有助于解决定位问题；矢量数据模型和空间关系（如相邻性、连续性和形态）的 GIS 概念，有助于构建新的定位模型。因此，在定位模型中，GIS 的角色不只是探查数据分析和数据可视化。

其次，用 GIS 建立的模型可以是基于矢量或基于栅格的。其选择取决于模型的本质、数据源和算法。如果要模拟的空间现象随空间连续变化而变化，如土壤侵蚀和积雪等，则首选基于栅格的模型。如果输入数据的主体是卫星影像和 DEM，或当建模涉及高强度的、复杂的计算，首选也是基于栅格的模型。但是，基于栅格的模型不宜用于旅游问题的研究，因为旅游问题的模拟要求使用基于拓扑关系的路网（Chang et al.，2002）。基于矢量的模型一般用于涉及位置和形状定义很好的空间现象。

再次，基于栅格和基于矢量的模型的差别并不排除建模者在建模过程中对两类数据的综合。GIS 软件包中都有矢量和栅格数据相互转换的算法。至于在分析中采用何种数据格式，应该基于效率和预期结果，而不是由原始数据格式所决定。例如，如果基于矢量模型需要一幅降水量图（如等雨量图）作为输入源，从已知点数据很容易通过空间插值生成一个降水量栅格，然后从栅格生成降水图层。

最后，GIS 建模可以在 GIS 环境中进行，或者需要 GIS 与其他计算机程序的链接。例如，将 GIS 与统计分析软件包链接起来，以利用软件包提供的方法。许多 GIS 用户使用的其他软件包包括用于计算数学的 MATLAB（https://www.mathworks.com/）和用于统计计算和图形的 R 软件（https://www.r-project.org/）。一些 GIS 用户还可能使用为动态建模而设计的软件包如 Vensim（http://vensim.com/vensim-software/），用于优化建模的软件包如 LINDO（http://www.lindo.com/），以及在 18.5 节中介绍的用于环境建模的 RUSLE、WEPP 和临界降雨量等软件包。

稍后将讨论的 4 种 GIS 模型中，二值模型和指数模型可以完全由图形界面辅助在 GIS 中构建（如 ArcGIS 中的 ModelBuilder）或在用于建模过程的脚本语言（如 Python）的帮助下构建。另外，回归和过程模型通常需要 GIS 与其他程序的耦合。

18.1.4 GIS 与其他建模程序的结合

把 GIS 链接到其他计算机程序，有 3 种情形（Corwin et al.，1997；Brimicombe，2003）。建模者在建模过程中可能 3 种都会遇到，这取决于所要完成的任务。

松散耦合涉及数据文件在 GIS 与其他程序之间的传送。例如，您可以从 GIS 导出数据到统计分析软件包中运行，也可以把来自统计分析的结果导入 GIS 实现可视化或显示。这种情形下，建模者必须创建和调整要导出或导入的数据文件，除非在 GIS 和目标计算机程序之间已经建立了接口。**紧密耦合**提供了 GIS 和其他程序的共同用户接口。例如，GIS 有一个菜单选项用来运行一个土壤侵蚀程序。**嵌入系统**是通过共享存储器和共同接口把 GIS 与其他程序捆绑在一起。ArcGIS 的地理数据分析扩展功能就是一个把地理数据分析功能嵌入 GIS 环境的例子。

18.2 二 值 模 型

二值模型用逻辑表达式从一个组合要素图层或多重栅格中选择目标区域。二值模型的输出结果也是二值格式：1（为真）表示区域满足选择条件，0（为假）则表示不满足。我们可以把二值模型看作是数据查询的扩展（参见第 10 章）。

确定选择指标在创建二值模型过程中可能是最重要的步骤。这一步常通过文献调查指导完成。并且，如果要建模的现象数据可用，它们也可用作参考。现存或历史数据均可用于模型校准和确认。

18.2.1 基于矢量方法

要创建基于矢量的二值模型，我们可收集输入图层，叠置和从复合要素图层执行数据查询（图 18.1）。假设一个县政府想选择符合以下指标的潜在工业地点：面积至少 5acre、商业区、不受洪涝威胁、距离重型公路不超过 1mi 和坡度小于 10%。该项工作需以下 5 个操作步骤：

（1）收集与选择指标相关的所有图层（土地利用、潜在洪水区、道路图层和坡度图层）。DEM 可用于生成坡度栅格，并可进一步转换为坡度矢量图层。

（2）从道路图层选择重型公路，对重型公路创建 1mi 缓冲区。

（3）通过相交操作把道路缓冲区图层与其他图层结合。采取相交操作代替其他叠置操作，可将输出限制在距离重型公路 1mi 范围内。

（4） 查询复合要素图层，找出哪块为潜在工业用地。

（5） 选择等于或大于 5acre 的地点。

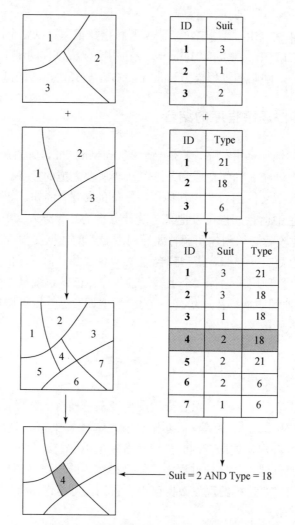

图 18.1　建立一个基于矢量的二值模型，首先叠置图层使其空间要素和属性（Suit 和 Type）组合在一起。然后用查询表达式　Suit = 2 AND Type = 18　来选择 4 号多边形，并将其保存到输出图层

18.2.2　基于栅格的方法

基于栅格的方法要求输入栅格数据，每种栅格代表一个指标。多重栅格的局部操作（参见第 12 章）则可用于从输入栅格生成基于栅格的模型（图 18.2）。

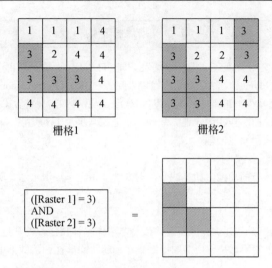

图 18.2　建立一个基于栅格的二值模型，用查询表达式 [Raster 1] = 3 AND [Raster 2] = 3 来选择 3 个像元（阴影），并将其保存到输出栅格中

为解决与 18.2.1 节相同的问题，基于栅格方法的操作过程如下：

（1）　由 DEM 生成坡度栅格，并生成距重型公路栅格的距离；

（2）　把土地利用和潜在洪灾图层转换为与坡度图层相同分辨率的栅格；

（3）　在以上栅格用局部运算寻找潜在工业地点；

（4）　选择等于或大于 5acre 的区域（区域大小可由像元大小与像元个数相乘所得）。

18.2.3　二值模型的应用

选点分析可能是二值模型最广泛的应用。选点分析可以判断一个区域（如一个多边形或一个像元）是否可以满足定为填埋场、滑雪场或大学校区的一系列选择指标。进行选点分析至少有两种方法：一种是对一系列推荐的或预选的点进行评估，另一种是对所有潜在可能的地点进行评估。虽然两种方法或许使用不同系列的选择指标（如对预选点的评估会采用更严格的指标），但是评价步骤是相同的。

选点分析的另外一个考虑是阈值的选择。18.2.1 节中的例子使用精确定义的或"严格"阈值，以便从预选地块中剔除不符标准（公路缓冲区是 1mi，且最小地块面积是 5acre）的地块。这些阈值会自动把离重型公路略超出 1mi 或面积略小于 5acre 的地块剔除。政府项目如保护区保护项目（CRP）（注释栏 18.2）通常有详细、清晰的指南。严格的阈值简化了选点分析过程，但现实应用中，严格阈值也会造成限制过严或太武断。在 Steiner（1983）引用的一个例子中，当地居民质疑是否有土地能满足该县的一个综合性乡村住宅规划。为了消除这种疑虑，通过一项研究来说明确实有这样的地点。与使用严格阈值相对等的是模糊集，这将在 18.3.2 节里介绍。

| 注释栏 18.2 | 保护区保护计划 |

保护区保护项目（CRP）是美国农业部农场服务局（FSA）主管的一个自选项目（http://www.fsa.usda.gov/）。据估计 CRP 每年以近 17 亿美元的代价来闲置约 3000 万 acre(Jacobs，Thurman and Merra，2014)。其主要目的是要减少农田周边的土壤侵蚀（Osborne，1993）。符合 CRP 条件的土地包括在近 5 年中有 2 年用于种植商品作物的农地。此外，农地还须满足下列几点：

（1）侵蚀指数≥8 或极易侵蚀地；

（2）种植作物的湿地；

（3）具有一种有益环境的功能，如过滤带、河滨缓冲带、草皮泄水道、防护林带、水源保护区和其他类似功能；

（4）遭受冲刷侵蚀；

（5）位于国家级或州级 CRP 优先保留区，或与非耕作湿地相伴或被其包绕的农地。

在 GIS 中执行 CRP 的困难是将所需图层汇集在一起，除非在州的数据库中已经有了这样的图层（Wu et al.，2002）。

例 1　Silberman 和 Rees（2010）构建了一个 GIS 模型，用来识别美国落基山脉可能的滑雪小镇。在选址前他们研究现有滑雪区域的特点，选址标准包括年降雪量、潜在滑雪季节、与国家森林公园的距离和可达性指数。可达性指数定义：与 10000 个居民点、50000 个城市和可用机场的旅行时间和距离的复合量测。然后将这套选择标准应用于所有在落基山脉区域的居民点，来评估每个新的滑雪胜地的潜在发展。

例 2　Isaac 等（2008）用一个类似于构建二值模型的程序为澳大利亚墨尔本都市区的大猫头鹰繁殖场所进行预测性制图。为了制定选择标准，他们首先对现有的繁殖场所建立 1km 的缓冲区，然后将这些缓冲区与以下数据图层进行相交分析：树木密度、水文、植被分类、土地利用分区和坡度。分析缓冲区内的生态属性后，他们选择离水域的距离（40m）和树木覆盖密度（茂密的植被）为指标来定位大猫头鹰的潜在繁殖场所。

18.3　指　数　模　型

指数模型计算每个像元区域的指数值，然后根据该指数值生成一个等级地图。指数模型和二值模型都包含多重指标评估，且都基于数据处理的叠置操作（Malczewski，2006）。但是指数模型为每个像元区域生成一个指数值，而不是简单的是或不是。

18.3.1　加权线性综合法

创建指数模型最基本的考虑并非基于矢量或栅格，而是计算指数值的方法。**加权线性综合法**可能是最常用的计算指数值的方法（Saaty，1980；Banai-Kashani，1989；Malczewski，2000）。依照 Saaty（1980）所提出的分析层次过程，加权线性综合法涉及评估的 3 个层次（图 18.3）。

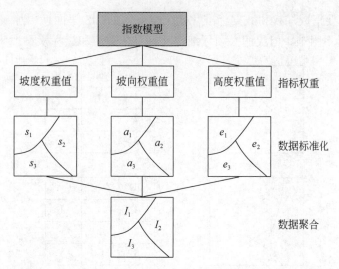

图 18.3　建立一个具有坡度、坡向和海拔选择指标的指数模型，加权线性综合法涉及在 3 个层次上的评价。第一个评价层次决定权重值标准（如坡度 W_s）。第二个评价层次决定每个指标的标准化值（如坡度的 s_1，s_2 和 s_3）。第三个评价层次决定每个像元的指数值（合计的）

　　第一，每个指标或因素的相对重要性是以其他指标作评价的。很多研究对指标的评价都采用来自专家的成对比较（paired comparison）（Saaty，1980；Banai-Kashani，1989；Pereira and Duckstein，1993；Jiang and Eastman，2000）。该方法包含了对每对指标的比值估算过程。例如，如果指标 A 比指标 B 重要 3 倍，那么 A/B 就会被记录为 3，而 B/A 就是 1/3。使用比值估算的指标矩阵及它们的倒数作为输入，成对比较可以推导出每个指标的权重。这些指标权重以百分比的形式表示，它们之和是 100%或者 1.0。成对比较法在商业软件包中都有提供（如 Expert Choice，TOPSIS）。

　　第二，每个指标的数据都是标准化的。线性转换是数据标准化的一种常用方法。例如，下列公式可以把区间数据转换成从 0.0 到 1.0 的标准尺度。

$$S_i = \frac{X_i - X_{\min}}{X_{\max} - X_{\min}} \tag{18.1}$$

式中，S_i 是初始值 X_i 的标准化值；$X_{\min}$ 是初始值的最小值；而 $X_{\max}$ 是初始值的最大值。当初始数据是标称数据或有序数据时，我们不能使用等式（18.1）。在那些情况下，一种基于专门技术和知识的排序过程可以把数据转换成标准化值域，如 0~1，1~5，或 0~100。

　　第三，每个像元区域的指数值是通过指标值的加权总和除以总权重计算得来的：

$$I = \frac{\sum\limits_{i=1}^{n} w_i x_i}{\sum\limits_{i=1}^{n} w_i} \tag{18.2}$$

式中，I 是指数值；n 是指标数；w_i 是指标 i 的权重；而 x_i 就是指标 i 的标准化值。

　　图 18.4 显示了建立一个基于矢量的指数模型的过程，而图 18.5 则是一个基于栅格

的指数模型。只要指数加权和数据标准化定义得好，在 GIS 里面使用加权线性综合法来建立指数模型就不困难。但我们必须仔细定义标准化数值和指标权重。

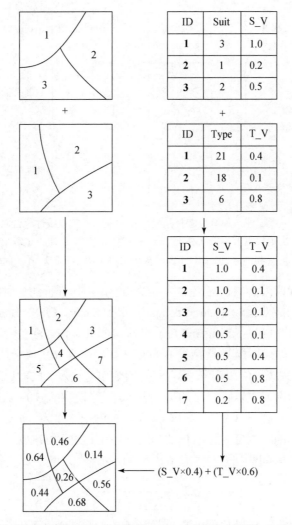

图 18.4　建立基于矢量的指数模型需要的几个步骤。第一，将输入图层的 Suit 和 Type 值标准化，其值域为 0.0～1.0。第二，叠置图层。第三，把 Suit 图层权重值赋值为 0.4，把 Type 图层权重值赋值为 0.6。最后，通过对指标值加权求和，计算输出每个多边形的指数值。例如，4 号多边形的指数值为 0.26
（0.5×0.4 + 0.1×0.6）

18.3.2　其他方法

还有很多加权线性综合法的替代方法。这些方法主要用于解决因子独立性、指标权重、数据集合及数据标准化等问题。

加权线性综合法不能处理两个要素间的相互依赖性（Hopkins，1977）。一个土地适宜性模型可能会在一个线性方程中包括土壤和坡度并且把它们当成是独立的要素。但在现实中土壤和坡度是相互依存的。相互依赖性问题的一种解决办法是使用非线性函数并

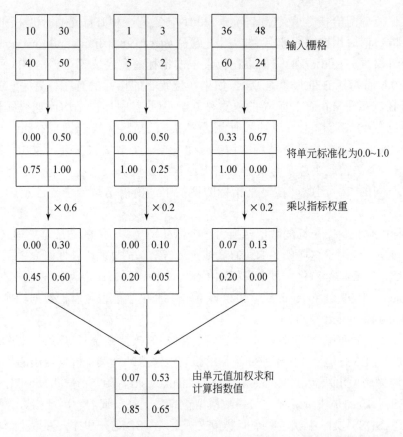

图 18.5　建立基于栅格的指数模型需要的几个步骤。第一，将每个输入栅格的像元值标准化为 0.0～1.0 值域。第二，将每个输入栅格乘以指标权重值。第三，通过对加权指标值求和的方法，计算输出栅格的指数值。例如，指数值 0.85 是由 0.45 + 0.20 + 0.20 计算而得

用数学方式表达两者之间的关系。但是非线性函数往往限制于两个要素，而不是指数模型要求的多要素。另外一种方法是 Hopkins（1977）提出的组合法规则。通过使用这些组合规则，我们对环境要素的组合集赋予适宜性数值，然后通过用文字逻辑而不是数学术语去表达。该方法在土地适宜性研究中被广泛采用（如 Steiner，1983），但在大量指标与数据类型的情况下这种方法就变得不实用了（Pereira and Duckstein，1993）。

决定指标权重的成对比较法有时候被称为直接评估。相对于直接评估的另一选择是权重平衡（Hobbs and Meier，1994；Xiang，2001）。权重平衡是通过询问参与者们愿意付出一个指标的多少用以获得另一指标的改进。换言之，权重平衡是基于当理想组合不可能达到时，用户愿意在两个指标中取得折衷的程度。尽管在现实应用中，权重平衡显示出比直接评估更难以理解和使用（Hobbs and Meier，1994）。在最新的一项研究中，Malczewski（2011）区分了整体和局部指标权重：整体权重适用于整个研究区，而局部权重随空间变化，可根据当地区域标准值范围推导得来。

数据聚合是指指数值的导出。加权线性综合法通过对各加权指标数值求和计算出指数值。另外一个方法是完全跳过计算的步骤，直接在指标当中把最小值、最大

值和最常见值分配给指数值（Chrisman，2001）。还有一种方法是有序加权平均操作，它在计算指数值时用有序权重代替指标权重（Yager，1988；Jiang and Eastman，2000）。假设有一组权重为{0.6，0.4}，如果在位置1的指标的有序位置是{A，B}，那么指标A权重是0.6而指标B的权重是0.4。如果在位置2的指标的有序位置是{ B，A }，那么指标B权重是0.6而指标A的权重是0.4。因此有序加权平均比加权线性综合更灵活。数据集的灵活性也可以通过使用模糊集来达到（Chang、Parvathinathan and Breeden，2008）。模糊集没有精确的边界。而是把一个地块放在某一类中（如公路缓冲区外），一个像元地块总是与某些具有类似等级的地块关联在一起，这将使某地块同时属于不同的类。因此，在多重指标的评估中，模糊化是一个处理不确定性与复杂性的方法。

数据标准化把每个指标的数值转换为一个标准尺度。常用的方法是方程（18.1）所示的线性转换，但用于这样任务的还有其他定量方法。栖息地适宜性研究中采用将专家评分值函数进行数据标准化，每个指标都用到一个特定的、通常为非线性函数（Pereira and Duckstein，1993；Lauver et al.，2002）。模糊隶属度功能也可以把数据转换为模糊测度（Jiang and Eastman，2000）。

指标权重、数据聚合和数据标准化对于空间决策支持系统（SDSS）来说是同样要处理的问题。SDSS 是设计用于空间数据的，它能够帮助决策者根据给出的评估指标从一系列的选择中做出决定（Densham，1991；Jankowski，1995；Malczewski，2006）。尽管 SDSS 强调的是决策，但它与指数模型在方法上是一致的。因此指数模型的开发者可从熟悉 SDSS 文献中获益。空间决策支持系统（SDSS）和探索性数据分析是和指数模型紧密相关的两个领域。SDSS 设计用来协助决策者根据给定的评估标准从一组备选方案中做出选择（Jankowski，1995）。换句话说，SDSS 作为指数模型共享了相同的议题，包括指标权重、数据聚合和数据标准化。另外，探索性数据分析（参见第10章）基于不同的标准和指标权重，可作为调查指数模型敏感性的一种方法（Rinner and Taranu，2006）。

18.3.3 指数模型的应用

指数模型常用于适宜性分析和脆弱性分析。适宜性分析是基于特定用途的适合程度对区域进行排序。例如，美国州机构使用土地评价和选址评价体系，确定将农业用地转为其他用地的适宜性（注释栏18.3）。脆弱性分析评估区域对危险或灾害的敏感性（如森林火灾）。两种分析要求仔细考虑标准和指标权重。例如，Rohde 等（2006）选用分层过滤（hierarchical filter）过程研究泛滥平原恢复。此过程需3层过滤：第一层过滤定义最小先决条件；第二层过滤评估生态恢复适度性；第三层过滤引入社会经济因素。对于第二层过滤，Rohde 等（2006）进行了4种加权方式的敏感性分析，来评估指标权重对于生态恢复适宜性指数的相对影响。因此，与二值模型相比，指数模型的发展演进更快。

1981 年，美国土壤保持局（现为自然资源保持局）提议建立土地评价与场地评估（LESA）系统，是一个由州和地方规划者所应用，用来确定农业用地转为其他用地条件的工具（Wright et al.，1983）。LESA 包含两组因子：LE 量测农业用地的土壤基础质量，SA 则量测非农业用地的需要。例如，1997 年完成的加利福尼亚 LESA 模型（http://www.conservation.ca.gov/dlrp/Pages/qh_lesa.aspx），使用以下因子和因子权重（括号内）：

1. 土地评价因子
（1）地力分类（25%）
（2）斯托利指数等级（25%）
2. 场地评估因子
（1）项目规模（15%）
（2）水资源可用性（15%）
（3）周边农业用地（15%）
（4）周边保护资源用地（15%）

对于指定区域，每个因子首先以百分制分等（标准化），对权重因子得分求和，生成一个单一指数值。

例 1　适宜性分析的一种类型是选址。在南佛罗里达州的应急避难场所的选址研究中，Kar 和 Hodgson（2008）通过下面的公式为每个位置（像元大小为 50m）计算了适宜度得分：

$$得分 = \sum_{j}^{n} FR_j w_j \tag{18.3}$$

式中，FR_j 是因子 j 的等级；n 是因子数量；w_j 是赋予因子 j 的权重；w_j 的总和为 100。此研究包括以下 8 个因素：洪水区，与公路和疏散路线的邻近度，与灾害地点的邻近度，与卫生保健设施的邻近度，社区总人口，社区儿童总数，社区老人总数，社区少数民族总数和社区低收入人口总数。这些因素中，洪水区是唯一能作为约束条件的因子，意味着如果一个像元位于洪水区，则被排除在考虑范围外。

例 2　美国环境保护局（EPA）开发的用于评价地下水污染可能性的 DRASTIC 模型（Aller et al.，1987）。DRASTIC 是该模型中用到的 7 个要素的首字母缩写：水的埋深（depth to water）、净补给（net recharge）、蓄水层介质（aquifer media）、土壤介质（soil media）、地形（topography）、渗流区的影响（impact of the vadose zone）和水力传导率（hydraulic conductivity）。DRASTIC 的应用涉及对每个要素的评分，把得分乘以权重系数，并由式(18.4)加和求得总得分：

$$总得分 = \sum_{i=1}^{7} W_i P_i \tag{18.4}$$

式中，P_i 为第 i 个输入参数；W_i 为 P_i 的权重系数。在 Merchant（1994）的文献中有关于 DRASTIC 模型的因素选择与数字评分和权重的说明。

例 3　典型的用加权线性综合方法评估栖息地质量的栖息地适宜性指数（HSI）模

型，模型所考虑的因素都是对野生生物至关重要的（Brooks，1997；Felix et al.，2004）。下面的模型是对松貂栖息地适宜性进行评价的 HSI 模型（Kliskey et al.，1999）：

$$HSI = sqrt \{[（3SR_{BSZ} + SR_{SC} + SR_{DS}）/ 6][（SR_{CC} + SR_{SS}）/ 2]\} \qquad (18.5)$$

式中，SR_{BSZ}、SR_{SC}、SR_{DS}、SR_{CC} 和 SR_{SS} 分别为生物地理气候带、立地类型、优势种、郁闭度和演替阶段的评分。该模型把 HSI 的值域转换成 0～1 的尺度，0 为不适宜作栖息地，1 为理想的栖息地。

例 4　火灾隐患和风险模型是常用的基于因子的指数模型，这些因子包括植被种类、坡度、坡向和道路邻近度（Chuvieco and Congalton，1989，Chuvieco and Salas，1996）。Lein 和 Stump（2009）用线性加权组合方法在俄亥俄州东南部构建以下潜在火灾风险度模型：

潜在火灾风险度 = 燃料 +（2 x 太阳能）+ TWI + 与道路之间的距离 + 人口密度

$$(18.6)$$

式中，燃料是基于植被种类和树冠覆盖，太阳能是由 DEM 和坡度栅格计算的年太阳辐射，TWI 是地形温度指数，也是由 DEM 和坡度栅格计算得来[TWI 定义为 $\ln（a/\tan\beta）$，式中 a 是当地上坡贡献面积，而 β 是局部坡度]。

18.4　回　归　模　型

回归模型是用一个方程式建立一个因变量与多个自变量的关系，可用于预测和推算（Rogerson，2001）。如同指数模型，回归模型可在 GIS 中用地图叠置运算把分析所需的全部自变量结合起来。本章节包含 3 种回归模型：多元线性回归、用空间数据回归和对数回归。

18.4.1　多元线性回归模型

多元线性回归模型通过将线性方程拟合到观察数据来模拟两个或多个自变量与一个因变量之间的关系。给定有 n 个观察数据和 p 个独立变量 x_1，x_2，$\cdots$，x_p，因变量 y 的多元线性回归模型有以下形式：

$$y_i = \beta_0 + \sum_{j=1}^{p} \beta_j x_{ij} + \varepsilon_i \quad \text{for } i = 1, 2, \cdots, n \qquad (18.7)$$

式（18.7）中的 β_0，β_1，$\cdots$，β_p 代表参数或回归系数；ε 为误差项。

在最小二乘法模型中，通过估算的与观测的 y 值的平方和的最小化来估计参数。

用最小二乘法的线性回归需要对估算值和真实值之间的误差、残差等做几个假设（Miles and Shevlin，2001）：

（1）误差在每个自变量数据集中呈正态分布。

（2）误差具有 0 的预期（平均）值。

（3）对于所有自变量值，误差的变化是恒量。

（4）误差是相互独立的。

在多变量线性回归的情况下，还有一个假设是各独立变量之间的相关性很低。

例 1　一个由 Chang 和 Li（2000）开发的积雪分水岭回归模型，采用雪水当量（SWE）作为因变量，位置和地形变量作为自变量。采用此种形式的模型之一为

$$\text{SWE} = b_0 + b_1\text{EASTING} + b_2\text{SOUTHING} + b_3\text{ELEV} + b_4\text{PLAN1000} \qquad (18.8)$$

式中，EASTING 和 SOUTHING 对应的是高程栅格的列数和行数，ELEV 是高程值，PLAN1000 是表面曲率量度。当公式（18.7）中 b_i 系数用下雪过程中的已知值来估算后，模型可用来估算流域中所有像元的 SWE，并生成连续 SWE 表面。

例 2　由 Ceccato 等（2002）开发的犯罪模型表达为

$$y = 12.060 + 22.046x_1 + 275.707x_2 \qquad (18.9)$$

式中，y 是恶意破坏率；x_1 是 25～64 岁失业居民的百分比；x_2 是一个区分城内和城外区域的变量。该模型的 R^2 值为 0.412，表明该模型解释了恶意破坏率中大于 40%的变异。

回归模型的其他例子包括野生动物的活动范围（Anderson et al.，2005），非点源污染的风险（Potter et al.，2004），土壤水分（Lookingbill and Urban，2004）和入室盗窃（Malczewski and Poetz，2005）。

18.4.2　使用空间数据的回归模型

多元线性回归所要求的假设可能不适用于空间数据，这导致了用于空间数据的不同类型回归模型的开发。本节讨论地理加权回归（GWR）和空间回归。

不像多元线性回归模型中的假设变量之间的关系在空间保持不变，GWR 假设这关系可能随空间变化而异。GWR 模型使用的方程与式（18.7）相似，所不同的是它生成一个局部模型，也就是对于每个观察数据集分别使用一个独立的回归模型（Fotheringham et al.，2002；Wheeler，2014）。在某一点上局部模型的构建，是通过在该点的带宽中使用因变量和自变量的观测值来估算模型参数，远距离观测数据对估算的影响小于附近的观测数据。从 GWR 分析中可以得出两个重要的解释：第一，参数估计随空间变化的幅度可表明自变量对因变量局部变化的影响。第二，由带宽导致的 GWR 的变化可以表示空间尺度的影响。GWR 已被为各领域采纳为一种研究工具，包括住宅盗窃案（Malczewski and Poetz，2005）、过境运输（Cardozo、García-Palomares and Gutiérrez，2014）和火灾密度（Oliverira et al.，2014）。

多元线性回归的一个重要假设是观测是相互独立的。如果数据显示空间依赖性或空间自相关（参见第 11 章），则违反此假设。空间回归是旨在处理空间依赖性而设计的一种回归分析。用于空间回归的两种常用模型是空间误差和空间滞后（Anselin、Syabri and Kho，2006；Ward and Gleditsch，2008）。这两个模型都包含了在因变量预测中的一个误差项。

误差项是由空间误差模型中的空间分量和空间不相关分量、与因变量相关的空间滞后分量，以及空间滞后模型中的独立误差分量组成的（Ward and Gleditsch，2008）。在实践中，如果用全局莫兰指数检测发现数据集是空间相关的，则建议采用空间回归（参见第 11 章）。

在 ArcGIS 中，GWR 可与其他空间数据探索工具一起用作空间统计、空间回归工具，GWR 包含在 GeoDa 中，GeoDa 是可在芝加哥大学网站上下载一个软件包（https://spatial.uchicago.edu/software）。

例 1　Foody（2004）使用 GWR 来测试撒哈拉以南非洲地区鸟类物种丰富度与环境决定因素之间的关系。该项研究报告称，这种关系有明显的空间变化和尺度依赖。在地区范围内（使用较小的带宽），超过 90%的变化可以得到解释，但随着范围扩大（使用较大的带宽）解释的比率下降。这项研究因此得出结论，全局模型（如多元线性回归模型）可能不能准确地反映当地情况。

例 2　在中国，Chen 等（2015）在他们对广州的城市化及其空间影响因素的研究报告中称，在解释城市用地比重与诸如道路密度和运输服务距离等空间影响因素之间的关系时，空间回归显示出优于多元线性回归，这是由于在城市土地比重数据中存在空间自相关。该项研究还显示了空间滞后与空间误差这两个空间回归模型在性能统计数据和重要独立变量选择上是一致的。

18.4.3　对数回归模型

当因变量是类别数据（如出现与否），自变量是类别数据或数值变量或两者皆是的时候，采用对数回归模型（Menard，2002）。使用对数回归的主要优势是其不需要线性回归所需的假设。对数回归使用 y 的对数值作为因变量：

$$\text{logit}\,(y) = a + b_1x_1 + b_2x_2 + b_3x_3 + \cdots \tag{18.10}$$

式中，$\text{logit}\,(y)$ 是预测值（也叫预测比）的自然对数。

$$\text{logit}\,(y) = \ln\,[p/\,(1-p)\,] \tag{18.11}$$

$\ln$ 是自然对数，$p/\,(1-p)$ 是预测值，p 是 y 出现的概率。要把 $\text{logit}\,(y)$ 转换回预测值或概率，等式（18.10）可以改写为

$$p/(1-p) = e^{(a+b_1x_1+b_2x_2+b_3x_3+\cdots)} \tag{18.12}$$

$$p = e^{(a+b_1x_1+b_2x_2+b_3x_3+\cdots)}/[1 + e^{(a+b_1x_1+b_2x_2+b_3x_3+\cdots)}] \tag{18.13}$$

$$\text{或}\qquad p = 1/[1 + e^{-(a+b_1x_1+b_2x_2+b_3x_3+\cdots)}] \tag{18.14}$$

式中，e 是自然对数底。

还可以在 GWR（地理加权回归）模型框架内使用对数回归（Rodrigues，Riva and Fotheringham，2014）。

例 1　Pereira 和 Itami（1991）开发的红松鼠栖息地模型是基于以下对数模型：

$$\text{logit}\,(y) = 0.002\ \text{elevation} - 0.228\ \text{slope} + 0.685\ \text{canopy1} + 0.443\ \text{canopy2} + 0.481\ \text{canopy3}$$
$$+ 0.009\ \text{aspectE-W} \tag{18.15}$$

式中，canopy1、canopy2 和 canopy3 代表三种类型的树冠。

例 2　Chang 等（2007）使用逻辑回归开发一个降雨触发的滑坡模型。因变量是指单位面积存在或不存在滑坡。自变量包括数字变量和类型变量，数字变量包括：高程、坡度、坡向、距河道的距离、距山脊线的距离、地形湿度指数和 NDVI，类型变量包括

岩性和道路缓冲。NDVI 代表归一化植被指数，一个可从遥感影像获取的植被面积及其郁闭状况的量测。

其他对数回归模型已被开发用于预测草地鸟类栖息地（Forman et al.，2002）和风力涡轮机的位置（Mann、Lant and Schoof，2012）。

18.5　过　程　模　型

过程模型把现有关于现实世界环境过程的知识综合成一组用于定量分析该过程的关系式或方程（Beck、Jackman and McAleer，1993）。模块或子模型经常需要涉及过程模型的不同组分。一些模块可能会用从经验数据导出的数学方程式，而其他的则使用物理定律导出的方程式。过程模型提供判断能力和对所提出过程的内在解释（Hardisty et al.，1993）。

本节中的过程模型都是属于环境模型的类别。环境模型通常是过程模型，因为它们必须处理很多变量的相互作用，包括自然变量如气候、地形、植被和土壤以及人文变量如土地管理（Brimicombe，2003）。不出所料，环境模型是复杂和数据密集的，相对于传统自然科学和社会科学模型来说，环境模型经常需要处理更大范围的不确定性带来的问题（Couclelis，2002；Mulligan and Wainwright，2004）。一旦建立，环境模型可以改善我们对物质和文化因素的理解，促进预测并执行模拟（Barnsley，2007）。

18.5.1　修正的通用土壤流失方程式

土壤侵蚀是一个环境过程，包括气候、土壤性质、地形、土表状况和人类活动。一个众所周知土壤侵蚀确定性模型就是修正的通用土壤流失方程（RUSLE），它是通用土壤流失方程（USLE）的最新版本（Wischmeier and Smith，1965，1978；Renard et al.，1997）。RUSLE 用于预测在特定种植和管理系统中的特定田间坡面和山地由径流携带的平均土壤流失量。

RUSLE 是一个有 6 个因子的乘法模型。

$$A = RKLSCP \tag{18.16}$$

式中，A 是平均土壤流失量；R 是降雨径流侵蚀因子；K 是土壤可蚀性因子；L 是坡长因子；S 是坡度因子；C 是耕作管理因子；P 是水土保持措施因子。L 和 S 可以合并为一个地形因子 LS。（第 12 章的注释栏 12.2 描述了有关 RUSLE 和模型输入因子制备的一项研究）

在 RUSLE 的 6 个因子中，坡长因子 L 和拓展的 LS 比其他因子引出更多的问题（Renard et al.，1997）。坡长被定义为从地表径流开始的始点到终点的水平距离，终点是该斜坡坡度减得足够小而开始出现沉积的位置，或者径流汇集于水道或溪流中（Wischmeier and Smith 1978）。以往的研究已使用 GIS 估算 LS。例如，Moore 和 Burch（1986）提出一个估算 LS 的方法。基于像元的水流动力理论，该方法使用以下方程：

$$LS = (A_s / 22.13)^m (\sin \beta / 0.0896)^n \tag{18.17}$$

式中，A_s 为上坡作用区；β 是坡角度；m 是坡长指数；还有 n 是坡的陡度指数。指数 m 和 n 估算值分别是 0.6 与 1.3。

然而，RUSLE 开发者们建议在 LS 因子的计算过程中，L 和 S 应该分开计算（Foster，1994；Renard et al.，1997）。计算 L 的等式如下：

$$L =（\lambda / 72.6）^{m} \tag{18.18}$$

式中，λ 是测量的坡长，m 是坡长指数。M 的计算方法：

$$m = \beta /（1 + \beta）$$

$$\beta =（\sin\theta / 0.0896）/ [3.0（\sin\theta）^{0.8} + 0.56]$$

式中，β 是细沟侵蚀（由水流引起）与细沟间侵蚀（主要由雨滴冲击引起）的比值，而 θ 是坡度角。计算 S 的等式如下：

$$S = 10.8 \sin\theta + 0.03，用于坡度＜9\% \tag{18.19}$$

$$S = 16.8 \sin\theta + 0.50，用于坡度≥9\%$$

式中，L 和 S 都需要对特殊条件进行调整，例如用于由地表水引起耕作土壤的融化侵蚀时的坡长指数的调整，以及短于 15ft 的斜坡使用不同于式（18.17）的另一方程。

USLE 和 RUSLE 在过去 50 年里不断发展，这个土壤侵蚀模型经历了模型发展的众多周期，以及校准和验证。这个过程还在继续。一个最新的名为水侵蚀预测项目（WEPP）的模型预计将会取代 RUSLE（Laflen et al.，1991；Laflen et al.，1997；Covert et al.，2005；Zhang，Chang and Wu，2008）。除了模拟山坡土壤侵蚀外，WEPP 还能够模拟水系中的沉积过程。WEPP 和 GIS 的集成是令人期待的，因为 GIS 可用于提取山坡和河道以及识别流域（Cochrane and Flanagan，1999；Renschler，2003）。

18.5.2　临界降雨量模型

滑坡的定义是大量岩土物质顺坡向下滑动。滑坡灾害模型评估指定区域内潜在的滑坡风险（Varnes，1984）。过去 20 年，滑坡灾害模型已结合 GIS 取得一定的发展。现有两种滑坡灾害模型：机理模型和统计模型。对数回归模型是统计模型的一个例子，如 18.4.3 节的例 2。本节将介绍临界降水量模型作为机理的滑坡模型。

无限边坡模型定义坡面稳定性为切变强度（稳定力）对剪应力（减稳力）的比率，切变强度包括土壤和根的聚合力。Montgomery 和 Dietrich（1994）开发了临界降水模型，结合无限边坡模型和定量水文模型，来预测引发滑坡的临界降水。Q_{cr} 可由式（18.20）计算：

$$Q_{cr} = T \sin\theta \left(\frac{b}{a}\right)\left(\frac{\rho_s}{\rho_w}\right)\left[1 - \frac{(\sin\theta - C)}{(\cos\theta \tan\phi)}\right] \tag{18.20}$$

式中，T 是饱和土壤透水率；θ 是局部倾斜角；a 是上坡贡献的排水面积；b 是单位等高线长度（栅格分辨率）；ρ_s 是湿土密度；ϕ 是土壤内摩擦角；ρ_w 是水密度；C 是合聚力（combined cohesion），由式（18.21）计算：

$$（C_r + C_s）/（h \rho_s g） \tag{18.21}$$

式中，C_r 是根凝聚力；C_s 是土壤合聚力；h 是土壤深度；g 是重力加速度常数。

　　DEM 可用来推导公式（18.20）中的 a，b 和 θ，而公式（18.20）和公式（18.21）中的其他参数必须从现有数据、野外工作或文献资料中搜集。临界降雨量模型通常用于预测由降雨事件引发的浅层滑坡（例如，Chiang 和 Chang 2009）。

重要概念和术语

　　二值模型（Binary model）：一种 GIS 模型，它用逻辑表达式从组合要素图层或多重栅格上选取要素。

　　推论模型（Deductive model）：一种从一系列前提中导出结论的模型。

　　描述模型（Descriptive model）：一种描述空间数据存在条件的模型。

　　确定模型（Deterministic model）：一种不涉及随机性的数学模型。

　　动态模型（Dynamic model）：一种强调空间数据随时间变化和变量之间相互作用的模型。

　　嵌入系统（Embedded system）：GIS 与其他计算机程序捆绑在一起，在系统中共享存储和共同界面。

　　指数模型（Index model）：一种 GIS 模型，其指数值由组合要素图层或多重栅格计算所得，由指数生成一个分级数据的图层。

　　归纳模型（Inductive model）：一种由实验数据和观察而导出结论的模型。

　　松散耦合（Loose coupling）：GIS 与其他计算机程序之间通过数据文件传递的链接过程。

　　模型（Model）：一种现象或一个系统的简化表示。

　　规则模型（Prescriptive model）：一种预测空间数据可能状态的模型。

　　过程模型（Process model）：一种 GIS 模型，它把现有知识综合成一组关系式或方程用于自然过程的定量化。

　　回归模型（Regression model）：一种 GIS 模型，由一个因变量和多个自变量建立回归方程，用于预测或估算。

　　静态模型（Static model）：一种处理给定时间的空间数据状态的模型。

　　随机模型（Stochastic model）：一种数学模型，考虑到一个或多个参数或变量存在随机性。

　　紧密耦合（Tight coupling）：通过共同用户界面把 GIS 与其他计算机程序链接的过程。

　　加权线性综合法（Weighted liner combination）：一种数学方法，它通过对每个指标标准化值与每个指标权重值相乘积的求和，计算得每个像元区域的指数值。

复习题

　　1. 请说出描述模型和规则模型之间的区别。

　　2. 静态模型与动态模型有何不同？

3. 请描述建模过程的基本步骤。

4. 假设用克里金插值法建立插值模型，应如何校准模型？

5. 在许多情况下，你可以任选基于矢量或栅格来构建 GIS 模型。那么当你决定基于何种模型时，所采用的一般指南是什么？

6. 在上文中提及连接 GIS 到另一个软件包的松散联结是什么意思？

7. 为什么二值模型常常要考虑到数据查询的范围？

8. 从你的学科领域中举一个二值模型的例子。

9. 指数模型和二值模型有何不同？

10. 许多指数模型用加权线性综合法来计算指数值。请解释使用加权线性综合法的步骤。

11. 加权线性综合法有哪些缺点？

12. 从你的学科领域中举一个指数模型的例子。

13. 哪种变量可用于对数回归模型？

14. 为什么要考虑为空间数据设计使用回归分析？

15. 列出两种常用的空间数据回归方法？

16. 什么是环境模型？

17. 从你的学科领域中举一个过程模型的例子。该模型可以只用 GIS 来构建吗？

应用：GIS 模型与建模

本章应用部分包括地理模型和建模的 4 个习作。习作 1 和习作 2 分别用矢量数据和栅格数据建立二值模型；习作 3 和习作 4 分别用矢量数据和栅格数据建立指数模型；在此部分中还包括运行 geoprocessing 操作的不同选择。习作 1 和习作 3 运用 ModelBuilder。习作 2 和习作 4 用 Python 脚本。ArcMap 的标准工具条里的 ModelBuilder 将一系列输入、工具和输出联系起来，构建一个模型图表。一旦模型建立，它可用不同的模型参数或输出再次使用和保存。Python 是一种通用高级程序设计语言，可作为一种扩展语言用在 ArcGIS 中，为模块或代码块提供用 ArcObjects 写成的可编程接口。Python 脚本对 GIS 操作最有用，如将栅格数据分析的地图逻辑运算之类的一系列命令与函数联系起来。

习作 1　建立基于矢量的二值模型

所需数据：*elevzone.shp*，一个高度带 shapefile；*stream.shp*，一个河流 shapefile。

习作 1 要您确定某种植物的潜在生境。*elevzone.shp* 和 *stream.shp* 均以米为单位并已经过空间配准。*elevzone.shp* 显示三个高度带。这个潜在生境必须满足以下指标：①在高度带 2 之内；②距河流 200m 之内。您可运用建模模块来完成该习作。

1. 启动 ArcMap，在 ArcMap 中打开 Catalog，链接到第 18 章数据库，将数据帧重新命名为 "Task 1"。添加 *stream.shp* 和 *elevzone.shp* 到 Task 1。打开 ArcToolbox 窗口，在环境设置中把第 18 章数据库设置为当前和暂存工作区。在 Catalog 目录树中右击第 18 章数据库，指向 New，选择 Toolbox，将新工具箱重命名为 Chap18.tbx。

2. 在 ArcMap 中打开 ModelBuilder。在 Model 窗口的 Model 下拉菜单中选择 Model Properties，在 General 选项卡中，把名称和标签改为 Task1，并点击确认。

3. 第一步先对河流作 200m 缓冲区运算。在 ArcToolbox 中，从 Analysis Tools/Proximity 工具箱中拖拉 Buffer 工具至 Model 窗口。右击 Buffer 并选择 Open 打开。在 Buffer 对话框，在 Input Features 中通过下拉菜单选择 *stream*，在 Output Feature Class 中命名为 *strmbuf.shp*，设定距离的 Linear unit 为 200 m，选择 ALL 为 dissolve type。点击 OK。

4. 在 Model 窗口中可视对象都用不同色彩作标记。输入的呈蓝色，工具呈金色，输出的呈绿色。模型一次可以使用一个工具（或执行一个功能）或可以作为整个模型。首先运行 Buffer 工具，右击 Buffer 并选择 Run 运行。处理期间，工具变成红色。完成后，工具和输出都多了阴影部分。右击 *strmbuf.shp*，选择 Add to Display。

5. 下一步把 *elevzone.shp* 与 *strmbuf.shp* 叠置。从 Analysis Tools / Overlay 工具集拖拉 Intersect 工具到 Model 窗口中。右击 Intersect 并选择 Open 打开。在 Intersect 对话框的下拉菜单选择 *strmbuf.shp* 与 *elevzone* 来输入要素，输出要素类别上填写 *pothab.shp*，点击 OK。

6. 右击 Intersect 并选择 Run 运行。叠置完成后，右击 *pothab.shp* 并选择 Add to Display 添加 *pothab.shp* 使其显示。除 *pothab* 外，关闭 ArcMap 目录表里的其他图层。

7. 最后一步是在高度带 2 中从 *pothab* 选择区域。从 Analysis Tools / Extract 工具集里拖拉 Select 工具到 Model 窗口中。右击 Select 并选择 Open 打开。在 Select 对话框里，选择 *pothab.shp* 作为输入要素，在输出要素类别上填写 *final.shp*，并点击 SQL 按钮来显示表达式。在表达式框里输入以下 SQL 表达式："ZONE" = 2。点击 OK 来退出 Select 对话框。右击 Select 并选择 Run 运行。添加 *final.shp* 以显示结果图。

8. 在 Model 窗口的 View 菜单中选择 Auto Layout 让 ModelBuilder 自动重新排列模型框图。最后，在 Model 菜单中选择 Save 保存至 Chap18.tbx 中，文件名为 Task1。下次要运行 Task1，可在 Chap18 工具集中右击 Task1 并选择 Edit 进行编辑。

9. Model 下拉菜单有图属性（Diagram Properties）、导出（Export）和其他功能。"图属性"包括布局和符号系统，它使您可更改图表的设计。"导出"提供输出图形和输出 Python 脚本的选择。

习作 2　建立基于栅格的二值模型

所需数据：*elevzone_gd*，一个高度带栅格；*stream_gd*，一个河流栅格。

除了采用栅格数据外，习作 2 要解决的问题与习作 1 相同。*elevzone_gd* 和 *stream_gd* 的像元分辨率均为 30m。*elevzone_gd* 的像元值对应于高度带。*stream_gd* 的像元值对应于河流 ID。

1. 在 ArcMap 中插入一个新的数据帧，重命名为 Task2。加载 *stream_gd* 和 *elevzone_gd* 至 Task 2。

2. 点击并打开 Python 窗口。假定工作区是 "d:/chap18"，要用正斜杠 "/" 键入工作区的路径。

在 Python 窗口的 ">>>" 提示符下，将以下语句逐句输入：

```
>>> import arcpy
>>> from arcpy import env
>>> from arcpy.sa import*
>>> env.workspace ="d:/chap18"
>>> arcpy.CheckExtension（"Spatial"）
>>> outEucDistance = EucDistance（"stream_gd"，200）
>>> outExtract = ExtractByAttributes（"elevzone_gd"，"value = 2"）
>>> outExtract2 = ExtractByMask（"outExtract"，"outEucDistance"）
>>> outExtract2.save（"outExtract2"）
```

该段自动执行命令的前 5 行语句输入 arcpy 和 Spatial Analyst 工具，并定义工作空间为 d:/chap18。接下来的 3 行语句使用 Spatial Analyst 工具。EucDistance 工具创建一个距 *stream_gd* 最大距离为 200m 的距离量测栅格。Extract By Attributes 工具通过在 *elevzone_gd* 中选择区域 *2* 来创建一个栅格（*outExtract*）。Extract By Mask 工具用 *outEucDistance* 作为掩膜从 *outExtract* 中选择区域，这些区域落在 *outEucDistance* 边界内，并将输出保存至 *outExtract2*。最后，将 *outExtract2* 保存在工作空间。

3. 比较 *outExtract2* 和习作 1 的 *final*，两者的覆盖区域应该相同。

问题 1　Extract By Attributes 和 Extract By Mask 之间的区别何在？

习作 3　建立基于矢量的指数模型

所需数据：*soil.shp*，一个土壤 *shapefile*；*landuse.shp*，一个土地利用 *shapefile*；*depwater.shp*，一个地下水埋深 *shapefile*。

习作 3 模拟一个地下水脆弱性制图项目。该项目假定地下水脆弱性与三个因素有关：土壤特征、地下水埋深和土地利用。每个因素的标准等级为 1～5。*soil.shp*、*depwater.shp* 和 *landuse.shp* 中的标准值分别以 SOILRATE、DWRATE 和 LURATE 表示相应的等级值。*landuse.shp* 中的城市和建成区赋值为 9.9，将不用本模型作评价。本项目还假定土壤因素比其他两个因素更重要，因而赋予权重值为 0.6（60%），其他两个因素权重值为 0.2（20%）。因此该指数模型可表达为

指数值= 0.6 × SOILRATE + 0.2× LURATE + 0.2 × DWRATE

本习作中，您将用 geodatabase 和 ModelBuilder 来创建指数模型。

1. 首先创建一个新的个人 geodatabase 并输入 3 个 shapefile 到该 geodatabase 中。在 Catalog 目录树中，右击第 18 章数据库，指向 New，并选择 Personal Geodatabase。

把地理数据库重命名为 *Task3.mdb*。右击 *Task3.mdb*，指向 Import 输入，并选择 Feature Class（multiple）。在下一个对话框中用浏览器选择 *soil.shp*、*landuse.shp* 和 *depwater.shp* 来输入要素。确认 *Task3.mdb* 是输出的地理数据库。点击 OK 来运行输入操作。

2. 在 ArcMap 中插入一个新的数据帧，重命名为 Task3。从 *Task3.mdb* 中加载 *soil*、*landuse* 和 *depwater* 至 Task 3。您打开 ModelBuilder 窗口，从 Model 下拉菜单选择 Model Properties，在 General 选项卡中，将 name 和 label 均改为 Task3。从 Analysis Tools/Overlay 工具集中拖放 Intersect 工具至 ModelBuilder 窗口。右击 Intersect，选择 Open。在出现的对话框中，从 *Task3.mdb* 中选择 *soil*、*landuse* 和 *depwater* 为输入要素，保存输出要素类至 *Task3.mdb*，命名为 *vulner*，点击 OK。右击 ModelBuilder 窗口中的 Intersect，选择 Run。Intersect 执行完成后，右击 *vulner*，选择 add to display。

3. 余下的步骤是属性数据的运算。打开 *vulner* 的属性表，该表有处理指数值所需的三种等级。但在计算之前必须完成两个步骤：为指数值添加一个新字段，并将 LURATE 取值为 9.9 的区域排除出计算。

4. 从 Data Management Tools/Fields 工具集中拖放 Add Field 工具至 ModelBuilder 窗口。右击 Add Field，选择 Open。接着，在 Add Field 对话框中，在 Input Table 中选择 *vulner*，在 Field Name 中输入 TOTAL，在 Field Type 中选择 DOUBLE。点击 OK。右击 Add Field，选择 Run，检查 *vulner* 的属性表，确认 TOTAL 已添加，值为 Nulls。ModelBuilder 窗口中的 vulner（2）和 *vulner* 一样。

5. 从 Data Management Tools/Fields 工具集中拖放 Calculate Field 工具至 ModelBuilder 窗口。右击 Calculate Field 并选择 Open。在出现的对话框中，选择 vulner（2）为输入表格；选择 TOTAL 为字段名；输入表达式：[SOILRATE]*0.6 + [LURATE]*0.2 + [DWRATE]*0.2；点击 OK。右击 Calculate Field，并选择 Run。操作完成后，可在 Chap18.tbx 中将模型保存为 Task3。

6. 分析的最后一步是在城市区域对 TOTAL 赋值为–99。在 ArcMap 中打开 *vulner* 的属性表。在表格选项菜单点击 Select By Attributes 按钮。在出现的对话框中，输入表达式：[LURATE] = 9.9，并点击 Apply。右击 TOTAL 字段，选择 Field Calculator。在表达式框中输入–99，点击 OK。在关闭属性表之前，在表格选项菜单点击 Clear Selection 按钮。

问题 2　除城市区域的赋值是–99 外，TOTAL 值的范围是多少？

7. 此步骤是要显示 *vulner* 的指数值。在 ArcMap 里右击 *vulner*，在下拉菜单中选择 Properties。在 Symbology 栏里，在 Show 方框中选择 Quantities/Graduated colors。点击 Value 的向下箭头并选择 TOTAL。点击 Classify 分类。在 Classification 对话框，选择级别为 6 并输入 0, 3.0, 3.5, 4.0, 4.5, 5.0 作为 Break Values。点击 OK。然后选择 color ramp，如 Red Light to Dark。在 Layer Properties 对话框中双击城市区域（值域为–99～0）的默认符号，将不参评区域的符号改为 Hollow（空白）。点击 OK 查看指数地图。

8. 一旦指数地图做好了，便可修订分类，使得指数值的分类呈等级序列，如：极严重 very severe（5），严重 severe（4），中等 moderate（3），轻微 slight（2），极轻微 very slight（1），以及不参评 not applicable（–99）。可通过消除每个等级的内部边界把指数地图转变为等级地图（详见第 11 章习作 6）。

习作 4　建立基于栅格的指数模型

所需数据：*soil*，一个土壤因子栅格图；*landuse*，一个土地利用因子栅格图；*depwater*，一个地下水埋深因子栅格图。

习作 4 除了用栅格数据外，完成与习作 3 同样的分析。三个栅格的像元分辨率均为 90m。*soil* 中的像元值对应于土壤因子得分 SOILRATE，*landuse* 的像元值对应于土地利用因子得分 LURATE，*depwater* 中的像元值对应于地下水埋深因子得分 DWRATE。唯一的区别是，*landuse* 中的城区被归类为"无数据"类别。习作 4 将用到 Python 脚本。

1. 在 ArcMap 中插入一个新的数据帧，重命名为 Task 4。加载 *soil*、*landuse* 和 *depwater* 至 Task 4。点击并打开 Python 窗口。要想从 Task2 中清除脚本，可高亮显示一行，点击该行，并选择 Clear All。

2. 假定工作区是"d:/chap18"，使用正斜杠"/"输入工作区的路径。在 Python 窗口的>>>提示符下，将以下语句逐句输入：

```
>>> import arcpy
>>> from arcpy import env
>>> from arcpy.sa import *
>>> env.workspace ="d:/chap18"
>>> arcpy.CheckExtension（"Spatial"）
>>> outsoil = Times（"soil"，0.6）
>>> outlanduse = Times（"landuse"，0.2）
>>> outdepwater = Times（"depwater"，0.2）
>>> outsum = CellStatistics（["outsoil"，"outlanduse"，"outdepwater"]，"SUM"，"NODATA"）
>>> outReclass = Reclassify（"outsum"，"value"，RemapRange（[[0，3，1]，[3，3.5，2]，[3.5，4，3]，[4，4.5，4]，[4.5，5，5]]，"NODATA"）
>>> outReclass.save（"reclass_vuln"）
```

该段自动执行命令的前 5 行语句是用来输入 arcpy 和 Spatial Analyst 工具，并定义工作空间。接下来的三行语句将每个输入栅格与其权重相乘。然后脚本用 Cell Statistics 工具来对三个加权栅格求和，创建 *outsum*，用 Reclassify 工具将 *outsum* 像元值分为 5 类，并将分类结果 *reclass_vuln* 保存在工作空间。请注意，NODATA 在像元统计和城区重新分类中都被用作参数。当你输入每个分析语句时，会在 ArcMap 中看到输出结果。

3. 在 ArcMap 中，outReclass（或 reclass-vuln）有以下 5 种类型：1 表示 <= 3.00，2 表示 3.01～3.50，3 表示 3.51～4.00，4 表示 4.01～4.50，5 表示 4.51～5.00，城区显示为白色。

4. 在目录表中右击 reclass_vuln，选择 Properties。在 Symbology 栏，将 1 的标签改
为极轻微，2 改为轻微，3 改为中等，4 改为严重，5 改为极严重，点击 OK。至
此，栅格图层以正确的标签显示。

问题 3　标记为 "Very severe" 的区域占研究区总面积的比例是多少？

挑战性任务

所需数据：和习作 3 一样的 *soil.shp*、*landuse.shp* 和 *depwater.shp*。写一段 Python 脚
本，完成与习作 3 相同的操作。

参考文献

Aller, L., T. Bennett, J. H. Lehr, R. J. Petty, and G. Hackett 1987. *DRASTIC: A Standardized System for Evaluating Groundwater Pollution Potential Using Hydrogeologic Settings.*U.S. Environmental Protection Agency, EPA/600/2-87/035, pp. 622

Anderson, D. P., J. D. Forester, M. G. Turner, J. L. Frair, E. H. Merrill, D. Fortin, J. S. Mao, and M.S. Boyce. 2005. Factors Influencing Female Home Range Sizes in Elk*(Cervus elaphus)*in North American Landscapes. *Landscape Ecology* 20: 257-71.

Anselin, L., I. Syabri, and Y. Kho, Y. 2006. GeoDa: An introduction to Spatial Data Analysis. *Geographical Analysis* 38: 5-22.

Banai-Kashani, R. 1989. A New Method for Site Suitability Analysis: The Analytic Hierarchy Process. *Environmental Management* 13: 685-93.

Barnsley, M. J. 2007. Environmental Modeling: Practical Introduction. Boca Raton, FL: CRC Press.

Beck, M. B., A. J. Jakeman, and M. J. McAleer. 1993. Construction and Evaluation of Models of Environmental Systems. In A. J. Jakeman, M. B. Beck, and M. J. McAleer, eds., *Modelling Change in Environmental Systems,* pp. 3-35. Chichester, England: Wiley.

Brimicombe, A. 2003. GIS, Environmental *Modelling and Engineering*. London: Taylor &Francis.

Brooks, R. P. 1997. Improving Habitat Suitability Index Models. *Wildlife Society Bulletin* 25: 163-67.

Cardozo, O. D., J. C. García-Palomares, and J. Gutiérrez. 2012. Application of Geographically Weighted Regression to the Direct Forecasting of Transit Ridership at Station-Level. *Applied Geography* 34: 548-58.

Ceccato, V., R, Haining, and P. Signoretta, 2002. Exploring Offence Statistics in Stockholm City Using Spatial Analysis Tools. *Annals of the Association of American Geographers* 92: 29-51.

Chang, K., S. Chiang, and M. Hsu. 2007. Modeling Typhoon- and earthquake-induced landslides in a Mountainous Wastershed Using Logistic Regression. *Geomorphology* 89: 335-47.

Chang, K., Z. Khatib, and Y. Ou. 2002. Effects of Zoning Structure and Network Detail on Traffic Demand Modeling. *Environment and Planning B* 29: 37-52.

Chang, K., and Z. Li. 2000. Modeling Snow Accumulation with a Geographic Information System. *International Journal of Geographical Information Science* 14: 693-707.

Chang, N., G. Parvathinathan, and J. B. Breeden. 2008. Combining GIS with Fuzzy Multicriteria Decision-Making for Landfill Siting in a Fast-Growing Urban Region. *Journal of Environmental Management* 87: 139-53.

Chen, Y., K. Chang, F. Han, D. Karacsonyi, and Q. Qian. 2015. Investigating Urbanization and its Spatial Determinants in the Central Districts of Guangzhou, China. *Habitat International* 51: 59-69.

Chiang, S., and K. Chang. 2009. Application of Radar Data to Modeling Rainfall-Induced Landslides. *Geomorphology* 103: 299-309.

Chrisman, N. 2001. *Exploring Geographic Information Systems,* 2d ed. New York: Wiley.

Chuvieco, E., and J. Salas. 1996. Mapping the Spatial Distribution of Forest Fire Danger Using GIS. *International Journal of Geographical Information Systems* 10: 333-45.

Cochrane, T. A., and D. C. Flanagan. 1999. Assessing Water Erosion in Small Watersheds Using WEPP with GIS and Digital Elevation Models. *Journal of Soil and Water Conservation* 54: 678-85.

Corwin, D. L., P. J. Vaughan, and K. Loague. 1997. Modeling Nonpoint Source Pollutants in the Vadose Zone with GIS. *Environmental Science & Technology* 31: 2157-75.

Couclelis, H. 2002. Modeling Frameworks, Paradigms and Approaches. In K. C. Clarke, B. O. Parks, and M. P. Crane, eds., *Geographic Information Systems and Environmental Modeling*, pp. 36-50. Upper Saddle River, NJ: Prentice Hall.

Covert, S. A., P. R. Robichaud, W. J. Elliot, and T. E. Link. 2005. Evaluation of Runoff Prediction from WEPP-Based Erosion Models for Harvested and Burned Forest Watersheds. *Transactions of the ASAE* 48: 1091-1100.

Felix, A. B., H. Camapa III, K. F. Millenbah, S. R. Winterstein, and W. E. Moritz. 2004. Development of LandscapeScale Habitat-Potential Models for Forest Wildlife Planning and Managemeng. *Wildlife Society Bulletin* 32: 795-806.

Finco, M. V., and G. F. Hepner. 1999. Investigating U.S.–Mexico Border Community Vulnerability to Industrial Hazards: A Simulation Study in Ambos Nogales. *Cartography and Geographic Information Science* 26: 243-52.

Forman, R. T., T. B. Reineking, and A. M. Hersperger. 2002. Road Traffic and Nearby Grassland Bird Patterns in a Suburbanizing Landscape. *Environmental Management* 29: 782-800.

Foster, G. R. 1994. Comments on "Length-Slope Factor for the Revised Universal Soil Loss Equation: Simplified Method of Estimation." *Journal of Soil and Water Conservation* 49: 171-73.

Hardisty, J., D. M. Taylor, and S. E. Metcalfe. 1993. *Computerized Environmental Modelling*. Chichester, England: Wiley.

Hobbs, B. F., and P. M. Meier. 1994. Multicriteria Methods for Resource Planning: An Experimental Comparison. *IEEE Transactions on Power Systems* 9(4): 1811-7.

Hopkins, L. D. 1977. Methods for Generating Land Suitability Maps: A Comparative Evaluation. *Journal of the American Institute of Planners* 43: 386-400.

Isaac, B., R. Cooke, D. Simmons, and F. Hogan. 2008. Predictive Mapping of Powerful Owl(*Ninox strenua*)Breeding Sites using Geographical Information Systems(GIS)in Urban Melbourne, Australia. *Landscape and Urban Planning* 84: 212-18.

Jacobs, K. L., W. N. Thurman, and M. C. Marra. 2014. The Effect of Conservation Priority Areas on Bidding Behavior in the Conservation Reserve Program. *Land Economics* 90: 1-25.

Jankowski, J. 1995. Integrating Geographic Information Systems and Multiple Criteria Decision-Making Methods. *International Journal of Geographical Information Systems* 9: 251-73.

Jiang, H., and J. R. Eastman. 2000. Application of Fuzzy Measures in Multi-Criteria Evaluation in GIS. *International Journal of Geographical Information Science* 14: 173-84.

Kazmierski, J., M. Kram, E. Mills, D. Phemister, N. Reo, C. Riggs, R. Tefertiller, and D. Erickson. 2004. Conservation Planning at the Landscape Scale: A Landscape Ecology Method for Regional Land Trusts. *Journal of Environmental Planning and Management* 47': 709-36.

Kliskey, A. D., E. C. Lofroth, W. A. Thompson, S. Brown, and H. Schreier. 1999. Simulating and Evaluating Alternative Resource-Use Strategies Using GIS-Based Habitat Suitability Indices. *Landscape and Urban Planning* 45: 163-75.

Laflen, J. M., W. J. Elliot, D. C. Flanagan, C. R. Meyer, and M. A. Nearing. 1997. WEPP—Predicting Water Erosion Using a Process-based Model. *Journal of Soil and Water Conservation* 52: 96-102.

Laflen, J. M., L. J. Lane, and G. R. Foster. 1991. WEPP: A New Generation of Erosion Prediction Technology. *Journal of Soil and Water Conservation* 46: 34-38.

Lathrop, R. G., Jr., and J. A. Bognar. 1998. Applying GIS and Landscape Ecologic Principles to Evaluate Land Conservation Alternatives. *Landscape and Urban Planning* 41: 27-41.

Lauver, C. L., W. H. Busby, and J. L. Whistler. 2002. Testing a GIS Model of Habitat Suitability for a Declining Grassland Bird. *Environmental Management* 30: 88-97.

Lein, J. K., and N. I. Stump. 2009. Assessing Wildfire Potential within the Wildland-Urban Interface: A Southeastern Ohio Example. *Applied Geography* 29: 21-34.

Lindsay, J. B. 2006. Sensitivity of Channel Mapping Techniques to Uncertainty in Digital Elevation Data. *International Journal of Geographical Information Science* 20: 669-92.

Lookingbill, T., and D. Urban. 2004. An Empirical Approach Towards Improved Spatial Estimates of Soil Moisture for Vegetation Analysis. *Landscape Ecology* 19: 417-33.

Malczewski, J. 2011. Local Weighted Linear Combination. *Transactions in GIS* 15: 439-55.

Malczewski, J. 2000. On the Use of Weighted Linear Combination Method in GIS: Common and Best Practice Approaches. *Transactions in GIS* 4: 5-22.

Malczewski, J. 2006. GIS-Based Multicriteria Decision Analysis: A Survey of the Literature. *International Journal of Geographical Information Science* 20: 703-26.

Malczewski, J., and A. Poetz. 2005. Residential Burglaries and Neighborhood Socioeconomic Context in London, Ontario: Global and Local Regression Analysis. *The Professional Geographer* 57: 516-29.

Mann, D., C. Lant, and J. Schoof. 2012. Using Map Algebra to Explain and Project Spatial Patterns of Wind Energy Development in Iowa. *Applied Geography* 34: 219-29.

Menard, S. 2002. *Applied Logistic Regression Analysis*, 2d ed. Thousand Oaks, CA: Sage.

Merchant, J. W. 1994. GIS-Based Groundwater Pollution Hazard Assessment: A Critical Review of the DRASTIC Model. *Photogrammetric Engineering & Remote Sensing* 60: 1117-27.

Miles, J., and Shevlin, M. 2001. *Applying Regression & Correlation: A Guide for Students and Researchers*. London: Sage.

Montgomery, D. R., and W. E. Dietrich. 1994. A Physically Based Model for Topographic Control on Shallow Landsliding. *Water Resources Research* 30: 1153-1171.

Moore, I. D., and G. J. Burch. 1986. Physical Basis of the Length-Slope Factor in the Universal Soil Loss Equation. *Soil Science Society of America Journal* 50: 1294-98.

Oliveira, S., J. M. C. Pereira, J. San-Miguel-Ayanz, and L. Lourenço. 2014. Exploring the Spatial Patterns of Fire Density in Southern Europe using Geographically Weighted Regression. *Applied Geography* 51: 143-57.

Pereira, J. M. C., and L. Duckstein. 1993. A Multiple Criteria Decision-Making Approach to GIS-Based Land Suitability Evaluation. *International Journal of Geographical Information Systems* 7: 407-24.

Pereira, J. M. C., and R. M. Itami. 1991. GIS-Based Habitat Modeling Using Logistic Multiple Regression: A Study of the Mt. Graham Red Squirrel. *Photogrammetric Engineering & Remote Sensing* 57: 1475-86.

Potter, K. M., F. W. Cubbage, G. B. Blank, and R. H. Schaberg. 2004. A Watershed-Scale Model for Predicting Nonpoint Pollution Risk in North Carolina. *Environmental Management* 34: 62-74.

Renard, K. G., G. R. Foster, G. A. Weesies, D. K. McCool, and D. C. Yoder, coordinators. 1997. Predicting Soil Erosion by Water: A Guide to Conservation Planning with the Revised Universal Soil Loss Equation(RUSLE). *Agricultural Handbook 703*. Washington, DC: U.S. Department of Agriculture.

Renschler, C. S. 2003. Designing GEO-Spatial Interfaces to Scale Process Models: The GeoWEPP Approach. *Hydrological Processes* 17: 1005-17.

Rinner, C., and J. P. Taranu. Map-Based Exploratory Evaluation of Non-Medical Determinants of Population Health. *Transactions in GIS* 10: 633-49.

Rodrigues, M., J. de la Riva, and S. Fotheringham. 2014. Modeling the Spatial Variation of the Explanatory Factors of Human-Caused Wildfires in Spain using Geographically Weighted Logistic Regression. *Applied Geography* 48: 52-63.

Rogerson, P. A. 2001. *Statistical Methods for Geography*. London: Sage.

Rogowski, A., and J. Goyne. 2002. Dynamic Systems Modeling and Four Dimensional Geographic Information Systems. In K. C. Clarke, B. O. Parks, and M. P. Crane, eds., *Geographic Information Systems and Environmental Modeling*, pp. 122-59. Upper Saddle River, NJ: Prentice Hall.

Saaty, T. L. 1980. *The Analytic Hierarchy Process*. New York: McGraw-Hill.

Silberman, J. A., and P. W. Rees. 2010. Reinventing Mountain Settlements: A GIS Model for Identifying Possible Ski Towns in the U.S. Rocky Mountains. *Applied Geography* 30: 36-49.

Steiner, F. 1983. Resource Suitability: Methods for Analyses. *Environmental Management* 7: 401-20.

Varnes, D. J. 1984. *Landslide Hazard Zonation: A Review of Principles and Practice.* Paris: UNESCO Press.

Ward, M. D., and K. S. Gleditsch. 2008. *Spatial Regression Models.* Thousand Oaks, CA: Sage.

Wheeler, D. C. 2014. Geographically Weighted Regression. In M. M. Fischer and P. Nijkamp, eds., *Handbook of Regional Science,* pp. 1435-1459.

Wischmeier, W. H., and D. D. Smith. 1965. Predicting Rainfall-Erosion Losses from Cropland East of the Rocky Mountains: Guide for Selection of Practices for Soil and Water Conservation. *Agricultural Handbook 282.* Washington, DC: U.S. Department of Agriculture.

Wischmeier, W. H., and D. D. Smith. 1978. Predicting Rainfall Erosion Losses: A Guide to Conservation Planning. *Agricultural Handbook 537.* Washington, DC: U.S. Department of Agriculture.

Wright, L. E., W. Zitzmann, K. Young, and R. Googins. 1983. LESA—agricultural Land Evaluation and Site Assessment. *Journal of Soil and Water Conservation* 38: 82-89.

Wu, J., M. D. Random, M. D. Nellis, G. J. Kluitenberg, H. L. Seyler, and B. C. Rundquist. 2002. Using GIS to Assess and Manage the Conservation Reserve Program in Finney County, Kansas. *Photogrammetric Survey and Remote Sensing* 68: 735-44.

Xiang, W. 2001. Weighting-by-Choosing: A Weight Elicitation Method for Map Overlays. *Landscape and Urban Planning* 56: 61-73.

Yager, R. 1988. On Ordered Weighted Averaging Aggregation Operators in Multicriteria Decision Making. *IEEE Transactions on Systems, Man, and Cybernetics* 18: 183-90.

Young, C. H., and P. J. Jarvis. 2001. A simple Method for Predicting the consequences of Land Management in Urban Habitants. *Environmental Management* 28: 375-87.

Zhang, J. X., K. Chang, and J. Q. Wu. 2008. Effects of DEM Resolution and Source on Soil Erosion Modelling: A Case Study using the WEPP Model. *International Journal of Geographical Information Science* 22: 925-42.

附录 常用换算关系

长度

1mi（英里）=5280 英尺

1ft（英尺）=12 英寸

1km（千米）=1000 米

1m（米）=100 厘米

转换系数

由英里转换为千米，将英里数乘以 1.6903。

由英尺转换为米，将英尺数乘以 0.3048。

由英寸转换为厘米，将英寸数乘以 2.54。

角度

转换系数

由弧度转换为度，将弧度数乘以 57.2956。

由度转换为弧度，将度数乘以 0.0175。

面积

$1mi^2$（平方英里）=640acre（英亩）

$1hm^2$（公顷）=10 000m^2（平方米）

$1km^2$（平方千米）=100hm^2（公顷）

转换系数

由平方千米转换为平方英里，将平方千米数乘以 0.3861。

由平方米转换为平方英尺，将平方米数乘以 10.7636。

由公顷转换为英亩，将公顷数乘以 2.4711。

由英亩转换为平方英尺，将英亩数乘以 43560。

由英亩转换为平方米，将英亩数乘以 4046.7808。

UTM（通用横轴墨卡托）分带

下表为 UTM 分带编号及其经度范围（括号内）。所有经度值均以本初子午线（0°）以东（E）或以西（W）的度数表示。

1 （180W—174W）	2 （174W—168W）	3 （168W—162W）	4 （162W—156W）	5 （156W—150W）
6 （150W—144W）	7 （144W—138W）	8 （138W—132W）	9 （132W—126W）	10 （126W—120W）
11 （120W—114W）	12 （114W—108W）	13 （108W—102W）	14 （102W—96W）	15 （96W—90W）
16 （90W—84W））	17 （84W—78W）	18 （78W—72W）	19 （72W—66W）	20 （6—6W—60W）
21 （60W—54W）	22 （54W—48W）	23 （48W—42W）	24 （42W—36W）	25 （36W—30W）
26 （30W—24W）	27 （24W—18W）	28 （18W—12W）	29 （12W—6W）	30 （6W—0）
31 （0—6E）	32 （6E—12E）	33 （12E—18E）	34 （18E—24E）	35 （24E—30E）
36 （30E—36E）	37 （36E—42E）	38 （42E—48E）	39 （48E—54E）	40 （54E—60E）
41 （60E—66E）	42 （66E—72E）	43 （72E—78E）	44 （78E—84E）	45 （84E—90E）
46 （90E—96E）	47 （96E—102E）	48 （102E—108E）	49 （108E—114E）	50 （114E—120E）
51 （120E—126E）	52 （126E—132E）	53 （132E—138E）	54 （138E—144E）	55 （144E—150E）
56 （150E—156E）	57 （156E—162E）	58 （162E—168E）	59 （168E—174E）	60 （174E—180E）